Die neuzeitlichen Textilveredlungs-Verfahren der Kunstfasern

Von

Dr.-Ing. F. Weber und **Dipl.-Ing. A. Martina**
Wien Wien

1. Ergänzungsband

Die Patentliteratur und das Schrifttum von 1950—1953

Springer-Verlag Wien GmbH

1954

ISBN 978-3-662-37176-3 ISBN 978-3-662-37891-5 (eBook)
DOI 10.1007/978-3-662-37891-5

Softcover reprint of the hardcover 1st edition 1954
Ursprünglich erschienen bei Springer-Verlag in Vienna 1954.

Vorwort.

Schon drei Jahre nach dem Erscheinen des Hauptwerkes hat sich der erste Ergänzungsband als notwendig erwiesen, ein Zeichen für die stürmische Entwicklung auf dem Sektor der Herstellung und Veredlung von natürlichen, künstlichen und synthetischen Fasern. Die Einteilung des Hauptwerkes wurde auch im Ergänzungsband beibehalten, so daß jedes Kapitel eine direkte Fortsetzung des Hauptwerkes bildet und damit die organische Bindung an dasselbe hergestellt ist, was durch entsprechende Rückverweise im Text noch unterstrichen wird.

Das Gewicht und der Umfang der verschiedenen Kapitel und ihrer Unterteilungen richten sich nach dem in der Berichtszeit angefallenen Stoff. So haben wir Wert darauf gelegt, den Abschnitt über die Kunstfasern auszubauen und damit verschiedentlich geäußerten Wünschen der Fachkollegenschaft Rechnung getragen. Wir glauben uns hierzu um so mehr berechtigt, als man bereits vielfach bestrebt ist, Veredlungsmethoden, wie etwa die Verringerung der Quellfähigkeit von Reyon, in den Herstellungsprozeß zu verlegen. Daß dadurch die anderen Abschnitte nicht zurückstehen durften, ist selbstverständlich. Wir haben deshalb bei den Literaturhinweisen auch den Titel der Arbeit mitaufgenommen, um interessierten Lesern einen besseren Überblick zu geben. Ebenso wurden die Patentzitate durch verstärkte bzw. Neuaufnahme von belgischen, holländischen, kanadischen, australischen usw. Patentschriften erheblich vermehrt. Weiters wurden Patente aus der DDR zitiert. Mehr als 5000 angeführte Patentschriften und über 2000 Schrifttumshinweise geben ein klares Bild über die Entwicklung der Textilchemie in den letzten Jahren. Bei Mehrfachpatentierung wurden im allgemeinen alle Patentschriften zitiert, da in einigen Ländern erst jetzt die Patente veröffentlicht wurden, die in anderen Ländern schon früher ausgegeben wurden und deshalb bereits im Hauptwerk aufscheinen.

Es war nicht möglich, die in den Patentschriften niedergelegten Verfahren kritisch zu würdigen. Dies würde auch der Zielsetzung des Werkes entgegenlaufen. Überdies zeigt erst die praktische Erfahrung den Wert oder Unwert eines in der Patentliteratur aufscheinenden Vorschlages.

Dem Präsidium des österreichischen Patentamtes danken wir bestens für die Möglichkeit der Verwertung von Fachmaterial.

Wir haben Herrn Dipl.-Ing. Steuer, Patentrecherchenbüro, Wien, dafür zu danken, daß er uns die Quellen über die Patente der DDR zugänglich machte. Unser Dank gebührt weiters Herrn L. Sklenicka für seine Hilfe bei der Niederschrift des Manuskriptes und des Patentnummern-Verzeichnisses.

Dem Springer-Verlag, Wien, danken wir für seine Bemühungen um die Drucklegung und Ausgestaltung des Werkes.

Es hat uns gefreut, daß das Hauptwerk, an das wir unter widrigen Umständen soviel Mühe und Arbeit gewendet hatten, weltweiten Anklang fand. Wir danken deshalb herzlichst allen Lesern, den Rezensenten und Firmen für ihre freundlichen Zuschriften, wertvollen Hinweise und Ratschläge. Wir hoffen mit dem nun vorliegenden ersten Ergänzungsband auch weiterhin die Zustimmung der interessierten Kreise zu finden und haben uns ehrlich bemüht, unseren Teil hierzu beizutragen.

W i e n, im April 1954.

Die Verfasser.

Inhaltsverzeichnis.

Zweiter Abschnitt

Seite

Dritter Abschnitt

Vierter Abschnitt

Sechster Abschnitt

Verwendete Abkürzungen für die Patentbezeichnung.

AP	Amerikanisches Patent	DWP	Deutsches Wirtschaftspatent (DDR)*)
AustralP	Australisches Patent	DänP	Dänisches Patent
BelgP	Belgisches Patent	EP	Britisches Patent
CanP	Canadisches Patent	FP	Französisches Patent
DA	Deutsche Patentanmeldungen	HollP	Holländisches Patent
DP	bis 770 000 = Deutsches Reichspatent	ItalP	Italienisches Patent
	ab 800 000 = Deutsches Bundespatent	JapP	Japanisches Patent
		NorwP	Norwegisches Patent
DAP	Deutsches Ausschließungspatent (DDR)*)	OeP	Österreichisches Patent
		SP	Schweizerisches Patent
SchwedP	Schwedisches Patent		

Abkürzungen bei der Patentinhaberbezeichnung.

AKU	Algemeene Kunstzijde Unie, Arnhem, Niederlande.
Al. Prop. Cust.	Alien Property Custodian, Verwalter des ausländischen Eigentums in USA während und nach dem Kriege.
All. Chem.	Allied Chemical and Dyestuff Co., New York, früher National Aniline and Chemical Corp., USA.
Alrose	Alrose Chemical Company, Cronston, Rhode Island, USA.
Arnold	Arnold Print Works, North Adams, Massachusett, USA.
Bancroft	J. Bancroft & Sons Co., Wilmington, Delaware, USA.
BASF	Badische Anilin- und Soda-Fabrik, Ludwigshafen, Deutschland.
Bat. Petrol. My	NV. Bataafsche Petroleum Maatschaapij, Willemstad, Curacao.
Bayer	Farbwerke Bayer, Leverkusen, Deutschland.
Bobingen	Kunstseidenfabrik Bobingen, Bobingen, Deutschland.
Calico Printers	Calico Printers Association, Manchester, England.
Cassella	Farbwerke Cassella, Mainkur, Deutschland.
CCCC	Carbid and Carbon Chemical Corp., New York, USA.
Celanese	Celanese Corp. of America, Delaware, USA, bzw. British Celanese Corp., London, England.
Ciba	Gesellschaft für Chem. Industrie, jetzt Ciba A.-G., Basel, Schweiz.
Cilander	Cilander AG., Herisau, Schweiz.
Cluett Peabody	Cluett Peabody & Co., Incorp., Troy, USA.
Courtaulds	Courtaulds Limited, London, England.
Cyanamid	American Cyanamid Co., New York, USA.
Degussa	Deutsche Gold- und Silberscheideanstalt, Frankfurt a. Main, Deutschland.
DuPont	DuPont de Nemours, Wilmington, USA.

*) Der im vorliegenden Werk gebrachte Text derartiger Patente lehnt sich — um das Schutzrecht klar abzugrenzen und da die Originalpatentschriften nicht vorlagen — oft weitgehend an die veröffentlichten Patentauszüge aus „Erfindungs- und Vorschlagswesen, Amt für Erfindungs- und Patentwesen der DDR; VEB Verlag Technik, Berlin" an.

Durand & Huguenin	Durand & Huguenin, Basel, Schweiz.
Dow	Dow Chemical Corp., Midland, USA.
Eastman Kodak	Eastman Kodak Corp., Rochester, USA.
Enka	American Enka Corp., Enka N. C., USA.
Gen. An.	General Aniline & Film Corp., früher Aniline Works, New York, USA.
Gen. El.	International General Electric Corp., New York, USA.
Gy.	I. R. Geigy A. G., Basel, Schweiz.
Heberlein	Heberlein & Co., Wattwil, Schweiz, bzw. Heberlein Patents Corp., New York, USA.
Hercules	Hercules Powder Co., Wilmington, USA.
Hoechst	Farbwerke Hoechst, vorm. Meister, Lucius & Brüning, Frankfurt a. Main-Hoechst, Deutschland.
ICI	Imperial Chemical Industries, London, England.
IG	I. G. Farbenindustrie A. G., Frankfurt/Main, Deutschland.
Interchem.	Interchemical Corp., New York, USA.
Kalle	Kalle & Co., Biebrich, Deutschland.
Kodak	The Kodak Corp., London, England.
Mathieson	Mathieson Alkali Works, Inc. New York, USA.
Montclair	Montclair Research Corp., New Jersey, USA.
Monsanto	Monsanto Chemical Corp., St. Louis, USA.
Nat. An.	National Aniline and Chemical Corp., New York, USA.
Naphtolchemie	Naphtolchemie, Offenbach, Deutschland.
Rayon	North American Rayon Corp., New York, USA.
Resinous	The Resinous Products and Chemical Comp., Philadelphia, USA.
Rhodiaceta	Societe Rhodiaceta, Paris, Frankreich.
Rubber	United States Rubber Comp., New York, USA.
Sandoz	Chem. Fabrik, vormals Sandoz, jetzt Sandoz AG., Basel, Schweiz.
Stevensons	Stevensons Dyers Ltd., Ambergate, England.
Tootal	Tootal Broadhurst Lee Corp., Manchester, England.
Thomson Houston	The British Thomson Houston Corp., London, England.
Unilever	Lever Brothers & Unilever Ltd., Port Sunlight, England.
Viscose	American Viscose Corp., New York, USA.

Die Abkürzung (vgl. S. ... bezieht sich stets auf den Seitenhinweis des Hauptwerkes.

Übersichtstabellen.

Tabelle 1. *Die künst-*

Name	Zusammensetzung	Spezifisches Gewicht	Stapel-(S)-Faser oder Faden (F)	Erweichungspunkt (Schrumpfungsbeginn)	Schmelzpunkt	Brennprobe
Caseinwolle {Lanital, Aralac, Tiolan, usw.	Casein	1,32	F	—	—	verkohlt
Prolon	Sojabohneneiweiß	1,30	F	—	—	„
Ardil, Sarelon	Erdnußprotein	1,30	F	—	—	„
Vicara	Zein (Maisprotein)	1,32	F	—	—	„
Viskosereyon	Cellulosehydrat aus Viscose	1,52	F	—	—	brennt
Tenasco	„	1,50	F	—	—	„
Durafil	„	1,52	F	—	—	„
Fortisan	„	1,52	F	—	—	„
Zellwolle	„	1,50	S	—	—	„
Kupferreyon	Cellulosehydrat aus Cuoxam	1,50	F	—	—	„
Acetatreyon, Estron	Celluloseacetat	1,30	F	80°	180°	schmilzt, brennt dann
Acetatzellwolle	„	1,30	S	80°	180°	„
PC-Faser	Polyvinylchlorid nachchloriert	1,42—1,48	F	60—80° [1] [3]		
PCU-Faser, Rhovyl	Polyvinylchlorid, unchloriert	1,39	F	60—90° [1] [3]	Angaben schwankend	
Thermovyl	getempertes Rhovyl	1,39	F	100° [1] [3]		
Fibravyl	Rhovylstapel	1,39	S	75° [1] [3]		keine Verbrennung, schrumpft
Vinyon N	Polyvinylchlorid mit Polyvinylcyanid (60:40)	1,22—1,28	F	125—130° [1] [3]		
Dynel	Vinyon N-Stapel	1,22—1,28	S	125—130° [1] [3]		
Saran, PC 120	Polyvinylidenchlorid	1,65—1,75	F	115—120°		
Vinylon, Cremona, Kuralon	Acetalisierter Polyvinylalkohol	1,30	F	—	200°	
Synthofil	Polyvinylalkohol	—	F	—	—	—
Nylon	Polyamid: Adipinsäure + Hexamethylendiamin	1,14	F, S	—	240—255°	keine Verbrennung schmilzt
Perlon L	ε-Caprolactam Polykondensat	1,15	F, S	—	210—215°	keine Verbrennung, schmilzt
					—	—
Terylen, Dacron (Fiber V)	Terephtalsäure Glykolpolyester	1,38—1,40	F	—	250—255°	brennt nicht, schmilzt
PAN, Orlon (Fiber A)	Polyacrylnitril	1,16—1,18	F, S	190—220°	unt. Zersetz.	schmilzt, brennt dann
Acrilan, Chemstrand	Polyacrylnitril mit Polymethacrylnitril	—	F	160°	—	—
Polyfiber	Polystyrol	1,05	F	80°	—	verbrennt langsam
Dienfaser	Polybutadien	—	F			verbrennt langsam
Polythenfaden	Polyäthylen	0,92	F	100°	—	entzündet sich, verbrennt
Teflon	Polytetrafluoräthylen	2,2—2,3	F	200°	über 360°	—
Glasfaser	Glas	2,54	F	—	—	—
Zum Vergleich: Wolle	Keratin	1,32	S	—	—	schmilzt unter Verkohlung
Seide	Fibroin	1,36	F	—	—	wie oben
Baumwolle	Cellulose	1,55	S	—	—	verbrennt

[1] Vgl. **Müller:** S. V. F. Fachorgan Textilveredlg. **6**, 131 (1951).
[2] Aus Lösungen in Dimethylformamid usw. in heißes Glyzerin usw.
[3] Angaben nach **Fourné:** Melliand Textilber. **33**, 639 (1952); vgl. auch **Koch:** Faserstofftabellen, Textil Rundschau 1951.

lichen Fasern.

Herstellungsweise	Resistenz gegen		Lösungsmittel		Im UV-Licht
	Säuren	Laugen	anorganische	organische	
aus alkalischen Lösungen in saure Bäder verdüst und mit Aldehyd gehärtet	wenig	nein	NaOH	—	bläulichweiß
	,,	,,	,,	—	bläulich
	mäßig	,,	,,	—	,,
	,,	wenig	,,	—	grünblau
Viskose in Müllerbäder	nur gegen organische Säuren	nicht geg. 10% NaOH	Cuoxam	—	gelblichweiß
Fällung in zinksulfathältigen Bädern		,,	,,	—	,,
Spinnen in Bäder mit einem Schwefelsäuregehalt von Pergamentierstärke		,,	,,	—	,,
verseifter Acetatseidenfaden		,,	teilweise	—	,,
aus Viskose in Müllerbäder		,,	,,	—	,,
aus Cuoxamlösung		,,	,,	—	rötlichweiß
aus Acetonlösung in Warmluft verdüst		nein	H_2SO_4 60%	Aceton	bläulichviolett
		,,		,,	,,
a. d. Lösung in Luft	ja	ja	—	Tetrachloräthan, Aceton, Xylol	blaugrün
,,	,,	,,	—	Aceton	,,
,,	,,	,,	—	,,	,,
,,	,,	,,	—	,,	,,
,,	,,	,,	—	Tetrachloräthan, Aceton, Methylenchlorid	gelblichgrün
,,	,,	,,	—	Aceton, Tetrachloräthan, Methylenchlorid	,,
,,	,,	,,	NH_3 conc.	Dioxan, Aceton, Methylenchlorid	blaugrün
aus Polyvinylalkoholfaden	,,	,,	—	—	—
aus wäßriger Lösung	ja	ja	Wasser	—	—
aus der Schmelze	nur geg. verd. Säuren	mäßig gegen verd. Lauge	HNO_3 conc. H_2SO_4 conc. HCl1 : 1,20% NaOH	Xylol, Phenol, conc. 90%	—
,,	,, (unter 10% Mineral-säuren)	,,	,,	42% HCOOH	—
,,	gut geg. verd. Säuren	mittel gegen verd. Lauge	—	Phenol, heiß	—
aus Lösung[2]	gut geg. verd. Säuren	mäßig gegen verd. Lauge	HNO_3 conc., H_2SO_4 conc.	Malondinitril, Glykolnitril, Dimethylformamid	intensiv gelb
aus Lösung in flüssiges Medium	,,	,,	—	—	gelblich
—	gut	gut	—	Tetrachlorkohlenstoff	—
aus Xylollösung verdüst	,,	,,	—	Xylol	—
aus der Schmelze	,,	,,	—	70°C Aromaten	—
,,	sehr gut	sehr gut	—	—	—
aus der Schmelze	gut	ziemlich gut	HF	—	—
nativ	ja	nein	NaOH	—	bläulichweiß
,,	,,	,,	NaOH	—	,,
,,	gegen schwache organische ja, sonst nein	ja	Cuoxam usw.	—	gelblichweiß

Tabelle 2. *Synthetische*

Zusammensetzung	Handelsname	spez. Gewicht	Wasseraufnahme (A) Imbibition (I)
Polyvinylchlorid, unchloriert	PCU-Faser (IG) Rhovyl (Rhodiaceta) getempert Isovyl	1,39	0,1 A
Polyvinylchlorid, chloriert (63% Cl)	PC-Faser (IG)	1,42—1,48	0,1% A
Polyvinylalkohol, formalisiert	Vinylon (Japan) Cremona (Jap. Kuralon)	1,30	4,5% A
Polyvinylidenchlorid	Saran (USA) PC 120 (IG)	1,68—1,72	0,2% A
Polyvinylchlorid—Polyvinylacetat	Vinyon (CCCC, USA)	1,32—1,36	1,0% A
Polyvinylchlorid—Polyacrylnitril	Vinyon N (CCCC, USA)	1,20—1,31	0,1% A 11% I
Polyamide Polyhexamethylendiaminadipamat	Nylon (DuPont, USA) Nylon 66	1,14—1,15	3—4% A
Poly-ε-Caprolactam	Nylon 6 (DuPont, USA), Perlon L (Deutschland), Mirlon, Grilon (Schweiz), Steelon (Polen), Silon (CSR), Amilan (Japan, USA), Kapron (UdSSR), Enkalon (Niederlande)	1,14	3—4% A 13% I
Polyamid aus Aminoundecansäure	Rilsan (Frankreich)		
Polyester (Poly-Terephtalsäureglykolester)	Terylene (Großbrit. ICI), Dacron (USA) früher Fiber V (DuPont) bzw. Amilar	1,41	70% I
Polyacrylnitril	Orlon (DuPont), USA), PAN (Deutschland) früher Fiber A (DuPont)	1,17—1,18	0,9% A 3% I
Polyacrylnitril mit Polymethacrylsäure	Acrilan auch Acrylan, Akrylan (Viscose, USA) früher Chemstrand (Monsanto)	1,13	3% A 6% I
Polyacrylnitril mit Polymethacrylnitril und etwas Polyvinylacetat	X-51 Cyanamid (USA)	1,17	
Polyäthylen	Polythen (ICI, Großbritannien),	0,93	0,02% A
Polybutadien	Dienfaser (Niederlande)		0,02% A
Polystyrol	Polyfibre (Dow Chem. Co, USA)	1,05	0,05% A
Polytetrafluoräthylen	Teflon (USA)	2,2—2,3	0,02% A

Fäden (Filament).

trocken/naß Festigkeit g/den	trocken/naß % Dehnung	Erweichungspunkt Schmelzpunkt	Name der Stapelfaser
2,8/2,7	37/40	EP 80° C FP 120° C	Fibrovyl (Rhodiaceta)
1,4—1,8/1,4—1,8	20—44/20—44	EP 65° C FP 70° C	
2—4/2—4	15—30/15—30	EP 200° C	
3—6/3—6	18—25/18—25	EP 115° C	
2—4/2—4	8—28/8—28	EP 75° C	
2,5—4/2,5—4	2—30/2—30	EP 120° C	Dynel (CCCC)
4,5—7,5/3,8—6,8	14—25/14—25	EP 180° C FP 235—255° C	Nylonstapel (DuPont)
		EP 120° C FP 210° C	Perlonstapel (Bobingen usw.)
		FP 240° C	
3,5—6/3,5—6	10—20/10—20	EP 250° C dann zersetzt	Orlonstapel (Typ 41 usw.)
		FP 105—120° C	
		EP 80° C	
4—5/4—5	14—20/14—20	bis 300° C beständig	

Erster Abschnitt.

Die künstlichen Fasern.

Die Zahl der künstlichen synthetischen Fäden ist durch eine Reihe von neuen Erzeugnissen vermehrt worden. Sie sind in den zugehörigen Kapiteln dieses Abschnittes besprochen. Vgl. auch die Tafeln 1 und 2.

Interessante Untersuchungen beschäftigen sich mit dem Einfluß des Lichtes auf die Haltbarkeit textiler Fasern. Sippel[1] bestimmte den Festigkeitsverlust nach halbjähriger Bewetterung bei der Orlonfaser mit etwa 8%, bei Baumwolle mit 50%, bei Polyvinylchloridfäden mit 55%. Viskosereyon verliert 70%, Acetatreyon nur 65%, Perlon dagegen 80% und Seide 95% der ursprünglichen Faserfestigkeit. Somit ergibt sich auch hier wieder (vgl. S. 114 H), daß derzeit die Polyacrylnitrilfasern die widerstandsfähigsten Materialien sind, die textiltechnisch verarbeitet werden. Es wurde bei den Bewetterungs- und Belichtungsversuchen zugleich ermittelt, daß die Luftfeuchtigkeit und der Luftsauerstoff, welche die Faserschädigungen in erster Linie zu bewirken scheinen, nur in Verbindung mit bestimmten Wellenlängen des UV-Lichtes die Lebensdauer der Fasern beeinträchtigen. Oberhalb etwa 3400 Å sind Feuchtigkeit und Sauerstoffgehalt der Luft für die Geschwindigkeit der Faserzerstörung belanglos.

Neue Dichtebestimmungen an Fasern nahmen Preston und Nimkar[2] vor. Sie ermittelten folgende Werte (* sind Einfügungen aus anderen Quellen):

Wolle	1,30 (1,32*)	Vinyon	1,35–1,37 (1,22–1,28*)	Orlon	1,18*–1,17
Seide	1,34 (1,36*)	Viskosereyon	1,52 (1,50*)	* X 51-Polyacrylfaser	1,17
Tussah	1,32	PC-Faser ..	1,54 (1,53*)	* Acrilan	1,13
Ardil	1,29	Saran	1,72	* Cremona (Vinylon)	1,30
* Terylene (Dacron) vgl. S. 110 H.	1,41 (1,38*)	* Vinyon N	1,31	* Perlon	1,15–1,14
Acetatreyon	1,31 (1,30*)	Baumwolle	1,55	* Nylon	1,14
		Perlon U ..	1,19		

Imbibitionswerte werden von Bowker[3] wie nachstehend angegeben (vgl. S. 18 H):

Wolle	39–42%	Viscosereyon	100%	Vinyon	11%
Lanital	50%	Acetatseide	25–30%	Terylen	7%
Baumwolle	45–55%	Nylon	13%	Orlon	3%

---

[1] Umschau, 15. September 1951, S. 54, vgl. Newsome, J. Soc. Dyers Colourists 66, 277 (1950) bzw. Appleby, Amer. Dyestuff Reporter 38, 149 (1949) und Launer, Wilson, J. Amer. chem. Soc. 71, 958 (1949).

[2] J. Textile Inst. 41, T 446 (1950).

[3] Text. Manufacturer 77, 296 (1951).

Über die Unterscheidung der verschiedenen Fasern durch Farbreaktion mit Neocarmin W veröffentlichte Schäffer[4] eine instruktive Farbtafel. Ebenso zeigt er die Farbtönungen, welche die einzelnen Fasern mit der IG-Lösung MS (die Chicagoblau 6B, Pikrinsäure, Palatinscharlach 3R und Rhodamin B enthält) annehmen (s. a. S. 10 H); z. B. (vgl. S. 63 bzw. Calco. Techn. Bull. 831):

Faserart	Farbe	
	mit Neocarmin W	mit Lösung MS (vgl. oben)
Wolle	goldgelb	goldgelb
Wolle chloriert	olive	rotbraun
Baumwolle	hellblaugrau	hellblaugrau
Baumwolle mercerisiert	dunkelblau	dunkelblau
Rohseide	dunkelgrün	scharlach
Seide entbastet	rötlichbraun	
Seide erschwert	hellgrau	rosa
Viskosereyon	rotviolett	violett
Kupferkunstseide	dunkelblau	blau
Acetatkunstseide	hellgelb	goldgelb
Cuprama	dunkelblau	dunkelblau
Lanusa	rötlichbraun	dunkelblau
Vistra XTH	rot	rosa
Lanital	hellgelbolive	rot
PC-Faser	hellfleischrot	hellfleischfarben
Nylon	hellgelbstichig	hellgelbstichig
Orlon	blaßgrau	blaßbordo

Ausgedehnte Unterscheidungstabellen bringen Koch[5] bzw. Müller[5a].

Saechtling bringt eine Kunststoffbestimmungstafel wie folgt[5b]:

Faserart	Benzin	Benzol	Methylenchlorid	Aceton	Alkohol	Wasser	besond. Lösgsm.
Polyamide	—	—	—	—	—	—	konz. HCOOH, heiße Alkohole
Polythen	—	—	—	—	—	—	siedendes Toluol
Polyurethan	—	—	—	—	—	—	konz. HCOOH, heißes Phenol
Teflon	—	—	—	—	—	—	
PVC	—	quillt	quillt	—	quillt	—	Tetrahydrofuran
Saran	—	—	—	—	—	—	
Polyrinylalkohol	—	—	—	—	—	löslich	
Regenerat Cellulose	—	—	—	—	—	—	
Celluloseacetat	—	—	quillt	löslich	—	—	

Über den Aufbau bzw. die Oberflächenstruktur nativer und künstlicher Fasern sind Studien mit dem Elektronen-Mikroskop angestellt worden, die außerordentlich interessante Ergebnisse lieferten[6].

Über die Knitterwinkel von synthetischen Fasern im Vergleich zu knitterecht gemachtem Cellulosematerial und zu nativer Wolle gab kürzlich Gantz eine instruktive Tabelle [Amer. Dyestuff Reporter 41, P 100 (1952)]. Die Knitterwinkel von

[4] Schaeffer: Handbuch der Färberei, Stuttgart, Konradin Verlag, 1949, Bd. I; vgl. auch Draxl: Melliand Textilber. 31, 784 (1950).

[5] Koch: Textil-Rundschau 7, 273 (1952).

[5a] Müller: S.V.F. Fachztg., Textilveredlung 6, 131 (1951).

[5b] Vgl. Kunststoff-Praxis Nr. 3, P 21 (1952); s. Kunststoff 42, Heft 3 (1952).

[6] Signer, Pfister, Studer: Makromol. Chem. 6, 15 (1951), Zaidess, Sinilikaya: Dokl. Akad. Nauk. USSR. 80, 213 (1951), zit. J. Textile Inst. 43, 1275 (1952).

Orlon und Dacron waren wesentlich besser als der von Wolle und jene von knitterecht gemachten Baumwoll- bzw. Viskosekunstseidenfasern. Dynel und Acrilan lagen mit etwa 128° bzw. 139° um 15 bzw. 20% unter den Orlon- bzw. Dacronwerten von 150° bzw. 157°.

Sippel hat kürzlich die Lichtschädigung von Kunstfasern untersucht[6a] und darauf hingewiesen, daß ein Zusatz von 2–5% an optischen Bleichmitteln zu Spinnlösungen bereits die Faser schädigen kann, wenn sie längerem Lichteinflusse unterliegt. Mengen von 0,5% und weniger sind harmlos. Fe-Salze wirken beim Auftreten der Lichtschäden von Textilien als Katalyten; die Wirkung von TiO_2, das als Mattierungspigment dient, ist bekannt. Gegen die schädliche Wirkung sind Mangansalze als Gegenmittel zu verwenden. Chromsalze sind nicht immer wirksam.

Literaturübersicht über die künstlichen Fasern.

Müller: Textilfasern. Textil Praxis **8**, 783 (1953).

Schlack: Synth. Fasern. Textil Praxis **8**, 1055 (1953).

Caswell: Textile Fibers, Yarns and Fabrics. New York, Reinhold Publ. Co. 1953.

Van Beek: 50 Jahre Chemiefasern. Melliand Textilber. **34**, 169 (1953).

Egerton: Die photochemische Schädigung von Textilfasern. De Tex **11**, 28 (1952).

Soulaz: Vollsynthetische Fasern. Ind. Text. **69**, 673 (1952).

Fisher, Roberts: Analyse von Stapelfasermischungen. Text. Res. J. **22**, 509 (1952).

DuPont: Faserbestimmung. Technical Bulletin **8** [4], 192 (1952); vgl. auch SVF. Fachorgan, Textilveredlg. **8**, 200 (1953).

Koch: Die Textilfasern und ihre Eigenschaften (mit vielen Tabellen). Textil-Rundschau **7**, 559 (1952).

Grabe: Die synthetischen Fasern. Chemiker-Ztg. **76**, 436 (1952).

Schlack: Die Entwicklung der Fasern aus synthetischen Hochpolymeren, ref. Melliand Textilber. **33**, 1148 (1952), Kunststofftagung 1952.

Campbell: Synthetische Fasern. Mod. Textiles **33**, No. 9, 31 (1952).

Loasby: Entwicklung der synthetischen Fasern. J. Textile Inst. **42**, P 411 (1951).

Baumann: Probleme der neuen Fasern. Amer. Dyestuff Reporter **41**, P 453 (1952).

Mauersberger: Amer. Handbook of Synthetic Textiles. Textil Book Publishers, N. Y. 1952.

Weber: Licht und Textilveredlung. Melliand Textilber. **33**, 1113 (1952).

Sippel: Photochemie der Textilfasern. Faserforschg. u. Textiltechn. **3**, 211 (1952).

Sippel: Faserstruktur und Photolyse. Kolloid-Z. **127**, 79 (1952).

Gorshkov: Die Verhütung von Gewebeschäden. Berichte des Iwanow-Inst. f. Celluloseind. (UdSSR) **18**, 119 (1951), zit. C. A. **46**, 9850 (1952).

Brennecke: Vollsynthetische Fasern. Melliand Textilber. **33**, 946 (1952).

Dorsch: Synthetische Fasern, Faserforschg. u. Textiltechnik **2**, 246 (1952). Synthetische Fasern, Kunststoffe **42**, 130 (1952).

Hall: Synthetic Fibers. National Trade Press, London 1950.

Hill: Synthetische Fasern. J. Soc. Dyers Colourists **68**, 158 (1952).

Hill: Synthetische Fasern, Text. Manufacturer **78**, 205 (1952).

Bauer: Das Jahrbuch der Chemiefasern, München, Goldmann, 1952.

Lake: Eigenschaften von Geweben aus künstlichen Fasern. Text. Res. J. **22**, 138 (1952).

Ray: Die synthetischen Fasern in der Textilindustrie der Zukunft. Text. Res. J. **22**, 144 (1952).

Steele, Wakeham, Wakelin, White jr., Reichhardt, Turner, Messler: Textilforschung und Entwicklung 1950. Text. Res. Inst. Princetown, publ. Text. Res. J. **21**, 291 (1952).

Heide: Die elektrische Leitfähigkeit von Textilfasern. Faserforschung und Textiltechnik **2**, 391 (1951).

Matthes: Chemiefasern. Heidelberg. Melliand Textilber. 1951. — Faserunterscheidung. Techn. Manual and Yearbook of the AATCC, 106–119 (1951).

Rogowin: Synthetische Fasern. Tekstil. Prom. **11**, No. 10, 12 (1951).

[6a] Sippel: Textil-Praxis **7**, 220 (1952).

Dicker: Eigenschaften der neuen Fasern. Rayonne Fibres synth. **7**, No. 6, 11, No. 7, 25, No. 11, 28 (1951). – Identifizierung von Textilmaterialien. J. Textile Inst. **42**, 525 (1951). – Modern Plastics. Die neuen Fasern **29**, 75 (1951).

Preston-Nimkar: Dichte verschiedener Fasern. J. Textile Inst. **41**, T 446 (1950).

Müller: Die Unterscheidung der Kunstfasern. S. V. F. Fachorgan Textilveredlg. **6**, 129 (1951).

Preston: Faseridentifizierung. J. Textile Inst. **41**, P 679 (1950); vgl. Dyer **105**, 102 (1951).

Bowker: Die Imbibitionswerte diverser Fasern. Text. Manufacturer **77**, 296 (1951).

Meulemeister et al: Die Bestimmung der Reife von Baumwolle nach der GBS-Methode. Textielwezen **6**, 21 (1951); vgl. Vogler: Textil-Rundschau **6**, 513 (1951).

Elöd: Struktur und Eigenschaften natürlicher und künstlicher Fasern. Textil Praxis **5**, 209 (1950).

Draxl: Faseruntersuchung. Melliand Textilber. **31**, 784 (1950).

Schaeffer: Handbuch der Färberei, I. Bd. Stuttgart, Konradin Verlag, 1949.

Kollek: Faserfestigkeit. Melliand Textilber. **31**, 31 (1950).

Preston: Kontraktionstemperatur als Faseridentifizierungsmittel. J. Textile Inst. **40**, T 767 (1951), cit. Melliand Textilber. **32**, 816; vgl. auch J. Textile Inst. **41**, P 679 (1950).

Bredée: Synthetische Fasern. Rayon Revue **6**, 5 (1952).

Signer, Pfister, Studer: Elektronenmikroskopie von Faseroberflächen. Makromol. Chem. **6**, 15 (1951).

Grove, Vodonik, Casey: Natürliche und synthetische Fasern. Ind. Engng. Chem. **43**, 2235 (1951).

Borghetty: Chemische und physikalische Fasermodifikation. Coll. Chem. **7**, 599 (1950).

Preston: Der Einfluß der Molekularstruktur auf die Quellung der Textilfasern. J. Textile Inst. **41**, T 126 (1950).

Parsons, Stearns: Textile Fibers, Int. Text. Book, USA Co. 1951.

Moncrieff: Artificial Fibers, National Trade Press, London 1950.

I. Modifizierte native Fasern (Wolle und Baumwolle).

Die Verfahren zum Modifizieren der Wolle bilden weiterhin den Gegenstand von Untersuchungen. So erzielten Jones und Lundgren[7] mit β-Propiolacton eine weiche, hohen Glanz aufweisende, filzende Faser, während nach Hall[8] durch vorheriges Behandeln mit $SnCl_2$ und $KMnO_4$ und nachheriges Chlorieren mit Ammoniak und Aethylchloramin oder Aktivin die Filz- und Schrumpffähigkeit wesentlich verringert wird (vgl. S. 21 H).

Die Modifikation des Wollhaares mit Formaldehyd, lange bekannt, war erst kürzlich wieder Gegenstand einer Untersuchungsreihe (vgl. S 231 Formalisieren). Abgesehen von der Erniedrigung des Filzvermögens dient die Aldehydbehandlung unter gleichzeitiger Hitzeeinwirkung und Faserstreckung z. B. zur Herstellung glatter, glänzender Lammfelle, die für Pelzwaren derzeit sehr gebräuchlich sind (*Panofix*-Verfahren, usw.).

Die Wirkung von Oxydantien auf Wolle wurde von Alexander et al. untersucht, insbesondere hinsichtlich der Reaktion der Cystinbrücken. Über die Einwirkung von Ketenen auf Wolle usw. stellten Rath, Meyer und Bierling Untersuchungen an [Melliand Textilber. **33**, 427 (1952)], die ergaben, daß bei einer geringen, aber deutlichen Verminderung von Reißfestigkeit und Dehnung das Material seine Affinität zu Farbstoffen weitgehend einbüßt.

Über das Carrotieren vgl. S. 336.

Neuerlich stellten Schuringa, Schooneveldt und Vonings fest (l. c.), daß von den Cystinbrücken des Wollmoleküls durch Bisulfit bei 95° C etwa $^2/_3$ umgewandelt werden:

[7] Text. Res. J. **21**, 620 (1951).

[8] Rayon Synth. Text. **31**, 81 (1950).

$$R{-}S{-}S{-}R + NaHSO_3 \leftrightarrows R{-}SH + RSNaSO_3$$

wobei aber durch Wasser Rückbildung der Brückenbildung erfolgt.

Nach Gagliardi ist es möglich, die Modifikation textiler Fasern durch Appreturprozesse im Gewebe vorzunehmen. Z. B. kann so die Bügelechtheit von Acetatseide erhöht werden durch Abspaltung einer Estergruppe. Bei mit Kunstharz behandelter Cellulose bewirkt eine Aldehydnachbehandlung oft erhöhte Scheuerfestigkeit. Verwendet man zur Behandlung von Cellulosetextilien Glykolmethylat und ein quaternäres Salz, so ist der erhaltene Finish resistenter gegen Alkali und Säure als eine Kunstharzbehandlung.

Hinsichtlich der Cellulosestruktur und ihrer Veränderung gab Lauer[9] interessante Hinweise. Kristalline Cellulose gab auf 75 Glukosereste keine OH-Gruppenreaktion, während amorphe Anteile enthaltende Cellulose auf 25 Glukosereste 50 OH-Gruppen reaktiv zeigte. Für mercerisierte Cellulose (Alkalicellulose I) gaben kristalline Bereiche auf 50 Glukosereste keine, semikristalline Anteile auf 25 Glukosereste 25 und amorphe Bereiche auf 25 Glukosereste 50 OH-Gruppenreaktionen. Durch die Mercerisation ist also die Anzahl der OH-Gruppen um 50% gestiegen, ein Umstand, der in der bekanntlich erhöhten Farbstoffaffinität seinen Ausdruck findet.

Baumwolle wird durch Behandlung mit Carbomethylen ($CH_2{=}C{=}O$) mit Acetatseidenfarbstoff färbbar[10].

Die Testung des Baumwollreifegrades nach den Vorschlägen von Goldthwait und Mitarbeitern, der „GBS-Test", erwies sich als sehr brauchbar (vgl. S. 23 H, bzw. Meulemeister, l. c.).

Über den Polymerisationsgrad von Baumwolle, Zellstoff und Kunstseiden berichtete kürzlich Schwertassek[11]. Es wurden ermittelt für: Baumwolle mercerisiert 1500, Zellstoff alkalisiert 600—1200, Lanusazellwolle[12] 520—800, Schwarza Zellwolle[12] 370—450, andere Zellwollen 220—450 und Kunstseide 300—450 (vgl. S. 14 H).

Literaturübersicht über modifizierte Wolle und Baumwolle.

Lassé: Wolle, Nylon. S. V. F. Fachorgan Textilveredlg. 7, 544 (1952).

Sakaguchi: Chem. Madifikation von Wolle. J. Soc. Text. Cell. Ind. (Japan) 8, 226 (1952); zit. C-A. 8861 (1952).

Jackson, Lipson: Modifikation von Wolle mit Polyamiden. Text. Res. J. 21, 156 (1951).

Boardman, Lipson: Die Polymerisation von Methacrylamid in Wolle. J. Soc. Dyers Colourists 67, 271 (1951).

Alexander, Fox, Hudson: Oxydation der Disulfidbrücke in Wolle, Biochem. J. 49, 129 (1951).

Schuringa, Schooneveldt, Konings: Die Einwirkung von Bisulfit auf Woll-Cystin. Text. Res. J. 21, 281 (1951).

Alexander, Fox, Hudson: Reaktion von Oxydationsmitteln auf Wolle. Biochem. J. 49, 129 (1951).

Koch: GBS-Methode (Goldthwait et al). Nachweis reifer bzw. unreifer Baumwolle. Textil Rundschau 6, 169 (1951).

King: Einige Reibungseigenschaften von Wolle und Nylon. J. Text. Inst. 41, T 135 (1950).

Fearnley, Speakman: Über die Bildung von Polymeren in Wolle. J. Soc. Dyers Colourists 66, 374 (1950).

Hall: Modifikation von Wolle. Rayon Sinth. Text. 31, 81 (1950).

---

[9] Koll. Z. 121, 36 (1951), ref. Melliand Textilber. 32, 420 (1951).

[10] Rath, Meyer, Bierling: Melliand Textilber. 33, 427 (1952).

[11] Melliand Textilber. 32, 460 (1951).

[12] Lanusa und Schwarza werden bekanntlich aus kurz gereifter Viskose gesponnen (Nichtmantelfasern).

Alexander, Bailey, Carter: Modifikation von Wolle. Text. Res. J. **20**, 385 (1950).
Katy, Tobolsky: Text. Manufacturer **76**, 238 (1950).
Alexander: Melliand Textilber. **31**, 113 (1950).
Mizell, Harris: Melliand Textilber. **31**, 135 (1950).
Alexander, Earland: Nature **166**, 396 (1950).
Zahn: Stabilisierung mit DNDF (1,3-Difluor-4,6-dinitrobenzol). Melliand Textilber. **31**, 762 (1950); vgl. Textil-Rundschau **7**, 305 (1952), bzw. dort angegebene Literaturzitate.
Fearnley, Speakman: Modifikation von Wolle. Nature **166**, 743 (1950).
Meulemeister: Textielwezen **6**, 21 (1950).

Patentschrifttum über modifizierte Wolle und Baumwolle.

DP 868 285 Hoechst 1953 — Die Alkalibeständigkeit von Keratinfasern (Wolle, Haaren usw.) wird erhöht, indem man zunächst in bekannter Weise Thioglykolsäure usw. einwirken läßt und hierauf mit Äthyleniminen behandelt.

NorwP 79 036 Calca 1951 — Keratinhältige Fasern werden beim isoelektrischen Punkt mit Carbonylverbindungen in Reaktion gebracht.

BelgP 500 514 Lucke 1952 — Fäden aus Wolle werden mit Kunststoff überzogen.

EP 674 586 Chambers 1952 — Man zerstört die Brückenbindungen in Wollfasern durch Behandlung mit Mg-hydrosulfidlösungen eventuell in Anwesenheit von $MgCl_2$.

EP 672 837/38 Procter 1952 — Man behandelt Wolle mit Mercaptanen und einem Salz der Thioschwefelsäure. Man kann so eine Haarkräuselung usw. fixieren.

AP 2 583 574 Secr. Agric. 1952 — Zur chemischen Modifikation von Wolle sollen 20%ige Acroleinlösungen dienen und eine Nachbehandlung mit Schwefelhalogenverbindungen folgen (vgl. AP 2 342 994, 2 383 963).

CanP 485 117/118 Harris Research 1952 — Die Behandlung von Keratinen usw. erfolgt mit ammoniakalischen Formaldehydsulfoxylatlösungen und Aldehyden, eventuell in Borat-Dichloräthanwasserdispersion.

II. Künstliche Fasern aus Regeneratproteinen und regenerierten Cellulosen sowie Fasern aus Cellulosederivaten; Alginseide.

A. Künstliche Eiweißfasern.

1. Kunstwolle (Lanital, Tiolan, Aralac).

Zahlreiche Vorschläge der Patentliteratur zeigen noch immer das Bemühen, die schlechte Naßfestigkeit der Fasern zu beheben[13]. Allerdings werden bloß die bekannten Arten der Nachbehandlung mit Formaldehyd, Chromsalzen usw. variiert. Nach Fröhlich (l. c.) betragen die Festigkeitswerte, die bei verschiedenen Faserhärtungsverfahren erzielt werden, folgende:

	Reißfestigkeit		Bruchdehnung	
	trocken	naß	trocken	naß
Caseinfaser unbehandelt	1,09 g/den	0,50 g/den	50%	50%
Caseinfaser mit 1% Polysiloxan	1,27 „	0,68 „	50%	50%
Desaminierte Caseinfaser	0,96 „		65%	
Desaminierte gefärbte Caseinfaser	0,74 „		100% (?)	
Acetylierte Caseinfaser	0,85 „		70%	
Acetylierte gefärbte Caseinfaser	0,70 „		70%	

[13] Vgl. Textil-Rundschau **5**, 106 (1950).

Als *Casolana* wird seit kurzem ein niederländisches Produkt erzeugt, *Merinova*, eine italienische Caseinfaser, ist mit Zinnsalz und Phosphat behandelt bzw. mit Zn-Salzen wasserfest gemacht; vgl. BelgP 503 657 (S. 21).

Literaturübersicht über Kunstwolle.

Koch: Vicarafaser. De Tex **10**, 1122 (1952).

Arthur, Many: Fließverhalten von Spinnlösungen von Erdnußproteinen. Amer. Dyestuff Reporter **41**, 385 (1952).

Peterson, McDowell: Stabilisierung der Caseinwolle durch Desaminisierung. Text. Res. J. **20**, 95 (1950).

Johnson: Text. Manufacturer **76**, 418 (1950).

Hougen, Hipp: Plastizität von Casein. J. Coll. Sci. **5**, 218 (1950).

Salquain: Lanital und die neuen Proteinfasern. Rev. prod. chim. **53**, 165 (1950).

Brintzinger, Wolff: Wasser- und Kochresistenz von Caseinfasern, Kolloid-Z. **118**, 28 (1950); vgl. **118**, 26 (1950).

Coppa-Zuccari: Eine neue Proteinfaser. Mod. Textiles **33**, No. 5, 44 (1952).

Alexander: Regenerierte Keratinfäden. Textile Ind. and Fibres **13**, 254 (1952), zit. C. A. **46**, 9851 (1952).

Genin: Herstellung von Caseinwolle. Lait **32**, 570 (1952); **29**, 430 (1949), cit. C. A. **45**, 1771 (1951).

Haworth, McGillivray, Peacock: Die Einwirkung von Formaldehyd auf Proteine. J. chem. Soc. **1950**, 1493.

Fröhlich: Die Alkaliaufnahme von Protein- und Polyamidfasern in Abhängigkeit vom pH-Wert. Dtsch. Textilgewerbe **52**, 502 (1950).

Croston: Die Stabilisierung von Proteinfasern mit Formaldehyd. Ind. Engng. Chem. **42**, 482 (1950).

Sisley: Proteinfasern. Teintex **15**, 225 (1950).

Wormell: Fasern aus regeneriertem Protein. Textile Inst. **41**, P 16 (1950).

Peterson, McDowell: Stabilisierung von Caseinfasern durch Desamination. Text. Res. J. **20**, 95 (1950).

Patentschrifttum über Kunstwolle.

OeP 167 847 Research 1951 – Die Verstreckung von Caseinfasern geschieht unter dem Einfluß von Salzlösungen. Das Nachhärten mit HCOH erfolgt spannungsfrei.

OeP 167 116 Feretti 1950 – Caseinfasern werden mit harnstoffhältigen Salzlösungen und Aldehyd nachbehandelt.

OeP 167 115 Feretti 1950 – Herstellung von Casein oder Sojabohnenproteinfasern. Die Nachbehandlung erfolgt mit Al-Salzen und Aldehyd.

OeP 166 477 Feretti 1950 – Herstellung von Milchcasein- oder Sojabohnenproteinfasern. Es wird mit Chromsalzen und HCOH in Gegenwart von NaCl behandelt.

DP 876 292 Friesland 1953 – Ein Verfahren zur Stärkung von Eiweißfasern wird beschrieben.

DP 875 705 Courtaulds 1953 – Resistente Proteinfäden werden verfahrensmäßig erhalten.

DP 860 239 ICI 1952 – Die Herstellung von Proteinfäden wird beschrieben.

DP 764 070 Thür. Zellwolle 1953 – Die Herstellung verbesserter Caseinkunstseide durch Zusatz von Galle zu den Spinnlösungen wird beschrieben.

DWP 2913 Thür. Kunstfaserwerk W. Pieck 1953 – Verfahren zur Verbesserung der textilen und färberischen Eigenschaften von künstlichen Gebilden, wie Fäden, Fasern, Bändchen und dergleichen, aus Eiweißstoffen, insbesondere Casein. Das Ausgangsmaterial wird vor der Verarbeitung zur Spinnlösung mit anorganischen oder organischen Gerbstoffen natürlichen oder synthetischen Ursprungs oder vorkondensierten wasserlöslichen Kunstharzverbindungen behandelt.

Durch den Printing and Stationary Service, Control-Commission of Germany (BE), Berlin wurden Ende 1949 die deutschen Anmeldungen beim RPA bzw. die erteilten, jedoch nicht mehr veröffentlichten Patente in Auszügen publiziert. Nachfolgend werden derartige Publikationen der Klasse 29 b unter DA, Akten No und Inhalt (Aktenzeichen ist Anfangsbuchstabe des Anmeldernamens, nachher die Abteilung des RPA IV c, also I 64 564 IV c usw.) angegeben (vgl. S. 125 H).

DA 91 156 Feretti (s. a. DA 86 860) — Herstellung von Caseinfasern.

DA 90 206 — Alkalische Caseinlösungen werden in harnstoffhältigen Bädern gefällt und dann mit HCOH gehärtet.

DA 87 599 — Caseinfasern werden mit Isocyansäureestern, Fettsäureamiden oder -chloriden behandelt.

DA 83 938 Feretti — Man verspinnt Mischungen aus Kasinose und Viskose unter Nachhärtung in HCOH-Bädern, die NaCl und eventuell Al-Salze enthalten.

DA 75 333 Snia Viscosa — Eine mit Phenol und Na-borat versetzte alkalische Caseinlösung wird in 50—60° C heiße Säurebäder versponnen.

DA 57 852 IG. — Man härtet Caseinfasern mit HCOH unter Zusatz wasserlöslicher Salze.

DA 57 770 Holthoff, Krieger — Die Härtung von Caseinfasern erfolgt durch Sämischgerbung.

DA 56 207 Thüring. Zellwolle — Aus Labcasein werden in Fällbädern mit einem pH von 5 und höher Fäden hergestellt. Die Spinnbäder enthalten NH_4-, Mg- oder andere Metallsalzlösungen, das Alkali der Caseinlösung wird durch Puffer unschädlich gemacht.

DA 54 097 Elöd — Labcasein wird in alkalischen Lösungsmitteln gelöst, gereift und in Bädern mit einem pH-Wert von 8,8—9,9 versponnen.

EP 690 566 Courtaulds 1953 — Die Härtung von Proteinkunstseide insbesondere Proteinlösungen.

FP 1 022 588 Courtaulds 1953 — Beschreibt die Herstellung haltbarer Proteinfäden.

FP 992 621 Lanital 1951 — Die Gewinnung von Casein zur Caseinwolleherstellung wird beschrieben.

BelgP 507 677 Courtaulds 1953 — Die Herstellung von Caseinfäden wird behandelt.

BelgP 502 874 Courtaulds 1952 — Die Verbesserung von Fäden aus Proteinen wird beschrieben.

HollP 70 665 Feretti 1952 — Das Unlöslichmachen von Caseinfäden erfolgt derart, daß in saure Bäder aus Kasinose versponnene Caseinfäden in Bädern nachbehandelt werden, die neben Formaldehyd noch NaCl und Al-Salze in derartigen Mengen enthalten, daß eine Quellung der Fäden verhindert wird.

HollP 70 666 Courtaulds 1952 — Caseinfasern werden verbessert, indem man sie mit konzentrierten, eine puffernde Wirkung ausübenden Salzlösungen behandelt (pH 4,6), ausquetscht und zwei Stunden auf mindestens 50° C erhitzt.

HollP 66 502 Feretti 1950 — Die Herstellung von Fäden aus Casein (vgl. EP 508 781, FP 855 286, 834 443) erfolgt durch Verspinnung in ein formaldehydfreies Koagulationsbad und Nachbehandlung der Fäden in Bädern mit Harnstoff und großen

Mengen saurer oder neutraler Salze und in weiteren Bädern mit Salzen und Formaldehyd.

HollP 65 289 Feretti 1950 – Man erhält Caseinfasern durch Spinnen in saure Bäder, die neben Säure eine bestimmte Menge Salz enthalten.

HollP 64 557 Zellwollering 1949 – Die Herstellung kochfester Proteinfasern wird beschrieben.

HollP 64 507 Zellwollering 1949 – Eiweißgewinnung für Proteinfasern.

HollP 62 649 ICI 1949 – Es wird die Herstellung von Proteinfasern beschrieben (vgl. AP 2 211 961 und EP 543 586).

HollP 61 671 Research 1951 – Alkalische Caseinlösungen werden stabilisiert, indem man sie bei einem pH-Wert von 9,8–10 auf 58–60° C hält; vgl. OeP 164 051.

HollP 61 441 Research 1948 – Man verbessert Caseinfasern in ihren Eigenschaften, indem man sie mit Resorcin-Formaldehydvorkondensat-Lösungen behandelt, abquetscht und härtet; vgl. OeP 164 047.

HollP 58 841 IG 1947 – Man verbessert die Haltbarkeit von Caseinfasern durch Behandlung mit Aldehyden oder solchen abgebenden Stoffen in Gegenwart von Zinksalzen. Z. B. kann man mit Ammonacetat, Glaubersalz und saurem Farbstoff in Anwesenheit von 10% $ZnCl_2$ und 10% Hexamethylentetramin färben. Man geht bei 40° C ein, erhöht binnen $^3/_4$ Stunden auf 90° C und färbt eine Stunde.

HollP 58 605 Feretti 1946 – Man behandelt gehärtete Caseinfäden mit Mono-, Di- oder Trinatriumphosphat.

EP 692 876 Courtaulds 1953 – Die Herstellung von regenerierten Keratinfasern wird beschrieben.

EP 692 478 Wolsey 1953 – Das Löslichmachen von Protein in Alkalien mittels organischen Persäuren wird beschrieben.

EP 690 566 Courtaulds 1953 – Die Härtung von Proteinkunstseide insbesondere solcher aus Keratin, wird beschrieben.

EP 690 492 (vgl. EP 690 501) Courtaulds 1953 – Betrifft die Herstellung von Proteinfasern und ihre Härtung (vgl. DP 748 450 etc.).

EP 686 117 Courtaulds 1953 – Proteinfasern werden nach der Aldehydhärtung mit alkalischen Lösungen in die Alkaliproteinate übergeführt und dann mit Epoxyverbindungen behandelt.

EP 684 506 Courtaulds 1953 – Man stellt Caseinfasern her, indem man aus Lösungen in Dichlor- oder Trichloressigsäure verspinnt.

EP 662 542 Courtaulds 1951 – Zur Herabsetzung der elektrostatischen Aufladung beim Verspinnen von Caseinfasern besprüht man diese vorher mit 4%igen Lösungen von Triäthanolaminlaurat und -sebacat (1 : 1) oder -caprat bzw. suberat.

AP 2 631 942 United Shoe Machinery 1953 – Die Herstellung von Kollagenfasern wird beschrieben.

AP 2 567 184 Borden 1951 – Die Härtung von Caseinfäden erfolgt nach der Formalisierung ohne Zwischenwaschung in Bädern von Sn-, Ti- oder Zr-Salzen in Konzentrationen von 0,5% bis zur Sättigungsgrenze bei pH-Werten von 0,8–3,0 und zwischen 50° C und 90° C.

AP 2 548 357 Feretti 1951 – Herstellung von Caseinfasern, die durch ein Harnstoff- und dann ein Aldehydbad geführt werden.

AustralP 139 827 Research 1951 — Man behandelt Proteinfasern mit Resorcin-Formaldehydharzvorkondensaten.

AustralP 137 018 Cyanamid 1950 — Die Herstellung von Kollagenfäden wird beschrieben.

AustralP 136 524 ICI 1950 — Die Härtung von Proteinfasern wird beschrieben.

AustralP 135 876 ICI 1950 — Die Herstellung viskoser Proteinlösungen zum Verspinnen wird beschrieben, wobei das Protein beim isoelektrischen Punkt gefällt und dann mit Alkalilösung verknetet wird; vgl. AustralP 134 512.

CanP 490 031 ICI 1951 — Die Herstellung viskoser Proteinlösungen zum Verspinnen wird beschrieben.

CanP 484 455 Cyanamid 1952 — Herstellung von Proteinen (vgl. CanP 484 551, 484 552, 484 691, 484 692, 484 693, 484 694).

CanP 482 128 Borden 1952 — Caseinreinigung mit gasförmigem SO_2.

2. Andere Proteinfasern (Ardil, Vicara, Sarelon usw.).

Hier sind es die *Prolon*-(Sojabohneneiweiß-) Fasern, der *Ardil*- bzw. *Sarelon*faden (Erdnußproteingespinst) in England bzw. USA und die *Vicara*faser (Maisproteinfaden) in USA, welche alle bereits großtechnisch erzeugt und zum Teil auch in Mischung mit anderen Faserarten, meist Wolle, textile Verwendung finden[13a].

Insbesondere soll die Vicarafaser[13b], die erst jetzt wieder an Interesse gewonnen hat, durch saure Formalisierung in organischen Lösungsmitteln sehr gut stabilisiert werden können. Der Faden soll ziemlich resistent gegen Alkalien sein und in Mischungen mit Baumwolle auch den für Zellwolle-Baumwolle üblichen Mercerisierungsprozeß gut überstehen. Wesentlich unbefriedigender ist dagegen die Widerstandsfähigkeit gegen Säure. Eine erhöhte Schrumpffestigkeit sollen die Fasern erlangen, wenn sie nach der Formalisierung auf 160° C erhitzt werden[13c]. Außerordentlich störend bei der Verarbeitung ist der starke Gelbton des Fadens, der durch Bleichung bis jetzt nicht zum Verschwinden gebracht werden konnte, ohne die Faser anzugreifen. Eine gewisse Milderung des Gelbstiches ist durch Behandlung mit optischen Aufhellmitteln (Weißtönern, vgl. S. 139 H und S. 100 möglich.

Die Ardilfaser gibt in Mischung mit Wolle (30—50 : 50) gute Garne, insbesondere für Strickwaren und verleiht Baumwolle (50 : 50) einen angenehmen weichen Griff. Man entschält zur Faserherstellung die Erdnüsse, preßt das Arachisöl aus, vermahlt den Rückstand, extrahiert mit verdünntem Alkali, fällt durch Säure, filtriert, löst neuerlich und spinnt die Lösung in saure Fällbäder, streckt und formalisiert. Die Formaldehydbehandlung bewirkt oft eine Beeinträchtigung der Faserfärbung, da bei der Einwirkung der heißen Farbflotte Aldehyd frei wird und manche Farbstoffe durch Reduktion zerstören kann. Nach Henderson[13d] ist die Ardilfaser cremebis braunfarben und leicht durch H_2O_2 bleichbar. Hydrosulfit hellt den Farbton nur vorübergehend auf. 0,5%ige NaOH gelatiniert heiß und löst. Die Ardilfaser, für die neuerdings eine Festigkeit von 10 kg/mm² und eine Bruchdehnung von 50—100% angegeben werden, ist mottenfest und beschleunigt, wie die Lanitalfaser, den Verfilzungsprozeß der Wolle. Ardil hält Alkalien stark zurück, was beim Färben

[13a] Sisley: Teintex **15**, 225 (1950); vgl. auch Brit. Rayon Silk J. **1951**, 52.

[13b] Vgl. Swallen: AP 2 156 929, bzw. Ind. Engng. Chem. **33**, 394 (1941), bzw. Meigs: AP 2 211 961.

[13c] Croston, Evans: Text. Res. J. **20**, 857 (1950), bzw. Croston: Ind. Engng. Chem. **42**, 482 (1950).

[13d] Dyer **105**, 557 (1951).

von Wolle-Ardil-Mischungen, die man vorher alkalisch gewaschen hat, berücksichtigt werden muß.

Kürzlich gab Foulon[13e] über die Fabrikation von Ardil folgende Details: Das Verspinnen erfolgt aus Glasdüsen mit einer Geschwindigkeit von 55–60 m/min. Der Faden wird in einem Schwefelsäure-Sulfatbade bei 40–50° C koaguliert, in einem zweiten Bade von 100 g Na Cl/Liter ohne Streckung, jedoch mit Spannung behandelt und dann in einem Bad von 22 g Al-sulfat/Liter gestreckt. Hernach wird mit Härtebädern, einmal mit 50 g Formaldehyd 30%/Liter in Anwesenheit von 150 g Al-sulfat/Liter bei 40° C durch 5 Stunden, dann mit 40% Formaldehyd und 22 g Al-sulfat/Liter bei 70° C während 10 Stunden behandelt. Die Faser nimmt dabei etwa 2% Formaldehyd auf. Sie wird dann mit 3–4 g/Liter $NaHPO_4$ gewaschen. Die Faserkosten werden mit 4/2 d pro lb angegeben.

Als *Coesco* ist in Italien eine aus Häuten hergestellte Kollagenfaser bekannt geworden.

Literaturübersicht über andere Proteinfasern.

Ward: Die Molekülgröße von Proteinen in wäßrigen Harnstofflösungen aus Wolle. Text. Res. J. **22**, 405 (1952).

Thomson: Ardil. Text. Age **16**, No. 623 (1952).

Brown: Mischgarne aus Ardil. Text. Manufacturer **78**, 461 (1952).

Koch: Ardil. Beilage zur Textil-Rundschau **7**, Heft 3 (1952).

Schottländer: Vicara, Reyon, Zellwolle, Chemiefasern **1**, 202 (1952). Proteinfasern, Text. Recorder **69**, No. 829, 100 (1952). Ardil, Text. Recorder **69**, No. 829, 92 (1952).

Traill: Eiweißregeneratfasern. J. Soc. Dyers Colourists **67**, 257 (1951).

Elliot: Ardil, Reyon, Synthetien, Zellwolle **29**, 313 (1951).

Keggin: Ardil. Brit. Rayon Silk J. **28**, No. 326, 53 (1951).

Markley: Sojabean and Sojabeanproducts, Interscience Publishers, N. Y. 1951.

Whitcomb: Vicara. Canad. Text. J. **68**, 51 (1951).

Traill: Proteinkunstfasern. J. Soc. Dyers Colourists **67**, 257 (1951) bzw. Chem. and Ind. **1950**, 20.

Fröhlich: Proteinfasern. Melliand Textilber. **32**, 136 (1951).

Henderson: Ardil. Dyer **105**, 557 (1951).

Karrh: Vicara. Textil Praxis **6**, 11 (1951); vgl. Chem. Prod. **13**, 453 (1950).

Tetlow: Reaktion von Erdnußprotein mit Formaldehyd. J. Sci. Food Agr. **1**, 193 (1950).

Brintzinger, Wolff: Proteinfasern. Koll.-Z. **118**, 28 (1950).

Pinner: Modifikation von Proteinen. Plastics **23**, 157 (1950).

Arthur, Many: Erdnußprotein-Fasern. Amer. Dyestuff Reporter **39**, 719 (1950); **41**, 385 (1952); s. Text. Res. J. **19**, 605 (1949).

Peterson, McDowell: Stabilisieren von Proteinfasern durch Desaminierung. Text. Res. J. **20**, 95 (1950).

Draves, Lüttringhaus: Herstellung usw., insbes. Vicara. Melliand Textilber. **31**, 89 (1950).

Koch: Die Proteinfasern. Textil-Rundschau **5**, 278 (1950).

Johnson: Proteinfasern. Text. Manufacturer **76**, 418 (1950).

Elliot: Proteinfasern. Text. Recorder **68**, No. 811, 85 (1950).

Thompson: Ardilfasern. Dyer **103**, 217 (1950).

Wormell: Regenerierte Keratinfasern. Fibres **11**, 63 (1950); vgl. J. Text. Inst. **41**, P 16 (1950) und Rayon Silk J. **26**, No. 309, 55 (1950).

Sisley: Proteinfasern. Teintex **15**, 225 (1950).

Karrh: Vicara, Rayon. Synth. Text. **31**, 65 (1950); vgl. Textil-Rundschau **5**, 278 (1950).

Croston: Zeinfasern. Ind. Engng. Chem. **42**, 482 (1950); vgl. Text. Res. J. **20**, 957 (1950).

Gapp: Ardil. Kunstseide und Zellwolle **27**, 91 (1949).

Croston, Evans, Smith: Vicara. Text. Res. J. **19**, 202 (1949); vgl. **20**, 857 (1950); vgl. auch Dtsch. Textilgewerbe **52**, 604 (1950).

[13e] Melliand Textilber. **33**, 407 (1952).

Lundgren: Synthetische Proteinfasern. Adv. Proc. Chem. 5, 305 (1949); zit. Text. Res. J. 21, 345 (1950).

Kapur: Erdnußglobulinfasern, J. Sci. Ind. Res. 8, 453 (1949). Text. Res. J. 21, 345 (1951).

Croston, Evans, Smith: Vicara. Text. Res. J. 17, 562 (1947).

Patentschrifttum über andere Proteinfasern.

OeP 167 114/6 Feretti 1950 — Herstellung von Sojabohnenproteinfasern evtl. aus einem Gemisch von Sojabohnenprotein mit Milchcasein. Es wird mit Bädern, die neutrale oder saure Salze enthalten, behandelt. Das erste Nachbehandlungsbad enthält Formaldehyd.

DP 849 165 Nordmark 1952 — Die Herstellung von Fäden aus Fibrin wird beschrieben. Dem Blutplasma wird vor dem Gerinnen Glycerin zugesetzt.

DP 848 847 ICI 1952 — Die Herstellung von Fäden aus tierischem oder pflanzlichem Eiweiß wird behandelt (vgl. DP 849 091).

DP 842 827 Courtaulds 1952 — Wäßrigen alkalischen Proteinlösungen werden vor dem Verspinnen Cyansäureverbindungen einverleibt.

DP 842 826 Courtaulds 1952 — Die verformten künstlichen Proteinfäden werden erst mit $NaCl/Na_2SO_4$- oder $NaCl/MgSO_4$-Bädern mit pH-Werten 4—6 bei 60° C max. und dann in einem Formaldehydbade, das mit $MgSO_4$ oder Na_2SO_4 gesättigt ist und mindestens 175 g/Liter H_2SO_4 enthält, bei 55—75° C behandelt.

DP 842 825 Lange 1952 — Die Herstellung von Fäden usw. erfolgt aus Dispersionen von tierischem Haut- und Sehnenkollagen.

DP 842 205 Org. Toegep. Natuurwetenschap 1952 — Es wird die Stabilisierung von Keratinlösungen durch Säurezugabe bis zu einem pH-Wert von 10,8—11,5 beschrieben.

DP 833 102 ICI 1952 — Herstellung von Proteinfasern durch Härtung in Aldehydbädern, die Kochsalz enthalten.

DP 832 653 Courtaulds 1952 — Die Härtung von Spinnkabeln aus Globulinen wird beschrieben.

DP 832 318 ICI 1952 — Gekräuselte Fasern aus Globulinen werden hergestellt, indem man die unter Spannung gehaltenen Fäden nach oder während einer zweiten Aldehydhärtung erhitzt und die geschnittenen Fäden in kochendem Wasser schrumpfen läßt.

DP 828 580 ICI 1952 — Die Erzeugung von Erdnußglobulinen wird beschrieben.

DP 828 431 ICI 1952 — Man stellt viskose, wäßrige alkalische Lösungen vegetabilischer Globuline unter Zusatz von 0,5—1% Alkalisulfit her.

DP 828 432 ICI 1952 — Die Herstellung einer wäßrigen Aufschlämmung von Proteinen wird dargelegt.

DP 826 783 Courtaulds 1952 — Alkalifeste Proteinfäden werden erhalten, indem man nach dem Härten mit Zink- oder Cadmiumsalzen behandelt.

DP 822 000 Courtaulds 1951 — Proteinfäden, die besonders widerstandsfähig gegen heißes Wasser bzw. verdünnte heiße Säure sind, werden erhalten, indem ein Härtebad Anwendung findet, das neben Formaldehyd noch Alkalisulfat enthält (vgl. DP 821 689 bzw. 821 392).

DP 821 999 ICI 1951 — Es wird ein Verfahren zur Herstellung hochkonzentrierter, wäßriger, beständiger, verspinnbarer Proteinlösungen beschrieben (vgl. DP 826 782).

DP 821 689 ICI 1951 — Proteinfasern werden gehärtet, gewaschen, entwässert und dann Warmluft von 85–120° C ausgesetzt. Dann wird auf 9,5–13,5% Feuchtigkeit konditioniert.

DP 811 983 Courtaulds 1951 – Die Herstellung von Casein- oder Sojabohnen- bzw. Erdnußproteinfäden erfolgt derart, daß frisch gesponnene Fäden mit Lösungen behandelt werden, die Formaldehyd, 350–750 g/Liter Schwefelsäure und gegebenenfalls Natriumsulfat enthalten.

DA 152 394 Hiltner – Fischeiweiß, welches durch einen schonenden Aufschluß wasser- oder alkalilöslich gemacht wurde, wird aus Lösungen versponnen. Die Fische werden mit NaOH auf 50° C erwärmt, das Eiweiß aus dem Filtrat mit Säure gefällt, in verdünntem Alkali gelöst und verdüst (s. a. DA 155 486, 157 675).

DA 149 664 Spinnstoff – Die Eigenschaften von Eiweißfasern werden durch Behandlung mit HCOH und Na-Hexametaphosphat, eventuell unter Zusatz von Crotonaldehyd und wasserlöslichen Silikaten verbessert.

DA 146 078 Spinnstoff – Zur Verbesserung der Fasereigenschaften von Proteinfasern wird das Ausgangsmaterial vor der Verarbeitung mit Gerbstoffen oder Kunstharzkondensaten behandelt.

DA 144 460 – Zur Herstellung von Eiweißfasern sollen Proteine aus Hefen oder Schimmelpilzen verwendet werden.

DA 137 758 Spinnstoff – Man extrahiert das Eiweiß aus Sajobohnen- oder Lupinensamen mit NH_3, neutralisiert, filtriert, und stellt mit verdünnter Säure auf pH 3–5.

DA 112 095 Wallbrecht – Herstellung von Fäden aus Fischeiweiß.

DA 87 893 – Proteinfasern werden in Bädern, die außer einem Cr-Salz und NaCl noch ein anderes Salz enthalten, unlöslich gemacht.

DA 86 727 – Pflanzliches Eiweiß, insbesondere Sojabohnenprotein, wird in sauren Bädern gesponnen und gehärtet.

DA 73 615 Draeger – Aus Leim, der mittels anorganischen oder organischen Basen aus Haut oder Leder erhalten wurde, werden künstliche Fäden erzeugt.

DA 65 201 Iwamae – Herstellung pflanzlicher Proteine durch Lösung in $\frac{n}{10} - \frac{n}{1}$ SO_2 und Einstellung der Extraktionsflüssigkeit in der Nähe des isoelektrischen Punktes (s. a. DA 65 254).

DA 55 387 – (s. a. 55 864, 56 071) Thüringische Zellwolle – Eiweißstoffe (Polyamide) können durch Einwirkung von Alkylenoxyden, Epichlorhydrin, Chinonen, Chinonimiden usw. veredelt werden.

DA 53 606 Thüringische Zellwolle – Die Herstellung von Proteinfasern erfolgt bei stufenweiser Koagulation, entsprechend der Fadenspannung (Reckung).

DA 47 215 – Beim Entgasen von Keratin-Alkalisulfidlösungen werden als Antischaummittel geringe Mengen eines aliphatischen Alkohols mit mindestens 6 C-Atomen verwendet.

DA 47 213 – Keratinlösungen werden auf einen pH-Wert von 11,2 stabilisiert.

DA 41 188 Kasi Kogyo Kabushiki Kaisha – Gepreßte Sojabohnen werden mit Alkali ausgelaugt, das Protein mit Säure gefällt, gewaschen, Lecithin als Stabilisierungsmittel zugesetzt, in HN_3 gelöst und versponnen.

DWP 817 Thür. Kunstfaserwerk Wilhelm Pieck 1952 – Verfahren zur Herstellung von künstlich geformten Gebilden, wie Fäden, Bändchen o. dgl. aus alkalischen Lösungen von pflanzlichen und tierischen Eiweißstoffen, vorzugsweise Labcasein.

Die Eiweißlösung wird in einem Bad verformt, welches saure Alkalisalze schwacher mehrbasischer Säuren, vorzugsweise Natriumbicarbonat, enthält; vgl. DWP 2 048.

DWP 775 Thür. Kunstfaserwerk Wilhelm Pieck 1952 — Verfahren zur Herstellung künstlicher Mischfäden aus Lösungen verschiedenartiger tierischer und/oder pflanzlicher Eiweißstoffe. Man löst den schwerer löslichen Stoff zunächst einmal mit einem die Haltbarkeit der Gesamtlösung nicht gefährdenden Überschuß an Alkali und fügt hierauf den leichter löslichen Stoff mit der restlichen, für die Herstellung einer spinnbaren Lösung nicht ausreichenden Alkalimenge oder nur mit Wasser gequollen, hinzu.

SP 280 432 ICI 1952 — Die Herstellung von Proteinfäden wird beschrieben.

SP 277 610 ICI 1951 — Zum Unlöslichmachen von Erdnußprotein werden die extrudierten gefällten Fäden mit einer, einen pH-Wert von 4—7 aufweisenden, mindestens 240 g NaCl im Liter enthaltenden Lösung, dann unterhalb 80° C mit Formalinlösungen, die pH-Werte von 4—7 besitzen, und 240 g/Liter NaCl enthalten und schließlich bei 70—98° C mit stark angesäuerter Formaldehydlösung mit Gehalten von 250—325 g Schwefelsäure und 275—480 g Glaubersalz/Liter behandelt.

SP 276 372 ICI 1951 — Zum Unlöslichmachen von Protein sollen Formaldehydlösungen, die Sulfat und Kochsalz enthalten, dienen (vgl. EP 513 911).

SP 273 679 ICI 1951 — Herstellung von Dispersionen von reinen Proteinen in Alkalisulfaten beim isoelektrischen Punkt.

SP 270 841 ICI 1950 — Man behandelt künstliche Proteinfäden mit Lösungen von 3—4 Mol Alkali- oder NH_4-sulfat/Liter, die frei von dreiwertigen Metallionen sind, solange, bis die erhaltenen Gebilde einer 90 Minuten währenden Behandlung bei 97° C in einem Bade von 0,1% H_2SO_4 und 0,25% Na_2SO_4 widerstehen.

SP 269 469 ICI 1950 — Härtung und Streckung von Proteinfasern.

FP 1 007 402 Courtaulds 1952 — Die Herstellung von Proteinfäden (vgl. FP 845 519, 876 134, 885 952 usw.) wird behandelt.

FP 989 432 ICI 1951 — (vgl. FP 930 905, 875 790) — Zur Verbesserung der mechanischen Festigkeit von Proteinfasern werden diese mit wäßrigen Lösungen von Zn-, Cd-, Al-, U-, Cr- oder Hg-Salzen behandelt.

FP 987 356 ICI 1951 — (vgl. FP 930 905) — Zum Härten von Proteinfäden wird nach einer spannungslosen Koagulation in Formaldehydlösungen, die mindestens 240 g NaCl enthalten, bei pH 4—7 behandelt und hernach mit Formaldehydlösung, die 250—325 g Schwefelsäure und 370—480 g Natriumsulfat enthält, fertiggestellt.

FP 987 275 Courtaulds 1951 — Beinhaltet die Gewinnung von vegetabilischen Proteinen.

FP 981 724 Corn Prod. 1951 — Es wird die Zeingewinnung beschrieben.

FP 980 554 Corn Prod. 1951 — Beschreibt die Herstellung von Zein- (Vicara-) Fasern aus alkalischen Lösungen (vgl. FP 980 524).

FP 970 037 ICI 1951 — Die Härtung von Erdnußproteinfasern wird behandelt.

HollP 71 083/4 Courtaulds 1952 — Die Herstellung von künstlichen Fasern aus Phenylalanincopolymeren und anderen Polypeptiden wird beschrieben.

HollP 70 868 Feretti 1952 — Das Unlöslichmachen von künstlichen Fasern aus Pflanzeneiweiß (Sojabohneneiweiß) erfolgt mittels Salz- und Formaldehydlösungen oberhalb 35° C.

HollP 65 573 ICI 1950 – Herstellung von Erdnußglobulinfasern aus besonders bereiteten Eiweißlösungen.

HollP 65 080 Courtaulds 1950 – (vgl. FP 813 427, 834 443, 836 884, EP 549 642, 502 710) – Man macht bei der Herstellung von Proteinfasern die Eiweißlösung stabil durch Zusatz von Cyanat- (CNO^-) Ionen gebenden Verbindungen und härtet bzw. formt wie die oben angegebenen Patentschriften beschreiben.

HollP 65 243 ICI 1950 (vgl. EP 525 577) – Man erhöht die Stärke von Erdnußproteinfasern usw. dadurch, daß man die gehärteten Fäden, die beständig sind gegen eine Behandlung mit Lösungen von 0,1% H_2SO_4 und 0,25% $NaSO_4$, 90 Minuten bei 95° C trocknet und auf Temperaturen zwischen 85–120° C so lange, mindestens 3 Stunden erhitzt, bis die optimale Stärke erreicht ist und nicht wieder abnimmt.

HollP 64 835 Feretti 1949 – Die Härtung von Proteinfasern mit Chromsalzen in einer Menge von 50 g/Liter Behandlungsflüssigkeit und mehr wird beschrieben (vgl. ItalP 348 661, 367 405).

HollP 64 484 Zellwollering 1949 – Die Herstellung von Fäden aus dem Protein der Kartoffel wird beschrieben. Man kann mit anderen Proteinen kombinieren.

HollP 64 057 ICI 1949 – Die Herstellung von viskosen Erdnußproteinlösungen wird beschrieben.

HollP 61 884 ICI 1951 – Die Härtung von Fasern aus Globulinen wird beschrieben.

BelgP 504 014 Pat. Corp. 1952 – Die Herstellung von Proteinfäden, welche Öle enthalten, wird beschrieben. Die Ölbehandlung erfolgt vor oder nach dem Verdüsen. Man verwendet ungesättigte Öle (animalische und vegetabilische), die gerbende Wirkung besitzen.

BelgP 503 657 Pat. Corp. 1952 – Fasern aus Proteinen sollen so hergestellt werden, daß man die Ausgangsmaterialien mit Zinnsalzen behandelt, eventuell noch in Anwesenheit von Al-Verbindungen und die aufgenommenen Zinnsalze in Zinnphosphat überführt, eventuell in Silikate verwandelt.

BelgP 503 513 Textiles Nonicaux 1952 – Herstellung von widerstandsfähigen Proteinfasern (Lanital), indem man mit gasförmigem Aldehyd und Säure (HCl) behandelt (75–80° C).

BelgP 502 053 ICI 1952 – Erdnußglobulinfasern werden verbessert, indem man sie in U-förmigen Behältern behandelt usw.; vgl. BelgP 505 443.

BelgP 489 550 ICI 1949 – Um die Widerstandsfähigkeit von Proteinfasern zu verbessern, behandelt man nach dem Färben mit Hg-, U-, Cr-, Zn-, Cd- oder Al-Salzen in wäßriger Lösung.

BelgP 485 166 ICI 1949 – Kunstfasern aus Protein werden mit wäßrigen Lösungen von Formaldehyd und NaCl (gesättigt) sowie $MgSO_4$ und Natriumsulfat bei pH 4–6 behandelt und hierauf in einer stark schwefelsauren Formaldehydlösung, die mit $MgSO_4$ oder Glaubersalz gesättigt ist, gehärtet.

ItalP 461 208 Courtaulds 1951 – Die Herstellung von Proteinfäden wird behandelt (vgl. FP 876 134, 885 952, ItalP 368 974).

ItalP 457 431 Courtaulds 1951 – Proteinfasern mit erhöhter Widerstandsfähigkeit werden hergestellt, indem man sie in Bädern mit Formaldehyd und $NaHSO_4$ behandelt.

ItalP 455 061 ICI 1951 – Zum Unlöslichmachen von Globulinfäden werden Kochsalzbäder von pH-Werten 4–7 und 80° C und hernach Formaldehydbäder mit 250–325 g Schwefelsäure und 370–480 g Glaubersalz angewandt.

ItalP 454 194 ICI 1950 — Die Löslichkeit von Proteinfasern wird durch Behandlung mit Lösungen von Hg-, Cr-, Cd-, Al-, U-Salzen verringert (z. B. arbeitet man mit Chromsulfat).

NorwP 79 036 Calca 1951 — Keratinhaltiges Textilmaterial wird der Einwirkung von Aldehyd und Säuren beim isoelektrischen Punkt unterworfen.

EP 681 722 ICI 1952 — Erdnußproteingewinnung; vgl. FP 1 026 335.

EP 673 676 Courtaulds 1952 — Die Herstellung von Fäden aus mit Thioglykol usw. denaturierten Proteinen wird beschrieben.

EP 671 935 Separator 1952 — Die Gewinnung von vegetabilischem Protein wird beschrieben.

EP 670 261 Separator 1952 — Gewinnung von Protein aus Naturprodukten.

EP 667 283 Corn Prod. 1952 — Die Herstellung von Zeinfasern wird behandelt.

EP 667 115 Courtaulds 1952 (vgl. EP 517 956, 538 338) — Es wird eine Mischung von Casein und Keratin aus Lösungen in Schwefelnatrium in Salzbädern mit einem pH-Wert von 6—9 versponnen.

EP 665 462 ICI 1952 (vgl. EP 533 952, 657 686, 639 363, 639 342, 597 497, 513 910, 536 104 usw.). Um die Festigkeit von Proteinfasern zu erhöhen, die unmittelbar nach ihrer Herstellung in sauren Bädern gefärbt wurden, werden die gefärbten Fäden mit Hg-, U-, Cr-, Zn-, Cd- oder Al-Salzen nachbehandelt. Z. B. behandelt man mit 5% Al-sulfat, 3% Formaldehyd, 16 Stunden bei 18° C, oder mit einer Lösung von 0,080 g Cd-acetat, 0,100 g Formaldehyd und 0,100 g $\frac{n}{1}$ NaOH in 1 Liter Wasser 16 Stunden bei 25° C. Die Naßfestigkeit ist um 30%, die Trockenfestigkeit um 20% höher als ursprünglich.

EP 663 032 Cyanamid 1951 — Behandelt die Herstellung von Kollagenfäden.

EP 657 686 ICI 1951 — Die Festigkeit von Proteinfäden soll erhöht werden (vgl. EP 533 952) durch in Lösung gebildeten Thioformaldehyd.

EP 657 438 Corn Prod. 1951 — Die Herstellung von Zeinlösungen wird beschrieben.

EP 654 513 ICI 1951 (vgl. 597 497) — Zur Unlöslichmachung von Proteinfasern werden NaCl-haltige Aldehyd- und nachher saure Aldehydbäder, die Glaubersalz neben Schwefelsäure enthalten, empfohlen.

EP 652 988 Courtaulds 1951 (vgl. AP 2 211 961, FP 876 134) — Herstellung von Proteinfasern durch Verdüsung von Proteinlösungen in koagulierende Bäder. Nachbehandeln der Fäden in Formaldehydlösungen und Weiterbehandlung mit halogenhältigen Aldehyden bei gleichzeitiger Streckung um mindestens 50% (Chloralhydrat-Na_2SO_4-Behandlung). S. a. EP 549 642, 564 591, 573 015, 567 904, 614 506, 645 390.

EP 651 396 und 651 403 BX-Plastics 1951 — Zeinherstellung.

EP 645 390 Courtaulds 1950 — Heißwasserbeständige, gegen Säure wenig empfindliche Proteinfasern werden durch Härten von frisch gesponnenen Fäden in Formaldehyd und Al-sulfat und nachheriger Behandlung in Bädern von $NaHSO_4$ und HCOH erhalten (vgl. EP 597 497 bzw. EP 565 011).

EP 644 958 Courtaulds 1950 — Härtung von Caseinwolle bzw. Proteinfasern.

EP 640 105 Courtaulds 1950 — Zur Verhinderung der Verkrustung werden mit Polyglykoläthern emulgierte Öle im Spinnbad verwendet.

EP 639 363 ICI 1950 — Ardilfasern werden zu ihrer Festigung mit Uranylsalzlösungen behandelt.

EP 639 342 ICI 1950 – Zur Erhöhung der Festigkeit von Proteinfasern (insbesondere Erdnußproteinfasern) wird unter Spannung mit ionisierbaren Hg-Salzen (3% Hg-Acetat und 0,1/n Essigsäure) behandelt.

EP 638 350 Press 1950 – Betrifft die Proteinfaserherstellung.

EP 634 812 Research 1950 – Man behandelt Fasern aus regeneriertem Protein mit Resorcin-Aldehyd-Lösungen, trocknet und härtet.

EP 574 984 ICI 1947 – Herstellung von Erdnußproteinfäden (vgl. EP 553 539) aus Lösungen mit einem pH-Wert von 11–11,5.

EP 537 149 Atlantic Research 1941 – Bei der Herstellung von Protein aus Dispersionen wird das Protein mit fällenden Enzymen behandelt und dann vor der Trennung von der Fällflüssigkeit angesäuert.

EP 536 027 Corn Prod. 1941 – Zein-Herstellung (s. EP 536 024).

EP 534 851 Iwamae 1941 – Herstellung vegetabilischer Proteine (s. EP 534 728).

AP 2 602 031 Mohn & Sön 1952 – Die Herstellung von geformten Produkten aus Fischprotein wird beschrieben; vgl. AP 2 625 490.

AP 2 592 120 Eastman Kodak 1952 – Herstellung von Lösungen globularer Proteine.

AP 2 579 871 Rubber 1951 – Die Härtung von Proteinfasern erfolgt mit Divinylsulfon. Gleichzeitig sind die erhaltenen Produkte stabil gegen heißes Wasser und schrumpfen nicht.

AP 2 565 935 ICI 1951 – Das Unlöslichmachen von künstlichen Fasern aus Erdnußprotein usw. erfolgt in der Weise, daß diese in saure Salzlösungen verdüst werden, wobei die faserförmigen Produkte erst in Lösungen mit mehr als 240 g NaCl/Liter und einem pH-Wert von 4–7, nachher mit ebensolchen Formaldehyd enthaltenden Lösungen und schließlich mit einer sauren Formaldehydlösung, die 250–325 g H_2SO_4 und 370–480 g Na_2SO_4 pro Liter enthält, behandelt werden.

AP 2 565 908 ICI 1951 – Man härtet Proteinfäden, die in einem salzhaltigen Fällbad durch Koagulierung gebildet wurden, durch Passage einer 60–70° C heißen, pH-Werte 4–6 zeigenden Formaldehydlösung. Vgl. EP 597 497, 543 586, AP 2 533 297, 2 492 214, 2 428 603, 2 409 475, 2 372 322.

AP 2 565 259 Cyanamid 1951 – Proteinhaltiges Textilmaterial wird mit Lösungen von Verbindungen der Form $CH_2 = CH{-}C{-}CH_2{-}OR$, wobei R einen Alkyl, Aralkyl, oder Arylrest mit nicht mehr als 8 C-Atomen bedeutet, gemeinsam mit einem niederen Alkylester der Acrylsäure imprägniert und bis zur Bildung eines Polymerisates erhitzt.

AP 2 559 848 Kodak 1951 – Herstellung von Proteinlösungen zur Erzeugung von Rayon.

AP 2 552 129/30 Evans 1951 – Das Härten von Proteinfasern erfolgt mit Aldehyden und mehrwertigen Phenolen (2 : 1) bei pH-Werten von 0,3–3,0.

AP 2 552 079 Corn Prod. 1951 – Herstellung von Zeinfasern.

AP 2 548 357 Feretti 1951 – Es werden Kasinoselösungen in Fallbädern, die frei von Aldehyd sind, gesponnen und die entstehenden Fäden dann mit Harnstofflösungen getränkt (die Salze enthalten). Hernach wird in einem salzhaltigen Bade formalisiert.

AP 2 541 803 Courtaulds 1951 – Man stellt Proteinfasern her, die man durch Behandlung mit Chloral erweicht und in diesem Zustande um mindestens 50% streckt (vgl. AP 2 541 804).

AP 2 539 958 Enka 1951 – Proteinfasern werden mit Resorcin-Formaldehydkondensat behandelt und gehärtet.

AP 2 537 762 Sherwin Williams 1951 – Verhinderung von Fäulnis bei Proteinlösungen.

AP 2 535 103 ICI 1951 – Der gestreckte Proteinfaden wird unter Spannung mit ionisierbarem Hg-Salz behandelt.

AP 2 533 356 Borden 1950 – Man behandelt nach dem Spinnen vor dem Trocknen mit Hg-Salzen (0,5–5%) und HCOH bei pH-Werten 2–6 und 30–35° C.

AP 2 533 297 ICI 1950 – Proteinfäden können durch Behandeln mit Aldehydbädern, die mit NaCl und Na_2SO_4 gesättigt sind, bei pH 4–6 unter 60° C und durch nachheriges Passieren eines stark sauren Aldehydbades (H_2SO_4) gehärtet werden.

AP 2 532 350 ICI 1950 – Herstellung von Proteinfäden.

AP 2 525 825 USA 1950 – Caseinfasern, die filzfähig sind, werden hergestellt, indem man die Kasinose in ein essigsaures Bad spinnt, die Faser streckt, unter Streckung mit Formaldehyd und Al-Salzen härtet, hieraufdie Streckung erhöht und in Bädern von Na-Acetat und -Formiat bei pH 6–8 behandelt und neuerlich formalisiert (vgl. AP 2 512 674).

AP 2 521 704 USA 1950 – Zeinfasern werden aus Dispersionen in Alkali (pH 11–12,8, Viskosität 10–1000 Poises) in Bäder mit Mineralsäure und organischen Säuren gesponnen.

AP 2 504 844 ICI 1950 – Die Herstellung von Erdnußglobulinfasern mit hoher Reißfestigkeit wird beschrieben. Vgl. AP 2 532 350, 2 532 297, 2 506 252/53.

AP 2 429 214 Du Pont 1949 – Herstellung von Proteinfasern (vgl. AP 2 250 040, 2 211 961, 2 332 356, 2 339 408).

AP 2 380 429 Eastman Kodak 1945 – Die Stabilisierung von Zeinlösungen erfolgt mit 2–5% CS_2 vom Zeingewicht.

AP 2 377 885 Glidden 1945 – Herstellung von Sojaproteinfäden aus mit Pepsin und HCl teilweise hydrolysiertem Protein.

AP 2 377 854 Ford 1945 – Herstellung von Sojaproteinfäden mit Xanthatzusatz.

AP 2 374 201 USA 1945 – Es wird die Herstellung von Gelatinefäden beschrieben.

AP 2 217 823 Visking 1940 – Es wird die Herstellung von Chitinfasern beschrieben.

AP 2 187 534 Whittier, Gould 1940 – Herstellung nicht klebender Caseinfasern.

CanP 488 558 ICI 1952 – Die Gewinnung von Erdnußprotein wird beschrieben.

CanP 487 788 Hercules Powder 1952 – Herstellung von Proteinen.

CanP 484 396 ICI 1952 – Ein Proteingewinnungsverfahren aus proteinhaltigem Material wird behandelt.

CanP 484 100 Courtaulds 1952 – Die Gewinnung von Proteinen aus Samen wird beschrieben.

CanP 483 716 BX-Plastics 1952 – Die Zeingewinnung wird behandelt.

CanP 481 961 Drackett 1952 – Extraktion von Sojabohneneiweiß.

CanP 481 626 Am. Maize Prod. 1952 – Gewinnung von Protein.

CanP 480 855 Courtaulds 1952 – Behandelt die Gewinnung von Eiweiß aus Erdnüssen mittels Alkalilösung und Aceton.

CanP 480 762 Time 1952 — Die Herstellung von Zeinlösungen wird beschrieben.

CanP 480 146 Evans 1952 — Man härtet Proteinfasern durch Behandlung mit mehrwertigen Phenolen in Anwesenheit von Aldehyden bei pH-Werten von 0,3—3,0.

CanP 478 850 Am. Maize Prod. 1951 — Die Herstellung von Zein-Aldehydreaktionsprodukten wird behandelt.

CanP 478 849 Am. Maize Prod. 1951 — Die Herstellung von Zein durch Extraktion mit Alkohol.

AustralP 135 809 Feretti 1950 — Die Herstellung von Proteinfäden wird behandelt.

AustralP 133 740 Golden State 1949 — Die Gewinnung von Proteinen wird behandelt.

JapP 180 780 Hamada, Okuba 1949 — Fasern aus Sojabohnen, zit. C. A. **1952,** 5331.

B. Die Kunstseiden.

1. Viskoseseide (Reyon, Rayon); Zellwolle.

Die Patentliteratur auf diesem Gebiete ist umfangreich und es werden die verschiedensten Verfahrensvarianten geschützt, um quellfeste, reißfeste Produkte bei hoher Dehnung zu erhalten. Es ist bekannt, daß hohe Naßfestigkeit, die meist entweder durch starke Orientierung der Faser oder durch kräftige Formalisierung erreicht wird, anderseits die Dehnung des Fadens außerordentlich herabsetzt.

Der für die Qualitätsbeurteilung ebenfalls wichtige DP (Degree of Polymerization = Polymerisationsgrad) beträgt nach Schwertassek bzw. Eisenhut[14] für verschiedene Kunstseidenarten:
Lanusa: 570, Schwarza W 1 : 441, Theresientaler Kunstseide: 327, Courtaulds Rayon: 304, Vistra XT: 295, Duraflox: 284, Phrix BR: 261, Phrix BRP: 238.
Lanusa bzw. Schwarza sind bekanntlich aus kurz gereifter Viskose gesponnene, sogenannte Nichtmantelfasern. Die aus normaler, in Müllerbädern verdüster Viskose gebildeten Fäden besitzen eine Mantelschichte höherer Dichte (vgl. S. 169 H), wobei die *Delamare*-Zellwolle eine durch Vibration im Fällbad erzeugte Quermusterung aufweist[15]. Wie Preston und Nimkar[16] feststellten, nimmt die Quellfähigkeit mit dem Grade der Orientierung ab („Tenasco"kunstseide, vgl. S. 44 H und unten). Trocknet man Viskosereyon bei hoher Temperatur (260° C) in Gegenwart von wasserfreiem Glyzerin (30 Minuten), so besitzt die Faser eine Quellfähigkeit, welche die von Baumwolle nicht übersteigt.

Quellwerte verschiedener Kunstseiden und nativer Fasern nach Preston, Nimkar (vgl. J. Text. Inst. **41,** T 126 (1950):

Viskosereyon		Wolle	49%
diverse	66—103%	Seide..........	46—54%
Fortisan	47— 63%	Nylon	17%
Baumwolle ..	48%	Vinyon	7%
Acetatseide ..	22— 31%	Terylen	5%

Alle Viskosen haben im Durchschnitt einen kristallinen Anteil von zirka 40%, nur die neue *„Fiber G"*-Faser von Du Pont weist einen solchen von 53% auf (vgl. Hermans, Weidinger[17]).

[14] Melliand Textilber. 32 460 (1951).

[15] Kunstseide u. Zellwolle **28,** 118 (1950); vgl. OeP 165 875.

[16] J. Textile Inst. **40,** P. 674 (1950).

[17] J. Polymer. Sci. 4, 135 (1949), zit. Review of the Textile Progress. — Hall: J. Text. Inst. — Soc. Dyers Colourists **1951,** Manchester.

Nach Angaben von Coke[18] besitzt die hochfeste Viskosereyon-Qualität *Tenasco* (vgl. S. 44 H) eine Bruchfestigkeit von 3,8—4,5 g/den und eine Bruchdehnung von 8,9—6,7%. Man streckt in heißem Wasser um 80%, dann wird in wäßriger Lösung gequollen und neuerlich gedehnt.

In der Viskosefabrikation ist die *GSB*-Anfärbemethode (Erkennung von unreifer und reifer Baumwolle) gemäß Goldthwait u. Mitarbeiter[19] nach Parisot[20] et al. zur raschen Beurteilung der Eignung von Baumwolle-Linters anwendbar. Viskoselösungen aus Linters, die sich grün anfärben (also aus vorzeitig gepflückten, dünnwandigen, unreifen Fäden) filtrieren besser als solche aus graulila (nicht rot, wie beim GSB-Verfahren angegeben) sich färbenden, reifen Fasern.

Neben dem Kontinue-Spinnprozeß von Nelson (*Lustrafil* vgl. EP 651 980) und dem der Indust. Rayon Co. soll die Am. Viscose Co. im „*Filamatic*"-Schnellspinnverfahren eine neue kontinuierliche Arbeitsweise entwickelt haben, über die nähere Einzelheiten noch nicht vorliegen. Auch der AKU-Kontinueprozeß[21] soll gute Ergebnisse liefern. Dieses Verfahren arbeitet mit Fadenscharen, die jeweils nur kurz in der Behandlungsflüssigkeit bleiben. Die Spinngeschwindigkeiten betragen bis 100 m/min, der Aufenthalt in den Bädern nur Sekunden.

Zahlreiche Vorschläge des Patentschrifttums beinhalten Zusätze zu den Spinnbädern, um das insbesondere im Kontinuespinnprozeß gefürchtete Verkrusten von Düsenöffnungen und Führungswalzen usw. zu verhindern. Nach Rauch[22] sind die Düsen vielfach von feinsten Celluloseanteilen verstopft, die unxanthogeniert in der Viskose bleiben, durch die Filter passieren und so in die Düsen gelangen.

Das Kräuseln der Viskosekunstseide kann, unabhängig von der Art der Viskosespinnmassen und den Fällbädern derart erfolgen, daß gewöhnliche Viskose in sauren Bädern mit hohem $ZnSO_4$-Gehalt, oder Viskose mit 9—13% Cellulose und 8—13% NaOH in der Spinnmasse in gewöhnlichen Bädern koaguliert, dann naß gestreckt und rasch in Wasser entspannt wird.

Tovis ist eine gekräuselte japanische Viskosekunstseide, als *Toramen* kommt ein quellfestes Produkt in den Handel.

Nach Ikoma, Ohira und Kate[23] soll man eine hohe Festigkeit bei Viskosekunstseide und vor allem eine ausgezeichnete Plastizität des Materials erzielen, wenn man in die Viskose Melamin-Formaldehydmischungen (3%) einrührt und nach 2—26 Stunden verspinnt. Die erhaltenen Fäden zeigen einige Affinität für saure Farbstoffe und sind wenig elastisch.

Hinsichtlich der Formalisierung der Faser in aldehydhaltigen Bädern während der Herstellung (vgl. S. 231 Formalisieren) ist darauf hinzuweisen, daß die Festigkeitswerte, insbesondere die Naßreißfestigkeit steigen. Jedoch tritt gleichzeitig eine deutliche Versprödung des Fadens und eine Herabsetzung seines Anfärbevermögens ein. Man muß hier, um eine für die Verarbeitung noch genügende Elastizität zu bewahren, eine optimale Vernetzung bzw. Methylenisierung der Cellulose anstreben. Die Anlagerung bzw. Einlagerung von Vinylpolymeren in Reyon untersuchten Landells, Whewell[24]. Man imprägniert mit geringen Mengen Fe-Salzen, behandelt mit peroxydhältigen Lösungen der Monomeren und erhitzt dann zur Polymerisation. Technische Anwendung hat das Verfahren noch nicht gefunden.

---

[18] Text. Manufacturer 77, 278 (1951).
[19] (s. S. 23 H).
[20] Bull. Inst. Text. 22, 17 (1950).
[21] Rayon Revue 5, Nr. 2, 29 (1951).
[22] Melliand Textilber. 32, 283 (1951).
[23] Soc. Text. Cell. Ind. 5, 208 (1949), zit. C. A. 3764 (1952).
[24] J. Soc. Dyers Colourists 67, 338 (1951).

Nach Mizuta[24a] führt die Behandlung mit Dimethylolharnstoff und Al-Sulfat zu quellfesten Fasern.

Über die Ultraschallbehandlung beim Spinnen von Viskosekunstseide zur Beschleunigung der Koagulation berichtete kürzlich wieder Hall[24b].

Das zum Nylonisieren (Nylonizing) nach Bick vielfach verwendete Nylon Type 8 gibt mit Viskose nur Emulsionen und steife Fäden ohne besondere Eigenschaften. Seine Verwendung ist auch unwirtschaftlich (vgl. Bonnard[24c]).

Als *Phrigen* kommt seit kurzem eine besondere Viskosereyonqualität der Phrix A. G. in den Handel.

Literaturübersicht über Viskoseseide und Zellwolle.

Mauer, Wechsler: Rayon, Fasern. Modern Textiles, Handbuch. Mod. Textiles **33**, Nr. 10, 42 (1952).

Pakschwer, Mankasch, Kukonkowa: Strukturelle Ungleichmäßigkeiten von Kunstseide. Faserforschg. u. Textiltechn. **3**, 199 (1952).

Walter: Die Kontinueherstellung der Viskosekunstseide nach dem Kuljanverfahren. Melliand Textilber. **33**, 711 (1952); Zeichnungsschema **33**, 1091 (1952).

Chanoine, Pinte, Rochas: Photochemischer Abbau von Mattviskosereyon durch Cl-hältige Wässer. Bull. Inst. Text. **31**, 1952.

Pinte: Quellung von Kunstseide. Melliand Textilber, **33**, 699 (1952).

Matthes: Zum Reifungsmechanismus der Viskose. Faserforschg. u. Textiltechn. **3**, 127 (1952).

Meijberg: „Aku"-Kontinue-Spinnverfahren (im Vergleich zur „Viskose-Rayon" und „Nelson"-Methode). Rayon Revue Nr. 5, 9 (1952).

Urquhardt: Cellulosereyonderivate in Vergangenheit, Gegenwart und Zukunft. J. Text. Inst. Proc. **42**, P 385 (1951); vgl. Hegan, l. c. P 395.

Meos, Selivanow: Das Verkleben der Fibrillen bei der Erzeugung von Viskose. Tekstil Prom. **8**, Nr. 3, 16 (1948), zit. C. A. 8380 (1952).

Suzubi: Viskosereyonfabrikation. J. Soc. Text. Cell. Ind. (Japan) **8**, 130 (1952). zit. C. A. 8861 (1952).

Goldberg: Viskose. Ind. Engng. Chem. **44**, 2169 (1952).

Tallis: Entwicklung der Viskosereyonfabrikation. Melliand Textilber. **33**, 435 (1952).

Kleinert, Pospischil, Wurm: Verhütung von Verkrustungen beim Spinnbadeindampfen. Sitzber. öst. Akad. Wiss. **161**, Heft 3/4, 279 (1952).

Freiber, Koren, Felbinger, Lang: Beitrag zur Kenntnis der Viskosezersetzung. Chemie-Ing.-Technik **1952**, 401.

Kleinert, Wurm: Zinksulfatlöslichkeit in Viskosefällbädern. Melliand Textilber. **33**, 617 (1952).

Tachikawa: Hochpolymere Zellwolle. Rayon Synth. Text. **32**, 7, 32 (1951).

Wolf: Gekräuselte Fasern aus Viskose. Faserforschg. u. Textiltechn. **2**, 308 (1951).

Coke Tenasco. Text. Manufacturer **77**, 277 (1951).

Champetier, Ashar: Alkalicellulose. Makromol. Chem. **6**, 85 (1951).

Haas, Teves: Die Molekulargewichtsverteilung in der Cellulose für die Viskoseherstellung. Makromol. Chem. **6**, 174 (1951); vgl. Textil-Rundschau **7**, 98 (1952).

Kleinert, Wincor: Kalk in Zellstoffen. Svensk Papperstidn. **53**, 638 (1950).

Hünlich: Kontinuierliches Viskosespinnen. Reyon. Synthetica, Zellwolle **29**, 443 (1951). — Skinners Silk Rayon Record **25**, 966 (1951).

Hermans, Kast: Die Streckung von Kunstseiden, Kolloid-Z. **121**, 21 (1951); vgl. Text. Res. J. **20**, 553 (1950).

Vermaas: Wassergehalt von Rayon und Festigkeitseigenschaften, Rayon Revue **1951**, 57.

Linder: Flisca-Mattfaser der Emmenbrücke. Textil-Rundschau **6**, 100 (1951).

Nüding: Phrix, spinngefärbte Fasern. Textil Praxis **6**, 23 (1951).

[24a] J. Soc. Text. Cell. Ind. (Japan) **7**, 537 (1951), zit C. A. 4237 (1952).

[24b] Hall: Text. Mercury **124**, 493 (1951).

[24c] Bonnard: Amer. Dyestuff Reporter **41**, P. 259 (1952).

Hegan: Viskosefaser. Text. Manufacturer 77, 320 (1951).

Kleinert: CS_2-Rückgewinnung aus Viskosefällbädern. Textil-Rundschau 6, 275 (1951).

Elöd, Kramer: Knittern und Feinstruktur bei Viskosereyon. Textil Praxis 6, 52 (1951).

Somers: Hochfestes Reyon. Brit. Rayon Silk J. 28, 71, 329 (1951).

Hull: Beschleunigung der Koagulation beim Spinnen von Viskose durch Ultraschall. Text. Mercury 124, 493 (1951).

Rosé: Nelson Kontinue Prozess. Brit. Rayon Silk J. 27, No. 320, 62 (1951).

Tachikawa: Hochpolymere Kunstseidenstapelfasern. Rayon Synth. Text. 32, 32 (1951).

Pinte, Rochas: Konstitution und Eigenschaften von durch NaOCl abgebauten Reyon. Teintex 16, 581 (1951).

Antykov: Reinigung der Viskosespinnbäder von Schwefel. J. angew. Chem. UdSSR. 24, 610 (1951).

Schaeffer: Der Einfluß von Alkali auf Cellulose. Dtsch. Textilgewerbe 52, 219 (1950).

Miyoshi, Horie, Takasuka: Die Herstellung von Hohlseide aus Viskose. J. Chem. Soc. Jap. Ind. Chem. Sect. 53, 308, 342 (1950), zit. C. A. 46, 11692 (1952).

Staudinger: Quellung von Cellulose usw. (Inclusion), Kolloidchemie Vieweg & Sohn, 1950, 271.

Mihailow, Lew: Herstellung fester Reyon. Tekstil. Prom. 10, No. 10, 12 (1950), zit. C I, 1100.

Gärtner u. Samuelson: Die Emulsionsxanthogenierung. Svensk Papperstidn. 54, 501 (1951).

Gärtner, Samuelson: Emulsionsxanthogenierung. Svensk Papperstidn. 53, 635, 805 (1950); vgl. 54, 501 (1951); Svensk Kém. Tidskr. 63, 114 (1951).

Jullander: Viskosekunstseide. Svensk Papperstidn. 53, 719 (1950).

Walker: Das Topfspinnverfahren. Rayon Synth. Text. 31, No. 12, 34, 46, 50 (1950).

Woodruff: Schrumpffreie Viskosereyonware. Rayon Synth. Text. 31, 71 (1950).

Mori-König: Fehler in Kunstseiden. Mag. Textiltechn. 3, No. 2, 54 (1950), zit. J. Text. Inst. A 320 (1951).

Müller: Spinnfehler bei Viskose, Kunstseide u. Zellwolle 28, 385 (1950).

Ribi: Die Struktur der Viskosekunstseide. Arkiv Kemi 2, 551 (1950), zit. J. Text. Inst. A 284 (1951).

Somers: Brit. Rayon Silk J. 26, 62, 312 (1950). (Viskose + Acrylnitril — Cyanoathyläthersäure von Cellulose.)

Schwertassek: Melliand Textilber. 31, 76 (1950), 32, 460 (1951).

Nogano, Yoshioka: Xanthogenieren. J. Soc. Text. Cell. Ind. (Japan) 6, 213 (1950), zit. C. A. 6392 (1952).

Sippel: Koll. Z. No. 112, 80, No. 113, 74 (1949).

Pinte, Henno: Mechanische Eigenschaften von Viskosekunstseide. Bull. Inst. Text. France No. 14, 21 (1949).

Rosé: Viskosestruktur. J. Textile Inst. 40, 1036 (1949).

Kast, Prietzschk: X-Strahlen-Untersuchung über die Streckung und Feinstruktur von Cellulosen. Kolloid-Z. 114, 23 (1949).

Rogowina: Die Schrumpfung von Viskosereyon. Tekstil. Prom. 8, No. 1, 29 (1948), zit. C 1948 II, 1256.

Patentschrifttum über Viskoseseide und Zellwolle.

OeP 175 661 Glanzstoff-Courtaulds 1953 — Die Herstellung von Viskose durch Umsetzung von Cellulosexanthogenat mit Acrylnitril wird beschrieben.

OeP 175 660 Compt. Text. Artific. 1953 — Ein Trockenspinnverfahren für Viskose wird angegeben.

OeP 174 693 Rayon 1953 — Die Herstellung von Viskosereyon wird beschrieben, wobei zur Reinhaltung der Düsen der Viskose oder dem Spinnbade Äthylenoxydkondensate zugegeben werden.

OeP 173 529 Phrix Werke 1952 – Cellulosehydratfäden mit erhöhter Anfärbbarkeit für saure Farbstoffe erhält man, indem man zur Viskose sulfidierte Phenole der Form

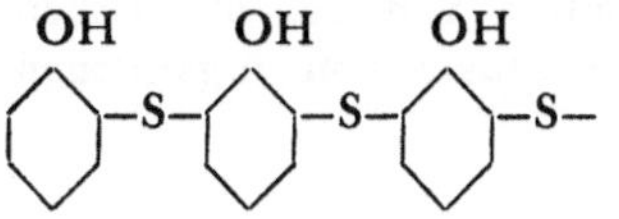

OH OH OH OH OH OH

–S– –S– –S– oder –S–S– –S–S– –S–S– gibt.

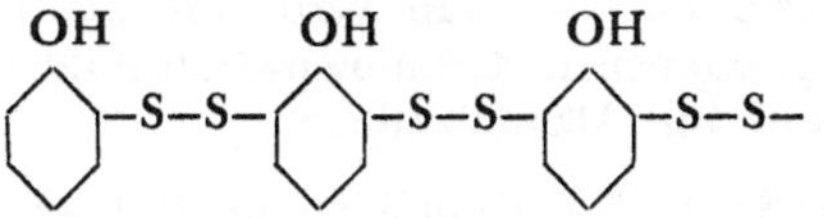

OeP 171 546 Research 1952 – Zur Gewinnung rein weißer Viskosekunstseide im Kontinueverfahren mit Spinngeschwindigkeiten von 60–100 m muß eine leichte und rasche Entschwefelung und Bleichung erzielt werden. Zu diesem Zwecke wird der in einem oder mehreren Bädern koagulierte und zersetzte Faden nach Waschen in einem Bade, das nur geringe Mengen Glaubersalz und 0,5–6% H_2SO_4 enthält, zersetzt auf ein von unter 0,003, wobei als Zersetzungsmittel auch oxydierende Stoffe (Hypochlorit, Chlorit usw.) Anwendung finden können.

OeP 167 851 Lenzing 1951 – Man verarbeitet Viskose mit über 20 Chlorammonreifegraden (vgl. OeP 166 237, 166 791).

OeP 167 108 Lenzing 1951 – Zur Xanthogenatlösung wird eine Natronlauge verwendet, deren spezifisches Gewicht etwa gleich dem des Schwefelkohlenstoffs ist.

OeP 166 237 Lenzing 1950 – Zellstoffherstellung nach dem Sulfitverfahren für Viskosefabrikation.

OeP 166 232 Lenzing 1950 – Gut filtrierbare Viskose erhält man durch Verarbeitung von Zellstoffen mit über 88% α-Cellulosegehalt.

OeP 166 048 AKU 1950 – Man verwendet als Schutz gegen Verkrustung der Spinndüsen bei der Viskosefabrikation Polysiloxane (s. AP 2 294 154, 2 100 581, 2 306 222, DP 747 639).

OeP 165 875 Lux 1950 – Wollähnliche, eine schuppige Oberfläche aufweisende Kunstseiden werden erzeugt, indem man den Spinndüsen in Richtung ihrer Längsachse Kippschwingungen im Rhythmus des Ultraschalls mit annähernd linearem Verlauf und steilem Abfall erteilt, deren Frequenz in Abhängigkeit von der Austrittsgeschwindigkeit des Fadens gewählt wird und pro Millimeter des austretenden Fadens etwa 100 Schwingungen, d. h. bei einer Austrittsgeschwindigkeit von $^1/_3$ m/Sekunde 33.000 Hertz beträgt.

DP 876 887 Zschimmer Schwarz 1953 – Die Entlüftung der Viskose wird behandelt.

DP 876 886 Viskose 1953 – Viskosereyonspinnverfahren im zweistufigen Prozeß werden behandelt.

DP 876 440 BASF 1953 – Ein Verfahren zur Herstellung von Viskosereyon wird behandelt.

DP 876 291 Phrix 1953 – Hohlraumviskosereyon wird hergestellt.

DP 876 290 Compt. Text. Artific. 1953 – Ein Verfahren zum Trockenspinnen von Viskose wird behandelt (vgl. FP 883 945, 989 802, 809 496).

DP 875 704 Glanzstoff 1953 – Die Herstellung hochfester Viskosereyon wird behandelt.

DP 871 811 Phrix 1953 – Es wird die Rückgewinnung von Schwefelkohlenstoff aus Stapelfasern behandelt.

DP 871 810 Phrix 1953 – Die Herstellung von animalisierter Reyonfaser durch Zusatz von ganz oder teilweise verätherten Oxyalkyl- oder Oxyaralkylaminen zur Spinnmasse wird beschrieben (vgl. DP. 871 809).

DP 865 507 Glanzstoff 1953 — Die Herstellung von Alkalicellulose aus Zellstoffschnitzeln wird behandelt.

DP 865 182 Phrix 1953 — Man verbessert die Eigenschaften von aus alkalischen Spinnbädern gewonnenen Cellulosehydratgebilden durch Zusatz von organischen Sulfonsäureestern von Alkanolaminen.

DP 864 904 BASF 1953 — Hohlfäden aus Viskose.

DP 862 337 Glanzstoff 1953 — Die Herstellung hochfester Viskosereyon wird beschrieben.

DP 860 389 DuPont 1952 — Betrifft die Herstellung von Viskosereyon mit großer Festigkeit ohne Dehnungseinbuße und mit verringertem Quellwert. Man arbeitet mit Viskosen, die ein alkalilösliches Monoamin enthalten und ungereift sind.

DP 860 238 Phrix 1952 — Zur Verringerung der Quellfähigkeit von Viskose oder Kupferreyon wird mit α, ω-Dialdehyden (Succin-, Glutarsäuredialdehyd etc.) in Gegenwart saurer Katalyten behandelt.

DP 860 049 Ciba 1952 — Herstellung von Alkalicellulose in fein pulverisierbarer Form.

DP 858 396 Lenzing 1952 — Herstellung gut filtrierbarer Viskose wird beschrieben.

DP 857 340 BASF 1952 — Die Widerstandsfähigkeit von Cellulose gegen erhöhte Temperaturen wird vergrößert durch Behandlung mit Borsäure und Calciumchlorid.

DP 856 197 Phrix 1952 — Man behandelt Viskosereyon vor oder während der Entsäuerung in teilweise oder völlig gestrecktem Zustande mit Formaldehyd.

DP 855 145 BASF 1952 — Reißfestere Viskosereyon wird durch Behandeln mit Säureamiden bei nachheriger Isocyanatbehandlung erhalten. Das Material ist quellfester und hydrophob.

DP 853 937 Courtaulds 1952 — Die Rückgewinnung von Natriumsulfat aus Spinnbädern wird behandelt (vgl. DP 853 493 bzw. 856 690).

DP 852 892 Glanzstoff 1952 — Entlüften von Viskoselösungen.

DP 851 997 Chem. Werke Hüls 1952 — Herstellung von Viskosereyon, welche Emulsionspolymerisate enthält.

DP 850 056 Glanzstoff 1952 — Hydratcellulosefäden mit herabgesetztem Quellvermögen werden erhalten, indem man sie mit etwa 30—50% Feuchtigkeit in einem mit der Atmosphäre verbundenen Raum ohne Luftwechsel längere Zeit erhitzt, wobei die Luftsättigung des Raumes erreicht sein muß und dann unter Luftwechsel auf den üblichen Wassergehalt bringt.

DP 850 055 Glanzstoff 1952 — Hochfeste Viskosereyon wird unter Benützung von Fällbädern aus konzentrierter Schwefelsäure unter bestimmten Bedingungen gewonnen.

DP 849 590 BASF 1952 — Ein Verfahren zum Entgasen von Viskose wird beschrieben.

DP 849 164 Rubber 1952 — Die Herstellung von Viskosereyon für Cord wird behandelt.

DP 848 846 BASF 1952 — Man verwendet Viskose mit Zusätzen von Polymerisationsprodukten von Vinylverbindungen zur Reyonherstellung (vgl. SP 206 734 usw.).

DP 848 685 Etzkorn 1952 — Man stellt Kunstfäden aus Hydratcellulose mit eingelagertem kolloidalen Silber her (bakterizide usw. Zwecke).

DP 846 271 BASF 1952 — Das Entgasen und Entschäumen von Viskose wird behandelt.

DP 846 148 Phrix 1952 — Die Fabrikation von Luftseide aus Viskosespinnlösungen, welchen eine Luft-Öl-Emulsion zugesetzt ist, wird beschrieben.

DP 846 147 Glanzstoff 1952 — Ein Verfahren zur Entgasung eines frisch gewonnenen Viskosefadenkabels wird behandelt.

DP 846 146 Glanzstoff 1952 — Entlüften von Viskose.

DP 845 554 BASF 1952 — Es wird ein Verfahren zum Verspinnen überreifer Viskosen entwickelt.

DP 845 231 Glanzstoff 1952 — Die Herstellung eines verzugfähigen Stapelfaserbandes aus Viskose wird beschrieben (vgl. DP 738 486, SP 221 904).

DP 845 230 Phrix 1952 — Matte Gebilde aus Regeneratcellulose werden durch Zugabe von elektroosmotisch gereinigtem Kaolin (5—10%) zur Viskose hergestellt.

DP 844 634 Cassella 1952 — Hochnaßfeste Kunstseide wird erhalten, indem man der Viskose verätherte bzw. veresterte Methylolverbindungen von Aminotriazinen zugibt.

DP 843 845 Phrix 1952 — Beschreibt die Fällung von Hemicellulosen aus Abfalllaugen.

DP 843 000 Glanzstoff 1952 — Es wird die Regeneration verbrauchter Fällbäder der Viskosereyonfabrikation beschrieben.

DP 842 999 Glanzstoff 1952 — Hochfeste Kunstseide wird erzeugt, indem man die Fäden unmittelbar nach dem Austritt aus dem Spinnbade stufenweise und dabei stetig zunehmend verstreckt (vgl. FP 875 365).

DP 842 998 BASF 1952 — Beim Verspinnen von Viskose mit einer Hottenrothzahl unter 7 verwendet man als Koagulationsflüssigkeit alkalische Salzlösungen, deren Ionenkonzentration mindestens einer 1%igen NaOH entspricht und zersetzt dann durch Säurebäder (vgl. FP 845 654, DP 710 664).

DP 842 338 Glanzstoff 1952 — Die Sulfidierung von Alkalicellulose wird behandelt.

DP 839 545 Glanzstoff 1952 — Hochfeste Viskosereyonfäden erhält man ausgehend von einem vorhydrolysierten bzw. extrahierten Laubholzsulfatzellstoff aus Viskose mit hohem Alkaliverhältnis, reichlicherem CS_2-Gehalt und hohem Durchschnittspolymerisationsgrad.

DP 838 936 Glanzstoff 1952 — Die Herstellung von hochfesten Viskosefasern erfolgt ausgehend von einem Zellstoff mit mindestens 94% α-Cellulose, wobei die hergestellte Viskose Alkali : Cellulose im Verhältnis von mindestens 1 : 2 enthält und infolge kurzer Vorseife einen Polymerisationsgrad von 500 bei einem γ-Wert von 44 besitzt, in Fällbädern von 900–1010 g/Liter Schwefelsäure unter 20° C gesponnen und verstreckt wird.

DP 834 266 Courtaulds 1952 — Viskosereyon wird durch Verspinnen von Viskose hergestellt, die eine kationaktive Verbindung (Pyridiniumsalz) enthält.

DP 829 649 Du Pont 1952 — Die Herstellung von Viskosereyon erfolgt unter Zusatz von 0,2–0,5% eines Monoamins in ein u. a. mindestens 2–15% $ZnSO_4$ enthaltendes saures Bad, wodurch weniger quellende, glattere Oberflächen zeigende Fäden erhalten werden sollen (vgl. AP 2 347 883/84).

DP 826 591 Glanzstoff 1952 — Die Verfärbung avivierter Cellulosehydratfasern beim Dämpfen läßt sich durch Behandlung mit Salzen von Säuren, die einen höhermolekularen Rest tragen, hintanhalten.

DP 826 484 Glanzstoff 1952 — Man stellt hohle, wollartige Viskosefäden her, wobei die versponnene Viskose Soda enthält.

DP 826 483 Glanzstoff 1952 — Alkaliarme Viskosen werden zu hohe Biegewerte zeigende Viskosekunstseiden versponnen.

DP 826 482 Glanzstoff 1952 — Herstellung einer luftfreien, ölhaltige Stoffe (Türkischrotöl usw.) enthaltenden Viskosespinnlösung.

DP 812 338 Glanzstoff 1951 — Es wird die Herstellung hochnaßfester Kunstseidenreyon beschrieben, wobei man mit 60% Schwefelkohlenstoff sulfidierte Viskose bei einem γ von 50—60 nach dem Zweibadverfahren in Müllerbädern verspinnt, in üblichen Zweitbädern niedriger Konzentration um 50% verstreckt wäscht und um 4—15% nachverstreckt (vgl. DP 737 562, AP 2 369 191). Unter γ wird der Xanthogenierungsgrad der Cellulose verstanden.

DP 811 272 Glanzstoff 1951 — Nierenförmigen Querschnitt aufweisende Viskosereyon wird derart hergestellt, daß die Fadenkabel in übliche Bäder derart geführt werden, daß mindestens eine Anzahl von Einzelfäden an der Badoberfläche schwimmen.

DP 763 247 Glanzstoff 1951 — Herstellung von Viskosereyon. Die Bäder enthalten max. 30 g $ZnSO_4$, mindestens 150 g $MgSO_4$ und weniger als 125 g H_2SO_4/Liter.

DP 752 587 Glanzstoff 1951 — Verhinderung der Korrosion von Bleibehältern in der Viskoseherstellung.

DP 752 586 Zellwolle Ring 1953 — Zur Herstellung von Viskosereyon mit verminderter Quellfähigkeit wird mit Alaun und Formaldehyd behandelt.

DP 752 337 Glanzstoff 1951 — Herstellung hochfester Viskose.

DP 749 501 Spinnfaser AG 1952 — Zur Herstellung gekräuselter Viskoseseide wird alkaliarme Viskose mit einem Alkaligehalt von 5—6% und einem Cellulosegehalt von 8—10% in ein Fällbad verdüst, welches unter 100 g/Liter Schwefelsäure, 300—320 g/Liter Natriumsulfat und 10—20 g/Liter Zinksulfat enthält (45° C). Hernach wird in einem zweiten Bade, welches 7—10 g/Liter Säure und 30—35 g/Liter Sulfat bzw. 1—2 g/Liter Zinksulfat enthält, stark verstreckt, gewaschen, nachbehandelt und geschnitten (vgl. DP 643 543, 663 530, FP 814 800).

DP 749 174 Zellwollering 1953 — Die Verminderung des Säureverbrauches bei der Viskosereyonherstellung wird behandelt.

DA 202 911 — Viskosekunstseiden erhöhter Festigkeit werden durch Verspinnen in Lösungen, die Chlorcarbonsäuren mit höhermolekularen Schwefelsäureresten enthalten, hergestellt.

DA 163 833 Volkmar, Hänig — Abkühlung der Alkalicellulose durch Vakuumverdampfung des anhaftenden Wassers.

DA 156 908 Süddeutsche Zellwolle — Man stellt quellfeste Viskosekunstseide durch Zugabe von kristallisiertem Dimethylol-Harnstoff zur Viskose her.

DA 145 477 Spinnfaser — Man versetzt die Viskosespinnlösung mit 2 g/Liter Sulforhizinat und spinnt bei 45° C in ein Bad von 115—125 g/Liter H_2SO_4, 280—320 g/Liter Na_2SO_4 und 35—40 g/Liter $ZnSO_4$. Das Spinnkabel wird bei 45—60° C in Bädern von 15—25 g/Liter H_2SO_4, 50—70 g/Liter Na_2SO_4 und 3—6 g/Liter $ZnSO_4$ um mindestens 40% verstreckt; man wäscht, aviviert, schneidet und trocknet. Es resultiert eine hochfeste Zellwolle.

DA 140 021 Zehlendorf – Die Alkalibeständigkeit von Viskosekunstseiden wird durch Behandlung mit Salzen der Cyansäure, NH_4-Salzen und HCOH und anschließende Trocknung verbessert.

DA 119 701 Schubert (s. a. 121 254) – Der Viskoselösung werden Kunstharzkondensate bzw. Ligninumwandlungsprodukte zugegeben.

DA 117 161 Lenzing – Oxydativer Abbau der Cellulose durch Einwirkung von Luft oder Sauerstoff auf alkalisierte Cellulose bei guter Durchmischung.

DA 117 009 Lauer – Viskosekunstseide mit niedrigem Quellwert soll durch Koagulation bei pH-Werten von 6–9 und 80° C erhalten werden.

DA 115 354 Roncaglia (s. a. 115 367) – Mischfasern aus Viskose und Eiweiß werden hergestellt.

DA 114 420 Lenzing – Man verspinnt Viskose, die alkalilösliche Ligninsubstanzen enthält, in Fällbäder und behandelt die Fäden mit Aldehyd.

DA 107 847 Lenzing – Zur Erzielung der Spinnreife werden während des Lösens der Viskose H_2O_2 oder Persalze zugesetzt.

DA 93 620 Feldmühle – Beschleunigung der Reife von Alkalicellulose durch Behandlung mit Fe-Pentacarbonyl- bzw. Me-Carbonylverbindungen.

DA 93 387 Günther – Man setzt der Viskoselösung alkalilösliche Kunstharze zu und verspinnt.

DA 90 107 Degussa – Herstellung von Alkalicellulose unter Verwendung von Laugen, die durch Behandlung mit voluminösen Niederschlägen (Mg-Silikat, Al-Silikat) von Schwermetallen usw. befreit wurden.

DA 88 464 Phrix – Quellfeste Viskosereyon werden durch Spinnen in Glaubersalzbädern, die bis 110 g N_2SO_4 und mindestens 20 g $ZnSO_4$ pro Liter enthalten, gewonnen.

DA 87 660 Frenkel – Widerstandsfähige Viskose wird aus Viskose und alkalilöslichen härtbaren Harzen (2,5 Mol Aldehyd + 1 Mol Phenol) hergestellt.

DA 87 633 Degussa – Man erzeugt Alkalicellulose in Gegenwart von Katalyten und oxydativen Mitteln.

DA 86 791 Phrix – Hochtrockenfeste Viskose wird aus stark vorgereifter Alkalicellulose, die als Viskose ungereift blieb, unter Verstreckung in Bädern erzeugt, die 30–60 g/Liter $ZnSO_4$ enthalten.

DA 74 370 IG – Herstellung gekräuselter Viskosereyon.

DA 71 926 Hydrierwerke – Naßfestere Fäden erhält man durch Zusatz von Furfurol zur Viskose.

DA 71 103 IG – Man spinnt stark gereifte Viskose in wäßrige alkalische Salzlösung und regeneriert mit Säure.

DA 68 594 IG – Man entgast hochviskose Kunstseidenspinnflüssigkeiten bei Unterdruck und Zusatz von Antischaummitteln.

DA 64 229 IG – Fasern aus Viskose-Superpolyamidmischungen mit Sulfonamidgruppen werden vorgeschlagen.

DA 58 098 Heyden – Herstellung von Viskosen aus verschiedenen Zellstoffen. Man erzeugt jede Spinnlösung für sich und vermischt dann.

DA 57 260 Thüring. Zellwolle – Kunstseidefasern aus Viskose und Eiweißstoffen.

DA 57 090 Thüring. Zellwolle – Hochfeste Viskosereyon erhält man durch Verspinnen in Bäder mit 60–70 g/Liter $ZnSO_4$ und Nachbehandlung des noch xanthogenathaltigen Fadens mit HCOH.

DA 56 625/26 Thüring. Zellwolle (s. a. 57 597, 57 605) – Man veredelt Viskosereyon durch Behandlung mit N-Halogenmono- oder NN'-Dihalogendiamiden in Gegenwart von CaO, MgO usw.

DA 28 981 Zellwollering – Man befeuchtet Alkalicellulose mit kaltem H_2O und knetet CS_2, der aufgesprüht wird ein, wobei zuerst nicht, später aber gekühlt wird.

DA 26 850 – Die Reifung der Viskose kann durch Zusatz geringer Mengen HCOH beschleunigt werden.

DA 26 193 Lenzing – Herstellung von Viskose in einem Arbeitsgang durch aufeinanderfolgende Einwirkung von NaOH und CS_2 (die Cellulose liegt in fein zerfaserter Form vor) bei 35–50° C, dann weiter CS_2 und schließlich H_2O zusetzen.

DA 20 068 Zänker – Man behandelt Kunstseidenfäden mit Celluloseäthern.

DWP 2912 Thür. Kunstfaserwerk Wilhelm Pieck 1953 – Verfahren zur Herstellung von Viskosefäden oder -fasern mit guten elastischen Eigenschaften, wie einer guten Dehnbarkeit, Schlingenfestigkeit, Knickbruchfestigkeit usw., durch Behandlung der Gebilde mit bi- oder polyfunktionellen Verbindungen, die mit zwei oder mehr Hydroxylgruppen der Zellulose zu reagieren vermögen. Die Behandlung an solchen nicht oder nur schwach verstreckten Fadengebilden, erfolgt insbesondere vor dem ersten Trocknen, deren Trockendehnung über 30%, vorzugsweise über 45% liegt.

DWP 2706 Eisenhut-Schwarz-Lieseberg 1953 – Verfahren zum Verspinnen von Viskose im Spinntrichter unter Benutzung von Düsen mit weiten Öffnungen, bei dem die Viskose in einem wäßrigen Fällbad, das neben größeren Mengen von Alkalisalzen geringere Mengen von freiem Alkali enthält, zu Fäden mit rundem Querschnitt gefällt und in einer sauren Flüssigkeit zu Cellulosehydrat regeneriert wird. Man benutzt Viskose mit einer Reife, die größer als 7° Hottenroth ist.

DWP 2323 Fink und Plepp 1953 – Verfahren zur Herstellung von hochfesten Kunstfäden und Kunstfasern aus Viskose unter Anwendung von schwefelsauren und natriumsulfathaltigen Spinnbädern. Viskose wird in Bädern versponnen, die neben Natriumsulfat 10–14% Schwefelsäure und keine mehrwertigen Metallsalze enthalten, die frisch gesponnenen Fäden in einem heißen, alkalischen Quellbad, das ebenfalls keinen Zusatz von mehrwertigen Metallverbindungen hat, zum Quellen gebracht und die gequollenen Fäden entweder im Quellbad selbst oder in einer besonderen, heißen Salzlösung oder in heißem Wasserdampf stark verstreckt.

DWP 2049 Thür. Kunstfaserwerk Wilhelm Pieck 1952 – Zur Herstellung von quellfester Kunstseide werden geringe Mengen Kunstharz enthaltende Viskose versponnen und vor dem Trocknen mit Aldehyd nachbehandelt.

DWP 2048 Thür. Kunstfaserwerk Wilhelm Pieck 1952 – Viskose wird in Bädern von Alkalicarbonat und -bicarbonat (pH 8–10) in Gegenwart von Neutralsalzen koaguliert und dann in heißen Salzlösungen hydratisiert.

DWP 1576 Thür. Kunstfaserwerk Wilhelm Pieck 1952 – Verfahren zur Herstellung von Viskosefäden bzw. -fasern guter Festigkeit durch Verstreckung eines noch ganz oder teilweise im Xanthogenzustand befindlichen Fadenbündels in einer Wasserdampfatmosphäre von 90–100°, worauf es beim Austritt aus dieser wieder abgekühlt wird. Das Fädenbündel wird unmittelbar vorher, vorzugsweise durch Besprühen, mit wenig Wasser von 30–60° benetzt.

DWP 774 Thür. Kunstfaserwerk Wilhelm Pieck 1952 — Verfahren zur Herstellung von künstlichen Gebilden, wie Fäden, Fasern, Bändchen oder Filmen, aus regenerierter Cellulose, vorzugsweise aus Viskose, bei dem der Spinnlösung Harz dispergiert oder in Alkali gelöst, vor allem Phenol-Formaldehydharz niederer Kondensationsstufen, wie die Phenol-Methylole, Kresolmethylole oder Sulfonamidharze zugesetzt und diese dann in sauren, salzhaltigen Bädern verformt wird. Die koagulierten Gebilde werden in einem alkalischen Bad unter Streckung erneut plastifiziert und schließlich, gegebenenfalls unter weiterer Verstreckung endgültig zersetzt.

DWP 718 Thür. Kunstfaserwerk Wilhelm Pieck 1952 — Verfahren zur Rückgewinnung von Schwefelkohlenstoff bei der Nachbehandlung von Viskosezellwolle im geschnittenen Zustand oder aus dem Zellwollkabel in einer geschlossenen Rohrleitung, wobei die Verdampfung unter völligem Luftabschluß erfolgt. Zur Förderung des Zellwoll-Wasser-Gemisches oder auch zur Nachbehandlung von künstlichen Fäden oder Fasern wird Druckluft, Dampf oder Druckwasser verwendet.

DWP 566 Spinnstoffwerk Otto Buchwitz VEB 1952 — Verfahren zur kontinuierlichen Herstellung von künstlichen Fasern mit erhöhter Spinn-, Filz- und Walkfähigkeit sowie hoher Wärmehaltung aus Viskose durch Imprägnieren der frischgefällten, entsäuerten, noch feuchten Fasern mit einer weniger als 1% cellulose- und gasbildende Mittel enthaltenden Viskose oder einer anderen, ebenfalls gasbildende Mittel enthaltenden Imprägnierungsflüssigkeit. Das bei einer Temperatur von 20° C imprägnierte lose Fasergut wird vorzugsweise durch Quetschwalzen von dem Überschuß der Imprägnierflüssigkeit bis auf das Vierfache des Trockengewichtes befreit und dann auf einem mit Höckern versehenen Schienenrost, dessen Schienen abwechselnd derart beweglich sind, daß sie in der Richtung des Warenlaufes eine exzentrisch gleitende Bewegung ausführen und dabei die Flocke vorwärts tragen, unter einer Überlaufberieselung so vorbei geführt, daß die zur Berieselung verwendete 70° C warme Fixiersäure in möglichst vielen Teilströmen und gut verteilt aus geringstmöglicher Höhe auf das Faservlies auftrifft, worauf das übliche Auswaschen und Trocknen erfolgt.

SP 289 684 Phrix 1953 — Die Herstellung gut filtrierbarer Celluloselösungen in der Reyonfabrikation wird beschrieben.

SP 288 365 Kuljian 1953 — Der bekannte Viskosefabrikationsprozeß, der das Freiwerden von Schwefel im Koagulierbad verhindert, wird beschrieben.

SP 287 173 Phrix 1953 — Betrifft die Reinigung der Abgase von Viskosefabriken.

SP 284 258 Ciba 1952 (Zusatz zu SP 277 619) — Pigmentsuspensionen, die für die Spinnfärbung geeignet sind, werden beschrieben, wobei solche äthersulfonsaure Salze von hochpolymeren Kohlenhydraten zugemischt werden, deren 3%ige wäßrige Lösung bei 25° C eine Viskosität von mindestens 0,5 Poisen aufweisen.

SP 284 067 Lindenmeyer 1952 — Herstellung von Aktivkohle enthaltenden Fäden durch Zusatz derselben zur Spinnmasse.

SP 283 711 Emmenbrücke 1952 — Die Herstellung von hochfester Viskosereyon erfolgt derart, daß man in ein schwefelsaures Bad von 10—30° C eine Viskose spinnt, die aus Cellulose bereitet wurde, welche nicht mehr als 25% Anteile mit einem Polymerisationsgrad von 500 und weniger als 4% mit einem Polymerisationsgrad von 250; die Viskose enthält zirka 7% Cellulose und 6,5% Alkali, wobei die zur Xanthogenierung gelangende Alkalicellulose einen Polymerisationsgrad von nicht weniger als 450 aufweist, ein γ zwischen 40 und 50 besitzt und in ein Schwefelsäurebad gesponnen wird, dessen Konzentration $C = 1{,}26\gamma + 8 \pm 3$ beträgt.

SP 283 376 Courtaulds 1952 — Die Herstellung feiner Viskosereyonfäden (1,25 den und weniger) wird behandelt.

SP 282 046 Bayer 1952 — Bei der Erzeugung von Zellwolle wird die Fasermasse nach dem Waschen und Vortrocknen Hochfrequenzfeldern ausgesetzt.

SP 277 950 Courtaulds 1952 — Die Herstellung von Viskose wird besprochen, wobei die Ablagerungen von Schwefelverunreinigungen auf der Abzugsrolle durch Behandlung in einem eine öllösliche kationaktive Verbindung enthaltenden Ölbade verhindert wird.

SP 276 373 Courtaulds 1951 — Zur Verhütung von Krustenbildung in den Spinnbädern der Viskosefabrikation werden öllösliche kationenaktive Verbindungen und Öl zugesetzt.

SP 275 381 Inst. Int. Financier 1951 — Die Herstellung von Viskose niedriger Quellung wird beschrieben.

SP 274 860 Research 1951 — Herstellung von Viskose in kontinuierlichem Arbeitsgang.

SP 274 193 Courtaulds 1951 (vgl. EP 469 817) — Zur Verhütung der Krustenbildung enthält das Viskosespinnbad außer kationaktiven Verbindungen noch einen Fettalkohol mit einer mindestens 10 C-Atome enthaltenen Kette.

SP 273 914 Courtaulds 1951 — Fabrikation von Viskoseseide.

SP 271 617 Courtaulds 1951 — Zur Verhütung von Verkrustungen auf den Führungen und Walzen der Fällbäder wird mindestens einem derselben ein Polyglykoläther zugegeben, der durch Umsetzung eines Alkohols mit mindestens 10 C-Atomen in der aliphatischen Kette mit 2—12 Mol Äthylenoxyd gebildet ist.

SP 269 141 Rayon 1950 — Die Verkrustung der Spinndüsen bei der Herstellung von Viskoseseide wird durch Zusätze von kleinen Mengen Polyalkylenoxyden verhindert (0,005% polymerisiertes Äthylenoxyd).

SP 268 499 Inst. Int. Financier 1950 — Man spinnt Reyon aus Viskose- oder Kupferoxyd-Ammoniak-Lösungen, die unter Verwendung von sauren Polycarbonsäureestern (0,1—2,0%) ein sehr fein verteiltes Gas in der Spinnlösung enthalten (spez. Gew. 1,0—1,2) z. B.: Weinsäuremonoäthylester, Phtalsäuremonoäthylester u. a.

SP 259 087 Rhodiaceta 1949 — Behandelt die Viskosebereitung.

SP 244 013 Curti 1947 — Die Herstellung von Viskoseseide erfolgt unter Zusatz von Alsalz (0,1—2 g/Liter).

SP 230 910 Ubbelohde 1944 — Bei der Herstellung von künstlichen Fasern wird der Lösung der Cellulose oder deren Derivate die alkalische Lösung eines Resols, das durch Kondensation von mehr als 1,5 Mol HCOH auf 1 Mol Phenol erhalten wurde, zugegeben.

SP 212 204 Bekleidungsind. 1941 — Zur permanenten Kräuselung wird der Kunstseidespinnlösung eine Kunstharzlösung zugefügt, der gefällte Faden gekräuselt und gehärtet.

FP 1 027 824 Courtaulds 1953 — Die Herstellung der Viskose in der Viskosereyonfabrikation wird behandelt.

FP 1 027 235 Research 1953 — Die Herstellung von Viskosereyon wird beschrieben.

FP 1 026 816 Phrix 1953 — Die Reinigung von Abfallgasen in der Viskosefabrikation wird behandelt.

FP 1 025 138 Viscose 1953 — Die Herstellung von hochwertiger Viskosereyon wird behandelt.

FP 1 023 797 Courtaulds 1953 — Betrifft die Viskosereyonherstellung.

FP 1 023 194 Compt. Text. Artific. 1953 — Behandelt das Trockenspinnen von Kunstseide.

FP 1 018 017 Viscose 1952 — Die Herstellung hochfester Viskosereyon durch Spinnen in Essigsäure, Na-Acetat und glaubersalzhältige Bäder wird beschrieben. Der Faden wird erst dann in schwefelsauren Bädern gestreckt und regeneriert.

FP 1 017 830 Courtaulds 1952 — Die Herstellung von besonderer Viskosereyon wird beschrieben.

FP 1 015 558 Hampel 1952 — Betrifft die Gewinnung von Natriumsulfat aus den Viskosereyonfällbädern.

FP 1 009 055 Compt. Text. Artific. 1952 — Herstellung von Viskosereyon.

FP 1 007 790 Stockhausen 1952 — Die Reißfestigkeit von Viskosereyon wird erhöht durch eine Reihe von Stoffen (evtl. in Kombination): Zugabe von oberflächenspannungserniedrigenden Substanzen zur Viskose (Seifen von Carboxylsäuren usw. Alkoholkondensate usw. Schutzkolloide).

FP 1 007 317 Phrix 1952 — Entfernung von Säure und Schwefel aus Viskosekunstseidenfäden.

FP 1 006 078 Compt. Text. Artific. 1952 — Herstellung von Viskosereyon.

FP 1 002 361 Riedemann 1952 — Quellfeste Viskosereyon wird hergestellt durch Verdüsen in Bäder mit unter 100 g H_2SO_4 und mindestens 30 g $ZnSO_4$ pro Liter.

FP 1 001 471 Stockhausen 1952 — Nach dem Sthenosieren von Textilien aus Cellulose wird mit Lösungen behandelt, die den Materialien die nötige Feuchtigkeit verleihen und überschüssigen Formaldehyd binden, wobei Netz- und Präpariermittel anwesend sind.

FP 1 000 980 Phrix 1952 — Herstellung von Viskose in einem Arbeitsgang.

FP 1 000 440 Phrix 1952 — Viskosereyonfabrikation.

FP 1 000 439 Phrix 1952 — Viskosekoagulation.

FP 1 000 410 Research 1952 — Alkalicelluloseherstellung.

FP 999 688 Phrix 1952 — Ohne Reife wird gut filtrierbare Viskose derart bereitet, daß man den Zellstoff mit Mercerisierlaugen, die Oxydantien enthalten, behandelt und dann eine alkalische Suspension von CS_2 zur Einwirkung bringt. Das Oxydans kann durch Sulfite usw. ersetzt werden.

FP 999 054 Viscose 1952 — Die Herstellung von Spezial-Viskosereyon für die Pneufabrikation wird behandelt.

FP 999 024 Mo och Domsjö 1952 — Die Herstellung von Alkalicellulose erfolgt in zwei Stufen. Vorerst wird mit normaler Lauge behandelt, gereift und dann mit heißer Lauge höherer Konzentration gearbeitet.

FP 998 868 Phrix 1952 — Um die Einwirkung von Schwefelkohlenstoff zu erleichtern, verdünnt man nach der Alkalisierung (auf 8% NaOH) und kühlt auf + 5 bis — 10° C ab.

FP 997 134/5 Cellophane 1952 — Man stellt wasserfeste Überzüge auf Viskosereyon her, indem man entgegengesetzt geladene wäßrige Dispersionen von Resolen (Harnstoff-Formaldehyd) niederschlägt, trocknet, härtet und mit Celyltrimethyl-Ammoniumbromid behandelt (vgl. FP 997 734).

FP 996 282 Viscose 1951 — Vorrichtung zum Entwässern von Alkalicellulose.

FP 994 770 Courtaulds 1951 — Herstellung von Viskosereyon.

FP 993 766 Courtaulds 1951 — Herstellung von Viskoseseide.

FP 993 756 Compt. Text. Artific. 1951 — Man spinnt Viskose in Bäder, die 10 g Schwefelsäure/Liter enthalten, wobei man von Alkalicellulosen ausgeht, die mit einem DP von mindestens 800 ungereift xanthogeniert werden und ungereifte Viskosen mit Viskositäten von 500 poises und mehr verarbeitet.

FP 990 016 Courtaulds 1951 — Es wird die Wiedergewinnung des Glaubersalzes aus Viskosekunstseidefällbädern beschrieben (vgl. AP 2 374 004).

FP 989 796 Compt. Text. Artific. 1951 — Die Filtration der Bäder der Viskosefabrikation zur Entfernung von kristallenen Anteilen von Salz oder kolloiden Stoffen erfolgt über Aktiv-Kohle in Blättchen-Form, die auf Glas oder Rhovylfasern aufliegt.

FP 989 683 Soc. Franc. 1951 — Entfernung der Pentosane aus Alkalicellulosen.

FP 989 488 Kohorn 1951 — Viskosereyonherstellung.

FP 989 136 Compt. Text. Artific. 1951 — Man spinnt Viskose in ein Bad, welches stark glaubersalzhältig ist, ohne Spannung und streckt außerhalb des Bades auf 50—250%. Der pH-Wert ist 5—8. Die Fixierung erfolgt durch Salzbäder hoher Temperatur. Man erhält eine Kunstseide mit einer Reißfestigkeit von RKm 30—35 trocken, 20—25 naß, Dehnung 8—10%, Quellung 55—65%.

FP 988 329 Danner, Zerweck 1951 — Zur Verbesserung der Eigenschaften fügt man Faserstoffen in irgend einem Stadium ihrer Bildung Emulsionen oder Dispersionen von ätherifizierenden oder esterifizierten Methylolaminotriazinen zu.

FP 987 960 Compt. Text. Artific. 1951 — Bei der Herstellung von Viskosekunstseide werden die Fäden erst durch das übliche Koagulationsbad (Müllerbad), dann unter hoher Spannung durch ein Laugenbad von Mercerisierstärke (200—300 g/Liter Alkali) und schließlich durch ein Fixierbad, analog dem Koagulationsbad, jedoch bei 80° C, geführt.

FP 987 647/8 Courtaulds 1951 — Die Herstellung von Viskosekunstseide wird behandelt.

FP 987 569 Compt. Text. Artific. 1951 (vgl. FP 935 380 bzw. 936 167/8, 952 368) — Quellfeste Cellulosehydratfasern werden erhalten, indem man ihnen Kondensate von Dicarbonsäuren mit Di- oder Polyalkoholen einverleibt und nachher in Gegenwart von Formaldehyd und sauren Katalyten auf höhere Temperatur erhitzt.

FP 987 239 Courtaulds 1951 — Es wird die Herstellung von Viskoseseide beschrieben.

FP 986 201 Dunlop 1951 — Hydratcellulosefäden werden derart hergestellt, daß man die Lösung eines Celluloseesters, die ein Protein und das Vorkondensat eines härtbaren Harzes enthält, koaguliert und den Faden verseift.

FP 985 847 Compt. Text. Artific. 1951 — Es wird die Herstellung von Viskosekunstseide in Fällbädern beschrieben, deren Schwefelsäuregehalt $C = 1{,}26\ \gamma + 8 \pm 3$ (γ = Xanthogenierungsgrad) beträgt.

FP 985 234 Viscose 1951 — Die Herstellung von Fäden aus Viskosekunstseide mit Kunststoffüberzug wird beschrieben.

FP 984 882 Research 1951 — Bei der kontinuierlichen Herstellung von Viskosereyon wird nach den Koagulationsbädern und einer Zwischenwaschung die Zersetzung des Xanthogenatfadens mit salzarmen sauren Bädern oder Oxydationsmittel wie hypochloridhältigen Bädern bis auf einen Xanthogenatgehalt von unter 0,003 vorgenommen, worauf die übliche Entschwefelung und Bleichung leicht erfolgen kann.

FP 981 693/94 Courtaulds 1951 — Die Zugabe von Sorbittrioleat-Aethylenoxyd wird bei der Viskosefabrikation vorgeschlagen, um das Verkrusten usw. zu verhindern; auch Kondensate mit Polyaminen sind verwendbar.

FP 980 919 Courtaulds 1951 — Zur Nachbehandlung von Viskosekunstseidefasern sollen Öle, die kationaktive Substanzen enthalten, dienen.

FP 980 541 Courtaulds 1951 — Man behandelt die Viskoseseide im Verlaufe des Spinnprozesses mit Ölen, die ioneninaktive Körper (Äthylenoxydprodukte) enthalten (vgl. FP 980 919).

FP 978 184 Courtaulds 1951 — Man behandelt den koagulierten Xanthogenatfaden mit sauren Lösungen bei 45° C und hernach mit oxydierenden Mitteln (Hypochlorit) und wäscht und trocknet.

FP 55 411 zu FP 972 045 Compt. Text. Artific. 1952 — Herstellung von Viskose aus unreinen Cellulosepasten.

FP 972 045 Compt. Text. Artific. 1951 — Herstellung von Viskosekunstseide aus α-cellulosearmer Viskose, die Verunreinigungen, wie Lignin usw., enthält, indem man der Alkalicellulose kleine Quantitäten aliphatischer Monoalkohole, Terpenalkohol usw. einverleibt (Trockenspinnen von Viskose: FP 883 945, 898 802).

FP 966 254 Compt. Text. Artific. 1950 — Ölen und Schlichten von Trikotagengarn auf Flaschenspulen.

FP 964 493 Compt. Text. Artific. 1950 — Herstellung der Viskoselösung für das Spinnen.

FP 963 669 Compt. Text. Artific. 1950 — Fällung von Viskose in Bädern mit 30—120 g $Al_2(SO_4)_3$-Zusatz.

FP 957 450 Spolek pro chem. a hutni vyrobu 1950 — Viskose wird derart gesponnen, daß ein Teil oder alle Fäden in den Bädern aufschwimmen. Sie erhält einen halbmondförmig gezähnten Querschnitt, was für Strümpfe vorteilhaft ist.

FP 935 385 Soc. Constr. 1948 — Entferung des CS_2 aus den frisch koagulierten Viskosefäden.

FP 935 212 Compt. Text. Artific. 1950 — Die Herstellung von Viskosereyon wird beschrieben.

FP 898 802 Bata 1945 — Es wird ein Trockenspinnverfahren für Viskosekunstseide beschrieben (vgl. FP 883 945).

FP 859 682 Compt. Text. Artific. 1940 — Regeneration der Viskosefällbäder (s. a. Zusatz 53 312 [1945]).

HollP 72 458 Courtaulds 1953 — Die Herstellung von hochfesten Reyon in Metallsalz-Säure enthaltenden Spinnbädern wird beschrieben (vgl. EP 469 817, AP 2 394 599), wobei noch kapillaraktive Verbindungen und Öle in diesen vorhanden sind.

HollP 72 294 Organ.Toegep. Natuurw. Onderzoek 1953 — Zum Verbessern von Cellulosematerialien behandelt man in saurem Milieu mit Verbindungen der Form $OHCH_2-NH-CX-(CH_2)n-CX-NH-CH_2OH$, X = S, O und erhitzt unterhalb 100° C.

HollP 71 765 Research 1953 — Die Kontinueherstellung von Viskosereyon wird beschrieben.

HollP 71 752 NYMA 1953 — Die Rückgewinnung von Schwefelkohlenstoff aus frischgesponnenen Spinnkuchen wird behandelt.

HollP 71 674 Compt. Text. Artific. 1953 — Die Herstellung von reißfester Viskosereyon erfolgt mit Di-(hydroxymethyl-)alkylphenol.

HollP 69 004 AKU 1951 — Bei der Herstellung von Viskosereyon werden der Viskose kapillaraktive Verbindungen der Form $R_1N\begin{matrix}\diagup R_2\\ \diagdown R_3\end{matrix}$, wobei R_1 ein Ketenrest, R_2 und R_3 Alkylenoxyketenreste sind, zugefügt, also z. B. *Ethomeen C 25* oder *S 25*, die durch Reaktion von Kokosölamin bzw. Sojabohnenölamin mit 15 Mol Alkylenoxyd bereitet werden in Mengen von 0,12—0,24%. Dadurch wird Spinndüsenverstopfung vermieden (vgl. EP 526 207).

HollP 67 862 La Seda 1951 (vgl. AP 2 317 512) — Es wird die Herstellung von Viskoseseide beschrieben.

HollP 67 631 Spinnfaser AG 1951 — Die Herstellung von starken Fasern aus Regeneratcellulose, die Lufteinschlüsse enthalten, wird beschrieben.

HollP 66 889 Compt. Text. Artific. 1950 — Man verspinnt Viskose, die Polymethylolphenole enthält.

HollP 66 514 Compt. Text. Artific. 1950 (vgl. HollP 65 516, 65 518) — Die Härtung der in den Reyonfäden eingelagerten Tri-(hydroxymethyl-)phenole erfolgt mit gesättigtem Dampf unter Druck bei Ausschluß von Sauerstoff.

HollP 65 613 Research 1950 — Die Viskoseseideherstellung erfolgt in zwei Stufen wie in HollP 65 265, nur mit dem Unterschied, daß im ersten Spinnbad das Verhältnis von Säure : Salz kleiner ist als 1 und im zweiten Bad mit Oxydationsmitteln behandelt wird.

HollP 65 520 Glanzstoff 1950 — Herstellung von Viskosekunstseide in Bädern, die mehr als 50% H_2SO_4 enthalten.

HollP 65 516 Compt. Text. Artific. 1950 — Man behandelt Regenerat-Cellulose mit Trihydroxymethylphenolen und härtet in Anwesenheit von Katalyten (vgl. FP 870 723). Man vermindert das Quellvermögen (Bestimmung von Quellung durch Befeuchten des Materials und Entfernung des anhaftenden Wassers durch Schleudern in einer Zentrifuge vom Durchmesser 25 cm, 10 Min. bei 3000 U (20% gegenüber 100% und mehr). Widerstandsfähig gegen H_2SO_4, in Cuoxam nicht löslich (vgl. HollP 65 517, 65 518).

HollP 65 265 Research 1950 — Die Viskosereyonherstellung erfolgt in zwei Stufen, indem erst mit Bädern behandelt wird, in welchen das Verhältnis von H_2SO_4 : Neutralsalz kleiner als 1 ist und die Produkte nur mehr ein Xanthogenatverhältnis (Bestimmung nach L e r o y S m i t h, Synthet. Fiber Development in Germany, S. 201—204, 1946) von 0,02 aufweisen, wonach in sauren Lösungen ohne Salz oder mit Salz (nach Zwischenwaschen) weiter behandelt wird, bis das Xanthogenatverhältnis 0,003 und kleiner ist (vgl. HollP 65 613).

HollP 64 554 Thüring. Zellwolle 1949 (vgl. EP 528 740) — Das Formalisieren von Reyon erfolgt mit 3—6% HCOH und pH 3—4 durch 5—10 Minuten bei 60—80° C. Hernach wird gewaschen und normal getrocknet.

HollP 64 546 Zellwolle 1949 — Herstellung von künstlichen Fäden aus Viskose, die aus Bädern, die Neutralsalze und Bikarbonat enthalten, erfolgt.

HollP 63 495 Compt. Text. Artific. 1949 — Reyon mit gleichförmigem Querschnitt wird aus Viskose hergestellt, welche mittels einer höchstens 0,8% Hemicellulose enthaltenden Natronlauge aus Cellulose bereitet wurde, wobei nach dem Xanthogenieren, d. h. vor dem Verspinnen auf 15° C und darunter, gekühlt und durch Filter gesandt wurde, deren Poren dieselbe Größe wie die von Diatomeenerde besitzen.

HollP 63 442 IG 1949 — Ein Reifprozeß für Viskose wird beschrieben.

HollP 63 330 Glanzstoff 1949 — Elastische, feste Reyonfäden werden durch Kombination folgender an sich bekannter Merkmale erzeugt: Verwendung von gleichmäßigem, mindestens 92% α-Cellulose enthaltendem Ausgangsmaterial, Viskoselösung mit 6,5% Cellulose und 8% NaOH, Spinnviskosität nach dem Entlüften (Kugelfallprobe) 40—90 Sek., Hottenroth-Seife 19°, Verspinnen in ein zinksulfathältiges Bad unter stufenweiser Streckung von 48% und Aufwickeln der Fäden unter kleinerer Spannung.

HollP 62 836 IG 1949 (vgl. AP 1 661 493, EP 309 053) — Man spinnt Viskose in verdünnte Schwefelsäure, welche Zink- oder Eisensalze enthält, und streckt die noch größtenteils aus Xanthogenat bestehenden koagulierten Fäden in heißem Wasser, das etwas Schwefelsäure und Salz enthalten kann. Die Erfindung liegt darin, daß zinkhaltige Viskose zur Anwendung kommt.

HollP 62 699 AKU 1949 — Herstellung von Reyon. Die Spinndüsen sind mit Polysiloxanen überzogen (vgl. AP 2 306 222).

HollP 61 679 Research 1948 — Aufarbeiten von Viskosespinnbädern, die kationaktive Stoffe gelöst enthalten.

HollP 61 277 Courtaulds 1951 — Rückgewinnung von Chemikalien und Regenerierung von Schwefelsäure, Natriumsulfat und Zinksulfat enthaltenden Viskosekunstseidespinnbädern.

BelgP 507 073 Fabelta 1953 — Die Herstellung von Viskosereyon wird behandelt.

BelgP 506 786 Phrix 1953 — Die Herstellung von zur Zellwollefabrikation geeigneter Viskose wird beschrieben.

BelgP 505 775 Tootal Broadhurst 1953 — Zur Herstellung von wenig quellbarem Viskosereyon oder Zellwollegeweben werden diese erst gequollen und dann mit Kunstharzen oder Formaldehyd behandelt.

BelgP 504 935 Glanzstoff-Courtaulds 1952 — Die Herstellung von Viskosereyon wird beschrieben.

BelgP 504 844 Courtaulds 1952 — Die Herstellung von Viskosereyon, insbesondere bei Benützung von Polyoxykondensaten von Ölen als Nachbehandlungsmittel, wird beschrieben.

BelgP 503 612 Spindler Werke 1952 — Herstellung von Viskosereyon im Kontinueprozeß.

BelgP 503 543 Glanzstoff 1952 — Die Herstellung stark gekräuselter Viskosekunstseide wird beschrieben.

BelgP 503 070 Compt. Text. Artific. 1952 — Herstellung von Reyon aus Viskose mit einer Viskosität über 1000 poises.

BelgP 502 940 Compt. Text. Artific. 1952 — Die Herstellung von Viskosereyon erfolgt aus Viskosen, die in ein Bad von einem Säuregehalt $C = 1{,}26\ \gamma + 8 \pm 3$ gesponnen werden und deren γ je nach der Badtemperatur für gleiche Schwefelsäurekonzentrationen ansteigt.

BelgP 492 102 Viscose 1949 — Man spinnt hochfeste Viskosereyonfäden durch Verdüsen von Viskose in saure Koagulier- und Regenerationsbäder bei Temperaturen über 30° C, streckt um 40—80%, wäscht unter geringer Spannung und trocknet.

BelgP 487 186 Courtaulds 1949 – Die Spinn- bzw. Zersetzungsbäder enthalten neben der Schwefelsäure Metallsalze, kationaktive Stoffe und ein Öl (vgl. BelgP 487 187, 487 229).

BelgP 487 185 Courtaulds 1949 – Die verdüste Viskose wird der Einwirkung verdünnter Säuren unterworfen, wobei ein Behandlungsbad noch Metallsalze, ein Öl und einen Emulgator (Polyglykoläther) enthält.

BelgP 487 161 Compt. Text. Artific. 1949 – Man koaguliert Viskose in Bädern, die verdünnte Schwefelsäure, $Al(SO_4)_3$ und ein Alkalisulfat enthalten, streckt in einem Bade mit heißem Wasser, wäscht und stellt fertig.

ItalP 462 658 Research 1951 – Die Herstellung von Viskosereyon von hoher Festigkeit erfolgt derart, daß man den ersponnenen Faden in einem zweiten Bade unter Spannung behandelt, wobei das Spinnbad kleine Quantitäten Formaldehyd enthält.

ItalP 462 622 Viscose 1951 – Herstellung von Reyon aus Viskose.

ItalP 462 048 Donagemma 1951 – Ein Verfahren zur kontinuierlichen Viskosereyonherstellung wird beschrieben.

ItalP 461 564 ICI 1951 – Die Herstellung von Kunstseidefäden wird behandelt.

ItalP 460 864 Ciba 1951 – Das Färben der Spinnmasse in der Viskosefabrikation mittels Kupferphtalocyaninen erfolgt unter Benützung der β-Naphtalinsulfosäure-Formaldehyd-Reaktionsprodukte als Dispergatoren.

ItalP 457 828 Compt. Text. Artific. 1951 – Behandelt die Herstellung von Viskosekunstseide.

ItalP 457 575 Research 1951 – Viskosekunstseideherstellungsverfahren.

ItalP 457 423 Compt. Text. Artific. 1951 – Herstellung von Viskosereyon (vgl. ItalP 456 415).

ItalP 456 067 Courtaulds 1951 – Herstellungsverfahren für Viskosekunstseide (vgl. 455 189).

ItalP 454 833 Compt. Text. Artific. 1951 – Die Herstellung der Viskosekunstseide erfolgt in Fallbädern, deren Schwefelsäuregehalt der Formel $C = 1{,}26\gamma + 8 \pm 3$ entspricht, wobei γ (der Xanthogenierungsgrad) zwischen 44 und 47 liegt.

NorwP 79 469 Compt. Text. Artific. 1951 – Behandelt die Herstellung von Viskosereyon, wobei die Konzentration im Fällbade an Schwefelsäure der Formel $1{,}26\gamma + 8 \pm 3$ (γ = Xanthogenierungsgrad) entspricht.

NorwP 79 152 Viscose 1951 – Die Herstellung von Viskosereyon erfolgt derart, daß man unter Zusatz von Alkylenoxydpolymerisaten arbeitet.

NorwP 78 678 Compt. Text. Artific. 1951 – Man behandelt Viskosereyon mit Polymethylolphenolen und Katalyten.

NorwP 78 298 Compt. Text. Artific. 1951 – Man behandelt Textilien aus Cellulose mit Kunstharzvorkondensaten aus Trimethylolphenol und härtet.

NorwP 76 889 Compt. Text. Artific. 1950 – Die Herstellung von Celluloseregenerat bzw. Cellulosederivatfasern mit reaktiven OH-Gruppen im Molekül erfolgt in Anwesenheit von Trimethylolphenol.

EP 692 023 Research 1953 – Die kontinuierliche Herstellung von Viskosereyon wird beschrieben.

EP 691 253 Research 1953 – Eine besondere Reifung der Alkalicellulose in der Viskosefabrikation wird vorgeschlagen.

EP 690 936 (EP 691 114) Polymer Corp. 1953 — Die Herstellung von gereinigtem Abfallreyon durch Lösung und Fällungen wird beschrieben.

EP 687 005 Compt. Text. Artific. 1953 — Die Herstellung von Reyon mit niedriger Quellung wird beschrieben.

EP 685 850 Viscose 1953 — Man spinnt Viskose in salzhältige Essigsäurebäder, streckt und regeneriert dann durch Passage in einem Schwefelsäurebad.

EP 685 842/3 Rayonier Inc. 1953 — Zur Erzielung besserer Ergebnisse bei der Herstellung von Reyon werden der Ausgangscellulose Amine usw. einverleibt. Auch mit Polyäthylenoxyden kann behandelt werden.

EP 685 631 Compt. Text. Artific. 1953 — Die Herstellung von Viskosereyon wird behandelt.

EP 684 563 Courtaulds 1953 — Die Herstellung von Reyon bei besonderer Führung der Alkalisierung und Hemicelluloseentfernung wird behandelt.

EP 683 646 Courtaulds 1952 — Die Herstellung von Viskosereyon wird beschrieben, wobei nach dem Verlassen des Koagulationsbades mit verdünnten Lösungen von Schwefelsäure und Oxydationsmitteln behandelt wird.

EP 683 203 Rubber 1952 — Der Schutz von Viskosereyon gegen Hitzeschäden erfolgt durch primäre organische Amine.

EP 679 547 Kohorn 1952 — Die Herstellung von Viskosereyon erfolgt derart, daß man im trockenen Zustande streckt, dann feuchtet und teilweise rückkonditioniert.

EP 679 182 Courtaulds 1952 — Viskosereyon wird für Reifencordzwecke fabriziert.

EP 678 462 Courtaulds 1952 — Wiedergewinnung der Fällbäderchemikalien bei der Viskosekunstseideherstellung.

EP 678 335 Compt. Text. Artific. 1952 — Die Herstellung von Viskosereyon wird beschrieben, wobei der γ-Wert zur Säurekonzentration in bestimmtem Verhältnis steht und in Bäder über 40° C gesponnen wird (vgl. EP 650 896).

EP 678 155 Feldmühle 1952 — Die Herstellung von Hohlfäden (Luftseide) erfolgt durch Behandlung von Viskosereyon mit Superoxydbädern und Katalyten, welche diese zersetzen, wobei die Sauerstoffbläschen in das Faserinnere gelangen.

EP 676 831 Kuljian 1952 — Die Herstellung von Viskosereyon wird beschrieben.

EP 676 736 Phrix 1952 — Die Reinigung der Abgase von der Viskosereyonfabrikation wird beschrieben.

EP 675 675 Viscose 1952 (vgl. EP 675 681) — Hochfeste Viskosekunstseide wird hergestellt durch Verdüsen von 30° C warmer Viskose in Fällbäder von über 40° C, Verstecken der partiell regenerierten Fäden, Auswaschen, Entspannung und Trocknung.

EP 673 814 Rayon 1952 — Herstellung von Viskosereyon für die Reifenfabrikation.

EP 671 383 Courtaulds 1952 (vgl. EP 670 346 bzw. 634 690 und 647 321) — Zur Herstellung von alkalilöslichen bzw. alkali- und säurelöslichen Celluloseabkömmlingen wird mit H_2SO_4, Cyanamid und gegebenenfalls Orthophosphorsäure usw. umgesetzt.

EP 661 940 Courtaulds 1951 — Die Herstellung von Viskosereyon wird beschrieben, wobei im Kontinueprozeß die Fäden koaguliert, und in saurem Medium einer oxydativen Behandlung (mit Hypochlorit) unterzogen werden.

EP 661 939 Courtaulds 1951 — Behandelt die Kontinueherstellung von Viskosereyon.

EP 661 476 Compt. Text. Artific. 1951 — Herstellung von gekräuselter Viskosereyon durch Spinnen in ein Müllerbad mit $Al_2(SO_4)_3$, wobei soviel Alkalisulfat zugegeben ist, daß die Schwefelsäure als saures Sulfat vorliegt.

EP 656 261 Compt. Text. Artific. 1951 — Man behandelt Fäden von Viskose mit Vorkondensaten von Polymethylphenol-Formaldehyd und härtet.

EP 654 083 Du Pont 1951 — Das Spinnen von Viskosefasern soll zu festen Fäden führen, wenn der Viskose mindestens 1 Millimol eines Monoamins mit 4 C-Atomen und mehr auf 100 g Viskose zugegeben ist, welches nicht mehr als 6 C-Atome hältige Radikale aufweist und in 6% NaOH zu mindesten zu 0,3% lösliche ist. Dabei wird in Schwefelsäurebädern gesponnen, die 1—15% $ZnSO_4$ enthalten.

EP 652 746 Du Pont 1951 (vgl. AP 2 347 883/4 bzw. 2 364 273). — Im Spinnbade befinden sich 0,2% eines löslichen aliphatischen oder cycloaliphatischen Monoamins mit 4—10 C-Atomen. Es wird Viskose größerer Festigkeit erhalten; vgl. EP 652 741 (hier erfolgt ein Zusatz von quaternären NH_4-Verbindungen).

EP 652 645 Compt. Text. Artific. 1951 — Die Viskoseherstellung erfolgt durch Strekkung des koagulierten Fadens auf mindestens 150%, wobei dann vor dem Aufwinden in nassem Zustande noch 3 Sekunden gestreckt laufen gelassen wird.

EP 652 594 Courtaulds 1951 — Kontinueprozeß zur Herstellung von Viskosereyon, indem man in ein Koagulationsbad spinnt. Behandlung des über Rollen laufenden zirka 40% gestreckten Fadens mit sauren Lösungen von mehr als 65° C, um die Koagulation zu beenden, Führung des sauren Fadens durch Oxydationsbäder, Waschen und Trocknen.

EP 651 304 Courtaulds 1951 — Alkalicelluloseherstellung.

EP 650 896 Compt. Text. Artific. 1951 — Herstellung von Viskosekunstseide hochfester Art durch Verarbeitung von Cellulose bestimmten Polymerisationsgrades (25% weniger als 500, 4% weniger als 250).

EP 649 045 Courtaulds 1951 — Zur Verhütung von Verkrustungen im Spinnbad setzt man Kondensationsprodukte der Form $R{-}CO{-}(NHC_2H_4)n{-}\overset{\diagup R_1}{\underset{\diagdown R_2}{N}}H{-}X$ [R = langkettiger hydrophober Rest, R_1, R_2 = Alkylreste, X = Anion] den Spinnbädern zu.

EP 649 044 Courtaulds 1951 — Verkrustungen in den Spinnbädern verhindert der Zusatz von kationaktiven Stoffen der Form $R{-}\overset{\diagup R_1}{\underset{R_2 \diagup\diagdown X}{N}}{-}C_2H_4{-}(C_2H_4O)n{-}OH$, wobei R eine langkettige aliphatische hydrophobe Gruppe, R_1, R_2 Alkylgruppen und X ein Anion darstellt.

EP 648 865 Viscose 1951 — Man spinnt unreife Viskose mit 7—8% Cellulose und 4—13% NaOH in eine Lösung der 1,2—2fachen Menge Schwefelsäure (auf NaOH der Viskose bezogen) und der (21+0,66)fachen und höheren Perzentage an Na_2SO_4 (ebenfalls auf den NaOH-Gehalt der Viskose berechnet), sowie unter fünf 1% $ZnSO_4$ und streckt hernach auf 90—110%.

EP 648 830 Viscose 1951 — Bei der Herstellung von Viskosekunstseide oder Acetatseide usw. werden die noch plastischen Fasern vor ihrer endgültigen Härtung der Einwirkung von Ultraschall ausgesetzt; vgl. EP 656 286.

EP 646 963 Courtaulds 1950 (vgl. SP 274 193) – Die Verkrustung von Spinndüsen usw. wird durch Zusatz von kationaktiven Stoffen und einem Aethylenoxydkondensationsprodukt eines Fettalkohols oder einer Fettsäure zum Spinnbad verhindert.

EP 645 969 Courtaulds 1950 – Verfahren zur Bleiche der Viskose während des Spinnprozesses (vgl. EP 640 750).

EP 645 422 Spolek pro chemickou a hutni vyrobu 1950 – Herstellung von Viskosefäden mit flachem Querschnitt.

EP 642 483 Courtaulds 1950 – Alkalicelluloseherstellung im Tauchverfahren in Gegenwart kleiner Mengen CO-Verbindung.

EP 642 270 Courtaulds 1950 – Die Herstellung von Viskose erfolgt im Granulator.

EP 641 609 Viscose 1950 – Alkalicellulose wird unter Ultraschallbehandlung hergestellt.

EP 641 242 Rayonier 1950 – Herstellung von Viskosespinnlösungen mit hohem Viskosegehalt durch Zugabe von kleinsten Mengen Mn-Salzen.

EP 640 105 Courtaulds 1950 – Koagulationsbäder für Viskose, welche neben Säure und Sulfat noch Öle enthalten, werden mit langkettigen Polyglykoläthern (Umsetzungsprodukt von Laurylalkohol und Äthylenoxyd) versetzt, welche als Dispergatoren wirken und Abscheidungen auf Düsen, Fadenführern usw. verhindern.

EP 634 868 Rayon 1950 – Zur Verhütung von Verkrustungen sollen Poly-Alkylenoxyde in die Viskosespinnbäder gegeben werden.

EP 615 330 Cyanamid 1949 – Zur Verhütung der Düsenverkrustung in Spinnbädern sind Lecithin, Cephaline, Stearylamin, Laurylamin, Melamine, Guanamine usw., letztere mit Alkylradikalen von über 12 C-Atomen sehr geeignet.

EP 598 804 Viscose 1948 – Herstellung von Cellulosefasern.

AP 2 629 714/15 DuPont 1953 – Die Kurz-Xanthogenierung von Alkalicellulose wird beschrieben.

AP 2 619 483 Celanese 1952 – Die Produktion von Alkalicellulosen wird behandelt.

AP 2 598 834 Viscose 1952 – Man spinnt Viskosekunstseide, die um 75–100% dehnbar ist, unter Verwendung einer 4–13% NaOH-hältigen Viskose, die eine Hottenrothzahl von 1,19–zweimal den NaOH-Gehalt in Prozent, aber nicht kleiner als 8 und nicht größer als 18 – aufweist, in salzhältige Säurebäder, die neben Natriumsulfat noch kleine Mengen Sulfate mehrwertiger Metalle enthalten.

AP 2 598 066 Kohorn 1952 – Die Herstellung pigmentierter Kunstseide wird beschrieben.

AP 2 597 624 Text. Res. 1952 – Man verleibt Viskosespinnlösungen zur Herabsetzung der Quellbarkeit der erzeugten Fäden teilweise kondensierte lineare Polyester aus Polyalkoholen und aliphatischen Polycarbonsäuren ein, die in Soda löslich sind. Der erhaltene Faden wird mit sauren Formaldehydlösungen behandelt.

AP 2 592 746 Mo och Domsjö 1952 – Die Herstellung von Alkalicellulose in zwei Stufen wird behandelt.

AP 2 592 355 Tachikawa 1952 – Hochmolekulare Viskosereyon mit einem Polymerisationsgrad von mehr als 500 wird hergestellt, indem man Cellulose mit einem hohen DP (1400) in ein Alkalibad von 17–13% taucht, auspreßt, zerkleinert, ohne Reife mit mehr wie 45% CS_2 in Gegenwart eines inerten Gases xanthogeniert und dann in Wasser löst.

AP 2 572 936 Viscose 1951 — Die Herstellung gekräuselter Viskosereyonfäden wird beschrieben.

AP 2 572 217 Viscose 1951 — Zur Verhütung von Verkrustungen in Viskosespinnbädern wird diesen ein, eine langkettige Alkylgruppe aufweisendes, tertiäres Aminalkylenoxydkondensat zugesetzt.

AP 2 566 455/57 Enka 1951 — Herstellung von Viskoseseide im Kontinueprozeß, wobei das Xanthogenatverhältnis auf 0,02 gebracht wird, um eine gute Entschwefelung zu erreichen, und die Zerlegung z. B. durch Hypochloritbäder bis auf $\gamma = 0{,}003$ erfolgt (vgl. AP 2 309 072, 2 427 993).

AP 2 542 492 Courtaulds 1951 — Herstellung von Alkalicellulose.

AP 2 542 314 Compt. Text. Artific. 1951 — Gleichmäßige Mischgarne aus Cellulose und Stapelfaser werden erhalten, indem man spinngefärbten Viskosestapel mit ungefärbter Baumwolle mischt, viermal einen Schlagwolf und zweimal eine Kardiermaschine passieren läßt.

AP 2 540 678 Nopco 1951 — Zur Verhütung von Verkrustungen im Spinnbad dienen quaternierte Kondensate aus Stearinsäure und Alkylolaminen.

AP 2 538 279 Viscose 1951 — Die Regeneration von Viskose, die in sauren Bädern ausgefällt (koaguliert) wurde, erfolgt bei pH-Werten 1—7 mit sauren Salzlösungen mit 10—30% Gehalt, wobei durch Beladung des Spinnkabels mit der Lösung eine allmähliche Zersetzung des Xanthogenats eintritt.

AP 2 518 753 Du Pont 1950 — Herstellung gekräuselter Viskosekunstseide.

AP 2 516 316 Du Pont 1950 — Boraxhaltige Spinnbäder werden in der Viskoseseidefabrikation verwendet.

AP 2 515 697 Cyanamid 1950 — Zur Verhütung von Spinndüsenverkrustung wird mit Polysiloxanfilmen überzogen (vgl. AP 2 294 154, 2 310 207, 2 333 206, 2 356 542, 2 386 259, 2 386 466, 2 405 988).

AP 2 513 652 Rayon 1950 — Verfahren zur Herstellung von Viskosespinnlösungen (vgl. AP 2 338 196 und ferner: AP 2 517 772, 2 516 113, 2 515 834, 2 499 501, 2 495 235).

AP 2 495 235 Soc. Meccanique 1950 — Verfahren zur Herstellung von Cellulosexanthat.

AP 2 492 428 Viscose 1949 — Zur Kontrolle des Reifegrades bzw. zur Stabilisierung desselben werden der Viskose Methylacrylonitril, Allylcyanid usw. zugesetzt (vgl. AP 2 234 626).

AP 2 491 937/38 Rayonier 1949 — Herstellung von Viskosekunstseide (AP 2 345 622).

AP 2 390 032 Röhm & Haas 1945 — Zur Erhöhung der Quellbarkeit usw. von Cellulose behandelt man mit Acrylnitril und Alkali.

AP 2 360 405 Du Pont 1944 — Bei der Herstellung von Viskoseseide wird zur Oberflächenverbesserung des Fadens ein Fällbad 0,004% $C_{10}H_{21}-C_6H_4-SO_3Na$ usw. zugegeben.

AP 2 356 518 Heberlein 1944 — Herstellung gekräuselter Viskoseseide.

AP 2 335 980 Du Pont 1943 — Zur Herstellung wasserabweisender Viskoseseide setzt man der Spinnlösung eine wäßrige Paste von quaternären Ammoniumverbindungen (aus Chlormethylamido-octadecylurethan und einem tertiären Amin) zu.

AP 2 355 592 Du Pont 1943 – Zur Erhöhung der Knotenfestigkeit der Kunstseide werden der Viskoselösung Diamylbenzolsulfosäureamide, Sulfonamide von Petroleumkohlenwasserstoffen oder Cetansulfonamid usw. zugegeben.

CanP 484 737 Research 1952 – Der Quellwert von Viskosereyon wird mittels des Dimethylolderivates eines monosubstituierten Phenols herabgesetzt.

CanP 480 854 Compt. Text. Artific. 1952 – Herstellung hochfester Viskosekunstseide aus Cellulose, die weniger als 25% Molekularketten mit einem Polymerisationsgrad von weniger als 500 und weniger als 4% mit einem solchen von 250 aufweist, wobei die Alkalicellulose nach der Reife einen Polymerisationsgrad von über 450 besitzen muß. Von großer Bedeutung sind noch der Xanthogenierungsgrad γ gleich 40–50 und der Schwefelsäuregehalt des Bades, der aus der Formel: Schwefelsäurekonzentration $= 1{,}26\,\gamma + 8 \pm 3$ errechnet wird; vgl. AustralP 146 609.

CanP 477 981 AKU 1951 – Spinnen von Reyon.

CanP 475 657 Compt. Text. Artific. 1951 – Man spinnt polymethylolphenolhältige Viskose in saure Bäder und behandelt nach, wobei eine Thermalbehandlung zur Vernetzung der Cellulosemolekülketten eingeschaltet wird.

CanP 475 652 Central Adamas 1951 – Fäden werden aus Streifen von Cellulose und Hydratcellulose hergestellt.

CanP 473 999 Compt. Text. Artific. 1951 – Man erzielt reißfestere Viskosefäden durch Behandlung mit Trimethylolphenol in höchstens 10% Überschuß, bezogen auf das Cellulosematerial und Erhitzen.

AustralP 146 554 Viscose 1952 – Die Viskosereyonherstellung wird behandelt. Dabei wird in einem Bade koaguliert, das 5–30% Na_2SO_4 und mindestens 3% Borsäure enthält (pH 3–7).

AustralP 143 789 Rayon 1951 – Die Inkrustation der Spinndüsen wird durch Zugabe von polymerem Äthylenoxyd zur Viskose verhindert.

AustralP 135 639 AKU 1950 – Die Herstellung von Viskosereyon wird beschrieben.

AustralP 134 394 Research 1949 – Zur Quellungsminderung von Kunstseide (Viskosereyon) wird eine Behandlung mit Mono- oder Dimethylolkresolen vorgeschlagen.

AustralP 133 195 Courtaulds 1949 – Die Wiedergewinnung von Chemikalien aus den in der Viskosereyonfabrikation verwendeten Spinnbädern wird beschrieben.

JapP 173 316/17/18 Horio 1946, zit. C. A. 2803 (1952) – Viskoseherstellung.

JapP 172 865 Tachikawa 1946 – Die Herstellung hochfester Viskosekunstseide erfolgt durch Alkalisierung hochpolymerer Cellulose (Linters) bei 20° C unter Vermeidung jeder Reife, sofortiger Sulfidierung mit 45% CS_2, Lösung des Xanthogenats in Wasser, so daß in der Viskose das Verhältnis von Alkali zu Cellulose etwa 0,6 beträgt und Verspinnen der Viskose mit 20° Hottenrot und bis 500 Sekunden Kugelfallviskosität in Bäder, die max. 50 g/Liter Schwefelsäure und Spuren bis 50 g/Liter Glaubersalz enthalten bei Temperaturen unter 30° C.

2. Kupferkunstseide und Nitrokunstseide; Kunstseide aus Cellulosezinkatlösung.

In der Kunstseidenherstellung aus Celluloselösungen in Cuoxam bildet der *„Dureta"*-Spinnprozeß die modernste Entwicklung.

Nach J a y k e werden wasserlösliche Co-II-Komplexe hergestellt aus nach bestimmter Weise erzeugtem Co-II-Hydroxyd und Äthylendiamin. In diesen Komplexen kann man Cellulose lösen (bis 4% und bei Glyzerinzusatz in noch höherer Konzentration). Aus den hochviskosen Lösungen können nach Art der Kupferseide Kunstseidefäden hergestellt werden (Luftabschluß ist notwendig); vgl. Papier 5, 244 (1951), zit. Umschau 52, 538 (1952).

Literaturübersicht über Kupferkunstseide und Nitrokunstseide.

Arkhipov, Kharitonova: Kupferammoniaklösungen von Cellulose. J. angew. Chem. UdSSR. 24, 733 (1951).

Klenck: Kupferkunstseidefabrikation. Rayonne, Fibres synth. 7, No. 8, 27 (1951).

Klenck: Kupferreyon, Reyon, Zellwolle, Chemiefasern I, 43 (1951).

Campbell, Johnson: Das Reifen von Cellulosenitratlösungen. J. Polymer. Sci. 5, 443 (1950).

„Dureta"-Spinnprozeß für Kupferseide s. Rayon, Text. Monthly 28, 456 (1947).

Patentschrifttum über Kupferkunstseide und Nitrokunstseide.

OeP 166 936 Heberlein 1951 — Herstellung von Cellulosezinkatlösungen (vgl. OeP 166 935).

DP 864 310 Bayer 1952 — Es wird die Herstellung von Kupferreyon-Zellwolle nach dem Streckspinnverfahren behandelt.

DP 856 199 Lieser 1952 — Herstellung von Nitrokunstseide.

DP 824 039 Bayer 1951 — Durch Umsetzen von nativer Cellulose mit Isocyanaten entstehen Urethane, die man zu Fäden verarbeiten kann.

DP 818 547 Bemberg 1951 — Verfahren zur Herstellung von Kupferseide nach dem Trichterspinnverfahren, indem man den Faden, der aus dem Spinntrichter austritt, mit Lauge behandelt.

DP 818 546 Bemberg 1951 — Es wird ein Trockenspinnprozeß für Kupferreyon beschrieben.

DA 77 301 IG — Man spinnt Cuoxamlösungen von Cellulose in ein wäßriges Spinnbad mit Ammonsalzen und Alkali.

DA 69 018 IG — Herstellung von Kupferkunstseide s. 70 474).

SP 274 800 Bemberg 1951 — Herstellung von Kupferkunstseide.

FP 951 803 Bemberg 1950 — Rückgewinnung von Kupfer aus sauren und alkalischen Restflüssigkeiten der Kupferreyon.

BelgP 505 630 Bemberg 1953 — Die Herstellung von Kupferkunstseide wird behandelt.

EP 640 972 Compt. Text. Artific. 1950 — Herstellung von Fäden aus Carboxymethylcellulose.

EP 583 300 Celanese 1946 — Man spinnt alkalische Lösungen oxydierter Cellulose in saure Fällbäder.

AP 2 603 551 Courtaulds 1952 — Wasserlösliche Fäden erhält man, indem man Cellulosereyon der Einwirkung von Schwefelsäure, Cyanamid und einem Metallsulfat unterwirft.

AP 2 598 767 Celanese 1952 — Es werden Celluloseester mit N-Alkoxymethylpolyurethanen bei 80—150° C in Reaktion gebracht.

AP 2 562 955 Agriculture 1951 — Cellulose, die per Glukoseeinheit 0,13—3 Alkylsilylgruppen enthält, wird beschrieben (vgl. AP 2 532 622, 2 525 049).

AP 2 371 359 Batelle 1945 — Man stellt Cellulosefasern aus Lösungen in Triäthylsulfoniumhydroxyd, Methyl-di-n-propylsulfoniumhydroxyd usw. her und koaguliert in schwefelsauren Bädern.

AustralP 143 292 Bemberg 1951 — Die Wiedergewinnung von Kupfer und Weinsäure aus den Abfällen der Kupferkunstseidenfabrikation wird behandelt.

3. Acetatreyon; Kunstseide aus anderen Celluloseestern und Celluloseäthern.

Die Bügelfestigkeit der Acetatkunstseide ist wegen deren niedrigen Erweichungspunktes keine gute. Man kann diesen durch Behandlung mit $SiCl_4$, in Allylchlorid gelöst, erhöhen (Rhodiaceta, SP 270 805).

Wasserlösliche Cellulosederivatfasern werden durch Behandlung von Hydratcellulose mit Cyanamid und Schwefelsäure in Gegenwart von Ammonsulfat hergestellt (EP 647 321), Silicyl- bzw. Titanylcellulosen behandeln die AP 2 532 622 (Dow) bzw. 2 525 049 (Du Pont).

Nach McGregor und Pugh[24d] werden aus Viskose und Acrylnitril alkalilösliche, wasserunlösliche Fäden erhalten, die als Verstärkungs- oder Trennfäden verwendet, später durch Lauge wieder entfernt werden können. Sie besitzen eine wesentlich stärkere Farbstoffaufnahme als die Reyonfaser.

Acetatkunstseide, die verseift wird, hat als Monoacetat eine 2–3mal größere Affinität zu Direktfarbstoffen, als vollständig verseifte Faser [Rosset, Paris: Bull. Soc. chim. France 335 (1950)].

Acetatkunstseide wird in USA und Japan kürzlich auch vielfach als *Estron* bezeichnet.

Literaturübersicht über Acetatkunstseide (Acetatreyon) usw.

Cohen, Haas, Farney, Valle: Herstellung und Eigenschaften von Äthern und Estern von Hydroxyäthylcellulose. Ind. Engng. Chem. **45**, 200 (1953).

Rosenthal, White (Celanese): Die Fraktionierung von Celluloseacetat. Ind. Engng. Chem. **44**, 2693 (1952).

Tenney: Acetatseide. Ind. Engng. Chem. **44**, 2171 (1952).

Schuyten: Cellulosen mit Stearoundspyridiniumchlorid. Text. Res. J. **22**, 424 (1952).

Honold, Poynot, Cucullu: Die Hitzebeständigkeit von Acetylcellulose. Text. Res. J. **22**, 25 (1952).

Pakschwer, Kopylowa: Acetylcellulosen bestimmten Acetylgehaltes. J. angew. Chem. UdSSR. **24**, 1052 (1952), cit. C II, 5187 (1952).

Makishima, Matsumoto: Dehnung von Acetatseide. J. Soc. Text. Cell. Ind. (Japan) **6**, 447 (1951), cit. C. A. 5323, 5850 (1952).

Specht: Acetatseide. Rayonne et synth. Fibres **8**, No. 2, 37 (1952).

Asada: Acetylcellulose. J. Soc. Text. Cell. Ind. **7**, 500 (1951), zit. C. A. 6391 (1952).

McGregor, Pugh: Wasserunlösliche, alkaliunlösliche Cyanoäthylcelluloseätherfäden. J. Soc. Dyers Colourists **67**, 74 (1951).

Morey, Martin: Acetatherstellung. Text. Res. J. **21**, 607 (1951).

Wilson: Herstellung von Acetatseide. J. Textile Inst. **40**, P 1070 (1949).

a) Patentschrifttum über Acetatkunstseide und andere Celluloseäther und Ester.

DP 879 589 Naphtolchemie Offenbach 1953 — Spinngefärbte Fäden von Acetylcellulose werden durch Vermischen der Acetylcellulose und des Pigments in besonderen Mahlvorrichtungen und Verdüsen hergestellt.

DP 879 085 Rhodiaceta 1953 — Die Dehnbarkeit von Acetatkunstseide wird erhöht, indem man als Fallbäder azeotropische Gemische verwendet, denen man schwach wirkende Quellmittel als Verdünnungsmittel zusetzt. Die beiden ersten Komponenten quellen für sich stark, im Gemisch jedoch gering (Chloroform, Aceton + Perchloräthylen, vgl. DP 729 010).

[24d] J. Soc. Dyers Colourists **67**, 270 (1952).

DP 878 429 Bayer 1953 – Die Herstellung von Fäden aus chloroformlöslicher Acetylcellulose wird beschrieben.

DP 874 288 Rhodiaceta 1953 – Zur Herstellung elastischer Acetatreyongarne werden hochgezwirnte Garne (auch hochverstreckte Fäden) vollständig verseift.

DP 860 024 Rhodiaceta 1952 – Eine erhöhte Dehnung aufweisende, essigsäurearme Acetatkunstseide erhält man aus der entsprechenden Streckkunstseide durch Ammoniakbehandlung; vgl. DP 855 146.

DP 850 057 Wacker 1952 – Man wendet die bekannten Kräuselungsverfahren auf eine Stapelfaser aus einem Acetylcellulosegemisch an, das einen sehr unterschiedlichen Acetylierungsgrad aufweist (52,0–57,0° C).

DP 849 092 Courtaulds 1952 – Die Herstellung wasserlöslicher Fäden aus Cellulose mit Schwefelsäure und Cyanamid wird beschrieben.

DP 845 687 Courtaulds 1952 (vgl. AP 2 059 088). – Ein Verfahren zur Herstellung von spinnmattierter Celluloseacetatseide wird beschrieben (s. FP 807 230, 818 612). Man setzt dem lufttrockenen Celluloseesterpulver 12% Pigment (TiO_2) zu, (Werner-Pfleiderer) und dann das zum Lösen bestimmte Lösungsgemisch.

DP 837 690 Rhodiaceta 1952 – Man gewinnt Celluloseacetat mit erhöhtem Polymerisationsgrad zur Erzeugung von Acetatreyon.

DP 827 814 Bayer 1952 – Celluloseumsetzungsprodukte mit Isocyanaten werden aus Lösungsmitteln zu Fäden verformt und einer Nachbehandlung über 100° C unterworfen. Man geht von Celluloseacetat aus und behandelt in Lösungen in Aceton mit einem Addukt von Phenylisocyanat und Blausäure. Der erhaltene Faden ist in der Naßfestigkeit wesentlich verbessert.

DP 822 707 Rhodiaceta 1951 – Acetylcellulosefäden mit hoher Reißfestigkeit und Dehnung werden durch Verwendung von Lösungen, die das Celluloseacetat in einem besonderen Lösungszustande, ähnlich den „Coacervaten" nach Duclaux bzw. Dobry enthalten. Man verspinnt eine 8–18%ige Acetylcelluloselösung, die aus 95 Gewichtsteilen Methylenchlorid, 1,6 Gewichtsteilen Äthanol und 8–21 Gewichtsteilen Acetylcellulose besteht.

DP 806 699 Rhodiaceta 1951 – Noch feste Acetatseide wird hergestellt durch teilweise Verseifung mit Ammoniak.

DP 752 656 Lonzona 1951 – Herstellung gekräuselter Celluloseacetatfäden.

DA 111 653 Lonza – Man verspinnt Celluloseacetat mit Polyvinylacetal nach dem Trockenspinnverfahren und verstreckt nachher.

DA 92 154 Rhodiaceta – Man desacetyliert Acetatreyonfäden durch Behandlung mit H_2O, Alkohol und NH_3.

DA 77 633 IG – Bei der Acetatseideherstellung nach dem Trockenspinnverfahren setzt man den Spinnlösungen elektroneutrale Emulgatoren zu.

DA 61 117 IG – Acetatreyon wird durch Behandlung mit wäßrigen Flotten gekräuselt, die H_2O lösliche, niedrigmolekulare, nicht harzartige Kondensate aus Aldehyden und Aminen (NH_3) enthalten.

DAP 1 465 Backford, Doubleday 1952 – Ein Verfahren zum Naßspinnen von Acetatreyon in Essigsäure-Kaliumacetatbädern wird vorgeschlagen.

SP 279 590 Courtaulds 1952 – Man verdüst Celluloseacetat in ein Koagulationsbad, welches 20% und mehr Kaliumacetat und Essigsäure enthält.

SP 270 805 Rodiaceta 1950 — Die Bügelfestigkeit der Acetatkunstseide ist wegen des niedrigen Erweichungspunktes keine gute. Man kann den Erweichungspunkt von Acetatseide durch Behandlung mit $SiCl_4$, im Allylchlorid gelöst, erhöhen.

FP 1 001 241 Rhodiaceta 1952 — Bei der Herstellung von Acetatseide wird der Spinnmasse Na-Chlorit einverleibt, wodurch der Weißton der Fäden verbessert wird.

FP 1 000 334 Courtaulds 1952 — Celluloseacetatfäden werden in Bäder von Kaliumacetat gesponnen, die 50—250 g Essigsäure enthalten können (vgl. FP 1 000 335).

FP 994 354 Lecompte 1951 — Die Herstellung von Acetatreyon erfolgt durch Koagulation in terpenhältigen Bädern.

FP 991 710 1951 — Celluloseresinate werden durch Einwirkung von Harzsäuren auf Alkalicellulose hergestellt.

FP 991 381 Courtaulds 1951 — In Wasser lösliche Fasern aus Cellulose erhält man durch Einwirkung von schwefelsauren Cyanamidlösungen auf Viskosereyon.

FP 987 761 Courtaulds 1951 (vgl. FP 707 473) — Die Herstellung von Acetatkunstseide wird behandelt. Man löst Triacetat in Mischungen von Methylenchlorid und Essigsäure unter Hydrolyse, bis ein in Aceton vollkommen lösliches sekundäres Acetat gebildet ist.

FP 938 929 Lambiotte 1950 — Lösungen von Celluloseacetat mit 58% Acetylgruppen gelatinieren durch Zusatz von Glykoldichlorhydrin nicht.

HollP 72 012 Courtaulds 1953 — Die Herstellung von Fäden aus sekundärem Celluloseacetat wird beschrieben (vgl. HollP 72 016).

HollP 70 801 Courtaulds 1952 (vgl. AP 2 341 586) — Acetatkunstseide wird erzeugt, indem man wäßrige Lösungen von sekundärem Celluloseacetat in Essigsäure, wie sie bei der Acetylierung erhalten werden, in Bädern verspinnt, die Essigsäure und mehr als 20% K-Acetat enthalten.

HollP 65 071 Tootal 1950 — Man behandelt Naturseide oder Celluloseester mit alkalischen Reagentien (org. Basen, Alkalihydroxyden usw.) in Form von Lösungen, die neben einem, das Alkali lösenden Stoff auch einen Nichtlöser und max. 2% H_2O enthalten.

BelgP 504 404 Sandoz 1952 — Hitzebeständige Acetatkunstseidefasern werden durch Behandlung mit einem Amin oder Amid (Dicyandiamid, 0,1—5%ige wäßrige Lösung) erhalten. Man kann auch Hydratcellulose acetylieren und dann nachbehandeln.

BelgP 500 355 Courtaulds 1952 — Es wird die Verdüsung von Celluloseacetat in ein essigsäurehältiges Bad beschrieben.

ItalP 461 611 Courtaulds 1951 — Betrifft die Herstellung von thermoplastischen Cellulosederivaten in Fadenform (Acetatkunstseide).

ItalP 460 479 Courtaulds 1951 — Betrifft die Fabrikation von Acetatreyon.

NorwP 78 697 Courtaulds 1951 — Man behandelt künstlich hergestellte Stapelfaser, vorzugsweise Celluloseacetatfaser, mit Alkylolaminsalzen von einbasischen Carbonsäuren mit mindestens 10 C-Atomen, die auch ein Alkylolaminsalz einer zweibasischen Carbonsäure mit mindestens 4 C-Atomen zwischen beiden Carboxylgruppen enthalten.

EP 690 960 Celanese 1953 — Die Verseifung von Celluloseacetat in Gewebeform zur Erhöhung der Festigkeit wird behandelt.

EP 689 036 Celanese 1953 — Die Herstellung von Celluloseesterfäden (Acetatreyon), die mit Isocyanat modifiziert sind, wird behandelt.

EP 688 313 Bayer 1953 – Das Schmelzspinnen von Celluloseacetat wird behandelt.

EP 687 414 Celanese 1953 – Cellulosetriesterfäden werden hergestellt.

EP 679 203 Courtaulds 1952 (vgl. EP 679 213) – Die Herstellung von Acetatkunstseide wird beschrieben.

EP 673 654 Celanese 1952 – Die Herstellung wasserlöslicher Celluloseätherfäden wird beschrieben.

EP 664 149 Courtaulds 1952 – Mit TiO_2 mattierte Acetatreyon usw. wird hergestellt, indem man pulverisierte Celluloseester mit TiO_2 vermahlt und auflöst. Hernach wird die erhaltene Lösung versponnen.

EP 654 900 Celanese 1951 – Herstellung von Acetatseide durch Extrusion der Acetonlösung des faserbildenden Esters in wäßrige Lösungen von Diäthylenglykoldiacetat (38%), strecken bei der Passage durch dieses Fällbad und spannungslose Führung der Fäden durch ein Bad von Diäthylenglykoldiacetat unterhalb 38%.

EP 653 019 Dunlop 1951 – Es werden Acetylcellulosefäden, welche Proteine oder härtbare Kunstharze enthalten, erzeugt und nachher zu Cellulose verseift. Auf diese Weise sollen für die Reifenerzeugung wertvolle Produkte erhalten werden.

EP 652 845 Courtaulds 1951 – Herstellung von Celluloseacetatstapelfasern.

EP 642 333 Celanese 1950 – Herstellung von Acetatkreppgarnen. Man präpariert die Fäden mit Celluloseestern, die wasserlöslich sind und zwirnt unter Dampfeinwirkung.

EP 599 417 Celanese 1948 – Acetatreyonfabrikation aus Gelen.

EP 543 358 Schreiber-Gastell 1942 – Herstellung von Acetylcellulose unter Einfluß eines Hochfrequenzfeldes auf die Faser.

EP 537 042 Dreyfus 1941 – Herstellung von Acetylcellulose unter gewisser Spinnschnelligkeit und der Geschwindigkeit der Fadenführung im Verdampferkanal.

EP 535 900 Dreyfus 1941 – Herstellung von Celluloseesterfäden in geschmolzenem Zustande.

EP 535 867 Cellulose Holding Lim. 1941 – Herstellung von Celluloseesterfäden.

AP 2 632 686 Courtaulds 1953 – Acetatreyon wird nach dem Naßspinnverfahren gewonnen.

AP 2 595 410 Viscose 1952 – Man spinnt Celluloseacetatfäden aus Glyoxal bzw. aldehydhältigen Lösungen und erreicht eine Fasermodifikation (Brückenbindungen).

AP 2 554 564 Celanese 1951 – Acetatseide wird in Anwesenheit von Weichmachern und Dampf gestreckt, um eine Festigkeitserhöhung zu erzielen.

AP 2 552 598 Celanese 1951 – Herstellung von Celluloseesterfäden aus Acetonlösung in einem Bad von Diäthylenglykolacetat unter Fadenstreckung und nachheriger Behandlung in einem gleichen Bade, wo sie frei schrumpfen können (vgl. AP 2 553 483).

AP 2 537 312 Du Pont 1951 – Herstellung hochdehnbarer Acetatseide.

AP 2 505 048 Celanese 1950 – Man behandelt Acetatseidefäden bei Temperaturen unter 50° C in Wasser 16 Stunden. Hernach wird in Gegenwart von Naßdampf auf 500% verstreckt.

AP 2 500 029 Eastman Kodak 1950 – Man erhält in Aceton unlösliche Acetatseide durch Behandlung mit Diketen.

b) Patentschrifttum über die Herstellung von Celluloseestern.

DP 860 050, 858 695, 852 084, 850 887, 850 140, 843 403, 842 939, 840 990, 813 028, 809 805, 808 584, 807 093, 805 640, 805 639.

SP 265 848, 260 571, 253 708, 251 875, 247 440, 235 956, 234 369, 222 248.

FP 1 027 451, 1 023 075, 1 013 943, 997 159.

BelgP 508 199, 508 198, 506 552.

ItalP 467 305.

EP 690 700, 690 688, 689 194, 688 580, 686 311, 684 975, 684 571, 683 648, 682 009, 681 865, 681 842, 679 832, 677 459, 675 188, 674 993, 666 186, 664 465, 663 678, 657 827, 655 534, 652 543, 650 413, 650 149, 649 603, 646 971, 645 392, 642 333, 640 543, 640 490, 640 075, 639 961, 639 960, 639 461, 639 460, 639 266, 638 316, 637 650, 637 342, 637 267, 635 668, 630 388, 627 861, 620 982, 620 726, 617 931, 616 132, 614 149, 611 665, 578 067.

AP 2 632 007, 2 632 006, 2 622 080, 2 611 767, 2 603 634/38, 2 600 716, 2 600 031, 2 592 234, 2 588 457, 2 588 051, 2 586 633, 2 585 516, 2 559 914, 2 552 190, 2 544 902, 2 543 191, 2 542 402, 2 541 012, 2 539 586, 2 539 451, 2 536 634, 2 526 761, 2 523 390, 2 522 580, 2 521 916, 2 521 897, 2 518 706, 2 518 678, 2 518 203, 2 518 133, 2 517 097, 2 517 096, 2 516 859, 2 512 983, 2 512 960, 2 511 229, 2 492 442, 2 492 441, 2 490 643, 2 490 164, 2 489 382, 2 487 892, 2 484 124, 2 484 108, 2 480 949, 2 478 425, 2 475 953, 2 475 678, 2 470 192, 2 470 191, 2 469 395, 2 465 915, 2 461 152, 2 460 377, 2 418 494, 2 412 920, 2 401 304, 2 343 669, 2 342 416, 2 338 587, 2 337 880, 2 330 263, 2 329 706, 2 329 705, 2 329 704, 2 288 704, 2 242 373.

CanP 494 336, 494 335, 494 142, 494 141, 494 107, 493 277, 493 275, 492 907, 492 220, 492 141, 481 585, 481 583.

AustralP 146 723, 140 283.

c) Patentschrifttum über Celluloseäther und Celluloseätherseiden.

OeP 167 437

DP 874 902, 869 946, 868 651, 868 434, 862 366, 851 947, 765 441.

SP 287 556.

FP 990 873.

BelgP 506 962.

HollP 61 917.

EP 688 486, 686 001, 684 573, 684 561, 683 385, 683 069, 679 832, 670 672, 640 972, 635 668.

AP 2 623 042, 2 623 041, 2 623 040, 2 618 635, 2 618 634, 2 618 633, 2 618 632, 2 618 609, 2 617 707, 2 602 041, 2 598 434/36, 2 598 402, 2 597 156, 2 591 748, 2 577 844, 2 572 039, 2 561 893, 2 561 892, 2 555 446, 2 553 695, 2 545 070, 2 541 242, 2 539 417, 2 525 514, 2 523 377, 2 519 249, 2 517 835, 2 517 577, 2 512 338, 2 489 225, 2 488 631, 2 482 862, 2 482 011, 2 432 844, 2 412 969, 2 373 712, 2 310 969, 2 310 208, 2 304 252, 2 301 676, 2 301 509, 2 288 413.

CanP 486 811, 486 361, 486 359, 477 794, 476 482.

4. Alginatfaser (Alginseide).

Courtaulds erzeugt derartige Fasern unter Verwendung von 7% Lösungen vom pH-Wert 8 und der Viskosität 80—100″ (Kugelfallmethode). Im Fällbad (pH 5) ist 2,5% $CaCl_2$. Nach dem Waschen wird mit 5% Cetylpyridiniumbromid behandelt[25].

[25] Kunstseide und Zellwolle 28, 11—12, 166 (1950); s. FP 913 423.

Literaturübersicht über Alginatseide.

Schmidt E.: Herstellung von Alginatfasern. Melliand Textilber. 34, 178 (1953).
Richard: Alginate. Teintex 16, 609 (1951).
Koch: Alginatseide. Dtsch. Textilgewerbe 52, 505 (1950).
Tallis: Alginatfasern. J. Textile Inst. 41, P 52 (1950).
Ca-Alginatgarne. Text. Recorder 70, No. 833, 94 (1952).
Richard: Alginatfäden, Teintex 16, 609 (1951).
Koch: Alginatfasern. Dtsch. Textilgewerbe 52, 301 (1950).
Potter: Alginseide, Kunstseide und Zellwolle 28, 11, 166 (1950).
Tallis: Alginatfaserstruktur. J. Textile Inst. 41, P 52 (1950), bzw. T 151 (1950).
Chamberlain, Lucas, Speakman: Alginate. J. Soc. Dyers Colourists 65, 682 (1949).
Deuel, Neukom: Alginate, Versetzung mit Senfgas. J. Polymer. Sci. 4, 755 (1949).

Patentschrifttum über Alginatseide.

DP 842 829 Courtaulds 1952 (vgl. DP 828 433) — Dem Fäll-, Nachbehandlungs- oder Waschbade bei der Herstellung von Alginatfäden werden kationaktive oder ioneninaktive Stoffe zugesetzt (Laurylpyridiniumsulfat, A-O-Kondensate).

DP 842 828 Courtaulds 1952 — Die Herstellung von Erdalkalialginatfäden wird beschrieben.

DP 828 433 Courtaulds 1952 — Alginatfäden werden durch Ausfällung einer Alkalialginatlösung in einem, ein Ca-Salz, enthaltenden Bade erhalten. Vgl. DP 821 823.

DP 822 708 Courtaulds 1951 — Man verdüst 5—15% Alkalialginatlösungen vom pH 6—9,5, denen zur Herabsetzung der Viskosität Hyposulfite beigegeben sind (vgl. AP 2 499 697).

DP 821 823 Courtaulds 1951 — Man setzt Alginatlösungen 0,01—0,1% Octadecylpyridiniumbromid usw. zu und erhält stabilisierte, gegen Schimmelpilz resistente Alginatlösungen.

DA 174 264 Herberts — Alginfäden werden durch Nachbehandlung mit Iso- bzw. Isothio- oder Di-Isocyanaten verbessert.

DA 41 157 Kaisan Kogyo Kabushiki Kaisha — Tang wird mit Alkali in viskose Massen übergeführt, die in sauren Bädern versponnen werden.

FP 1 016 290 Jarry 1952 — Die Herstellung widerstandsfähiger Alginate wird behandelt.

FP 1 003 816 S.O.S.P.E.C. 1952 — Die Gewinnung von Na-Alginat aus Meeresalgen.

FP 967 210 Courtaulds 1951 — Verspinnbare Alginatlösung, deren Viskosität durch Zusatz von $Na_2S_2O_4$ verringert wurde (vgl. DP 822 708).

EP 662 081 Kelco 1951 — Herstellung von wasserlöslichen Alginatfäden.

EP 655 808 Adler 1951 — Metall-Alginat wird durch Reaktion in organischen Lösungsmitteln hergestellt.

EP 645 243 Courtaulds 1950 — Herstellung von Alginatfasern.

EP 627 151 Courtaulds 1949 — Alginatfädenherstellung. Die Viskosität der Spinnlösung wird durch Hyposulfitzusatz erniedrigt (AP 2 499 697).

AP 2 584 508 Alginate Ind. 1952 — Man bringt in Wasser genetzte Ca-Alginatfäden in Alkohol, so daß das Wasser verdrängt wird. Nach dem Zentrifugieren wird mit einer 2,5%igen Hexamethylendiisocynatlösung behandelt. Man erhält beim Behandeln mit Seife-Sodalösung (je 0,2%ig) keinen Materialverlust, während sich sonst die Fasern innert 1 Stunde auflösen.

AP 2 499 697 Courtaulds 1950 – Zur Herabsetzung der Viskosität von 5–15% Alginatlösungen mit pH 6–9,5 setzt man Na-Hydrosulfit zu.

CanP 486 700 Courtaulds 1952 – Die Herstellung von Alginatlösungen wird beschrieben.

CanP 473 954 Alginat Ind. 1950 – Bei der Herstellung von acetylierten Alginatfäden werden diese gequollen und mit Eisessig behandelt. Hernach wird mit Essigsäureanhydrid in Benzol zur Reaktion gebracht. Auf diese Weise können diacetylierte Alginfasern erhalten werden.

III. Synthetische Fasern.

Neben einer Reihe neuer Vorschläge zur Faserbildung wurden die Erzeugungsverfahren der *Orlon-* und *Terylen*faser verbessert, in der *Vinylon- (Kuralon-)* Faser in Japan ein neuer Textilrohstoff entwickelt und der *Chemstrand*faden, jetzt *Acrilan*[25a], in die großtechnische Erzeugung übernommen. Neben Nylon kommen in zahlreichen Ländern die aus Lactam hergestellten, mit dem deutschen Perlon identischen Erzeugnisse in den Verkauf und zur Veredlung. *(Enkalon, Mirlon, Grilon, Amilan* usw.).

Nach Wrieth beträgt die Wasserabsorption für Nylon 3,5–4%, Perlon 4%, Acetatkunstseide 6–6,5%, Baumwolle 8,5%, Seide 10–11%, Viskosekunstseide 12–14%, Lanital 17,5%, Wolle 17–18%.

Die Bleiche von Perlon erfolgt vorteilhaft durch Verbesserung des leichten Gelbtones mit optischen Aufhellmitteln.

Immer wichtiger wird nun die Faserbestimmung bzw. die Trennung der einzelnen Fasern (vgl. S. 18 H). Terylen, Orlon und Nylon können nach Wolf[26] folgendermaßen bestimmt werden: Man löst die Wolle mit verdünntem Alkali, so daß Orlon, Terylen oder Nylon übrig bleiben, bzw. man löst z. B. Nylon mit 90–99% HCOOH, so daß die Wolle zurückbleibt. Behandelt man eine Mischung aller vier Fasern 10 Minuten bei 20–30° C mit Natriumhypochloritlösung von 10–15 g Aktivchlor, so bleiben Nylon, Orlon und Terylen zurück. Mit 40% NaOH in der Kälte wird Terylen entfernt, die Mischung von Nylon und Orlon wird mit 99% HCOOH behandelt, so daß die Polyacrylnitrilfaser zurückbleibt. Faserfärbungen hat Schaeffer (vgl. S. 8) illustriert.

Vgl. auch Preston, Dyer **105**, 102 (1951), bzw. Wojatschek, Kunstseide und Zellwolle **28**, 480 1950).

Beim *Zillotest* (l. c.) werden die Fasern mit Lösungsmitteln in 7 Gruppen eingeteilt.

Über die Faseranalyse usw. sind detaillierte Angaben auch im Technical Manual and Yearbook of the AATCC, 1951, 106–119 erschienen.

Die Produktion der synthetischen Fasern und Kunstseiden hat weiter zugenommen. Nach Matthes[27] betrug die Erzeugung 1951:

Kunstseide	1,016.000 t
Stapelfasern	945.000 t
Synthetische Fasern	136.000 t

Davon erzeugten synthetische Fasern: USA 75, Großbritannien 14, Kanada 4, Deutschland 8, Frankreich 4, Italien 3, Niederlande 3, Schweiz 2, Japan 8 (in 1000 t).

[25a] Auch Acrylan oder Akrylan.

[26] Amer. Dyestuff Reporter **40**, 273 (1951).

[27] Melliand Textil Acta **32**, No. 1.

Literaturübersicht über synthetische Fasern.

Grabe: Vinylfasern. Kunststoffe **42,** 69 (1952).

Gantz: Synthetische Fasern. Amer. Dyestuff Reporter **41,** 100 (1952).

Heckert: Eigenschaften synthetischer Fasern. Ind. Engng. Chem. **44,** 2103 (1952).

Mark: Einfluß der Molekularstruktur auf die Eigenschaften synthet. Fasern. Ind. Engng. Chem. **44,** 2110 (1952).

Dillon: Dehnungseigenschaften (Stress-Strain-Kurven) synthet. Fasern. Ind. Engng. Chem. **44,** 2115 (1952).

Grew, Lake, Malik, Hubach, Spirs: Die Verwendung synthetischer Fasern. Ind. Engng. Chem. **44,** 2140–51 (1952).

Quig, Dennison: Funktionelle Zusammenhänge zwischen Faser und Gewebe. Ind. Engng. Chem. 2176 (1952); s. auch Bouvet: Ibid. 2125 (1952).

Hill: Synthetische Fasern. J. Soc. Dyers Colourists **68,** 158 (1952).

Fischer-Bobsien: Lösungsteste für synthetische Fasern. S. V. F. Fachorg. Textilveredlg. **7,** 392 (1952).

Wrieth: Perlon. Textil Rundschau **7,** 324 (1952).

Gantz: Synthetische Fasern. Amer. Dyestuff Reporter **41,** P 100 (1952).

Dillon: Textilfasern. Amer. Dyestuff Reporter **41,** 65 (1952).

Koch: Erkennung und Unterscheidung verschiedener Faserarten. Textil Rundschau **7,** 273 (1952).

Ulrich: Die Unterscheidung der Synthesefasern. Textil Praxis **7,** 150, 211 (1952).

Zill: *Zillotest* für synthetische Fasern. Melliand Textilber. **33,** 453 (1952).

Goldstein: Physikalische Eigenschaften synthetischer Fasern. Melliand Textilber. **32,** 900 (1952).

Hauptmann: Einwirkung von Chlorzinkjod auf synthetische Fasern. Deutsch. Textilgew. **53,** 156 (1951).

Rein: Synthetische Fasern. Textil Praxis **6,** 7 (1951).

Loasby: Synthetische Fasern. J. Textile Ind. **42,** 411 (1951).

Münch: Laktam. Melliand Textilber. **32,** 822 (1951).

Münch: Terylen. Melliand Textilber. **32,** 823 (1951).

Münch: Polyurethane. Melliand Textilber. **32,** 825 (1951).

Gantz: Synthetische Fasern. Text. Recorder **101,** No. 825, 69 (1951).

Wylezich: Synthetische Fasern. Textil Praxis **6,** 190 (1951); vgl. auch: Synthetische Fasern. Chem. Engng. News **29,** 2552 (1951).

Wojatschek: Analysengang für vollsynthetische Fasern. Kunstseide und Zellwolle **28,** 480 (1950).

Howlett: Synthetische Fasern. J. Textile Inst. **41,** P 124 (1950).

Carpenter: Neue Fasern. J. Soc. Dyers Colourists **65,** 469 (1949).

Hermans: Struktur der künstlichen Fasern. Rayon Revue **2,** 45 (1948).

Lee, Umakawa: Chem. High Pol. (Japan) **2,** 224 (1945), zit. C. A. **44,** 5107 (1950).

1. Polyvinylchloridfasern (PC-Faser).

In neuerer Zeit haben Fäden aus unchloriertem Polyvinylchlorid (entsprechend den PCU-Fasern der IG) als *Rhovyl* (Rhodiaceta) Interesse gefunden. Gegenüber den bereits bei 60° C erweichenden PC-Fasern (vgl. S. 67 H) tritt hier Erweichung und damit Schrumpfung erst bei 80° C ein. Rhovyl kommt neuestens als *Mavil* in Italien in Produktion. Als getempertes (in Fadenform längere Zeit nacherhitztes) Produkt ist unchloriertes PVC als *Thermovyl* (Isovyl) im Stapel geschnitten bzw. ungetempert versponnen und geschnitten als *Fibravyl* am Markt[27a]. Thermovyl beginnt erst bei 100° C zu schrumpfen (Mortureux).

Nach Lieseberg (l. c.) betragen die Reißfestigkeit und Dehnung die in der Tabelle auf S. 57 angegebenen Werte:

[27a] Vgl. Koch: Text. Rdsch. St. Gallen **6,** 113 (1951).

	Fadendicke den	Reißfestigkeit trocken g/den	Reißfestigkeit naß	Bruchdehnung trocken	Bruchdehnung naß	Erweichungspunkt C	Schrumpftemperatur	Spez. Gewicht
Baumwolle, ostindisch	2—3,7	2,3—2,8	—	7—10	7—11	—	—	1,54
Baumwolle, USA								1,54
Baumwolle, ägyptisch	1—1,7	3,4—5,9	—	8—9	8—9	—	—	
PCU-Fasern	6,1	2,8	2,7	37	40	—	85°	1,39
	3,88	1,8	1,9	53	61	—	—	1,48
PC-Fasern	6,84	1,46	1,42	45	44	80°	60°	1,42
	5,11	—	1,2	—	—	—	65°	—
Vinyon HST	—	3,5—4,0	3,5—4,0	18	—	—	65°	1,34—1,36
Vinyon ST	—	2,0—2,8	2,0—2,8	25	—	75—80°	—	1,34—1,36
Vinyon USL	—	0,7—1,0	0,7—1,0	120	—	—	—	1,34—1,36
Saran	—	0,8—2,1 1,8—2,5	0,8—2,1 1,8—2,5	20—30	—	65—120° 115—137° FP110-150°	76°	1,68—1,75
Vinyon N	—	4,2—5,3	—	—	—	130° FP 200°	—	—
Vinyon N, ungestreckt	—	0,7—0,9	0,7—0,9	8—10	—	—	100°	—
Vinyon N, gestreckt	—	4,2—4,5	4,2—4,5	8,5—9,5	—	—	125°	1,28
Rhovyl	—	—	—	—	—	75°	—	—

Rhovyl wird aus CS_2 und Aceton oder Methylketonmischungen (7 : 3 bzw. 1 : 1) gemäß dem FP 913 164 (vgl. DP 749 090) versponnen. Die Verstreckung beträgt etwa 300%[27b]. Die Erweichungs- und Schmelzpunkte in obiger Tabelle sind nach Brekeé, Rayon Revue 6, 5 (1952) angeführt.

Literaturübersicht über Polyvinylchloridfasern.

Yurugi, Kato: Die Herstellung von Polyvinylchloridfäden. J. Soc. Text. Cell. Ind. (Japan) **8**, 326 (1952), zit. C. A. **46**, 9852 (1952).

Alibert: Die thermoplastischen Eigenschaften von Vinylfasern. De Tex **11**, 46 (1952).

Ikoma, Jurugi, Tsubakiyan: Die Herstellung von Polyvinylchloridfasern. J. Soc. Text. Cell. Ind. (Japan) **8**, 167 (1952), zit. C. A. 8860 (1952).

Foulon: Rhovyl. Melliand Textilber. **33**, 407 (1952).

De Vrée: Polyvinylchloridfasern, Reyon, Zellwolle, Chemiefasern **1**, No. 4, 45 (1951).

Mortureux: Rhovyl. Rayonne, Fibres synth. **7**, No. 7, 43 (1951), vgl. Reyon, Zellwolle, Chemiefasern **1**, 31 (1951).

Schulhof: Dynel, Reyon. Synth. Zellwolle **29**, 184 (1951).

Happe: PVC-Fasern, Reyon. Synth. Zellwolle **29**, 368 (1951).

Rhovyl usw. Dyer **105**, 46 (1951).

Lieseberg: Fasern aus Polyvinylchlorid. Melliand Textilber. **32**, 169 (1951).

Kollek: PC-Fasern. Melliand Textilber. **32**, 26 (1950).

Grabe: PC-Fasern. Melliand Textilber. **31**, 261 (1950), vgl. Kunststoffe **42**, 69 (1952).

Kainer: PC-Fasern. Melliand Textilber. **31**, 255 (1950).

Michel: Eigenschaften von Rhovyl. Ind. Textile **66**, 180 (1949); vgl. auch Text. Wld. **100**, 120 (1950).

Patentschrifttum über Polyvinylchloridfasern.

DP 866 715 Rhodiaceta 1953 — Stabile, wollähnliche Polyvinylchloridfasern werden durch Verstreckung nahe bei 100° in Bädern, die 0,1% Seife enthalten, gewonnen.

DP 856 498 BASF 1952 — Herstellung von Fäden aus nachchloriertem Polyvinylchlorid durch Nachverstreckung in heißen indifferenten Flüssigkeiten bei 100—140° C.

DP 832 654 Rhodiaceta 1952 — Herstellung von Polyvinylchloridfäden.

DP 825 451 Rhodiaceta 1951 — Die Lichtbeständigkeit von Polyvinylchloridfäden usw. wird erhöht, wenn ihnen 6-wertiges Chrom einverleibt wird.

[27b] Vgl. FP 913 926/27, SP 226 024, EP 600 490.

DP 822 001 Rein 1951 — Man löst Hochpolymere in Lösungsmitteln wie anorg. Säurechlorid, die durch Wasser unter Gasentwicklung löslich sind, verdüst und wässert.

DP 802 263 BASF 1951 — Herstellung von PVC-Fäden nach dem Naßspinnverfahren aus Tetrahydrofuran- oder Dioxanlösungen. Tetrahydrofuran ist explosiv und giftig, daher ist der Naßspinnprozeß besser als das Trockenspinnverfahren nach DP 737 945.

DA 92 797 Rhodiaceta — Polyvinylchlorid wird mit mehr als 50% Cellulosederivaten vermischt, um die Temperaturbeständigkeit zu verbessern.

DA 76 100 IG — Bei der Herstellung von Polyvinylchloridfasern wird als Lösungsmittel ein Gemisch, welches ein Quellmittel enthält, verwendet. Man verdüst und streckt hernach.

SP 288 128 BASF 1953 — Ein Verfahren zum Verspinnen von Polyvinylchlorid wird behandelt.

SP 284 045 Emmenbrücke 1952 — Herstellung von Polyvinylfasern, die durch konzentriertes Ammonsulfat hydroxyliert werden.

FP 1 023 581 Glanzstoff 1953 — Betrifft das Verspinnen von Polyvinylchloridfasern bzw. die Herstellung von Spinnlösungen.

FP 994 511 Rhodiaceta 1951 — Man verdüst gequollene (nicht gelöstes Polymeres enthaltende) Polyvinylchloridgele über dem Kochpunkt des Quellmittels und über dem Dampfdruck desselben und zieht die Dämpfe des Lösungsmittels ab bzw. löst dieses weg (Trichloräthylen, Aceton, Benzol usw. können als Quellmittel Anwendung finden).

FP 980 874 Rhodiaceta 1951 — Herstellung von Polyvinylchloridlösungen und Fasern daraus.

BelgP 492 128 Research 1949 — Hochpolymere werden feinkörnig gemacht, durch Kochen, Extrahieren usw. soweit als möglich von den niedrig molekularen Bestandteilen befreit und dann bei erhöhter Temperatur zu Fäden extrudiert.

BelgP 492 120 Compt. Text. Artific. 1949 — Man stellt Polyvinylchloridfasern her.

HollP 71 803 Glanzstoff 1953 — Die Herstellung von verspinnbaren Auflösungen von Polyvinylchlorid ist beschrieben (vgl. HollP 72 007/8).

EP 688 715 BASF 1953 — Das Spinnen von Polyvinylchlorid-Fäden wird behandelt.

EP 688 513 Dow 1953 — Die Stabilisierung von Vinyliden- bzw. Vinylchlorid wird beschrieben.

EP 685 077 Rhodiaceta 1953 — Die Herstellung von Fäden aus Polyvinylchlorid wird behandelt.

EP 674 792 Glanzstoff 1952 — Die Herstellung von Lösungen aus Polyvinylchlorid in Mischungen aus 50% Tetrahydrofuran und 50% eines Lösungsmittels für Polyacrylnitril (Dimethylformamid usw.).

EP 652 744 Viscose 1951 — Vor der endgültigen Stabilisierung von verdüsten Hochpolymeren werden diese der Einwirkung von Ultraschall unterworfen.

ItalP 466 109/10 Courtaulds 1953 — Die Herstellung von spinngefärbten Polyvinylchlorid-Fasern wird beschrieben.

AP 2 618 868/69 Glanzstoff 1952 — Spinnlösungen von Vinylchloridpolymeren in Tetrahydrofuran-Nitril-Mischungen.

2. Fasern aus Co-Polymeren von Vinylchlorid und Vinylacetat (Vinyon), sowie aus Vinylchlorid und Acrylnitril (Vinyon N).

Hier hat die Vinyon-N-Faser das ursprüngliche Vinyon vollkommen verdrängt. Als Stapelfaser kommt sie jetzt unter dem Namen *Dynel* auf den Markt.

Vinyon N kann aus 18–25% Lösungen in Aceton in Luft verdüst (trocken gesponnen) oder aus Aceton-CS_2-Lösungen in Wasser gefällt werden (Naßspinnen). Beim Trockenspinnen verdüst man in auf 85–120° C erwärmte Kammern, erwärmt dann den bereits auf Bobinen befindlichen Faden zur Entfernung des restlichen Acetons auf 65° C und streckt. Neuerdings soll eine Festigkeit von 4,4 g/den erreicht werden (vgl. S. 71 H)[28].

Die Resistenz von *Dynel* ist [nach Text. Wld. 127 (1951)] folgende:

70% H_2SO_4 bei 50° C (auf Gewebe)	– 8% Kettenfestigkeit.
33% HCl bei 50° C	– 0%
50% HF bei 20° C	– 0%
40% HNO_3 bei 50° C	– 0%
20% NaOH bei 50° C	– 5% Ketten-, – 7% Schußfestigkeit
30% H_2O_2 bei 20° C leicht bleichend	– 5% Kettenfestigkeit
Handelsübliches HClO bei 50° C	–, 0% ebenso Alkohol oder Toluol

Die spezifischen Gewichte nach Koch[29] betragen für: PC-Fasern 1,44, Vinyon 1,35, Vinyon N 1,27–1,33, Saran 1,39, Chemstrand (Acrilan) 1,13. Über sonstige Daten vgl. auch Tab. 1. Die Daten sind noch immer recht schwankend und abweichend in der Literatur angegeben.)

Literaturübersicht über Co-Polymere aus Polyvinylchlorid und Polyvinylacetat sowie Acrylnitril.

Rieckoff: Dynel. Dtsch. Textilgewerbe **54**, 619 (1952).

Dynel: Silk and Rayon **25**, 1258 (1951).

Schulhof: Dynel. Synth. Zellwolle **29**, 184 (1951).

Setterstrom, Bunn: Dynel. Brit. Silk Rayon J. **27**, 52 (1951), vgl. Text. Recorder **68**, Jänner, 97 (1951), bzw. Chem. Age **64**, 12 (1951).

Patentschrifttum über Co-Polymere aus Polyvinylchlorid und Polyvinylacetat sowie Acrylnitril.

AP 2 322 094 Viscose 1943 – Herstellung von Vinyon bzw. Saran (BelgP 508 280).

CanP 483 977 Rhodiaceta 1952 – Die Lichtbeständigkeit von Vinyontextilien wird durch Behandeln mit 2 g $K_2Cr_2O_7$, 50 g Aceton und 948 g Wasser verbessert.

AustralP 134 458 CCCC 1949 – Die Herstellung von Vinyon N wird beschrieben.

3. Fasern aus Polyvinylidenchlorid (Saran), Polyvinylalkohol (Synthofil) und aus ähnlichen Polymerisaten.

Als *Vinylon,* jetzt *„Cremona"* bzw. *„Kuralon"*[30] genannt, bringt Japan (Kurashiki Rayon Co) einen acetalisierten Polyvinylalkoholfaden. Die Eigenschaften sind nach Tomonari[31] und anderen Autoren:

---

[28] Hall: Silk and Rayon **23**, 118 (1949), Canad. Text. J. **66**, 51 (1951).

[29] Koch: Textil Rundschau **6**, 113 (1951).

[30] In Japan auch: „Gosei-ichigo" (Polyvinylalkoholfaden, formalisiert); vgl. Ind. Engng. Chem. **44**, 2125 (1952).

[31] Vgl. a. Text. Wld. **101**, 123 (1951).

	Seide	Wolle	Baumwolle	Reyon	Kupferseide	Acetatreyon
Spezifisches Gewicht	1,36	1,32	1,55	1,50	1,50	1,30
g/den Reißfest., trock.	3—6	1,7	2—4	1,6—4	2—2,5	1,1—1,5
Bruchdehnung (%)	16—25	50	7—10	8—30	15—30	20—27
Naß-/Trockenfestigkeit in %	80	63	102	45/70	50/70	80
Elastizität	gut	sehr gut	schlecht	schlecht	schlecht	gut
Erw.-Punkt °C (FP)	—	—	—	—	—	180
Feuchtigkeit 20° C, 65% RH (%)	11	16	8	12	12	7
Schrumpfung in Wasser 100° C (%)	—	—	—	3,5	—	2—3
Säurefestigkeit	sehr gut	sehr gut	—	—	—	gut
Alkoholfestigkeit	—	—	sehr gut	—	—	gut

	Nylon	Perlon	PC-Faser	Vinyon	Orlon	Vinylon
Spezifisches Gewicht	1,15	1,14	1,43	1,22/28	1,18	1,30
g/den Reißfest., trock.	4,5—7,5	4,5—7,5	1,8	3,7—4,5	4—4,8	2—6
Bruchdehnung (%)	14—25	14—25	20	8—28	10—21	15—30
Naß-/Trockenfestigkeit in %	85/93	85/93	100	100	100	65—85
Elastizität	sehr gut	sehr gut	sehr gut	sehr gut	sehr gut	gut
Erw.-Punkt °C (FP)	235	210	100	80	250	200
Feuchtigkeit 20° C, 65% RH (%)	3—4	3—4	0,1	0,1	0,9	4,5
Schrumpfung in Wasser 100° C (%)	—	—	—	—	1,5	2,5
Säurefestigkeit	gut	gut	sehr gut	sehr gut	sehr gut	gut
Alkoholfestigkeit	gut	gut	sehr gut	sehr gut	sehr gut	sehr gut

Saran, die Polyvinylidenfaser (vgl. S. 75 H) kommt neuerdings auch als *Lustrus* in den Handel.

Nach Ferry[31a] spinnt man teilweise verseiftes Polyvinylacetat aus wäßriger Lösung in Na_2HPO_4 hältige Bäder.

Harlon, eine Copolymerisatfaser aus Polyvinylchlorid und Polyvinylidenchlorid (Galalith Ges. Hamburg) besitzt eine Wasseraufnahme von 0,5% und einen Erweichungspunkt von 116–137° C. Bei der Veredlung sollen Temperaturen von 70–90° C nicht überschritten werden. Sie ist gut beständig gegen eine Reihe von Lösungsmitteln, Säuren und Laugen, zerreißfester als die PC-Faser und unempfindlicher gegen Feuchtigkeit als Perlon. Sie dient neben technischen Zwecken für Überzüge.

Literaturübersicht über Fasern aus Polyvinylidenchlorid, Polyvinylalkohol u. a.

Gibb: Saran. Plastics Ind. **10**, 11 (1952).

Ozana, Akuta bzw. Ozawa, Akura; Sukegawa: Die Veränderung des Quellwertes von Vinylon. J. Soc. Text. Cell. Ind. (Japan) **8**, 74 (1952) bzw. **8**, 76 (1952), zit. C. A. 9315 (1952).

Ikoma, Ohira, Kato: Polyvinylalkoholfasern. J. Chem. Soc. Jap. Ind. Chem. Sect. **53**, 167 (1950), zit. C. A. 8411, 9852 (1952).

Sakurada, Mori: Vinylon. Bull. Inst. Chem. Res. Kyoto Univ. **28**, 79 (1952), zit. C. A. 8861 (1952).

Uchida: Die japanische Textilindustrie. Textil Praxis **7**, 43 (1952). Die Literatur aus Japan alle zit. Text. Res. J. **21**, 346 (1951).

Kawakami: Scheuerfestigkeit von Gosei-ichigo. Chem. High Polym. (Japan) **3**, 146 (1946).

[31a] Ind. Textile **67**, 246 (1950).

Kawakami, Lee: Die Streckung der Polyvinylalkoholfäden. Chem. High Polym. (Japan) 3, 13 (1946).

Kawakami, Taminura, Lee: Das Spinnen von Polyvinylalkoholfäden. Chem. High Polym. (Japan) 2, 240 (1945).

Lee, Hitomi: Der Effekt der Hitzebehandlung auf die Polyvinylalkoholfaser (Einwirkung von Alizarin und Äthylenglykol). Chem. High Polym. (Japan) 2, 175, 2135 (1945); vgl. 2, 205 (1945), 2, 224 (1945), 3, 1 (1946), zit. C. A. 5107 (1950).

Yazawa, Hagino: Einfluß von Hitze und Salz in den Bädern bei der Fabrikation der Polyvinylalkoholfaser. J. Soc. Chem. Ind. (Japan) 47, 549 (1944).

Hirabayashi, Okabe, Onishi: Einfluß von UV-Licht. Chem. High Polym. (Japan) 6, 1—13 (1949).

Sakurada, Kawakami: Vinylon-Herstellung. Chem. High Polym. (Japan) 6, 423 (1949).

Sakurada: Bull. Inst. Chem. Res. Kyoto 1951, zit. C. A. 3285 (1952).

Kuwamura, Funakoshi, Negishi: Die Einwirkung von Diisocyanaten auf Polyvinylalkoholfäden. J. Soc. Text. Cell. Ind. (Japan) 7, 143 (1951), zit. C. A. 6390 (1952).

Mori: Vinylon. J. Soc. Text. Cell. Ind. (Japan) 7, 206 (1951), zit. C. A. 6391 (1952).

Patentschrifttum über Fasern aus Polyvinylidenchlorid, Polyvinylalkohol u. a.

DP 878 277 Hoechst 1953 — Die Herstellung von Polyvinylformalen in Faserform wird beschrieben. Sie werden in Wasser gesponnen.

DP 825 581 Compt. Text. Artific. 1951 — Man verspinnt Polyvinylalkohol, in Wasser gelöst in Ammonsulfatlösung unter Streckung.

DA 66 174 IG — Polyvinylalkoholfasern werden in Spinnbädern von angesäuertem Aldehyd hergestellt. Nach DA 67 198 (Japan Inst. f. chem. Fibres) wird die Reaktion in zwei Phasen vorgenommen.

DA 57 797 Thüring. Zellwolle — Man veredelt Fasern aus Polyvinylalkohol durch Behandeln mit N-Halogenmono- oder N,N.-Dihalogendiamiden in Gegenwart von CaO (s. a. DA 57 605).

FP 1 026 153 Kurashiki Rayon 1953 — Die Behandlung von Polyvinylalkoholfäden in der Hitze mit Wasserdampf und Methyl- oder Äthylalkohol wird beschrieben.

FP 1 023 022 Goodrich 1953 — Behandelt die Fabrikation von Fäden aus Vinylidencyanidpolymeren.

FP 1 017 624/5 Kurashiki Rayon 1952 — Die Herstellung von Polyvinylalkoholfäden wird behandelt (Cremona).

FP 983 508 Compt. Text. Artific. 1951 — Es wird die Herstellung von Polyvinylalkoholfäden behandelt, wobei den Spinnlösungen 1% des Gehalts an Polyvinylalkohol an Laurylpyridiniumchlorid zugesetzt wird.

FP 957 835 Du Pont 1950 — Polyvinylacetat wird in Lösungen zum Teil verseift und zu Fäden versponnen (NaH_2PO_4-Lösungen).

HollP 64 594 Wacker 1949 — Man stellt Fäden aus Polyvinylalkohol her, die eine Umhüllung aus Polyvinylalkohol und Chromsalzen besitzen.

EP 686 710 Goodrich 1953 — Die Herstellung von Fasern aus Polyvinylidencyanid wird beschrieben.

EP 683 510 Dow 1952 — Die Bildung gekräuselter Saranfäden wird beschrieben.

EP 667 582 Compt. Text. Artific. 1952 — Die Herstellung von Polyvinylalkoholfäden erfolgt mit Spinnmassen, die 1% vom Gewichte des Polymeren an Laurylpyridiniumchlorid enthalten.

EP 656 467 Du Pont 1951 — Herstellung von Polyvinylalkoholfäden.

EP 653 468 Goodrich 1951 = AP 2 476 270, 2 574 369 (1951) – Herstellung von Polyvinylidencyanidlösungen zur Faserbildung.

AP 2 587 464 Monsanto 1952 – Polyvinylidenfäden können aus Lösungen in Tris-(dimethylamino)-phosphinoxyd hergestellt werden, wobei das Polymere bis 15% andere Polymere enthalten kann.

AP 2 515 206 Rayon 1950 – Es wird eine Mischung von Polyvinyl-Polyvinyliden und Polyacrylnitril verdüst (besser als Acrylnitril-Vinylchloridpolymere). Verhältnis 78–82% Acrylnitril, 3–7% Vinylidenchlorid, 15% Vinylchlorid (vgl. „Chemstrand"-Patente).

CanP 474 949 DuPont 1951 – Man stellt hydrolysierte Äthylenvinylacetal-Interpolymere in Faserform her. Als koagulierendes Bad wird NaH_2PO_4 verwendet und ein kleiner Zusatz von Octadecylammoniumverbindung gegeben.

4. Fasern aus linearen Polyamiden (Nylon, Perlon).

Hier gehen die Fabrikation von Nylon, dem Polykondensat des Salzes des Hexamethylendiamins und der Adipinsäure einerseits, und des Polykondensates des ε-Caprolactams (Nylon 6), also des Perlonfadens anderseits, getrennte Wege. Die Fabrikation von Nylon weitet sich in den USA ständig aus (1950 betrug die Fabrikation 36 Mill. kg) der Preis sinkt. Auch die Menge der in Lizenz erzeugten Fasern von der Zusammensetzung des Perlons nimmt immer mehr zu. Westdeutschland erzeugte 1951 bereits 2,000.000 kg Perlon, die Schweiz bringt die Faser als *Grilon* bzw. *Mirlon* heraus. Entsprechende andere Erzeugnisse sind *Phrilon* der Phrix AG. in Deutschland, *Stylon* (auch Steelon) in Polen, *Enkalon* in den Niederlanden, *Amilan* in Japan bzw. USA, *Kapron* in der UdSSR oder *Rhodialon* (Rhodiaceta). *Rilsan* (eine französische Polyamidfaser) wird aus 11-Amino-Undecylensäure hergestellt. Die Undecylensäure bildet sich u. a. bei der Vakuumdestillation von Rizinusöl. Das spezifische Fasergewicht ist 1,10, die Festigkeit 45 kg/mm² (Perlon 50–60). Z. Chem. Ind. 3, 964 (1951), zit. Umschau 52, 474 (1952). In Rußland sollen im Jahre 1952 55 Millionen Paar Strümpfe aus Polyamidfäden erzeugt worden sein (vgl. Reyon Revue 6, 170 (1952).

Die Ausgangsprodukte für Nylon werden nunmehr aus Furfurol gewonnen, das aus Maispflanzen erhalten wird:

$$\underset{\text{Furfurol}}{\begin{matrix} CH - CH \\ \| \quad\;\; \| \\ CH \quad C{-}OH \\ \diagdown \;\; \diagup \\ O \end{matrix}} \rightarrow \underset{\text{Furan}}{\begin{matrix} CH - CH \\ \| \quad\;\; \| \\ CH \quad\;\; CH \\ \diagdown \;\; \diagup \\ O \end{matrix}} \rightarrow \underset{\text{Tetrahydrofuran}}{\begin{matrix} CH_2 - CH_2 \\ | \qquad\; | \\ CH_2 \quad CH_2 \\ \diagdown \;\; \diagup \\ O \end{matrix}} \rightarrow \underset{\text{Dichlorbutan}}{ClCH_2{-}CH_2{-}CH_2{-}CH_2{-}Cl} \rightarrow$$

$$\xrightarrow{\text{mit}} (KCN) \rightarrow \text{Adipinsäurenitril} \begin{matrix} \nearrow \text{Adipinsäure} \\ \searrow \text{Hexamethylendiamin} \end{matrix}$$

Nylon 610, also das Polykondensationsprodukt aus Hexamethylendiamin und Sebacinsäure, konnte als Fasermaterial bislang keine Bedeutung gewinnen.

Die Trennung von Wolle und Seide einerseits und Nylon anderseits, kann außer durch die bisher angegebenen Methoden (vgl. S. 18 H bzw. S. 55) auch noch durch Cu-Äthylendiaminlösung erfolgen[32].

Perlon wird, wie Nylon, aus der Schmelze verdüst. Dabei wird das Polylactam

[32] Pinte, Jafflin: Bull. Inst. Text. France 12, 23 (1948).

vorerst in Schnitzelform auf geheizten Rosten geschmolzen und durch Zahnradpumpen durch Sandfilter in die Düsen gepreßt, woraus es extrudiert wird[33].

Beim Stabschmelzverfahren wird ein Polykondensatband mittels Rollen gegen einen Schmelzrost gepreßt. Der Druck des abschmelzenden Stabes überträgt sich auf die Schmelze und preßt diese durch Filter und Düse. Die Spinntemperaturen betragen für das bei 210–215° C schmelzende Polylactam 220–230° C. Die Extrusion erfolgt unter Stickstoffschutz. Polyurethane ‚Perlon U (vgl. S. 79 H), werden ohne Stickstoffabdeckung verdüst.

Ein Vergleich von Perlon und Nylon ergibt, daß Perlon bzw. die analogen Produkte bereits bei 210–215° C schmelzen, reines Nylon hingegen bei 255° C. (Manche Handelssorten zeigen einen Schmelzpunkt von 235° C[34].) Die obere Bügelgrenze für Perlon beträgt 140° C, für Nylon 205° C. Die Widerstandsfähigkeiten gegen verdünnte Alkalien ist bei beiden Fasern gut, gegen verdünnte Säuren ebenfalls, wobei Perlon weniger widerstandsfähiger ist als reines Nylon. Die Anfärbbarkeit des Perlonfadens mit sauren Farbstoffen ist wesentlich besser als die von Nylon, doch treten auch hier der Barréeffekt und die Blockierung („Blocking" vgl. S. 197 H) auf. Nach Pieper[35] beträgt die Reißfestigkeit 57 kg/mm², die Dehnung 20–30%, die Wasseraufnahme 4,2%, die Imbibition 13–14%. Beim Bleichen schaden Peroxyd, Perborat und Chlor. Elöd und Fröhlich[36] haben festgestellt, daß die Säureaufnahme und damit Farbstoffaufnahme oft verringert sein kann, da freie COOH-Gruppen mit Amino-Endgruppen reagieren. Durch Dämpfen bzw. m-Kresol wird diese Bindung wieder aufgehoben, also die Anfärbbarkeit der Faser erhöht. Obwohl diese Erscheinung insbesondere bei Polykondensatfasern aus Caprolactam auftritt, kann sie auch an anderen Polyamiden beobachtet werden.

Die Scheuerfestigkeit von Perlon, verglichen mit nativen Fasern beträgt (Umdrehungen der Scheibe/Bruch):

Perlon L 200.000, Wolle 10.000, Baumwolle 18.000, Zellwolle 3.500 (vgl. S. 83 H).

Nach Wrieth (l. c.) besitzt Perlon ein spez. Gewicht von 1,13. Es soll gegen verdünnte Alkalien auch in der Hitze resistent sein, gegen verdünnte Säuren jedoch nicht. Die Wasserabsorption der Faser in Prozenten beträgt 4, Nylon 3,5–4, Acetatkunstseide 6–6,5, Baumwolle 8,5, Seide 10–11, Viskosereyon 12–14, Lanital 17,5, Wolle 17–18.

Die Unterscheidung von Perlon und Nylon bzw. deren Trennung, kann nach Müller[37] durch 42% HCOOH kochend oder mit 50% HCOOH bei 80° C erfolgen, wobei Perlon gelöst wird, Nylon jedoch nur schrumpft.

Zur Erkennung von Nylon, Dacron, Dynel, Acrilan und Orlon werden 1 Teil Chromorhodin BR (Durand), 1 Teil Anthrachinonblau SWF (I. G.) und 1 Teil Cellitonechtgelb GA (I. G.) gemischt und dann 0,5 g des Gemisches in 200 ccm Wasser gelöst, zum Kochen gebracht. 1 ccm siedende Essigsäure (56%) zugesetzt und die Probe 2–3 Minuten gekocht: Nylon = dunkelgrün, Dacron = gelb, Dynel = rotbraun, Acrilan = grau, Orlon = rosa, Wolle = schwarz. [Baumann: Amer. Dyestuff Reporter 41, 453, (1953).]; vgl. Calco. Techn. Bull. 831 (1953).

Perlon und Nylon geben ferner im Gegensatz zu Polyurethanen mit Dinitrofluorobenzollösung erwärmt (40° C) eine gelbe Färbung (nachdem mit Alkali- und Wasser gewaschen wurde), so daß auf diese Weise die Unterscheidung des Perlon L von Perlon U möglich ist[38]. Nylon, Perlon L, Perlon U, Orlon und Terylen geben

[33] Zart: Kunstseide und Zellwolle. Darmstadt, Steinkopff-Verlag 1950.
[34] Weber: Melliand Textilber. 32, 1079 (1953).
[35] Angew. Chem. 63, 290 (1951).
[36] Melliand Textilber. 32, 449 (1951).
[37] S. V. F. Fachorgan Textilveredlg. 6, 128 (1951), zit. Melliand Textilber. 32, 658 (1951).
[38] Zahn, Wolf: Melliand Textilber. 32, 319 (1951).

gegenüber Chlorzinkjod typische Quellbilder. Beim Erhitzen mit 20% Phenol bleiben nur Orlon und Terylen intakt[39].

Perlon bzw. Nylon werden als Stapelfaser vielfach der Zellwolle zugemischt, um deren Gebrauchstüchtigkeit zu verbessern[40].

Nylon 8 wird zum Nylonisieren von Nylon nach Brik verwendet.

Literaturübersicht über Fasern aus linearen Polyamiden.

Reif: Unterscheidung von Perlon und Nylon. Melliand Textilber. 34, 219 (1953).

Inderfurth: Nylon Technology. New York, McGraw-Hill 1952.

Nuss: Schmelzspinnen von Perlon. Textil Praxis 7, 570 (1952).

Domin: Geschichtliches über Superpolyamidfasern. Dtsch. Wirker-Ztg. 1, 138.

Vereinigte Glanzstoffwerke A. G. Wuppertal: Nefa-Perlon. Illustratives Handbuch der Nefa-Perlonverarbeitung. 1951.

Watanabe: Kräuseln von Amilan. J. Soc. Text. Cell. Ind. (Japan) 8, 218 (1952), zit. C. A. 8859 (1952).

Millard, Thornthon: Mischgarne aus Nylonstapel. Text. Manufacturer 78, 462 (1952).

Lassé: Mikroskopische Untersuchung von Polyamidfasern. Textil Rundschau 7, 353 1952).

Achhammer, Reinhart, Kline: Die Beständigkeit von Nylon. Dyer 106, 833 (1951).

Hünlich: Nylon. Reyon, Zellwolle, Chemiefasern 30, 122 (1952).

Ancel: Perlon. Ind. Textile 69, 103 (1952).

Wrieth: Perlon. Textil Rundschau 7, Heft 7, 1952.

Studer: Nylon und seine Herstellung. S. V. F. Fachorgan Textilveredlg. März 1950.

Pieper: Perlon, Rayon, Zellwolle u. andere Chemiefasern 1, 22 (1951); vgl. auch Rayonne, Fibres Synth. 7, No. 2, S. 43 (1951).

Ludewig: Unterscheidung von Perlon und Nylon. Faserforschung und Textiltechnik 3, 354 (1952).

Ludewig: Herstellung von Perlon im VK-Verfahren. Faserforschg. u. Textiltechn. 2, 341 (1951).

Klare: Herstellung von Perlonseide. Faserforschg. u. Textiltechn. 2, 1 (1951).

Jentgen: Spinnverfahren von Perlon und Nylon. Reyon, Synth. Zellwolle 29, 9, (1951).

Magat, Bur, Chandier, Faris, Reich, Salisbury: Neue Polyamide aus Dinitrilen und Formaldehyd. J. Amerin. Soc. 73, 1031 (1951).

Matthes: Perlon L aus ε-Caprolactam. Makromol. Chem. 5, 197 (1951).

Ender, Wenger: Perlon, textile Eigenschaften. Textil Praxis 6, 3 (1951).

Garner: Kräuselfeste Nylonstapel. Text. Mercury Argus 125, 231, 282 (1951).

Pakschwer, Mankash, Kukonkova: Dehnung und Schrumpfung von Polyamiden in wäßrigen Phenollösungen. Tekstil. Prom. 11, 15 (1951).

Garner: Perlon. Dtsch. Textilgewerbe 53, 93 (1951).

Zahn: Polyurethanfaserstruktur. Melliand Textilber. 32, 534 (1951).

Linde, Rogowina: Kapron (Rußland). (Bei 150° C 65—75% Festigkeitsverlust, unter Spannung bleibt der Wert). Tekstil. Prom. 10, No. 12, 22 (1950), zit. C, 1951, I, 3440.

Linde, Rogowina: Eigenschaften von Polyamiden. Tekstil. prom. 10, No. 12, 22 (1950), zit. Melliand Textilber. 32, 658 (1951).

Linde, Rogowina: Die Bruchfestigkeit und Dehnung von Nylon. Rayon Synth. Text. 31, No. 7, 64 (1950).

Basu: Das Molekulargewicht von Nylon. J. Polymer Sci. 5, 735 (1950).

Metzger, Sauerwald: Perlon, mech. Eigenschaften. Kolloid-Z. 117, 176 (1950).

Well: Perlon. Dtsch. Textilgewerbe 52, 533 (1950).

Beauvalet, Champetier: Mechanische Festigkeit von Polymeren des Hexamethylensalzes der α-, δ-Dihydroxyadipinsäure. Compt. rend. 229, 209 (1949); vgl. 228, 1866 (1949).

[39] Hauptmann: Dtsch. Textilgewerbe 53, 156 (1951).

[40] Goldberg: Text. Manufacturer 78, Mai 1952.

Böhringer, Schuller: Perlon. Kunstseide u. Zellwolle **28**, 113 (1950).
Höchtlen: Polyurethane. Kunststoffe **40**, 222 (1950).
Elöd, Fröhlich: Polyurethanfasern. Melliand Textilber. **31**, 759 (1950).
Millard: Polyamidfasern. J. Textile Inst. **41**, P 643 (1950).
Miehlich: Perlon L. Melliand Textilber. **31**, 521 (1950).
Miehlich: Eigenschaften von Perlon U. Kunststoffe **40**, 221 (1950).
Wojatschek: Nylon- und Perlonstrümpfe. Färberkalend. **54**, 69 (1950).
Somers: Polyamidfasern. Rayon & Silk J. **26**, 311 (1950).
Eliott: Nylon. Text. Recorder **68**, No. 811, 85 (1950).
Lemaire: Adipinsäureherstellung aus Furfurol. Génie Civile **126**, 345 (1949).
Elöd, Zahn: Eigenschaften der Polyamide. Melliand Textilber. **30**, 349 (1949).
Hoshina, Funami: Amilan. J. Soc. Org. Synth. Chem. (Japan) **7**, 2 (1949), zit. Text. Res. J. 345 (1951); s. a. Koch: Faserstofftabellen 1951.

Patentschrifttum über Fasern aus linearen Polyamiden.

OeP 165 701 Research 1950 — Herstellung von Polyamiden aus ε-Caprolactam.

OeP 165 038 AKU 1950 — Polyamidherstellung.

DP 878 851 Bayer 1953 — Durch Kondensation von Polyamiden mit N-Alkoxymethylcarbonsäureamiden wird die Dehnung verbessert.

DP 878 713 Phrix 1953 — Zum Weichmachen von Polyamiden können schwefelhältige Polyäther dienen (Kondensation von Dithyoglykol und Glyzerin).

DP 878 712 Kalle 1953 — Das Lösen von Polyamiden im Gemisch von Methylenchlorid-Methanol-Wasser usw. wird behandelt.

DP 875 410 BASF vgl. DP 869 866 1953 — Die Herstellung von Superpolyamiden wird beschrieben.

DP 874 896 Bobingen 1953 — Polyamidgut läßt sich durch Behandeln mit heißen wäßrigen Lösungen von ε-Caprolactam leicht kräuseln und mattieren.

DP 871 739 BASF 1953 — Die Veredlung von Polyamiden, die mit Polyphenolen bzw. Tannin beladen sind, mittels Alkylenimine wird beschrieben.

DP 870 543 Phrix 1953 — Polyamide werden mit Präparationen gemäß DP 864 852 versehen und einer Hitzebehandlung mit gespanntem Dampf ausgesetzt.

DP 869 863 Rhodiaceta 1953 — Zur Verbesserung (Modifizierung) werden die Polyamide zweimal mit Formaldehyd und dann thermisch behandelt.

DP 869 697 BASF 1953 — Polyamide aus 1,4-Diaminocyclohexanen und polyamidbildenden Dicarbonsäuren werden beschrieben (vgl. DP 869 866).

DP 868 346 Hydrierwerke 1953 — Als Weichmacher für Polyamidspinnmassen sollen Veresterungsprodukte zwei- oder mehrbasischer Carbonsäuren und Glykolen mit nur einer primären OH-Gruppe dienen.

DP 868 042 BASF 1953 — Die Oberfläche von Polyamiden wird rauher gestaltet, indem man die Fasern in wirren Lagen zusammenpreßt und in Gegenwart von Quellmitteln bei hoher Temperatur solchem Druck unterwirft, daß das Fasermaterial an den Kreuzungsstellen sich gegenseitig oberflächlich verformt (vgl. DP 742 818).

DP 867 546 DuPont 1953 — Die Wiedergewinnung monomerer Anteile aus Polyamiden wird behandelt.

DP 865 803 DuPont 1953 — Die Modifikation von Polyamiden (Nylon) durch Umsetzung mit Formaldehyd wird beschrieben.

DP 865 774 Bobingen 1953 — Die Herstellung von hochschmelzenden Polyamiden aus p-Phenylen di-β-propionsäurekondensaten mit aliphatischen diprimären Diaminen wird behandelt.

DP 865 058 BASF 1953 — Die Herstellung besonderer Mischpolykondensate aus Diaminen und Dicarbonsäuren, aber auch Urethanen wird beschrieben. Vgl. DP 865 056, 865 057.

DP 864 436 ICI 1953 — Polyamidfäden mit verbesserten Eigenschaften erhält man durch Behandlung mit Phenolformaldehydharzen (die alkalisch kondensiert sind).

DP 863 128 Hydrierwerke 1953 — Als Lösungsmittel für Polyamide werden die Hydrierungsprodukte aromatischer Hydroxylverbindungen des Tetrahydro-β-naphtols vorgeschlagen.

DP 860 391 BASF 1952 — Polyamidfäden werden aus Diamin-Adipinsäurekondensaten in Gegenwart von α-Pyrrolidonderivaten usw. hergestellt.

DP 856 198 Bobingen 1952 — Herstellung von Polyamiden.

DP 855 621 BASF 1952 — Man formalisiert Polyamide, bis sie 20% des Gewichtes zugenommen haben.

DP 837 436 Research 1952 — Das Schmelzspinnen von Polyamiden erfolgt mit Hilfe von Metallspinndüsen, die mit einer hitzebeständigen organischen Si-Verbindung überzogen sind (vgl. FP 938 556).

DP 826 615 DuPont 1952 — Die Herstellung von Polyamidfäden wird beschrieben.

DP 801 745 BASF 1951 — Polyalkylenpolyamidherstellung.

DP 801 744 BASF 1951 — Polyamidherstellung.

DP 755 428 IG 1953 — Die Herstellung von Polyamiden wird beschrieben (vgl. DP 757 718).

DP 752 891 IG (nicht veröffentlicht) — Veredlung von Polyamid.

DP 752 782 IG (nicht veröffentlicht) — Gekräuselte Polyamidfasern.

DP 752 536 IG (nicht veröffentlicht) — Man behandelt zur Vergütung nach Abschrecken mit kalten innerten Flüssigkeiten mit OH-Gruppen hältigen Verbindungen.

DA 86 337 — Dem Nylonsalz werden vor der Polykondensation 2—35% Aminocarbonsäuren zugesetzt.

DA 84 277 — Bei der Herstellung von Polyamiden werden Laktame als Verdünnungsmittel verwendet.

DA 81 566 — Man stellt Fäden aus Dicarbamidglykolestern und Diaminen her.

DA 76 276 IG — Polyamide enthalten 3—15% Laktamverbindungen der Form N,N'-Trimethylen- bis -pyrrolidon.

DA 75 576 IG — Man verspinnt die Methylverbindungen linearer Polyamide nach dem Trockenspinnprozeß aus flüchtigen Lösungsmitteln, streckt und härtet.

DA 75 575 IG — Methylolpolyamidfasern werden in feuchter Wärme gereift und nachgestreckt.

DA 75 328 IG — Fasern aus Mischpolyamiden, die neben Adipinsäure und Tetramethylendiamin noch mindestens einen polyamidbildenden Rest enthalten, werden beschrieben; vgl. DA 75 329.

DA 74 032 IG — Zum Herauslösen niedrigpolymerer Anteile werden Polyamide mit heißem H_2O behandelt.

DA 73 614 IG — Polyurethane lassen sich durch Behandeln mit verdünnten Säuren oder Säurehalogeniden kräuseln.

DA 72 829 IG — Man verspinnt Mischungen von Polyurethanen in Lösung unter Streckung und dehnt bei 100—140° C nach.

DA 72 767 IG — Man behandelt Polyamide mit Lösungen aromatischer Dioxydverbindungen und nachher mit Aldehyden.

DA 71 054 IG — Man setzt den Spinnlösungen von Polyamiden in Alkoholen reaktive Stoffe mit mindestens 2 an Aryl- oder Alkylreste haftenden Alkyleniminogruppen zu (Hexamethylen-ω-ω-'diäthylenharnstoff). Die Fäden werden dann 2 Stunden bei 150° C nachbehandelt.

DA 70 879 IG — Polyamidfasern werden durch Behandeln mit wäßrigen oder alkoholischen Lösungen anorganischer Salze, die in der Wärme quellend wirken ($CaCl_2$), behandelt.

DA 59 736 Thüring. Zellwolle — Das Kräuseln von Polyamiden erfolgt so, daß die verstreckten Fäden unter Spannung erhitzt, gekühlt, in Stapel geschnitten und in heißem H_2O geschrumpft werden (s. DA 60 336).

DA 58 774 Thüring. Zellwolle — Man veredelt Polyamide mit Chinonen, Chinonimiden (Indophenol, Indamin) in Gegenwart von Oxydationsmitteln.

DWP 2988 Thür. Kunstfaserwerk W. Pieck 1953 — Verfahren zum Mattieren oder Färben von linearen Hochpolymeren, insbesondere von Superpolyamiden, mit Pigmenten beim Schmelzspinnverfahren. Das stückige Spinngut wird mit feinverteilten, im geschmolzenen Spinngut unlöslichen Mattierungsmitteln oder Pigmenten gemischt, bis eine gleichmäßige Verteilung auf der Oberfläche der Stücke erreicht ist und gegebenenfalls die überschüssigen Zusatzstoffe abgesiebt.

DAP 2710 (Erfindernennung unterbleibt) 1953 — Verfahren zur Herstellung von künstlich geformten Gebilden, insbesondere Fäden und Folien aus hochmolekularen linearen Polyamiden, die lactambildende Aminosäuren als Komponenten enthalten bzw. aus Lactamen durch Polymerisation erhalten worden sind. Die zu verformende Masse enthält noch monomere Lactame in einer Menge von mehr als 2%.

DAP 2296 (Erfinder ungenannt) 1953 — Verfahren zur Herstellung von hochmolekularen linearen Polykondensationsprodukten. Diurethane, die mindestens einmal den Carbamidsäurerest mit einer benzoiden oder enolischen Hydroxylverbindung verestert enthalten, werden mit etwa äquimolekularen Mengen von bifunktionellen, acylierbaren Amino-, Hydroxyl-, Sulfhydryl- oder Carboxylgruppen enthaltenden Verbindungen in der Hitze umgesetzt.

DWP 1942 Fritsche und Jugel 1953 — Verfahren zur Erzielung von Homogenität in mit Initiatoren versetzten Laktamschmelzen beim vereinfachten kontinuierlichen Arbeitsverfahren im Polymerisationsrohr. Die Initiatoren in fester feinpulverisierter oder geschmolzener Form werden durch Einrühren bei einer Temperatur von mehr als 150° C, zweckmäßig 150 bis 160° C, der Laktamschmelze zugesetzt.

DWP 1578 Thür. Kunstfaserwerk W. Pieck 1953 — Verfahren zur Kräuselung von künstlichen Fäden oder Fasern aus synthetischen, linearen Polymeren, insbesondere Polyamiden und Polyurethanen. Das Gut wird bei gewöhnlicher oder erhöhter Temperatur mit verdünnten organischen oder anorganischen Säuren behandelt, in denen organische oder anorganische Salze gelöst sind.

DWP 425 Sauer 1952 — Verfahren zum Spinnen von Polyamiden aus E-Aminocarbonsäure oder deren Lactamen unter Zusatz von Verbindungen, die mehrere Hydroxylgruppen oder wenigstens eine Hydroxylgruppe in Verbindung mit einer stickstoffhaltigen Gruppe besitzen. Die genannten Verbindungen werden dem Polyamid während oder nach seiner Herstellung in ganz geringen Mengen bis zu 0,5% einverleibt.

DWP 361 Klare 1952 — Verfahren zur Nachbehandlung von endlosen Fäden aus synthetischen linearen Hochpolymeren.

DWP 288 Teichmann 1952 — Verfahren und Vorrichtung zur Herstellung von künstlichen Fasern.

DWP 246 Klare 1952 — Verfahren zur textilen Aufarbeitung von endlosen Fäden aus synthetischen linearen Hochpolymeren.

DWP 244 Thür. Kunstfaserwerk Wilhelm Pieck 1952 — Verfahren zur Nachbehandlung von monofilen Gebilden auf Grundlage von linearen Superpolymeren.

DWP 236 Sauer 1952 — Verfahren zur Erhöhung der Widerstandsfähigkeit von Polyamiden gegenüber erhöhten Temperaturen in Gegenwart von Sauerstoff. Den Polyamiden werden geringe Mengen Kupfer einverleibt.

DWP 83 Winkler-Littmann-Griehl 1952 — Verfahren zur Herstellung künstlicher Fäden durch Verspinnen eines geschmolzenen Polyamids, gekennzeichnet durch die Verwendung von aus Furfurol gewonnenem polymeren ω-Oenantholaktam.

SP 287 218 Organico 1953 — Zur Herstellung von Polyamiden wird 10-Aminodecansäure verwendet, die aus 10-Br-Dekansäure gewonnen wird; vgl. SP 288 425.

SP 285 784 Považské chem. zav. 1953 — Die Herstellung von Polyamiden wird behandelt.

SP 281 391 Plabag 1952 — Man kondensiert polyamidbildende Komponenten in Gegenwart von zur Teilnahme an der Amidbildung befähigten, einen Benzimidazolrest enthaltenden Stoffen und verspinnt aus dem Schmelzfluß. Besser für Chromfärberei, Steigerung des Farbbindungsvermögens.

SP 281 096 Inventa 1952 — Die Entfernung von Monomeren aus Polylactamen wird beschrieben, wobei das Polykondensationsprodukt bereits als Faden vorliegt.

SP 280 367 1952 — Die Polyamidherstellung wird behandelt.

SP 273 680 Rhodiaceta 1951 — Herstellung von Superpolyamiden unter Wasserdampfdruck statt Stickstoffabdeckung.

FP 1 026 406/07 Perfogit 1953 — Die Entfernung von Monomeren bei der Herstellung von Polyamidfäden wird behandelt.

FP 1 025 562 Schlack, Frowein 1953 — Die Herstellung von Perlon wird beschrieben.

FP 1 024 583 Elian, Lepingle 1953 — Die Herstellung von Polyamiden wird behandelt.

FP 1 023 081/2 Am. Textile Co. 1953 — Die Entfernung des bei Nylon als Gleitmittel oft verwendeten Grafites erfolgt mit Soda- oder Erdalkalihydroxydlösungen.

FP 1 009 523 ICI 1952 — Die Herstellung von Fäden aus Copolymeren von Anhydrocarboxy-α-aminocarbonsäuren mit einem Molekulargewicht von 40 000 wird beschrieben.

FP 1 005 656 Röchl 1952 — Herstellung von Polyamidfasern.

FP 1 001 974 IG 1952 — Herstellung von Polyamiden.

FP 1 000 309 BASF 1952 — Die Spinnfärbung von Polyamiden wird behandelt.

FP 995 871 Elite 1951 — Die Herstellung von Polyamidfasern aus dem Schmelzfluß.

FP 995 113 Rhodiaceta 1951 — Polyamidfabrikation.

FP 993 632 ICI 1951 – Zur Verminderung der Lichtempfindlichkeit spinnmattierter Nylonfasern wird mit ameisensauren Bichromatlösungen bei 85° C (4T HCOOH und 0,05T Bichromat auf 4000T Flotte) und nachher mit Thiosulfat behandelt.

FP 990 726 Bata 1951 – Herstellung hohlraumhaltiger Fäden aus synthetischen Polymeren (Polyamiden).

FP 989 533 Závody pro chemickou výrobu 1951 – Herstellung von Polyamid- oder Polyurethanfäden.

FP 988 058 Organico 1951 (vgl. FP 867 502) – Hydroxylgruppen hältige Polyamidfasern werden beschrieben. Dihydroxylierte Adipinsäure wird mit Hexamethylendiamin umgesetzt.

FP 980 573 Rhodiaceta 1951 – Die Herstellung von Polyamidfasern wird beschrieben (vgl. FP 922 945).

FP 977 617 Rhône-Poulenc 1951 – Polyamide können mit den Eigenschaften vulkanisierten Kautschuks erhalten werden, indem man sie mit Formaldehyd behandelt. Z. B. werden Gemische aus 60% Nylon 66 und 48% Nylon 6 bei 190–200° C unter Stickstoffdruck verdüst und mit 40% HCOH 6 Stunden bei 60° C, dann 6 Stunden bei 95° C behandelt. Während die Länge auf die Hälfte zurückgegangen ist, hat der Querschnitt aufs Dreifache zugenommen. Hernach wird gewaschen und 4 Stunden in Glykolsalizylat-Alkohol eingelegt. Der Faden ist auf 300% dehnbar.

FP 956 296 IG 1950 – Man reift Lösungen von Methylolpolyamiden vor ihrer Verstreckung zu Fasern.

FP 956 253 IG 1950 – Herstellung von Polyamiden aus 20 Teilen ε-Caprolactam und 80 Teilen Tetramethylendiaminadipat (FP 247–249°, 16% Feuchtigkeit).

FP 951 507 IG 1950 – Polyamide mit einem Polyoxysulfongehalt der Form

OH–⟨⟩–SO_2–⟨OH⟩–CH_2–⟨HO⟩–SO_2–⟨OH⟩

werden durch Alkylenoxyd- oder -imin-Nachbehandlung in den Eigenschaften verbessert.

FP 55 239, Zusatz zu 940 819 Maréchal 1951 (vgl. FP 870 736) – Man verwendet zur Vergütung von Polyamiden Formaldehyd und Quellmittel, wobei man in Gegenwart von Ca- oder Mg-Nitrat oder -chlorid arbeitet. Die erhaltenen Lösungen sind stabil und z. B. für Gewebeanstriche usw. geeignet.

HollP 72 086 DuPont 1953 – Die chemische Modifikation von Polyamiden mit Formaldehyd wird behandelt.

HollP 70 839 Staatsmijnen 1952 – Die Reinigung von Laktamen wird behandelt.

HollP 70 828 Glanzstoff 1952 – Verspinnbare Lösungen von Polyvinylchlorid oder Mischpolymeren von Chlorid und anderen Polyvinylverbindungen aus Tetrahydrofuran und N-Dialkylsäureamiden werden beschrieben (vgl. DP 737 954, DP 750 503, SP 213 409, DP 743 859).

HollP 70 748 DuPont 1952 – Polyamide werden aus N-Carboanhydriden von Amino-2-trimethyl-4,6,6-Heptansäure hergestellt.

HollP 69 051 Organico 1951 – Bei der Polyamidherstellung (vgl. FP 867 502) sollen die Hydroxylgruppen der Endstoffe durch weniger als 5 Kohlenstoffatome von einer COOH-Gruppe und durch weniger als 3 C-Atome von einer Aminogruppe getrennt sein, wobei nach dem Schmelzspinnen und Strecken einige Zeit zwischen 50° C und dem Erweichungspunkt des Polyamids erwärmt wird (155–160° C). Man erhält weniger wasserempfindliche Erzeugnisse mit besseren mechanischen Eigenschaften.

HollP 67 038 Bata 1950 – Polyamidherstellung.

HollP 64 592 IG 1949 (vgl. DP 728 981) – Die Herstellung von Polyurethanen wird beschrieben (s. a. EP 534 699).

HollP 64 591 IG 1949 (vgl. HollP 56 995) – Man spinnt nach der Trockenspinnmethode in Alkohol auflösbare Polyamide.

HollP 64 590 IG 1949 – Fäden werden aus Hydroxymethylpolyamiden (Einwirkung von HCOH auf Polyamide) hergestellt (vgl. HollP 64 280).

HollP 64 589 IG 1949 – Das Veredeln von Polyamidfasern erfolgt durch Behandlung mit Verbindungen wie:

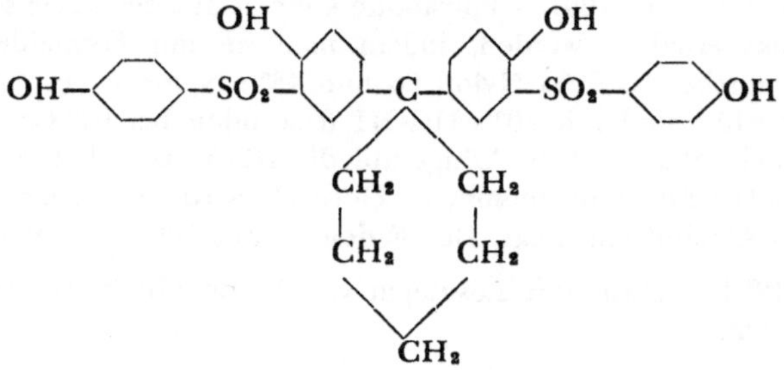

OH OH
OH—⟨⟩—SO_2—⟨⟩—C—⟨⟩—SO_2—⟨⟩OH
CH_2 CH_2
CH_2 CH_2
CH_2

oder:

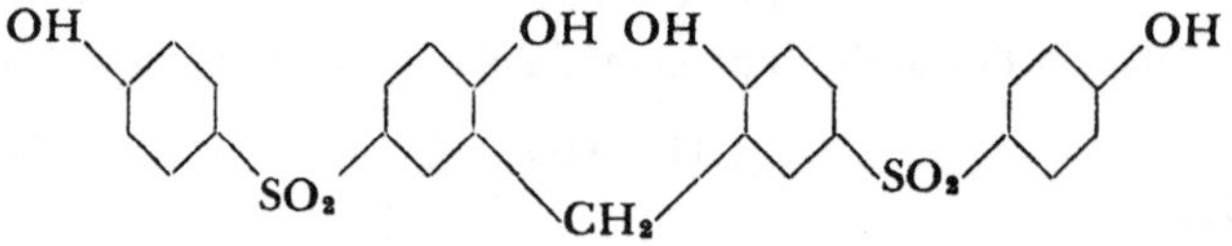

OH OH OH OH
SO_2 CH_2 SO_2

Vgl. DP 737 329 bzw. FP 951 507.

HollP 64 588 IG 1949 – Geformte, orientierte Hydroxymethylverbindungen von Polyamiden (die durch Formaldehydbehandlung von gelöstem Polyamid bestehen) werden mit verdünnten, nichtlösend wirkenden Säuren und Dampf behandelt und so gehärtet.

HollP 64 552 Hydrierwerke 1949 – Das Plastifizieren von Polyamid- oder Polyurethanfäden erfolgt durch ein oder mehrere OH-Gruppen enthaltende Aromaten, deren Kp über 240° C liegen muß.

HollP 64 466 Zellwollering 1949 (vgl. HollP 55 385) – Man verfestigt Fäden aus Polyamiden in Mischung von Eiweißstoffen, wobei als Lösungsmittel starke Mineralsäuren dienen.

HollP 64 452 IG 1949 – Es werden bewegliche Halogenatome aufweisende lineare Polyamidopolykondensate hergestellt. Diese können zu Fäden gezogen werden, die man eventuell einer Nachbehandlung mit Diaminen unterwirft.

HollP 64 436 Phrix 1949 – Lineare Polykondensationsprodukte aus Diaminen und Polycarbonsäureestern der Form HOOC–R–OCOOR′, R′ = Alkyl-, Aryl usw.

HollP 64 333 IG 1949 – Die Herstellung von Polyurethanen wird behandelt.

HollP 64 261 IG 1949 – Betrifft die Herstellung von makromolekularen Polyamiden und Polyesteramiden.

HollP 61 734 AKU 1951 – Die Herstellung von Fäden aus Polykondensationsprodukten und Aminopolymethylencarbonsäureamiden mit mehr als 5 C-Atomen.

HollP 61 206 IG 1951 – Die Polykondensation von ε-Caprolactam usw. wird beschrieben.

HollP 60 164 DuPont 1947 – Zum Unlöslichmachen von Polyamiden in Wasser dienen Formaldehyd usw. Dabei handelt es sich um Polykondensate aus Triglykoldiamin-Adipinsäure und Hexamethylen-Adipinsäure oder ε-Aminocapronsäure.

BelgP 505 802/3 Soc. des Glaces 1953 – Es wird die Herstellung von Urethanen von Glykolen zur Faserbereitung beschrieben (vgl. BelgP 508 202).

BelgP 505 572 Elian, Lepingle 1953 – Die Herstellung von Polyamiden wird behandelt.

BelgP 488 229 Research 1949 – Die Herstellung von Polyamiden aus Lactam mit 0,5–5% Ameisensäure als Katalyt wird beschrieben.

ItalP 459 623 Rhodiaceta 1951 – Herstellen von Polyamidtextilien. Vgl. FP 833 756.

ItalP 457 910 Bata 1951 – Spinnverfahren für Polyamide (vgl. HollP 64 704).

ItalP 457 468 ICI 1951 – Die Lichtechtheit von Nylon wird erhöht durch Einbringen geringer Mengen Chromverbindungen.

ItalP 457 197 Bat. Petr. My 1951 – Herstellung von Polyamidharzen aus härtenden Ölen usw. (vgl. AP 2 379 413).

ItalP 457 196 Research 1951 – Herstellung von Polyamidfäden.

ItalP 456 089 Zavody pro chemickou vyrobu Bratislava 1950 – Verfahren zur Behandlung von synthetischen Fäden aus Hochpolymeren.

EP 692 433 Courtaulds 1953 – Die Herstellung synthetischer Polypeptidfasern.

EP 692 069 ICI 1953 – Die Herstellung von Polyamidfasern wird beschrieben.

EP 691 278 ICI 1953 – Die Herstellung von linearen Polyamiden aus Diaminen und Säuren der Form $COOH{-}C_6H_4{-}O{-}(CH_2)_x{-}O{-}C_6H_4{-}COOH$, $x = 3$–10, wird behandelt.

EP 690 341 Courtaulds 1953 – Behandelt die Herstellung von künstlichen Fasern aus Polypeptiden (vgl. EP 675 278/79), welche durch Polymerisation von Anhydroaminocarbonsäuren gebildet werden (DL-β-Phenylalanin und DL-Leucin).

EP 689 629 ICI 1953 – Um den lichtschädigenden Einfluß von Mattierungen auf Nylon auszuschalten, wird der Zusatz von Cr-, Al-, Cu- und Mn-Phenolat in die Schmelze empfohlen.

EP 688 771 Organico 1953 – Die Herstellung von Polyamiden aus Undecancarbonsäure und Diaminen wird beschrieben.

EP 687 036 ICI 1953 – Die Fabrikation von viskositätsstabilen Polyamiden wird beschrieben; vgl. DP 855 455.

EP 685 729 Celanese 1953 – Die Herstellung von Polyurethanen wird beschrieben.

EP 681 054 Wingfoot 1952 – Die Herstellung linearer Polyamide der Formel

$$\left(-R\genfrac{}{}{0pt}{}{\diagup CO \diagdown}{\diagdown CO \diagup}N{-}CO{-}R_1{-}CO{-}N\genfrac{}{}{0pt}{}{\diagup CO \diagdown}{\diagdown CO \diagup}R-\right)_n$$

wird behandelt.

EP 677 771 Bata 1952 – Polyamide aus Caprolactam und Aminocapronsäure werden hergestellt.

EP 677 516 Monsanto 1952 – Die Herstellung linearer Polyamide aus Adiponitril (in Dioxan gelöst) und Paraformaldehyd usw. wird beschrieben.

EP 676 585 Inventa 1952 – Die Entfernung von Monomeren aus Polyamiden wird beschrieben.

EP 670 177 Celanese 1952 – Die Herstellung von Fäden aus Polyamidsulfonen wird beschrieben.

EP 666 199 Research 1952 – Das Verspinnen von Hochpolymeren (Polyamiden usw.) erfolgt derart, daß die Spinndüsen mit Organosiloxanen überzogen sind (vgl. EP 572 740).

EP 664 182 Celanese 1952 (vgl. EP 615 884 und EP 620 116) – Polyurethanfasern werden mit Formaldehyd in alkoholischer Lösung bei pH 10 behandelt. Aus nicht gestreckten Fasern erhält man elastischere Fäden, wenn dann gestreckt wird.

EP 657 419 Nopco 1951 – Polyamide aus Fettsäuren und Polyaminen können zum Ölen von Textilien herangezogen werden. Die festen Produkte sind meist wasserunlöslich und werden in Wasser dispergiert.

EP 655 892 Polymer 1951 (vgl. EP 641 647) – Die Extrusion von Polyamidfäden wird beschrieben.

EP 650 155 Research 1951 – Die Herstellung von Polyamiden aus zyklischen ω-Laktamen wird beschrieben (s. HollP 54 864, EP 535 421, 533 619 bzw. 506 125).

EP 640 584 ICI 1950 – Gekräuselte Nylonfasern erhält man durch Erhitzung auf 10–50° C unterhalb des Erweichungspunktes, mindestens auf 150° C (der Erweichungspunkt liegt bekanntlich wesentlich tiefer als der FP. D. V.), wobei eine Schrumpfung um 20–50% eintritt.

EP 599 669 Moncrieff, Sammons 1948 – Polyamidlösungen in Phenolen usw. werden in Ketonen (Aceton, Methyläthylketon usw.) koaguliert.

AP 2 628 886 Courtaulds 1953 – Durch Polymerisierung von α-Anhydrocarboxyaminocarbonsäuren und Verdüsen derselben sollen Fasern hergestellt werden.

AP 2 585 163 DuPont 1952 – Polyamide werden durch Reaktion einer Mischung von Diaminen, welche zu 50–90% aus einem festen Gemisch der Stereoisomeren des Di-(p-Aminocyclohexyl-)methans und 50–10% der flüssigen Stereoisomeren desselben Stoffes besteht, mit Glutarsäure erhalten, wobei die Grundviskosität 0,8 beträgt.

AP 2 571 251 Celanese 1951 – Fasern können aus Polymeren, die durch Kondensation von δ,δ'-Sulfondivaleriansäure und 1,9-Diamino-5-azanonan hergestellt werden (vgl. AP 2 483 513, 2 289 222, 2 265 127, 2 195 570 u.a.).

AP 2 562 796 Enka 1951 – Lineare Polyamide sollen aus ω-Laktamen der Form $\underline{HN-(CH_2)_n-CO}$, wobei n = > 5 ist, gewonnen werden, welche man gemeinsam mit geschmolzenen Polyamiden in Reaktion bringt. Vgl. AP 2 562 797. Man arbeitet in Gegenwart von 0,5–5% Ameisensäure.

AP 2 554 592 Bata 1951 – Herstellung hochpolymerer Polyamide aus 6-Aminocapronsäure und ε-Caprolaktamen in offenen Kesseln.

AP 2 551 702 Bata 1951 – Herstellung von Polyamiden aus 6-Caprolaktam in Gegenwart von als Katalyt wirkender Milchsäure.

AP 2 550 767 ICI 1951 – Aliphatische oder cycloaliphatische Polyamine werden mit CO_2 bei über 100 at und 100° C polykondensiert. Die erhaltenen Produkte mit FP von 160–301° C können zu Fäden verdüst und kalt gestreckt werden (z. B. behandelt man Lösungen von Hexamethylendiamin in m-Kresol mit CO_2 bei 250° C und 500 at). AP 2 524 046 Wingfoot 1950 – Polyamidherstellung; vgl. AP 2 519 038.

AP 2 512 606 DuPont 1950 – Betrifft die Polyamidherstellung.

AP 2 502 548 Celanese 1950 – Herstellung von Polyamiden aus m-Kresol-α-α'-Diprimäraminosebazinsäureestern (vgl. AP 2 500 317).

AP 2 333 923 DuPont 1943 – Herstellung von Polyesteramiden.

AP 2 249 756 DuPont 1941 – Herstellung gekräuselter Polyamidfäden.

CanP 493 469 AKU 1953 – Die Herstellung von Polyamiden wird beschrieben. Dabei werden Aminosäureamide verwendet an Stelle der Aminosäuren bzw. Laktame.

CanP 487 591 DuPont 1952 – N-Methylolpolyamide, die besser färbbar sind als Nylon, werden beschrieben.

CanP 487 076 General Mills 1952 – Neue Polyamide aus Polyaminen und Alkylsubstituierten Malonaten, die faserbildend sind, werden beschrieben.

CanP 485 633/4 DuPont 1952 – Die Herstellung von Polyamiden wird behandelt.

CanP 479 262 DuPont 1951 – Nylon von geringer Wärmedehnbarkeit wird hergestellt.

CanP 477 832 DuPont 1951 – Die Modifikation von Polyamiden wird behandelt.

CanP 477 830 DuPont 1951 – Betrifft die Formaldehydbehandlung von Polyamiden.

CanP 477 828 DuPont 1951 – Beschrieben wird die Herstellung von schwefelhältigen Polyamiden.

AustralP 140 002 ICI 1951 – Die Modifikation von Nylon wird behandelt.

AustralP 139 689 ICI 1951 – Die Verbesserung von Nylonfäden durch Hitzeschrumpfung wird behandelt.

AustralP 135 269 Wingfoot 1949 – Herstellung von Polyamiden.

AustralP 134 395 Wingfoot 1949 – Polyamide für Fasern werden beschrieben.

AustralP 130 363 DuPont 1948 – Alkohollöslichen Polyamiden (N-Alkylenoxymethylpolyamiden werden Ketone, Benzoin oder Diacetyl einverleibt und erhitzt oder belichtet, wodurch die Polyamide unlöslich werden.

Folgende Patentschriften beschreiben die Herstellung von Polyamiden im allgemeinen:

OeP 168 269, 165 701, 165 074, 165 038.

DP 807 554, 805 565, 802 891, 802 847, 801 744, 750 427, 749 747.

SP 271 942, 270 844, 270 546, 270 264, 269 518, 269 517, 267 963, 265 206, 265 205, 264 051, 263 292, 262 562, 262 040, 254 541, 252 760.

EP 663 295, 652 947, 652 566, 645 033, 644 829, 640 582, 638 118, 637 926, 636 348, 636 198, 634 235, 634 172, 632 997, 631 026, 630 498, 628 821, 627 733.

AP 2 585 199, 2 570 180, 2 566 257, 2 560 584, 2 558 031, 2 555 111, 2 551 782, 2 550 650, 2 547 113, 2 541 139, 2 537 689, 2 534 283, 2 533 455, 2 527 861, 2 525 972, 2 524 228, 2 524 046, 2 524 045, 2 518 148, 2 517 610, 2 516 585, 2 516 162, 2 514 550, 2 514 328, 2 512 667, 2 512 634, 2 512 633, 2 512 631, 2 512 626, 2 512 606, 2 511 544, 2 511 163, 2 510 777, 2 507 299, 2 503 209, 2 502 576, 2 502 548, 2 502 340, 2 500 317, 2 499 932, 2 493 597, 2 491 936, 2 491 935, 2 491 934, 2 489 569, 2 484 523, 2 484 416.

5. Fasern aus Terephtalsäure-Glykolpolykondensaten (Terylen) und aus anderen Polyestern.

Terylen wird in USA, nachdem es im Versuchsstadium als *Fibre V* (vgl. S. 110 H) und nachher als *Delvon* bzw. *Amilar* bezeichnet wurde, heute als *Dacron* von DuPont hergestellt.

Dacron kommt derzeit in folgenden Typen in den Handel: (Angaben DuPont) 250/50 Type 5500 75/34, Type 5500, 70/34 Type 5600, 40/34 Type 5600. Es handelt sich um „Filament"-Produkte, also keine Stapelfasern. Die Type 5500 enthält 0,1%, die Type 5600 0,3% Titandioxyd. Die mittlere Dehnung beträgt etwa 24%. Stapelfasern werden mit einem Gehalt von 0,3% Titandioxyd in verschiedenen Stapellängen gehandelt. Die Dehnung beträgt 40–55%.

Koch[41] gibt kürzlich den Schmelzpunkt mit 255–260° C (vgl. S. 110 H), das Molekulargewicht mit 8–10 000 an. Das spezifische Gewicht beträgt 1,38–1,40 Nach dem Schmelzspinnverfahren erzeugt und auf 400% verstreckt besitzt der Faden eine Festigkeit von 4,2–6,8 g/den und eine Bruchdehnung von 27–14% (hochfeste Qualitäten 7,5%); die Wasseraufnahme soll 0,4–0,6% betragen[42]. Die Naßfestigkeit ist 100% der Trockenfestigkeit. Carpenter[42] nennt eine Festigkeit von 7 g/den; gegen Mineralsäure in der Kälte gut beständig, ist die Faser nur gegen verdünnte heiße Säuren resistent und widersteht Alkalien mittelgut. Löslich ist sie in heißem Nitrobenzol und Phenol; Aceton, Chloroform, Benzol, Trichloräthylen und Tetrachlorkohlenstoff lösen nicht. Ein Fixieren der Fasern vor der Naßbehandlung ist bekanntlich notwendig.

Nach Literaturangaben[43] ist die Beständigkeit bzw. der Festigkeitsverlust durch Einwirkung von Säuren, Alkalien und Bleichmittel folgender:

	Temp.	Stunden	Festigkeitsverlust
70 % H_2SO_4	40° C	72	—
5 % HCl	100° C	24	—
2.5% HNO_3	60° C	72	1%
50 % HNO_3	60° C	72	63%
15 % Oxalsäure	80° C	72	15%
15 % HCOOH	80° C	72	15%
5 % NaOH	100° C	6	5%
26 % NaOH	80° C	24	0%

	Temp.	Stunden	Festigkeitsverlust
Hypochlorit 10 g Cl/Liter	50° C, pH 11,	150 Stunden	6%
	50° C, pH 7,	150 Stunden	18%
	50° C, pH 5,	150 Stunden	18%
	50° C, pH 5,	150 Stunden	18%
Wasserstoffperoxyd, 10 Vol.-%+2 g Silicat/Liter	95° C,	6 Stunden	5%

Erhitzen auf 150–168° C ergibt einen Rückgang der Festigkeit um 15–30%. Eine erfolgreiche Fadenschlichtung ist mit paraffinhältigen Schlichten, die Casein als Dispergator enthalten, möglich.

Die Resistenz von Dynel, Orlon und Terylen (nach Grove, Vodonik, Casey[43a] bringt folgende Tabelle (vgl. S. 59).

[41] Textil Rundschau **6**, 107 (1951), sowie Angaben der ICI.

[42] J. Soc. Dyers Colourists **65**, 470 (1949).

[43] Dyer **105**, 553 (1950); vgl. auch S. V. F. Fachorgan. Textilveredlg. **6**, 228 (1951).

[43a] Ind. Engng. Chem. **44**, 2318 (1952). Die synthetischen Fasern (mit Literaturzusammenstellung) bzw. Eigenschaften der synthetischen Fasern l. c. 2371 (1952).

Faserart	Schwefelsäure			Salzsäure		Salpetersäure	Königswasser	25% Chromsäure	28% Ammoniak
	5%, 100° C	25%, 100° C	70%, 50° C	38%, 50° C	38%, 100° C	40%, 50° C			
Dynel	—	braun	—	—	braun	bleicht	bleicht	braun	—
Dacron	gegen schwache heiße Mineralsäuren, gute Resistenz, in heißen konzentrierten Säuren Auflösung								
Orlon	in H_2SO_4 conc. löslich	gute bis sehr gute Resistenz					—	—	mäßig bis gut resistent

Faserart	Natronlauge		Rhodankalzium	Kaliumbichromat	Wasserstoffperoxyd		Chlor 5% Lsg 100° C	Essigsäure 75%, 100° C	Ameisensäure 25%, 100° C
	25%, 100° C	50%, 50° C			30%, 20° C	90%, 20° C			
Dynel	dunkelbraun	—	braun	braun	leicht gebleicht		—	etwas braun	leicht gebleicht
Dacron	Auflösung beim Kochen		—	—	gute Resistenz		—	—	—
Orlon	mäßig bis gut resistent		—	—	—	—	—	—	—

Literaturübersicht über Fasern aus Terephtalsäure-Glykolpolykondensaten.

Schweissheimer: Synthetische Textilien aus Erdöl (Herstellung des Paraxylols aus Erdöl; Paraxylol ist Ausgangsstoff für die Terephtalsäure, also eines der Produkte zur Bildung von Dacron). Melliand Textilber. **34**, 179 (1953).

Rieckoff: Terylen. Dtsch. Textilgewerbe **54**, 862 (1952).

Kamm: Terylene. Text. Mercury Argus **127**, 681 (1952).

Terylen-Fortschrittsberichte. Text. Manufacturer **78**, 588 (1952).

Ridge: Terylen. Text. Manufacturer **44**, 552 (1952).

Terylen. S. V. F. Fachorgan. Textilveredlg. **7**, 228 (1952).

Dacron. Textile Wld. **101**, 120 (1951).

Ebermeyer: Dacron. Reyon **29**, 453 (1951).

Koch: Textil Rundschau **6**, 107 (1951).

Renfrew: Terylene. Text. Recorder **69**, Nr. 821, 98 (1951).

Larson: Dacron. Text. Recorder **69**, Nr. 821, 90 (1951).

Lake: Dyer **106**, 689 (1951).

Hünlich: Reyon, Synth. Fasern, Zellwolle **29**, 320 (1951).

Preston: J. Textile Inst. **41**, 682 (1950).

Reddich: Terylen. Elektrische Eigenschaften. Trans. Faraday. Soc. **46**, 459 (1950).

Jentgen: Terylen. Kunstseide u. Zellwolle **28**, 449 (1950).

Carpenter: J. Soc. Dyers Colourists **65**, 470 (1949).

Michie: Text. Wld. **100**, 117 (1950); vgl. Dyer **102**, 525 (1949).

Michie: Text. Manufacturer **75**, 590 (1950), bzw. Text. Manufacturer **77**, 26, 29 (1951).

Okamura, Shimeha, Hashimoto: Terylen. Bull. Res. Inst. Teikoku Jinzo Kenshi Kaisha Ltd. **2**, No. 1, 48 (1950), zit. Text. Res. J. **21**, 346 (1951).

Patentschrifttum über Fasern aus Terephtalsäure-Glykolpolykondensaten.

OeP 166 472 Calico Printers 1950 — Herstellung von Fäden aus Alkylen-Glykolpolyestern der Terephtalsäure im Schmelzspinnverfahren bei nachträglicher Kaltverstreckung.

SP 280 799 ICI 1952 — Gefärbte Terylenfasern werden durch Spinnfärbung (mittels organischer Pigmente) erhalten.

SP 276 999 Calico Printers 1951 – Herstellung von Polyesterfäden durch Verstreckung bei Temperaturen, die weit unter dem Schmelzpunkt des Hochpolymeren liegen.

SP 271 565 (Zusatz zu SP 267 391) Calico Printers 1951 – Herstellung von Terephtalsäureglykolestern (vgl. SP 271 567).

SP 270 796 Calico Printers 1950 – Herstellung von Terylen.

FP 1 022 841 DuPont 1953 – Bezieht sich auf die Behandlung (Streckung) von Dacron (Terylen).

FP 1 000 992 ICI 1952 – Man spinnt Polyesterfäden (Terylen); die Spinnmasse ist mit organischen Pigmenten gefärbt.

FP 55 088 (Zusatz zu 919 729) Calico Printers 1951 – Die Herstellung von Terephtalsäure-Glykolpolykondensatfäden wird beschrieben.

FP 988 717 ICI 1951 – Das Recken der Terylenfaser wird behandelt.

HollP 67 057 ICI 1950 (vgl. HollP 60 828, 60 842) — Zur Verbesserung der Eigenschaften von Polyesterfäden (Terylen) wird das gestreckte Material einer über 60° C liegenden Temperatur ausgesetzt (mindestens aber 30° C unter dem Schmelzpunkt) und dabei gespannt gehalten, ohne eine weitere Streckung zu erleiden.

HollP 65 069 ICI 1950 – Terylenfasern sollen derart verstreckt werden, daß man sie zwischen den Zufuhr- und Streckwalzen durch eine Erwärmungszone führt, die aus geschmolzenen Legierungen (Wood usw.) bestehen und deren Temperatur unterhalb 140° C liegt.

HollP 63 913 ICI 1949 – Herstellung von Polyesterfäden aus Verbindungen der Form COOH–⬡–R–⬡COOH und OH–$(CH_2)_y$OH (Terylen).

HollP 62 364 ICI 1949 – Die Herstellung von Polyesterfäden (Terylen) wird beschrieben. Bei der Schmelze wird die Feuchtigkeit bis auf 0,005 Mol Wasser per Struktureinheit der Faser entfernt.

HollP 60 874 DuPont 1951 – Die Herstellung linearer Polyesteramide wird behandelt.

HollP 60 828 Calico Printers 1951 – Die Herstellung von zu Fäden verspinnbaren Polyestern wird beschrieben (vgl. HollP 60 842).

BelgP 506 816 Wingfoot 1953 – Es wird die Herstellung linearer Polyester und Polyesteramide, eventuell mit Diisocyanaten modifiziert, beschrieben.

ItalP 467 410 ICI – Die Herstellung von Polyestern wird behandelt.

NorwP 77 974 Calico Printers 1951 (vgl. NorwP 75 989) – Herstellung von Polyesterfasern.

EP 683 634/683 218 Calico Printers 1952 – Die Schrumpfung von Textilien aus linearen Polyestern wird beschrieben (Behandlung mit Salpeter- oder Schwefelsäure von 60 bis 80% bei –10 bis 110° C).

EP 682 263 Smith 1952 – Herstellung gekräuselter Terylenfasern.

EP 662 682 Wingfoot 1951 – Die Herstellung von linearen Polyestern aus Tetramethylenglykol und Terephtalsäurechlorid wird beschrieben (vgl. EP 655 377).

EP 652 948 ICI 1951 (vgl. EP 578 079 und 590 451) – Terylen bzw. Fäden aus Polyestern werden verwebt und das Gewebe mit 4–20% NaOH-Lösung behandelt.

Man erreicht unter Gewichtsverminderung auf Kosten der Festigkeit eine Griffverbesserung; vgl. folgende Zusammenstellung:

	Original	nach 1 Stunde Kochen in 4% NaOH	nach 1½ Stunden Kochen in 4% NaOH
Gewichtsverlust	—	19%	60%
Dicke (mm)	4	3	1,75
Bruchfestigkeit	309 g	249 g	103 g

EP 651 941 ICI 1951 – Man spinnt Terylenfasern, die mit Anthrachinonfarbstoffen in der Masse gefärbt sind. So gibt 1,4-Di-(p-butylanilino)-5, 8-dioxyanthrachinon einen grünen Faden. Substituierte Anthrachinone (Küpenfarbstoffe), können angewendet werden.

EP 648 513 Courtaulds 1951 – Aus der Schmelze werden Polyesterfäden gesponnen, indem man Terylen (Kondensat aus Terephtalsäure und Glykol mit einem davon verschiedenen Polyester der Form Acyl–O–(CH_2)m–O⟨ ⟩–(CH_2)n–COOR, wobei R=H oder Alkyl, m=1–4, n=0–4, der autokondensiert ist, zusammenbringt und verdüst (vgl. EP 636 429 usw.). – Diese Mischung ist kalt streckbar.

EP 643 388 Gas, Light, Coke Co. 1950 – Fäden können aus Polymeren der Umsetzung von Benzophenon-4, 4'-dicarbonsäuren und Glykolen hergestellt werden.

EP 641 320 Courtaulds 1950 – Faserförmige Polyester können durch Polykondensation der Estertype der Form A–O–$(CH_2)_m$–COOR, wobei A=H_n–O–C_6H_4–(CH_2) oder Acyl, R = H oder Alkyl, m = 2, 3, 4, n = 1–4 und die Substitudienten die in p-Stellung stehen erhalten werden [p(β-Hydroxyäthoxy)-phenylessigsäure usw.].

AP 2 623 031 und 33 DuPont 1952 – Es wird die Herstellung von linearen Copolyestern beschrieben.

AP 2 589 687 Wingfoot 1952 – Polyesterherstellung, die zur Fasergewinnung geeignet sind; vgl. AP 2 589 688.

AP 2 503 251 ICI 1950 — Vor dem Schmelzen wird auf einen Wassergehalt von 0,005 Mol pro Molkondensat vorgetrocknet (s. SP 255 417).

CanP 493 430/29 Dreyfus 1953 – Die Herstellung von Polyestern wird behandelt.

CanP 490 196 Calico Printers 1953 – Die Herstellung von Fasern und Terephtalsäure-Polymethylenglykolester wird behandelt.

CanP 485 678 ICI 1952 (vgl. EP 504 714) – Terylenfasern werden gesponnen unter Zusatz von gegenüber der Spinntemperatur beständigen Farbstoffen, insbesondere Küpenfarbstoffen.

AustralP 134 157 ICI 1949 – Herstellung von Polyesterfäden; s. AustralP 134 528.

AustralP 133 730 ICI 1949 – Zur Wiedergewinnung und Verwertung von Polyesterresten in Gefäßen oder Garnabfällen wird mit Glykolen erhitzt, gelöst und dann die Mischung unter Abdestillation des Glykols gereinigt bzw. wiederverwendet.

AustralP 131 320 Calico Printers 1949 – Die Herstellung von Polyesterfäden wird beschrieben (vgl. AustralP 133 875, 133 874.).

AustralP 129 734 ICI 1948 – Die Herstellung von Polyesterfäden wird behandelt.

6. Fasern aus Polyacrylsäure, Polyacrylsäureestern und Polyacrylnitril (Orlon).

Polyacrylnitrilfasern (*Orlon* in USA, PAN in Deutschland) werden bekanntlich aus Lösungen des Polymeren in Dimethylformamid hergestellt (vgl. S. 114 H). Als Lösungsmittel kommen noch m- u. p-Nitrophenol oder Dimethylolmethoxyacetamid in Betracht. Zur Frage des Prioritätsstreites hinsichtlich des Vorschlages, Dimethylformamid als Lösungsmittel zur Faserherstellung zu verwenden ist zu bemerken, daß der IG seinerzeit in den FP 883 763/4 bzw. 893 461 geschützt wurde, formylierte primäre oder sekundäre Amide als Weichmacher für Polyacrylnitril zu verwenden, der Vorschlag des Gebrauches von Dimethylformamid als Lösungsmittel in technischem Ausmaß aber, wenn auch später, von DuPont stammt. Es können füglich beide Parteien sagen, daß sie den brauchbaren Weg gewiesen haben, Orlon zu erspinnen.

Als spezifisches Gewicht werden streuende Werte von 1,12—1,17[44] genannt. Durch Erhitzen wird die Faser gelb bis bräunlich. Man verdüst aus 50%iger Lösung in 30—50%ige wäßrige $CaCl_2$-Lösung bzw. heißes Glyzerin. Das heiße Verspinnen hat den Vorteil, eine Verlegung der Düsen zu verhindern, eventuell müssen die Düsen genäßt werden (EP 614 959). Auch Japan hatte Versuche zur Herstellung von Polyacrylnitrilfäden gemacht[45].

Orlon, für welches kürzlich eine Trockenfestigkeit von 4—5 g/den, eine Naßfestigkeit von 3,6—4,5 g/den und eine Bruchdehnung von 16—22% angegeben wird, ist gut beständig gegen konzentrierte Mineralsäuren und schwache Alkalien. Es ist die wetterfesteste Faser (vgl. S. 114 H), seine Scheuerfestigkeit soll jedoch weniger groß sein als die von Nylon. Nach wie vor ergeben sich bei seiner Färbung Schwierigkeiten. Die Faser hat einen mantelförmigen Querschnitt.

Über die Orlonstapel-Fasern brachte Holmes einige Daten. Wird Orlonstapel mit Wolle 50 : 50 vermischt, so ergibt diese Mischung auf Socken verarbeitet, so ist keine Schrumpfung festzustellen. Bei einer Dehnung von 35% ist die Festigkeit 2 g/den, das spez. Gew. 1,14; der Erweichungspunkt liegt bei 280° C. Die Faserschrumpfung in kochendem Wasser beträgt 2%.

Die Färbbarkeit von Orlon kann durch eine Art Faseranimalisierung verbessert werden (Houtz, l. c.).

Als *Chemstrand* jetzt *Acrilan* (auch *Acrylan* oder *Akrylan*), wird in USA eine Faser herausgebracht, die aus 80% Polyacrylnitril und zirka 20% Polymethacrylsäure besteht. Gut färbbar, ist sie alkaliempfindlich, doch säureresistent.

Neue Polyacrylfasern der American Cyanamid Comp. die vorwiegend aus Polyacrylnitril bestehen, werden unter der vorläufigen Bezeichnung X 51[45a] als gekräuselte Stapelfaser und in Form von Rayon erzeugt. Die Fasern haben einen Brechungsindex von 1,51, ein spez. Gew. von 1,17 und einen Schmelzpunkt von 290° C. Sie sind motten- und bakterienfest und resistent gegen die bekannten Lösungsmittel. Säuren widerstehen sie gut, weniger gut Alkalien, die auch eine Vergilbung bewirken können. Die Knoten- und Schlingenfestigkeit sind sehr gut, die Reißfestigkeit beträgt 3,6 g/den, naß 3,2 g/den bei einer Dehnung von 22%. Die Fäden schrumpfen in kochendem Wasser kaum und sind mit Acetatseidenfarbstoffen färbbar. Säure- und substantive Farbstoffe können nach der „Kupfermethode" (vgl. S. 165) aufgefärbt werden, ebenso können Küpenfarbstoffe zum Kolorieren benutzt werden. Die Stapelfasern färben sich leichter als die Fäden (eine für Orlon, Terylen usw. bereits bekannte Erscheinung).

Nach einem Jahr Bewetterung in Florida zeigte die Faser noch 60% der ursprünglichen Festigkeit. Die Faser schrumpft in kochendem Wasser um 2%, sie schmilzt in

---

[44] Koch: Textil Rundschau **6**, 107 (1951).

[45] Matsui, Mamiya, Kambara: J. Chem. Soc. Japan **45**, Suppl. 385 (1942) bzw. J. Chem. Soc. Japan **45**, Suppl. 274 (1942), ref. C. A. **42**, 2108 (1948) bzw. **44**, 7582 (1950).

der Flamme und entzündet sich, ist resistent gegen Motten und Bakterien. Organische Lösungsmittel, wie Alkohole, Ester, Ketone, Kohlenwasserstoffe, Äther und Chlorkohlenwasserstoffe, erweichen oder lösen nicht. Die Säurebeständigkeit ist sehr gut, die gegenüber Alkali befriedigend.

Redon ist eine von der Phrix A. G. erzeugte hochdehnbare Polyacrylnitrilfaser mit Zusätzen[45a].

Literaturübersicht über Fasern aus Polyacrylsäure, Polyacrylsäureestern und Polyacrylnitril (Orlon); vgl. auch synthetische Fasern allgemein.

Reif: Nachweis von Orlon. Melliand Textilber. **34,** 219 (1953).

Mehrmann: Orlon in der Textilindustrie. SVF. Fachorgan, Textilveredlung **8,** 39 (1953).

Redon = Phrix Polyacrylnitril, mit höherer Dehnbarkeit als Orlon usw. Reyon Zellwolle **30,** 375 (1952).

Cresswell: Die X-51-Acrylfaser der Cyanamid Co. Amer. Dyestuff Reporter **41,** 161 (1952).

Laczkowski: Orlon. Przemysl chem. **30,** 722 (1951), zit. C. A. **46,** 11 692 (1952).

X-51. Rayon Synth. Text., Mod. Textiles **33,** No. 5, 35 (1952).

Whytlaw: Acrylan. Brit. Rayon Silk J. **29,** 64 (1952), Nr. 341.

Soday: Acrilan. Text. Recorder **70,** No. 836, 87 (1952).

Cresswell: Die X-51-Acrylfaser der Cyanamid Co. Amer. Dyestuff Reporter **41,** 161 (1952).

Bobeth: Orlon und Chlorzinkjod. Faserforschung Textiltechn. **2,** 492 (1952).

Peiker: X-51-Acrylfaser. Text. Age **16,** No. 5, 42 (1952).

Point: Orlon. Eff. Text. **6,** No. 11, 3 (1951), zit. C. A. 5849 (1952).

X-51, die neue Acrylfaser der Cyanamid Comp., Reyon, Zellwolle, Chemiefasern **2,** 215 (1952).

Holmes: Orlon-Stapel. Text. Wld. **102,** No. 4, 127 (1952).

Acrilan. Text. Recorder Nr. 823, 100 (1951).

Sherman: Orlon. Text. Wld. **97,** 101, 215 (1950).

Koch: Textil Rundschau I, 414 (1950), bzw. Dtsch. Text. Gewerbe **52,** 505 (1950).

Orlon. Kunstseide u. Zellwolle **28,** 348 (1950).

Houtz: Orlon. Text. Res. J. **20,** 786 (1950).

Abel: Polyacrylnitrilfasern. Melliand Textilber. **31,** 111 (1950).

Döhlke: Orlon. Textil Praxis **5,** 426 (1950).

Hoff: Polyacrylfaser. Dyer **102,** 281, 403 (1949).

Bayer: PAN-Faser. Z. angew. Chem. **61,** 229 (1949).

Patentschrifttum über Fasern aus Polyacrylsäure, Polyacrylsäureestern und Polyacrylnitril (Orlon).

OeP 175 335 Phrix 1953 — Polyacrylnitrilfäden werden verbessert, indem das vom Trockenspinnvorgang her enthaltende Lösungs- oder Quellmittel nach dem Hitzeverstrecken in entspanntem Zustande mit einer gegenüber dem Polyacrylnitril inerten Flüssigkeit entzogen wird.

OeP 175 012 Phrix 1953 — Eine leicht verspinnbare Polyacrylnitrillösung erhält man, wenn man die Temperatur während des Lösevorganges kurzfristig steigert und senkt, bis eine homogene Lösung erzielt ist.

DP 879 313 Cassella 1953 — Polyacrylnitril wird vor dem Verdünnen mit flüssigen, schmelzbaren ein- oder mehrwertigen Sulfonen verarbeitet.

DP 875 508 Cyanamid 1953 — Die Erzeugung von farbbeständigem Acrylnitril wird beschrieben.

[45a] Text. Recorder **70,** No. 830, 90 (1952), Melliand Textilber. **33,** 822 (1952).

DP 864 732 Cassella 1953 — Die Herstellung von Polyacrylnitrilfäden, wobei als Lösungsmittel Verbindungen der Form $X{-}N\langle^{R_1}_{R_2}$, X = NO, NO_2, $R_1\,R_2$ = Alkylreste mit zusammen 4 C-Atomen Anwendung finden, wird beschrieben.

DP 862 515 Röhm Haas 1953 — Als Quell- und Lösungsmittel für polyacrylnitrilhältige Mischpolymerisate werden Mischungen aus Acetonitril und Kaliumrhodanid bzw. Wasser 40 : 45 : 15 usw. empfohlen.

DP 850 226 Röhm Haas 1953 — Aminoacetonitril ist als Lösungs- und Weichmachungsmittel für Polyacrylnitril geeignet.

DP 850 213 Bobingen 1952 — Die Herstellung von Polyvinyl- bzw. Polyacrylfäden nach dem Naßspinnverfahren in Fällbädern, die wasserunlösliche Naphten- oder Fettsäuren enthalten, wird beschrieben.

DP 848 687 BASF 1952 — Die Herstellung von Polyacrylnitrilfasern wird beschrieben, wobei deren Eigenschaften, insbesondere Anfärbbarkeit derart verbessert wird, daß man das Polymerisat in irgend einer Stufe der Verarbeitung mit primären aliphatischen, insbesondere zwei- und mehrwertigen Aminen in Berührung bringt. Dies kann auch vor dem Färben oder beim Drucken (das Amin ist in der Druckpaste) erfolgen.

DP 844 954 Bobingen 1952 — Polyacrylnitrilfäden werden aus Mischungen von Copolymeren aus Acrylnitril und Vinylcarbonsäureamiden einerseits und Acrylnitril und Vinylcarbonsäuren andererseits hergestellt und mit Formaldehyd vergütet.

DP 817 812 BASF 1951 — Man kann Polyacrylnitrillösungen derart herstellen, daß man mit starken organischen oder anorganischen Sauerstoffsäuren anquillt und dann geringe Mengen konzentrierter Schwefelsäure zugibt. Z. B. behandelt man mit Phosphorsäure, Toluolsulfosäure, Mono-, Di-, Trichloressigsäure usw., wobei ein Zusatz von 10% Schwefelsäure zur klaren Lösung des Polymerisats genügt.

DAP 2705 Rein-Zerweck-Schultis 1953 — Verfahren zum Verformen von Hochpolymeren, insbesondere von Polymeren des Acrylnitrils, wobei cyklische Carbonate mehrwertiger aliphatischer Alkohole oder mehrwertiger Phenole als Lösungs- und Weichmachungsmittel verwendet werden.

DA 75 388 IG — Als Lösungsmittel werden Verbindungen der Form $XN{=}R_1R_2$, wobei NX=NO oder NO_2 und R_1 und R_2 aliphatische Reste mit weniger als 4 C-Atomen sind, vorgeschlagen.

DA 72 617 IG — Als Lösungsmittel für Polyacrylnitril sollen cyklische Carbonate mehrwertiger aliphatischer Alkohole dienen.

DA 70 024 — (Klasse 39 b) s. Text. Wld. **98**, 1028 (1948).

SP 288 175 Viscose 1953 — Die Herstellung von Polyacrylnitrillösungen in Nitromethan und Wasser wird behandelt.

SP 286 066 DuPont 1953 — Die Herstellung von Polyacrylnitrilfäden mit copolymerisierten Vinylpyridinen wird beschrieben.

SP 285 785 Halbig 1953 — Lösungen von Polyacrylnitril in Salpetersäure sollen zu Fäden verarbeitet werden.

SP 283 374 DuPont 1952 — Beschreibt die Herstellung von Polyacrylnitrilfäden; man spinnt in Glyzerin- bzw. $CaCl_2$-Bädern.

SP 274 527 DuPont 1951 — Man stellt Copolymere von Acrylnitril mit Cyanodicarbonsäureamiden her.

FP 1 028 051 Monsanto 1953 – Die Polyacrylnitrilherstellung und Verarbeitung wird beschrieben.

FP 1 027 995 Bayer 1953 – Die Herstellung von Polyacrylnitrilfäden erfolgt derart, daß man im Verlaufe der Fabrikation mit primären Aminen, speziell Bis- oder Polyaminen, behandelt.

FP 1 027 340 Rhône Poulenc 1953 – Neue Copolymere aus Polyacrylnitril und Verbindungen der Form $CH_2 = CH\text{–}O\text{–}(CH_2)_2\text{–}N\begin{smallmatrix}R_1\\R_2\end{smallmatrix}$ werden beschrieben.

FP 1 027 006 Rhodiaceta 1953 – Die Herstellung von Polyacrylnitrilfäden wird behandelt.

FP 1 026 805 DuPont 1953 – Die Herstellung von Polyacrylnitrilgebilden aus Lösungen in N,N-Dimethylacetamid wird beschrieben.

FP 1 026 726 Cassella 1953 – Die Regeneration von Polyacrylnitrillösungen mit Hydrosulfiten wird vorgeschlagen (vgl. FP 1 027 445).

FP 1 026 270 BASF 1953 – Die Verdüsung von Polyacrylnitril wird beschrieben.

FP 1 024 316 Viscose 1953 – Die Lösung von Polyacrylnitril erfolgt in Nitromethanmischungen.

FP 1 021 075 Viscose 1953 – Neue Polyacrylfasern enthalten ein Vinylamincopolymerisat.

FP 1 020 067 Rayon 1953 – Fäden aus Polyacrylnitril und cyklischen Carbonaten eines Dialkohols sollen in ein Fällbad gesponnen werden, das Verbindungen der Form OH–A (OA) –OH (A = Alkylen) enthält; vgl. FP 1 043 100, FP 1 038 663.

FP 1 017 358 Glanzstoff 1952 – Die Fabrikation von Polyacrylnitrilfäden wird behandelt (vgl. FP 883 763, 883 764).

FP 1 007 602 Monsanto 1952 – Die Herstellung von Fäden aus Polyacrylcopolymeren wird beschrieben.

FB 1 000 338 Viscose 1952 – Herstellung von PAN-Fäden.

FP 998 354 BASF 1951 – Man stellt Copolymere von Acrylnitril und Vinylidenchlorid her. Sie sind in Ketonen leicht löslich. Es werden 35 Teile Acrylnitril und 65 Teile Vinylidenchlorid polymerisiert. Man spinnt aus Acetonlösungen Fäden mit Festigkeiten von 4,5–5,5 g/den und zufriedenstellender Dehnung.

FP 996 447 Rayon 1951 – Es werden Fäden aus Copolymeren von Acrylnitril und einem Monovinyläther eines Aminoalkohols beschrieben. Die Copolymeren enthalten 10% des letzteren und werden aus Lösungen von Äthylencarbonat trocken gesponnen. Als Äther sollen der Morpholinoäthylvinyläther oder der β-Diäthylaminoäthylvinyläther usw. Anwendung finden.

FP 991 394 DuPont 1951 – Copolymere von Acrylnitril (85%) werden in Nitromethan in Anwesenheit von 42–65% Wasser zu 10% und stärkeren Lösungen gelöst und zur Herstellung von Fäden verwendet.

FP 983 707 Monsanto 1951 – Die Herstellung von Fäden aus Copolymeren von 7,5–97% Acrylnitril, 2–18% Methacrylnitril und 1–10% Vinylacetat wird beschrieben (vgl. FP 984 270).

FP 966 456 DuPont 1950 – Man verspinnt Polyacrylnitril aus Dimethylformamidlösungen, die 10% Zinkhalogenid enthalten.

FP 961 382 DuPont 1950 – Verspinnen von PAN.

HollP 66 738 DuPont 1950 — Herstellung von Poly-Acrylsäurenitrillösungen in Hydracrylsäurenitril oder Glykolsäurenitril ($CH_2OH-CH_2-C\equiv N$ bzw. $CH_2OH-C\equiv N$).

HollP 64 923 DuPont 1949 — Man stellt Fäden her, die aus Copolymeren von Acrylnitril und Vinylacetat (1,95 : 1) bestehen und behandelt in wäßriger Dispersion, bis 53% der Acetatgruppen des Vinylkörpers ganz in OH-Gruppen übergegangen sind. Das Endprodukt ist löslich in Aceton und Dimethylformamid.

HollP 64 576 IG 1949 — Fäden aus Poly-Acrylsäurenitril können in den Eigenschaften (insbesondere hinsichtlich Schrumpfen) verbessert werden, indem man mit Aldehyden oder diese abspaltenden Verbindungen behandelt. Man gibt u. a. den Aldehyd der Auflösung des Polymeren in Dimethylformamid zu.

HollP 72 214 Rayon 1953 — Die Herstellung von Lösungen von Polyacrylnitril zum Verspinnen wird beschrieben.

HollP 72 124 DuPont 1953 — Das Naßspinnen von Polyacrylnitrilfäden erfolgt in bekannter Weise, jedoch mit nachfolgender Fadenführung durch ein Wasserbad von ca. 25° C.

HollP 71 792 Viscose 1953 — Die Herstellung von Polyacrylnitrilfäden mit erhöhter Affinität gegenüber Wollfarbstoffen erfolgt durch Zusatz von Methylacrylamid.

BelgP 507 443 Rhodiaceta 1953 — Man modifiziert die Löslichkeit von Acrylnitrilpolymeren durch Behandlung mit Formaldehyd, bevor man sie zu Fäden verdüst.

BelgP 507 378 Chemstrand 1953 — Die Herstellung von Polyacrylnitrilcopolymeren (Benzoxazolen usw.) wird beschrieben.

BelgP 506 987 Chemstrand 1953 — Fasern aus Polyacrylnitril und N-Vinylimidazol werden beschrieben.

BelgP 505 748 Chemstrand 1953 — Zur Herstellung von gekräuselten Polyacrylnitrilfasern wird eine Vorrichtung vorgeschlagen, die die Fasern oberhalb ihrer Schrumpftemperatur aber unterhalb der Schmelztemperatur kreppt.

BelgP 505 576/8 Chemstrand 1953 — Die Herstellung von Lösungen von Polyacrylnitril zur Herstellung von Fäden wird behandelt.

BelgP 504 030 Rayon 1952 — Die Herstellung von Fäden aus Polyacrylnitril und bis 20% Äthylencarbonat, wobei man in Äthylencarbonat-Glyzerin-Bädern verspinnt.

BelgP 503 679 Rhodiaceta 1952 — Herstellung von Lösungen von Polyacrylnitrilen (vgl. BelgP 451 319 bzw. AP 2 404 714).

BelgP 503 453 Chemstrand 1952 — Die Herstellung von Lösungen von Acrylnitrilpolymeren und -Copolymeren wird behandelt, wobei den Lösungsmitteln (Dimethylacetamid) Schwefelsäureester zugesetzt werden. Die Copolymeren enthalten Vinylpyrimidin.

BelgP 502 706 Chemstrand 1952 — Fasern werden hergestellt aus 50—98% Polyacrylnitril und 2—50% eines Copolymeren aus 10—70% Acrylnitril und 90—30% Methacrylnitril.

BelgP 502 533 Monsanto 1952 — Es wird die Herstellung von Fasern aus Polyacrylnitril mit Zusätzen von 2—40% Polyvinylpyridinderivaten beschrieben. Man kann trocken oder naß spinnen.

BelgP 502 198 DuPont 1952 (vgl. AP 2 404 714, 2 404 727 und FP 883 764) — Man stellt Mischungen von Polyacrylnitril mit Weichmachern her.

BelgP 500 644 Viscose 1952 (Zusatz zu BelgP 493 580, 1951) — Copolymere aus 70—98% Acrylnitril, 1—10% tertiärem heterocyklischen Amin (Vinylpyridin) und 1—20% einer eine Doppelbindung enthaltende copolymerisierbaren Verbindung wie Methacrylnitril usw. sind beschrieben. Dieser Zusatz erhöht z. B. die Affinität gegenüber Farbstoffen. Die Copolymeren sind in NN'-Dimethylformamid gelöst und werden in ein Fällbad von Dimethylacetamid und Wasser verdüst. Die Faser ist aus 3% H_2SO_4, 5% Glaubersalz mit sauren Farbstoffen färbbar. Wenn die erzeugten Fasern bei 90—180° schrumpfen gelassen werden, ist ihre Resistenz gegenüber kochendem Wasser sehr gut; vgl. SP 289 952.

Faserzusammensetzung:					
Acrylnitril	94	95	96	92	93%
2-Vinylpyridin	6	5	4	6	5%
Vinylacetat	0	0	0	2	2%
Färbedauer in Stunden	2½	2½	2½	1½	2¾
Erschöpfung des Bades	100%	50%	50%	100%	100%

BelgP. 493 580 Viscose 1952 — Copolymere von Acrylnitril und Vinylpyridin werden zu Fasern verdüst.

ItalP 467 970 Rayon 1952 — Die Herstellung von Acrylnitril-Alkylencarbonat-Copolymeren in Fadenform wird behandelt.

ItalP 465 039 Cyanamid 1952 — Die Herstellung von Fäden aus Polyacrylnitril wird behandelt.

EP 692 782 Monsanto 1953 — Copolymere aus Acrylnitril und Vinylestern werden beschrieben (vgl. EP 692 376).

EP 692 455 Chemstrand 1953 — Die Herstellung von Polyacrylnitrilfäden wird behandelt (vgl. EP 692 462).

EP 690 553 Celanese 1953 — Die Lösung von Acrylpolymeren soll in Nitroalkanolen erfolgen.

EP 689 742/44 Cyanamid 1953 — Es wird die Herstellung von Polyacrylfäden behandelt.

EP 689 248 Rayon 1953 — Betrifft die Herstellung von Polyacrylnitrilfäden aus Lösungen von zyklischen Carbonaten von 1,2 oder 2,3 oder 1,3 aliphatischen Alkoholen (Äthylencarbonat) wobei man in ein Koagulationsbad verdüst, das eine Verbindung der Form OH—Alkylen—(O—Alkylen) —OH enthält (7% Tetraäthylenglykol).

EP 687 736 DuPont 1953 — Mischungen von 15—40% Orlonstapel und 85—60% Wolle ergeben schrumpffeste Garne.

EP 687 537 BASF 1953 — Die Herstellung von Fäden aus Copolymeren von Acrylnitril (88—98%) mit 2—12% N-Vinylimidazol wird beschrieben.

EP 686 866 BASF 1953 — Man stellt Polyacrylnitrilfäden her, indem man nach dem Streckspinnverfahren in Wasser oder wäßrige Lösungen spinnt.

EP 685 386 DuPont 1953 — Es wird die Fabrikation von wenig verfärbten Polyacrylnitrilfäden behandelt.

EP 677 738 Viscose 1952 — Die Herstellung von Polyacrylnitrilfäden wird behandelt.

EP 674 323 Celanese 1952 — Man erzeugt Fäden aus Copolymeren von 50—80% Vinylidenchlorid, 20—50% Acrylnitril (und eventuell 20—50% Vinylchlorid) in Aceton gelöst.

EP 673 841 Monsanto 1952 — Copolymere von z. B. 83% Acrylnitril, 11% Methacrylnitril und 7% Vinylacetat werden aus N,N-Dimethylacetamid versponnen.

EP 673 491 Glanzstoff 1952 — Das Verspinnen von Polyacrylnitrillösungen unter Luftabschluß wird behandelt.

EP 663 500 Viscose 1951 — Es wird die Herstellung von Copolymeren aus Acrylnitril und Vinylacetat, Styrol, Methylmethacrylat usw. beschrieben.

EP 660 702 Monsanto 1951 (vgl. EP 655 748) — Man spinnt Fäden aus Acrilian (aus 1—10% Vinylacetat, 2—18% Methacrylnitril und 75—97% Acrylnitril) aus N,N-Dimethylformamid.

EP 655 748 Monsanto 1951 — Es werden Copolymere von Acrylnitril, Methacrylnitril und Vinylacetat für Fäden vorgeschlagen.

EP 652 012 Viscose 1951 — Die Lösung von Orlon (vgl. EP 579 887, 595 054) erfolgt in Nitromethan und Ameisensäure, Formamid oder Dichloressigsäure, wobei 20—90% Nitromethan, gerechnet auf die Lösungsmittelmischung Anwendung finden.

EP 649 474 Viscose 1951 — Es wird die Bildung von Polymeren oder Copolymeren aus Acrylnitril, die in α-Clor-β-hydroxypropionsäurenitril gelöst sind, beschrieben.

EP 636 476 Celanese 1950 — Man streckt Polyacrylnitrilfasern in erweichtem Zustande in Berührung mit Ölemulsionen.

AP 2 622 003 Viscose 1952 — Die Herstellung von Polyacrylnitrilfäden wird behandelt.

AP 2 621 170 Standard Oil 1952 — Die Herstellung von Fasern aus Polyacrylnitril und Polyisobutylen wird beschrieben.

AP 2 617 783/4 Monsanto 1952 — Stabilisierte Polyacrylnitrile werden beschrieben.

AP 2 613 194/196 Chemstrand 1952 — Spinnlösungen aus Polyacrylnitril und Zusätzen werden beschrieben; vgl. AP 2 641 585.

AP 2 605 246 Cyanamid 1952 — Die Herstellung von Lösungen von Polyacrylnitril durch Dispergierung in Wasser in Anwesenheit von wasserlöslichen Salzen (zit. Offic. Gazette USA Patent Office, 29. Juli 1952, Vol. 660, Nr. 5, S. 1345) wird beschrieben.

AP 2 603 621 Monsanto 1952 — Mischungen von 70—98% eines Copolymeren von 75% Acrylnitril und 25% eines anderen polymerisierbaren olefinischen Monomeren von 2 bis mindestens 30% eines Polymeren von mindestens 30% N-vinylimidazol und bis 70% eines anderen olefinischen Monomeren dienen zur Fadenherstellung.

AP 2 603 620 CCCC 1952 — Eine homogene Lösung von Acrylnitril-Vinylchloridcopolymeren, die zu 30—75% in Acrylnitril gelöst sind, wird zur Herstellung von Fäden verwendet.

AP 2 601 251/6 Rayon 1952 — Die Herstellung von Acrylnitrilcopolymeren bzw. deren verspinnbaren Lösungen wird beschrieben.

AP 2 595 907 Cyanamid 1952 — Copolymere, hergestellt aus 0,5—15% der Verbindung $CH_2{=}CH{-}CO{-}NH{-}CH_2{-}CH_2{-}CH_2{-}N{<}^{R_1}_{R_2}$. ($R_1$, R_2 = Alkyl mit 1—6 C-Atomen) und Acrylnitril werden beschrieben. (X-51-Acrylfaser?)

AP 2 595 575 Chemstrand 1952 — Acrylnitrilcopolymere mit guten Färbeeigenschaften werden hergestellt aus 80—99% Acrylnitril und 20% einer Verbindung der Form $CH_2{=}\underset{\displaystyle X}{\underset{|}{C}}{-}CH_2{-}O{-}CH_2{-}CHOH{-}CH_2{-}Y$; X=H, Cl, CH_3, Y=Cl oder Br. (vgl. AP 2 595 848).

AP 2 594 293 US. Secr. 1952 — Proteine werden mit Acrylnitril in alkalischem Medium zur Reaktion gebracht und dann verdüst.

AP 2 592 317 Rhodiaceta 1952 — Lösungen von Polyacrylnitril in Dimethylformamid unter Zusatz von 20% desselben an mit diesen mischbaren Kohlenwasserstoffen.

AP 2 588 335 Viscose 1952 — Die Lösung von Polyacrylnitril und Copolymeren mit mindestens 75% davon erfolgt in binären Mischungen von Nitromethan und einem Hilfslösungsmittel wie Essigsäure, Dichloressigsäure, Cyanessigsäure.

AP 2 588 334 Viscose 1952 — Polyacrylnitril wird in Nitromethan und α-Oxy-β-trichlorpropionitril gelöst, bzw. es werden Mischungen von Polyacrylnitril mit bis 25% anderen Stoffen verwendet (Acrilanfaserherstellung); vgl. AP 2 588 335. (Hier dienen zum Lösen Nitromethan und Chloressigsäure usw.)

AP 2 585 918 Viscose 1952 — Polyacrylnitril wird in einer Mischung von Nitromethan und 2—40 Vol% Formamid gelöst. (Mit 1—20% Cyclohexanol und 99—80% Dimethylformamid vgl. AP 2 585 672.)

AP 2 585 672 Rhodiaceta 1952 — Das polymere Polyacrylnitril ist in einer Mischung von 99—80% Dimethylformamid und 1—20% Cyclohexanol gelöst, wenn es verdüst wird.

AP 2 585 499 DuPont 1952 — Polyacrylnitrilfäden werden hergestellt, indem man das Polymere in fester Form mit 10—80% Phenol, Glyzerin oder Äthylenglykol imprägniert und dann unter Druck verformt und fixiert.

AP 2 585 444 DuPont 1952 — Polyacrylnitrilpolymerisate werden in fester Form mit 30—85% Wasser befeuchtet. Man erhitzt in geschlossenen Kammern und verdüst unter Druck.

AP 2 570 257 Rayon 1951 — Die Herstellung von Polyacrylnitrilfasern erfolgt aus Äthylencarbonatlösung in eine Mischung von wasserlöslichen mehrwertigen Alkohol und Äthylencarbonat (s. a. AP 2 570 201, 2 570 200, 2 570 237).

AP 2 570 200 Rayon 1951 — Naßspinnen von Polyacrylnitril (vgl. AP 2 570 257).

AP 2 563 640 DuPont 1951 — Polyacrylnitrile können durch Behandlung mit Ammoniak und Schwefelwasserstoff in ihren thermischen Eigenschaften verbessert werden. Textilmaterial, das eine schwach gelbliche Eigenfärbung besitzt, verändert diese je nach Dauer der Einwirkung unter Hitze über Orange und Braun nach Schwarz.

AP 2 560 680 Viscose 1951 — Herstellung von Acrylsäure-Acrylnitrilpolymeren mit 55—93% an letzterem.

AP 2 558 793 Eastman Kodak 1951 — Polyacrylnitril und Polyvinylformiat ergeben in Mischung (60—90% : 40—10%) aus N,N'-Dimethylformamidlösung in Wasser gesponnen, Fäden, die sich mit sauren Farbstoffen oder Acetatfarbstoffen leicht färben lassen.

AP 2 555 300 DuPont 1951 — Naßspinnprozeß für Polyacrylnitrilfäden durch Verdüsen in Glyzerin, Triäthanolamin usw.

AP 2 544 385 Monsanto 1951 (vgl. AP 2 503 200) — Künstliche Fäden werden hergestellt, indem man ein Copolymer von 75—97% Acrylnitril, 2—18% Methacrylnitril und 1—10% Vinylacetat, gelöst in Butyrolacton in eine NaOH-Lösung als Fällbad extrudiert (verdüst). Es können auch andere Lactone Anwendung finden.

AP 2 531 408/10 Rayon 1950 — Fäden aus Polyacrylnitril in Mischung mit Itaconsäurepolymeren werden beschrieben.

AP 2 529 449 Monsanto 1950 — Die Herstellung von Polyacrylnitrilfasern wird behandelt.

AP 2 503 244/45 Eastman Kodak 1950 — Polyacrylnitril wird aus 80% Lösungen in N,N-Dimethylformamid und 0,1—0,5% Phosphorsäure bzw. Oxalsäure versponnen.

Nachstehende Patentschriften beschreiben die Herstellung von Polyacrylnitril: DP 821 120.

SP 274 527, 271 128, 271 127, 271 126, 266 375, 259 450, 248 488.

EP 659 154, 654 784, 638 331, 636 055, 461 675, 459 596.

AP 2 586 238, 2 585 242, 2 571 683, 2 569 470, 2 560 680, 2 560 053, 2 559 155, 2 558 730, 2 558 396, 2 554 268, 2 550 139, 2 548 282, 2 546 238, 2 544 638, 2 541 466, 2 540 475, 2 538 779, 2 537 881, 2 537 626, 2 537 146, 2 537 031, 2 533 224, 2 533 204, 2 531 410, 2 531 409, 2 531 408, 2 531 407, 2 529 911, 2 528 710, 2 527 863, 2 525 521, 2 523 282, 2 522 445, 2 521 898, 2 520 150, 2 517 544, 2 514 624, 2 504 054, 2 503 245, 2 503 244, 2 502 030, 2 496 267, 2 491 471, 2 487 859, 2 486 241, 2 480 680.

7. Polyäthylenfasern (Polythen).

Polythenfäden sollen als *Reevon* bzw. *Wynene* in USA im Handel sein. Tetrafluoräthylenpolymere führen auch die Bezeichnung *Teflon*.

Literaturübersicht über Polyäthylenfasern.

Koch: Textil Rundschau **6**, 107 (1950); vgl. Ind. Engng. Chem. **42**, 2320 (1950).
Willert: Polythene. Mod. Plastics **27**, 87 (1950).
Crawley: Polyäthylenfasern. Rayon Synth. Text. **30**, 91 (1949).
Graulich: Teflon, Kunststoffe **39**, 259 (1949).
Carey, Schulz, Dienes: Mechanische Eigenschaften von Polyäthylenen. Ind. Engng. Chem. **42**, 842 (1950).

Patentschrifttum über Polyäthylenfasern.

DP 875 727 Bayer 1953 — Die Herstellung chlorierter Polyäthylene wird beschrieben.

DP 871 812 BASF 1953 — Die Herstellung von Fäden aus Mischpolymerisaten des asymmetrischen Dichloräthylens wird beschrieben.

DAP 3627 Rein 1953 — Verfahren zur Gewinnung beständiger Lösungen von sauerstofffrei hergestellten Dichloräthylenpolymerisaten, die aus einem Gemisch von polymerisationsfähigen Verbindungen mit mindestens 75% asymmetrischem Dichloräthylen hergestellt sind, in Tetrahydrofuran. Den Lösungen werden reduzierende oder die Einwirkung von molekularem Sauerstoff unterbindende Substanzen zugesetzt.

DAP 2704 Rein und Duch 1953 — Verfahren zur Erzielung von hohen Festigkeitswerten bei der Herstellung von fadenförmigen Gebilden aus Polyäthylenhalogeniden durch Verstrecken der Gebilde. Die aus Lösungen der Polyäthylenhalogenide in Spinnbädern unter Streckung gesponnenen Gebilde werden einer Nachverstreckung in heißen, indifferenten Badflüssigkeiten bei Temperaturen von 100 bis 140° C unterworfen.

DA 92 554 Dynamit Nobel — Herstellung von Polyäthylenfasern.

DA 72 892 IG — Man verspinnt Polyäthylenhalogenide in Lösung unter Streckung und dehnt bei 100—140° C nach (s. DA 74 964 as-Dichloräthylenmischpolymere).

ItalP 463 443 DuPont 1951 — Die Herstellung von Polymeren und Interpolymeren des Äthylens wird beschrieben.

HollP 67 177 Kinetic 1950 — Herstellung von Tetrafluoräthylenpolymeren (eventuell zur Faserherstellung).

HollP 64 060 ICI 1949 (vgl. AP 2 252 684) — Schmelzspinnen von Polythenfasern.

EP 681 517 DuPont 1952 — Fasern aus Äthylenpolymeren werden behandelt.

EP 659 958 DuPont 1951 — Äthylenpolymere werden, durch Brückenbindungen verbessert, als Fadenbildner vorgeschlagen.

AP 2 593 592/3 DuPont 1952 — Herstellung und Koagulierung von Tetrafluoräthylenpolymeren (Teflon).

AP 2 559 750 DuPont 1951 — Es werden kolloidale wäßrige Lösungen von Polytetrafluoräthylen (Teflon) in ein Koagulationsbad verdüst und bei Temperaturen über 327° C gesintert (vgl. AP 2 559 752).

CanP 485 275 DuPont 1952 — Die Herstellung von extrudierten Polytetrafluoräthylenen wird beschrieben.

AustralP 139 217 DuPont 1950 — Die Stabilisierung von Polythen wird beschrieben.

AustralP 129 806 ICI 1948 — Chlorierte Polythene werden zu Fäden verarbeitet.

8. Polybutadienfasern (Dienfasern).

Hier ist Wesentliches nicht anzumerken.

Patentschrifttum über Polybutadienfasern.

FP 1 018 635 Research 1953 — Die Herstellung von Butadienpolymeren in Fällbädern wird beschrieben. Als Lösungsmittel sollen Toluol, Benzol usw., als Fällmittel Essigsäure, SO_2 in wäßriger Lösung usw. dienen (vgl. FP 1 018 789, ItalP 465 044).

FP 986 242 Bat. Petrol. My. 1951 — Die Beständigkeit von Dienfasern und die Affinität gegenüber sauren Farbstoffen wird erhöht, indem man mit 1% Lösungen von Cetylpyridiniumchlorid oder -bromid behandelt und mit Chloroform quillt.

HollP 68 566 Bat. Petrol. My. 1951 — Die Herstellung von Fäden aus mehrfach ungesättigten Verbindungen (Kautschuk) durch Verdüsen aus organischen Lösungsmitteln in organische Lösungsmittel, die SO_2 enthalten, wird beschrieben. Vgl. HollP 69 046.

EP 679 274 Courtaulds 1952 — Die Herstellung von Polydienfasern wird behandelt.

EP 679 040 Courtaulds 1952 — Die Herstellung von Polydienfasern wird beschrieben (vgl. EP 527 075, 616 276).

EP 678 040 Courtaulds 1952 — Die Herstellung von Dienfasern wird behandelt (vgl. EP 679 274 und FP 1 042 790).

EP 671 499 Bat. Petrol. My. 1952 — Man behandelt ungesättigte Polymere mit SO_2 in Gegenwart von Chloroxyden.

EP 664 364 Bat. Petrol. My. 1952 — Fasern aus Reaktionsprodukten von Polydienen und SO_2 werden beschrieben.

ItalP 465 620 Research 1952 — Die Erzeugung von Dienfäden wird angegeben (vgl. ItalP 418 761, 465 019).

AP 2 622 962 Shell Development 1952 — Die Herstellung von mit SO_2 modifizierten Dienfasern wird beschrieben.

AP 2 610 963 Rubber 1952 — Zu Fasern formbare Copolymere aus 1,3-Butadien mit Dialkylmethylenmalonat werden beschrieben.

AP 2 591 254 Shell 1952 — Kautschukpolymerfäden werden mit SO_2 behandelt, wobei der Lösung des Polymeren 0,05—5% eines Chloroxyds zugegeben werden.

9. Verschiedene andere synthetische Fasern.

Die Vorschläge sind weniger zahlreich geworden, doch keiner hat bis jetzt zu technischer Auswertung geführt. An neueren Vorschlägen sind anzuführen:

$$\text{Polyäthylensulfone: } -\overset{\overset{\displaystyle O}{\|}}{\underset{\underset{\displaystyle O}{\|}}{S}}-C_2H_4-\overset{\overset{\displaystyle O}{\|}}{\underset{\underset{\displaystyle O}{\|}}{S}}-C_2H_4-$$

Sie sind thermoplastisch; nur etwas über dem Erweichungspunkt zersetzen sie sich bereits in SO_2 und Olefin.

$$\text{Polymere Imine: } Br-(CH_2)n-\overset{R_1\diagdown\ \diagup R_2}{\underset{\underset{\displaystyle Br}{|}}{N}}-(CH_2)n-\overset{R_1\diagdown\ \diagup R_2}{\underset{\underset{\displaystyle Br}{|}}{N}}-(CH_2)n-N\begin{matrix}\diagup R_1\\ \diagdown R_2\end{matrix}-$$

Es handelt sich um glasartige und harzartige Massen mit MG 5000–28000.

Fäden sollen auch aus Polymeren von Tetramethyläthylendiamin und Trimethylendibromid erhalten werden können.

Polymere Polysulfide *(Thiokol)* sind seinerzeit zur Fadenfabrikation in Vorschlag gebracht worden.

Über lineare Polysiloxanpolymere, die eventuell als Faser brauchbar werden könnten, vgl. Hunter, Barry[46].

Literaturübersicht über andere synthetische Fasern.

Fettes, Jorczak: Ind. Engng. Chem. **42**, 2217 (1950), bzw. **43**, 324 (1951).
Somers: Neue Polymere für Fasern. Brit. Rayon Silk J. **27**, 73 (1950).
Saechtling: Neue Polymere. Kunststoffe **40**, 373 (1950).
Graulich: Teflon. Kunststoffe **39**, 259 (1949).

Patentschrifttum über andere synthetische Fasern.

DP 880 044 Courtaulds 1953 — Hitzebeständige Fäden aus Polythioharnstoff werden beschrieben.

DP 875 564 Bat. Petr. My 1953 — Die Verbesserung der Färbbarkeit von Polydien-SO_2-Produkten wird behandelt.

DP 859 007 Courtaulds 1952 — Die Herstellung von acetonlöslichen Cyanäthylcelluloseäthern durch Umsetzung von Polyacrylnitril wird beschrieben. Je höher der Cyanäthylgruppengehalt, um so besser ist die Affinität zu Acetatseiden — und desto schlechter die zu substantiven Farbstoffen.

DA 65 401 IG — Man soll aus den durch Druckhydrierung von Kohle hergestellten Paraffinen mit mehr als 400 C-Atomen in der Kette Fasern herstellen können.

FP 1 000 337 Courtaulds 1952 — Die Herstellung von Fäden aus härtbaren Harzen wird beschrieben.

FP 986 519 Alais, Frogés, Camargue 1951 — Man polymerisiert Vinylketone (2-Methyl-4-penten-2-ol-3-on) und kann auf Fäden verarbeiten.

HollP 70 815 Courtaulds 1952 — Die Herstellung von künstlichen Fäden erfolgt aus Polythioharnstoffen.

HollP 63 167 IG 1949 — Herstellung von Fäden aus Polyoxamiden.

[46] J. Engng. Chem. 1952, 2196.

HollP 62 378 Rhodiaceta 1949 – Man stellt Fasern aus N-Vinylcarbazolpolymeren her.

HollP 61 657 Bata 1951 – Zu Fäden verspinnbare hochmolekulare Produkte entstehen aus Umsetzungsprodukten, die aus Schwefelkohlenstoff und ω-Aminocarbonsäureester einerseits mit Hydrazin, Diaminen oder Aminoalkoholen anderseits entstehen.

BelgP 507 244 Courtaulds 1953 – Polythioharnstoffe zur Fadenerzeugung sollen hergestellt werden; vgl. EP 696 964.

BelgP 503 548 Koppers Comp 1952 – Fäden sollen aus Polymeren der Form

$$-\left[-\mathrm{CHR}-\underset{X\quad Y,\ R'}{\overset{\mathrm{OZ}}{\bigcirc}}-\right]_m-$$

hergestellt werden.

X, Y = H, Cl, OH, Alkoxy,
R′ = H, Cl, Aryl, Alkoxy, Aralkoxy, Aralkyl, Cycloalkoxy,
m = eine ganze Zahl über 3,

Z = H, Epoxygruppe der Form $-\left[-(\mathrm{C})_n-\underset{\diagdown\mathrm{O}\diagup}{\mathrm{C}-\mathrm{C}}-\right]$, n=1 bis 8

Man bringt z. B. reaktive H-Atome enthaltende Acrylnitrilpolymere oder -copolymere mit Epichlorhydrin usw. in Reaktion, löst und verdünnt (vgl. BelgP 503 547, 503 549, 503 550/52).

ItalP 465 042 Courtaulds (vgl. EP 524 794, 534 699) 1952 – Die Herstellung von Polythioharnstoffäden und deren Stabilisierung durch Aldehydbehandlung wird beschrieben.

ItalP 462 955 Courtaulds 1951 – Die Herstellung von künstlichen Fäden aus 4,4′-Dihydroxydiphenylsulfonen usw. wird beschrieben.

EP 686 190 Courtaulds 1953 – Fasern aus Polythioharnstoffen werden hergestellt (vgl. EP 660 905). Man behandelt nachher mit Epichlorhydrin.

EP 684 967 Courtaulds 1953 – Die Herstellung von stabilen Polydien-SO_2-Fasern wird beschrieben; vgl. DP 892 375.

EP 684 699 Celanese 1953 – Lineare Polyhydrazide werden hergestellt.

EP 675 299 Courtaulds 1952 – Fasern sollen aus polymeren Anhydrocarboxyaminosäuren hergestellt werden, die der Formel

$$\begin{array}{l} R_1\diagdown \\ \quad\ \ \mathrm{C}-\mathrm{C}{=}\mathrm{O} \\ R_2\diagup\ \ | \qquad \diagdown\mathrm{O} \\ R_3-\mathrm{N}-\mathrm{C}\diagup \\ \qquad\qquad \diagdown\mathrm{O} \end{array}$$

entsprechen.

EP 669 059 Courtaulds 1952 – Polythioharnstoff-Fäden (vgl. EP 534 699 bzw. 524 795) werden durch Aldehydbehandlung verbessert (s. a. EP 574 739 bzw. 660 905).

EP 661 811 Celanese 1951 — Man stellt künstliche Fasern aus Oxydationsprodukten linearer Polysulfide der Form $-R-S-R_1-S-R-S-R_1-$ her.

EP 660 905 Courtaulds 1951 — Faserbildende Polythioharnstoffe werden beschrieben.

EP 660 883 Courtaulds 1951 — Künstliche Fasern können aus Copolymeren von Estern, die durch Erhitzen einer Verbindung der Form $RO-(CH_2)_n-O-C_6H_4-COOR_1$ mit einem Stoff der Formel $R_2O-C_6H_4-COOR_3$ entstehen, hergestellt werden. R = H oder Alkyl, n = 2 und mehr, R_1 = H oder Alkyl mit 1—6 C-Atomen, R_2 = H oder Alkyl, R_3 = Alkyl mit 1—6 C-Atomen.

EP 652 024 Courtaulds 1951 — Man stellt Fasern aus Polymeren her, die aus einer aromatischen Dihydroxyverbindung und Epichlorhydrin erhalten werden, wenn man sie in äquimolekularen Mengen zur Reaktion bringt.

EP 648 513 Courtaulds 1950 — Es werden Interpolymere von Hydrochinonsebazat und Polyestern hergestellt, welche kalt gestreckt werden können. FP zirka 166—182° C (vgl. EP 636 429, 641 320, 604 985).

EP 645 907 Celanese 1950 — Die Herstellung von Fasern aus Poly-1,2,4-triazolen bei Behandlung mit Formaldehyd im Naßspinnprozeß wird beschrieben (s. a. EP 643 907).

EP 643 388 Gas, Light, Coke Co. 1950 — Kondensationsprodukte aus Benzophenon-4,4'-dicarbonsäuren und Glykolen der Form $OH-(CH_2)_xOH$ ergeben Polymere, die zu Fäden verdüst werden können.

EP 641 320 Courtaulds 1950 — Polymere aus Polyestern der Formel

$$OH-(CH_2)_m-O-C_6H_4-(CH_2)_m-COO-R.$$

EP 635 274 Hossak 1950 — Es sollen Stärkefäden aus Stärkepaste, Glyzerin, Harnstoff usw. in einem Aldehydbad gebildet werden.

EP 535 186 DuPont 1941 — Herstellung von künstlichen Fäden aus Polymerisations- oder Kondensationsprodukten.

AP 2 586 477 Monsanto 1952 — Man behandelt Garne mit wäßrigen Lösungen eines Salzes des Copolymerisates von Styrol und Maleinsäure (4—7%), verwebt diese Garne und behandelt das Gewebe mit einem Schwermetallsalz in wäßriger Lösung.

AP 2 551 731 Celanese 1951 — Polyesterfäden werden aus

$$\left[-OCO-\underset{\substack{\diagdown \\ S}}{\overset{\overset{CH}{\|}}{C}} \quad \underset{\diagup}{\overset{\overset{CH}{\|}}{C}}-CO-O-CH_2-CH_2- \right]_x$$

gewonnen.

AP 2 533 455 Eastman Kodak 1951 — Herstellung linearer Kondensate aus Disdiazodiketoalkanen.

AP 2 512 891 Celanese 1951 — Die Herstellung von Fäden aus 4-Amino-1,2,4-triazol wird beschrieben.

AustralP 131 333 DuPont 1949 — Polyäthylenfäden werden in der Fabrikation behandelt.

AustralP 131 318 DuPont 1949 — Hydrolysierte Äthylen- bzw. Vinylesterfäden werden beschrieben.

CanP 489 323 Dreyfus 1951 — Künstliche Fasern aus Oxydationsprodukten polymerer Sulfide werden behandelt.

CanP 486 864/5 Celanese 1952 — Polymere aus Polyaminotriazolen, die zu Fäden verarbeitbar sind, werden beschrieben.

CanP 471 446 Dreyfus 1952 (s. CanP 471 443) — Man verspinnt Lösungen von 4-Amino-1,2,4-triazolpolymeren und Essigsäure in ein NaOH und Formaldehyd enthaltendes Fällbad.

10. Fasern aus anorganischen Stoffen (Glasfasern) und aus Metallen.

Man kann Glasfasern nach Koch (l. c.) herstellen gemäß folgendem Verfahren:

	μ	Reißlänge	Bruchdehnung %
Düsenziehverfahren	5— 7	80—120	3,6—4,1
Düsenblasverfahren	5—10	34— 42	2,1—2,5
Stabziehverfahren	7—11	46— 75	2,5—3,7

Die H_2O-Aufnahme ist 0,13—0,80%, das spez. Gewicht 2,48—2,56.
Die Zusammensetzung kann wie folgt angegeben werden:

	SiO_2	Na_2O	K_2O	B_2O_3	Al_2O_3	CaO %
Marken E	62—65	11—15	1—3	3— 4	1	6
Marken C	50—53	1— 3	0,5	10—11	13—15	15

Glasfasern sind z. B. unter dem Namen *Vitron* bzw. *Fiberglas* im Handel.

„Fibrefax“ (Carborund Comp.) d = 1/25 vom Menschenhaar; behält bis 1435° C seine Eigenschaften. Es ist für Isolationszwecke verwendbar. Hergestellt wird es aus Al und Sand. Rayon Zellwolle 10, IX (1952), ref S.V.F. Fachorgan Textilveredlung **7**, 562 (1952).

Literaturübersicht über Fasern aus anorganischen Stoffen (Glasfasern) und aus Metallen.

Reinhart: Glasfäden und Glasfasern. Glas-Email-Keramo-Techn. **3**, 373 (1952), zit. C, 2075 (1953).

Bobeth: Die Wasserempfindlichkeit von Glasfasern. Faserforschg. u. Textiltechn. **3**, 142 (1951).

Koch: Glasfädenuntersuchungen. Glastechn. Ber. **25**, 101 (1952), zit. C, 1952/II, 5839.

Sak, Manko: Fehler der Glasschmelze und ihr Einfluß auf die Widerstandsfähigkeit der Glasfasern. Leichtind. **12**, No. 2, 38 (1952), zit. C, II. 5027 (1952).

Satlow: Glasfasern für Textilzwecke. Glastechn. Ber. **23**, 89 (1950).

Keppeler, Jankowsky: Glasfasern. Glastechn. Ber. **23**, 196 (1950).

Shaw: Asbestfasern. Text. Recorder **68**, Jänner 104, (1951).

Robertson: Glasfasern. Chem. and Ind. 643 (1950).

Park: Glasfasern. Amer. Dyestuff Reporter **39**, 59 (1950).

Koch: Glasfasern. Melliand Textilber. **31**, 455 (1950); vgl. Textil Rundschau **5**, 369 (1950); Kolloid-Z. **108**, 225 (1944).

Le Duc: Fasern aus Glas. Chimie et Ind. **61**, 246 (1949).

Patentschrifttum über Fasern aus anorganischen Stoffen (Glasfasern) und aus Metallen.

DP 803 925 Alg. Kunstvezel My 1951 — Glasfaserherstellung.

DP 767 385 Bayer 1952 — Eine Synthese von zu Fasermaterial verarbeitbarem Serpentinasbest wird vorgeschlagen.

DA 87 550 Gerresheim — Glasfasern werden mit einer Mischung aus emulgierbaren Stoffen (Ölen, Wachsen, Fetten) und wasserlöslichen Stoffen (Dextrin, Gelatine usw.) zu Fäden verklebt.

BelgP 504 852 — Glasfaserherstellung; vgl. BelgP 503 666.

BelgP 504 600 Owens Corning 1952 — Das Überziehen von Glasfasern mit Kunststoffen wird behandelt.

BelgP 502 903 Owens Corning 1952 — Glasfasern werden mit organischen Cr- oder Ni-Komplexen überzogen, z. B. behandelt man sie mit einer Emulsion von Polybutylmethacrylat (50%) 15 Teile, 5 Teile einer 6% Lösung des Chromchlorürkomplexes des Furfurylacrylates in 80% Wasser.

BelgP 490 989 Alsberge 1949 — Man überzieht Glasfasern mit Kunststoffen.

FP 1 006 034 Glasfasern (s. a. FP 1 009 152, 1 009 273/4, 1 009 287/290).

FP 1 001 313 St. Gobain 1952 — Glasfasern werden mit Kunststoffen überzogen und diese selbst gleichzeitig oder nachher gefärbt.

FP 998 504/05 Minet 1951 — Schappeähnliche Erzeugnisse bestehen aus Glasfasern und nativen Fasern.

EP 535 850 Research 1941 — Es wird die Herstellung von Fäden aus anorganischem Material wie kolloidalem Clay beschrieben, der Bindemittel enthält.

AP 2 552 910 Owens Corning 1951 — Glasfasern werden mit Wernerschen Salzen von Cr, Co, Va, die eine organische Carboxylgruppe enthalten, behandelt, getrocknet und dann ein wasserunlösliches, thermoplastisches Material aufgebracht.

Weitere Patente, die sich mit Fasern aus Glas befassen, sind folgende:
OeP 170 100, 165 894.

DP 865 641, 834 890, 834 585, 831 139, 826 053, 825 757, 825 456, 822 004, 816 444, 816 215, 811 141, 811 140, 811 139, 809 950, 809 946, 809 845, 809 339, 807 540, 807 131, 807 130, 807 001, 806 887, 806 886, 805 772, 805 542, 805 420, 804 112, 803 925, 802 623, 802 585, 801 647, 800 986, 765 037, 763 131.

SP 276 651, 272 783, 269 742, 269 389, 267 256, 267 036, 266 857, 265 795, 265 793, 263 210, 262 747, 261 930, 261 587, 260 520, 259 385, 259 384, 259 383, 259 070, 255 668, 253 893, 251 841, 250 314, 249 321, 246 441.

FP 1 023 161, 1 012 079, 1 011 890, 1 011 883, 1 001 578, 1 001 303, 1 001 127, 986 104, 981 965, 981 002, 977 079.

ItalP 467 973, 467 967, 458 723.

EP 657 942, 651 989, 651 886, 648 909, 637 420, 635 694, 631 608, 631 061, 628 145, 627 863, 627 585, 627 035, 626 972, 621 745, 619 051, 616 430, 612 849, 611 630, 611 623, 610 845, 605 000.

AP 2 578 707, 2 578 101, 2 578 100, 2 577 204, 2 566 960, 2 566 252, 2 565 941, 2 561 843, 2 559 572, 2 547 880, 2 546 230, 2 540 415, 2 539 301, 2 535 888, 2 529 962, 2 528 091, 2 527 502, 2 526 870, 2 515 738, 2 514 627, 2 511 381, 2 510 086, 2 505 045, 2 500 690, 2 497 369, 2 495 956, 2 489 244, 2 489 243, 2 489 242, 2 489 121, 2 484 787, 2 482 299, 2 482 071, 2 481 543, 2 460 547, 2 392 882.

CanP 492 262, 492 261.

AustralP 145 766, 143 472, 140 176, 139 809, 132 268, 129 495.

Zweiter Abschnitt.

Das Bleichen.

Besondere Vorschläge sind auf diesem Gebiete nicht zu verzeichnen. Eine Reihe von Maßnahmen beziehen sich auf die Chlordioxydbleiche. Bei den Verfahren mit Wasserstoffperoxyd sind die Imprägniermethoden mit anschließender Dämpfung in den Vordergrund des Interesses gerückt. Die Verwendung der optischen Aufhellmittel (Weißtöner) hat insbesondere als Zusatz zu Waschflotten weiteste Verbreitung gefunden. In USA sollen 1950 über 1 Million Kilogramm dieser Produkte als Zusätze zu Waschmitteln verbraucht worden sein. Einzelheiten werden in den folgenden speziellen Kapiteln behandelt.

1. Die Chlorbleiche (Hypochlorit- und Chloritbleichverfahren).

Die Bleiche mit Natriumchlorit ist nur in Pitch-pine- oder Steinzeuggefäßen (eventuell V 16 A-Stahl) möglich. V 4 A-Stahl wird korrodiert. Natriumchlorit eignet sich sowohl zum Bleichen von Cellulosefasern, insbesondere Reyon und Zellwolle, als auch für synthetische Fasern wie Polyamide, Orlon usw. Eventuell ist für Cellulose noch die Kombination von Chlorit-Hypochlorit-Bleiche bei pH 9 und Raumtemperatur interessant.

Um die Korrosion von Edelstählen beim Bleichen mit Chlorit bzw. ClO_2 zu verhindern, empfiehlt Hoechst das *Bleichhilfsmittel HC* (vgl. Textil Rundschau **6,** 189 (1951). Die Passivierung von Gefäßen aus rostfreiem Stahl kann auch mit Sulfaten oder Nitraten erfolgen (vgl. Hundt, Melliand Textilber. **32,** 943 [1951]), aber auch Phosphorsäure wird empfohlen[1]. Nach einer Mitteilung der S. V. F.[2] hat Hoechst die Verwendung von Säuren der Stickstoffoxyde oder deren Salze als korrosionsvermindernd in der Chloritbleiche geschützt. Die Nitrate sollen etwa im Verhältnis 1 : 1 (zu Chlorit) angewendet werden und entfalten auch eine stabilisierende Wirkung. Die Farbwerke Bayer schlagen für denselben Zweck Chlorate oder Chromate vor. Solvay patentierte die Polarisierung mittels Al-Lamellen. Meybeck und Ivanov[3] fanden, daß Legierungen, die reich an Si sind und Mo, aber kein Ni oder Cr enthalten, widerstandsfähiger sind als andere. Trotzdem sollen sie passiviert werden.

Für die Nylonbleiche wird erst mit Sulfoxylat, dann mit Chlorit behandelt (s. u.). Bei Gebrauch von Weißtönern, wie Tinopal PV, ist nicht warm zu spülen.

Orlon kann durch Behandlung mit Oxalsäurelösungen und nachheriger Chloritbleiche in der Weiße verbessert werden. Weniger weitgehend, jedoch gegen Ver-

[1] S. V. F. Fachorgan Textilveredlg. **6,** 379 (1951).

[2] S. V. F. Fachorgan Textilveredlg. **7,** 122 (1952; vgl. OeP 173 427 u. EP 696 967.

[3] Meybeck, Ivanov l. c.

färbung am Sonnenlicht beständiger, wirkt die Peroxydbleiche und ein Schönen mit blauvioletten Acetatseidenfarbstoffen.

Eine Bleichung von Dynel ist gegenwärtig noch nicht befriedigend möglich.

Die gelbe Vicara- (Zein-) Faser kann nach R o y [Amer. Dyestuff Reporter **41**, P 37 (1952)] gebleicht werden, wenn man mit 4—6% Sulfoxite conc. (Hydrosulfitpräparat) und 5% Essigsäure 28% ½—¾ Stunden behandelt, wäscht und mit Weißtönern spült. Nach anderen Angaben (B o n n a r l. c.) bleicht man erst mit Chlorit und hernach mit Superoxyd. Dann wird optisch geschönt.

Das erhaltene Weiß neigt hier wie dort zum Vergilben im direkten Sonnenlicht.

Dacron kann nach DuPont mit Textone (Natriumchlorit) befriedigend gebleicht werden. Man behandelt kochend mit Lösungen, die etwa 2 g/Liter Chlorit und ebensoviel salpetrige Säure enthalten in Gefäßen aus nichtrostendem Stahl.

Eine Korrosion findet nicht statt. Das auftretende giftige Chlordioxyd ist durch gute Ventilation zu entfernen.

Die Chloritbleiche[4] für Kunstseide- oder Zellwollequalitäten bei einem pH von etwa 4—4,5, welches man mit Schwefelsäure einstellt und mit Ameisensäure korrigiert, eventuell in Anwesenheit von Phosphaten als Puffern, ist wirkungsvoll, einfach und "foolproof", d. h. auch bei starker Überschreitung von Konzentrationen oder Behandlungszeiten ohne Faserschädigung. Für Baumwolle kann sie ohne Vorbeuche angewendet werden[4] und in entsprechend großen Holzgeschirren für alle Stückwaren als Kontinueverfahren ausgebaut werden. Die ClO_2-Dämpfe saugt man in NaOH oder mittels Dampfinjektor ab. Nach Mathieson Works soll ein Zusatz von H_2O_2, nach anderen Angaben ein solcher von Nitraten, die ClO_2-Bildung verhindern. Es wurde nach B a i e r festgestellt, daß Nitrate die Bleichwirkung hemmen, was um so bemerkenswerter ist, als diese als Korrosionsverhinderer für V 4 A-Stahl von Hoechst empfohlen werden. Die Chloritbleiche erhöht die Saugkraft der Baumwolle, was mit Rücksicht auf die in immer größerem Maße angewendeten Kontinuemethoden beim Färben nur von Vorteil ist.

Die Kontinuebleiche von Cellulosetextilien erfolgt nach einem im S.V.F. Fachorgan Textilveredlg. **6**, 377 (1951) veröffentlichten Verfahren der D e g u s s a derart, daß man gemäß der DA 47 707 D/8 i, 2 erst mit sauren Chloritbädern mit einem pH unter 4 behandelt und dann eine alkalische Hypochlorit- oder Peroxydbleiche folgen läßt.

Literaturübersicht über Chlorbleiche (Hypochlorit- und Chloritbleiche).

S t e i d l: Die Flottenumwälzung in offenen Bleichbehältern. S. V. F. Fachorgan Textilveredlg. **7**, 181 (1952).

B a i e r: Pflanzenfaserbleiche mit Na-Chlorit. S. V. F. Fachorgan Textilveredlg. **7**, 8, 49, 157 (1952).

B r y n e r: Das Bleichen mit Na-Chlorit u. Literatur. S. V. F. Fachorgan. Textilveredlg. **7**, 157 (1952).

G o l d e n, L a n e, A c h e r m a n: Die Korrosionsbeständigkeit von Edelstählen. Titan und Zirkon. Ind. Engng. Chem. **44**, 1930 (1952).

R u s z n á k, D é v a y: Die Auswirkung verschiedener Oxydationsbleichverfahren auf die chemischen und physikalischen Eigenschaften der Cellulose. Magyar. Textiltechn. IV, No. 6—7, 184, zit. Zbl. d. mg. Technik **4**, No. 2, 60 (1952).

N a g a t k i n: Die Aktivatoren in der Chlorbleiche. Tekstil. Prom. **12**, No. 3, 23 (1952), zit. C, II. 5190 (1952).

W i n t e r: Bleichschädenverhütung. Dtsch. Textilgewerbe **54**, 213 (1952).

L o k a p u r: Die Antichlorbehandlung in der Hypochloritbleiche. Ind. Text. J. **10**, 33 (1951); ref. Textil Praxis **7**, 242 (1952).

[4] Vgl. B a i e r: S. V. F. Fachorgan Textilveredlg. **7**, 157 (1952).

P a t e l: Die Bleiche von Geweben aus Cellulose. Textil Praxis 7, 75 (1952).

M e y b e c k: Technologie der Chloritbleiche. Teintex 17, 71 (1952).

P i n t e, R o c h a s: Konstitution und Eigenschaften von durch Na-Hypochlorit abgebauter Rayonfaser. Teintex. 11, 581 (1951).

D a l t o n, W h i t e: Breitbleichanlage. Text. Wld. 101, 118 (1951).

H ü n l i c h: Bleicherei. De Tex 10, 1225 (1951).

M e y b e c k, I v a n o v: Korrosionswirkung von Chloritlösung auf rostfreiem Stahl. Bull. Inst. Text. Frace, No. 25, 45 (1951).

M e y b e c k, A l l a b e r t, C h a b e r t, B a n d e r e t: Chloritbleiche. Bull Inst. Text. de France, No. 26, 23 (1951).

H u n d t: Neuzeitliche Bleichmethoden. Melliand Textilber. 32, 943 (1951).

H u n d t, V i e w e g: Chloritbleiche. Textil Praxis 6, 439 (1951).

Kombinationsbleiche Chlorit—Hypochlorit. S. V. F. Fachorgan Textilveredlg. 6, 334 (1951).

B a r n a b é: Tinopal in der Chlorbleiche. Rayonne, Fibres synth. 7, No. 8, 41 (1951).

G a i l e y: Einfluß der Bleiche und Mercerisation auf die Cellulosestruktur. J. Soc. Dyers Colourists 67, 357 (1951).

H e r c a y: Nettoyage, degraissage, détachage, blanchiment. Disforges, Paris 1951.

M o u t o n: Buffalo- und DuPont-Kontinuebleiche. Teintex 16, 109 (1951).

A l l e n: Die Bleiche von Baumwolle-Zellwolle-Mischungen. Rayonne, Fibres synth. 7, No. 11, 14 (1951).

M o n c r i e f f: Wolle-Chloramine. J. Soc. Dyers Colourists 67, 27 (1951).

Z w i c k y: Die Chloritbleiche. Textil Rundschau 6, 1 (1951).

P r o e f s t a d, W a s i n d: Delft, zit. C. A. 3602 (1951).

B l a n c h a r t: Die Anwendung von Na-Chlorit in Textilprozessen. Rayonne No. 4, 115 (1950).

K l e i n: Bleichen von Cellulose. Teintex 15, 271, 329 (1950).

P e u r i f o y: Nylon-Chloritbleiche. Amer. Dyestuff Reporter 39, 605 (1950).

Wirkung von ClO_2 auf Wolle. Text. Manufacturer 76, 191 (1950).

Kontinuebleiche in USA. Dyer 104, 155 (1950).

R y o h e i, O d a: Bleichmittel (Weißtöner). Teijin Times (Kyoto) 20, No. 2, 103 (1950).

D a s, S p e a k m a n: Die Einwirkung von Chlordioxyd auf Wolle. J. Soc. Dyers Colourists 66, 583 (1950).

K e g h e l: Bleichen. Paris: Gauthier, Villars, 1950.

H a g e n: Chloritbleiche. Amer. Dyestuff Reporter 39, P 703, 827 (1950).

S c h i l o w, J a s s n i k o w: Chlorbleiche. Tekstil. Prom. 10, No. 11, 35 (1950), zit. C, 1951, I, 2526.

C o w l e s - W i l l i a m s: Die Chlorbleiche. J. Textile Inst. 39, P 175 (1948).

M e y b e c k, I v a n o v, L o e b e n s t e i n: Bull. Inst. Text. France 5, 39 (1948).

Patentschrifttum über die Chlorbleiche (Hypochlorit- und Chloritbleiche).

DP 879 005 Hoechst 1953 — Das Bleichen von Viskose- oder Acetatreyonfäden als solche in Chloritbädern wird beschrieben.

DP 873 081 Hoechst 1953 — Der Zusatz von Salzen der Säuren der Stickoxyde vornehmlich Nitrate, verhindert die Korrosion von Edelstählen beim Chloritbleichprozeß.

DP 870 082 Hercules Powder 1953 — Das Bleichen von Cellulose mit Hypochlorit erfolgt mit Bädern vom pH-Wert 1,5—4,5, die 0,03%—16% (berechnet auf das Chlorgewicht und ausgedrückt in Moläquivalenten) NH_2 oder einem mono- oder disubstituierten NH_3 enthalten.

DP 857 790 Electro Chimie 1952 — Man bleicht Polyamide mit einer Lösung aus Persulfaten und Chloriten, die mit Phosphaten auf einen pH-Wert von 7—11 gepuffert ist.

DP 855 838 Solvay 1952 — Das Bleichen mit Chloritlösungen erfolgt unter Zusatz eines festen Metalloids der Gruppe V oder VI des periodischen Systems, das in kolloider Suspension zugegeben wird.

DP 843 394 Electro Chimie 1952 — Zum Bleichen werden Natriumchloritlösungen verwendet, die Wasserstoffsuperoxyd oder Na-Percarbonat, Natriumperborat usw. enthalten.

DP 843 393 Electro Chimie 1952 — Man imprägniert das Bleichgut mit Chloritlösungen, die mit Hypochlorit aktiviert sind und einen pH-Wert von mindestens 7 besitzen und quetscht ab, wobei dann mit Dampf bis zum gewünschten Bleichgrad behandelt wird.

DP 843 392 Bayer 1952 — Cellulosetextilien, die mit „bleichaktiven" Küpenfarbstoffen, d. h. solchen gefärbt sind, die als Katalyten wirken und Bleichschäden hervorrufen können (Indanthrengelb G, -orange RRT, -scharlach R, -rubin R) werden mit Chloriten gebleicht.

DP 830 500 Electro Chimie 1952 — Cellulosetextilien sollen mit Lösungen von Persulfaten und Chloriten, die gemeinsam angewendet werden, bei pH von 3—11 gebleicht werden.

DP 826 437 Degussa 1951 — Die Bleichwirkung von sauren Chloritlösungen wird durch Cu-, Al-, Mg-, oder Ca-Salze, einzeln oder vermengt, erhöht (FP 1 044 285).

DP 821 483 Electro Chimie 1951 — Man setzt den Chlorit-Bleichlösungen eine Fluorverbindung zu, um ihre Bleichwirkung zu erhöhen.

SP 289 967 Soc. Ugine 1953 — Beim Bleichen von Chlorit soll HF mitverwendet werden.

SP 277 261 Mathieson 1951 — Man bleicht und reinigt Textilgewebe gleichzeitig mit Lösungen von Natriumchlorit und einem Waschmittel, welches beständig in sauren Flotten und gegen Oxydation ist, also z. B.

$C_{12}H_{25}{-}SO_4Na$, $C_{11}H_{23}COOC_2H_4SO_3Na$, $C_{16}H_{33}SO_3Na$ usw.

SP 274 232 Solvay 1951 — Zur Aktivierung von Chloritlösungen sollen fein verteilte Metalloide wie V, P, As, Sb, Bi, S, Sc, Te zugegeben werden.

SP 272 245 Solvay 1951 — Zum Aktivieren von Chloritbädern verwendet man Chloräthylen, Aceton usw.

FP 987 239 Courtaulds 1951 — Die Kontinuebleiche von Viskosereyon mit Hypochlorit wird behandelt.

FP 982 163/167 Electro Chimie 1951 — Die Chloritbleiche von Cellulosematerialien erfolgt in Gegenwart von Fluoriden bzw. kombiniert mit Hypochloritbleiche oder Superoxydbleiche.

BelgP 506 720 Degussa 1953 — Hydrophile gebleichte Cellulosetextilien erhält man durch Chloritbleiche bei nachheriger Behandlung mit schwachen Alkalien.

BelgP 493 250 Textiltekniska Forskningslaboratoriet 1952 — Man bleicht Cellulose derart, daß man alkalisch behandelt und dann Chlorgas einwirken läßt.

HollP 71 708 Solvay 1953 — Man bleicht Cellulosehydrattextilien mit Lauge und Chlorit.

HollP 65 914 Bloch, Goldschmidt et al 1950 — Man bleicht mit wäßrigen Hypochloritlösungen, z. B. bei 37° C und einem pH-Wert von 9 in Anwesenheit von Kaliumbromid.

NorwP 78 748 Solvay 1951 — Das Bleichen mit Chlorit wird behandelt.

NorwP 76 094 Mathieson 1950 (vgl. SP 2 521 340).

EP 682 975 Nylon Spinners 1952 (vgl. EP 539 566) — Man behandelt Nylon mit Natriumhypochlorit-Boratbädern und färbt nach dem Waschen und Entchloren.

EP 682 694 Mathieson 1952 — Das Bleichen von Cellulose usw. erfolgt mit Chloriten in Gegenwart von Fluorwasserstoffsäure oder deren Salzen, eventuell auch noch einem Phosphat.

EP 665 265 Solvay 1952 (vgl. EP 639 235 und 651 405) — Man bleicht Textilien in alkalischen oder neutralen Chloritbädern, indem man vor Einbringen in das Bleichbad mit Aktivatoren wie Lösungen von S in Tetrachloräthan oder Thiosulfat usw. imprägniert.

EP 662 800 ICI 1951 — Man bleicht Cellulosefasern mit Hypochloritlösungen bei pH-Werten um 8 und dann mit Erd- oder Alkalimetallchlorit.

EP 651 405 Solvay 1951 — Man aktiviert Chloritlösungen mit organischen hydrolysierbaren Cl-Verbindungen: Tetrachloräthan, vgl. EP 651 450. (Hier erfolgt die Aktivierung mit Aceton).

EP 645 969 Courtaulds 1950 — Viskose wird während des Spinnverfahrens mit Hypochlorit gebleicht.

EP 605 770/71 DuPont 1948 — Bleichen von Orlon.

AP 2 602 723 All. Chem. Dye Corp. 1952 — Es wird das kontinuierliche Entschlichten, Behandeln mit Lauge und nachträgliches Bleichen mit Flotten, die 1—10 g Cl/Liter und ein pH von 8—12 aufweisen, durch Imprägnieren und Dämpfen beschrieben.

AP 2 576 680 Electro Chimie 1951 — Rostfreier Stahl wird widerstandsfähiger, wenn er mit $NaF + HNO_3$ und dann mit HNO_3 behandelt wird.

AP 2 521 340 Mathieson 1950 — Man bleicht mit Chlorit in Anwesenheit von Hypochlorit bei einem pH-Wert über 7.

AP 2 238 912 Dow 1941 — Das Bleichen von Celluloseäthern erfolgt mit Hypochloritlösungen bei 40—80° C und einem pH von 9—11,8.

CanP 475 209 Stora Kopparberg 1951 — Man bleicht mit Chlorit, nachdem man das Cellulosematerial erst mit Hypochloritbädern vorbehandelte (vgl. SchwedP 101 127 bzw. 118 790).

CanP 463 206 Mathieson 1950 — Man bleicht mit Na-Chlorit und Hypochlorit durch Imprägnieren und Dämpfen bei pH 7 und höher.

AustralP 144 600 Solvay 1952 — Das Bleichen mit Chloritlösungen findet in Gegenwart von Substanzen, die durch Chlorit zu Säure oxydiert werden und so ein saures pH einstellen.

AustralP 141 484 Solvay 1951 — Als Aktivatoren bei der Chloritbleiche sollen Tetrachloräthan usw. dienen.

AustralP 135 009 Mathieson 1949 — Man bleicht und wäscht Wolle gleichzeitig unter Verwendung von Na-Karbonat-Bikarbonat-Lauge und Chlorit.

2. Die Kombinationsbleiche.

Neue Vorschläge oder Verfahren sind hier nicht zu verzeichnen. Über die Kombinationsbleiche Chlorit-Wasserstoffsuperoxyd nach den Vorschlägen der Degussa berichtet S.V.F. Fachorgan Textilveredlg. 6, 377 (1951).

Von der BASF wird wieder auf die mit nachfolgender Blankit I (Reduktionsbleiche) kombinierte Superoxydbleiche der Wolle, eventuell unter Zusatz von Ultraphor WT, aufmerksam gemacht.

Patentschrifttum über die Kombinationsbleiche.

FP 1 021 147 Electro Chimie 1953 – Das Bleichen mit sauren Cloritlösungen, gefolgt von einer alkalischen Peroxydbleiche, wird empfohlen.

EP 648 632 White, Crowder 1951 – Es wird ein Kombinationsbleichverfahren beschrieben, das erst mit Hypochlorit bleicht und nachher bei pH 5–5,5 mit Chlorit behandelt.

HollP 71 157 Solvay 1952 – Das Bleichen von Cellulosematerialien erfolgt abwechselnd mit Aktivchlor enthaltenden alkalischen Bädern derart, daß vor der Bleiche mit einem Na-hexametaphosphathältigen Bade behandelt wird, dessen Phosphatgehalt größer ist, als der zur Wasserenthärtung nötige.

NorwP 76 094 Mathieson 1950 – Man bleicht mit sauren Chloritlösungen und mit Wasserstoffperoxydbädern.

CanP 473 980 Buffalo 1951 – Das Bleichen von Baumwollwaren erfolgt mit sauren Chloritlösungen (Imprägnieren), Dämpfen und Nachbehandeln mit Wasserstoffsuperoxyd.

AustralP 144 817 Solvay 1952 – Man bleicht Cellulosetextilien durch Vorbehandlung in alkalischen Bädern bei pH-Werten von 10,5–12 und Nachbehandlung mit sauren, aktives Cl enthaltenden Flotten.

3. Die Sauerstoffbleiche.

Die Kontinuebleiche, insbesondere von loser Wolle, hat im „Dry-in"-Prozeß ihren Niederschlag gefunden. Man tränkt die Wolle mit 4 Vol % Wasserstoffperoxyd[5], nach anderen Angaben mit 0,45% (Gew.-%) H_2O_2[6] und läßt nach Abquetschen mindestens 8 Stunden liegen. Beim anschließenden Färben ist, um Faserschäden zu vermeiden, gut vorzuwaschen oder mit 0,2% Hydrosulfitlösung zu behandeln, insoweit dieses nicht wieder für die anzuwendenden Farbstoffe (Sulfoncyanin 5R extra usw.) schädlich sein kann.

Eine Kontinuebleiche für Baumwollwaren erfolgt nach Ballou et al[7] im Zweistufenverfahren durch Imprägnieren mit verdünnter NaOH, einstündiges Erhitzen auf 100° C, Waschen und anschließendes Behandeln mit durch Silikat stabilisierten alkalischen Superoxydlösungen bei 100° C. Der Prozeß erfolgt in den bekannten J-förmigen Gefäßen, die aus rostfreiem Stahl bestehen.

Literaturübersicht über die Sauerstoffbleiche.

Keller: Das DuPont Kontinuebleichverfahren. S. V. F. Fachorgan Textilveredlung **8**, 53 (1953).

Sekord: Wasserstoffperoxydbleiche (Anwendung von Peroxydverbindungen in der Textilindustrie). Amer. Dyestuff Reporter **41**, P 58 (1952).

Smolens: Die Wasserstoffperoxydbleiche von Textilmaterialien. Amer. Dyestuff Reporter **41**, P 575 (1952).

Gailey: Bleichprozesse und Unegalitäten bei der Baumwollfärberei. J. Soc. Dyers Colourists **67**, 357 (1952).

Wood, Richmond: Die Fortschritte der Peroxydbleiche. J. Soc. Dyers Colourists **68**, 337, (1952).

Die Superoxydbleiche von Wolle. Text. Recorder **70**, No. 833, 75 (1952).

---

[5] Fibres **11**, 396 (1950).

[6] Shanley, Kauffmann, Kibbel: Amer. Dyestuff Reporter **40**, 1 (1950).

[7] Ballou, Roarke, Gantz: Amer. Dyestuff Reporter **40**, P 218 (1951); vgl. auch Bowden, Daubert: Ibid. P 286 (1951).

B e l l, S t a l t e r: Kontinuierliche Peroxydbleiche. Amer. Dyestuff Reporter **41**, P 110 (1952).

B e l l: Die Peroxydbleiche von Baumwollgarnen u. Geweben. Amer. Dyestuff Reporter **41**, P 105 (1951).

S c h l a c h t e r: Bleiche in der Waschmittel- und Seifenindustrie. Seifenindustrie-Kal. **1951**, 53.

S c h a e f f e r: Bleiche mit Superoxyd. Textil Rundschau **6**, 489 (1951).

A b e l: Superoxydstabilisierung. Z. anorg. allg. Chem. **263**, 229 (1950).

B e l l: Kontinue-Superoxydbleiche. Text. Age **15**, 24, 29 (1951); vgl. Kontinuebleiche. Dyer **104**, 155 (1950), bzw. Text. Wld. Dez. **1951**, 147.

K o s c h e: DuPont-Butterworth Kontinuebleiche. S. V. F. Fachorg. Textilverdlg. **5**, 233 (1950).

A l e x a n d e r, C a r t e r, E a r l a n d: Die Sorption von Wasserstoffperoxyd bei Wolle. Biochem. J. **47**, 251 (1950).

Patentschrifttum über die Sauerstoffbleiche.

OeP 175 550 Benckiser 1953 — Zum Stabilisieren von Peroxydbädern dienen Hülsenfrüchtenmehle (Sojabohnenmehl).

DP 852 734 Benckiser 1952 (vgl. DP 817 779) — Statt Sojabohnenmehl allein, werden sauerstoffhältigen Bleich- usw. -bädern noch Alkalisilikate zugesetzt.

DP 817 779 Benckiser 1951 — Als Stabilisator für sauerstoffhältige Bleich- und Waschbäder soll Sojabohnenmehl dienen.

DP 813 024 Textiltekniska Forskningslab. 1951 — Zum Kontinuebleichen behandelt man das Textilgewebe aus Cellulose mit warmen alkalischen Lösungen und läßt Chlor einwirken, wiederholt den Vorgang eventuell und entchlort in an sich bekannter Weise.

DP 755 185 Degussa 1952 — Man tränkt Bleichgut mit Peroxydlösungen, quetscht und trocknet, wobei hier ein pH-Wert von 8—6 vorhanden sein soll.

DP 752 605 Henkel 1952 — Die Stabilisierung von Sauerstoffbleichbädern erfolgt mit Lösungen von Erdalkali-, Mg- oder Al-Salzen in Wasserglas.

BelgP 505 809 Degussa 1953 — Das Bleichen von Cellulosematerial mit Peroxyd wird behandelt.

EP 637 928 Solo 1950 — Man imprägniert mit 4—8% H_2O_2-Lösungen bei 50° C und dämpft hernach 1 Minute, dann weitere 30 Minuten in Anwesenheit von NH_3-Dämpfen.

EP 637 140 Wolsey 1950 — Man bleicht mit verdünnten Peroxydlösungen, die aliphatische Alkohole enthalten bei 50° C, hernach wird abgequetscht und auf 100° C erhitzt (vgl. EP 637 150).

ItalP 465 655 I. N. S. A. 1952 — Zum Bleichen dient eine Mischung von 26 bis 32% Laurylsulfat, 12 bis 8% Na-metasilikat, 10 bis 15% Na-perborat, 30 bis 20% Na-pyrophosphat, 30 bis 25% Soda und 5% Carboxymethylcellulose.

BelgP 506 618 Benckiser 1953 — Zum Stabilisieren peroxydhältiger Bleichbäder soll Leguminosenmehl, insbesondere Sojabohnenmehl, dienen.

4. Verschiedene Bleichverfahren und Bleichmittel.

Hier sind keine besonderen Vorschläge zu vermerken.

Patentschrifttum über verschiedene Bleichverfahren und Bleichmittel.

FP 1 023 083 Am. Textile Co 1953 — Das Bleichen von Nylon erfolgt durch Anfärben mit 1-Naphtylamino-5-sulfonsäure oder 4- oder 7-Sulfosäuren, Spülen und Trocknen.

FP 952 097 Nogradi, Wamoscher 1949 — Man bleicht Cellulosefasern unter Zusatz von Na-Hyposulfit oder Na-Perborat bei pH 9,5—10.

HollP 60 334 IG 1947 — Polyvinylchlorid wird in saurem Milieu mit Stickstoffoxyd gebleicht (vgl. EP 518 099).

AustralP 141 483 Solvay 1951 — Man bleicht Cellulose mit Hydrosulfit in Gegenwart von Metalloiden der V. oder VI. Gruppe des periodischen Systems.

5. Organische Perverbindungen.

Auch hier ist die Entwicklung von neuen, für Bleichzwecke verwendbaren Stoffen nicht erfolgt.

Patentschrifttum über organische Perverbindungen.

DP 835 140, 832 743, 831 252, 819 092.

SP 264 597.

FP 986 292, 985 636.

EP 665 898, 665 897, 658 522, 653 761, 646 102, 641 250, 640 192, 630 286, 629 429.

AP 2 580 373, 2 580 358, 2 573 947, 2 570 487, 2 568 682, 2 563 598, 2 559 630, 2 547 938, 2 542 578, 2 536 008, 2 527 640, 2 525 628, 2 524 084, 2 522 016, 2 522 015, 2 519 403, 2 508 256.

6. Sauerstoffabgebende Waschmittel.

Hier sind in letzter Zeit zahlreiche „selbsttätige“ Waschmittel angepriesen worden, die einen namhaften Gehalt an Perboraten aufweisen, und daher auf das Waschgut bleichend wirken. Zweifellos bedingt der bei der Verwendung der Produkte entstehende Sauerstoff eine Desodorisierung und eine gewisse Abhebung der Schmutzteilchen, andererseits ist es unbestritten, daß die Gefahr einer oxydativen Faserschädigung bzw. das Auftreten von Lochfraß durch Metallspuren im Waschgut oder schlecht gelöstes Waschpulver enorm gesteigert ist; vgl. EP 698 272.

Der Zusatz von Weißtönern zu Waschflotten, Seifen und Waschmitteln bzw. in die Spülwässer und zu Bleichflotten, nimmt immer größeren Umfang an (vgl. S. 93).

7. Die optischen Bleich- und Aufhellmittel (Weißtöner).

Diese nunmehr auch vielfach als Weißtöner bezeichnete Gruppe von im UV-Licht fluoreszierenden Verbindungen, die Imidazol-, Cumarin- und Stilbendisulfosäurederivate umfassen (vgl. S. 139 H) sind nunmehr hinsichtlich ihrer Beständigkeit gegen Bleichmittel und Säuren verbessert. Im Superoxydbleichbade schon früher verschiedentlich anwendbar, führte die Herstellung von dibenzoylierten Stilbendisulfosäuren, die im Benzolkern der Benzoylgruppen durch Alkoxygruppen substituiert sind, zu hypochloritbeständigen, außerordentlich stark reinblau fluoreszierenden Stoffen. Die Alkoxy- (Methoxy-) Gruppen befinden sich vorteilhaft in den Stellungen 2,4 oder 2,5 bzw. 2, 4, 5 (vgl. DP 819 993), Blankophor B, G, R sind Weißtöner von Bayer, von den oft die Marken B und G gemeinsam verwendet werden[8]; das als Blankophor WT der IG bekannte Produkt (vgl. S. 141 H) kommt als Ultraphor WT seitens der BASF in den Handel. Die Tinopal-Marken (Gy) und Leukophore (Sandoz) sind bereits besprochen worden (S. 140 H); eine ausgedehnte Verwendungstafel ihrer Uvitexmarken hat die Ciba publiziert[9].

Tinopal wird im allgemeinen zur Aufhellung von Cellulosetextilmaterialien

[8] Vgl. Seifenindustrie Kalender **1951**, 56.

[9] Ciba Rundschau No. 97 (1951).

verwendet. Seine Lichtechtheit ist gut, ebenso die Wasserechtheit. Salzzusätze erhöhen die Aufziehgeschwindigkeit, das Egalisiervermögen ist kein großes, so daß Vorsicht am Platze ist, um fleckige Ausfälle zu vermeiden. Eisen verfärbt bräunlich, kationaktive Weichmacher setzen die Wirkung herab oder verhindern sie. Gegen schwache organische Säuren beständig, verfärbt Mineralsäure gelb (Korrektur mittels eines Ammoniakbades), in alkalischen Chlorbleichbädern kann das Produkt nicht verwendet werden, dagegen ohne weiters in essigsauren Chloritflotten. Für Acetatseide ist Tinopal BV ungeeignet. Tinopal WR zieht am besten bei 60° C in Anwesenheit von 4% Ameisensäure oder Schwefelsäure, es dient zur Aufhellung von Wolle und Seide. Der Effekt ist waschecht, jedoch nicht sehr gut lichtecht.

Während Leukophor WS (Sandoz) für Wolle, Nylon und Acetatseide empfohlen wird, soll das rötliche Tönung gebende, in sauren Knitterfestappreturen beständige Leukophor R für Baumwolle und Kunstseide und Leukophor B (bläulich) ebenfalls für diese Fasern, insbesondere beim Vorliegen weißer Effekte angewendet werden. Leukophor DC ist nur in organischen Lösungsmitteln löslich.

Optische Bleichmittel flocken leicht, wenn sie nach Knitterechtappreturen angewendet werden, um eine eventuelle leichte Bräunung der Gewebe zu verbessern!

Uvitex NA (Ciba) gibt auf Nylon und Acetatseide sowie Mischgeweben die diese enthalten, gute Resultate. Ebenso auf Wolle und Seide. Uvitex WS (Ciba) ist ebenso wie NA anwendbar, doch wird NA für die angegebenen Fasern vorgezogen. Uvitex RS, RBS und RT, speziell aber GS, dienen zum Schönen von Cellulosetextilien. Uvitex TW (Ciba) wird für Wolle, Seide, Nylon und Mischfasern empfohlen. Chlorbeständig sind die Marken RS, RBS, RSW, Peroxydbleichbäder widerstehen Uvitex RT, TW und NA.

Bayer bringt optische Aufhellmittel als Ultrasan in den Handel.

Während die optischen Aufhellmittel eine leicht über die Note 3 hinausgehende Lichtechtheit besitzen, ist in dem neuen Uvitex NL der Ciba, welches allerdings nur für Polyamidfasern empfohlen wird (siehe Zirkular Nr. 2116) mit der Lichtechtheit 4 und der Anwendbarkeit in der Chloritbleiche ein neues Produkt erschienen. Über die Abhängigkeit der Lichtechtheit von Weißtönern bei künstlichen Lichtquellen vgl. S. 102.

Pontamin White BR (DuPont) wird durch Hypochloritester verfärbt.

Über die Messung des Aufhellgrades und vergleichende Bewertungen berichteten kürzlich Sherburne und Beiswanger (l. c.).

Interessante Möglichkeiten bringt das OeP 172 632 (Hoechst), nach welchem optische Bleichmittel mit einer Vinylsulfongruppe mit der Faser reagieren und den Wirkstoff fest an die Faser binden.

Das Abziehen zu großer Mengen an optischen Aufhellungsmitteln kann meist durch Behandlung mit Permanganat oder Oxalsäure erfolgen[10].

Eine Reihe von optischen Bleichmitteln verfärben sich auf der Ware unter dem Einfluß gewisser moderner Schaufenster-Stablampenbeleuchtungen bräunlich. Dies ist dann auf einen gegenüber dem normalen Sonnenlicht stark vergrößerten Anteil an kurzwelligen Strahlen zurückzuführen, den die Beleuchtungskörper aussenden. Diese Erscheinung tritt nur bei einigen Beleuchtungsaggregaten auf[11].

Nach Sippel[12] können optische Aufhellmittel, in Mengen von 2—5% zu Spinnmassen gegeben, die Lichtbeständigkeit der gesponnenen Fasern beeinträchtigen. Ein Effekt tritt bei Zusätzen bis 0,5% nicht ein, wobei dieser Zusatz für die

[10] Wojatschek: Melliand Textilber. 32, 547 (1951).

[11] Nach Versuchen von Gasser konnte eine Verfärbung von mit den handelsgängigen Weißtönern behandelten Waren bei Stablampen des Tageslichttyps, die frei von Hg-Lampenkombination waren, nicht festgestellt werden.

[12] Textil Praxis 7, 220 (1952).

angestrebte Faseraufhellung meist mehr als ausreicht (vgl. DP 844 636). Man setzt phototrope Substanzen, z. B. Nitro-benzol-anilin zu.

Die Lichtechtheit von Weißtönern und die Abhängigkeit ihrer Wirkung von Beleuchtungsquellen studierten Pinte und Rochas. Auch Bertolina (l. c.) untersuchte Lichtechtheit, Faserschädigung und Chlorbeständigkeit von Weißtönern. Für Nylon und Acetatkunstseide, wo die bisherigen Aufhellmittel nur wenig Erfolg gaben und außerdem noch eine verhältnismäßig schlechte Lichtechtheit zeigten, bringt Ilford nun Cyaninderivate und Pyrazoline in Vorschlag (EP 669 896, 669 590/91). Speziell erstere Verbindungsgruppe ist deshalb von Interesse, weil Cyaninderivate (die allerdings Eigenfarbe besitzen) als Photosensibilatoren bekannt sind; vgl. auch FP 1 014 189.

Literaturübersicht über die optischen Bleich- und Aufhellmittel.

Caspar: Neues über optische Aufheller. S. V. F. Fachorgan Textilveredlg. **8**, 13 (1953).

Caspar: Optische Aufheller. Textil Rundschau **8**, 22 (1953).

Sevens: Optische Bleichmittel. Ind. chim. Belge **18**, 22 (1953), zit. CA **47**, 4618 (1953).

Pinte, Rochas: Kolorimetrische Analyse der mit optischen Bleichmitteln behandelten Gewebe. Bull. Inst. Text. France **27**, **28**, **29** (1951).

Rivat: Verwendung optischer Aufhellmittel. Teintex **16**, 521 (1951).

Bertolina: Die optische Bleiche von Reyon. Reyon, Zellwolle, Chemiefasern 1951.

Gailey: Der Einfluß des Bleich- und Mercersierprozesses auf Unegalitäten bei der Baumwollfärbung. J. Soc. Dyers Colourists **67**, 357 (1952).

Trotman: Optische Bleichmittel. Text. J. Austral. **26**, 1224 (1950), zit. Amer. Dyestuff Reporter **41**, 314 (1952).

Sherburne, Beiswanger: Die textile Anwendung von Weißtönern. Amer. Dyestuff Reporter **41**, P 144 (1952).

Schlachter: Weißtöner in der Waschmittel- und Seifenindustrie. Seifenindustrie-Kalender **1951**, 53.

Sörensen: Optische Bleichmittel. Tidskr. Textiltek. **9**, 128 (1951).

Hall: Optische Aufhellmittel. Text. Mercury Argus **125**, 199 (1951).

Wojatschek: Optische Aufhellmittel. Melliand Textilber. **32**, 546 (1951).

Weber: Neuere Entwicklung. Melliand Textilber. **32**, 383 (1951); vgl. Teichgraeber: Canad. Text. J. **67**, 49 (1950).

Eustache: Anwendung der optischen Bleichmittel. Rayonne **6**, No. 126 (1950); vgl. Silk u. Rayon **24**, 246 (1950).

Teichgräber: Eigenschaften optischer Bleichmittel. Can. Text J. **67**, No. 4, 49 (1950).

Köster: Blankophore. Textil Praxis **6**, 301 (1950); vgl. Seiche: Textil Praxis **6**, 568 (1950), Kooy: Chem. Weekblad **46**, 2 (1950), Ryohei, Oda (Kyoto): Teijin Times **20**, No. 2, 1–3 (1950), Konishi: Optische Bleiche. Chem. u. chem. Ind. **3**, 4 (1950), Petersen: Z. angew. Chem. **61**, 1, 17, 61 (1949), Moncrieff: Optische Bleichmittel. Chem. Age **61**, 1586 (1949), Richardson: J. Soc. Dyers Colourists **64**, 315 (1948), Millson Stearns: Amer. Dyestoff Reporter **37**, 423 (1948).

Patentschrifttum über die optischen Bleich- und Aufhellmittel.

OeP 169 561 Gen. An. 1951 — Als Aufhellmittel dienen blau bis grünblau fluoreszierende Bis-[2-morpholino-4-amino-1,3,5-triazyl-(6)]-4,4'diaminostilbensulfon- bzw. Carbonsäuren.

OeP 168 585 Gy. 1951 — Zur Herstellung von optischen Bleichmitteln sollen Verbindungen der Form X–⟨ ⟩–CH=CH–⟨ ⟩–NH_2, wobei X eine NO_2-Gruppe,

Z Z

eine durch einen, keine Eigenfarbe besitzenden Carbacylrest oder einen, keine diazotierbaren NH_2-Gruppen tragenden 1,3,5-Triazinylrest substituierte NH_2-Gruppe und Z eine Sulfonsäure oder Carboxylgruppe bedeuten mit Zimtsäure oder deren Derivaten umgesetzt und die NO_2-Gruppen zu NH_2-Gruppen reduziert werden, so daß letztlich Verbindungen enstehen der Formel:

Y—NH—⟨ ⟩—CH=CH—⟨ ⟩—CH=CH—⟨ A ⟩
(Z, Z an den Benzolringen)

wobei Y einen Triazinyl- oder Carbacylrest, A einen substituierten Benzolring und Z Sulfon- oder Carbonsäuregruppen darstellen. Sulfonsäuren im Acylrest Y machen die optischen Bleichmittel alkaliunecht. Triazinylpräparate sind wegen stärkerer Eigenfarbe für Wolle ungeeignet.

Die Triazinylprodukte sind vorzüglich wasch-, wasser-, säure-, alkaliecht und auf Cellulosefasern gut lichtecht. Carbacylderivate sind wertvolle Aufhellmittel für Wolle, Nylon, blaustichigweiße Effekte gebend. Eigenfluoreszenz ist blaugrün.

Auch in Kombination mit schon bekannten rötlich-blauen Aufhellmitteln sind die Mittel verwendbar.

Z. B. CH_3—O—⟨ ⟩—OCH_2—CO—NH—⟨ ⟩—CH= (mit SO_3H)

=CH—⟨ ⟩—CH=CH—⟨ ⟩ usw. (mit SO_3H)

oder ⟨ ⟩—CH=CH—⟨ ⟩—CH=CH—⟨ ⟩—NH—C(=N—C($N(CH_3)_2$)=N—)C—NH— (mit SO_3H, SO_3H)

—⟨ ⟩—SO_3H

OeP 168 584 Gen. An. 1951 — Als optische Aufhellmittel sollen Verbindungen der Form ⟨ ⟩—CONH—⟨ ⟩—CH=CH—⟨ ⟩—NHOC—⟨ ⟩—Y (mit Y, X; Z; Z; X)

verwendet werden. Z = SO_3H oder COOH, X und Y sind niedere Alkoxygruppen oder zusammen die Gruppe —O—CH_3—O— bzw. —O—C_2H_5—O—.

OeP 168 060 Gy. 1951 — Als optische Aufhellmittel dienen Verbindungen der Form

H_3CO—NH—⟨ ⟩—CH=CH—⟨ ⟩—CH=CH—⟨ ⟩—$NHCOCH_3$ (mit SO_3H, SO_3H)

C_2H_5COO—NH—⟨ ⟩—CH=CH—⟨ ⟩—CH=CH—⟨ ⟩—NH—$COOC_2H_5$ (mit SO_3H, SO_3H)

$NaSO_3$—⟨ ⟩—CH=CH—⟨ ⟩—CH=CH—⟨ ⟩—SO_3N usw. (mit NHCO—CH_3, NHCO—CH_3)

Es sind dies stark grünblau fluoreszierende Verbindungen, die affin sind gegen Wolle, Cellulose, Polyamide usw.

DP 877 755 Gen. An. 1953 — Neue optische Bleichmittel der Form

$$Y,X\text{-}C_6H_3\text{—CONH—}C_6H_3(Z)\text{—CH=CH—}C_6H_3(Z)\text{—NHCO—}C_6H_3\text{-}X,Y$$

X, Y=ORO oder Alkoxy, Z=COOH, SO_3H, werden behandelt.

DP 877 146 Ciba 1953 — Aufhellmittel der Form

$$\text{Cl—}C_3N_3(W)\text{—NH—}C_6H_4\text{—CH=CH—}C_6H_4\text{—NH—}C_3N_3(Z)\text{—Cl}$$

wobei W und Z substituierte Aminogruppen bedeuten, in welchen ein H-Atom durch einen Alkylenrest, der durch Alkyl- oder einen Heterocyclus bedeutet, werden behandelt (W, Z=$NHCH_3$, $NHCH_2$ CH_3 usw.).

DP 870 263 Ciba 1953 — Optische Bleichmittel der Form

$$\text{X—}C_3N_3\text{—NH—}C_6H_3(SO_3H)\text{—CH=CH—}C_6H_3(SO_3H)\text{—NH—}C_3N_3\text{—Y}$$

werden beschrieben; vgl. DP 882 703/4 und EP 695 609, 696 357.

DP 869 490 Cassella 1953 — Azole der Formel

$$\begin{array}{ccc} R_2\text{—C} & \text{———} & \text{N} \\ \| & & \| \\ R_1\text{—C} & & \text{C—R} \\ & \diagdown X \diagup & \end{array}$$

[X=O, S oder NH, R, R_1=Acrylreste, die direkt oder mittels Ätherbrücke mit dem Ring verbunden sind, R_2=H, Alkyl, Aryl] ergeben sulfoniert Weißtöner.

DP 859 313 Gen. An. 1952 — Bis [2-Morpholino-4-amino-1,3,5-triazinyl(6)]-4,4″-diaminostilben- bzw. carbonsäuren werden als optische Bleichmittel empfohlen.

DP 857 499 Ciba 1952 — Aminoderivate der Form

$$\begin{array}{l} NH_2\text{—}C_6H_4\text{CONH}C_6H_4\text{CONH}C_6H_3(SO_3)\text{—CH} \\ \qquad\qquad\qquad\qquad\qquad\qquad\qquad\qquad\qquad\quad \| \\ NH_2\text{—}C_6H_4\text{CONH}C_6H_4\text{CONH}C_6H_3(SO_3)\text{—CH} \end{array}$$

werden mit Aldehyd, Aldehydbisulfit oder Alkyl- bzw. Arylhalogeniden, mit n-Methylolamiden von Carbonsäuren oder mit dem Additionsprodukt von Pyridin und SO_2 behandelt und ergeben Weißtöner.

DP 855 549 Gy 1952 — Als Weißtöner werden Verbindungen der Form

$$C_6H_3(CH_3)(OR)\text{—CO—NH—}C_6H_3(SO_3H)\text{—CH=CH—}C_6H_3(SO_3H)\text{—NH—CO—}C_6H_3(OR)(CH_3)$$

CH_3 in Stellung 4 oder 5 — CH_3 in Stellung 4 oder 5

beschrieben.

DP 855 404 Cassella 1952 – Optische Bleichmittel der Bisoxazolreihe und Formel:

$$R'{-}C\langle{}^{N}_{O}\rangle C_6H_3{-}X{-}C_6H_3\langle{}^{N}_{O}\rangle C{-}R'$$

[X = $-\underset{R}{\underset{|}{C}} = \underset{R}{\underset{|}{C}}-$ oder eine direkte Bindung, R' = H oder Alkyl, Aryl-, Aralkylgruppen] werden beschrieben.

DP 854 942 BASF 1952 – Der Zusatz von optischen Bleichmitteln in Superoxyd- oder Chlorbleichbäder wird empfohlen, wobei als Weißtöner Diazolichtgelb 2 G (Schulz 749), für Chlorbleiche, benzoyldehydrothiotoluidinsulfosaures Na (für H_2O_2-Bleiche) bzw. 4,4'(Bis-[2-oxy-4-phenylamin-1,3,5-triazyl(6)])-diaminostilben-2,2'-disulfonsäure vorgeschlagen werden. Letzteres Produkt soll in Sulfitbädern nach einer H_2O_2-Bleiche oder in Chlorbleichbädern Anwendung finden.

DP 850 008 Cassella 1952 – Als optische Bleichmittel sind Verbindungen der Bisoxazolreihe verwendbar

$$R'{-}C\langle{}^{N}_{O}\rangle C_6H_3{-}X{-}C_6H_3\langle{}^{N}_{O}\rangle C{-}R'$$

X = direkte Bindung oder $-\underset{R}{\underset{|}{C}} = \underset{R}{\underset{|}{C}}-$, R = H oder Alkyl bzw. Alkylen
R' = H oder Aryl, Alkyl oder Alkylen.

Sie sind celluloseaffin und fluoreszieren stark (über 12 C-Atome laufende konjugierende Doppelbindungen.

DP 849 986 Holliday 1953 – Zur Erhöhung des Weißgehaltes von Textilien werden die Waren nach der Bleiche mit substituierten Dihydrocollidindicarbonsäureestern behandelt; vgl. ItalP 464 362.

DP 849 694 Ciba 1952 (vgl. DP 841 752) – Als optische Aufhellmittel sollen Produkte, die etwa in der Form $\begin{matrix}-C-N\\ \| \\ -C-X\end{matrix}\rangle C{-}CH{=}CH{-}C\langle\begin{matrix}N-C-\\ \| \\ X-C-\end{matrix}$ vorliegen, (X=O, N, S) hergestellt werden, z. B. α,β-Di-[4,5-diphenylthiazolyl(2)]äthylen usw.

DP 849 089 Bayer 1952 – Als optische Bleichmittel sollen Verbindungen der Formel

$$Y_1HN{-}C_6H_3(X_1){-}CO{-}NH{-}C_6H_3(X_2){-}NHY_2$$

wobei X_1X_2 = SO_3H oder COOH, Y oder Y_2 =

$$Z_1{-}C_3N_3(Z_2){-}NH{-}C_6H_3(SO_3H){-}CH{=}CH{-}C_6H_3(SO_3H){-}C_3N_3(Z_3){-}$$

Z_1, Z_2, Z_3 = Cl, Oxy, Amino, Alkyl, Oxyalkyl oder Aryl bedeuten, verwendet werden.

DP 848 496 Ciba 1952 – Als optische Bleichmittel sollen Stoffe der Form

$X{-}C(=N{-}C(W)=N{-})C{-}NH{-}C_6H_3(SO_3H){-}CH{=}CH{-}C_6H_3(SO_3H){-}NH{-}C(=N{-}C(Z)=N{-})C{-}Y$

(W = über eine O- oder S-Brücke gebundener aromatischer Rest, X, Y = NH_2, = Z gleich W, X, Y) verwendet werden.

DP 848 069 Ciba 1952 – Waschmittel sollen optische Bleichmittel der Diimidazolklasse: $A\langle{}^{N}_{N(R_1)}\rangle C{-}R_2{-}C\langle{}^{N}_{N(H)}\rangle A$, (A = aromatischer Kern, R_1 = Alkyl oder Aralkyl, R_2 = Äthylenrest) enthalten; vgl. DP 883 286.

DP 844 636 Rhodiaceta 1952 – Die Lichtbeständigkeit von Fasern wird durch das Aufbringen optischer Bleichmittel nicht verbessert, sondern meist verschlechtert, da diese Stoffe die Absorption von UV-Strahlen erhöhen. Dagegen sind phototrope Verbindungen vom Typ der Nitro-benzal-aniline zur Verbesserung der Lichtbeständigkeit geeignet. Sie lagern sich unter dem Einfluß des Lichtes um, wobei diese Umlagerung nach Aussetzen der Lichteinwirkung wieder rückläufig ist. Es genügen bereits geringe Mengen (0,5%).

DP 842 074 Ciba 1952 – Aminocumarinderivate können als Weißtöner Verwendung finden.

DP 841 915 Ciba 1952 – Weißtöner der Gruppe der N-monosubstituierten Diimidazole werden beschrieben.

DP 841 752 Ciba 1952 – α-β-Di-[benzimidazyl-(2)]-äthylene, die als optische Aufhellmittel verwendet werden können, sind angegeben.

DP 840 999 Gy. 1952 – Unsymmetrische substituierte 4,4'-Diaminostilben-2,2'-disulfonsäuren sind als optische Bleichmittel verwendbar.

DP 836 642 Gy. 1952 – Optische Aufhellmittel der Form

$X_2{-}C_6H_3(X_1){-}CH{=}CH{-}C_6H_4{-}CH{=}CH{-}C_6H_3(X_1){-}X_2$ werden vorgeschlagen.

Das eine X ist dabei eine Sulfonsäuregruppe, das andere eine acylierte NH_2-Gruppe:

$NaO_3S{-}C_6H_3(NHCOCH){-}CH{=}CH{-}C_6H_4{-}CH{=}CH{-}C_6H_3(NHCOCH){-}SO_3Na$ bzw.

$C_6H_5{-}OCH_2CONH{-}C_6H_3(SO_3Na){-}CH{=}CH{-}C_6H_4{-}CH{=}CH{-}C_6H_3(SO_3Na){-}$

$-NHCOCH_2O{-}C_6H_5$

DP 831 395 Gy 1952 — Als Weißtöner werden Verbindungen der Form

$$X-\langle A \rangle(OR)-CONH-\langle \quad \rangle(SO_3H)-CH{=}CH-\langle \quad \rangle(SO_3H)-NH-Y$$

wobei X = H oder CH_3, R eine niedere Alkylgruppe, Y ein von einem substituierten Benzoylrest A verschiedener Acylrest ist, vorgeschlagen.

DP 829 986 Gy 1952 — Optische Aufhellmittel der Form

$$Y-NH-\langle \quad \rangle(Z)-CH{=}CH-\langle \quad \rangle(Z)-CH{=}CH-A$$

Y = Carbonsäurerest oder 1,3,5-Triazinylrest ohne Eigenfarbe, Z = Sulfo- oder Carbonsäuregruppe, A = Benzolring, gegebenenfalls substituiert, werden beschrieben.

DP 825 404 Gy 1951 — Optische Aufhellmittel der Form

$$\langle \quad \rangle(OR)-CO-NH-\langle \quad \rangle(SO_3H)-CH{=}CH-\langle \quad \rangle(HSO_3)-NH-CO-\langle \quad \rangle(OR)$$

wobei R einen niederen substituierten Alkylrest darstellt, sind von starker Wirkung, gut celluloseaffin und reinblau fluoreszierend (4,4′-Di-[2″-(β-oxyäthoxy)benzoylamino]-stilben-2,2′-disulfonsäure usw.).

DP 819 993 DuPont 1951 — Aufhellmittel der Konfiguration

$$Y(Z)(X)\langle \quad \rangle-CONH-\langle \quad \rangle(SO_3Na)-CH{=}CH-\langle \quad \rangle(SO_3Na)-NH-CO-\langle \quad \rangle(X)(Z)-Y$$

wobei X = H oder OCH_3, Y = CH_3, H oder OCH_3 und Z = H oder OCH_3 bedeuten, werden beschrieben. Sie sind stark blau fluoreszierend und celluloseaffin. Sie sind viel stärker wirksam als bisher bekannte Weißtöner. Beispielsweise sind notwendig für einen bestimmten Weißgrad:

X	Y	Z	(Substituenten)	
H	CH_3	H	100 g	(bekannt)
H	OCH_3	H	46 g	neu
H	OCH_3	H	46 g	
H	OCH_3	OCH_3	36 g	
OCH_3	H	OCH_3	32 g	
OCH_3	OCH_3	H	25 g	
OCH_3	OCH_3	OCH_3	18 g	

DP 818 344 Cyanamid 1951 — Die Acylderivate von 4,4′-Diaminostilben-2,2′-disulfonsäure sind als Weißtöner verwendbar.

DP 814 901/03 ICI 1951 — Als optische Aufhellmittel sollen Triazinylderivate der Bis-aminostilben-2,2′-disulfonsäure verwendet werden.

DP 752 677 IG 1953 — Als optische Bleichmittel dienen Verbindungen der Form:

```
      N                                                       N
OH—C    C—NH—⟨      ⟩—CH=CH—⟨      ⟩—NH—C    C—NH—⟨      ⟩
   |    ||                                  |    ||
   N    N          SO₃Na    NaO₃S           N    N
     \C/—OH                                   \C/
```

SP 288 169 Ilford 1953 — Als optische Aufheller sollen Verbindungen der Form

```
      CH₂—C—Ar₁
      |   |
R₁—CH     N           dienen.
      \N/
       |
       Ar₂
```

SP 287 192 und SP 287 194 Ciba 1953 — Triazinylderivate von 4,4′-Diaminostilbendisulfosäuren werden als optische Bleichmittel und Waschzusätze verwendet.

SP 287 079/82 Gy 1953 — Zusätze zu SP 283 402 — Optische Bleichmittel der Form: 4-Benzoylamino-4′-(2″äthoxy-4″-methylbenzylamino)-stilben-2,2′-disulfonsäure werden beschrieben.

SP 286 338/41 Gy 1953. Zusätze zu SP 281 724 — Als Weißtöner sollen substituierte Sulfophenylaminotriazinylamino-äthoxy-methylbenzoylamino-stilbendisulfosäuren verwendet werden. Sie sind celluloseaffin.

SP 286 326/337 Ciba 1953. Zusätze zu SP 281 400 — Als optische Aufhellmittel sollen Verbindungen der untenstehenden Form Anwendung finden:

```
          N                                                       N
CH₃NH—C     C—NH—⟨      ⟩—CH=CH—⟨      ⟩—NH—C     C—NHCH₃
      |     ||                                  |     ||
      N     N         SO₃Na    NaO₃S            N     N
        \C/                                       \C/
         |                                         |
      ⊕  O—⟨      ⟩subst                        ⊕  O—⟨      ⟩subst
```

Statt O kann bei ⊕ auch $-S-CH_2CH_2OH$ oder $-NHCH_2CH_3$ usw. stehen.

SP 286 322/4 Gy 1953. Zusätze zu SP 276 692 — Optische Bleichmittel der Art der Alkyloxy-substituierten Benzoylaminostilbendisulfosäuren werden beschrieben.

SP 285 750 Gy 1953 — Als optisches Bleichmittel wird 4-[2‴,4‴-Diaminotriazinyl-amino(6‴)]-4′-(2″-äthoxy-4″-methylbenzoylamino)-stilben-2,2′-disulfosäure empfohlen.

SP 285 352/55 Gy 1953 — Zu SP 282 055 — Weißtöner sind 4,4′-Di-(methoxyäthoxy)-benzoylaminostilbendisulfosäuren.

SP 285 348/51 Ciba 1953 zu SP 281 107 — Als optische Aufhellmittel werden weitere Derivate von 4,4-Triazyl-amino-stilbendisulfosäuren-(2,2′) beschrieben.

SP 283 976/82 Gy 1952 — Triazylreste enthaltende symmetrische Derivate der 4,4′-Diamino-stilbendisulfosäure-(2,2′) werden als optische Bleichmittel empfohlen.

SP 283 402 Gy 1952 — Als optisches Bleichmittel wird 4-Phenylureido-4′-(2″-äthoxy-4″-methylbenzoylamino-)stilben-2,2′-disulfosäure vorgeschlagen.

SP 282 055 Gy 1952 — Als Aufhellmittel soll 4,4′-Di-(2″-methoxy-4″-methylbenzoyl-amino-)stilben-2,2′-disulfonsäure verwendet werden, die stark celluloseaffin ist und blauviolett fluoresziert.

SP 281 724 Gy 1952 – Als optisches Aufhellmittel soll 4-[2‴,4‴-Diaminotriazylamino-(6‴)]-4′-(2″-äthoxy-4″-methylbenzoylamino)-stilben-2,2′-disulfonsäure mit guter Affinität zu Cellulose verwendet werden.

SP 281 400 Ciba 1952 – Als Weißtöner wird

OH–CH$_2$–CH$_2$–NH–C(=N–C(–O–C$_6$H$_5$)=N–)C–NH–C$_6$H$_3$(SO$_3$Na)–CH=

=CH–C$_6$H$_3$(SO$_3$Na)–NH–C(=N–C(–O–C$_6$H$_5$)=N–)C–NH–CH$_2$–CH$_2$–OH

vorgeschlagen; vgl. SP 290 858 und FP 1 040 777.

SP 281 107 Ciba 1952 – Optische Aufhellmittel sind Substanzen der Form

Cl–C(=N–C(NHCH$_3$)=N–)C–NH–C$_6$H$_3$(SO$_3$Na)–CH=CH–C$_6$H$_3$(SO$_3$Na)–NH–C(=N–C(NHCH$_3$)=N–)CCl

SP 280 835 DuPont 1952 – Weißtöner der Formel

Y–C$_6$H$_2$(Z)(X)–CONH–C$_6$H$_3$(SO$_3$Na)–CH=CH–C$_6$H$_3$(SO$_3$Na)–CONH–C$_6$H$_2$(Z)(X)–Y

die 2–3 CH$_3$O-Gruppen in den Stellungen 2,4 bzw. 2,5 bzw. 2, 4, 5 tragen, werden beschrieben.

	X	Y	Z	Menge zur Erzielung eines bestimmten Weißtons
p CH$_3$	H	CH$_3$	H	100
p CH$_3$O	H	OCH$_3$	H	46
2, 4 CH$_3$O	OCH$_3$	OCH$_3$	H	25

SP 279 256 Gy 1952 – 4-Phenylureido-4′-(2″-äthoxy-4″-methyl-benzoyl-amino-)stilben-2,2′-disulfosäure ist ein wolleaffines, auch für Cellulose benützbares, blau bis blaugrün fluoreszierendes optisches Aufhellmittel von guter Löslichkeit der Alkalisalze, besser, als die symmetrisch gebauten Derivate.

SP 279 166 Gy 1952 — 4,4'-Di-[2"-(β-oxyäthoxy-)benzoylamino-]stilben-2,2'-disulfosäure ist als celluloseaffiner, gut lichtechter Weißtöner mit blauer Fluoreszenz brauchbar.

SP 278 450/55 Gy 1952 (Zusatz zu SP 276 116) — Herstellung von fluoreszierenden Weißtönern von der Art der 4',4"-Diamino-1,4-distryrilbenzol-2'2"-disulfosäurederivate (acetylierte, Methoxy-, carbäthoxylierte usw. Verbindungen, die die freien Aminogruppen zum Teil substituieren). Die Produkte fluoreszieren grün bis blau, lösen sich z. Teil mit Sodazusatz, z. Teil sind sie gut wasserlöslich. Die Fluoreszenzintensität ist bei manchen sehr hoch.

SP 277 956 Sandoz 1951 — Als Bleichmittel für Federn und Felle, die echtere und gegen saure Gase widerstandsfähigere Effekte als Cumarin oder Methylumbelliferon

liefern, sind 7-Amino-cumarinderivate der Form

Y
X_1 >N— [Cumarinring] CO
X_2 O

X_1, X_2, Y = = Kohlenwasserstoffreste, brauchbar.

SP 277 530/535 Gy 1951 (Zusatz zu SP 272 221) — Optische Bleichmittel, die 4-Acylaminoderivate der 4'-Styrilstilben-2,2'-disulfosäure sind, werden beschrieben. Sie besitzen eine Affinität zur Wolle und Nylon aus saurem Bade bzw. je nach Art des 4-Substituenten auch aus glaubersalzhaltigen Bädern für Cellulose mit sehr guter Wasch-, Wasser-, Säure- und Alkaliechtheit und einer guten Lichtechtheit.

SP 276 692 Gy 1951 — Acylderivate der 4,4'-Diamino-stilben-2,2'-disulfosäure sind als fluoreszierende Aufhellmittel bekannt. Es ist nicht gleichgültig, welche Acylreste anwesend sind. 4,4'-Dibenzoylaminostilben-2,2'-disulfosäure war zu rot fluoreszierend, auch ist ihre Fluoreszenz zu gering. Die 4,4'-Di-(4"-aminobenzoylamino-)stilben-2,2'-disulfosäure ist sehr stark fluoreszierend, wegen der NH_2-Gruppe am Benzolkern aber lichtunecht.
Man verwendet:

CH_3 CH_3
—CONH— —CH=CH— —NHCO—
OR SO_3H SO_3H RO

R = Alkyl mit 1—4 C-Atomen. Z. B. besitzen die Derivate der Stellung:
2 Alkoxy — 3 Methyl: gute Intensität, 2 Alkoxy — 5 Methyl: geringere Intensität.

SP 276 116 Gy 1951 — Als optische Aufhellmittel sollen Verbindungen der Form

X_2— —CH=CH— —CH=CH— —X_2,
X_1 X_1

wobei ein X eine NO_2—, das andere eine Sulfonsäurearylestergruppe bedeutet, angewendet werden. Sie haben grünblaue Fluoreszenz.

SP 275 767 ICI 1951 — Die 4,4'-Bis-[2-chlor-4-äthanolamino-1,3,5-triazyl(6)]diaminostilben-2,2'-disulfonsäure kann als optisches Bleichmittel Verwendung finden.

SP 275 140 Bayer 1951 — Als optische Aufhellmittel dienen sulfonsaure Salze von substantiven Verbindungen, die mindestens einen 1,2,3-Triazolring enthalten.

SP 273 852/58 ICI 1951 — Als optische Aufhellmittel sollen verschiedene Abkömmlinge von 4,4'-Bis-4-morpholino- bzw. Dimethylamino-1,3,5-triazyl-(6)-diaminostilben-2,2'-disulfonsäure dienen.

SP 272 748/54 Gy 1951 — Aufhellungsmittel für tierische Fasern z. B.

$$CH_3CO{-}NH{-}C_6H_3(SO_3H){-}CH{=}CH{-}C_6H_3(SO_3H){-}NH{-}C_3N_3(NH_2){-}NH{-}C_6H_4{-}SO_3H$$

werden beschrieben. Sie besitzen sehr gute Säure- und Alkaliechtheit, genügende Waschechtheit, gute Lichtechtheit, sehr gute Wasserechtheit.

SP 272 470/73 ICI 1951 — Als optische Bleichmittel dienen Umsetzungsprodukte aus 4,4'-Diaminostilben-2,2'-disulfosäure, Äthanolamin und Cyanurchlorid bzw. Anilin usw.

SP 272 221 Gy 1951 — Als optisches Bleichmittel werden Styrylderivate der Form:

$$Y{-}NH{-}C_6H_3(Z){-}CH{=}CH{-}C_6H_3(Z){-}CH{=}CH{-}(A)$$

Y = Carbacyl- oder Triazinrest,
Z = Sulfonsäure- oder Carboxylgruppe,
A = Benzolring, eventuell substituiert.

Fluoreszenz grünblau, gute Affinität zu Cellulose und Wolle. Hochintensiv, sehr gute Wasch-, Wasser-, Alkaliechtheit, besser als die 4,5-Diphenylimidazolon-(2)-disulfosäure (Blankophor WT). Auch für Caseinwolle, Nylon usw. geeignet. Zieht aus schwach saurem Bad auf Wolle mit sehr guter Säureechtheit; gut lichtecht.

SP 271 086 ICI 1951 — Als optisches Bleichmittel soll 4,4'-Bis-[2-anilino-4-dimethylamino-1,3,5-triazyl(6)]-diaminostilben-2,2'-disulfosäure von blauer Fluoreszenz zur Anwendung kommen.

SP 247 235 Ciba 1947 — Optische Bleichmittel können Viskose-Polyamid- oder Acetylcellulosespinnmassen zugesetzt werden. Es handelt sich um Vertreter der Styrylnaphtimidazole oder -benzimidazole.

FP 1 027 214 Cyanamid 1953 — Als optische Bleichmittel sollen Derivate von Dialkoxybenzoyl-4,4'-diaminostilben-2,2'-disulfosäuren angewendet werden.

FP 1 025 467 Sandoz 1953 — Zum optischen Bleichen dienen Verbindungen der Form

$$(X_1)(X_2)N{-}C_6H_3{<}^{CH(Y_1){-}CH(Y_2){-}CO}_{O}{>}$$

; Y_1, Y_2 = Alkyl usw., ebenso X, X_1.

FP 1 022 349 Gy 1953 — Als optische Aufheller dienen Äthoxyderivate von Bisbenzoylaminostilbendisulfosäuren z. B. 4-Methyl-2-alkoxy-benzoylaminostilbendisulfosäuren.

FP 1 021 379 Ilford 1953 — Zum Verbessern des Weißgrades für Celluloseester werden Verbindungen der Form

$$R_2C{<}^{CH_2-C(Ar_1){=}N}_{N(Ar_2)}{>}$$

in organischen Lösungsmitteln verwendet.

FP 1 020 842/43 Gy 1953 — Als optische Bleichmittel werden Verbindungen der Form

$$C_6H_4(OR)\text{—CONH—}C_6H_3(SO_3H)\text{—CH=CH—}C_6H_3(SO_3H)\text{—NHCO—}C_6H_4(OR)$$

empfohlen bzw. solche, die noch eine CH_3-Gruppe in den endständigen Benzolkernen haben.

FP 1 019 963 Gy 1953 — Optische Bleichmittel der Art der alkoxysubstituierten Benzoylaminostilbendisulfosäuren werden beschrieben.

FP 1 019 449 Ilford 1953 — Weißtöner der Form

$$Ar_2\text{—C}(=\text{N—})\text{—CH}_2\text{—CH(R}_1)\text{—N(Ar}_1)\text{—}$$

Ar_1 = sulfonierter Arylrest,
Ar_2 = aromatischer Rest,
R_1 = H, oder Kohlenwasserstoffrest,
werden vorgeschlagen.

FP 998 225 Holliday 1951 — Als optische Aufhellmittel sollen Verbindungen der Form

$$CH_3\text{—CH}<[\text{C(R}_2)=\text{C(CH}_3)\text{—NH—C(CH}_3)=\text{C(R}_1)]$$

R_1, R_2 = Radikale von Estern von Carbonsäuren.

verwendet werden.

FP 996 533 Bayer, Cauer 1951 — Weißtöner der Stilbendisulfosäure-Reihe mit einem oder mehreren 1,2,3-Triazolringen im Molekül sollen zur Aufhellung dienen; z. B. 4,4'-Bis[5'-sulfonaphto-1',2',4,5-triazolyl(2)]-stilben-2,2'-disulfosäure.

FP 993 307 Gy 1951 — Optische Aufhellmittel der Formel

$$X_2\text{—}C_6H_3(X_1)\text{—CH=CH—}C_6H_4\text{—CH=CH—}C_6H_3(X_1)\text{—}X_2$$

wobei ein X eine SO_3H-Gruppe, das andere einen Acylaminrest darstellt, werden als blaugrün fluoreszierende Produkte für vegetabilische und animalische Fasern in Vorschlag gebracht.

FP 991 468 DuPont 1951 — Als optische Bleichmittel sollen Verbindungen der Form

$$(R)_n C_6H_3(OCH_3)\text{—CONH—}C_6H_3(SO_3Me)\text{—CH=CH—}C_6H_3(SO_3Me)\text{—NHCO—}C_6H_3(OCH_3)(R)_n$$

dienen, wobei R in den Stellungen 4 oder und 5 sitzende CH_3O-Gruppe(n) darstellt. Als Wirkungsgrad ergeben sich für verschiedene ähnliche Weißtöner bzw. für die Produkte der Patentschrift selbst folgende zur Erzielung eines bestimmten Weißgrades nötige Mengen:

(Benzolring mit den Substituenten Z, Y, X)

	X	Y	Z	
p-CH_3—	H	CH_3	H	100
p-CH_3O—	H	OCH_3	H	46
3,4-CH_3O—	H	OCH_3	OCH_3	36
2,5-CH_3O—	OCH_3	H	OCH_3	32
2,4-CH_3O—	OCH_3	OCH_3	H	25
2,4,5-tri-CH_3O—	OCH_3	OCH_3	OCH_3	18

FP 991 091 Gy 1951 – Abkömmlinge der 4-Amino-4'-styryl-stilbendisulfonsäure-(2,2') welche den 1,3,5-Triazinylrest enthalten, sind als Weißtöner geeignet.

FP 990 648 Gen. An. 1951 – Bis-[2-morpholino-4-amino-1,3,5-triazyl-(6)]-4,4'-diamino-stilben -sulfon- oder -carbonsäuren können als Weißtöner dienen.

FP 989 434 Gen. An. 1951 – Weißtöner besitzen die Formel

X(Y)-C₆H₃-CONH-C₆H₃(Z)-CH=CH-C₆H₃(Z)-NHCO-C₆H₃(Y)-X

wobei Z die Gruppe SO_3H oder COOH, X bzw. Y zusammen die Gruppe ORO oder jedes für sich OR bedeutet, wobei R wieder CH_3, C_2H_5, Propyl- oder Butylreste bedeuten kann.

FP 987 803 Gy 1951 – Als Weißtöner sollen dienen:

X–CO–NH–C₆H₃(SO_3H)–CH=CH–C₆H₃(SO_3H)–NH–C(N=C(Y_1)–N=C(Y_2)–N) .

FP 983 859 Cyanamid 1951 – 4,4'-Di-(o-alkoxy-)benzoyldiaminostilben-2,2'-disulfonsäuren dienen als optische Aufhellmittel.

FP 966 086 ICI 1950 und FP 966 132/33 1950 – Herstellung von optischen Bleichmitteln der 4,4'-Diaminostilben-2,2'-disulfonsäureabkömmlingen.

FP 963 867 Unilever 1950 – Diaminostilbendisulfosäuren, am N-Atom durch (CO–C₆H₄–NH)$_x$–CO–C₆H₄–OR_m substituiert, sind optische Bleichmittel.

FP 963 371 Ciba 1950 – Dimidazole als optische Aufhellmittel werden beschrieben.

FP 55 137 zu 900 722 Ciba 1951 – Weißtöner der Form

SO_3H–(Benzimidazolyl)C–CH=CH–C(Benzimidazolyl)–SO_3H

werden beschrieben (R = H oder eine Oxyalkylgruppe).

HollP 72 355 Ciba 1953 – Als optische Aufhellmittel sollen Verbindungen der Form Ar<(N)(X)>C–Ar_1–NH–R, X=NH–, N-Alkyl, S, dienen.

HollP 72 177 Gy 1953 – Optische Bleichmittel der Form

X_2–C₆H₃(X_1)–CH=CH–C₆H₄–CH=CH–C₆H₃(X_1)–X_2 z.B.

CH_3CO NH–C₆H₃(SO_3Na)–CH=CH–C₆H₄–CH=CH–C₆H₃(SO_3Na)–$NHCOCH_3$

usw. werden beschrieben.

HollP 71 438 Gen. An. 1952 – Als optische Bleichmittel werden Bis[2"-morpholino-4"-amino-1",3",5"-triazinyl(6")]4,4'-diaminostilbendisulfosäuren empfohlen.

HollP 71 435 Gy 1952 – Als Weißtöner dienen Verbindungen der Form

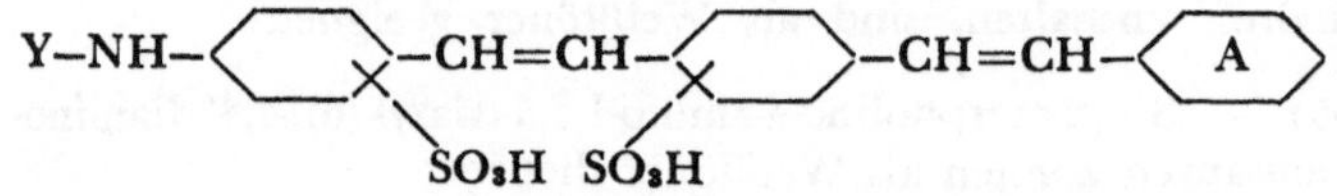

Y–NH–⟨⟩(SO₃H)–CH=CH–⟨⟩(SO₃H)–CH=CH–⟨A⟩; Y = ein Triazin- oder Acylrest, A = aromatischer Rest der Benzolreihe.

HollP 71 423 Cyanamid 1952 – Acylderivate von 4,4'-Diaminostilben-2,2'-disulfonsäure werden als Weißtöner empfohlen.

HollP 62 874 Gy 1949 – Optische Aufhellmittel bestehen aus Aminostilbenderivaten mit Triazin-1,3,5-Ringen und Carbon- oder Sulfonsäuregruppen im Molekül.

HollP 61 528 Ciba 1951 – Die bekannten Diimidazolderivate werden als optische Bleichmittel vorgeschlagen (vgl. HollP 61 537).

BelgP 505 454 Bayer 1953 – Herstellung von Triazinylderivaten von 4,4'-Diaminostilben-2,2'-disulfonsäuren oder -carbonsäuren.

BelgP 502 807 Ciba 1952 – Behandelt optische Bleichmittel der Form

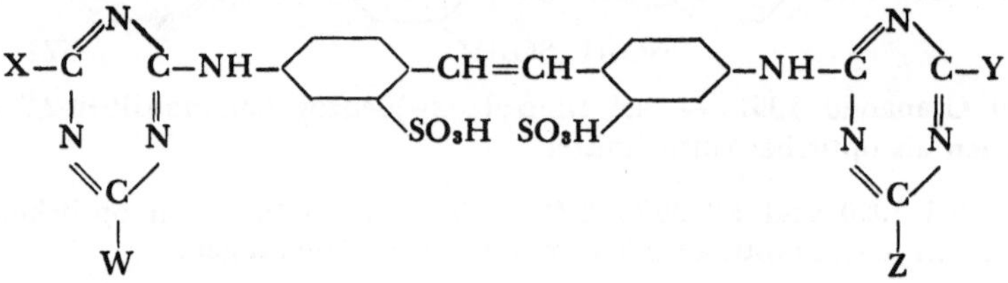

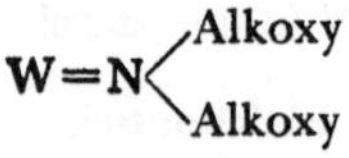

X–C(=N–C(W)=N–)C–NH–⟨⟩(SO₃H)–CH=CH–⟨⟩(SO₃H)–NH–C(=N–C(Z)=N–)C–Y

$W = N\langle^{\text{Alkoxy}}_{\text{Alkoxy}}$, X, Y, $Z = NH_2$ oder primäre Aminreste.

BelgP 490 639 Gy 1951 – Optische Aufhellmittel werden aus Verbindungen der Form X–⟨⟩(X_1)–CH=CH–⟨⟩–CH=CH–⟨⟩(X_1)–X_2 hergestellt, in welchen X bzw. X_2 eine NO_2- oder eine Arylsulfonatgruppe ist, die man in Diaminodisulfonsäuren überführt, in welchen man die Diaminogruppen acyliert.

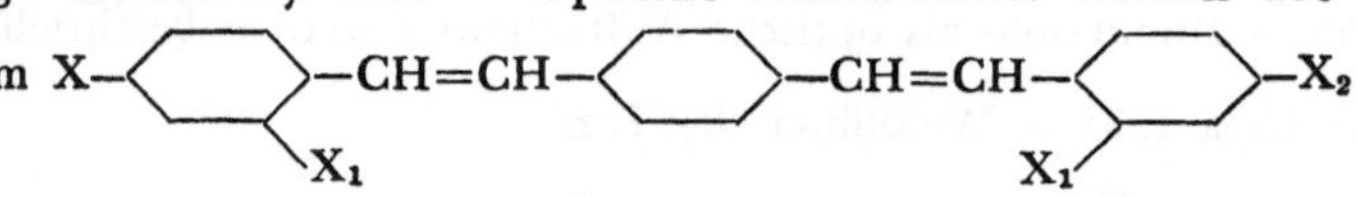

EP 692 346/48 Gy 1953 – Die Herstellung von Derivaten der Alkoxybenzoylaminostilbendisulfosäuren wird beschrieben (vgl. EP 692 407).

EP 689 708 Sandoz 1953 – Optische Bleichmittel der 7-Diäthylamino-4-methylcumarine werden empfohlen.

EP 686 805 Ciba 1953 – Optische Aufheller der Form von Triazinylderivaten von 4,4'-Diaminostilben-2,2'-disulfosäure werden beschrieben; z. B.

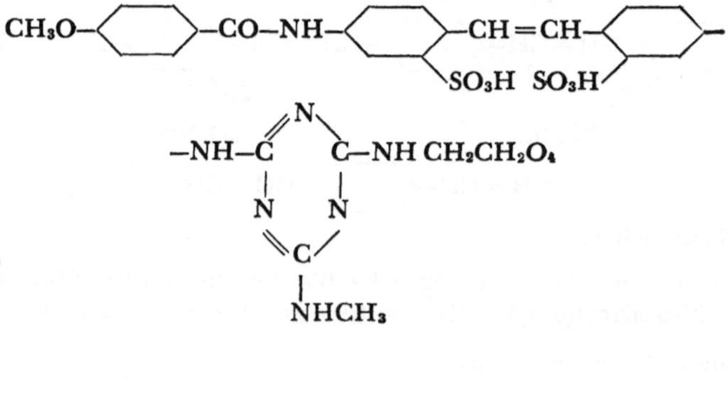

CH_3O–⟨⟩–CO–NH–⟨⟩(SO_3H)–CH=CH–⟨⟩(SO_3H)–

–NH–C(=N–C($NHCH_3$)=N–)C–NH $CH_2CH_2O_4$

EP 683 895 Bayer 1952 – Als Weißtöner sollen Verbindungen der Form

$$Ar\left\{\begin{matrix}-N\\ \\-N\end{matrix}\right\rangle N-G-X$$

Anwendung finden (Ar = aromatischer Rest, an die Triazinylgruppe gebunden, G = aromatischer Rest.

EP 681 642 Ciba 1952 – Als optische Aufheller werden Triazinylderivate der 4,4′-Diaminostilben-2,2′-disulfosäure in Vorschlag gebracht.

EP 678 291 Gen. An. 1952 – Als optisches Bleichmittel werden Derivate von Bis-[1,3,5-triazyl(6)]diaminostilben-2,2′-disulfosäure empfohlen; vgl. FP 993 648.

EP 675 156 Am. Textile Comp. 1952 – Nylon kann mittels 1-Naphtylamin-5-sulfosäure, 1-Naphtylamin-7-sulfosäure oder 1-Naphtylamin-4-sulfosäure aus wäßrigen kochenden Bädern im Weißton verbessert werden (vgl. FP 1 023 083).

EP 672 741 Ilford 1952 – Als Weißtöner können Cumarinderivate verwendet werden, etwa 3-Cyano-4-methyl-7-oxycumarin.

EP 669 896 Ilford 1952 – Als optische Aufhellmittel für Acetatreyon und Nylon sollen Alkyloxacyanine dienen. Sie besitzen gute Licht- und Waschechtheit sowie Substantivität, was die bisherigen Mittel diesen Fasern gegenüber nicht zeigten. Ihre Struktur ist:

R_3, R_4, R_5 (Stellungen 4, 5, 6, 7) – O (1) – 2 $>$C–CH=C$<$ 2′ – O (1′) – R_6, R_7, R_8 (Stellungen 4′, 5′, 6′, 7′); N (3) mit R_1X, N (3′) mit R_2

R_1, R_2 = Alkyl, R_3–R_8 = H, Alkyl, Alkoxy, substituiertes NH_2, Halogen, X = Säurerest (3,3′-Dimethyloxacyaninjodid usw.).

EP 669 590 Ilford 1952 – Weißtöner (Pyrazoline) der Formel

CH_2–C–Ar_1; R_1, H $>$C; N; N–Ar_2

R_1 = H, Alkyl, Furyl

Ar_1, Ar_2 = aromatische Reste

mit einem absorptiven Maximum von 3900 Å werden empfohlen.

EP 668 200 Gy 1952 – Als Weißtöner sollen Verbindungen der Form

NaO_3S–$C_6H_3(NHCOCH_3)$–CH=CH–C_6H_4–CH=CH–C_6H_4–$NaSO_3$ oder

$C_6H_5OCH_2$–CONH–$C_6H_3(SO_3Na)$–CH=CH–C_6H_4–CH=CH–$C_6H_3(SO_3Na)$–NHCO–$CH_2OC_6H_5$ usw. angewendet werden.

EP 666 377 Nat. Marking Mach. 1952 – Optische Aufhellmittel (vgl. EP 511 888)

werden, in flüchtigen Lösungsmitteln gelöst, zum Wäschemärken vorgeschlagen, z. B.:

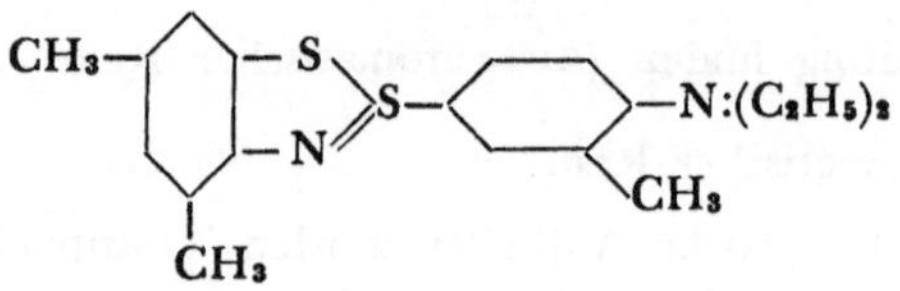

CH_3—, —S, —N, S—, —$N:(C_2H_5)_2$, CH_3, CH_3

oder N C_2H_5 —N : $(C_2H_5)_2$ (3-Diäthylamino-9-äthyl-carbazol)

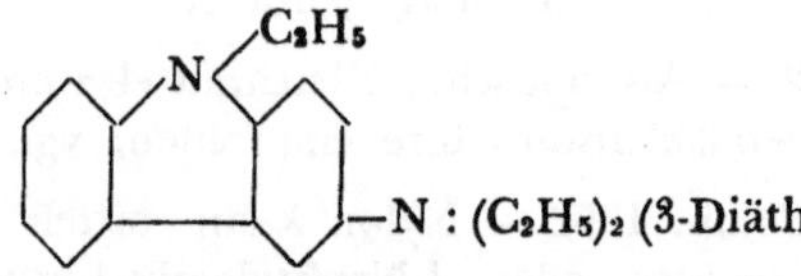

Je höher der Schmelzpunkt, desto echter sind die Effekte.

EP 666 198 Gy 1952 – Als Weißtöner sollen Verbindungen der Form

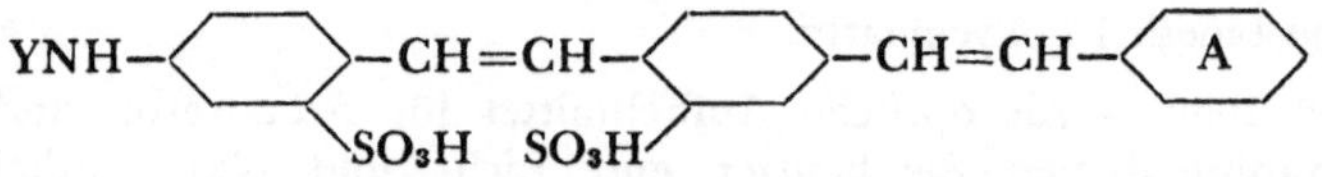

YNH—⟨ ⟩—CH=CH—⟨ ⟩—CH=CH—⟨ A ⟩ dienen.
SO_3H SO_3H

Y = Carbacyl- oder Triazinylrest, A ist ein Benzolrest, beide ohne chromophore Gruppen.

EP 665 415 DuPont 1952 – Weißtöner der Formel

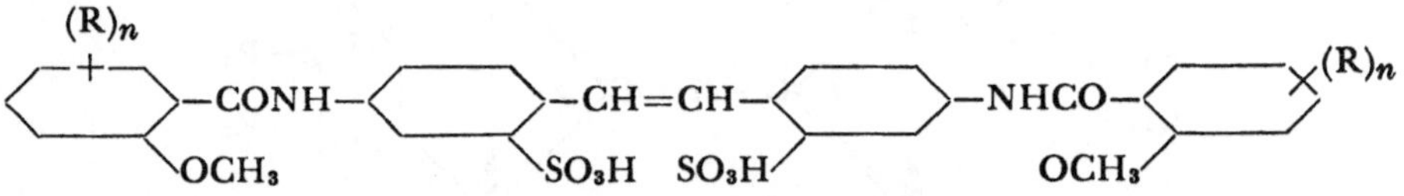

$(R)_n$ ⟨ ⟩—CONH—⟨ ⟩—CH=CH—⟨ ⟩—NHCO—⟨ ⟩ $(R)_n$
OCH_3 SO_3H SO_3H OCH_3

(R = Methoxy in 4-, 5-Stellung, n ist maximal 2) werden beschrieben. Sie besitzen blaue Fluoreszenz und sind für Cellulosematerial geeignet.

EP 663 919 Procter Gamble 1951 – Eine Verbindung der Form

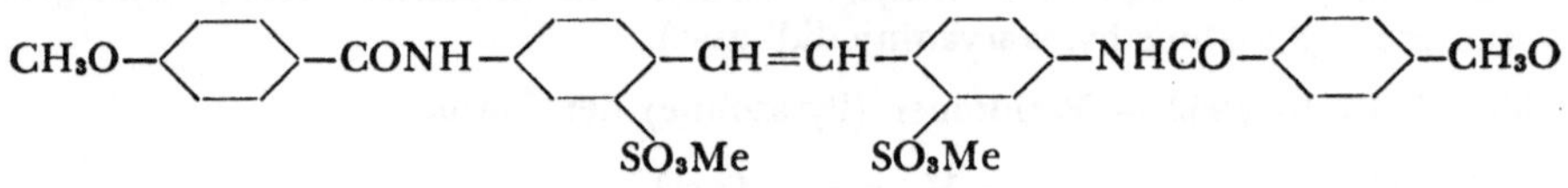

CH_3O—⟨ ⟩—CONH—⟨ ⟩—CH=CH—⟨ ⟩—NHCO—⟨ ⟩—CH_3O
SO_3Me SO_3Me

ist als optisches Aufhellmittel zu verwenden.

EP 660 868 Gen. An. 1951 – Verbindungen der Form

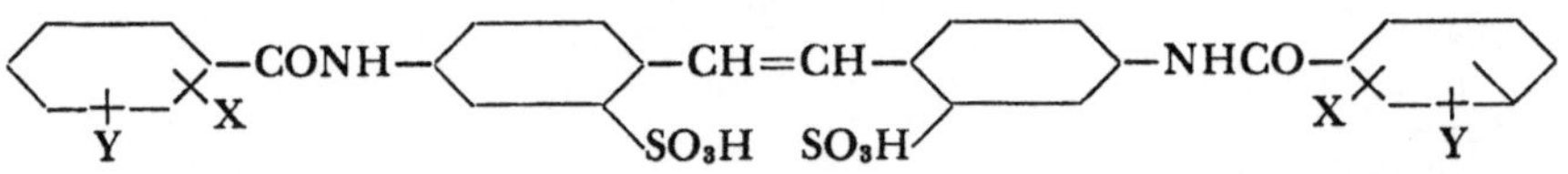

⟨ ⟩—CONH—⟨ ⟩—CH=CH—⟨ ⟩—NHCO—⟨ ⟩
Y X SO_3H SO_3H X Y

X, Y = niedere Alkoxygruppen oder – ORO – (in epi-Stellung) sollen als starke, grünlichweißfluoreszierende Weißtöner (optische Aufhellmittel) verwendet werden.

EP 656 590 Ciba 1951 – Optische Bleichmittel werden beschrieben, in welchen geeignete Ausgangsprodukte mit Formaldehydbisulfit usw. behandelt werden.

EP 656 110 Gy 1951 – Optische Bleichmittel der Form

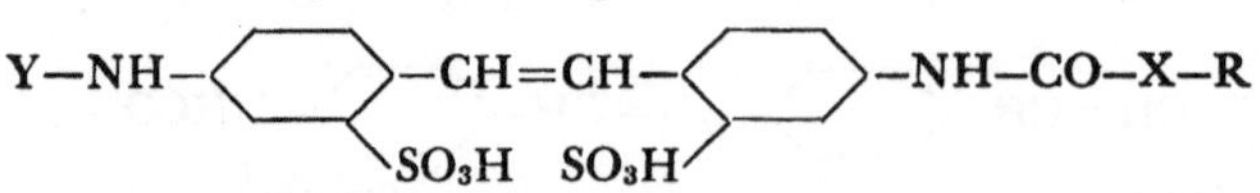

Y—NH—⟨ ⟩—CH=CH—⟨ ⟩—NH—CO—X—R werden angegeben.
SO_3H SO_3H

EP 655 258 Ciba 1951 vgl. EP 655 296. Optische Aufhellmittel der Aminocumarinklasse werden beschrieben.

EP 654 779 Gy 1951 – Weißtöner, die bessere Alkalibeständigkeit und Affinität aus Neutralbädern aufweisen als sulfonierte 4,5-Diphenylimidazolone besitzen die Formel

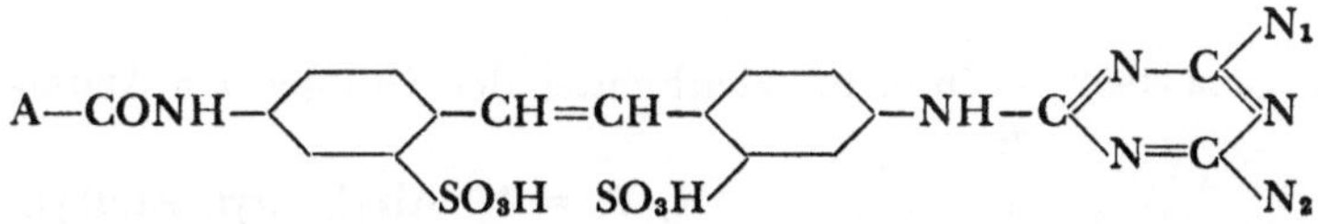

$$A{-}CONH{-}C_6H_3(SO_3H){-}CH{=}CH{-}C_6H_3(SO_3H){-}NH{-}C_3N_3(N_1)(N_2)$$

A = Alkyl oder Alkoxy, N_1 N_2 = primäre, sekundäre oder tertiäre Aminogruppen.

EP 654 028 Gy. 1951 – Als fluoreszierende Aufhellmittel sollen Körper der Form:

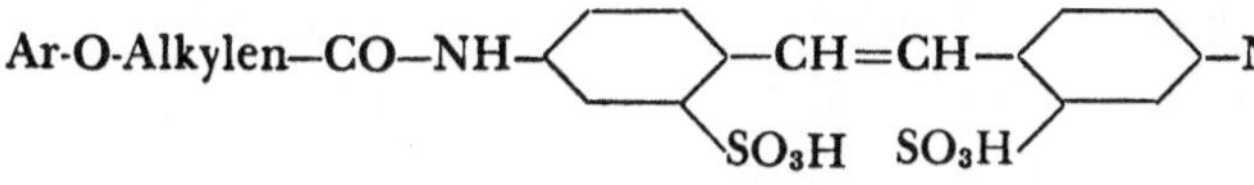

$$Ar{-}O{-}Alkylen{-}CO{-}NH{-}C_6H_3(SO_3H){-}CH{=}CH{-}C_6H_3(SO_3H){-}NH{-}Y$$ dienen.

Y = 1,3,5-Triazinring, der in den 3-, 5-Stellungen substituiert sein kann.

EP 653 681 Ciba 1951 – Als optische Bleichmittel werden die Diimidazole der Form

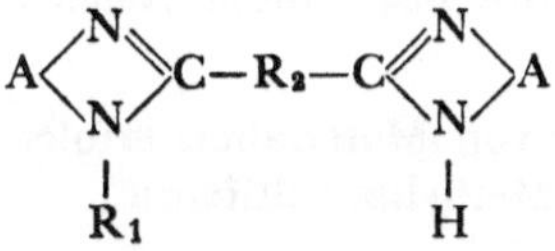

$$A\langle N{=}C(N R_1)\rangle C{-}R_2{-}C\langle N{=}C(N H)\rangle A$$ vorgeschlagen.

EP 647 759 Unilever 1950 – Beschreibt optische Aufhellmittel der Form

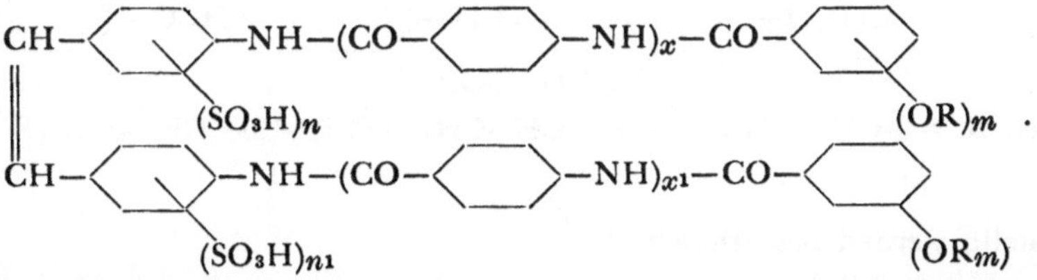

$$\begin{array}{l} CH{-}C_6H_{3}(SO_3H)_n{-}NH{-}(CO{-}C_6H_4{-}NH)_x{-}CO{-}C_6H_4(OR)_m \\ \| \\ CH{-}C_6H_{3}(SO_3H)_{n1}{-}NH{-}(CO{-}C_6H_4{-}NH)_{x1}{-}CO{-}C_6H_4(OR_m) \end{array}.$$

R = Alkyl oder Aralkyl, X, X_1 = O–4, n, n_1, m = Indexziffern, die die Anzahl der Substituenten der in Frage kommenden Form angeben. Blaufluoreszierende Körper.

EP 645 413 ICI 1950 – Zur Herstellung optischer Bleichmittel bringt man 2 Mol Cyanurchlorid mit 1 Mol 4,4′-Diaminostilbendisulfosäure-(2,2′) in Reaktion, wobei noch zwei Mol Dimethylamin oder Morpholin und 2 Mol eines primären oder sekundären aliphatischen Amins anwesend sind, welches keine OH-Gruppen enthält. Statt letzteren Amins können auch aromatische Amine, die eventuell als Kernsubstituenten Alkyle und/oder ONa oder SO_2NH_2 tragen, Anwendung finden.

AP 2 620 282 Ilford 1952 – Zum Aufhellen von Nylon werden farblose Verbindungen der Form

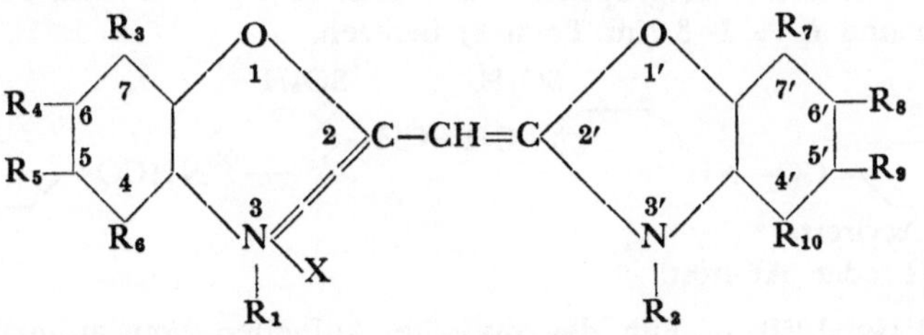

R₃ O R₇

R₄–6 7 1 1′ 7′ 6′–R₈

2 C–CH=C 2′

R₅–5 4 3 3′ 4′ 5′–R₉

R₆ N=X N R₁₀

R₁ R₂

R_1, R_2, Alkyl, Oxyalkyl, R_3–R_{10} = H, Cl, Alkyl, NH_2, Alkoxy, substituierte NH_2 und X = Säurerest verwendet, die in Äthylalkohol löslich sind; vgl. AP 2 622 958.

AP 2 619 470 Pro Nyl Chem Co. 1952 – Als Weißtöner für Nylon wird eine wäßrige Suspension von 0,1–6% 3,7-Dianisoylamidodibenzothiophensulfon-2,8-sulfonsäure vorgeschlagen, wobei das wäßrige Medium 20% und mehr tertiären Butylalkohol enthält.

AP 2 600 375 Ciba 1952 — Optische Bleichmittel der Gruppe der Aminocumarinsulfonate

$MeSO_3-C(H)(R_3)-N(R_2)-$[Cumarinring mit $C(R)=C-R_1$ und CO–O]

R, R_1 = H, Alkyl, Aryl, Aralkyl,
R_2 = H, Alky,
R_3 = H, Alkyl, Aryl, Furfuryl,
Me = Alkalimetall

werden beschrieben.

AP 2600 004 DuPont 1952 — Als Weißtöner soll die 4,4′-Bis-(3-methoxy-2-naphtoyl-amino-)stilben-2,2′-disulfosäure und ihre wasserlöslichen Salze, eventuell in Mischung mit 4,4′-Bis-(2,4-dimethoxy-benzoylamino-)stilben-2,2′-disulfosäure bzw. ihrem Na-Salz verwendet werden (50 : 50 bis 10 : 90).

AP 2 590 485 Lever Brothers 1952 — Die Weißverbesserung von Materialien erfolgt mit schwach alkalischen Lösungen von Umbelliferon und Methylumbelliferon.

AP 2 589 519 Gen. An. 1952 — Optische Aufheller der Form

$RO-C_6H_4-CONH-C_6H_3(SO_3H)-CH=CH-C_6H_3(SO_3H)-NHCO-C_6H_4-OR$

in welchen R = $-CH_2-CH_2X$, $-CH_2-CH(X)-CH_3$, $-CH_2-C(X)=CH_2$ usw. (X = Halogen) vorstellt, werden beschrieben.

AP 2 581 057 DuPont 1952 — Optische Aufhellmittel sollen die Formel

$(CH_3O)(OCH_3)(OCH_3)C_6H_2-CONH-C_6H_3(SO_3Me)-CH=CH-C_6H_3(SO_3Me)-NHCO-C_6H_2(OCH_3)(OCH_3)(OCH_3)$

besitzen.

AP 2 567 796 Ciba 1951 — Als Aufhellmittel mit Fluoreszenzwirkung sollen Verbindungen der Form

$X-[NH-Ar_1-CO]_n-NH-Ar-CH = CH-Ar-NH-[CO-Ar_1NH]_m-Y$ dienen, hierbei ist Ar ein sulfonierter usw. Benzolkern, Ar_1 ein zweiwertiges Benzolderivatradikal, welches Sulfogruppen, Alkyl und Halogen enthält, X, Y = H oder Alkyl und m und n = 1–3 (im Total 3) besitzen.

$(Y)(X)N-C_6H_4-CO-NH-C_6H_3(SO_3H)-CH=CH-C_6H_3(SO_3H)-NHCO-C_6H_4-NH(X)(Y)$

X = Aroyl-, Acylrest
Y = Alkyl, H oder Arylrest.

AP 2 526 668 Gy 1950 — Für das optische Aufhellen von animalischen Fasern dienen z. B.:

$CH_3-C_6H_4-O-CH_2-CO-NH-C_6H_3(SO_3H)-CH=$

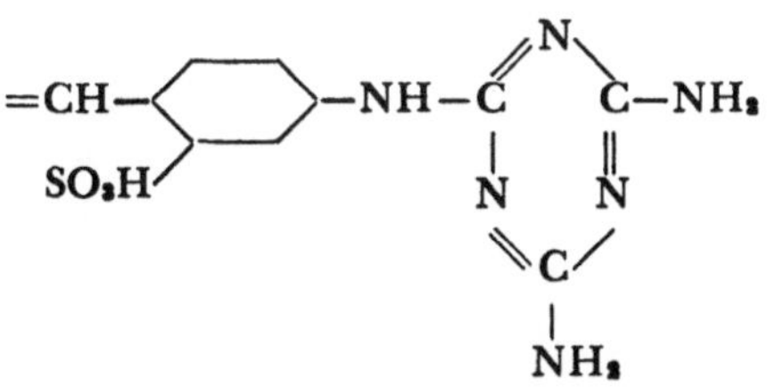

$=CH-C_6H_3(SO_3H)-NH-C_3N_3(NH_2)-NH_2$ (Triazinring: N, C–NH₂, N, C–NH₂)

oder

$C_6H_5-O-CH_2-CO-NH-C_6H_3(SO_3H)-CH=$

$=CH-C_6H_3(SO_3H)-NH-C_3N_3(NH-C_6H_5)-NH-C_6H_4-SO_3H$

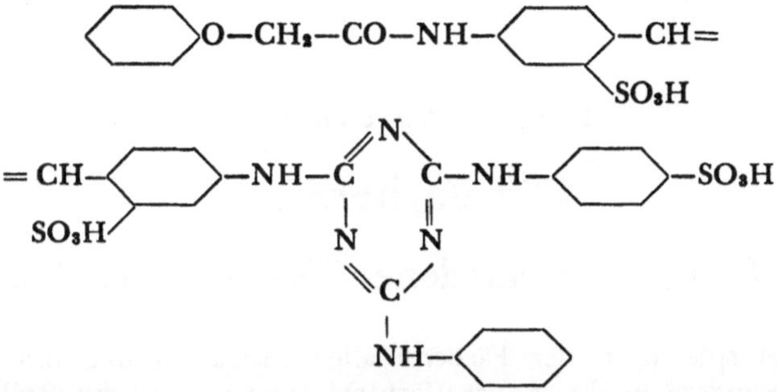

CanP 493 178/79 Gy 1953 – Verschiedene Aufhellmittel der Klasse der Distilbensäuren werden behandelt (vgl. CanP 493 182). Insbesondere die im CanP 492 179 behandelten Verbindungen ziehen besser auf Proteinfasern und sind alkaliechter als 4,5-Diphenylimidazolinsulfonate, die derzeit für Wolle im Gebrauch stehen.

CanP 492 998 Gy 1953 – Optische Bleichmittel der Form

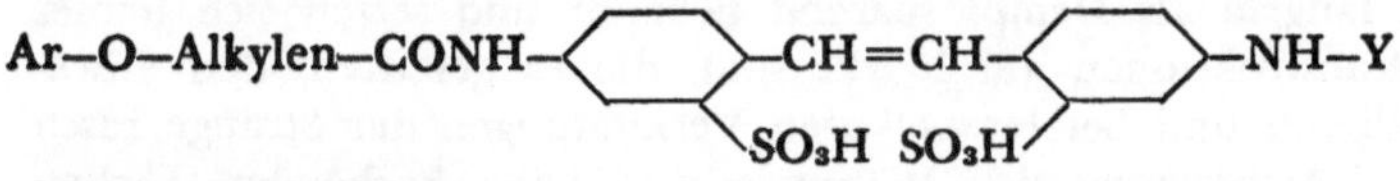

Ar–O–Alkylen–CONH–$C_6H_3(SO_3H)$–CH=CH–$C_6H_3(SO_3H)$–NH–Y (Y=Triazinrest)

werden vorgeschlagen.

CanP 492 577 Ciba 1953 – Diimidazole der bekannten Form sollen als Aufheller verwendet werden.

CanP 489 638 Unilever 1953 – Beschreibt optische Bleichmittel der Formel

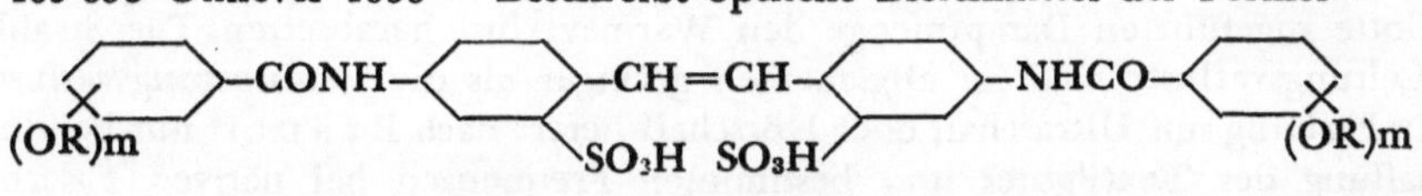

$(OR)_m C_6H_{5-m}$–CONH–$C_6H_3(SO_3H)$–CH=CH–$C_6H_3(SO_3H)$–NHCO–$C_6H_{5-m}(OR)_m$

m = 1–3, eine OR-Gruppe steht in 2,4,6 Position (CanP 489 845, AP 2 528 323).

CanP 481 651 Ciba 1952 – Optische Bleichmittel der Form

A⟨N=C(–R₁–C=N)⟩A mit $N-R_1$: $A\langle{}^{N}_{N(R_1)}\rangle C-R_1-C\langle{}^{N}_{N(R_1)}\rangle A$

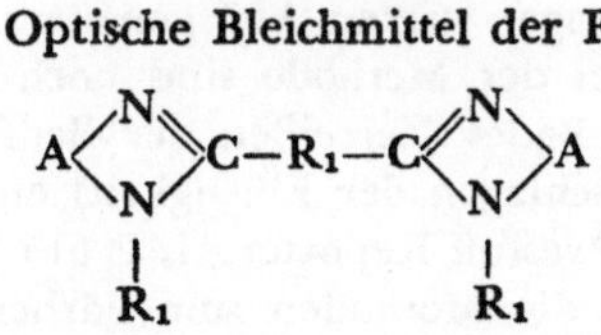

werden beschrieben.

AustralP 132 263 Unilever 1951 (vgl. EP 522 672 und AustralP 128 651, 128 718) – Als optische Aufhellmittel werden p-Derivate (Methylamino- bzw. Ureido-) der 4,4′-Dibenzoylaminostilben-2,2′-disulfosäuren beschrieben.

Dritter Abschnitt.

Die Färberei.

Das Färben verschiedener Textilmaterialien.

Die Netzmittel spielen in der Färberei aller Faserarten und mit allen Farbstoffklassen, insbesondere in der Apparatfärberei, eine wesentliche Rolle. Als beste Kaltnetzer haben sich seit langem die Verbindungen des Nekal-Typs, also alkylierte Naphtalinsulfosäuren bzw. deren Salze erwiesen. Seit einiger Zeit sind Mittel von ausgezeichneter Netzwirkung in den Alkylsulfobernsteinsäuren ermittelt worden (vgl. Stüpel, Segesser, l. c.). Sie kommen als *Aerosole* in den Handel.

In der Färberei der Woll- und Baumwollgewebe sind Haspel und Jigger geschlossener Bauart seit langem als Dampf sparend bekannt und setzen sich immer mehr durch, seitdem Konstruktionen am Markt sind, die es gestatten, den Stücklauf ständig zu kontrollieren und bei Haspelkufen Verknotungen der Stränge rasch lösen zu können. Die Herabsetzung der Wärmeverluste beim kochenden Färben wurde kürzlich von Klopfer[1] untersucht und festgestellt, daß die für jeden Fachmann selbstverständlichen Forderungen wie: Herabsetzen der Flottenoberfläche im Verhältnis zum Flottenraum, Färbung bei möglichst niedriger Temperatur, Ansetzen der Flotten mit vorgewärmtem Wasser und Hochhalten der in der Zeiteinheit der Flotte zugeführten Dampfmenge den Wärmeverlust herabsetzen. Die Strahlungs- und Leitungsverluste sind im allgemeinen geringer als die Verdunstungsverluste.

Die Färbung mit Ultraschall oder Hörschall liefert nach Bräuer[2] nur bei direkter Beschallung des Textilgutes und bestimmten Frequenzen bei nativen Fasern, wie Wolle, kaum Unterschiede, bei synthetischen Faserstoffen ist das Färbegleichgewicht rascher erreicht. Faserschädigungen treten bei genauer Einhaltung des Frequenzbereiches nicht ein. Die Kosten der Methode sind noch hoch. Bei der Beschallung tritt durch die Kavitation des Bades (Zerreißen der Badflüssigkeit unter Hohlraumbildung und Wiederzusammenschlagen der Flüssigkeit) ein Effekt wie durch heftiges Rühren usw. ein. (Vgl. Amer. Dyestuff Reporter 41, P 615 [1952].)

Weiter in Ausbildung sind die Methoden zum Färben der synthetischen Fasern wie insbesondere Orlon, Terylen und Acrilan. Hier kommen nur die Hochtemperaturverfahren[3] und der Thermosolprozeß, d. h. die Imprägnierung der Ware mit der Flüssigkeit unter nachträglichem Erhitzen auf hohe Temperaturen in Frage. Ein Nachteil letzterer Färbeweise ist die noch immer nicht behobene Schwierigkeit des Fluktuierens der wäßrigen Farblösung auf dem Material, welches kaum mehr als 30%,

---

[1] Magyar Textiltechnika III, No. 9, 266 (1950), zit. Zbl. d. ung. Technik No. 5 (1951).

[2] Bräuer: Melliand Textilber. 32, 701 (1951); vgl. Rath, Merk: Melliand Textilber. 33, 211 (1952); vgl. Bräuer: Rayonne, fibres synth. 8, No. 21, 22 (1952).

[3] Hartung: Textil Praxis 6, 204 (1951); Etchells: Textile Age 15, 16 (1951); Vickerstaff: Bull. Inst. Text. France 2, 29 (1951).

vielfach nur mechanisch anhaftend, an Farbflotte aufnimmt. Dadurch entstehen meist unegale Färbungen. Außerdem sublimiert eine große Anzahl der ansonsten geeigneten Acetatseidenfarbstoffe ab.

Bezüglich der Färbung mit „Trägerstoffen" (Carrier) in der Flotte, wie etwa der Cupro-Ionen-Färbung oder der mit Phenol- bzw. Benzoesäure, vgl. S. 159 und S. 165.

Die Kontinuefärbung von Baumwollgeweben bzw. solchen aus Viskosereyon nach dem Pad-Steam-Verfahren mit Dämpfung oder Zwischentrocknung hat insbesondere in USA weiter an Boden gewonnen (vgl. S. 222 H.). Eine Abart, die Pad-Jig-Arbeitsweise klotzt und dämpft mit der Küpenpigmentemulsion, reduziert und färbt jedoch am Jigger weiter (vgl. S. 136[4]).

Der Standfast Molten Dyeing Proceß (vgl. S. 224 H.) ist weiterhin in Entwicklung. Das Hot-Oil-Verfahren der General Dyestuff Co. (Williams), welches die Ware statt durch heiße Metallbäder durch heißes Paraffinöl schickt, wird in den USA weiter stark propagiert (vgl. S. 136).

Die Kontinuefärbung von Wollstück wurde von der Ciba nach dem „Schock"-Verfahren vorgeschlagen[5], wobei das Textilgut mit der Farbstofflösung, die keinerlei Zusätze an Säure oder Salzen enthält, imprägniert und dann durch kochende Säurelösung geführt wird.

Nylonstück kann nach Versuchen der Rhode Island Section des AATCC (vgl. S. 172) mit sauren Farbstoffen kontinue gefärbt werden, indem man mit den Farbbädern imprägniert und kurz dämpft. Barré-Effekte (durch Streckungsunterschiede im Material) oder Blockierung (bei Farbstoffkompositionen) sollen nicht auftreten.

Nach wir vor beschäftigt sich die Fachwelt auch mit dem Abbot-Cox-Verfahren, insbesondere für das Färben von Kreuzspulen und Viskosereyonspinnkuchen (vgl. S. 139).

Vielfach werden zur Schönung von Färbungen den Farbbädern optische Aufhellmittel (Weißtöner) zugegeben. Es werden dadurch in vielen Fällen Färbungen erhalten, die bei verschiedenem Licht einen verschiedenen Aspekt zeigen (sogenannte metamere Färbungen).

Gemäß dem ÖP 172 632 schlagen die Farbwerke Hoechst vor, Farbstoffe der verschiedenen Klassen, die Vinylsulfongruppen ($-SO_2-CH=CH_2$) bzw. solche veresterte Gruppen ($-SO_2-CH_2-CH_2-OSO_3H$) aufweisen, aufzufärben und dann auf frischem Bade oder im Farbbad mit Soda- bzw. Soda-Seifen-Lösungen zu behandeln, wobei die Vinylsulfongruppe mit der Faser in Reaktion tritt und echte Färbungen erhalten werden (vgl. BelgP 500 513 und DP 886 139).

In neuester Zeit wird die Färbung der Textilien auch derart vorgenommen, daß die physiologischen Erfordernisse des Menschen bei ihrem Gebrauche Berücksichtigung finden. Dies gilt vor allem hinsichtlich der Kühle von Sommerkleidungsstücken. Auch gefärbte Ware kann hier bereits durch geeignete Auswahl der Farbstoffklasse bzw. der Farbstoffe besonders geeignet gestaltet werden. Verschiedentliche Untersuchungen (vgl. Wojatschek: Textil Praxis 4, 337, 1949; Sserebrjakow: Tekstil. Prom. Nr. 12, 37 (1950), zit. C. A. 1950. 3266, sowie DuPont, s. u.) haben festgestellt, daß z. B. Schwefelfarbstoffe die Wärmestrahlen (Infrarot) wenig reflektieren. Sie sind also für Sommerkleidung ungeeignet. Sehr gut reflektieren Acetatseidenfarbstoffe sowie Direktfarbstoffe und Naphtolkombinationen. Verschiedene Reflexion besitzen saure und Chromfarbstoffe.

Nach Untersuchungen von DuPont (Techn. Bull. Band 4. Nr. 1, 1948) ergeben

---

[4] Ref. Angew. Chemie 63, 291 (1951).

[5] Vgl. z. B. AP 2 552 404 bzw. EP 637 665.

sich z. B. für eine Reihe von Farbstoffen folgende Reflexionswerte von Färbungen für Infrarot (Färbetiefe in Klammer):

I. Acetatseidenfarbstoffe: Acetamingelb N (2%) 94,5%, Acetamingelb RR (6%) 90,3%, Acetaminorange 3R (3%) 94,3%, Acetaminbraun SR (3,75%) 79%, Acetaminrot CR (1%) 92,0%, Acetaminrubin B (1%) 92,7%, Acetaminscharlach (1%) 93,0%, Celanthrenebrillantrot (1,8%) 88,2%, Celanthrenerot 3B konz. (1%) 84,6%, Acetaminviolett 2R (1,4%) 86,0%, Celanthrenerotviolett R (1%) 84,9%, Celanthrenebrillantblau FFS (2%) 89,0%, Celanthrenemarineblau BPS (3%) 70,8%, Acetaminschwarz CBS (10%) 57,2%, Acetamindiazoschwarz RB (5%) 77,5%.

II. Säurefarbstoffe: Metanilgelb (0,75%) 79,8%, Walkgelb 5G konz. (2%) 74,4%, Walkgelb GN (2%) 74,8%, Chinolingelb (1,5%) 78%, Pontacyllichtgelb GG konz. (2%) 78,7%, Pontacyllichtgelb 3G (2%) 82%, Walkorange R konz. (2%) 76,3%, Orange II konz. (1%) 73,3%, Anthrachinonrubin R konz. (3%) 2,8%, Walkrot B (2%) 78,3%, Walkrot 3 B (2%) 79,1%, Walkrot R (2%) 81,4%, Pontacylcarmine 6 Bextra konz. (1,5%) 85,3%, Pontacylcarmine 2 G konz. (2%) 82,3%, Pontacylechtrot BL konz. (2%) 79,1%, Pontacylviolett 4BSN konz. (1,5%) 76,6%, Anthrachinonblau BGA (1,25%) 81,4%, Anthrachinonblau AB (2%) 81,3%, Pontacylbrillantblau A (1,5%) 77,6%, Pontacylbrillantblau V (1%) 82,3%, Pontacylwollblau BL konz. (1,5%) 78,6%, Pontacylwollblau GL (1,5%) 79,6%, Pontacylechtblau 5R konz. (1,5%) 79,2%, Anthrachinongrün G (1 %) 80,0%, Chromacylschwarz W (8%) 23,0%, Pontacylechtschwarz BBN (5,6%) 68,1%.

III. Chromfarbstoffe: Pontachromechtgelb R konz. (1,5%) 83,1%, Pontachromorange RL (1%) 76,2%, Chromatbraun EBN (1%) 55%, Pontachrombraun HN konz. (1%) 55%, Pontachrombraun RH konz. (1,5) 53,5%, Pontachromechtrot E (2,5%) 76,2%, Pontachromblau ECR konz. (1%) 82,7%, Pontachromschwarz B konz. (6%) 25,7%, Pontachromschwarz PV konz. (8%) 23,8%, Pontachromschwarz TA (6%) 18,7%.

IV. Direkte und Entwicklungsfarbstoffe: Das Reflexionsvermögen der Ausfärbungen in einer Tiefe von 1,5 bis 2,5% liegt durchwegs dicht bei 90%, bei einigen Braunmarken und Schwarzmarken in Tiefen von 6% noch über 70%!

V. Küpenfarbstoffe: Sie zeigen ein recht unterschiedliches Verhalten. Während die Gelb-, Orange-, Rot- und Violettmarken in den Färbungen einer Tiefe von 2,5 bis 6% einen Reflexionswert von durchschnittlich 80 bis 90% aufweisen, besitzen einige Blaumarken recht tiefe Werte, so Ponsolblau BCS doppelt Paste (12%) 74,0%, Ponsolblau GD doppelt Paste (12%) 69,3%, Ponsolblau 3G plv. (10%) 51,7%, Sulfanthrenblau RNN doppelt Paste (15%) 25%, GR Paste (15%) 32,8%. Olivemarken schwanken ebenfalls, auch die Grünmarken, die Schwarzmarken zeigen ein sehr geringes Reflexionsvermögen in Schwarzfärbungen (um 23%).

VI. Schwefelfarbstoffe: Es ist dies die Klasse mit den niedrigsten Reflexionswerten. Sie schwanken von Braun 60% über Grün 55%, Blau 20 bis 40%, Marineblau 20% nach Schwarz 3 bis 8%!

VII. Die Naphtolkombinationen: Hier liegen die Reflexionswerte durchwegs über 88%; sie sind also als sehr gut zu bezeichnen.

Literaturübersicht über die Färberei.

Gibson, Knapp, Andres: Thermosolverfahren. Amer. Dyestuff Rep. 42, 1 (1953).

Hirsbrunner: Neuartige schwach sauer ziehende Metallkomplexfarbstoffe. Textil Rundschau 8, 12 (1953); Textil Praxis 8, 501 (1953).

Steverlynck: Färben von Textilien in überhitzter Flotte. SVF Fachorgan Textilveredlung 8, 139 (1953).

Casty: Cibalanfarbstoffe. SVF 8, 132 (1953); Textil Praxis 8, 491 (1953).

Choquette: Die Färbung der neuen Fasern. Mod. Textile 33, 31 (1952).

Peter: Moderne Schwarzfärbung. Reyon Zellwolle, Chemiefasern 30, 352 (1952).

Salquain: Ultraschall in der Textilindustrie. Teintex 17, 377 (1952).

Zeisser: Färben von Zellwollkreuzspulen auf spindellosen Systemen. Textil- u. Faserstofftechn. 2, 72 (1952).

Nitschke: Das kontinuierliche Färben von Kammzügen aus Zellwolle. Textil- u. Faserstofftechn. 2, 34 (1952).

Rath: Moderne amerikanische Kontinuefärberei. Melliand Textilber. 33, 1029 (1952).

Edwards: Praxis der Strumpffärberei. J. Soc. Dyers Colourists 67, 539 (1951).

Herrmann: Veredlung von Trikotwaren. Dtsch. Textilgewerbe 54, 271 (1952).

Henderson: Neuere Entwicklung der Fluoreszenzlampen mit besonderer Berücksichtigung der Farbprobleme. J. Soc. Dyers Colourists 67, 362 (1951).

Cayce (Gen. Dyestuff Corp.): Die neuen Färbemethoden. Amer. Dyestuff Reporter 41, Proc. AATCC, P 426 (1952).

Ernst: Breit-Kontinue-Färbeverfahren. Text. Rdsch. 7, 411 (1952).

A. Müller: Das Färben von synthet. Fasern. S.V.F. Fachorg. Textilveredlg. 7, 318 (1952) mit Lit.-Angaben.

Gsell: Baumwollstrahnfärberei. S.V.F. Fachorg. Textilveredlg. 7, 315 (1952).

Lint: Damenstrumpffärbung. Textil Praxis 7, 146 (1952).

Harding: Strumpffärberei. Text. Recorder 70, No. 830, 93 (1952).

Guthrie: Die Bindung einiger Farbkörper an Cellulose durch Ätherbrücken. Amer. Dyestuff Reporter 41, P 13 (1952).

Bräutigam: Das Färben von Strick- und Wirkgarn. Dtsch. Textilgewerbe 54, 43 (1952).

Roy: Die Entwicklung der Färbung von synthetischen Fasern. Amer. Dyestuff Reporter 41, P 35 (1952).

Belloni, Ventura: Färben von Spinnkuchen aus Viskosereyon. Reyon Zellwolle 30, 59 (1952).

Boulton, Crank: Das Färben im Packapparat. J. Soc. Dyers Colourists 68, 109 (1952).

Rath, Merk: Das Färben mit Schallwellen. Melliand Textilber. 33, 859 (1952).

Elöd: Zur Kenntnis der Färbevorgänge. Textil Praxis 7, 66 (1952).

Früh: Das Färben vollsynthetischer Fasern. Dtsch. Textilgewerbe 54, 83 (1952).

Kittan: Die Hutfärberei. Textil Praxis 7, 224 (1952).

Swillens: Hochtemperaturfärbung. Rayonne et fibres synth. 8, No. 4, 43 (1952).

Roy: Die Färbung synthetischer Fasern. Amer. Dyestuff Reporter 41, P 35 (1952).

Richardson: Der Standfastfärbeprozeß. Amer. Dyestuff Reporter 41, P 293 (1952).

White: Färben von synthetischen Fasern. Textil Rundschau 7, 12 (1952).

Budenberg-Schaeffer (Magdeburg), Förster (Chemnitz): Temperaturkontrolle in Färbebädern. Melliand Textilber. 33, 230 (1952).

Herrmann: Substantive Farbstoffe zum Färben über 100° C. Melliand Textilber. 33, 1111 (1952).

Drijvers: Die Hochtemperaturfärbung. Amer. Dyestuff Reporter 41, 533 (1952); vgl. Textillwezen 8, 18 (1952); Melliand Textilber. 33, 534 (1952).

Haas: Farbwanderung bei der Gewebetrocknung. Melliand Textilber. 34, 67 (1952).

Nishida: Die direkte Färbung. J. Soc. Text. Cell. Ind. (Japan) 8, 347 (1952), zit. C. A. 46, 9851 (1952).

Duruwala, Nabur: Eine neue Methode (Kontinue-Einbadverfahren) zum Färben von Mineralkhaki. J. Soc. Dyers Colourists 68, 168 (1952).

Jakobs: Kontinuefärbemethoden. Amer. Dyestuff Reporter 41, 441 (1952).

Alexander, Meek: Färben mit Ultraschall. Melliand Textilber. 34, 57 (1952).

Williams: Die Kontinuefärbung. Amer. Dyestuff Reporter 41, P 360 (1952).

Joly: Färbung von wasserabstoßenden Textilfasern. Teintex 17, 139 (1952).

Fox: Moderne Kontinue-Färbeprozesse. De Tex 11, 134 (1952).

Cayce: Neue Färbemethoden. Amer. Dyestuff Reporter 41, P 426 (1952).

Felgendreeger, Fritz: Die Färbung von Wollstoffen. Amer. Dyestuff Reporter 40, 494 (1951).

Ziegler: Stückfärbung. Melliand Textilber. **32,** 626 (1951).

Bridges: Färben von Strümpfen mit Algosolen in rostfreien HNO_2-unempfindlichen Stahlgefäßen. Amer. Dyestuff Reporter **40,** P 354 (1951).

Douglas: Kontinuefärberei für wasserlösliche Farbstoffe (Direktfarbstoff). Dyer **106,** 102 (1951).

Robinet: Précis des Teintures de Fibres Textiles. Teintex 1951.

Drijvers: Hochtemperaturfärbung. De Tex **10,** 1233 (1951).

Steger: Färbung von Damenstrümpfen. Färberkalend. **55,** 70 (1951).

Koch: Färbung von Wirkwaren. Amer. Dyestuff Reporter **40,** P 531 (1951).

Drijvers: Hochtemperaturfärbung. De Tex **10,** 1233 (1951).

Vaterlaus: Färbung von Seide in Schwarz. S.V.F. Fachorg. Textilveredlg. **6,** 134 (1951).

Edwards: Strumpffärberei. J. Soc. Dyers Colourists **67,** 539 (1951).

Tyler: Seidenfärberei. Brit. Rayon Silk J. **27,** 321 (1951).

Saha: Färben von Jute. Text. Manufacturer **77,** 373 (1951).

Thomson: Seidefärbung. J. Soc. Dyers Colourists **67,** 329 (1951).

Stüpel, Segesser: Alkylsulfosuccinate (Aerosole). Textil Praxis **6,** 255 (1951); vgl. J. Soc. Dyers Colourists **53,** 91 (1937).

Faldik: Kokosgarn-Färbung. Textil Praxis **6,** 683 (1951).

Niederhauser: Moderne Färbeverfahren. Teintex **16,** 345 (1951).

Wittenberger: Metallverbindungen von Farbstoffen (Nachchromierung, Palatinechtfarbstoffe, gekupferte Direktfarbstoffe usw.). Formeln und Literaturhinweise. Melliand Textilber. **32,** 454 (1951).

Rodionov, Bogoslovskii, Kazakowa: Färberei. Zhur. Priklad Khim. **24,** 670 (1951) UdSSR.; zit. Chem. Abstr. 741, **1952.**

Prisley: Gleichzeitiges Abziehen und Färben von Wolle. Text. Wld. S. 199. Dez. 1951.

Guthrie: Waschfeste Azofarbstoffe. Text. Wld. S. 139, Dez. 1951.

Miles, Paiss, Salvin: Verhindern von Gasfading. Text. Wld. S. 143, Dez. 1951.

Godlove: Bestimmung der Stärke von Färbungen. Amer. Dyestuff Reporter **40,** 429 (1951); vgl. Stearns: Amer. Dyestuff Reporter **39,** P 358 (1950).

Davidson, Godlove: Amer. Dyestuff Reporter **39,** 628, P 736 (1950); Cikural: Amer. Dyestuff Reporter **39,** P 736 (1950); Codlove: **40,** P 49 (1950).

Kubelka, Munk: Z. techn. Physik **12,** 593 (1950); Wright: Measurement of Colour, London, Hilger Ltd., 1944.

Marr: Färben von Webketten. J. Soc. Dyers Colourists **66,** 108 (1950).

Scott: Kontinuierliches Kettenfärben und Schlichten. Text. Wld. **100,** 114 (1950).

Scott: Strumpffärberei. Text. Wld. **100,** 96 (1950).

Trotman: Färbung von Strickware usw. Text. Recorder **68,** Sept. 128, Okt. 91 (1950).

Royer: Fortschritte in der Färbung der Textilfasern. Amer. Dyestuff Reporter **39,** P 877 (1950).

Justin-Mueller: Der Gebrauch von Eisen- und Kupfersalzen beim Färben. Teintex **15,** 401 (1950).

Stern: Das Färben mit Coprantinfarbstoffen. Text. Wld **100,** No. 4, 132 (1950).

Vickerstaff: Physical Chemistry of Dyeing. Interscience Publ. 1950.

Diserens: Chem. Techn. of Dyeing and Printing. Vol. II, 1951.

Rudolph: Kettbaumfärberei. Textil Praxis 5, 434 (1950).

Steger: Damenstrumpffärbung. Dtsch. Textilgewerbe **52,** 296 (1950).

Steger: Coprantinfärbung. Ciba-Rundschau Nr. 94, 3477 (1950).

Steger: Ultraschall in der Färberei und Wäscherei. Wool Rec. Text. Wld. **100,** 115 (1950).

Tamoczy, Patkai, Zilahi: Verwendung des Ultraschalls in der Textilindustrie. Magyar Textiltechnika III. No. 11, 330/35 (1950), zit. Zbl. d. ung. Technik Nr. 4 (1951).

March: Kreuzspulenfärberei. Text. Wld. **99,** 106 (1949).

Haller: Direktfärbung. Schweizer Arch. angew. Wiss. **15,** 374 (1949).

Turner-Hall: Review of Textile Progress 1949. Text. Inst. Manchester.

Deverelle-Smith: Die Oberflächenfärbung von Kunststoffen. J. Soc. Dyers Colourists **65,** 328 (1949).

Patentschrifttum über das Färben (allgemein).

DP 868 288 Francolor 1953 — Durch saure Behandlung gewisser Azofarbstoffe, die eine sekundäre Aminogruppe mit Sulfogruppe tragen, wird letztere abgespalten und der Farbstoff naßechter.

DP 868 287 BASF 1953 — Echte Färbungen auf Textilien aller Art werden hergestellt, indem man Dis- oder Polyazofarbstoffe, die metallisierbar sind, mit Kupfersalzen in Gegenwart von Oxydationsmitteln (H_2O_2) behandelt. Man verwendet z. B. 2% $CuSO_4$, 2% CH_3COOH (30%) und 2% H_2O_2 (30%).

DWP 3 Nitschke 1952 — Färben von Woll- und Zellwollkammzug. Durch die Vorschaltung einer oder mehrerer sogenannter Kammzugfärbeeinheiten vor die bekannte Kammzuglisseuse, wird der Färbe-, Spül-, Avivier- und Trockenprozeß zu einem Arbeitsgang zusammengefaßt und dadurch zu einem kontinuierlichen Färbeprozeß gestaltet.

DWP 102 Hermann 1952 — Verfahren zur Trocknung von Textilien und ähnlichem Material. Das Trockengut wird der Einwirkung von überhitztem, ständig umgewälzten und wieder auf die Vortemperatur erwärmten Wasserdampf ausgesetzt.

BelgP 506 739 Rhodiaceta 1953 — Die Färbung von synthetischen Fasern soll mit Hilfe von Farbstoffdispersionen erfolgen, wonach eine Fällung des Farbstoffs bewirkt wird.

BelgP 503 684 Steverlynck 1952 — Die Veredlung, insbesondere die Färbung von Natur- und Kunstfasern in wäßrigem Milieu in zirkulierenden Bädern bei Temperaturen über 100° C, eventuell unter Zufügen von Elektrolyten. Beispiele werden keine gebracht. Für leicht reduzierbare Direktfarbstoffe ist Perboratzugabe zum Bade erforderlich.

EP 677 597 Celanese 1952 (vgl. EP 677 573) — Das Färben von Textilfasern wird derart vorgenommen, daß diese in einem frei fließenden Farbbade schwimmen.

EP 663 066 Standfast Dyers 1951 (vgl. EP 620 584) — Die Färbung von Textilien durch Passieren eines erhitzten Metallbades erfolgt so, daß den Küpen- oder Schwefelfarbstoffbädern reduzierend wirkende Stoffe (Glukose, Dextrin, Tannin usw.) zugesetzt werden, um eine teilweise Zersetzung des Hydrosulfits durch das Metallbad zu vermeiden. Diese Zersetzung führt sonst zur Bildung von Schmieren, die sich auf der Ware festsetzt.

EP 662 795 Saxby 1951 (vgl. EP 638 176) — Man behandelt Wolle mit Färbebädern, deren pH durch Zugabe von Pyroboraten eingestellt wurde.

EP 649 476 Dixon 1951 — Beim Färben von Teppichen wird die Farbstofflösung bei niedergelegtem Flor aufgebracht und eingebürstet. Ein Netzmittel soll zugegeben werden.

EP 649 140 Dan River 1951 — Man färbt Textilien derart, daß man sie mit alkalischen Lösungen von gefärbter Acetatkunstseide behandelt und diese Lösungen durch Säure am Gewebe fällt, wäscht und trocknet.

HollP 72 273 Bat. Petr. My 1953 — (Vgl. HollP 71 108). Das Färben von Polymeren aus Dienen und SO_2 wird behandelt.

AustralP 132 269 Williams 1949 — Die Konstruktion der „Williams Unit" wird beschrieben.

1. Wollfärbung.

a) Färbeverfahren.

Das Egalisiervermögen saurer Farbstoffe kann nach Leonard et al[6] derart bestimmt werden, daß man sich zwei Färbebäder à 500 cm³, mit Säure und Salz, von 100° C vorbereitet und in beiden die gleiche Menge des zu prüfenden Farbstoffes auflöst. Hierauf färbt man im ersten Bad 10 g Wollmaterial 22½ Minuten, gießt das zweite Bad zu und färbt unter Zugabe von 10 g ungefärbtem Wollmaterial neuerlich 22½ Minuten, dann nimmt man aus der Flotte und bestimmt den Reflexionswert bei der stärksten Wellenlänge.

Der Li (Egalisier Index) beträgt maximal 1, mindestens 0,33; er ist abhängig vom Farbstoff und Salzgehalt der Flotte. Werte unter 0,6 zeigen, daß das Egalisiervermögen ungenügend ist. Z. B. wurden erhalten für:

Alizarinirisol RD (C. I. Nr. 1073)	0,903
Tuchechtrot BN (C. I. Nr. 262)	0,416
Alizarincyaningrün CG extra (C. I. Nr. 1078)	0,479
Pontacylechtgelb 3G (C. I. Nr. 636)	0,675
Alizarindirektblau A2G (Pr 10)	0,783
Anthrachinonblau BN (C. I. 1054)	0,803

Die färberischen Eigenschaften von Wollfarbstoffen usw. sollen gemäß Untersuchungen der Northern New England Section des AATCC[7] auch durch Bestimmung folgender Charakteristika festgelegt werden können: des PAW (praktischer Ausziehwert), der nach einer Stunde bei einer 1%igen Färbung erreicht ist, des AAG („Strike"), d. h. des Vergleichswertes einer einstündigen Färbung, mit dem Farbanfall nach einer Minute, des DFV (Durchfärbevermögen), welches man bestimmt, indem man drei Gewebestücke zusammennäht und nach der Färbung die obere Seite des mittleren Stückes beurteilt und des EGV (Egalisiervermögen), welches bestimmt wird, indem 2 Gewichtsteile Ware mit einer 1,5%igen Ausfärbung mit 1 Gewichtsteil ungefärbtem Material eine Stunde in einem blinden Bade kochend behandelt wird.

Über den Einfluß der Cuticula beim Wollfärben zeigen Millson und Turl[8], daß Lösungen von Metallsalzen und Walkfarbstoffen zuerst ins Faserinnere treten durch an der Cuticula geschädigten Stellen. Egalisierungsfarbstoffe zeigen keine bevorzugten Eintrittsstellen.

Schäden an Faservliesen (lichtgeschädigte Wolle), die zum Schipprigfärben (tippydyeing) neigen (vgl. S. 157 H), sind durch Behandlung der Ware mit Salzen von radioaktivem Kobalt und Auflegen der Ware auf photographische Platten deutlich nachzuweisen. Die Metallsalze dringen tief in die lichtgeschädigten Spitzen des Wollhaares.

Faserschädigungen, d. h. teilweiser Abbau der Wollfasersubstanz durch die Färbeflotten, treten stets ein. Ihre Intensität nimmt je nach Art der Färbung zu, wie folgt[9]:

Nachchromieren nach schwach saurer Vorfärbung ⟶ Metachromfärbung ⟶ Neutrale Färbung

Schon Wojatschek (vgl. S. 154 H) beschäftigte sich mit dem Wärmehaltungsvermögen von Färbungen. Sserebrjakow[10] spricht von „kalten" und „warmen"

---

[6] Leonard, Lathrop, Mersereau: Vgl. RiS J. Soc. Dyers Colourists **64**, 29 (1948), bzw. Günther: Amer. Dyestuff Reporter **38**, 826 (1949).

[7] Amer. Dyestuff Reporter **38**, 812 (1949).

[8] Amer. Dyestuff Reporter **39**, 647 (1950).

[9] Text. Manufacturer **77**, 124 (1951).

[10] Tekstil. Prom. **10**, No. 12, 37 (1950), zit. **C**, 1951, I, 3266.

Wollfärbungen und photographiert mit infrarotempfindlichen Platten. Je nach ihrer Art erscheinen die Färbungen weiß, grau oder schwarz. Außer „warmen" Farbstoffen erhöhen Metallsalze die Absorptionsfähigkeit von Garnen für Infrarot.

Über die Färbung von Kammzug mit Helindonen oder Algosolen bzw. Indigosolen berichten neuerlich Gaunt u. a.[11] (vgl. die alte Indigosolfärbemethode, die von Durand und Huguenin stammt).

Die Algosolfärbung (Indigosolfärbung) von Garnen für Strickwaren am Apparat kann wegen des Angriffs, den alle Metalle durch die HNO_2, die aus dem verwendeten Nitrit entsteht, erleiden, nur in aus rostfreiem Stahl bestehenden Vorrichtungen erfolgen. Man färbt in Farbflotten, die das Indigosol und Alkali enthalten bei 70° C, setzt langsam (zweimal) 15–30% der Ware an kristallisiertem Glaubersalz zu und behandelt insgesamt ¾ Stunden. Hierauf wird auf frischem Bade mit 0,5% Nitrit behandelt, dann die notwendige Schwefelsäure zugesetzt, auf 80° erwärmt, 5 Minuten gefärbt, kalt gespült, mit 2% Soda sicc bei 70° C gewaschen, geseift und warm und kalt gespült.

Nach Wojatschek (Melliand Textilber. **33**, 430 [1952]) erfolgt die Färbung von Wollkreuzspulen vorteilhaft mit Supramingelb R, Supracenrot BL, BBT und Supracenblau GE in Kombination in saurer Färbung, wobei man die Säure mit etwas Ammoniak abstumpft, um ein allzu rasches Aufziehen zu verhindern. Bei Verwendung von Chromfarbstoffen nüanciert man mit Supramingelb R, -orange R, -rot 6B bzw. Supracenrot BBT, 3B und -blau R bzw. BN.

Für Marinetöne kann vorteilhaft Chromoxanmarineblau RRN, für Schwarz Chromogenschwarz ETOO verwendet werden.

Wolle soll nach dem Hochtemperaturprozeß in 60 Sekunden bei 135° C im Färbegleichgewicht sein, doch tritt Faserschädigung auf[12]; vgl. Calco Techn. Bull. 833 (1953).

Den Neolanen (Ciba) bzw. Palatinechtfarbstoffen (BASF) gleichwertige chromkomplexe Farbstoffe werden nunmehr als Vitrolane (Sandoz) bzw. Gycolane (Geigy) auf den Markt gebracht (vgl. Arilanfarbstoffe der Interchemical Co.). Bekanntlich tritt beim Färben von grünen Metallkomplexfarbstoffen leicht Verkochen unter Trübung des Tones ein. In Anlehnung an das zit. OeP 167 095 bringt die Ciba das im Gegensatz zu den Marken B und BL verkochechte Neolangrün BF in den Handel.

Unter der Bezeichnung Xylenecht-P-Farbstoffe empfiehlt Sandoz schwach sauer ziehende, sehr gute Naßechtheiten aufweisende Produkte. Die Irgalane (Geigy) sind neutral oder schwach sauer ziehende naß- und walkechte Farbstoffe, die Metall- (Cr-) Komplexe darstellen. Über 75° C sind sie vorsichtig aufzufärben. Die Gamme ist nur zur Herstellung stumpferer Töne geeignet, da im Rot, Blau und Grün lebhaftere Töne fehlen. Die Cibalane sind gleichgeartete Produkte, ebenso die Lanasyne (Sandoz). Irgalane, Cibalane, Lanasyne usw., also die schwach sauer färbbaren Metallkomplexe, besitzen eine weitaus bessere Walkechtheit als die Neolane, Vitrolane oder Gycolane, Palatinechtfarbstoffe, Inochrome usw.; sie ziehen auch in ihrer Endnuance auf die Faser, d. h. brauchen nicht einen Kochprozeß längerer Art, um auf die volle Nuance zu kommen, wie die Neolane und gleichen Farbstoffe. Außerdem besitzen sie in hellen Nuancen eine bessere Lichtechtheit als die vorgängigen Komplexe. Die Ciba empfiehlt: Cibalangelb CRL, 2BRL, -orange Bl, -braun 2GL, BL, TL, -scharlach GL, -bordeaux BL, -blau BL, -khaki GL, -grau 2GL, BL.

Letztlich schlug Hanny vor, bei dem jetzt stark angewandten Mono- bzw. Metachromfärbeprozeß, bei dem es aus Gründen der Egalisierung usw. bekanntlich auf die Kontrolle der Badacidität ankommt, diese durch Zusatz von 2–2,5% an Diäthyltartrat und Glukonsäurelakton (bezogen auf das Warengewicht) optimal zu halten.

[11] Gaunt: Text. Manufacturer **77**, 568 (1951), bzw. Textil-Rundschau **5**, 141 (1950), bzw. Dyer **106**, 523 (1951).

[12] Zimmermann: Amer. Dyestuff Reporter **39**, P 250 (1950).

Nach dem Ogden-Prozeß ist Wolle gleichzeitig abzuziehen und zu färben (auch im Stück), indem man dem kalten Bade erst den zur Färbung notwendigen Farbstoff, dann die Säure und dann das Abziehmittel zusetzt, innerhalb einer Stunde zum Kochen bringt und 30 Minuten kocht. Dann werden 10% kalz Glaubersalz zugegeben und weitere 45 Minuten gekocht. Die zum Färben verwendeten Farbstoffe müssen selbstverständlich gegen die Abziehmittel (Formaldehydsulfoxylat) resistent sein.

Literaturübersicht über das Färben von Wolle.

Günther: Fortschritte in der Woll- und Zellwollkammzugfärberei. Melliand Textilber. **34**, 328 (1953); vgl. Amer. Dyestuff Rep. **42**, 167 (1953).

Sperlich: Färben von Kammgarnstücken mit Metachromfarbstoffen. Melliand Textilber. **34**, 59 (1953).

Hannay, Major, Pickin: Der Metachromprozeß. J. Soc. Dyers Colourists **68**, 373 (1952).

Rattee: Die Egalfärbung mit sauren Farbstoffen. Dyer **107**, 641 (1952).

Justice, Ewing: NaCl und Na_2SO_4 bei der sauren Wollfärbung. Mehr NaCl als Na_2SO_4 müssen verwendet werden; vgl. Leitch wie oben. Amer. Dyestuff Reporter **41**, P 668 (1952), bzw. **41**, P 679 (1952).

Lister: Metachromverfahren. J. Soc. Dyers Colourists **68**, 49 (1952).

Lister: Die saure Färbung. J. Soc. Dyers Colourists **65**, 97 (1949).

Casty: Die Färbung mit Chromkomplex-Farbstoffen (Neolanen). Melliand Textilber. **33**, 950 (1952).

Lewinski, Bogosslowsky, Pawlowskaja: Tekstil. Prom. **11**, No. 11, 38 (1951), zit. C. I. 3348 (1952).

Luscian: Färbung von Wolle in der Flotte oder im Kammzug mit Küpenfarbstoffen. Calco Technical Bull. 819 (1952). Ergänzung zu Bull. 797 (1947).

Prisley: Der „Ogden"-Prozeß für gleichzeitiges Abziehen und Färben von Wolle. Amer. Dyestuff Reporter **41**, P 251 (1952).

Hannay: Die pH-Kontrolle bei der Metachromfärbung. Textil Rundschau **7**, 92 (1952); Dyer **108**, 37 (1952).

Lister: Einbadchromfärbung. J. Soc. Dyers Colourists **68**, 49 (1952).

Wojatschek: Reibunechtheit beim Metachromprozeß. Textil Praxis **6**, 673 (1951); vgl. Fehler beim Wollfärben. Wool Rec. **80**, 475 (1951).

Wojatschek: Metachromfärbung von Wolle und Halbwolle. Färberkalender **55**, 78 (1951).

Wojatschek: Einbadchromprozeß. S. V. F. Fachorgan. Textilveredlung **6**, 169 (1951).

Flament: Die saure Färbung der Wolle. Teintex **16**, 618 (1951).

Stevens, Whewell, Bradley: Verhalten gechlorter Wolle beim Färben. Soc. Dyers Colourists **66**, 435 (1950).

Rosstowzew: Färbung von Wolle usw. mit Naphtolen. Tekstil. Prom. **10**, No. 11, 38 (1950).

Race: Metachromfärbeprozeß. J. Soc. Dyers Colourists **66**, 141 (1950).

Zimmermann: Hochtemperaturfärbung. Amer. Dyestuff Reporter **39**, P 250 (1950).

Wojatschek: Nuancieren von Wollfärbungen. Melliand Textilber. **31**, 769 (1950).

Carpenter: Egalisieren in der Wollfärberei. Text. Recorder **68**, No. 809, 73 (1950).

Cheetham: Färben von Wolle mit Küpenfarbstoffen. J. Soc. Dyers Colourists **66**, 478 (1950).

Campbell: Das Färben von Fibro-Teppichgarnen mit Direktfarbstoffen in Hartwasser. J. Soc. Dyers Colourists **66**, 120 (1950).

Der „Sanforlan"- und „Schollerizing"-Prozeß und der Farbton sowie die Festigkeit von gefärbter Wolle. Techn. Bull DuPont **6**, 55, 24 (1950).

Kramrisch: Das Färben von Filzen. J. Soc. Dyers Colourists **66**, 50 (1950).

Burton, Stoves: Färbung mit 2,4,5-Trioxytoluol und Metallsalzen. J. Soc. Dyers Colourists **66**, 474 (1950).

Bird, Newsome: Blauholz auf Wolle. J. Soc. Dyers Colourists **66**, 423 (1950).

Stevens, Whewell, Bradley: Färben von chlorierter Wolle. J. Soc. Dyers Colourists **66**, 435 (1950).

Alexander, Charman: Text. Res. J. 20, 761 (1950).
Gaunt: Chromfärbung auf Wolle. J. Soc. Dyers Colourists 65, 429 (1949).
Casty, Krähenbühl: Neue Erfahrungen im Kontinuefärben von Wolle. J. Soc. Dyers Colourists 65, 381 (1949).
Hall: Woll- und Filzhutfärbung. Dyer 102, 23 (1949).

Patentschrifttum über das Färben von Wolle.

OeP 176 953 Ciba 1953 — Es werden neutral oder schwach sauer färbbare Kobalt- und Kupferkomplexe beschrieben.

OeP 174 439 Ciba 1953 — Die Herstellung von ein Atom Cr oder Co auf zwei Mole Azofarbstoff enthaltenden Farbstoffen (Cibalane) und das Färben im neutralen und essigsauren Bade wird beschrieben.

OeP 171 700 Durand Huguenin 1952 — Als Netzmittel sollen mittels bekannter Netzmittel dispergierte Alkoxyalkylphosphate oder Alkylphosphate dienen, die an sich nicht wasserlöslich sind. Die Netzzeiten (Untersinkzeiten) von Nekal BX, Invadin N, Albatex PO, Aerosol OT usw. werden auf 1—4 Sekunden herabgesetzt, bei einer Menge von 0,5—2 g/Liter.

OeP 170 630 Ciba 1952 — Zum Färben von Wolle werden acylierte Azopigmente (nach Art der Neocotone) vorgeschlagen, die man durch Acylierung mit Thiophen- oder Furan-2-carbon-5-sulfonsäuren erhält. Die Verbindungen lassen sich sauer auffärben (aus schwefelsauren Bädern) und werden durch Behandlung mit verdünntem NH_3 (1—2%) leicht zum unlöslichen Pigment desacyliert, welches nach einer Behandlung mit Igepon usw. wasserechte blaue Töne liefert. Auch für den Druck auf Wolle oder Baumwolle werden die Vertreter empfohlen.

OeP 169 328 Ciba 1951 — Zum sauren Färben von echten, nur in alkalischen oder neutralen Bädern färbbaren Farbstoffen (Einbadchromverfahren) der Azoreihe, die chromierbar sind, werden diese mit Farbstoffen gemischt, die sich in sauren (essigsauren) Bädern lösen. Man erhält bei entsprechender Auswahl sogar für die Apparatfärberei geeignete Produkte.

DP 864 988 BASF 1953 — Das Färben von Wolle mit ionogenem Farbstoff soll unter Anlegung einer elektrischen Spannung ans Färbebad erfolgen.

DP 851 046 Saxby 1952 — Beim Färben von Wolle oder diese enthaltenden Textilien wird das Färbebad mit pyroborsaurem oder metaborsaurem Alkaligehalt auf den notwendigen pH-Wert gebracht.

DP 850 136 Ciba 1952 — Färbungen werden mit Monoazofarbstoffen der Form

O—Y
Y—O—R—N=N—[Naphthalinring] Y = Acylgruppe mit mindestens einem, die Löslichkeit

bedingenden Substituenten, R = sulfonsäuregruppenfreier Benzolrest, im Einbadchromverfahren usw. hergestellt; Wolle wird echt gefärbt.

DP 849 094 Ciba 1952 — Tierische Fasern können, mit Farbstofflösung getränkt, durch plötzliches Zusammenbringen mit erhitzter Säurelösung gefärbt werden.

DP 848 791 Ciba 1952 — Zur Verhinderung des Verkochens von chromhältigen Wollfarbstoffen wird dem Färbebade ein eine ionisierbare Gruppe enthaltender Aldehyd beigefügt.

DP 848 637 Ciba 1952 — Zur Verbesserung der durch Verkochen von Neolanfärbungen entstehenden Tonverfärbung werden diese mit Aldehyd behandelt.

DP 845 190 Ciba 1952 (vgl. DP 845 636) — Echte Färbungen werden mit Farbstoffen der Form $RN = N{-}C_{10}H_5\langle{}^{OH}_{SO_2N\langle{}^{X}_{Y}}$, wobei R einen Arylrest der Benzolreihe, X, Y = H oder Alkyl- bzw. Oxyalkylgruppen bedeuten und die Farbstoffe sulfon- und carboxylgruppenfrei sind, erhalten, indem man zusammen mit Cr abgebenden Mitteln in einem Bade färbt, bzw. arbeitet man mit Monoazofarbstoffen der Form $Y{-}O{-}R_1{-}N = N{-}R_2{-}O{-}Z$, $R_1 = R_2$ = zyklischer Rest, O—Y und O Z an den der — N = N — Bindung benachbarten Stellen, Y, Z, H oder Acylgruppe.

DP 832 737 Bayer 1952 — Zur Färbung von Wolle mit Naphtolen wird diese (eventuell vorchloriert) mit einer ätzalkalifreien, wasserlöslichen, sauerstoffhältige Amine enthaltenden Lösung eines Naphtols geklotzt, und ohne Zwischentrocknung mit diazotierten Basen entwickelt. Hernach wird wie üblich fertig gestellt.

DP 829 442 Cassella 1952 — Das Färben von Wolle erfolgt aus einem ätzalkalischen Reduktionsbad bei einem pH unter 9 und 80—90° C mit Schwefelfarbstoffen, die wasserlösliche Gruppen enthalten. Auch Mischgewebe aus Wolle-Baumwolle werden so eingefärbt.

DP 818 040 Ciba 1951 — Zur Verhütung des Verkochens von mit Chromkomplexen hergestellten Färbungen wird in Gegenwart von zur Faser affinen Aldehyden (farblosen und gefärbten) gearbeitet (Neolangrün BF, 8 G).

DP 743 826 IG 1943 — Man färbt mit kalten Lösungen eines Beizenfarbstoffes und behandelt dann mit Schwermetallsalzen. Die kaltgefärbte Ware wird mit $Ca(OH)_2$ usw. nachbehandelt.

SP 278 449 Ciba 1952 (Zusatz zu SP 274 205) — Färben nach dem Metachromverfahren.

SP 274 205 Ciba 1951 — Beim Einbadchromverfahren fallen manche o,o'-Dioxymonoazofarbstoffe aus saurer Lösung aus. Man kann diesem Übelstande abhelfen, indem man Präparate herstellt, die diese Farbstoffe in Mischung mit aus sauren Bädern färbbaren enthalten.

SP 272 813 Cyanamid 1951 — Als Beize für tierische Fasern wird neben Bichromat ein Salz eines Metalls der Gruppe II A (Mg-Sulfat) und ein oberflächenaktiver Körper verwendet. Man färbt einbadig (Metachrom).

SP 266 613 Ciba 1951 — Die Echtheit von Wollfärbungen (Seewasserechtheit) läßt sich verbessern, indem man in Anwesenheit vonTannin färbt; z. B. 3 Teile Tartrazin mit 10 Teilen Tannin auf 100 Teile Wolle.

FP 1 020 539 Bayer 1953 — Beim Metachromfärben sollen den Bädern Mg-Salze und Polyglykoläther zugesetzt werden.

FP 997 686 ICI 1951 — Die Färbung der Wolle erfolgt mit Walkfarbstoffen in Anwesenheit von oberflächenaktiven Salzen aromatischer Sulfonsäuren und zwar von Naphtalindisulfonsäuren.

FP 997 010 Ciba 1951 — Man färbt mit schwer löslichen Metallkomplexen, indem man die Bäder mit den metallfreien Farbstoffen, NH_3 oder löslichen organischen Basen (Alkylolamine) und Metallverbindungen, welche die erwünschten Komplexe liefern können, beschickt (Färbung mit Cu-Salzen auf Cellulose usw. s. FP 809 893, 808 258).

FP 983 364 Durand Huguenin 1951 — Zum Färben von animalischen Fasern werden dieselben in Bädern von 85° C in Anwesenheit von Mineralsalzen (NaCl) mit Leukoschwefelsäureestern von Küpenfarbstoffen behandelt und hernach wie üblich oxydiert. Die verwendeten Bäder sind neutral.

FP 982 800 Ciba 1951 — Zur Vermeidung des Verkochens von Färbungen mit chromkomplexen Farbstoffen wird in Gegenwart von Aldehyden, die faseraffin sind. gefärbt.

FP 982 761 Ciba 1951 — Es werden animalische Fasern in Bädern gefärbt, die große Mengen mit Wasser mischbarer organischer Lösungsmittel enthalten.

HollP 70 979/80 Ciba 1952 — Man färbt mittels metallisierbarer Monoazofarbstoffe in Anwesenheit von Co- oder Ni-Verbindungen (Wollefärbung).

HollP 70 992 Ciba 1952 — Das Verbessern von durch Verkochen unansehnlich gewordenen Färbungen von Neolanen durch Nachbehandlung mit Aldehyden wird beschrieben.

HollP 68 352 Ciba 1951 — Das Färben von Wolle mit chromkomplexen Farbstoffen erfolgt in Anwesenheit von Aldehyden, die noch eine ionisierbare saure Gruppe besitzen.

ItalP 459 646 ICI 1951 — Das Färben von Wolle erfolgt in neutralen Bädern mit Walkfarbstoffen (Coomassieprodukte) in Anwesenheit von Na-Salzen der Naphtalin-1,6-disulfosäure und Glaubersalz, sowie gegebenenfalls etwas Bichromat.

BelgP 507 417 Hoechst 1953 — Man färbt insbesondere N-hältige Fasern mit sauren Farbstoffen, die die Vinylsulfongruppe ein- oder mehrmals enthalten.

BelgP 504 887 Fosse Dyeworks 1952 — Man färbt Wolle mit disulfonsauren Farbstoffen, Säuren und einem Stoff, welcher Aminosäuren des Wollmoleküls farbstoffresistent macht (Aldehyd). Man erhält Melée-Effekte.

BelgP 500 513 Hoechst 1952 — Gute Echtheiten besitzen Färbungen mit Farbstoffen, die ein oder mehrmals die Vinylsulfongruppe $CH_2 = CR—SO_2$ aufweisen. (Azo-, Triphenylmethan-, Anthrachinonfarbstoffe.) Sie reagieren mit der Faser: Polyamid, Wolle, Acetatseide, Seide, Baumwolle, Kunstseide.

Belg 489 622 Durand Huguenin 1951 — Es wird die Wollfärbung mit Leukoküpenderivaten behandelt.

BelgP 487 807 Ciba 1951 — Man färbt saure Farbstoffe in Anwesenheit von faseraffinen Aldehyden.

BelgP 485 529 Ciba 1951 — Das Färben von chromkomplexen Farbstoffen erfolgt in Anwesenheit von Aldehyden.

EP 693 245 Ciba 1953 — Das Färben mit Co- oder Cr-Komplexen der Form $Me\langle{}^{\text{Farbstoff}}_{\text{Farbstoff}}$ in neutralem oder schwach saurem Bade wird beschrieben. Der Färbeprozeß mit den Chromprodukten gemäß EP 684 646 ist ausdrücklich ausgenommen vom Schutzrechte.

EP 668 598 Bayer 1952 — Beim Metachromfärbeprozeß wird die Wolle in Gegenwart von Chromaten und nichtionogenen Stoffen (Polyglykoläther) sowie von Magnesiumsalz (Sulfat) gefärbt (vgl. Calcomet-Verfahren).

EP 661 912 Ciba 1951 — Die Verhütung des Verkochens von Neolanen usw. beim Färben erfolgt durch Zugabe von Aldehydsulfonsäuren oder Farbstoffen mit Aldehydgruppen.

EP 659 695 Ciba 1951 — $R = N = N{-}H_5C_{10}\langle^{OH}_{SO_2N\langle^{Y}_{X}}$ Farbstoffe werden nach dem Monochromverfahren gefärbt; 4000 Teile Flotte, 2 Teile Chromat, 2 Teile Ammonsulfat, 10 Teile Glaubersalz krist., 4 Teile Farbstoff, 100 Teile Wolle; Eingehen bei 60° C innerhalb 30 Minuten auf 90° C, dann 45 Minuten Kochen, dann 0,5% CH_3COOH 40% zugeben und 40 Minuten weiter kochen.

EP 655 712 Ciba 1951 — Das Verkochen von Wollfärbungen wird durch Zugabe von Aldehydsulfosäuren usw. ins Färbebad verhindert (vgl. AP 2 422 586).

EP 654 023 Ciba 1951 — Das Verkochen von Färbungen beim Färben mit Chromkomplexen wird durch Zugabe von Aldehyden, die neben der Aldehydgruppe eine ionisierbare Gruppe enthalten, verhindert.

EP 650 127 Ciba 1951 — Die Färbung von Wolle kann mit Azofarbstoffen der Form $Y{-}O{-}R_1{-}N = N{-}R_2{-}O{-}Z$, wobei OY und OZ in o-Stellung zur N = N-Gruppe stehen und Y einen Acylrest, Z ein Wasserstoffatom oder einen Acylrest bedeutet und R_1 und R_2 einen organischen Rest vorstellen, erfolgen. (Farbstoffe der in Frage kommenden Art sind im EP 636 681, 622 862, 624 798 usw. beschrieben.) Man arbeitet in essigsauren Bädern in Anwesenheit von Glaubersalz und Kobaltacetat. Es wird zuerst bei 60° C hantiert und dann 1 Stunde kochend gefärbt. Vorteilhaft färbt man in Gegenwart von nicht ionogenen Netzmitteln. Die erhaltenen Färbungen, auch solche in Mischungen mit regenerierter Cellulose, sind echt. Caseinfäden, aber auch Polyamide und Polyurethane lassen sich nach der Färbemethode tönen.

EP 645 594 ICI 1950 — Man färbt Walkfarbstoffe auf Wolle aus neutralen Bädern in Anwesenheit von Glaubersalz und naphtalindisulfosaurem-Natrium. Man erreicht eine gute Egalisierung. Ein Verkochen findet nicht statt.

EP 640 419 Wolsey 1950 — Fasern mit Affinität für saure Farbstoffe werden bei 50° C mit der Farbstofflösung, die ein Netzmittel enthält, getränkt und vor Erschöpfung des Bades herausgenommen. Man quetscht ab und trocknet mit Dampf über 40° C. Man verwendet „Carbolan"-Farbstoffe der ICI.

EP 638 178 Saxby 1950 — Man behandelt Wollmaterialien vor dem Färben mit Borsäurelösung, um die Schädigung des Materials während des Färbeprozesses zu vermindern. Man färbt neutral.

EP 637 665 Ciba 1950 — Man imprägniert Wolle mit Färbebädern und läßt dann nach Abquetschen saure Bäder passieren. Beide Behandlungsbäder enthalten Egalisier- bzw. Netzmittel.

AP 2 618 529 Gen. Dyest. 1952 — Zum Klotzen und Drucken animalischer Fasern werden wäßrige Lösungen von Leukoküpenschwefelsäureestersalzen, die 10% Harnstoff und eine freie Säure in einer Konzentration von 0,3—5% (pH = 1—3) in Gegenwart starker Elektrolyten in Vorschlag gebracht.

AP 2 610 103 Ciba 1952 — Man färbt in sauren Bädern unlösliche Ortho-Dihydroxymonoazofarbstoffe in Gegenwart von löslichen Vertretern der Gruppe bei pH unter 6,3.

AP 2 602 722 Ciba 1952 — Das Verkochen von chromkomplexen Farbstoffen wird durch Zugabe wasserlöslicher wolleaffiner Aldehyde zum Farbbad verhindert.

AP 2 522 404 Ciba 1951 — Das Färben von Wolle soll derart erfolgen, daß das mit einer Lösung eines sauren Farbstoffes imprägnierte Material plötzlich der Einwirkung eines kochenden, weniger als 30 g Schwefelsäure pro Liter enthaltenden Bades ausgesetzt wird (Schockverfahren).

AP 2 552 129/30 Evans & Co. 1951 — Man beizt tierische Fasern mit Mischungen von Aldehyden und mehrwertigen Phenolen im Verhältnis 2 : 1 bei pH 0,3—3,0.

AP 2 534 647 Ciba 1950 — Behandelt Farbstoffe und Bäder für die Einbadchromfärbung.

AP 2 528 378 Mc Cabe, Mannheimer 1950 — Verbindungen der Form:

```
                      OH
                     /
C11H23—C———N<—CHONa        sind Egalisiermittel beim Färben.
       ‖     |    \
       N     C     CH2—COONa
        \   /
         CH2
```

AP 2 524 041 Arkansas Co. 1950 — Das Färben von spitzig färbender Wolle erfolgt unter Zusatz von Kondensaten aus Polyäthylenglykol und Fettsäuren und Aminen.

CanP 487 547 All. Chem. 1952 — Das Färben von Wolle erfolgt mit indigoiden Farbstoffen in der Leukoform, Hydrosulfit und Ammoniak.

CanP 487 546 All. Chem. 1952 — Zur Erzielung tiefer Töne werden animalische Fasern mit Indigo oder Indigoiden in der Küpe grundiert und dann sauer gefärbt oder umgekehrt.

CanP 478 100 Cyanamid 1951 — Es wird die Metachromfärbung mit geeigneten Farbstoffen besprochen, wobei lösliche Erdmetallsalze zugegeben werden, um die vorzeitige Lackbildung im Bad zu verhindern (Calcomet-Prozeß vgl. S. 156 H); vgl. CanP 478 277.

AustralP 144 739 Ciba 1952 — Echte Färbungen werden mit Monoazofarbstoffen der Form $-O-R_1-N=N-R_2-O-$ erhalten, wobei im Färbebade noch Verbindungen der Metalle der Atomnummer 27 und 28 vorhanden sind (vgl. AustralP 136 835). Man färbt in schwach sauren Bädern.

AustralP 141 305 Ciba 1951 — Man färbt Wolle, Tiolan, Lanital nach der Schockmethode.

b) Faserschutzmittel bei der Wollfärbung.

Es sind nur wenige Vorschläge in der Berichtsperiode zu vermerken.

Literaturübersicht über Faserschutzmittel bei der Wollfärbung.

Overbecke, Mazingue, Laloy: Über den Schutz der Wolle durch Proteinsubstanzen beim Färben. Bull. Inst. Text. France 28, 53 (1951).

Patentschrifttum über Faserschutzmittel bei der Wollfärbung.

DP 808 707 BASF 1951 — Bei der Destillation von 1,3- oder 1,4-Butandiol, welche durch Hydrierung gebildet wurden, entstehen Rückstände, die als Faserschutzmittel für Wolle verwendet werden können.

HollP 62 727 Research 1949 — Um Wolle gegen Alkalien beständiger zu machen, behandelt man mit Vorkondensaten von Resorcin und Aldehyd, trocknet und härtet.

FP 1 007 703 BASF 1952 — Als Faserschutzmittel sollen die Rückstände der Destillation von 1,3- bzw. 1,4-Butandiol dienen.

2. Das Färben künstlicher Proteinfasern.

Man kann die künstlich hergestellten Proteinfäden nur in schwach sauren Bädern, d. i. unter Verwendung organischer Säuren bereiteter Farbflotten färben, da schwefelsaure Bäder eine zu große Hydrolyse und damit Faserschädigung hervorrufen.

Ardil[13] ist nässeempfindlich. Die Faser enthält von der Härtung Formaldehyd, der beim heißen Färben stören kann. Die Farbstoffaffinität ist auch bei niedriger Temperatur hoch, die Färbungen sind aber naßunechter als auf Wolle. In Mischung mit Wolle ergeben saure oder Chromfarbstoffe hellere Töne, färbt man stark sauer, so wird die Ardilfaser dunkler. Die Creme- bzw. Braunfärbung der Faser kann mit Superoxyd ausbleichen. Hydrosulfit bleicht ebenfalls, doch kommt die Färbung am Lichte wieder.

Ardil ist nur lose oder als Kammzug vorteilhaft färbebar. Saure Egalisierfarbstoffe geben auch in Wollemischung gute Tonübereinstimmung. Zuerst ist die Ardilfaser etwas dunkler. In hellen Nuancen ist Ardil etwas dunkler und matter wie Wolle wegen der Eigenfärbung der Faser.

Saure Walkfarbstoffe werden wie bei Wolle angewendet. Bei reinem Ardil werden die Bäder auch bei 80° C schon genügend erschöpft. Am besten färbt man neutral.

Ardil absorbiert Alkali stark. Nach Henderson soll versuchsweise mit Walkrot R, Milling Red R (Coomassie Milling Scarlet 5 B, ICI) neutral eine kleine Probe gefärbt werden. Der Farbstoff ist sehr empfindlich gegen pH-Änderungen; wenn die Ardilfaser hell bleibt, ist sie zu neutralisieren, da sie dann alkalihaltig ist.

Chromierungsfarbstoffe sind gut geeignet zur Färbung von Wolle-Ardil-Mischungen.

Proteinfasern sind wie oben bereits bemerkt, oft vom Härtungsvorgang der Herstellung her stark formaldehydhältig, ein Umstand, der vielfach zu einer Beeinträchtigung der Farbtöne führt. Nach Tattersfield[14] sind Neolanfarbstoffe hier gut geeignet, von sauren Farbstoffen wird z. B. eine Kombination von Xylenechtgelb 2 G (Sa) mit Kitonechtrot G (Ci) und Solvay Blue PFN (ICI) empfohlen, bzw. die entsprechenden identischen Produkte der betreffenden Produzenten.

Die Vicarafaser[15] ist stark gelb. Der Gelbton ist durch Bleichung nicht zu entfernen. Ein Aufhellen mit Blankophor AW hochkonz. (bzw. nach anderen Angaben R) soll sehr gute Resultate geben (Lüttringhaus, l. c.). Insbesondere beim Einfärben von brillanten Rottönen mit Alizarinrubinol R bzw. Sulforhodamin B. Die Fasereigenfärbung verbleicht im Sonnenlicht, daher verschießen Grautöne unangenehmerweise stark rot.

Literaturübersicht über das Färben künstlicher Proteinfasern.

Fröhlich: Aufnahme von Palatin-, sauren oder substantiven Farbstoffen durch Zeinfasern. Dtsch. Textilgewerbe 53, 829 (1951).

Fröhlich: Das Färben von Proteinfasern. Melliand Textilber. 32, 307 (1951).

Tyler: Färben von Proteinfasern. Brit. Rayon, Silk J. 27, 49 (1951).

Traves, Luttringhaus: Färben von Vicara. Melliand Textilber. 31, 89 (1950).

Karrh: Die Vicarafärbung. Rayon Synth. Text. 31, 65 (1950).

Salqvain: Das Färben von Proteinfasern. Teintex 15, 525 (1950).

Burton, Stoves: Färbung von Proteinfasern mit 2,4,5-Trioxytoluol. J. Soc. Dyers Colourists 66, 474 (1950).

Die Färbung von Ardil. Brit. Rayon Silk J. 26, No. 309, 50 (1950).

---

[13] Henderson: Dyer 105, 557 (1951).

[14] Brit. Rayon Silk J. 28, Nr. 330, 64, Nr. 331, 53 (1951).

[15] Dtsch. Textilgewerbe 52, 604 (1950).

Patentschrifttum über das Färben künstlicher Proteinfasern.

HollP 71 034 ICI 1952 — Das Färben von Eiweißfasern erfolgt mit schwach sauren Farbstoffen. Die gefärbten Fasern werden dann mit Hg-, Cd-, Zn-, Al-, Co-, U-Salzen und eventuell Formaldehyd behandelt.

FP 984 477 Lanital 1951 — Die Färbung von Caseinfasern soll mit chromkomplexen sauren Farbstoffen (Inochromen) erfolgen, wobei diese den Fasern während ihrer sauren Fällbadbehandlung d. h. während des Fabrikationsprozesses einverleibt werden. Man behandelt dabei bei 70—75° C.

AP 2 146 116 Montecatini 1939 — Zur Vorbereitung der Färbung von Caseinwolle mit Chromfarbstoffen behandelt man mit Phosphorsäurelösungen. Dadurch ist es möglich, Caseinwolle und Wolle gleichtönig anzufärben.

3. Das Färben von Baumwolle.

Bei der nun möglichen licht- und naßechten Färbung der Cellulose mit Produkten der Coprantinreihe (Ci) ist die Behandlung des gefärbten Gutes nach der Färbung im selben Bade mit Coprantinsalz II nur bei helleren Tönen möglich, da ansonsten Fällungen im Bade auftreten, die sich auf der Ware niederschlagen können. Es ist daher bei der Gewebefärbung besser, die Behandlung mit der Kupferverbindung in einem separaten Bade vorzunehmen. Dies gilt in noch größerem Ausmaße für in Apparaten, insbesondere solchen des Packsystems, hergestellten. Eine gute Waschechtheit besitzen die mit Coprantex A, einem Kupfer-Kunstharzkondensat-Komplex, nachbehandelten Färbungen. Ein Seifen von nach dem Einbadverfahren hergestellten Tönen bei 40° C (für mit Coprantinsalz II behandelte), bei 75° C (für mit Coprantex A nachbehandelte) Färbungen ist nötig. Die erzielten Lichtechtheiten betragen 4—7, die Naßechtheiten 4—5, die Waschechtheiten 4. Die Färbungen sind nicht säure-, walk- oder sauer überfärbeecht, daher für Effektgarne in Wollstück oder für Beimischung zu gefärbter zu walkender Wolle usw. nur bedingt verwendbar. Manche Töne schlagen bei der Knitterfestbehandlung unter der Wirkung des sauren Katalyten um. Die Löslichkeit der Coprantine ist schlecht, daher sind Zusätze notwendig. Manche Farbstoffe sind nur durch Zugabe von etwas Lauge in Lösung zu bringen. Das Mustern hat selbstverständlich nach Eintauchen in die Coprantinsalz- bzw. Coprantex A-Lösung (neuerdings Coprantex B) zu erfolgen. In gleicher Weise sind die Cuprofix- und Resofixfarbstoffe (Sa) bzw. Cuprophenylfarbstoffe (Gy) zu färben und mit Cuprofix bzw. Resofix CU nachzubehandeln (vgl. S 262 H).

Man kann die Coprantine auch unter Laugenzusatz bei 90° C klotzen und dann nachbehandeln und kurz durch ein Seifenbad nehmen, so daß eine Kontinuebehandlung möglich ist[16].

Die neu herausgebrachten Cupranone (Ciba) sind wasserunlösliche bzw. schwer lösliche Metallkomplexe, die durch den Zusatz von organischen Basen gelöst werden und dann auf die Faser aufziehen. Es entstehen echte Färbungen [Krähenbühl: Melliand Textilber. 35, 170 (1954)]. Samtfärbungen mit Coprantinen können nach Ciba am Jigger erfolgen.

In letzterer Zeit soll in England das Färben mit den durch Oniumgruppen löslich gemachten Kupferphtalocyaninen wie Alcianblau 8 GS usw. (vgl. S. 319 H) weitere Verbreitung gefunden haben. Die erhaltenen brillanten blauen Farbtöne besitzen bekanntlich außerordentliche Echtheiten.

Der Phtalocyaningruppe gehört auch das in letzter Zeit von Bayer herausgebrachte Phtalogenbrillantblau F 3G (IF 3G) an, welches auf der Faser gebildet wird.

---

[16] Bradley: Text. Manufacturer 77, 298 (1951).

Die Heliogenfarbstoffe der IG gehörten ebenfalls zu der Klasse der Phtalocyanine[17]; sie werden jetzt von der BASF hergestellt; vgl. OeP 175 869.

Die Kontinueküpenfärbung nach dem Pad-Steam-Prozeß (vgl. S. 222 H) hat in USA weitestgehende Anwendung gefunden. Um die gleichzeitige Verküpung der verschiedensten Farbstoffe ohne Deshalogenierung usw. bei der hohen Temperatur von 80° C zu erreichen, arbeitet man mit Dextrinzusätzen. Nach Vorschlägen der Am. Cyanamid Comp. soll sich auch Nitrit, insbesondere für die Färbung von Pyranthronderivaten, bewähren (Calcotherm-Prozeß)[18].

Das Standfast-Molten-Metal-Dyeing-Verfahren (vgl. S. 224 H) ist in weiterer Ausbildung begriffen und scheint sich gut einzuführen. Es wird darauf hingewiesen, daß es insbesondere wegen seiner guten Eignung auch für Kunstseide-Baumwollmischgewebe, sowie wegen der Möglichkeit, auch kleinere Metragen einfärben und die Apparaturen rasch auf eine andere Farbe umstellen zu können, sowie wegen des durch die Metallsäule ausgeübten Einquetscheffektes große Vorteile bietet.

Die Kosten des Metallbades werden allerdings als hoch angegeben. Bei nicht genügend heißer Ware treten Verschmierungen derselben durch erstarrtes Metall auf. Die Bildung einer Schlammschichte zwischen Färbebad und Metallbad wird durch Zusatz von eine Oxydation im Farbbad verhindernden Stoffen, wie Gerbsäure, Benzaldehyd usw. (DP 834 400), vermieden.

In USA wird an Stelle des Heißmetallbades ein solches aus Heißöl (Paraffinöl) propagiert. Dieser „Hot-Oil-Prozeß" der General Dyestuff Corp. (W i l l i a m s) soll gleichgute Ergebnisse liefern. Mitgeführtes Öl wird in der Breitnachbehandlung durch Igepalwäsche entfernt[19].

Jedenfalls ist man bei allen diesen Kontinueverfahren auf außerordentlich kleine Verweilzeiten der Ware in der Färbeflotte gekommen (6—10 Sekunden), die gewisse Bedenken hinsichtlich der Art der Farbstoffaufnahme und Verteilung in der Faser hervorrufen vermögen.

Über den Pigmentierprozeß in Apparaten, insbesondere für Kreuzspulen aus Regeneratcellulose sowie den *Abbot-Cox*-Prozeß (vgl. S. 222 H) wird an anderer Stelle gesprochen (vgl. S. 139).

Auf das „Pad-Jig"-Verfahren wurde bereits verwiesen (vgl. S. 121). Auch die Klotzung mit Küpensäuren und deren Färbung in blinden Küpen, meist nach der Pad-Jig-Arbeitsweise ist dort angegeben.

Über die Affinität der Farbstoffe zur Cellulose hat M e g g y[20] kürzlich eingehende Untersuchungen angestellt. Nach M a r s h a l l und P e t e r s[21] kann man einen für die Affinität zu Direktfarbstoffen bestimmenden Volumsanteil messen, z. B. für Cellulose 0,220 kg, Viskosereyon 0,45 kg, Kupferseide 0,60 kg. Die Zahlen würden der tatsächlich vorhandenen Affinität etwa entsprechen.

Literaturübersicht über das Färben von Baumwolle.

M u s h o f f: Rentabilität und Grenzen der Apparatefärberei. Melliand Textilber. **34,** 60 (1953).

G u n d: Erfahrungen mit der Kontinuefärbung. Melliand Textilber. **34,** 51 (1953).

S c h m i t z: Stückfärbung mit Phtalogenbrillantblau IF3G. Textil Praxis **7,** 722 (1952).

H o t o n: Der Standfast-Dyers-Molten-Metal-Prozeß. Rayonne, Fibres synth. **8,** Nr. 4, 51 (1952).

---

[17] Bios Final Report 960; s. a. Melliand Textilber. **32,** 458 (1951).

[18] AP 2 576 846/8.

[19] Vgl. W e b e r - G a s s e r: Praxis der Färberei. Wien: Springer Verlag 1954.

[20] J. Soc. Dyers Colourists **66,** 510 (1950).

[21] Ibid. **63,** 446 (1947).

S e y f f a h r t : Das Heißöl-Kontinueverfahren und das Färben im Metallbad. Dtsch. Textilgewerbe **54**, 715 (1952).

A r d o n, F o x, S p e k e : Standfast-Molten-Metal-Färbungen. J. Soc. Dyers Colourists **68**, 249 (1952).

R e i n e r : Pad Steam-Prozess. Amer. Dyestuff Reporter **41**, P 44 (1952).

S c h a e f f e r : Küpenfärbung. S. V. F. Fachorgan Textilveredlg. **7**, 433 (1952).

F a u r e : Das Ziehvermögen von substantiven Farbstoffen. Teintex **16**, 5 (1951).

F r a h m : Die Benzoechtkupferfarbstoffe (IG), Cuprophenyl- (Gy-), Coprantin- (Ciba-), Cuprofix- (Sa-) Farbstoffe. Chem. Weekblad **48**, 127 (1952).

G a i l e y : Unegale Färbung von Cellulose. Einfluß des Mercerisierens und Bleichens. J. Soc. Dyers Colourists **67**, 357 (1952).

K o s c h e : Cuprofixfarbstoffe. S.V.F. Fachorg. Textilveredlg. **6**, 257 (1951).

T a l a m i n a, M i l i n s k i : Das Eindringen der Farbstoffe in Baumwollgewebe. Tekstil. Prom. Nr. 10, 26 (1949), zit. C. A. 4233 (1952).

H o h m u t h : Die Baumwollfärberei. Leipzig: Fachverlag G. m. b. H. 1951.

R i n n e b e r g : Färben von Baumwolle und Kunstseide auf Kettbäumen. Textil Praxis **6**, 889 (1951).

R i n n e b e r g : Färben von Cellulosefasern in Apparaten. Textil Praxis **6**, 748 (1951).

M ü l l e r : Standfast Prozess. S. V. F. **6**, 181 (1951).

R h o d e s : Die Verwendung von Paraffinöl im „Hot-Oil-process". Amer. Dyestuff Reporter **40**, 489 (1951).

Patentschrifttum über das Färben von Baumwolle.

DP 849 994 Ciba 1952 — Cellulosehaltige Materialien werden mittels eines an sich schwer löslichen Metallkomplexes eines substantiven Azofarbstoffes oder mit den Komponenten in Gegenwart einer die Lösung des Metallkomplexes bewirkenden aliphatischen Base, die frei von sauren Gruppen ist, mindestens eine durch 2 C-Atome vom basischen N-Atom getrennte OH-Gruppe und mindestens ein basisches N-Atom aufweist (z. B. $C_nH_{2n}{=}(-NH-\overset{R_1}{\underset{R_2}{C}}-CH_2-OH)_2$, $R_1 = H$, Alkyl, Oxymethyl, $R_2 = H$ oder CH_3, $n = 1–4$, gefärbt (OeP 169 324, FP 1 029 624, FP 997 010).

DP 812 945 ICI 1951 — Es wird die Herstellung wasserlöslicher, lebhaft blau oder grün färbender Phtalocyaninderivate beschrieben.

SP 286 325 Ciba 1953 — Als neue Farbstoffpräparate sollen Mischungen aus direktziehenden Azofarbstoffen mit einem metallabgebenden Mittel dienen, wobei die komplexe Metallverbindung des Azofarbstoffes schwer wasserlöslich ist. Ferner ist noch eine von sauren Gruppen freie, mindestens eine OH-Gruppe enthaltende wasserlösliche organische Base vorhanden, die die Löslichkeit des aus dem obigen Gemisch entstehenden Farbstoffmetallkomplex bewirkt. Man kann mit den Präparaten in einer Stufe auf Cellulose Metallkomplexfärbungen von guter Naßechtheit herstellen.

SP 278 945 Gy 1952 — Substantive Farbstoffe der Phtalocyaninreihe werden beschrieben. (Es werden Mischungen von Tri- und Tetrachlorkupferphtalocyaninen hergestellt.)

SP 273 862/68 Zusatz zu SP 268 849 ICI 1951 — Lösliche, Baumwolle in grünlichblauen Tönen färbende Phtalocyanine werden erhalten, indem man Cu-tri-(chlormethyl)phtalocyanin mit Pyridin oder Thioharnstofflösungen zum Sieden erhitzt, nach Kühlen in Aceton gießt, die Suspension filtriert und trocknet.

FP 1 023 431 Ciba 1953 — Man färbt mit Metallkomplexen von Azofarbstoffen in Gegenwart einer festen organischen Base, z. B. 1,2-Di(β-hydroxyäthylaminoäthan), welche die Löslichkeit des Metallkomplexes in Wasser bewirkt.

BelgP 493 715 O. E. J. I. 1952 — Beim Färben von Baumwolle werden die substantiven Farbstoffe in kochendem Kondenswasser angewendet.

NorwP 78 372 Jensen 1951 — Zur Färbung von Textilien aus Cellulose werden Benzidin oder Toluidin als Imprägnierungsmittel verwendet und dann entwickelt (oxydiert).

EP 676 647 Ciba 1952 (vgl. EP 676 584) — Schwerlösliche Kupferkomplexe von Azofarbstoffen werden in Gegenwart von Kupferverbindungen und aliphatischen Aminen zu Färbebädern gelöst.

EP 670 522 Ciba 1952 — Schlecht lösliche Komplexsalze von Farbstoffen können durch Behandlung mit NH_3 oder organischen Basen (Monoäthanolamin) aus schwach alkalischem oder neutralem Bade gefärbt werden (Coprantin-Cellulosefärbung).

EP 665 587 Gen. An. 1952 — Man färbt Cellulose derart, daß das Material erst mit einer wäßrigen alkalischen Lösung eines Kupplungskomponenten der Form

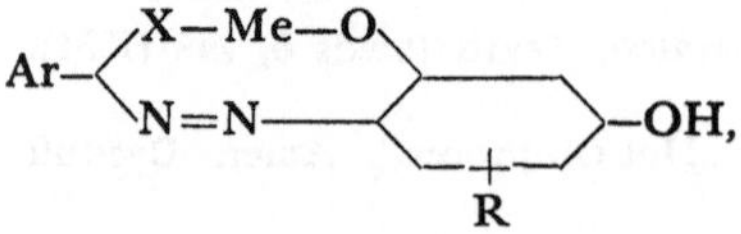

Ar–(X–Me–O)(N=N)–[C₆H₂(R)]–OH, wobei Ar einen Arylrest, M = Cu oder ein Metall

mit einem Atomgewicht von 58—64, X = –O – oder – COO in o-Stellung zur N=N-Gruppe und R Wasserstoff oder einen niedrigen Alkylrest bedeuten behandelt und durch Behandlung mit einem Diazoniumsalz, welches keine salzbildenden Substituenten aufweist, entwickelt, wobei man nach der Entwicklung des Azokörpers auf dem Textilgut dieses mit Mineralsäure behandelt und dann säurefrei wäscht.

EP 656 507 Gen. An. 1951 — Zur Herstellung echter Färbungen auf Baumwolle wird dieselbe in wäßriger Lösung mit einem einfachen, eine NO_2-Gruppe enthaltenden Azofarbstoff in Anwesenheit von etwas Soda bei 70° C behandelt und hernach ein Reduktionsmittel (Glukose) zugegeben. Unter Verknüpfung zweier Farbstoffmoleküle durch eine Azoxygruppe bewirkt die Molekülvergrößerung tiefe, waschechte, lichtechte Färbungen. Auch Anthrachinon usw. Farbstoffe, die NO_2-Gruppen enthalten, können angewendet werden. Wolle, synthetische Fasern usw. sind auf diese Weise färbbar.

AP 2 594 803 Ciba 1952 — Das Färben von Cellulosetextilien erfolgt mit Farbstoffen, aliphatischen Aminen und der komplexen Kupferverbindung einer aliphatischen Oxycarbonsäure.

4. Das Färben der Viskose- und Kupferkunstseide sowie Zellwolle.

Eine Reihe von Veröffentlichungen[22] beschäftigen sich mit den insbesondere für das Färben streifig anfärbender Viskosekunstseide am Markt befindlichen Farbstoffen. Es handelt sich dabei hauptsächlich um Grau-, Blau- und Grünmarken, da hier eine besondere Empfindlichkeit gegenüber Affinitätsunterschieden des Materials besteht. Die Benzoviskose- (Bayer-), Visco- (Sa-), Rigan- und Riganlicht- (Ci-), Icyl- (ICI-) Marken und andere geben hier in vielen Fällen gute Resultate.

Als Farbstoffe, die Unregelmäßigkeiten der Viskosekunstseide am leichtesten anzeigen, gelten bekanntlich neben Diaminreinblau FF, Siriusblau BRR, Brillantbenzoblau 6 B, Brillantcongoblau BFL usw.

Kunstseidengewebe können, eventuell in Verbindung mit einer Knitterfestappretur ohne große Lichtechtheitseinbuße in echten Tönen mit bester Naß- und Waschechtheit mit den Coprantin- (Ci-) bzw. Cuprofix- bzw. Resofix- (Sa) oder Cuprophenyl-

[22] Vgl. z. B. Köster: Textil Praxis 6, 57 (1951).

(Gy-) Marken (vgl. S. 262 H) gefärbt werden. Für nicht zu tiefe Nuancen klotzt man mit den unter Zuhilfenahme von etwas Lauge gelösten Produkten und behandelt dann mit den Kupfersalzen bzw. Kupfer-Kunstharz-Komplexen evtl. gleichzeitig mit einer Kunstharzvorkondensatbehandlung in Gegenwart saurer Katalyten (z. B. mit Katalysator A, einem borsäurehaltigen Kalziumchlorid [Ciba], oder Zinkchlorid) nach bzw. härtet dann in erhitzten Luftkammern. Die Färbungen sind gegen Säuren und Oxydationsmittel nicht resistent.

Das Färben von Zellwolle bzw. Viskosereyon auf Kreuzspulen oder gar auf Spinnkuchen in Färbeapparaten steht nach wie vor im Mittelpunkt des Interesses, insbesondere für die Durchführung von Küpenfärbungen (vgl. S. 121). Die Färbung von Viskosereyon auf Apparaten kann mit den Coprantinfarbstoffen derart ausgeführt werden, daß man mit den hochkonzentrierten Marken arbeitet und die Nachkupferung usw. in besonderen frischen Bädern durchführt. Insbesondere für dunklere, direktgefärbte Töne ist die erzielte Wasserechtheit gut, die Reibechtheit befriedigend.

Das Arbeiten mit den Küpenfarbstoffen verlangt die Verwendung eigener Kreuzspulen auf Spiralen (Franklin) oder weitgelochten Hülsen, um einer genügenden Flottenmenge das Durchströmen zu ermöglichen. Nach DuPont arbeitet man mit Küpenfarbstoffdispersionen, hernach wird das durch geringe Alkalizugabe nur stabilisierte Reduktionsmittel zugesetzt und erst dann durch allmähliche Zugabe des zur vollständigen Reduktion notwendigen Alkalis zu Ende gefärbt. Der Prozeß soll weniger lang dauern als das insbesondere in England geübte Verfahren nach Abbot-Cox (vgl. S. 222 H) bei welchem man ebenfalls mit Küpenfarbstoffdispersionen arbeitet, diese aber durch Salzzugabe auf das Material aussalzt und dann durch allmähliche Verküpung färbt (vgl. S. 121).

Hampson[23] fand, daß die Egalisierung des Pigmentes durch höhere Temperatur, Zugabe von Dispersol VL, Butylcarbitol usw. gefördert werden kann. Eine gewisse Mindestteilchengröße soll nicht überschritten werden, daher ist z. B. beim Abbot-Cox-Prozeß bei den Salzzugaben Vorsicht zu üben, da diese eine Teilchenvergröberung des Pigmentes bewirken.

Nicht bewähren konnte sich der Küpensäureprozeß in der Kreuzspulfärberei.

Die moderne Entwicklung der Färbung von Kunstseide in Form von Spinnkuchen wurde von der Manchester Sect. der Soc. Dyers Colourists 1952 diskutiert. Es wird in Packapparaten gefärbt, von welchen sich die Type von Courtaulds, die stets in einer Richtung zirkuliert, für mangelhafte Durchfärbung am empfindlichsten zeigen soll. Konstruktionen der Enka, Obermaier bzw. Longclose sollen bessere Resultate ergeben. (Flanagan, Marsh u. a.) Text. Recorder **70**, No. 830, 99 (1952).

Vor kurzem berichtete Herrmann (Melliand Textilber. **33**, 110 (1952) über Versuche hinsichtlich der Färbung von Kreuzspulen aber auch Spinnkuchen aus Viskosereyon und Zellwollen, bei Temperaturen über 100° C in Einrichtungen, wie sie etwa von Steverlynk in Courtrai gebaut werden. Dabei ergab sich, daß die Egalität auch bei schlecht egalisierenden Farbstoffen eine gute war und zwar deshalb, weil die Farbstoffe bei den in Frage kommenden Temperaturen von 120 oder 130° C eine verringerte Affinität zur Faser zeigen. Die substantiven Farbstoffe sind nicht alle für diesen Zweck geeignet und müssen vorerst auf ihre Beständigkeit untersucht werden. Insbesonders zum Verkochen neigende Farbstoffe scheiden meistens aus, wenn auch Herrmann gefunden hat, daß ein Zusatz von 1 g/Liter Farbflotte Metachrombeize das Verkochen einer Reihe von Produkten hintanhält. Allerdings fallen wieder manche Nuancen trüber aus z. B. Siriuslichtgrün BB und Siriuslichtviolett BL).

---

[23] J. Soc. Dyers Colourists **67**, 369 (1951).

Das Verhalten der Farbstoffe, insbesondere ihre Beständigkeit, richtet sich nicht nur nach der chemischen Konstitution des Farbstoffs, sondern auch nach der Färbedauer und Temperatur, der etwaigen Alkalität der Flotte, der Färbetiefe, also der Menge Farbstoff im Bad und — was wichtig ist — nach dem Fasermaterial.

Als beständig werden unter anderem angegeben: (alle Marken Bayer) Siriuslichtgelb 5G, RR, RT, EGRL, -orange F 3G, GL, RRL, -rot und B, -blau GL, RL, FBGL, -braun 5G, R, RT usw.

Ferner Siriusscharlach B, -rot 3 B, BB, -violett BB und Benzolichtgelb TRL, -orange G, -orange GS, RFS, -scharlach 5B, 5BS, -echtrot F, -brillantgeranin B, -rubin R, 6BS, -rhodulinrot 3B, -violett FFR, -azurin GS, -blau FGS, 3BS, -kupferblau CVBS, BBS, TRS, -schwarzblau BH, -dunkelgrün B, -braun M, 3G, -orangebraun D3G, -lichtgrau BGV, Benzonerol ABS, Benzotiefschwarz RW, TN extra usw.

Nach Rinneberg: [Textil Praxis 7, 142 (1952)] kann man Kunstseidespinnkuchen mit dem feinstteiligen Hydronblau R f. sol (Cassella) färben. Man dispergiert den Farbstoff in der Flotte mit Dekol.

Für das Färben von Spinnkuchen sollen die Barber-Coleman-Cheeses von Vorteil sein[24]. Die Färbung der Viskosereyon in der Masse erfolgt mit den Luxantholen (BASF), den Mikrosolen (Ciba) oder Tinolit-Farbstoffen (Gy), die eine Teilchengröße von etwa 1 μ besitzen.

Nach Walmsley soll gemäß einem Verfahren der Amer. Viscose Corp. [vgl. Text. Wld. 102, Nr. 4, 112 (1952)] ein kontinuierliches Färben von Viskosekunstseidentrikot möglich sein.

Über die öfter auftretende Tonveränderung durch Zersetzung von Direktfarbstoffen beim Färben schwefelhältiger Viskosekunstseide berichtete kürzlich wieder Armfield (l. c.).

Die Immedial Spezialfarbstoffe von Cassella, mit Reduktionsmittel IN gelöst, werden aus schwach alkalischen Bädern aufgefärbt.

Über die Färbung mit vinylsulfongruppenhaltigen Farbstoffen gemäß OeP 172 632 vgl. S. 121.

Die Farbtontiefe bei Kunstseiden verschiedener Provenienz, z. B. $^{100}/_{20}$ den, ist anders wie bei $^{100}/_{40}$ den. Die gröbere Faser färbt sich scheinbar tiefer an. Es handelt sich um einen optischen Effekt, da die Lichtstrahlen, die an den inneren Faserflächen reflektiert werden, bei groben Fasern einen längeren Weg zurückzulegen haben als bei feineren. Nach Fothergill ist die notwendige Farbstoffmenge, die gleiche Tontiefe bewirkt, F bzw. F′ bei Fasern verschiedener Titer d und d_1 nach der Formel

$$\frac{F}{F'} = \sqrt{\frac{d'}{d}} \text{ zu ermitteln.}$$

Bei einem Titerverhältnis von etwa 25 den zu 100 den Kunstseide ergibt sich für die 25 den Kunstseide z. B. die doppelte Farbstoffmenge. Dasselbe gilt für Fasern verschiedener Denier, wie sie etwa bei der Nylonstrumpffärbung vorliegen (vgl. S. 173).

Literaturübersicht über das Färben der Viskose- und Kupferkunstseide sowie Zellwolle.

Schmidt: Die Reyonstrangfärbung. Melliand Textilber. 34, 530 (1953).

Färben von Kunstseidengeweben auf Haspelkufen. Dyer 107, 521 (1952).

Boulton: Zellwollefärbungen. J. Soc. Dyers Colourists 67, 401 (1951).

Rinneberg: Färben regenerierter Cellulose. Textil Praxis 7, 142 (1952).

Thourout: Färben von Viskosereyonstapel. Reyon Zellwolle, Chemiefasern 30, 592 (1952).

Wegmann: Das Arbeiten mit Direktfarbstoffen. Teintex 17, 275 ff. (1952).

---

[24] Jackson: Text. Mercury Argus 123, 1012, 105 (1951).

Wilcock, Farlane: Färben von Kunstseidengeweben auf der Haspelkufe. Text. Recorder 69, Nr. 94 (1952).

Hansen: Sustilan gegen das Verkochen direkter Farbstoffe. Textil Praxis 7, 536 (1952).

Blau: Färben von Kreppgeweben. Dtsch. Textilgewerbe 53, 68 (1951).

Allard: Die Färbung von Viskose- bzw. Acetat- oder Kupferkunstseidespinnmassen. Teintex 16, 461 (1951).

Metzger: Trikotfärberei. Textil Praxis 5, 245 (1951).

Hampson: Färben von Reyon-Spinnkuchen. J. Soc. Dyers Colourists 67, 369 (1951).

Henderson: Irreguläre Viskose-Reyon-Färbung. Dyer 105, 715 (1951).

Armfield: Reduktion von Direktfarbstoffen beim Färben von Reyon. J. Soc. Dyers Colourists 67, 297 (1951).

Boulton: Direktfärbungen auf Kunstseide. Dyer 106, 522 (1951).

Jackson: Barber-Colman-Cheese für Apparatefärbung. Text. Mercury Argus. 123, 1012, 105 (1951).

Köster: Egales Färben von Viskose. Textil Praxis 6, 57 (1951).

Köster: Das Färben spinnmatter Reyon. Dtsch. Textilgewerbe 53, 97 (1951).

Rinneberg: Färben von Cuprama mit Immedialfarbstoffen. Reyon, Synthetica, Zellwolle 29, 330, 336 (1951).

Swillens: Färben von Reyonstrahngarnen. Rayonne 6, Nr. 3, 67; Nr. 6, 69 (1950).

Tyler: Probleme der Reyonfärbung. Brit. Rayon Silk J. 26, No. 309, 53, No. 310, 58, No. 311, 58, No. 312, 58, No. 313, 58 (1950).

Weber: Kunstseidenfärbung. S. V. F. Fachorg. Textilveredlg. 5, 305 (1950).

Pinte, Rochas, Essertel: Affinität der Farbstoffe zu gestreckter Viskosereyon. Bull. Inst. Text. France Nr. 20, 13 (1950).

Bakker, Borggreve: Rayon Revue 4, No. 1, 10 (1950).

Móri-König: Qualitätsfehler der Viskoseseide. Magyar Textiltechnika III. No. 2, 54/57 (1950), zit. Zbl. d. ung. Technik Nr. 3 (1950).

Lázár: Färbeprobleme der Viskosekunstseidengewebe. Magyar Textiltechnika II. No. 1, 14/16 (1949), zit. Zbl. d. ung. Technik Nr. 1 (1949).

McFarlane, Wilcock: Färben von Kunstseidenstapelfasern. J. Dyers Colourists 65, 145 (1949).

McFarlane, Wilcock: Färben von Kunstseide. J. Textile Inst. 40, P 583 (1949).

Tyler: Die Kunstseidenfärbung Brit. Rayon Silk J. 26, 311/58, 312/58, 27, 313/58, 314/66, 315/49, 316/61 (1949, 1950).

DuPont: Kunstseidenfärbung. Techn. Bull. 5, 8. März 1949, zit. Textil Rundschau 6, 239 (1951).

Patentschrifttum über das Färben von Viskose- und Kupferkunstseide sowie Zellwolle.

DP 808 826 Research 1951 — Nach dem Rändeltrichterverfahren erhaltene Spinnkuchen aus Viskose können gleichmäßig gefärbt werden, wenn man im Säulensystem arbeitet und die durch den von oben nach unten steigenden hydrostatischen Druck bedingten Anfärbungsunterschiede derart behebt, daß man von oben nach unten jeweils um einige Millimeter weniger hohe Abstandsstücke zwischen den Warenplatten benützt.

FP 1 016 771 Ciba 1952 — Zur Färbung von Reyon werden Cu-hältige Farbstoffe bestimmter Formel empfohlen:

O—Cu—O   O—Cu—O

R_1—N=N—C_6H_3—C_6H_3—N—N—R_2

R_1 R_2=aromatische Reste mit zusammen 2—4 Sulfogruppen.

HollP 65 973 Research 1950 — Behandelt das Färben von Spinnkuchen bestimmter Form und Anordnung.

BelgP 507 024 Ciba 1953 — Man färbt Cellulosetextilien mit metallisierten, Cu- oder

Ni-haltigen Azofarbstoffen in Gegenwart von aliphatischen Aminen, welche mindestens 2 OH-Gruppen enthalten und der allgemeinen Formel entsprechen

$$C_nH_{2n}{=}(NH{-}\overset{R_1}{\underset{R_2}{C}}{-}CH_2OH)_2 \quad \text{z. B.:} \quad \begin{matrix} CH_2{-}NH{-}CHCH_3{-}CH_2OH \\ | \\ CH_2{-}NH{-}CHCH_3{-}CH_2OH \end{matrix}$$

ItalP 466 671 Ciba 1953 – Die einbadige Färbung von Regeneratcellulosen mit Farbstoffen der Form

$$R_1{-}N{=}N{-}C_6H_3{-}C_6H_3{-}N{=}N{-}R_2 \quad (\text{mit } O{-}Cu{-}O\text{-Brücken})$$

wird behandelt.

5. Das Färben von Acetatkunstseide.

Hier sind eine Reihe von Vorschlägen vorhanden; die neuesten gehen dahin, als Faserquellmittel beim Färben mit den in Frage kommenden Farbstoffklassen Cyclohexylamin (2,5–5% vom Fasergewicht) zu wählen[25].

Beim *ACS-Verfahren* (Francolor) wird Acetatreyon mit Acetatfarbstoffen unter Zusatz von Solvant F und Gonflant ACS geklotzt, 2 Stunden auf der Rolle belassen und dann getrocknet und geseift. Bei dunklen Farbtönen schickt man die Ware zweimal durch die Klotzlösung. Solvant F bzw. Gonflant ACS sind Lösungs- bzw. Quellmittel für Acetatkunstseide.

Für die Färbung von Acetatreyon kommen weiterhin in ausgedehntem Maße Dispersionsfarbstoffe in Frage, auch solche mit Silylgruppen[25a].

Die Solacetfarbstoffe der ICI sind keine Dispersionsfarbstoffe, sondern wasserlösliche Produkte zum Färben von Acetatkunstseiden (vgl. Astrazone S. 173 H).

Die kontinuierliche Färbung von Acetatkunstseide mit sauren Farbstoffen unter Zusatz von Quellmitteln bzw. organischen Säuren gibt meist nur wenig befriedigende Resultate. Untersucht wurden Tuchechtgelb 2GC (CI 642), Brillantsäureflavin FF extra (Pr 224), Echtrot A (CI 178), Brillantalizarinechtblau B, Tuchechtblau GN conc (CI 288), Tuchechtorange G, Benzylechtblau GL (CI 833), Kitonbrillantrot B (CI 748).

Literaturübersicht über das Färben von Acetatkunstseide.

Speiser: Zweifarbeneffekte auf Acetatkunstseidemischgeweben mit Indigosolen. Textil Rundschau **8**, 9 (1953).

Ivey: Das Färben von Acetatkunstseide mit Naphtolen. Text. Industr. **116**, No. 4, 191 (1952).

Carmichael, Ivey: Neue Entwicklungen beim Färben von Celluloseacetatgarnen. Amer. Dyestuff Reporter **41**, Proc. AATCC, P 424 (1952).

Carmichael, Ivey: Die Färbung von Celluloseacetatseide (Naphtolrotfärbung). Amer. Dyestuff Reporter **41**, 420 (1952).

Tanaka, Seko, Murayama: Die Färbung von Acetatkunstseide. J. Soc. Text. Cell. Ind. (Japan) **8**, 124 (1952), zit. C. A. 8858 (1952).

Mellor, Olpin: Entwicklungen in der Anwendung von Farbstoffen für Acetatreyon. J. Soc. Dyers Colourists **67**, 620 (1951).

Sutton: Die Färbung von Acetylcellulose mit Küpenfarbstoffen. J. Textile Inst. **42**, P 538 (1951).

Speiser: Färbung von Acetatseide mit Indigosolen. S. V. F. Fachorgan Textilveredlg. **6**, 125 (1951).

Ceshire: Acetatkunstseidetrikotagenfärbung. Brit Rayon Silk. J. **28**, 327 (1952).

[25] York, Dyer **105**, 442 (1951).

[25a] Gunthaker, Gilman: Text. Res. J. **22**, 574 (1952).

Stahl: Acetatreyon. Färber-Ztg. **4**, Nr. 4, 13, Nr. 5, 6 (1951).

Sutton: Das Färben von Acetatseide mit Küpenfarbstoffen. Dyer **105**, 764 (1951).

Sutton: Färben von Celluloseacetat mit Küpenfarbstoffen. J. Textile Inst. **42**, P 538 (1951).

Wojatschek: Die Acetatkunstseidefärbung. Reyon, Synthetica, Zellwolle **29**, 334 (1951); vgl. Färben von Acetatreyon mit Indigosolen. Dyer **106**, 127 (1951).

Sserebrjakov, Beresina: Färben von Acetatfasern. Tekstil. Prom. **11**, No. 8, 25 (1951).

York: Färbung von Acetatseide mit Küpenfarbstoffen. Dyer **105**, 442 (1951).

Mellor, Olpin: Acetatseidenfarbstoffe. J. Soc. Dyers Colourists **67**, 620 (1951).

Mellor, Olpin: Das Färben von Acetatseide. Text. Manufacturer **77**, 569 (1951); vgl. Dyer **106**, 526 (1951).

Speke: Migration und Sublimation beim Trocknen. Dyer **105**, 365 (1951).

Bräuer: Das Färben von Acetatseide mit Indanthren-Farbstoffen. Textil Praxis **6**, 201 (1951).

Die Färbung von Acetatseide (Übersicht). Skinners Silk Rayon Rec. **25**, 137, 140, 271 (1951).

Newsome: Blauholz auf Acetatseide, nachchromiert. Dyer **105**, 227 (1951).

Mathieu: Blauholzschwarz auf Acetatseide. Rayonne **6**, 91 (1950).

Corbière: Färbung mit Acetatseidenfarbstoffdispersionen. Rayonne **8**, 61 (1950).

Middleton: Die Färbung von Acetatseiden in Na-Silikat-Bädern. Rayon Synth. Text. **31**, 75 (1950).

Rolletico: Die Färbung von Acetatkunstseide. Ind. Textile **67**, 447 (1950).

Tyler: Färbung von Acetatseide. Brit. Rayon Silk J. **27**, Sept. 61, Okt. 48 (1950), zit. Chimie et Ind. Aprilheft 1951.

Rosset, Paris: Zusammenhang der färberischen Eigenschaften teilweise saponisierter Acetatseide mit dem Verseifungsgrad. C. R. Acad. Sci. 1950, 231, 1486.

York: Text. Recorder **68**, Nr. 812, 100 (1950).

Seiche: Kunstseide u. Zellwolle **28**, 306 (1950); vgl. Text. Manufacturer **76**, 559 (1950).

Säurefarbstoffe auf Acetatkunstseide. Dyer **104**, 393, 567 (1950).

Patentschrifttum über das Färben von Acetatkunstseide.

DP 865 137 Durand Huguenin 1953 — Die Färbung von Acetatkunstseide mit Leukoschwefelsäureestern in sauren, ein Reduktionsmittel enthaltenden Bädern wird beschrieben; vgl. FP 1 040 854.

DP 858 688 Rhodiaceta 1952 — Die Färbung von Celluloseacetat oder Vinylpolymeren erfolgt in Anwesenheit von Tetrahydrofuran.

DP 856 291 Rhodiaceta 1952 — Celluloseester usw. werden gefärbt, indem man sie mit dem Färbebade tränkt und ohne Zwischentrocknung einer Wasserdampfbehandlung unterwirft.

DP 853 155 Ciba 1952 — Das Färben von Celluloseacetat erfolgt mit Farbstoffmischungen, die dunklere Töne liefern, als die beiden Komponenten allein („mixed effect").

DP 810 270 Sandoz 1951 — Die Färbung von Acetatseide kann unter Benutzung von sauren Farbstoffen erfolgen, wenn die Bäder Rhodansalz, Harnstoff, eine aliphatische hydroxylierte Verbindung (Äthylenglykol) und eine aliphatische Carbonsäure (Essigsäure) enthalten. Man pflatscht oder klotzt, trocknet bei 40—50° C, spült kalt und seift bei 60° C. Säureviolett 4BNS (806), Xylenechtgrün B (777), Azorhodin 2G (40), Xylenechtblau AE (974), Xylenlichtgelb R (736), Xylenblau AS (771), Brillantsulfonrot B (41), Xylenrot B (863), Auramin O (655), Rhodamin B (749), Chlorantinlichtgelb 4GL (346), Alizarinlichtgrün GS (1201). (Nr. = Colour-Index.)

FP 1 003 704 Holzrichter Westkott 1952 — Das Färben von Celluloseacetat erfolgt derart, daß man den Cellitonfarbstoffdispersionen Alkohol (10%) zusetzt.

FP 996 335 Marchington 1951 — Das Färben von Celluloseacetat erfolgt mit substantiven Farbstoffen in Anwesenheit von 6% Harnstoff und 1% Na-Phosphat, bezogen auf die Flotte.

FP 994 785 Francolor 1951 — Zum Färben von Celluloseacetatfasern dienen Dispersionen von diazotierbaren Basen und Kupplern, eventuell mit Emulgatoren bei nachheriger Entwicklung mit Nitrit und Salzsäure.

FP 989 382 Marchington 1951 — Das Färben von Acetatkunstseide erfolgt mit den Küpensäuren von Küpenfarbstoffen in Gegenwart großer Mengen (30% und mehr) von Quellmitteln für die Faser, welche in Wasser löslich sind. Man arbeitet bei 30–60° C, hernach wird mit Wasser gespült und geseift. Baumwolle bzw. Kunstseide bleiben ungefärbt.

FP 987 129 Rhodiaceta 1951 — Man grundiert Celluloseacetatreyon mit Mischungen von Aminen, β-Oxynaphtoesäurederivaten und Rizinusöläthylenoxydderivaten und diazotiert und entwickelt nachher in gewohnter Weise.

FP 977 843 Textron 1951 — Die Färbung von Acetatkunstseide erfolgt mit schwach sauren bis neutralziehenden Säurefarbstoffen in Anwesenheit von Faserquellmitteln.

FP 966 771 Kuhlmann 1950 — Die Färbung von Acetatreyon mit bestimmten Farbstoffen wird beschrieben (vgl. FP 966 775).

FP 965 896 Mohr 1950 — Man färbt Acetatreyon direkt mit Farbstoffen unter Anwendung solcher Produkte, welche Vinyloxgruppen besitzen. Die Farbstoffe werden in Wasser gelöst, das Cellulosederivat zugesetzt und erhitzt.

HollP 61 562 ICI 1951 — Acetatkunstseide wird mit sulfonierten Aminoanthrachinonen der Form

CO
CO —SO_3Na

blau gefärbt.

HollP 71 405 Ciba 1952 — Nach dem „Mixed effect" wird Acetatreyon mit Mischungen von Anthrachinonderivaten gefärbt.

HollP 66 965 Sandoz 1950 — Zum Färben und Bedrucken von Celluloseestern, Polyamiden usw. (vgl. HollP 66 236, 66 966) werden Farbstoffdispersionen benützt, die halogenhaltige Derivate von 5-Amino-8-oxynaphthochinon-(1,4-)imid (1) oder dessen Reaktionsprodukte mit Aminen oder NH_3 sind.

BelgP 504 706 Durand Huguenin 1952 — Die Färbung von Celluloseacetat mit Leukoküpenschwefelsäureestern in Gegenwart von Essigsäure usw. wird beschrieben (vgl. FP 928 944, AP 2 428 833, EP 583 349).

BelgP 489 461 Marchington 1951 — Man färbt Celluloseacetat mit Küpensäuren von Leukoküpenfarbstoffen in Gegenwart von Quellmitteln.

BelgP 488 813 Sandoz 1951 — Zum Färben von Acetylcellulose verwendet man wasserlösliche Farbstoffe in Gegenwart von Harnstoff, Thiocyanat, einem Alkohol und einer flüchtigen organischen Säure.

ItalP 459 324 Marchington 1951 — Die Färbung von Celluloseacetat mit Direktfarbstoffen und Säurefarbstoffen erfolgt durch Imprägnieren des Textilgutes und nachherigem Dämpfen unter Druck.

ItalP 456 090 Marchington 1950 — Das Färben von Acetylcellulose erfolgt in Anwesenheit von Dispersol mit Küpenfarbstoffen, wobei 30% Quellmittel (Ammonrhodanid + Alkohol) vorhanden sind, bei 50–60° C.

EP 692 934 Celanese 1953 – Man färbt Acetylcellulose durch Imprägnation mit Küpenfarbstoff, Aldehydsulfoxylat, einem Oxalkylamin und Thiocyanat, wobei man nachher dämpft und reoxydiert. Als Amine können Alkylolamine, wie z. B. Mono-, Di- und Triäthanolamin, angewendet werden; vgl. EP 695 719.

EP 681 654 Celanese 1952 – Die Färbung von Acetatreyon mit Küpenfarbstoffen erfolgt derart, daß man mit der freien Leukoverbindung des Farbstoffes in wäßriger Dispersion imprägniert, trocknet, dann mit Sulfoxylat-Karbonatlösungen behandelt, naß dämpft und hernach oxydiert.

EP 670 969 Sandoz 1952 – Zum Färben von Acetatreyon sowie Nylon oder Perlon U werden Azofarbstoffe vorgeschlagen, die im Kern die Naphtochinonimingruppierung enthalten (vgl. AP 2 135 366, EP 606 008, 613 076, 629 706). Es werden grünblaue bis olive, aber auch braune Töne erhalten. Man färbt in dispergiertem Zustand bei 60–85° C, z. B. mit:

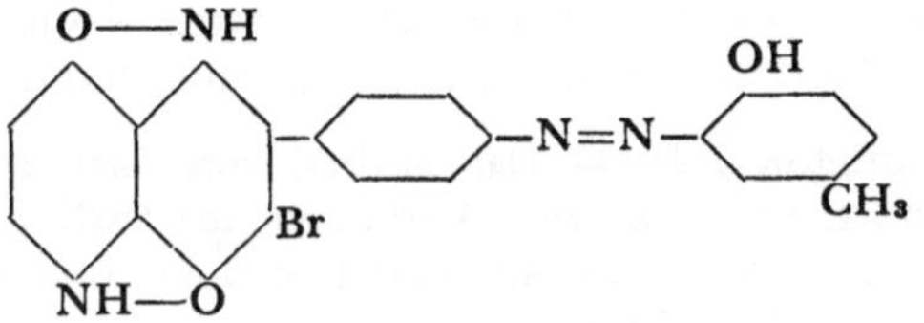

O—NH
OH
—N=N—
usw.
Br
CH_3
NH—O

EP 664 340 Celanese 1952 – Man behandelt (klotzt) Acetatkunstseide mit Küpenfarbstoffdispersionen und hernach zum Verküpen, mit Lauge-Hydrosulfit-Bädern und Quellmitteln, worauf oxydiert wird.

EP 661 800 Sandoz 1951 – Das Färben von Acetatreyon erfolgt durch Klotzen mit Bädern von sauren Farbstoffen, die ein Salz der Rhodansäure, Tioharnstoff oder Guanidin als Quellmittel, eine flüchtige aliphatische Carbonsäure und eine aliphatische, OH-gruppenhältige Verbindung enthalten.

EP 660 137 Gen. An. 1951 – Echte Färbungen auf Acetatreyon erzielt man mit wasserunlöslichen Anthrachinonfarbstoffen, die durch Zugabe von Netzmitteln und sek. Licorice-Extrakt hergestellt werden. (Der Extrakt enthält die Na-Salze von Harzsäuren.)

EP 654 795 Celanese 1951 – Es wird die Herstellung von Acetatfarbstoffen angegeben, die Ligninsulfosäuren als Dispergatoren enthalten.

EP 654 551 Ciba 1951 – Mischungen von Aminoanthrachinon-Acetatfarbstoffen färben tiefer als die einzelnen Komponenten für sich. (Sog. „Mixture-Effekt".)

EP 653 575 Celanese 1951 – Gekräuselte und gefärbte Acetylcellulosefasern werden hergestellt, indem man die eben gesponnene Faser in Form des die Düse verlassenden Faserbündels nach dem Ölen und Trocknen, auf 25° C abkühlt, durch eine Farbstofflösung, die Thiocyanat (20–30 g/Liter) und saure Farbstoffe z. B. Tuchechtorange, Neolanorange R, Artol Blau GL usw. enthält, passieren läßt, hernach kräuselt und in Stapel schneidet.

EP 651 283 Dan River Mills 1951 – Es wird die Färbung von Celluloseäthern beschrieben, die man dann, in Alkali gelöst, auf Textilgewebe aufbringt und diese so echt einfärbt.

EP 650 990 Marchington 1951 – Man imprägniert mit Küpenfarbstoffen in reduzierter Form in Anwesenheit von 30% und mehr Quellmittel, wobei bei 25–60° C gearbeitet wird und die Behandlung solange erfolgt, bis eine Verseifung der Acetatseide erzielt ist.

EP 648 725 Celanese 1951 — Die Färbung von Celluloseestern (Acetatreyon) erfolgt durch Imprägnierung mit der Farbstofflösung, die neben einer niederen Säure (Essigsäure) einen gegen die Faser inerten Quellstoff (Thiocyanat) enthält.

EP 647 897/98 Olpin, Stanley 1950 (vgl. EP 479 867) — Man färbt Celluloseester oder -äther mit Küpenfarbstoffleukoverbindungen in Gegenwart von Quellmitteln bei pH 8—11,5.

EP 646 769 Marchington 1950 — Acetatkunstseide wird mit Küpenfarbstoffen derart gefärbt, daß man ohne Quellmittel in Gegenwart von Hydrosulfit bei pH 10,5—11 arbeitet. Das pH wird mittels einer alkalischen Ca-Verbindung eingestellt.

EP 645 987 Celanese 1950 (s. EP 583 349) — Acetatkunstseidestapelfasergarne werden mechanisch mit Farbstofflösungen in Anwesenheit von Alkoholen und Thiocyanaten imprägniert und dann gewaschen.

EP 644 201 Switzer 1950 — Celluloseacetatseidefasern werden mit Lösungen gefärbt, die im Tageslicht fluoreszieren. Es wird mit Quellmittelzusatz gearbeitet.

EP 641 875 Marchington 1950 — Das Färben von Acetylcellulose mit Küpenfarbstoffen erfolgt derart, daß man zum Verküpen der Farbstoffe als Reduktionsmittel Formamidinsulfosäure, als Alkali Ammoniak benützt und ein Quellmittel für die Faser (Alkohol) zusetzt (vgl. EP 622 676).

EP 640 458 Viscose 1950 — Das Färben von Acetatkunstseide erfolgt mittels sauren Farbstoffen. Das wäßrige Färbebad enthält aliphatische Alkohole oder Ester oder eine Säure, die ein Quellmittel für die Faser darstellt, sowie 1—6% Resorcin, Phloroglucin usw.

EP 639 885 Celanese 1950 — Die Acetatkunstseidefärbung geschieht durch Imprägnierung mit Farbbädern, die Alkohole enthalten, wobei nicht mehr wie 6% H_2O anwesend ist.

EP 639 161 Marchington 1950 (vgl. EP 641 875) — Acetatreyon wird mit Hilfe von Küpenfarbstoffen ohne Verseifung gefärbt. Man verwendet in der Küpe milde Alkalien (Na-Sulfit) und Sulfoxylat als Reduktionsmittel.

EP 636 501 Celanese 1950 — Das Färben von Acetatkunstseide erfolgt mit einer Farbstofflösung, die aliphatischen Alkohol und ein Rhodanid enthält. Zur Erhöhung der Farbtiefe sollen kleine Alkalimengen anwesend sein.

EP 633 717 Textron 1949 — Färben von Acetatreyon mit Indigosolen in saurem Milieu, bei nachheriger Behandlung mit salpetriger Säure, vgl. EP 633 938. Dort wird in alkoholisch-wäßrigen sauren Bädern gefärbt.

AP 2 627 449 Luttringhaus, Mautner, Arcus 1953 — Das Färben von Esterfasern mit Küpenfarbstoffen erfolgt durch Imprägnierung mit einer sauer reagierenden Lösung der Leukoverbindung, Erhitzen des imprägnierten Materials auf 140° C (25 sec—5 min) und darauffolgender Oxydation.

AP 2 616 779 Celanese 1952 — Teilweise Verseifung und gleichzeitige Färbung von Celluloseacetatstapelfasern kann erfolgen, indem man die Fasern in geschlossenen Durchläufen der Einwirkung von Verseifungsmittel enthaltenden Färbebädern unterwirft.

AP 2 614 023 Celanese 1952 — Das Färben von Celluloseacetat erfolgt durch Imprägnieren mit Quellmitteln (Harnstoff) und leukoesterküpenfarbstoffhaltigen Flotten, die organische Lösungsmittel enthalten und zweimaligem Dämpfen.

AP 2 601 406 Celanese 1952 – Zum Färben von Celluloseacetat werden Bäder verwendet, die dispergierte Acetatseidenfarbstoffe, Aethylenglykolmonobutyläther und eine Emulsion von Polymethylketon enthalten.

AP 2 598 786 Celanese 1952 – Das Färben von Celluloseestern erfolgt derart, daß man das Textilmaterial mit Leukoküpenfarbstoffdispersionen imprägniert, trocknet, hierauf mit einer Lösung von 1,5–12% Sulfoxylat-Formaldehydnatrium und 1,5–12% Soda (gerechnet auf Gewicht der Lösung) tränkt, dämpft, um den beim Trocknen oxydierten Farbstoff neuerlich zu reduzieren und hierauf in wäßrigem Behandlungsbade oxydiert.

AP 2 585 681 Gen. An. 1952 – Gasfadingbeständige Anthrachinonfarbstoffe der Form

Y O Y

Y O NH– (Benzolring mit $CH_2OCH_2CH_2OZ$, –X, R)

$R = H$ oder $CH_2OCH_2CH_2OZ$
$Z = H$, Alkyl–OH, Alkoxyalkyl–

Y=NH– (Benzolring mit $CH_2OCH_2CH_2OZ$, –X, R)

$X = H$ oder CH_3, werden beschrieben.

AP 2 559 787 Celanese 1951 – Die Herstellung spinngefärbter Acetatkunstseide, wobei die färbenden Stoffe sulfo- und carbongruppenfreie, zwei einwertige, durch C-C-Bindung verbundene aliphatische Reste mit 8–18 C-Atomen enthaltende, den Anthrachinon-, Azobenzol- oder Nitrodiphenylaminrest aufweisende Verbindungen sind, wird vorgeschlagen.

AP 2 552 807 Celanese 1951 – Man färbt Acetatkunstseidestapelfasern mit alkoholischen Farbstofflösungen und läßt das Lösungsmittel nach dem Abquetschen verdunsten. Hierauf wird gespült.

AP 2 296 379 Celanese 1942 – Man behandelt Gewebe aus Cellulosederivaten mit steifenden und plastifizierenden Mitteln und färbt in gefalteter Form kurze Zeit im Seifenbade mit Acetatfarbstoffen. Hierauf wird gespült. Es entstehen Mustereffekte.

AP 2 168 348 DuPont 1939 – Zu Celluloseacetatspinnmassen setzt man polymeres β-Diäthylaminoäthylmethacrylat zum Animalisieren. Vgl. AP 2 168 338, 2 168 336.

CanP 483 471/72 Textim 1952 – Celluloseacetat wird mit stark sauren Bädern von Indigosolen imprägniert und dann mit HNO_2 behandelt.

CanP 481 439 Dreyfus 1952 – Man färbt ein gesponnenes Kabel von Celluloseacetat in Gegenwart von Alkohol und Thiocyanat, wäscht, präpariert, kräuselt und zerschneidet.

CanP 481 269 Dreyfus 1952 – Es wird mit wäßrig-alkoholischen, ein Quellmittel enthaltenden Farbstofflösungen, gefärbt.

CanP 481 150 Dreyfus 1952 – Man färbt Celluloseacetat mit alkalischen Lösungen von Farbstoffen, verdunstet und wäscht nachher.

CanP 475 840 Ciba 1951 — Zum Färben von Acetatkunstseide werden Mischungen von Derivaten der 1,5- und 1,8-Diaminoanthrachinone verwendet, die tiefere Töne liefern als die Komponenten für sich („Mixture-Effekt").

CanP 475 551 Textron 1951 — Man färbt Celluloseacetat mit sauren Farbstoffen in wäßrigen, sauren Lösungen, die einwertige Alkohole enthalten.

CanP 475 550 Textron 1951 (vgl. CanP 416 556) — Man netzt mit Igepon T oder Nekal BX und färbt dann mit Lösungen, die schwach sauer ziehende Farbstoffe (Alizarincyaningrün GHN, Azorubinol 3GP (Sa), Supramingelb RA (Gen. Dyest. Co.), Supranolgelb 2GA (Gen. An.) usw. und ein Lösungsmittel für die Faser als Quellmittel enthalten. Vgl. CanP 475 549.

CanP 474 868 Dreyfus 1951 — Das Färben von Acetatseidereyon in egalen Tönen erfolgt derart, daß man das Textilgut mechanisch imprägniert mit wäßrigen Lösungen von Direktfarbstoffen, die Alkohole enthalten, worauf die Tränkung mit konzentrierten wäßrigen Lösungen von Salzen der Thiocyansäure (Rhodaniden) erfolgt.

6. Das Färben von Mischgeweben.

Mischungen aus Wolle und künstlichen Proteinfasern, insbesondere Vicara, können mit Nachchromierungsfarbstoffen gefärbt werden, wobei allerdings der Gelbton der Vicara, der durch Bleiche nicht entfernt werden kann, sehr stört. Dieser Gelbton ist nicht lichtecht, so daß alle Grautöne nach Rot verschießen[26]. Tiefbraune Töne sind mit Anthracenchromatbraun EBA erhältlich.

Das Färben von Halbwolle kann einbadig oder zweibadig vorgenommen werden, wobei die substantive Färbung der Cellulose durch Nachbehandlung mit Tinofix, Sandofix, Lyofix, Fibrofix, Solidogen usw. verbessert werden kann (vgl. S. 201). Man kann die Baumwolle auch mit Eclipsolen oder Immedialsolen vorfärben. Wird die Färbung von Baumwolle mit Coprantinen vorgenommen, so ist darauf Bedacht zu nehmen, daß die Coprantinfärbungen nicht sauer überfärbeecht sind und die Einfärbung der Wolle mit Farbstoffen erfolgt, die nicht Cu-empfindlich sind[27].

Neben den üblichen Halbwollfarbstoffen empfiehlt Bayer nun seine Cotolan-, Cotolanecht- und Cotolanchromreihe, darunter die neuen Cotolanechtreinblaumarken R und GT.

Halbwollecht-SL-Farbstoffe von Geigy in dunklen Tönen mit Tinofix A doppelt nachbehandelt, geben wasser- und schweißechte Färbungen. Die Farbstoffe ziehen auch nach längerem Kochen nicht stärker auf die Wolle und sind für 50/50 Mischungen Wolle-Zellwolle eingestellt. Andere Mischungen müssen nuanciert werden.

Beim Färben von Baumwolle oder Viskosekunstseide-Nylonmischgeweben in neutralen Bädern, die 10—20% Glaubersalz und ½% Seife enthalten, bei 85° C empfiehlt DuPont folgende Farbstoffe als Nylon reservierend: Pontamine Fast Yellow RL, — Fast Orange EGL, — Fast Orange WS conc, — Fast Pink BL, — Fast Red 6BL, — Fast Rubine B conc, — Fast Scarlet 4BA, — Fast Scarlet 8BSN conc, — Fast Scarlet G, — Fast Violet 4BL, — Brillant Blue G conc, — Fast Blue 4GL, — Fast Blue RRL, — Sky Blue 5BX supra, — Fast Green 5BL, BL, — Fast Grey BL conc, — Diazo Black BHSW conc, — Fast Black PG extra conc, — S. a. S. 154.

Sollen jedoch beide Fasern gleichmäßig angefärbt werden, so werden die folgenden Farbstoffe in Bädern vom pH-Wert = 4,8 unter Zugabe von 1% Mononatriumphosphat (primärem Na-Phosphat) als Puffer empfohlen. Eine geringe Änderung des

---

[26] Luttringhaus: Amer. Dyestuff Reporter, **40**, P 436 (1951).
[27] Bradley: Text. Manufacturer **77**, 198 (1951).

Aciditätsgrades, sowie vermehrte Zugabe an Phosphat bewirkt bemerkenswerte Affinitätsänderung.

0,5 % Farbstoff	Bad pH = 4,8 1% Phosphat	Bad pH = 4,1 5% Phosphat
Pontamine Fast Yellow 5GL	—	×
„ „ Yellow RL	—	×
„ „ Orange 2GL	—	×
„ „ Orange RGL		+
„ „ Orange PG extra	—	×
„ „ Brown BRL conc		+
„ „ Brown 4GL	—	Ø
„ „ Pink BL		+
„ „ Red 8BL	—	
„ „ Scarlet 4BS conc		—
„ „ Green GL, 5BL		○
„ Blue RW conc		—
„ Fast Blue 2GL	—	
„ „ Turquoise 8GL conc	—	
„ „ Grey BL		○
„ „ Black L conc	—	Ø
„ „ Black PG extra	—	×

× = Nylon dunkler, ○ = Nylon ungefärbt, + = Rayon dunkler, Ø = ungefärbt, — = gleichmäßige Anfärbung.

Als Schwarz wird Telonechtschwarz PE, diazotiert und mit Entwickler H entwickelt verwendet. Eventuell können die Färbungen zur Verbesserung der Naßechtheit mit Sandofix WE (Sa) usw. nachbehandelt werden.

Die Färbung mit Halbwollfarbstoffen erfolgt kochend in Glaubersalz hältigem Bade, das mit bis 6% Ammonacetat je nach Wasserhärte korrigiert wird. Verwendet werden vorteilhaft Cotolanechtgelb G, -orange G, -rot FBL, -echtblau FG, -echtmarineblau GR, -braun RLN, -grau BL (alle Bayer). Von den Hoechster Werken werden Halbwollechtgelb HGL, scharlach HGL, -bordeaux HG, -blau GL, -marineblau HB, -schwarz TH vorgeschlagen, während Sandoz sein Sandofastsortiment empfiehlt.

Kombiniert man neutralziehende Wollfarbstoffe, etwa die Telonlicht- oder echtmarken (Bayer) oder die Xylenecht-P-Farbstoffe (Sa), mit Direktfarbstoffen, so ist eine gute Perlonreserve derselben erforderlich. Reservierend sind (nach Bayer): Siriuslichtgelb R, -lichtorange 7GL, F3G, 3G, G, -lichtscharlach GG, -lichtrot 4BL, -lichtrubin B, -lichtrotviolett BL, -lichtblau BRR, GL, G, B, -lichtgrün BB, lichtgrau VGL, R. Sandoz empfiehlt: Solargelb B, 2GL, R, -orange 2GL, R, -rubinol FBL, -blau 2GLN, 5GL, FGL, -grün BL, -grau 2BL, 2R, -rot B, 2BL, -violett BL, -türkisblau GLL.

Werden substantive Farbstoffe mit Acetatseidenfarbstoffen kombiniert und neutral gefärbt, so soll Nylotan M als Reserve der Perlonfaser gegen Direktfarbstoffe dienen. Als gewöhnliche Vertreter der substantiven Reihe können dienen (Sa): Chrysophenin G, bzw. Direktgelb CV, Pyrazolorange GH, Chloraminechtorange SGEN, -echtscharlach 8BS, 4BSL, -brillantrot B, -blau 2B, 3B, -schwarz BH, -braun 2R, Trisulfonblau FO, Viscoschwarz NF extra; (vgl. W e b e r - G a s s e r).

Das Färben mit Hydronblau G, R oder Hydronschwarzblau G erfolgt (zirka 4%ig) am Jigger ¾ Stunden bei 80° C in Bädern mit 4 g Schwefelnatrium krist., 5 g NaOH 40° Bé und 3 g Hydrosulfit konz. pur sowie 2 g Dekol N/Liter Flotte, wobei auf leistengerades Auflaufen geachtet werden muß (bronzierende Ränder). Nach dem Färben quetscht man ab (Quetschwalze am Jigger), spült mit Dekol-Nhältiger Flotte und oxydiert mit 0,5–0,75% Perborat warm, eventuell unter schwachem Essigsäurezusatz.

Perlon- (Nylon-) Reyonmischungen oder Mischgewebe aus Nylon-Baumwolle kann man auch mit den Ofnacetfarbstoffen (Offenbach) färben. Es handelt sich um Mischungen von Naphtolen und Basen in organischen Lösungsmitteln (aliphatischen Aminen), die wasserklare Pseudolösungen bilden, mit welchem die Ware imprägniert wird. Hernach wird der Naphtolfarbstoff gebildet.

Mit Küpenfarbstoffen ist eine Ton-in-Ton-Färbung leicht derart möglich[28], daß man mit 1–2% Tannin bei 90° C vorbehandelt. Dieses Tannin wird von der Nylonfaser fest gebunden (eine Blindküpe zieht nicht ab). Es bewirkt eine Verbesserung der Affinität der Polyamidfaser zum Küpenfarbstoff und verringert die größere Affinität der Baumwolle. Auch die Lichtechtheit des Küpenfarbstoffes auf der Nylonfaser wird erhöht.

Eine Oxydation der Küpenfärbung mit Textone (Natriumchlorit) in kochendem, schwach saurem Bade ergibt brillantere Färbungen als die Behandlung mit anderen Mitteln.

Über die Färbung von Wolle-Polyamid-Mischungen (vgl. S. 183 H) liegt wieder eine umfangreiche Literatur, meist von Farbstofferzeugern inspiriert, vor[29].

Zur Färbung von Wolle-Nylon-Gemischen bei Hochtemperaturen eignen sich Kombinationen von Telonlichtgelb G, -rot G und -blau RR oder Telonechtgelb GGN, -rot GN und -grau L am besten.

Beim Färben von Mischungen von Wolle und synthetischen Fasern ist darauf zu achten, daß kein allzu starkes Antönen der Wolle durch die Acetatseidenfarbstoffe, die man zum Anfärben der Kunstfasern nimmt, stattfindet, da sonst oft die Schweißechtheit der Wollfärbung wesentlich herabgedrückt wird.

Nach Douglas (l. c.) färbt man Wolle-Polyamid-Mischungen mit sauren Walkfarbstoffen in ameisensaurer Flotte. Man kann die Farbstoffe einteilen in solche, welche die Wolle tiefer, solche die beide Fasern gleich und Marken, welche Nylon tiefer färben. Für helle Töne verwende man nur die erstangeführten (½–1% Färbungen), 1–3%ige Färbungen stellt man mit Produkten der zweiten Klasse, dunkle Töne mit den letztangeführten Marken her. Neolane sind nur für helle Töne geeignet, Chromfarbstoffe für tiefe Töne.

Beim Färben mit Palatinechtfarbstoffen in hellen Tönen (ungeeignet sind Palatine Fast Yellow ELNE und -Claret BNA) soll man mit Palatine Fast Salt N konz. färben. Ist die Nylonfaser zu dunkel, so kann sie oft durch Zugabe eines Arylalkylsulfonates (welche Verbindungen große Affinität zu Nylon besitzen) zum Färbebad heller gemacht werden.

Für Grautöne empfiehlt Geigy neuerdings sein Polargrau BL, für Brauntöne Eriochrombraun K, nachchromiert.

Nach Wittwer[30] sollen Wolle-Nylon-Mischgewebe nicht gesengt werden, da sonst abstehende Faserenden des Polyamides leicht schmelzen und sich in hellen Tönen dunkler anfärben.

Die Reinigung muß sorgfältig erfolgen (1 g Ultravon W, 2 g Na-Pyrophosphat/Liter bei 50–60° C).

In hellen Tönen wird Nylon rascher angefärbt als Wolle. Der Farbstoff verkocht meist nicht leicht und ist schlecht egalisiert [wegen der kristallinen Struktur der Nylonfaser (d. Verf.)]. Zufolge der geringen Aufnahmsfähigkeit der Polyamidfaser

[28] Carter, Neale, Westmoreland: Amer. Dyestuff Reporter 39, P 773 (1950).
[29] Boulton: J. Soc. Dyers Colourists 67, 401 (1951).
[30] Ciba-Rundschau 98, 3611 (1951).

(geringe Anzahl freier Aminogruppen) ist in tiefen Tönen die Wolle immer dunkler gefärbt.

Die Anzahl der zum Färben anwendbaren sauren Farbstoffe ist sehr beschränkt, da wegen der Gefahr des Blockierens usw. (vgl. S. 183 H) eine Auswahl notwendig ist. Kombinationen von Kitonechtgelb 3G mit Kitonlichtrot BGLE und Alizarinsaphirblau G, eventuell Kitonechtorange G und Kitonlichtrot 4BLN (alle Ciba) sind verwendbar.

Aus neutralem Bade unter Verwendung von 2–3% Ammonacetat sind unter vorsichtiger Färbung, da leicht Egalisierschwierigkeiten auftreten, färbbar: Tuchechtgelb 2G, -orange G, -rot GRS, -braun 5R, -blau B, -schwarz B, Fullacidgelb R, Alizarinechtviolett R, Benzylechtblau BL, Alizarinechtblau BB, Alizarin-Cyaningrün 2B, G, Alizarinechtgrau G (Ciba).

Leichtchromierbare geeignete Chromfarbstoffe sind: Chromechtgelb O, -echtrot B, G, -echtbraun TV, EB, 6GL, Naphtochromviolett R, -cyanin RF, -grün G, Pottingchromschwarz CL (Ciba).

Für die Färberei geeignete Neolane, die nur in hellen Tönen gefärbt werden, kommen als *Neonyle* (Ciba) in den Handel. Man färbt mit 6% H_2SO_4 und 10% Salz krist. oder 5% H_2SO_4 und 2–4% Neolansalz P und kocht 1½ Stunden. Dann wird gut gespült; das letzte Spülbad enthält zur Verhinderung von Faserschäden stets Na-Acetat.

Dunkelbraune oder flaschengrüne Töne kann man derart einfärben, daß man bei 70° C die Nylonfaser mit Cellitonfarbstoffen vorfärbt, wobei man durch Zugabe geringer Mengen von Ammoniak dafür sorgt, daß die Wolle nicht angeschmutzt wird. Hierauf färbt man die Wolle mit Palatinechtfarbstoffen oder Neolanen nach, wobei man durch Zugabe von Nylonresist GDC eine Anfärbung des Nylons verhüten kann.

Man kann übrigens unter Verwendung von Nylonresist GDC, mit welchem man die Nylonfaser vorher behandelt, bewirken, daß eine große Reihe von Farbstoffen nicht auf Nylon ziehen. Nylonresist GDC ist überfärbeecht, aber unwirksam gegen Cellitonfarbstoffe. Eine Reservierung von Nylon usw. gegen gewisse Wollfarbstoffe ist durch kochende halbstündige Behandlung mit 5 g Invadin BL/Liter auf 3 cm HCOOH 80%/Liter möglich (vgl. auch Nylotan M usw.).

Wollreserve ist möglich, indem man mit Acetatseidenfarbstoffen färbt und angeschmutzte Wolle mit Hydrosulfit oder Permanganat reinigt (vgl. oben).

Hinsichtlich der Nylonreserve von Neolanen vgl. Ciba-Rundschau 98, 3611 (1951).

DuPont empfiehlt für die Färbung von Mischgeweben aus Wolle-Nylon seine Neutracyl- jetzt Capracylfarbstoffe, die in folgenden Marken vorliegen:

Capracyl Yellow NW, 3RD, — Orange R, — Brown RD, — Red B, — Red BB, — Violet R, — Blue G, — Black N.

Man färbt aus neutralen Bädern, denen man eventuell etwas Ammonsulfat zugibt. Die Farbstoffe reservieren Kunstseide und Acetatreyon und schmutzen Baumwolle nur wenig an. Leder- und Khakitöne sollen besonders gut mit Capracyl Yellow 3RD und Capracylblau G erreicht werden.

Während man die Bäder beim Färben mit sauren Farbstoffen mit 5% Ammonacetat beschickt, kalt eingeht, zum Kochen treibt, 10 Minuten kocht und dann während ½ Stunde die notwendige Essigsäuremenge zugibt, um das Bad zu erschöpfen, worauf man eine Stunde fertig kocht, nimmt man beim Färben mit Chromfarbstoffen bei sonst gleicher Arbeitsweise Ameisensäure statt Essigsäure.

Über die Gleichmäßigkeit hinsichtlich Tiefe und Farbton hat DuPont Untersuchungen angestellt und Tabellen ausgearbeitet. Z. B. ist festzustellen:

Farbstoff	Auf Mischungen aus gesponnenem Wolle-Nylon		Auf Nylon-Wolle-Fäden Tonunterschied auf Nylon	
	heller Ton	tiefer Ton		
DuPont Milling Yellow 5G conc	×	+	×	etwas röter, brillanter
DuPont Milling Yellow GN conc	×	+	—	—
DuPont Quinoline Yellow conc	×	—	—	—
DuPont Tartrazine conc	+	+	+	grüner, brillanter
Pontacyl Light Yellow GG	—	+	+	etwas grüner, brillanter
DuPont Milling Orange R	×	—	—	etwas röter
DuPont Orange II	×	+	+	etwas gelber
DuPont Neutral Brown RS	×	×	×	röter, brillanter
Pontacyl Fast Brown CGS	×	×	—	deutlich gelber
DuPont Croceine Scarlet N ext	×	+	+	
DuPont Milling Red B conc	—	+	+	etwas gelber, brillanter
DuPont Milling Red 3B conc	×	+	+	etwas blauer
Pontacyl Carmine 2B	—	+	+	etwas gelber, brillanter
Pontacyl Carmine 2G	+	+	+	deutlich blauer
Pontacyl Light Red 4BL	+	+	+	sehr viel blauer
Pontacyl Light Red BL	—	+	+	deutlich blauer
Pontacyl Scarlet R	+	+	+	—
Pontacyl Violet 4BSN	+	+	+	—
Pontacyl Violet S 4B	+	+	+	—
DuPont Antraquinone Blue BGA	×	—	×	wenig röter
DuPont Antraquinone Blue 2GA	×	×	×	etwas röter
DuPont Antraquinone Blue SEN	—	+	+	etwas grüner
DuPont Antraquinone Blue SKY	×	×	×	—
DuPont Brillant Milling Blue B conc	+	+	+	—
Pontacyl Brillant Blue conc	+	+	+	—
Pontacyl Fast Blue 5R	×	+	+	deutlich gelber
Pontacyl Wool Blue BL	×	—	+	—
Pontacyl Wool Blue GL	×	+	—	—
DuPont Antraquinone Green GN	×	—	—	—
DuPont Brillant Milling Green B conc	+	+	+	etwas gelber
Pontacyl Blue Black RC	+	+	+	viel grüner
Pontacyl Fast Black N2B	×	—	—	—
Pontacyl Fast Black BBO	×	+	+	viel grüner
Chromacyl Yellow N	+	+	+	—
Chromacyl Orange R	×	×	×	etwas röter
Chromacyl Orange 2G	—	+	+	—
Chromacyl Brillant Pink 3B	+	+		
Chromacyl Bordeaux R	+	+	+	—
Chromacyl Blue GG conc	—	+	+	etwas röter
Chromacyl Blue R	—	+	+	deutlich röter
Chromacyl Black W	—	—	—	—
Chromacyl Pink BN	—	+	+	etwas blauer

× = Nylon tiefer angefärbt, + = Wolle tiefer angefärbt, — = gleiche Anfärbung.

Die Färbung von Dacron-Wolle-Geweben usw. (50 : 50) erfolgt durch Vorfärben der Dacron- (Terylen-) Faser mit Acetatseidenfarbstoffen und 10% Benzoesäure und Nachfärben mit Palatinechtfarbstoffen. Es sind nur helle Töne möglich (nach General Dyestuff Co.).

Beim Vorliegen von Mischungen von Wolle mit Dynel, Orlon oder Dacron soll man nach Bonnard [Amer. Dyestuff Reporter 41, P 259 (1952)] nicht fixieren, da bei Dacron und Dynel zufolge der Schrumpfungsdifferenzen Beulen und Boldern entstehen.

Im allgemeinen soll (nach anderer Ansicht) nur bei großen Mengen dieser Fasern und bei geeigneter Webart eine Hitzefixierung vorgenommen werden. Man arbeitet aber keinesfalls so wie bei reinen Dacrongeweben mit heißen Rollen usw., sondern fixiert im Reinigungs- oder Färbebad. Es ist wichtig, dem Färbebade bei Anwesenheit von Dacron Salz zuzugeben oder nachher bei 120° C nachzubehandeln, um der Polyesterfaser den ursprünglichen Glanz wiederzugeben.

Orlon-Wolle-Mischungen soll man mit Supranol Yellow GGA conc, Supramin Yellow RA, Wool Fast Orange GA, Brillant Croceine 3BA, Supranol Orange RA conc, Supranol Red PBX, Alizarine Irisol RD, Alizarine Fast Blue B, Alizarine Cyaningreen GHN conc CF bzw. Sulfon Navy Blue 4BA färben können.

4% Sulfon Navy Blue 4BA hochkonz.

1,5% Supranol Orange RA konz.

1% Wool Fast Orange GA, CF

sollen, mit 4% H_2SO_4 gefärbt, ein gutes Schwarz geben (mit HCOOH ist nur die halbe Farbtiefe erreichbar). Gefärbt wird 1½ Stunden kochend in geschlossener Apparatur (General Dyestuff Co.); vgl. Calco Techn. Bull. 833 (1953).

Über die Färbung von Perlon-Zellwolle-Gemischen, die meistens aus 70—80% Zellwolle und 20—30% Perlon hergestellt werden und als Garn, Strümpfe oder Gewebe vorliegen, ist folgendes zu sagen:

Je nach den Anforderungen färbt man mit substantiven oder Halbwollfarbstoffen, oder neutralziehenden Wollfarbstoffen und substantiven Farbstoffen, seltener mit substantiven Farbstoffen und Acetatfarbstoffen oder Küpenprodukten.

Die Auswahl der Farbstoffe ist sehr streng zu treffen.

Einbadig (substantiv) färbt man bei 90° C unter Zusatz von Glaubersalz. Zieht das Perlon zu stark, so gibt man Salmiak oder läßt die Temperatur absinken. Auch Levapon T (Bayer) bremst das Aufziehen der Direktfarbstoffe; vgl. DP 884 490.

Bayer empfiehlt z. B.: Siriuslichtgelb 5G, RK, RT, -lichtbraun 5G, RT, BRS, 3RL, Siriusgelb GC, -rot 4B, -bordo 5B, Benzoviskosegelb 5GL, -rot BL, -bordeaux BBL, -blau BF, -grün BL, -grau BR, Benzolichtgelb G, R, TRL, -orange G, F, -lichtrot F, Benzoviolett N, -blau FBL, RWS, -grün B, -orangebraun 3GF, braun MC. Schwarz: Telonechtschwarz PE, diazotiert und entwickelt mit Entwickler H. Eventuell ist die Zellwollfärbung in der Naßechtheit mit Sandofix WE (Sa) usw. zu verbessern.

Als Halbwollprodukte empfiehlt Bayer Cotolanechtgelb G, -orange G, -rot FBL, -echtblau FG, -echtmarineblau GR, -braun RLN, -grau BL.

Man färbt mit bis 6% Ammonacetat und eventuell Glaubersalz kochend.

Hoechst schlägt vor: Halbwollechtgelb HGL, -scharlach HGL, -bordeaux HG, -blau GL, marineblau HB, -schwarz TH.

Sandoz färbt mit dem Sandofastsortiment bzw. bringt das Lanasynsortiment in Vorschlag.

Beim Färben mit Kombinationen von neutral ziehenden Wollfarbstoffen (Bayer = Telonecht- oder -lichtfarbstoffe, Sandox = Xylenecht-P-Farbstoffe vgl. S. 127) müssen Direktfarbstoffe angewendet werden, die in neutralem Bade Perlon reservieren. Als solche gibt Bayer an: Siriuslichtgelb R, -lichtorange 7GL, F3G, 3R, -orange G, -lichtscharlach GG, -lichtrot 4BL, -lichtrubin B, -lichtrotviolett BL, lichtblau BRR, GL, G, B, -lichtgrün BB, -grau B, -lichtgrau VGL, R; Sandoz empfiehlt: Solargelb B, 2GL, R, Solarorange 2GL, R, Solarrubinol FBL, -blau 2GLN, FGL, 5GL, -grün BL, -grau 2BL, 2R, -rot B, 2BL, -violett BL, -türkisblau GLL.

Man färbt eventuell mit Glaubersalz neutral, bei Hartwasser unter Zusatz von

Ammonacetat. Beim Färben mit Acetatseidenfarbstoffen und substantiven Farbstoffen arbeitet man in Gegenwart von Nylotan M (Sa), wobei Perlon von folgenden substantiven Farbstoffen nicht angefärbt wird: Chrysophenin G, Pyrazolorange GH, Chloraminechtorange SGEN, Chloraminechtscharlach 8BS, 4BSL, -brillantrot B, -brillantechtviolett 3R, 3B, Chloraminblau 2B, 3B, Chloraminschwarz BH, Trisulfonblau FO, Chloraminbraun 2R, Viscoschwarz NF extra (Sandoz).

Den Einfluß der Wasserbeschaffenheit auf die Reservierung von Polyamidfasern bei neutraler Färbung mit substantiven Farbstoffen haben Weber-Gasser (SVF Fachorg. Textilveredlung H. 12 (1953)] untersucht. Sie fanden, daß hartes Wasser bei manchen Farbstoffen eine geringere Reservierung bewirkt.

Wolle-Fibro-Mischungen (Fibro ist ein Reyonstapelerzeugnis von Courtaulds) werden in der Flocke nach Boulton entweder mit Direktfarbstoffen am Obermaier Packapparat gefärbt oder mit Küpenfarbstoffen bzw. den löslichen Schwefelfarbstoffen der Thinonolklasse.

Die Direktfärbungen werden unter Calgonzugabe gefärbt, der Salzzusatz (gelöst) wird allmählich vorgenommen und bei Gefahr von Verkocherscheinungen Ammonsulfat zugesetzt. Mit dem Färbegut wird trocken eingegangen. Küpenfärbungen werden unter Zugabe von Dispersol VL vorgenommen.

Die Thionolfarbstoffe werden unter Zusatz geringer Mengen kristallisierten Schwefelnatriums gefärbt. Baumwolle oder Seide-Nylon-Mischungen in Schwarz können mit Sambesischwarz D hergestellt werden (vgl. Haynn, l. c.).

Acetatseiden-Nylon-Gewebe werden entweder unter Reservierung der Acetatseide gefärbt, wobei als saure Farbstoffe z. B. DuPont Milling Yellow 5G conc, G conc, — Quinoline Yellow, — Tartrazine, Milling Orange R conc, — Red B conc, 3B conc, R conc oder Pontacyl Light Yellow 3G conc, GX, — Carmine 2B, 6B extra, 2G, Light Red 4B, 4BL, Scarlet EG, — Violet 4BSN, — Fast Blue 5R, — Wool Blue BL, GL, — Green SW extra sowie DuPont Anthraquinone Blue B, 3G, SKY, — Anthraquinone Green G, GN, — Naphthol Green B, oder beide Fasern werden mit Acetatseidenfarbstoffen gleich tief getönt, wobei allerdings bei vielen Produkten die Färbung auf Acetatseide im Ton anders ist als die auf Nylon.

Gemäß Untersuchungen von DuPont zeigen sich folgende Farbtonverschiedenheiten und Ausziehgeschwindigkeiten*.

Farbstoff	Ausziehgeschwindigkeit	Tonverschiedenheit gegenüber Acetatseide
Acetamine Yellow N	schnell	röter
Acetamine Yellow 2R	schnell	röter
Celanthrene Fast Yellow GL conc	langsam	gleich
Acetamine Orange 3R	mittelschnell	sehr viel röter
Celanthrene Orange extra	langsam	röter
Acetamine Red RP	mittel	viel blauer
Acetamine Rubine B conc	mittel	blauer
Celanthrene Red 3 B conc	mittel	viel blauer
Acetamine Violet 2R	langsam	viel blauer
Celanthrene Purple conc	sehr schnell	blauer
Celanthrene Redviolet R conc	sehr schnell	viel blauer
Acetamine Diazo Navy RD	mittel	gleich
Celanthrene Brilliant Blue FFS conc	mittel	gleich
Celanthrene Navy Blue BPS conc	schnell	gleich
Acetamine Black CBS	schnell	gleich
Acetamine Diazo Black 3B	schnell	gleich
Acetamine Diazo Black BGD	schnell	gleich
Acetamine Diazo Black RB	schnell	gleich

* Techn. bull.

Literaturübersicht über das Färben von Mischgeweben.

S p e i s e r: Zweifarbeneffekte auf Acetatkunstseidenmischgeweben mit Indigosolen. Textil Rundschau 8, 9 (1953); vgl. auch Textilpraxis 8, 253 (1953).

S c h i m m e l: Färbung von Seide-Polyamidgemischen. Melliand Textilber. 34, 438 (1953).

R e g i o m o n t: Halbwollfärberei. Rev. Gen. Teint. Impress. Blanch. 28, Nr. 7, 13 (1952).

W o j a t s c h e k: Halbwolleinbadchromverfahren für dunkle Töne. S. V. F. Fachorg. Textilveredlg. 6, 199 (1951). Cotolanchromfarbstoffe, Bayer-Monochrombeize (= Metachrombeize).

Fasermischungen und ihre Eigenschaften. Text. Recorder 70, Nr. 833, 77 (1952).

G r o v e s, W a r d: Färben von Wirkwaren aus Fasermischungen. Text. Manufacturer 78, 419 (1952).

B o n n a r d: Die Behandlung von Mischfasergeweben. Amer. Dyestuff Reporter 41, P 259 (1952).

F o r t e s s, W a r d: Färben und Ausrüsten von Acetatmischgespinsten. Dyer 108, 565 (1952).

W o j a t s c h e k: Benzoechtkupfer-Farbstoffe in der Halbwollfärberei. Melliand Textilber. 33, 157 (1952).

F r ü h: Perlon-Zweiwolle-Färbung. Reyon, Zellwolle, Chemiefasern 1, 175 (1952).

B o u l t o n: Färben von Halbwolle. J. Soc. Dyers Colourists 67, 41 (1951).

B o u l t o n: Färben von Wolle-Fibro-Reyon-Stapel-Mischungen. J. Soc. Dyers Colourists 67, 401 (1951).

B r a d l e y: Wolle-Baumwolle-Färbung. Text. Manufacturer 77, 298 (1951).

D o u g l a s: Färben von Wolle-Perlon-Mischungen. Text. Manufacturer 77, 198 (1951).

D u l t o n: Die Färbung von wollhältigen Mischgeweben. Dyer 105, 698 (1951).

F l u s s: Färben von Wolle-Perlon-Mischgeweben mit Telonlicht- und Telonechtfarbstoffen. Textil Praxis 6, 61 (1951).

G r u n d y: Färben von Mischgeweben aus Wolle-Nylon. J. Soc. Dyers Colourists 67, 7 (1951).

G e i g y: Halbwollcuprophenylfarbstoffe. Textil Rundschau 6, 116 (1951).

H a y n n: Färben von Mischgeweben mit Nylon. Textil Praxis 6, 66 (1951).

H a n s e n: Verkochen substantiver Farbstoffe. Dtsch. Textilgewerbe 53, 551 (1951).

K l o p f s t o c k: Die Färbung von Mischungen aus Wolle und Polyamiden. S. V. F. Fachorg. Textilveredlg. 6, 325 (1951).

N e u b e r t: Färben von Mischungen Perlon-Baumwolle, Cu-Seide, Viskoseseide. Melliand Textilber. 32, 708 (1951).

S c h l e i c h e r: Färben von Perlon und Perlon-Wolle mit Lanaperlfarbstoffen. Melliand Textilber. 32, 779 (1951).

T a t t e r s f i e l d: Färben von Wolle-Viskose-Mischartikeln. Brit. Rayon Silk J. 27, 52, 61 (1951).

T a t t e r s f i e l d: Das Färben von Fasermischungen, die regenerierte Proteinfasern enthalten. Brit. Rayon Silk J. 28, Nr. 330, 64, Nr. 331, 53 (1951).

T a t t e r s f i e l d: Färben von Wolle-Rayolanda. Brit. Rayon Silk J. 28, Nr. 325, 56 (1951).

T h o m s o n: Färben von Seide und Mischgeweben mit Seide. J. Soc. Dyers Colourists 67, 329 (1951).

W o j a t s c h e k: Mischgewebe mit Acetatseide. Melliand Textilber. 32, 61 (1951).

W o j a t s c h e k: Korrektur mißlungener Unifärbungen auf Halbwolle. Textil Praxis 6, 894 (1951).

Wolle-Nylon-Färbungen mit Walkfarben. Dyer 105, 101 (1951).

B i r d, N a n a t a v i, S t e v e n: Halbwollfärberei mit Direktfarbstoffen. J. Soc. Dyers Colourists 66, 281 (1950).

B l a u: Autazolchromfarbstoffe in der Mischgewebefärberei. Dtsch. Textilgewerbe 52, 670 (1950).

B l a u: Nylon-Wollefärbung. Kunstseide u. Zellwolle 28, 396 (1950).

B u r n t h a l l: Färben von Wolle-Nylon-Mischungen. Canad. Text. J. 67, 49 (1950).

Cheetham: Färben von Wolle-Reyon-Mischungen. J. Soc. Dyers Colourists 66, 478 (1950).
Hadfield: Färben von Wolle-Nylon-Strümpfen. Dyer 104, 621 (1950).
Nitschke: Halbwollfärberei. Textil Praxis 5, 653 (1950).
Sansone: Wolle-Viskose im Zweibadverfahren. Rayonne 6, Nr. 10, 47 (1950).
Wojatschek: Halbwolle. Melliand Textilber. 31, 415 (1950).
Gautier: Uniformgrau auf Halbwolle mit Leukoküpenestern. Ind. Textile 62, 57 (1945); vgl. Dyer 95, 267 (1946).

Patentschrifttum über das Färben von Mischgeweben.

DP 822 241 Cassella 1951 — Fasermaterial aus Baumwolle und Zellwolle färbt man tongleich mit Schwefelfarbstoffen, wenn man vor dem Färben mit Peralkylierungsprodukten von Alkyleniminpolymerisaten behandelt. 0,2 g des Permethylierungsproduktes eines Äthyleniminpolykondensats im Liter, 20—30 Minuten, 100 g Gewebe, 40—50° C.

FP 1 005 772 Francolor 1952 — Die Färbung von Halbwolle erfolgt in sauren Bädern mit Säure- und substantiven Farbstoffen in Anwesenheit von Thiophenolen.

EP 681 618 Gy 1952 — Zur Färbung von Mischgeweben werden Perlon U bzw. Nylon usw. reserviert durch Behandlung der Fasern mit synthetischen Gerbmitteln der Klasse Naphtalinmonosulfonsäure, Dioxydiphenylsulfon und Aldehyd.

EP 680 862 Fosse Dyeworks 1952 — Man färbt Wolle in Melangen (ohne Mischung von chlorierter und unchlorierter Wolle), mit einem Farbstoff für Wolle, der mindestens 2 Sulfogruppen enthält, in Gegenwart einer schwachen Säure und eines Kondensationsproduktes von Aldehyden mit aromatischen Sulfosäuren oder eines Tannin-Aminoplastvorkondensats.

EP 656 231 Dan River 1951 — Mischgewebe aus Celluloseacetat und Viskose werden in Anwesenheit von Quellmitteln für Acetatseide mit celluloseaffinen Farbstoffen gefärbt, wobei die Färbetemperatur so gewählt wird, daß fasergleiche Anfärbung erfolgt (vgl. EP 592 858, 599 055).

EP 642 840 Celanese 1950 — Zum Färben von Mischungen aus Acetatseide und Polyamidfasern bei Reservierung der letzteren werden Farbstoffe verwendet, die aus wäßrigen Bädern auch auf Polyamide ziehen. Die Farbstoffe werden jedoch in Lösungsmitteln angewendet, die Acetylcellulose quellen, Polyamidfasern jedoch unverändert lassen (55—75% Äthylalkohol, eventuell mit Thiocyanat). Farbstoffe: Naphtalinrot BNS, Lissaminechtgelb 2GS, Artolblau B, Croceinscharlach 3BS (alle ICI).

EP 638 176 Saxby 1950 — Wolle-Mischgewebe usw. werden beim neutralen Färben oft hart. Spuren von Alkali im Wasser (gereinigt) oder von der Vorbehandlung sind dafür verantwortlich. Die Gleichmäßigkeit der Färbung ist nicht leicht erzielbar. Man behandelt vor dem Färben mit Borsäurelösung (4% vom Textilmaterial) bzw. netzt vor.

AP 2 623 806 Gy 1952 — Beim Färben von Mischgeweben mit Chrom- oder Säurefarbstoffen kann Nylon durch Kondensate von 1 Mol Naphtalinmonosulfosäure, 0,7—1,5 Mol Dioxydiphenylsulfon und 0,7—1 Mol Formaldehyd reserviert werden.

AP 2 615 781 Celanese 1952 — Das Färben von Celluloseacetat-Nylon-Mischungen erfolgt mit Lösungen von sauren Farbstoffen in 55—75%igen wäßrigen Lösungen von Äthylalkohol, die 1—5% Essigsäure und 1—5% Na- oder NH_4-Rhodanid enthalten.

7. Das Färben von synthetischen Fasern.

Es wird auf die allgemeinen Ausführungen auf S. 148 verwiesen.

a) PC-, Vinyon-, Saran- und Terylenfasern.

Neben der bereits vorgeschlagenen Färbung in Anwesenheit von Quellmitteln (vgl. S. 190 H) wurde für die Polyinylderivate auch das sogenannte *Thermosol*verfahren und die Hochtemperaturfärbung vorgeschlagen. Bei ersterer werden Acetatseidenfarbstoffe verwendet, das Material mit den Dispersionen geklotzt und dann über 100° C erhitzt. Diese Methode hat den Nachteil, daß die Klotzung leicht unregelmäßig wird, da zufolge der geringen Wasseraufnahmsfähigkeit des Materials die Flotte auf der Ware fluktuiert und außerdem viele Farbstoffe zum Sublimieren neigen. Man arbeitet daher vielfach mit Flotten in geschlossenen Gefäßen unter Druck, was eine vollkommen neuartige Apparatur erfordert. Die Stapelfaser *Dynel* färbt sich leichter als der PC- oder Vinyonfaden. Man kann auch bei 100° C färben und das Na-Salz des p-Phenylphenols als Quellmittel verwenden. Es ist insbesondere mit Cuprosalzen zusammen beim Färben mit Säurefarbstoffen wirksam. Es kommen für die Färbung aber auch Acetatseiden- bzw. Küpenfarbstoffe in Frage.

Beim Färben von Dynel in dunklen Tönen tritt (vgl. Bonnard, Amer. Dyestuff Reporter 41, P 262, 1952) keine größere Schrumpfung als 5% ein, wenn man nicht zuviel p-Phenylphenol als Quellmittel verwendet. Interessanterweise bewirken auch Acetatseidenfarbstoffe bestimmter Konstitution eine Quellung und damit Schrumpfung der Faser. Auch nach der Cu-I-Methode ist Dynel färbbar.

Hochdruck-Saran-Färbungen nach Roy (l. c.) werden z. B. wie folgt vorgenommen:

Marineblau: 2% Artisil Direct Blue GFL.

Garn am Apparat: 8% Celanthrene Violet BGF, 0,5% Acetamine Yellow 4RL.

Man färbt, bei 70° C beginnend, 15 Minuten, erhitzt dann auf 120° C und färbt eine Stunde bei einem Pumpendruck von etwa 20 lbs. Hernach wird bei 90° C gespült und hernach verkühlt.

Schwarz: 5% Celanthrene Violet BGL, 2% Celanthrene Blue FFS (Pr 228), 1% Acetamin Orange GR (Pr 43).

Man färbt wie oben, jedoch unter Druck (30 lbs) bei 120° C. Saran wird, wenn bei hohen Drucken und Temperaturen gefärbt, steif und deformiert.

Die Terylenfaser (in USA *Dacron*, früher *Amilar* genannt) wird in hellen Tönen bei hohen Temperaturen im geschlossenen Gefäß gefärbt (Hochdruckfärbung). Die Färbung erfolgt mit Acetatreyonfarbstoffen. Für lichte und mittlere Töne eignen sich z. B. Acetamine Orange GR, Celanthrene Rot Y und 3B (die zum Sublimieren neigen), sowie das (nichtsublimierende) Celanthrene Echtgelb GL (alle DuPont). Küpenfarbstoffe sind nur aus der Klasse der Thioindigoiden bzw. einige wenige anthrachinoider Struktur brauchbar. Dunkle Töne sind schwer zu erzielen, man erreicht sie durch Färbung mit Ursolen (vgl. S. 190 H).

Das Färben von Dacron kann nach drei grundlegend verschiedenen Methoden erfolgen, abgesehen von der gewöhnlichen Färbung aus kochenden wäßrigen Flotten, welche aber nur hellste Töne liefert.

α) **Nach der Methode der Druckfärbung** (also bei Temperaturen über 100° C).

Sie kann in geeigneten Packapparaten mit Flottenzirkulation vor sich gehen, wie sie einige Apparatebauer (Steverlynck, Smith-Drum usw. bauen). Man benützt zur Färbung meist Acetatseidenfarbstoffe und arbeitet nach DuPont vorteilhaft wie folgt:

Man netzt das Material in der Badflüssigkeit bei 60° C, läßt das Bad dann laufen, setzt ein Bad mit dem dispergierten Farbstoff an, zirkuliert 15 Minuten bei 90—100° C, hierauf 45 Minuten bei 120° C, dann kühlt man unter 100° C ab, spült durch Kaltwasserzufluß bei überfließendem Apparat, seift 20 Minuten bei 90° C, spült wieder durch Kaltwasserzufluß mit Überlauf, zentrifugiert und trocknet. Dunkle Töne sollen zweimal geseift werden.

Die Aufnahme von Dacron Filament (Nähgarn) wurde von DuPont wie folgt bestimmt (Notes on the Dyeing of Dacron Polyester Fiber):

Aufnahmen aus Bädern, welche 8% des Warengewichtes an Farbstoff enthalten:

Farbstoff	Aufnahme in % bei 100° C	bei 100° C mit 20 g Benzoesäure / Liter	bei 120° C
Acetamine Yellow CG	0,92	3,2	4,3
Celanthrene Fast Yellow GL	0,70	1,3	1,9
Acetamine Fast Yellow RL	3,62	5,5	8,0
Celanthrene Orange extra	0,63	7,6	7,1
Celliton Fast Pink RFD-CF	1,80	3,6	6,6
Celanthrene Fast Pink 3B	1,15	4,0	4,4
Acetamine Scarlet B	0,72	3,6	6,6
Celanthrene Red 3BN conc	2,24	4,8	6,4
Acetamine Rubine B conc	1,55	4,9	7,5
Celanthrene Violet BGF	3,01	7,4	7,1
Artisil Direct Blue GFL	0,89	2,2	2,2

β) **Das Färben mit „Carriers"**; vgl. die Borator-Methode von DuPont.

Hierunter versteht man die Färbemethode, den Bädern Quellmittel für die Faser zuzugeben. Als solche Quellmittel kommen bei Dacron vor allem Benzoesäure oder Salicylsäure in Frage, wobei man diese als Natriumsalze benützt und Mengen von 20 g/Liter anwendet. Nachdem das Färbebad auf etwa 65° C erwärmt ist, muß man die Salze wieder in die freien Säuren umwandeln. Dies erfolgt durch Zugabe von Schwefelsäure.

Auch o- und p-Phenylphenole sind anwendbar. Man verwendet 2–2,5 g/Liter. Bei Verwendung von Monochlorbenzol (20 g/Liter), einem sehr wirkungsvollen Mittel insbesondere zur Erzielung dunkler Töne muß bedacht werden, daß das Produkt sehr flüchtig ist und außerordentliche Giftigkeit zeigt. Dasselbe gilt für o-Dichlorbenzol. Beide Verbindungen werden daher von DuPont nicht empfohlen. Tetralin kann angewendet werden, ebenso Phenol, doch ist beim Ablassen von phenolhältigen Abwässern größte Vorsicht geboten. Nach dem Färben muß getrachtet werden, den verwendeten „Carrier" so vollständig wie möglich aus der Ware zu entfernen, weil er meist die Lichtechtheit der Färbung ungünstig beeinflußt. Man wäscht daher stets kochend aus, wobei den letzten heißen Waschbädern zur Entfernung der Säuren oder von Phenol Alkali zugesetzt werden muß.

DuPont gibt eine sehr illustrative Aufstellung über die Vor- und Nachteile der verschiedenen Carrier wie folgt (Notes of the Dyeing of Dacron Polyester Fiber):

Benzoesäure Salicylsäure	Nicht giftig; wenn nicht vollständig entfernt, wenig Beeinträchtigung der Lichtechtheit. Nicht flüchtig.	Teuer. Nicht für Strümpfe. Freie Säure gibt, wenn ungelöst, Flecken auf der Ware.
o- und p-Phenylphenol	Verhältnismäßig ungiftig. Billig. Im wesentlichen nicht flüchtig. Bei alkalischer Behandlung läßt sich das o-Isomere leichter entfernen als p-Isomere	Das p-Isomere geht schlecht aus der Ware. Die Lichtechtheit wird ungünstig beeinflußt.

Monochlorbenzol o-Dichlorbenzol	Billig, leicht aus dem Material entfernbar Beeinflussen die Lichtechtheit nicht. Man arbeitet bei 80–85° C	Sehr flüchtig und außerordentlich giftig!
Tetralin	Billiger als Benzoesäure	Sehr giftig! Sehr flüchtig! Beeinflußt die Echtheitseigenschaften!

Folgende Tabelle zeigt in übersichtlicher Form die praktische Wirkung verschiedener „Carriers“:

	Die optimale Menge an Carrier beträgt	Die erzielte Lichtechtheit ist	Wirkung des Carrier
Benzoesäure	20,0 g/Liter	gut	gering irritierend
Salicylsäure	20,0 g/Liter	sehr gut	wie oben
Monochlorbenzol	20,0 g/Liter	gut	giftig
p-Phenylphenol	2,5 g/Liter	wenig gut	keine
o-Phenylphenol	3,0 g/Liter	sehr gut	keine

Die Herstellung von Schwarz auf Dacron kann mittels Entwicklungsfarbstoffen in Bädern erfolgen, welche Quellmittel (Carrier) enthalten. Für Garne arbeitet man dabei in Zirkulationsapparaten, Gewebe aus Stapelfasern färbt man auf der Haspelkufe. (DuPont.)

Man behandelt mit dem Bade, welches keinerlei Zusätze erhält, vor und erhitzt dabei auf 50° C. Hierauf setzt man 5% Acetamine Diazo Black RB conc 150% sowie 2,5 g/Liter p-Phenylphenol und 2% Alkanol DW als Netzmittel zu.

Man teigt den Farbstoff und das Netzmittel mit einer kleinen Menge heißem Wasser an, setzt ihn dann hinter der Siebwand oder dem Füllbehälter der Apparatur zu. Dann erst wird das Quellmittel direkt in den Färbebehälter gegeben. Man erhitzt zum Kochen und hält 1–1,5 Stunden kochend. Man läßt hierauf durch Kaltwasserzufluß überlaufen und das Bad auslaufen unter Wasserzufluß. Hierauf wird auf frischem Bade laufen gelassen bis die Temperatur 50° C erreicht. Dann wird neuerlich bei Kaltwasserzulauf laufen gelassen, bei ablaufendem Bad gespült und das Bad hierauf weggelassen. Schließlich wird in einem Bade gewaschen, welches 0,5 g NaOH (fest) und 0,6 g Natriumhydrosulfit enthält, bei 60–65° C gewaschen und gut gespült.

In einem frischen Bade sind 2,5% Acetamine Developer AD extra zu lösen, zum Kochen zu bringen und eine Stunde laufen zu lassen. Hierauf wird unter Überlauf gespült.

Neuerlich wird ein frisches Bad bereitet, welches 10% Natriumnitrit enthält. Man läßt 5 Minuten laufen, setzt dann 20% Schwefelsäure zu, erhöht die Temperatur des Bades auf 75° C und läßt eine halbe Stunde laufen (Vorsicht vor nitrosen Dämpfen, gute Ventilation!).

Hierauf wird das Bad laufen gelassen, einmal kalt gespült und dann mit 0,5 g/Liter NaOH und 0,10 g/Liter Duponol D-Paste gewaschen und wieder gespült.

Nach DuPont kann auch mit Diazotierungsfarbstoffen gefärbt werden, wobei in letzterem Falle ein Schwarz z. B. mit 5% Acetamine Diazo Black 3 B gefärbt, nach dem Spülen mit 2,5% Acetamine Entwickler AD behandelt, gespült und im Nitrit-Schwefelsäurebad gleichzeitig diazotiert und entwickelt wird.

Für Marineblautöne verwendet man, nach derselben Methode gefärbt, Acetamine Diazo Black 3 B.

Ein tiefes Marronbraun wird erhalten durch Färbung mit Acetamine Orange

GR 175% conc eventuell in Mischung mit der Marke 3R und Entwicklung mit Acetamine Developer AD extra in der entsprechenden Menge angewendet.

Gemäß DuPont (Notes on the Dyeing of Dacron Polyester Fibers) ist die Hitzefixierung von Geweben vor dem Färben für die Aufnahmefähigkeit der Faser für Acetat- und Azofarbstoffe ungünstig. Dabei ist diese Tatsache weniger von Belang, insoweit es sich um die Färbung heller Töne handelt. Sie macht jedoch die Erzielung dunkler Nuancen unmöglich. Man geht also in solchen Fällen so vor, daß man die Gewebe vor dem Färben zur Verhütung von Bruchbildung usw. auf dem Färbejigger usw. nur bei geringer Hitze fixiert und nicht bei den vorgeschriebenen 200° C.

γ) **Der „Thermosol"-Prozeß**; vgl. Calco Techn. Bull. 833 (1953).

Das Färben von Dacron-Stapelfaser in der Flocke wird derzeit meist nach dem Thermosolverfahren vorgenommen. Man imprägniert das Fasermaterial mit der Farbstoffdispersion in Wasser, zentrifugiert oder saugt ab bis zum gewünschten Farbstoff- bzw. Feuchtigkeitsgehalt, trocknet und erhitzt 1—3 Minuten auf Temperaturen von 175° C. Nachher wird gewaschen, um an der Faseroberfläche restierende Farbstoffe zu entfernen.

Farbstoffe der Acetatseidenklasse, die wenig zur Sublimation neigen, also für den Thermosolprozeß usw. geeignet erscheinen, sind für Dacron gemäß DuPont (Notes on the Dyeing of Dacron Polyester Fiber):

Acetamine Fast Yellow 4 RL (egalisiert nicht besonders). Acetamine Yellow CG, Acetamine Fast Yellow N, Celliton Fast Yellow GA-CF, Celliton Fast Yellow 4 RL (egalisiert schlecht), Celanthrene Fast Pink 3 B, Acetamine Fast Rubine B conc (egalisiert nicht gut), Acetamine Scarlet B (egalisiert nicht gut), Celliton Violet BA (letztere drei alle nicht besonders lichtecht), Latyl Violet B (egalisiert nicht gut), Artisil Direct Blue GFL (lichtunecht), Latyl Blue GE, Latyl Brillant Blue 2 G.

Sublimierend sind: Celanthrene Fast Yellow GL, Acetamine Orange GR, 3 R Latylorange R, Celliton Fast Pink RFG, Celanthrene Red 3 BN, Latyl Red B.

Mißlungene Färbungen usw. werden von Dacron nach Vorschlägen von DuPont derart abgezogen, daß man die gefärbte Ware mit 10% ihres Gewichtes an Textone (Natriumchlorit, gelöst in Wasser, welches 20 g/Liter Benzoesäure (als Quellmittel für die Faser) enthält, kochend etwa eine Stunde behandelt. Dabei werden Anthrachinonfarbstoffe fast vollkommen entfernt. Farbstoffe der Azoklasse werden besser mit 10% Sulfoxite C (Hydrosulfit bzw. Rongalit) und Benzoesäure abgezogen. Im Falle der Verwendung von Sulfoxite conc können auch Salicylsäure, bzw. Phenylphenole verwendet werden, wobei man bei der Anwendung der letzteren zur Einstellung des günstigen pH-Wertes etwa 5% Essigsäure 28% zugibt. Bei sehr tiefen Färbungen ist es nicht zu umgehen, die Behandlung zu wiederholen.

Literaturübersicht über das Färben von PC-, Vinyon-, Saran- und Terylen-Fasern.

Rhoads: Die Vorteile der Hochtemperaturfärbung. DuPont, Papers, presented at the techn. conf. on dyeing of Orlon and Dacron fibers. Aug. 1952.

Remington: Das Färben von Dacron-Polyester-Fasern. DuPont, Papers, presented at the techn. conf. on dyeing of Orlon and Dacron, Aug. 1952.

Cole: Der „Barotor", eine neue Färbemaschine für Gewebe (Hochtemperaturfärbung von Orlon, Dacron); DuPont, Papers presented at the techn. conf. on dyeing Orlon and Dacron fibers, 1952; vgl. Amer. Dyestuff Reporter **42**, 859 (1953).

Andres: Die Thermosol-Färbemethode. Papers at the techn. conf. on dyeing of Orlon and Dacron fibers. DuPont, August 1952.

Hünlich: Terylenfärbung. Färber-Ztg. **5**, April 1952.

Rieckoff: Färben von Terylen und Dacron. Dtsch. Textilgewerbe **54**, 222 (1952). Die Dacronfärbung. Text. Age **16**, Nr. 10, 36 ff (1952).

Feild jr.: Färbung von Dynel. Text. Age **16**, Nr. 10, 45 (1952).

Roy: Färbung synthetischer Fasern. Amer. Dyestuff Reporter **41**, P 35 (1952).

Joshida, Adachi: Verbesserung der Vinylonfärbung durch Behandlung mit 0,5% Kresoldispersionen. J. Soc. Text. Cell. Ind. (Japan) **8,** 350 (1952), zit. C. A. **46,** 9313 (1952).

Hidaka, Suzuki: Das Färben von Vinylon. J. Soc. Text. Cell. Ind. (Japan) **7,** 435 (1951), zit. C. A. (1952).

Baron: Praxis der Vinylfaserfärbung. Teintex **17,** 33 (1952).

AATCC Rhode Island Section: Die kontinuierliche Färbung synthetischer Fasern. Amer. Dyestuff Reporter **41,** P 223 (1952).

Douglas: Apparatfärberei der synthetischen Fasern. Canad. Text. J. **68,** 53 (1951).

Choquette: Die Färbung von synthetischen Fasern. Amer. Dyestuff Reporter **40,** P 681 (1951).

Lyle, Jannarone, Thomas: Die Hochtemperaturfärbung der synthetischen Fasern. Amer. Dyestuff Reporter **40,** P 585 (1951).

Die Färbung von Thermovyl. Dyer **106,** 545 (1951).

Bowker: Das Färben von Polyvinylfasern. Text. Manufacturer **77,** 296 (1951).

Brosnan: Färben künstlicher Fasern. Amer. Dyestuff Reporter **40,** P 350 (1951).

Carmichael: Färben von Terylen mit Acetatseidenfarbstoffen. Text. Age **15,** No. 12, 32, (1951).

Feild: Die Färbung von Dynel. Rayon Synth. Text. **32,** Nr. 10, 36, 70 (1951); vgl. Amer. Dyestuff Reporter **40,** P 737 1951).

Feild, Fremon: Die Orlon- und Dynelfärbung nach der Kupfersalzmethode. Text. Res. J. **21,** 531 (1951).

Kainer: Färben von Polyvinylchlorid-Fasern. Melliand Textilber. **32,** 548 (1951).

Meunier: Färbung von Terylen. Amer. Dyestuff Reporter **40,** P 53 (1951).

Salzmann: Färbung von PC-Fasern. Dtsch. Färber-Kalend. 1951.

Vickerstaff: Das Färben der synthetischen Fasern. Bull. Ind. text. France, Februar 29 (1951), zit. J. Textile Inst. **43,** A 242 (1952).

Bauval: Färben von Polyvinylchloridfasern. Ind. textile **67,** 120 (1950); vgl. Dyer **106,** 545 (1951).

Feild: Die Färbung von Dynel. Text. Age **14,** 30 (1950).

Rampin: Färben von Rhovyl mit Acetatseidenfarbstoffen. Teintex **15,** 519 (1950).

Waters: Färbung von Polyesterfasern (Terylen). J. Soc. Dyers Colourists **66,** 609 (1950); vgl. Skinners Silk Rayon Record **24,** 1095 u. 1572 (1950); vgl. Die Terylenfaserfärbung. Zusatz von aus der Faser schwer entfernbaren Phenol-, Amino- etc. -Derivaten. Text. Wld. **100,** 6, 117 (1950).

Stowell, Snyder, Gaines: Dyer **104,** 629 (1950).

Michie: Dyer **102,** 525 (1949); vgl. EP 609 943 u. 609 947 ICI 1944.

Michie: Färben von Terylen. Silk and Rayon **24,** 33 (1950).

Patentschrifttum über das Färben von PC-, Vinyon-, Saran- und Terylenfasern.

DP 852 984 BASF 1952 — Das Färben von Vinylpolymerisaten (auch Polyacrylnitril) erfolgt derart, daß man mit Phenylendiamin usw. und nachher in Anwesenheit eines Katalyten mit Oxydationsmitteln behandelt.

DP 849 993 Rhodiaceta 1952 — Die Färbung von Vinylpolymeren erfolgt mit den hierfür üblichen Farbstoffen in Gegenwart von Benzylacetat in Lösung oder Emulsion, wobei das Benzylacetat in wäßrigem Medium mit Hilfe eines Äthylenoxydkondensats dispergiert wird.

DP 849 399 Phrix 1952 — Die Anfärbbarkeit stickstofffreier künstlicher Fasern mit sauren Farbstoffen wird erhöht, indem man diese mit Animalisierungsmitteln verschiedener Molekülgröße veredelt (Zusatz zur Spinnlösung oder Behandlung des Fadens oder beides).

DP 752 518 IG 1952 — Polyvinylchloridfasern usw. werden mit Acetatkunstseidenfarbstoffen in Gegenwart von sekundären Aminen, die einen am Stickstoff gebundenen aromatischen Rest enthalten, gefärbt.

SP 287 534 Rhodiaceta 1953 — Die Färbung von Polyvinylverbindungen erfolgt unter Zusatz von Benzylazetat als Quellmittel.

SP 283 437 BASF 1952 — Kunstmassen bzw. synthetische Fasern usw. werden gefärbt, indem man der Spinnmasse Pigmente, bestehend aus wasserunlöslichen Estern von Leukoküpenfarbstoffen der Anthrachinonreihe mit niedrigen Carbonsäuren, zusetzt.

SP 278 187 Calico Printers 1952 (vgl. SP 263 983) — Polyvinylacetat wird mit Leukoküpenestern, Reduktionsmittel und Alkali gefärbt, gespült, oxydiert und gewaschen.

SP 263 987 Gy 1950 — Man färbt hochpolymeres thermoplastisches Material durch Zugabe von sauren Farbstoffen, Chromkomplexen und substantiven Farbstoffen zur Spinnmasse, wobei die Farbstoffe in wenig Wasser gelöst sind.

HollP 71 108 Bat. Petrol. My 1952 — Das Färben von Polymeren aus Reaktionsprodukten von SO_2 mit mehrfach ungesättigte Bindungen enthaltenden Stoffen erfolgt so, daß die Hochpolymeren dabei noch große Mengen des bei ihrer Bildung vorhandenen Lösungsmittels enthalten. Als Farbstoffe sind Supraminrot B (IG), Noir acetoquinone NBN (Francolor), Ölorange F angegeben.

HollP 63 676 IG 1949 — Das Färben von Polyvinylchlorid usw. erfolgt mit Acetatseidenfarbstoffen unter Zusatz von in Wasser nicht oder schwer löslichen, einen aromatischen Rest enthaltenden Thio- oder Dithioäthern oder Thiophenolen.

HollP 59 058 IG 1949 — Polyvinylchlorid wird gefärbt mit Acetatseidenfarbstoffen, wobei man vorher oder beim Färben mit wäßrigen Lösungen von sekundären oder tertiären Aminen behandelt, die mindestens einen an N gebundenen aromatischen Rest aufweisen. 100 g Diäthylamino-l-Naphtalin + 50 g Kondensat aus 30 Mol Äthylenoxyd und Octadecanol werden in 300 cm^3 Eisessig gelöst und einem Färbebade zugegeben, das 50 g Acetatseidenfarbstoff und 260 cm^3 25% NH_3 in 30 Liter H_2O enthält. Man färbt 2—3 Stunden bei 60° C.

BelgP 505 617 ICI 1953 — Die Färbung von Polyesterfasern erfolgt derart, daß man färbt, trocknet und auf höhere Temperatur erhitzt. Die Farbstoffe sollen dabei vornehmlich in Dispersion angewendet werden.

BelgP 504 841 ICI 1952 — Terylen wird mit wäßrigen Färbebädern behandelt und dann unter Druck gedämpft.

BelgP 504 840 ICI 1952 — Synthetische Fasern werden mit unreduziertem Küpenfarbstoff behandelt (unter Druck bei Temperaturen über 100° C). Insbesondere soll sich das Verfahren für Nylon und Terylen eignen.

BelgP 504 839 ICI 1952 — Behandelt die Hochtemperaturfärbung von Terylen mit Acetatreyonfarbstoffen unter Druck bei Temperaturen über 100° C in wäßrigem Medium; vgl. FP 1 040 068/9.

FP 1 016 438 Rhodiaceta 1952 — Polyvinylchlorid wird in Gegenwart von Benzylacetat gefärbt.

FP 1 009 215 Francolor 1952 — Die Färbung von Polyvinylchloridfasern erfolgt mit Lösungen von Farbstoffen in Quellmitteln für den Faden.

FP 1 007 911 Francolor 1952 — Das Färben von Polyvinylchlorid-Fasern erfolgt derart, daß man sie mit Dispersionen von Acetatseidenfarbstoffen behandelt, trocknet und dann in ein dampfförmiges Quellmittel für die Faser bringt.

EP 684 046 ICI 1952 — Das Färben von Terylen erfolgt nach einer Hitzevorbehandlung bei 230—255° C.

EP 682 175 Sandoz 1952 — Polyvinylfasern färbt man mit wäßrigen Dispersionen von Farbstoffen, die einen Emulgator und zwei organische Lösungsmittel enthalten, wovon das eine quellend und das andere härtend auf die Faser wirkt (Xylol, aliphatische oder aromatische chlorierte Produkte, Trichloräthylen usw., bzw. Cyclohexanol, aliphatische Alkohole, Aldehyde).

EP 666 644 Bataafsche Petrol My 1952 – Die Färbung von Dienfasern soll derart vor sich gehen, daß man den eben gesponnenen Faden mit Äthylalkohol wäscht und noch feucht in eine Lösung von geeigneten Farbstoffen einbringt.

EP 659 667 Stevensons 1951 – Man färbt Dacron oder Terylen (vgl. EP 609 943) mit Acetatfarbstoffen und dämpft nachher unter Druck.

Zum Beispiel arbeitet man

mit 0,2 g/1000 g Dispersol Echtgelb G 150
0,6 g/1000 g Dispersol Echtscharlach B 150
0,5 g/1000 g Duranol Brillantblau BN 300
1 g/1000 g Seife.

Es wird bei 80° C eine Stunde gefärbt und ein schwaches Drap erhalten (Flotte 1 : 40), das durch Dämpfen in ein Braun übergeht.

EP 657 469 Nederl. Org., Lanczer 1951 – Man färbt Polyester- und Polyamidfasern mit Schwefelfarben in der Weise, daß man den Farbstoff in Hydrosulfit-Ammoniak löst. Bei 60° C eingehend, steigert man auf 85–100° C. Hernach quetscht man ab, spült und oxydiert in einem Seifenbad, welches etwas Perborat enthält. Man verwendet 50% Farbstoff auf Ware und mehr.

EP 655 276 Celanese 1951 (vgl. EP 627 124 und 655 277 und 655 278) – Künstliche Fasern aus Triazolderivaten können mit Baumwollfarbstoffen gefärbt werden, z. B. mit Chloramin Sky Blue FF. Man färbt bei 80° C in einem Bade, das Seife (0,5 g/Liter), Türkischrotöl und etwas Xylol enthält.

EP 650 923 ICI 1951 – Die Färbung von Terylenfasern erfolgt derart, daß man der Spinnmasse einen hitzebeständigen Kupplungskomponenten der Naphtol-AS-Reihe beigibt und dann mit diazotierten Aminen entwickelt.

EP 639 160 CCCC 1950 – Das Färben von Vinyon mit sauren, direkten und basischen Farben erfolgt bei 100° C. Hernach wird in Gegenwart von Dampf oder Wasser auf 105–150° C und einem Druck bis 10 at erhitzt.

EP 609 947 ICI (vgl. EP 609 943/44) 1940 – Terylen wird in Gegenwart von Quellmitteln gefärbt (vgl. auch EP 629 452).

AP 2 577 846 CCCC 1951 – Dynel usw. wird mit Lösungen von Acetatseiden-, basischen oder öllöslichen Farbstoffen in Abwesenheit von Quellmitteln behandelt und dann kurz auf 105–200° C unter Streckung erhitzt.

AP 2 571 319 ICI 1951 – Die Herstellung spinngefärbter Terylenfäden wird beschrieben (vgl. EP 609 944, 609 948).

AP 2 543 316 CCCC 1951 – Die Vinyon-N-Färbung erfolgt mit Vertretern der Säurefarbstoffklasse, Direktfarbstoffen, basischen Farbstoffen derart, daß man die zu färbenden Textilien in Anwesenheit von Feuchtigkeit unter Druck auf 105–125° C erhitzt. Als Farbstoffe sind angegeben: Col.-Ind. Nr. 79, 146, 275, 382, 581, 583, 655, 657, 698, 749, 814, 865 bzw. Pr. 11, 70.

AP 2 537 177 Viscose 1951 – Vinyliden- oder Vinylharze werden mit sauren Farbstoffen in Lösungen von Glykoläthern oder Estern gefärbt, wobei man unterhalb der Schrumpftemperatur behandelt und ein Quellmittel wie Alkyläthylenglykolmonoäthyläther, Äthylenglykolmonomethyläther, Diäthylenmonoacetat usw. zugibt, wäscht und trocknet.

AP 2 489 537 Arpin, Neumann 1949 — Das Färben von Polyvinylchloridfasern mit basischen Farbstoffen erfolgt in Lösungen, die ein Alkalimetallsalz und die Farbstoffe in der Leukoform enthalten (vgl. AP 2 232 460, 2 257 076).

AustralP 136 876 ICI 1950 — Das Färben von Polyesterfasern (Terylen) erfolgt in Anwesenheit von Quellmitteln mit basischen Küpenleukoschwefelsäureestern oder nach dem Naphtolrotprozeß.

AustralP 136 875 ICI 1950 — Das Färben von Terylen erfolgt in wäßrigem Medium mit Pelz- (Ursol-)farbstoffen.

b) Polyacryl- u. dgl. Fasern (Orlon).

Die Orlonfaser bietet einer Färbung noch immer Schwierigkeiten. Bei 100° C färbt sie sich z. B. nur ganz hell an. Man arbeitet daher so, daß man mit der Farbstofflösung imprägniert und unter Druck dämpft (145° C). Hierbei sind Acetatseidenfarbstoffe meist ungeeignet, weil sie sublimieren. Ein gangbarer Weg für das Färben von Garn oder Spulen ist das Färben in Packapparaten, die für eine Druckfärbung umgebaut sind. Nach Thomas, Lyle und Jannarone[31] sind mit sauren, Küpen- und Acetatseidenfarbstoffen auf diese Weise bei etwa 145° C gute Resultate zu erzielen.

Meunier und Thomas[32] stellten die Farbstoffaufnahme von Orlon bei verschiedenen Temperaturen für Acetatseidenfarbstoffe wie nachstehend fest:

Farbstoffmarke	bei 100° C				bei 145° C	
	aus 1 % Bad		aus 4 % Bad		aus 10 % Bad nach 1^h	
	nach 1^h	nach 4^h	nach 1^h	nach 4^h	geseift	ungeseift
Acetamine Yellow CG	0,05 %*	0,05 %	0,16 %	0,27 %	1,48 %	1,30 %
Acetamine Orange GR conc	0,09 %	0,18 %	0,17 %	0,32 %	1,23 %	
Celanthrene Red 3B......	0,06 %	0,11 %	0,13 %	0,24 %		1,13 %
Celanthrene Violet CB ...	0,01 %	0,11 %	0,09 %	0,34 %	1.45 %	1,14 %
Celanthrene Purple conc ..	0,05 %	0,10 %	0,02 %	0,41 %		
Celanthrene Pure Blue BRS	0,03 %	0,13 %	0,13 %	0,48 %	2,37 %	2,21 %

* Farbstoff auf der Faser

Stapelfaser färbt sich besser, insbesondere bei Zugabe von 5 g Salicylsäure. Die Acetatseidenfärbungen sind echt gegen Gasfading. Färbungen mit Küpenfarbstoffen sind wesentlich lichtechter. Man oxydiert mit $NaNO_2$ und Glykolsäure bei 100° C.

Säure- und Metallkomplexfarbstoffe (Neolane) wurden bei 80° C geklotzt und 15 Sekunden bis 5 Minuten gedämpft. Die erhaltenen Farbtöne wichen von denen auf Nylon ab, die Licht-, Wasch- und Reibechtheit war gering.

Die Klotzfärbungen mit Neolan- bzw. Capracylfarbstoffen ergaben für Orlon und Dacron keine wesentliche Anfärbung. Für Acrilan entsprach sie einer solchen auf Nylon. Eine Vorbehandlung mit Quellmitteln, wie o- oder p-Phenylphenol oder Benzoesäurelösungen und nachheriges Klotzen bei 90° C, Dämpfen (5 Min.), Spülen, Seifen bei 70° C und Trocknen, ergaben für Säure- und Neolanvertreter (Crocein Scharlach N (CI 252), Alizarinrubinol R (CI 1091), Polargelb 2G (CI 642), Echtlichtgelb GG (CI 639), Capracylgelb N und Neolanblau 2G (Pr 144) auf Orlon und Dacron keine wesentliche Färbung, auf Dynel nur mit Capracylgelb N und auf Acrilan mit den beiden Metallkomplexfarbstoffen.

Auch die Versuche mit sauren Lösungen von Palatinechtgelb GRN (Pr 316) zu

[31] Amer. Dyestuff Reporter **40**, P 585 (1951).
[32] Techn. Bulletin DuPont 1949.

färben und durch ein Metallbad zu nehmen (100° C) verliefen auch bei Vorbehandlung der Fasern mit Quellmitteln negativ.

Für das Färben von Orlon mit sauren Farbstoffen bei Kochtemperatur bringt DuPont nunmehr ein neues ausgewähltes Sortiment, die Roracylfarbstoffe, in den Handel. Sie besitzen eine sehr gute Naß- und Lichtechtheit auf Orlon. Gegenwärtig sind Roracyl-Orange R, -Violet 2 R, -Dark Green B und -Dark Brown B im Handel und können, zusammen mit Quinoline-Yellow PN und Anthraquinone-Blue SWF in Kombination angewendet werden.

Küpenfarbstoffe können auf Acrylfasern reibecht und mit guter Licht- und Waschechtheit gefärbt werden, wenn man die mit Pigmenten, Leukoestern oder Küpensäuren geklotzten Fasern einer Hitzebehandlung unterwirft, die bei 200° C stattfinden soll. Der von der Faser aufgenommene Farbstoff, d. h. der im Innern und nicht oberflächlich aufsitzende, läßt sich durch Lauge und Hydrosulfit nicht abziehen. Durch die Hitzebehandlung verändert sich der Ton der Färbung wesentlich und ist in vielen Fällen ganz anders als auf Baumwolle (Teilchengröße!). Es ist daher wichtig, den Küpenfarbstoff bereits in fein verteilter Form auf die Faser zu bringen. Sehr interessante Tabellen erläutern die Resultate.

Schwarz soll nach Meunier[33] mit Sulfanthrenschwarz PR gefärbt werden können.

Eine außerordentlich interessante Art der Orlonfärbung mit sauren Farbstoffen ist die sogenannte „Kupfermethode"[34]. Sie beruht auf der Beobachtung, daß aus Cu-salzhältigen Bädern, die Cuproionen enthalten, diese auf die Faser ziehen und dann die Faser eine Reihe von sauren, aber auch substantiven Farbstoffen bindet, wobei die Farbstoffe im Molekül eine SO_3H- oder COOH-Gruppe besitzen müssen. Mehr als eine derartige Gruppe verringert die Affinität. Die Reduktion der verwendeten Kupfersalze in die Cuproverbindung erfolgt mit Hydroxylaminsulfat. Die Temperatur, das pH und die Cu-Konzentration beeinflussen die Färbung.

Nach DuPont (Technical Bulletin) wird Orlon-Stapelfaser (auch die Marken A 3 und A 4 sowie 41) nach der „Kupfermethode" mit sauren Farbstoffen wie folgt gefärbt: Da Cuprochlorid rostfreien Stahl stark korrodiert, ist dieses einzige technisch erhältliche Produkt zum Gebrauch nicht zu empfehlen. Man arbeitet daher mit reduziertem Cuprisalz. Eine Lösung von 10% Kupfersulfat ($CuSO_4$, 5 H_2O), 4% Sulfoxite C (DuPont). 1% Eisessig, 2% Netzmittel (Duponol D-Paste) wird 5 Minuten zum Kochen erhitzt. Die erhaltene Suspension wird dem Färbebad zugesetzt. Man geht mit dem Färbegut bei 25° C ein, erhöht zum Kochpunkt, setzt 10% Eisessig zu und zwar im Verlaufe von 30 Minuten und kocht dann noch eine Stunde. Dann wird mit Netzmittel enthaltenden Lösungen 15 Minuten bei 50° C gespült. Das Ausziehen der Farbstoffe kann durch Zugabe von p-Phenylphenol (2%) wesentlich erhöht werden. Ähnlich wirken Benzoesäure, Salicylsäure und Phenol.

Von den Säurefarbstoffen sind geeignet: Chinolingelb conc, DuPont Orange G, DuPont Orange II, DuPont Crocein Scharlach N extra, Pontacylechtrot AS, DuPont Anthrachinonblau RCO, SWF, SKY, 2 GA ferner Pontacyl Rubin R, -Carmin 2 G, 2 B, -Violett 6 R, DuPont Anthrachinonviolett R, 3 R, Anthrachinongrün GN. Auch Pontacyl Wollblau BL, GL sind anwendbar. Chromacyl- und Neutracylfarbstoffe sind ungeeignet; vgl. auch EP 696 984.

Orlon Typ 81 ist wenig affin für Säurefarbstoffe, auch nach der Cu-Ionenmethode, während sich Orlon Stapel gut färbt. Daher muß man den Faden in Anwesenheit von Quellmitteln in effektiv kochenden Bädern färben. Das Trocknen von nach dem Cu-Ionenverfahren gefärbter Ware muß vorsichtig erfolgen (maximal 3 Minuten

---

[33] Amer. Dyestuff Reporter **40,** P 51 (1951); vgl. Rayon Synth. Text. **31,** 63 (1950).
[34] Blaker, Laucius: S. a. Chem. Engng. News **28,** 4268 (1950).

bei 120° C), da das über 4% Cu enthaltende Material leicht bräunt. Handelt es sich darum, Wolle-Orlon-Mischungen herzustellen, soll man nur gefärbte oder mit Säure behandelte Wolle mit nach der Cu-Ionenmethode gefärbtem Orlon vermischen, da es sonst leicht zur Zerstörung der Orlonfärbung durch Anwendung feuchter Hitze in irgendeinem Verarbeitungsprozeß kommen kann.

Nach DuPont (Techn. Bull.) sind die aufgenommenen Farbstoffmengen (bzw. ausgezogenen Farbstoffanteile) aus Cuproionen enthaltenden Bädern folgende:

Farbstoffname:		Chinolingelb			DuPont Orange G			DuPont Orange II		
% $CuSO_4 \cdot 5\,H_2O$ im Bad		2,5%	5,0%	10,0%	2,5%	5,0%	10,0%	2,5%	5,0%	10,0%
Zeit	Temperatur C									
15	90°	0	3,6	10,8	1,7	19,2	51,0	3,0	16,2	32,6
60	95°	0	14,8	61,6	3,1	30,4	91,8	6,0	60,2	90,6
120	95°	6,5	15,7	78,4	1,4	30,6	91,1	4,8	66,4	86,8
165	95°	8,8	13,8	83,0	0	28,2	89,5	2,0	64,8	81,7

Farbstoffname:		Croceinscharlach N extra			Pontacylechtrot AS			DuPont Anthrachinon Blue 2GA		
% $CuSO_4 \cdot 5\,H_2O$ im Bad		2,5%	5,0%	10,0%	2,5%	5,0%	10,0%	2,5%	5,0%	10,0%
Zeit	Temperatur C									
15	90°	7,9	59,4	73,9	36,4	60,6	76,8	26,0	24,7	27,6
60	95°	11,4	92,2	94,3	46,8	97,8	97,6	32,3	90,1	95,9
120	95°	14,4	90,2	95,3	48,8	96,7	99,2	40,6	92,9	94,4
165	95°	14,1	88,6	95,1	50,3	94,5	99,2	41,4	91,1	93,2

Die Cuproionen-Färbung mit Trägern (Carrier)[35], gibt leicht auch tiefe Töne. Man verwendet 2,5—10% Kupfersulfat und 2—8% Hydroxylaminsulfat je nach Farbtiefe. Man läßt erst das Bad auf Kupfersulfat laufen, setzt dann das auf einen pH-Wert von 5—6 (max. 6) eingestellte Hydroxylaminsulfat zu, läßt wieder einige Zeit laufen und gibt dann den gelösten Farbstoff in die Flotte. Man bringt innerhalb 15—20 Minuten zum Kochen und kocht eine Stunde bis zum Mustern. Der Zusatz aller Chemikalien ergibt einen pH-Wert des Färbebades von 3—3,5 bzw. beim Kochen von 2,2. Dieser Wert soll nicht unterschritten werden. Eventuell wird mit Phosphat (Natriummonophosphat) gepuffert. Unterhalb eines pH von 2 beginnen die Farbstoffe zu agglomerieren und nur auf die Faseroberfläche zu gehen, so daß sie leicht abgeseift werden. Die erhaltenen Farbtöne sind trüb. Um leuchtendere Töne zu erhalten, modifiziert man die Färbeweise derart, daß man die Mengen an Kupfersulfat bzw. Hydroxylaminsulfat auf 1—3% je nach Farbtiefe reduziert und dem Färbebade 5 g Phenol oder Benzoesäure pro Liter zusetzt. Phenol gibt brillantere Töne als Benzoesäure. Insbesondere für Chinolingelb (Quinoline Yellow P), Orange II (Orange II konz.) bzw. Pontacyl Fast Red AS wird die letztere Methode von DuPont empfohlen. Vor dem Färben einer Heißbehandlung ausgesetztes Material ist in seiner Affinität wesentlich vermindert.

Selbstverständlich ist Vorsicht bei der Verwendung der Chemikalien, die die Haut ätzen usw., am Platze (Handschuhe, Schutzbrillen).

Wenn bei der normalerweise bei einem pH von 2—3 stattfindenden Färbung von Orlon nach der Cu-Ionenmethode bei einem pH über 3 gefärbt wird, tritt eine starke Vergilbung der Faser und eine Trübung insbesondere heller Farbtöne ein (Amer. Dyestuff Reporter 41, P 268 (1952). Die Lichtechtheit der Färbungen ist sehr vermindert, wie Gasser[36] feststellt.

---

[35] Developments in the Dyestuff Industry, DuPont 1951/52.

[36] Vgl. Weber-Gasser: Die Praxis der Färberei. Wien, Springer Verlag 1954.

Acrylfasern können nach der Cuproionenmethode auch im Kontinueverfahren gefärbt werden. Lediglich die Reibechtheit der erhaltenen Färbungen ist ungenügend.

Auch hier tritt „Blocking off" ein. Orlon 41 und 81 haben verschiedenen Nitrilgehalt; dies ergibt verschiedene Farbtiefe. Zweckmäßig färbt man nach der „Drip"-Methode: man läßt $CuSO_4$ und Hydroxylaminsulfat bei pH 5 (eingestellt mit NaOH) reagieren und verdünnt. Einen Teil ($^1/_5$–$^1/_{10}$) setzt man bei Beginn, den Rest nach 30 Minuten zu. Dann kocht man noch 30 Minuten.

Für die Hochtemperaturfärbung von Orlon kommen nach den neuesten Erfahrungen (Meunier, DuPont, Papers on dyeing of Orlon and Dacron, presented at the techn. conf. Aug. 1952) folgende saure Vertreter in Frage: Außer den bereits für die kochende Färbung vorgeschlagenen Vertretern noch zusätzlich die Milling Red-Marken, Pontacyl Fast Black N2B, Navy Blue M4B, sowie außer Anthraquinone Blue SWF auch noch andere Marken und Resorcin-Brown.

Durch das Färben bei Hochtemperatur werden z. B. die Färbekosten, was Farbstoff anlangt, wesentlich verbilligt. Meunier gibt an, daß eine Kombination von Quinoline Yellow und Anthraquinone Blue, die man bei Kochtemperatur verwenden muß, per lb-Faser etwa 40–50 Dollarcent kostet, während man bei der Hochtemperaturfärbung durch Verwendung billigerer Farbstoffe, welche dann auch in befriedigender Tiefe ziehen, einen Farbstoffkostensatz von 10–18 Dollarcents erhält.

Die Hochtemperaturfärbung von Geweben ist sehr schwierig, da es auch in geschlossenen Gefäßen schwer fällt, überall genau dieselbe Temperatur zu halten. Man bläst dann zusätzlich Dampf ein oder arbeitet mit dem Barotor, einer Entwicklung von DuPont, bei welcher das Gewebe, auf kreisrund angeordneten Stäben im Zick-Zack gewickelt, nach dem Rotorprinzip mit der Färbeflotte behandelt wird. [Geschlossenes Gefäß, Hochtemperaturfärbung; vgl. Calco, Techn. Bull. 833 (1953)].

Als neuestes in die Gruppe der Polyacrylfasern gehöriges Produkt ist die früher als *Chemstrand,* jetzt als *Acrilan* (am Kontinent vielfach auch *Acrylan)* bezeichnete Faser aus zirka 75% Polyacrylnitril, 20–25% Polymethacrylnitril und etwas Polyvinylverbindung anzusehen[37]. Der Faden besitzt einen Erweichungspunkt von zirka 263° C (455° F), 10% Dehnung, die Trockenfestigkeit ist gleich der Naßfestigkeit. Die Schrumpfung in kochendem Wasser beträgt 2%, die Imbibition 5%. Er nimmt also praktisch kein Wasser auf (1,6% bei 58% relativer Feuchtigkeit bei 30° C). Das Material wird von Lösungsmitteln und verdünnten Säuren nicht angegriffen, doch bedingt bereits 1%ige NaOH bei 100° C 40% Stärkeverlust[38]. Bei Raumtemperatur verursacht eine derartige Lauge noch keine Schwächung. Die Färbung erfolgt vorteilhaft mit sauren Farbstoffen in Gegenwart von 10% Schwefelsäure bei 90–95° C 1½ Stunden. Die Naßechtheiten und Lichtechtheiten sind geringer als bei Wolle. Besser verhalten sich Chrom- oder Chromkomplexfarbstoffe.

Die Tiefe der erzielbaren Färbung hängt von der Temperatur ab. Der Farbstoff sitzt ringförmig an der Faseroberfläche, was Querschnittsmikrophotos zeigen.

Eine ähnliche Faser ist X-51. Man kann X-51-Stapel mit Acetatfarbstoffen färben, wobei mindestens 95° C heiße Bäder oder auch Hochdruckfärberei angewendet werden sollen.

Mittels der Cuproionenmethode kann man mittels saurer oder direkter Farbstoffe färben, wobei man zuerst mit 1–3% Kupfersulfat und dann 3–5% Hydroxylaminsulfat kochend für zehn Minuten behandelt. Man färbt kochend 30 Minuten, setzt dann 4% H_2SO_4 zu und läßt nochmals 30 Minuten kochen.

---

[37] Woodruff: Amer. Dyestuff Reporter **40,** P 402 (1951), bzw. Text Wld. **101,** 126 (1951).

[38] Houtz: Text. Res. J. **20,** 786 (1950).

Basische Farbstoffe ziehen sehr rasch ohne Beize und zeigen befriedigende Lichtechtheiten.

X-51-Stapel kann, im Gegensatz zu allen anderen Acrylfasern des Marktes mit alkalischen Lösungen von Küpenfarbstoffen gefärbt werden. Die Lichtechtheit ist geringer als auf Cellulose, die anderen Echtheiten ausgezeichnet.

Fäden färben schwerer mit Acetatseidenfarbstoffen, ebenso ergibt die Kupferionenmethode nur bis mittlere Töne. Mit Küpen ist nicht aus alkalischem Färbebade färbbar, sondern man arbeitet nach dem Küpensäureverfahren.

Literaturübersicht über das Färben von Polyacryl- und dgl. Fasern (Orlon).

Conradi: Das Färben von Orlon und Dacron. SVF Fachorgan Textilveredlung **8**, 90 (1953).

Szloszberg: Orlonfärberei. Amer. Dyestuff Reporter 41, P 510 (1952).

Fronmöller: Das Färben von Orlon. Amer. Dyestuff Reporter **41,** P 578 (1952).

Leggett: Neue Färbemethoden für neue Fasern (Orlon, Dacron, Acrilan). Mod. Textiles **33,** Nr. 9, 74 (1952).

Turnbull: Die Diffusionsgeschwindigkeit von Dispersionsfarbstoffen in Orlon. Amer. Dyestuff Reporter **41,** 75 (1902).

Rieckoff: Die Färbung von Dynel und Orlon. Dtsch. Textilgewerbe **54,** 393, 678 (1952).

Woodruff: Färbung von Acrilan. Text. Age **16,** 52 (1952).

Peiker: Die Färbung von X-51. Amer. Dyestuff Reporter **41,** 162 (1952).

Die Küpenfärbung von X-51. Chem. Engng. News **30,** 1258 (1952).

Blaker: Die Prinzipien der Cupro-Ionenfärbung von Orlon. Methode der Reduktionspotentialkontrolle. DuPont, Papers presented at the technical conference on Dyeing of Orlon and Dacron Fiber, August 1952.

Blaker: Cupro-ionenfärbung bzw. Kupfersulfatreduktion. Mod. Textiles **33,** No. 11, 56 (1952).

Meunier: Färben von Orlonfasern. l. c. (oben).

Hug: Färben von Mischungen, die Orlonfasern enthalten. l. c. (oben).

Küpenfärbungen von X-51. Chem. Ind. Engng. News **30,** 1208 (1952).

Blaker, Laucius: Orlon Cu-Methode-Färbung. Text. Wld. **101,** 138 (1951); vgl. Amer. Dyestuff Reporter **41,** P 39 (1952); **42,** P 76 (1952).

Brosnan: Färben von Orlon. Amer. Dyestuff Reporter **40,** P 351 (1951).

Feild, Fremon: Kupfermethode zum Färben von Orlon. Text. Res. J. **21,** 531 (1951).

Meunier: Die Thermosol- und Hochtemperaturfärbung. Amer. Dyestuff Reporter **40,** P 51 (1951).

Meunier: Rayon Synth. Text. **31,** 63 (1950); s. a. Text. Age **14,** 32 (1950).

Patentübersicht über das Färben von Polyacryl- u. dgl. Fasern (Orlon).

DP 854 339 BASF 1952 — Polyacrylnitril wird mit Monoazo- oder Azomethin- bzw. Anthrachinonfarbstoffen, welche mindestens einmal die Gruppe $N\langle{R_1 \atop R_2}$ (R_1=Alkyl, Cycloalkyl- oder Cyanalkyl, R_2=H oder wie R_1) enthalten, aus wäßriger Lösung oder Suspension des Farbstoffs gefärbt.

DP 850 135 BASF 1952 — Das Färben von Polyacrylnitrilfasern wird erleichtert, indem man Mischpolymerisate desselben mit mindestens 3% 1,1-Dichloräthylen mit Küpen- oder Acetatseidenfarbstoffen färbt.

DP 848 687 BASF 1952 — Die Herstellung von Polyacrylnitrilfasern wird beschrieben, wobei deren Eigenschaften, insbesondere Anfärbbarkeit derart verbessert wird, daß man das Polymerisat in irgend einer Stufe der Verarbeitung mit primären aliphatischen, insbesondere zwei- und mehrwertigen Aminen in Berührung bringt. Dies kann auch vor dem Färben oder beim Drucken (das Amin ist in der Druckpaste) erfolgen.

DP 832 437 BASF 1952 – Man kann Polyacrylnitrilfäden sehr leicht mit Acetatseidenfarbstoffen färben, wenn dem Spinnmaterial geringe Mengen von Vinylpyrrolidon, Acrylamid, Acrylanilid, Vinylcaprolactam usw. zugesetzt werden.

FP 1 025 189 Rhodiaceta 1953 – Die Färbung von Polyacrylnitril soll in Dispersionen von Küpensäuren erfolgen, wobei nachher gespült und oxydiert wird.

FP 1 004 409 Tardy 1952 – Polyacrylate sollen gefärbt werden durch kurzes Eintauchen in ein 55–60° C heißes Färbebad, das Netzmittel, Alkohol (Amyl-, Alkyl-, Benzylalkohol) und Farbstoffe enthält; über letztere werden definitive Angaben nicht gemacht.

BelgP 504 492 CCCC 1952 – Beim Färben von Polyacrylfasern geht man so vor, daß man in die wäßrige Lösung eines Farbstoffs einbringt, auf mindestens 80° C erhitzt, bei pH 2–7 und nach 15 Minuten Cuproionen zusetzt, eventuell in Gegenwart von Quellmitteln; vgl. EP 696 984, FP 1 046 657.

EP 690 899 Monsanto 1953 – Die Anfärbbarkeit von Polyarylnitrilfasern wird durch Behandeln mit NN-Dimethylacetamid usw. erhöht.

EP 680 491 Bat. Petrol. My 1952 – Das Färben von Dienen erfolgt mit Quellmittel (Phenol) enthaltenden Farbbädern; vgl. EP 680 492.

AP 2 622 952 Rhodiaceta 1952 – Die Färbung von Polyacrylnitril mittels Naphtolen erfolgt derart, daß man Naphtol und Kupplungskomponente aus einem Bade auf die Faser bringt und nachher in einem zweiten Bade mit salpetriger Säure behandelt.

AP 2 543 994 DuPont 1951 – Das Färben von Polyacrylnitrilfasern (Orlon, PAN) mit indigoiden oder thioindigoiden Küpenfarbstoffen erfolgt in Gegenwart von 0,5–5% eines keine andere löslichmachende Gruppe enthaltenden aromatischen Monoamins mit alkalischen, die reduzierten Farbstoffe enthaltenden Küpen.

AP 2 532 437 Viscose 1950 – Polyacrylnitrilfasern (Orlon) werden gefärbt, indem man mit wäßrigen Dispersionen unlöslicher Azofarbstoffe (z. B. p-Dimethylaminoazobenzol, p-Nitrobenzolazo-β-hydroxyäthylanilin, 2-Methoxy-4-nitrobenzolazo-β-hydroxyäthyl-o-toluidin usw.) behandelt, trocknet und dann eine Stunde auf 120–125° C erhitzt.

AP 2 524 811 Interchemical 1950 – Das Färben von Polykondensaten oder Polymerisaten erfolgt mit Pigmentemulsionen, die eine Quellung des anzufärbenden Kunststoffs verursachen, wobei die Emulsionen das Reaktionsprodukt eines sulfonierten Öls mit einem Alkylolamin neben Na-Phosphat und Nitrit enthalten.

AustralP 135 613 ICI 1951 – Die Färbung von Polyestern erfolgt mit Acetatseidenfarbstoffen.

AustralP 132 307 DuPont 1951 – Die Färbung von Polyacrylnitrilfasern erfolgt durch Grundierung mit Naphtolen in Gegenwart von Alkohol und Ätzkali, hernach wird durch ein schwaches Schwefelsäurebad genommen und mit der Lösung eines Diazoniumsalzes behandelt.

8. Das Färben von Polyamidfasern (Nylon, Perlon).

Das Färben von Polyamiden kann mit Acetatkunstseiden-, substantiven, sauren, Chrom-, Chromkomplex- oder Küpenfarbstoffen erfolgen.

Die Färbung mit Säurefarbstoffen gibt gute Resultate, doch zeigt sich hier vor allem das Blockieren der Aminogruppen der Faser (vgl. S. 198 H), sowie eine streifige Anfärbung bei Fasern von auch nur geringer unterschiedlicher Streckung, so daß eine sorgfältige Auswahl der Farbstoffe, insbesondere bei Kombinationen notwendig ist. Ferner sind tiefe Nuancen nicht leicht zu erzielen, da ja nur wenige Aminogruppen für die Bindung der Farbstoffe zur Verfügung stehen (vgl. S. 198 H).

Nach Zimmermann [Am. Cyanamid Comp., Calco Techn. Bull. Nr. 833 (1953)] ist die Hochtemperaturfärbung von Wolle- bzw. Reyon-Mischgeweben mit Nylon-, Dacron- oder Orlonanteilen nur möglich, wenn die Hochdruck(-temperatur)-behandlung nicht länger als 1—1½ Min. dauert und bei 125—130° C vorgenommen wird. Dies erfolgt derart, daß man normal mit der Färbeflotte klotzt, dann zwischen einem Dreiwalzenaggregat (Stahl-Gummi-Stahl) in eine Druckkammer fährt, die 30 m faßt und Heißwasser von 125—130° C enthält. Dieser Behandlungsraum wird auf der anderen Seite ebenfalls durch ein Dreiwalzenaggregat verlassen und das Gewebe dann normal gewaschen etc. Die Pressung beim Einlauf und Auslauf aus der Druckkammer darf nicht höher sein als am Foulard, auf welchem mit der Farbstofflösung geklotzt wurde.

Die Perlonfaser (aus ε-Caprolactam hergestellt) besitzt gegenüber dem Nylon (aus Hexamethylendiaminadipamat) eine größere Anfärbbarkeit, da Perlon L 0,06 bis 0,08 Milliäquivalente Säure bzw. Farbsäure je Gramm Faser bindet, Nylon jedoch nur 0,03—0,045. Für die saure Färbung von Polyamiden haben die meisten Farbstofferzeuger geeignete Vertreter unter Sondernamen zusammengestellt: Xylenecht-P-Farbstoffe (Sandoz), Neonyle (Ciba), Novolane (Geigy), Capracyle (DuPont), Telonlicht- bzw. -echtfarbstoffe (Bayer), die Lanaperlfarben (Hoechst) usw.

Die Beständigkeit der Nylonfaser gegen Säuren ist besser als die von Perlon. Man muß letzteres beim sauren Färben besonders gut auswaschen, um Faserschäden beim Trocknen an den Phasengrenzflächen zu vermeiden. Die Naßechtheiten der Färbung auf Nylon sind besser als auf Perlon. Um die Naßechtheit von mit Capracyl-(DuPont-) Farbstoffen auf Nylon zu verbessern, wird von der Erzeugerfirma vorgeschlagen, mit Tannin und Weinsäure nachzubehandeln. Eine gute Kombination wird z. B. in Form von Lissamine Fast Yellow 2G, Solway Blue BN und Azogeranine 2G (ICI) empfohlen.

Spannungsunterschiede in Nylonwaren werden von sauren Farbstoffen meist sichtbar gemacht. Sehr gut eignen sich z. B. Calcocid Yellow MCG (Tartrazin) und Calcocid Blue GL (Echtwollblau GL) dafür.

Die von Cassella in den Handel gebrachten Perlamine sind substantive Farbstoffe, welche aus schwach sauren Bädern auffärbbar sind. Schwarz färbt man z. B. mit 12% Sambesischwarz D und 30% Glaubersalz bei 90—95° C, wobei man nachher mit 2 g Na-Nitrit und 7 cm³ HCl konz./Liter 40 Minuten bei 20° C diazotiert und hernach mit 2% Entwickler H conc. entwickelt. Eine Behandlung mit β-Naphtol erhöht die Affinität der Nylonfaser, die Anwesenheit von Nylotan MS (Sandoz) setzt die Anfärbbarkeit ziemlich weitgehend herab. Im allgemeinen ist festzustellen, daß sogenannte nylonreservierende substantive Farbstoffe Perlon anfärben können.

Für die Polyamidfärbung sollen auch die Ofnacet-Farbstoffe der Naphtolchemie Offenbach geeignet sein, welche bekanntlich die Diazoniumverbindung und das Naphtol zusammen aus ammoniakalischem Bade auf das Textilmaterial bringen und dann entwickeln.

Besonders echte Töne können auf Nylon bzw. Perlon mit den chromkomplexen Farbstoffen [Neolanen (Ciba), Palatinechtfarbstoffen (BASF), Inochromen (Francolor), Ultralanen (ICI), Gycolanen (Geigy), bzw. Vitrolanen (Sandoz) usw.] erhalten werden, jedoch nur helle Töne. Z. B. kombiniert man Palatinechtgelb GRN mit -braun GGN, -rot BEN und -blau GGN und färbt mit 3% Ameisensäure, bei 40° C eingehend und zum Kochen treibend, kocht eine Stunde und setzt Palatinechtsalz zum Egalisieren zu. Chromfarbstoffe dienen zur Herstellung dunkler Töne. Es sind eine ganze Reihe von Farbstoffen gut geeignet. Wichtig ist es, das überschüssige Chrom durch Sulfit-

oder Bisulfitbehandlung zu zerstören, um Faserschäden hintanzuhalten. Die Telonchromreihe von Bayer enthält ausgesuchte Vertreter von Nachchromierungsfarbstoffen.

Metallkomplexe enthaltend, neutral oder schwach sauer ausfärbbar sind die Cibalane (Ci), Irgalane (Gy), Lanasyne (Sa) u. a.

Das Dämpfverfahren von Geigy (Skeuze), vgl. Canad. Text. J. **67**, 55 (1950), erlaubt die Färbung von Nylon bzw. Nylon-Wollmischungen mit Nachchromierungsfarbstoffen. Im allgemeinen besitzen Chromfarbstoffe einen hohen Sättigungspunkt auf Nylon, würden also die Erzielung verhältnismäßig tiefer Farbtöne auf Nylon erlauben, doch ist es fast ausgeschlossen, eine genügende Reduktion des Bichromats zur Chromreduktion zu erzielen. (Man nimmt etwa die vierfache Menge Natriumsulfit als Bichromat angewendet wurde.) Dadurch wird die Echtheit nicht erreicht und auch die Farbtöne sind anders. Insbesondere sind Grau- und Blautöne schwer herzustellen. Man arbeitet in geschlossenen Apparaten unter Druck bei Temperaturen von 115° C und benutzt dann den Apparat zum Dämpfen, indem man leerpumpt und Dampf einströmen läßt. Durch Quellung erfolgt ein besseres Eindringen und das Reduktionsvermögen wird erhöht.

Hinsichtlich der Höhe der Aufnahme saurer Farbstoffe (Sättigungswert) für Nylon bei 100° C in normalen Färbebädern gibt DuPont (Techn. Bull.) u. a. folgende Werte[38a]:

Pontacyl Light Yellow GX	1,00%
DuPont Quinoline Yellow conc	1,3 %
DuPont Anthraquinone Rubine R	2,25%
DuPont Croceine Scarlet N extra	1,00%
Pontacyl Violet RL	1,40%
DuPont Antraquinone Blue SWF conc	3,00%
Pontacyl Fast Blue 5 R conc	2,5 %
DuPont Anthraquinone Green G	1,75%

Das kontinuierliche Färben von Nylongeweben soll nach einer Art Pad-Steam-Prozeß, wie folgt, durchgeführt werden können. Man klotzt die Gewebe nach einer Vorreinigung mit Na-pyrophosphat-Soda-Seife-Flotte und nach vorherigem Fixieren des Textilgutes auf Spannrahmen mit neutralen Lösungen der sauren Farbstoffe, wobei etwa 40% Flüssigkeitsaufnahme erzielt wird. Hierauf wird bei etwa 105° C getrocknet (zirka 20 m/min Warengeschwindigkeit), wobei darauf zu achten ist, daß Wasserflecken entstehen können durch Auftropfen von Wasser und auch sonst dem Umstande Rechnung getragen ist, daß der Farbstoff nur am Gewebe haftet, d. h. noch nicht fixiert ist. Hernach werden die Gewebe breit (beidseitig gleichmäßig) gedämpft und hernach am Jigger oder in Kontinueanlagen mit Säure oder Säure und Chromat behandelt.

Mit Acetatseidenfarbstoffen arbeitet man vorteilhaft dann, wenn keine besonderen Echtheiten gefordert werden. Die Färbung ist unempfindlich gegen Streckungsverschiedenheiten der Faser und ein Blockieren ist nicht möglich. Die BASF empfiehlt hier ihr Perliton- und Perlitonechtsortiment. Nach einer Vorreinigung mit Hostapal C (Hoechst) soll man Kombinationen vorteilhaft mit Perlitongelb RR, -scharlach R, -rot 3B und -blau 3G färben können.

Feinfibrillare Garne aus Nylon erscheinen heller, da sie weniger Licht absorbieren als Monofil. Sie erscheinen nur dann gleich, wenn ihr Farbstoffgehalt verkehrt der $\sqrt{\text{den}}$ ist. Natürlich ist das beim Färben von Strümpfen mit solchen Garnen nicht ohne weiters erreichbar. Man färbt bei 65° C mit Acetatseidenfarbstoffen, dann diffundieren sie langsam und man entnimmt bei gleicher Farbtiefe.

[38a] Hinsichtlich der entsprechenden europäischen Gegenprodukte vgl. Weber-Gasser: Die Praxis der Färberei. Wien, Springer Verlag 1954. Handelsfarbstofftabellen.

Das Färben von Nylon mit Acetatseidenfarbstoffen wird jetzt auch nach dem Thermosolverfahren vorgeschlagen. Man imprägniert nach DuPont mit den Farbstoffdispersionen, trocknet und erhitzt auf 180—250° C (5—60 Sekunden). Nylon gibt dabei zwar trübe (Farbstoffagglomeration?), aber besser lichtechte Töne.

Die „Enkalon"-Faser aus ε-Caprolactam soll in Strumpfform wie folgt gefärbt werden: Das Bad enthält 4—6% Seife, 2—4% Fettalkoholsulfonatteig, 2—3% Trinatriumphosphat und den Acetatseidenfarbstoff. Man geht mit der fixierten Ware bei 40—45° C ein, treibt auf 80—85° C und färbt. Dann wird mit einem Anti-Snagmittel, einer Kunstharzvorkondensatlösung, behandelt und auf Metallformen nach mäßigem Schleudern bei 90—100° C getrocknet.

Die Färbung von Nylon mit Küpenfarbstoffen bei gewöhnlicher Temperatur (Carter, Neal, Westmoreland[39]) erfolgt derart, daß die Faser vorher bei 80° C in starker 1—5%iger Tanninlösung behandelt und hernach gefärbt wird. Die Licht- und Reibechtheit erreichen nicht die Werte der Baumwollfärbungen, sind aber größer als bei allen anderen Verfahren. Zur Oxydation des Farbstoffes dienen vorteilhaft heiße Chloritlösungen, die rascher und vollständiger oxydieren als Superoxyd.

Nach Alter ergibt die Färbung von Nylon in geschlossenen Jiggern bei Verwendung von Temperaturen bis zum Kochen sowie des hitzebeständigen Formaldehydsulfoxylat (Rongalit) statt Hydrosulfit lichtechtere und bessere Färbung bei der Anwesenheit von Küpenfarbstoffen. Auch die Auffärbbarkeit der Faser ist weitaus besser, ebenso die Reib- und Naßechtheiten [Text. Wld. **101,** 244 (1951)].

Hautreizungen entstehen bei nachchromierten Färbungen durch in der Faser verbliebenes Chrom. Aber auch 14 Farbstoffe der Acetatseidenfarbstoffreihe wurden von DuPont als unter Umständen Dermatitis verursachend festgestellt[40]. Nicht zu Hautreizungen geben folgende DuPont-Acetatseidenfarbstoffe (nach Untersuchungen der Herstellerfirma) Anlaß:

Acetamine Yellow N,
Acetamine Scarlet B,
Celanthrene Brilliant Blue FFSK.

Man benützt sie in Kombination und nuanciert mit anderen Produkten. Allein ihre Zugabe zu anderen Kombinationen soll schon den Reizeffekt verhindern.

Untersuchungen über ein kontinuierliches Verfahren zum Färben von Nylongewebe stellt die Rhode Island Sect. des AATCC an[41].

Die Ware wurde mit bis 1,5% Farbstoff hältigen Flotten bei 120—175° F imprägniert (Flüssigkeitsaufnahme zirka 30%) und dann zirka 14—15 Sekunden bei 105° C gedämpft. Eventuell wurden bei manchen Farbstoffen 2% 85%ige HCOOH zugegeben. Man beobachtete kein Blockieren und keinen Barré-Effekt bei sauren Farbstoffen, doch war der Ausfall unterschiedlich.

Blauholzschwarz auf Nylon wird gefärbt nach der Rezeptur von DuPont: (Färbung unter Druck) vgl. Rey, Amer. Dyestuff Reporter **41,** P 35 (1952). Vorbeizen mit 1% Bichromat und 3% 20%iger Essigsäure, eingehend bei 40° C, die Temperatur langsam auf 110° C steigernd; eine halbe Stunde behandeln. Hierauf wird in kaltem Wasser gewaschen und mit 25% oxydiertem Blauholzextrakt und 5% Seife, bei 50° C beginnend, gefärbt, wobei die Temperatur wieder auf 110° C getrieben und dann eine Stunde bei dieser gefärbt wird. Hierauf wird gewaschen.

Für die Färbung von Nylon bringen die BASF ihr neues *Vialonechtfarbstoffsortiment* in den Handel. Man erzielt mit diesen dispergierten Metallkomplexen licht-, wasch- und walkechte Färbungen aus neutralen Bädern bei einfachster Färbeweise; vgl. DP 886 293.

[39] Amer. Dyestuff Reporter **39,** P 773 (1950).
[40] Fleming: J. Invest. Dermatol. **10,** 281 (1948).
[41] Amer. Dyestuff Reporter **40,** P 14 (1951).

Von den gegenwärtig am Markt befindlichen Polyamidfasern sind alle Handelsmarken außer Nylon aus Caprolactamen hergestellt. Derartige Erzeugnisse sind: Grilon, Mirlon (Schweiz), Enkalon (Niederlande), Kapron (UdSSR), Amilan (USA, Japan), Steelon (Polen), Silon (ČSR), Perlon, Phrilon (Deutschland) u. a. Die Eigenschaften sind naturgemäß untereinander verschieden.

Nach einem Vorschlage der ICI (EP 678 106) soll die Färbung von Polyamiden mit kupferbaren Farbstoffen der o-Oxyazoreihe erfolgen und nachher, um die Lichtechtheit der Färbungen zu erreichen, mit Cuprosulfat und Essigsäure (1% und 3%) gekupfert werden (vgl. EP 678 106). Mit Cuprisulfat sind die Resultate schlecht. Dies ist um so bemerkenswerter, als Gasser (Privatmitteilung) feststellt, daß die Carrierfärbung von synthetischen Fasern mit Cuprosalzen zu erheblichen Lichtechtheitseinbußen der erzielten Farbtöne führt.

Als bestlichtechte, neutralziehende, saure und Direktfarbstoffe zum Färben von Nylon gibt DuPont an (1949, Papers, presented at the Wilmington Conference of Nylon Dyers and Finishers):

Für mittlere und dunkle Töne, Lichtechtheit im Fadeometer gemessen:

Milling Yellow 5G	4	
Pontamine Fast Yellow 4GL	5	
Pontamine Yellow CH	5	
Neutral Brown 2RS	3	
Neutral Brown BGL	3	
Milling Red SWG, SWB	4	
Milling Red 3B	4	Die Wasch-, Schweiß- (sauer und alkalisch), Reib- und Walkechtheiten sind als durchwegs mit 4–5 zu bezeichnen.
Pontamine Scarlet B	4	
Pontamine Fast Red FCB	5	
Pontacyl Fast Blue 5R	4	
Anthraquinone Blue 2GA	4	
Anthraquinone Blue SKY	3	
Anthraquinone Green G	4	
Neutral Gray L	4	
Pontacyl Fast Black N2B (als Schwarz)	4	

Acetatseidenfarbstoffe weisen folgende Lichtechtheit auf:

Acetamine Yellow N	5	
Acetamine Orange 3R	4	
Acetamine Scarlet B	3	Die Waschechtheit ist meist mit 3, die Schweiß- (sauer, alkalisch) und Reib- sowie Walkechtheit mit 5 zu bezeichnen.
Celanthrene Brilliant Red conc	4	
Celanthrene Brilliant Blue FFS	4	
Celanthrene Violet CB	4	
Acetamine Diazo Black 3B	4	

Lichtechtheit 1: 1,25–2,5 Stunden; Lichtechtheit 2: 2,5–5 Stunden; Lichtechtheit 3: 5–10 Stunden; Lichtechtheit 4: 10–20 Stunden; Lichtechtheit 5: 20–40 Stunden; Lichtechtheit 6: 40–80 Stunden; Lichtechtheit 7: 80–160 Stunden; Lichtechtheit 8: 160–320 Stunden bis zu einer bemerkenswerten Änderung.

Nach Fidell (Canad. Text. J. 53 (3. 1952) cit. Text. Rundschau 8, 133 (1953) ziehen die Farbstoffe auf Nylon aus verdünnten Bädern besser als aus konzentrierten. Direktfarbstoffe werden durch Zugabe von 5% Ammonchlorid im Aufziehen auf Nylon gehemmt, während das Aufziehen auf Viskosereyon gefördert wird.

Für die Nähte von Nylon-Strümpfen und Hochfersen werden folgende, der Heißfixierung ohne Abbluten ins Weiß widerstehende Indanthrenfarbstoffe genannt: Indanthrenrotbraun R, Indanthrenmarron BR, Indanthrendirektschwarz RB.

Literaturübersicht über das Färben von Polyamidfasern.

Werner G.: Schwierigkeiten beim Färben von Kleidern aus Mischgespinsten mit Polyamidfasern. Melliand Textilber. 34, 217 (1953).

Klaubert: Vialonechtfarbstoffe auf Nylon. Deutsch. Färberkalender 1953, 148.

Fluss: Telonchromfarbstoffe. Textil Praxis 7, 534 (1952).

Speiser: Die Färbung von Polyamiden mit Indigosolen. Amer. Dyestuff Reporter 41, P 349 (1952).

Zieher in Perlonstrümpfen. Wirkerei, Strickerei, Technik Nr. 12, 31 (1952).

Turnbull: Nylon-, Orlon-, Dacronfärbung. Amer. Dyestuff Reporter 41, P 75 (1952).

Kooij: Färbung von Nylon. Chem. Weekblad 48, 389 (1952).

Baron: Färben von Polyamiden. Teintex 17, 33 (1952).

L. Müller: Das Färben von Perlon in Mischung mit anderen Fasern. S. V. F. Fachorg. Textilveredlung 7, 21 (1952).

Koller: Hautreizungen beim Tragen gefärbter Nylonwaren. S. V. F. Fachorg. Textilveredlg. 7, 343 (1952).

Hadfield: Egalfärbung von Nylon. Text. Recorder 59, Nr. 828, 92 (1952).

Lutgerhorst: Das Färben von Enkalon. Rayon Revue 6, 78 (1952).

White: Egalisierung von Nylonfärbungen. Dyer 107, 35 (1952).

Alter: Das Färben von Nylon mit Küpenfarbstoffen in geschlossenen Jiggern. Text. Wld. 101, 244 (1951).

Abramov: Die Färbung von Perlonstrümpfen mit Direktfarbstoffen. Legkaja Prom. UdSSR. 11, Nr. 6, 28 (1951).

McGrew, Sharkey: Sorption von sauren Farbstoffen durch Nylon im Nichtgleichgewicht. Text. Res. J. 21, 875 (1951).

Brosnan: Das Färben von Nylon. Amer. Dyestuff Reporter 40, P 351 (1951).

Douglas: Chromfärbung auf Nylon. J. Soc. Dyers Colourists 67, 133 (1951).

Douglas: Das Färben von Nylon und Nylonmischgeweben. Amer. Dyestuff Reporter 40, P 122 (1951).

Ender: Die Perlonfärberei. Melliand Textilber. 32, 780 (1951).

Fryer: Die Hochtemperaturbehandlung von Nylon. Text. Manufacturer 77, 404 (1951).

Haynn: Textil Praxis 6, 66 (1951).

Hees: Das Färben von Polyamidgeweben. Melliand Textilber. 32, 542 (1951).

Kock: Die Färbung von 15 den Nylonstrümpfen. Amer. Dyestuff Reporter 40, P 531 (1951); vgl. auch Textile Wld. 100, 96 (1950).

Kontinuefärbung von Nylon. AATCC Rhode Island Sect. Amer. Dyestuff Reporter 40, P 14 (1951).

McGrew, Sharkey: Aufnahme von Säurefarbstoffen durch Nylon. Text. Res. J. 21, 875 (1951); vgl. a. J. Amer. Chem. Soc. 1950, 72, 2547, 2553.

Newsome: Blauholzfärbung auf Nylon (Chrombeize oder Nachchromierung). Dyer 105, 227 (1951).

Palmer: Nylonfärbung. J. Soc. Dyers Colourists 67, 609 (1951); vgl. Dyer 106, 524 (1951).

Vickerstaff: Das Färben von Nylon mit Acetatseidenfarbstoffen. Teintex 10, 165 (1951).

Salzmann: Perlonfärbung. Dtsch. Färberkalend. 1951.

Wittacker: Färben von Nylon. J. Soc. Dyers Colourists 67, 307 (1951).

Alter: Färbung von Nylontrikot. Text. Wld. 100, 222 (1950).

Färbung von Nylon mit sauren Farbstoffen. Skinners Silk Rayon Record 41, P 609 (1950).

Blau: Färben von Nylon. Kunstseide u. Zellwolle 28, 396 (1950); vgl. Dtsch. Textilgewerbe 52, 560 (1950).

Munden, Palmer: Der Orientierungsgrad von Nylon ist hinsichtlich Anfärbungsgeschwindigkeit von Einfluß. J. Textile Inst. 41, P 609 (1950).

Munden, Palmer: Text. Recorder 68, Nr. 810, 132 (1950).

McGrew, Schneider: Färben von Nylon mit sauren Farbstoffen. J. Amer. chem. Soc. 72, 2547 (1950).

Newsome: Schwächung von Nylon durch Belichtung. J. Soc. Dyers Colourists 66, 277 (1950).

Niederhauser: Färbung von Polyamiden. De Tex 9, 109 (1950).
Remington, Gladding: Färben von Nylon. J. Amer. chem. Soc. 72, 2553 (1950).
Skeuze (Gy): Chromieren auf Nylon. Canad. Text. J. 67, 55 (1950).
Die Nylonstrumpffärbung. Text. Wld. 100, 96 (1950).
Trotman: Nylon-Strumpffärbung. Text. Recorder 68, Nr. 810, 128 (1950).
Zimmermann: Hochtemperaturfärbung von Nylon. Amer. Dyestuff Reporter 39, P 250 (1950).
De Turck: Färben von Nylonstrümpfen. Textile Wld. 99, 114 (1949).
Henderson: Nylonchromfärbung. Textielwezen 5, 33 (1949).
Köster: Färben von Polyurethanen. Textil Praxis 4, 390 (1949).
Das Pad-Steam-Färben von Nylon mit sauren und direkten Farbstoffen. DuPont Techn. Bull. 6, 160 (1950).

Patentschrifttum über das Färben von Polyamidfasern.

DP 874 291 BASF 1953 — Das gleichmäßige Anfärben von Polyamiden mit Säure- oder Chromierungsfarbstoffen wird durch Zusatz von Ammonsalzen, lauwarmes bis kochendheißes Färben und Nachsatz freier Säure zur Erschöpfung der Bäder erreicht.

DP 850 138 Ciba 1952, vgl. DP 849 994 (textlich gleich, jedoch auf den Druck abgestellt).

DP 849 992 Hoechst 1952 — Drucke auf Polyamidfasern oder Färbungen stellt man her, indem man die in Wasser praktisch unlöslichen Salze von sauren oder direktziehenden Farbstoffen mit Thiuroniumverbindungen verwendet. Man arbeitet anfänglich mit 1% Essigsäure, gibt später 1% Ameisensäure zu und färbt bei 90° C.

DP 843 245 Bobingen 1952 — Das Färben von Polyamidfäden erfolgt vor dem Verstrecken durch Passage durch ein saures Quellmittel und Farbstoffe mit sauren Gruppen enthaltendes Färbebad, wobei das Färbegut vorher noch vorgewärmt wird und Lactam als Weichmacher enthalten kann.

DP 818 041 N. O. voor Torgepast Onderzoek, Lanczer 1951 — Man färbt Polyamidfasern in mit Hydrosulfit reduzierten Schwefelfarbstoffbädern bei Anwendung von 50% Farbstoff.

FP 982 320 Lanczer 1951 — Man färbt Polyamid mit 30—40% Schwefelfarbstoff in Ammoniak-Hydrosulfit-Bädern.

HollP 72 127 Ciba 1953 — Das Färben von Polyamiden mit Leukoestersalzen erfolgt in Gegenwart oxydierend wirkender organischer Nitroverbindungen mit nachherigem Dämpfen.

HollP 68 247 Ciba 1951 — Das Färben und Bedrucken von Polyamiden (vgl. FP 913 158 bzw. DP 740 009) mit saure Gruppen enthaltenden Woll- oder Direktfarbstoffen erfolgt derart, daß man in Gegenwart von Ammonsalzen von organischen Säuren, die beim Erwärmen Säure abspalten, arbeitet und nach der Färbung bzw. dem Druck dämpft. (Angegeben sind Kitonechtgrün V, -orange G, Brillantkitonrot B, Säureviolett 6BN, Direktdunkelgrün S, Direktbraun M, -violett C, -blau RW, Carbidschwarz E usw.)

HollP 66 965 Sandoz 1950 — Das Färben oder Bedrucken von Kunstfäden aus Celluloseäthern oder Estern, Polyamiden oder Polyurethanen erfolgt mit Suspensionen von Farbstoffen die halogenenthaltende Derivate von Amino-8-hydroxy-naphtochinon-(1,4-)imid-(1) oder 5-Hydroxy-8-amino-naphtochinon-(1,4-)imid-(1) oder Reaktionsprodukte dieser Derivate mit Aminen oder NH_3 sind.

HollP 60 898 IG 1948 — Polyamide werden mit substantiven Farbstoffen gefärbt und nachgekupfert, indem man bei 80–95° in Anwesenheit von Ammonsalzen niedriger organischer Säuren (Acetat) ohne weitere Salzzugabe und dann bei 85% C kupfert. Die Kupferungslösung enthält neben schwacher organischer Säure noch 5% an Alkyl-, Aryl- usw. Naphtalinsulfosäuren. Nachher wird wie üblich gespült und getrocknet.

HollP 60 677 1948 – Das Färben von Polyamiden (vgl. HollP 55 594) erfolgt derart, daß man Farbstoffe in Dispersion oder Lösungen anwendet, die Chloral enthalten.

BelgP 504 971 Rhodiaceta 1952 – Man färbt Polyacrylnitril durch Behandlung mit Kupplungskomponenten und diazotierbaren Basen in Bädern bei 80–100° C, worauf man salpetrige Säure in einem zweiten Bade einwirken läßt.

BelgP 504 610 Hardman Holden 1952 – Das Färben von Proteinfasern oder Nylon erfolgt mit Küpenfarbstoffen, die mittels Thioharnstoffdioxyd im Überschuß reduziert wurden, einem Weichmacher und Dispergator bei Temperaturen über 100° C, wobei die Reduktion des Küpenfarbstoffs ohne Alkali in neutralem oder schwach saurem Milieu erfolgt.

EP 678 106 ICI 1952 – Das Färben von Polyamiden erfolgt mit kupferbaren Farbstoffen, z. B. Solochrome Dark Blue BS (CI 202), Solochrome Red ERS (CI 652), Solochrome Azurine B (CI 720) und Solochrome Green VS (CI 292) und Nachkupfern mit der sauren Lösung eines Cuprosalzes in Gegenwart von NaCl. Die Lichtechtheit ist eine wesentlich verbesserte. Bei der Verwendung von Cuprisulfat in saurer Lösung werden nur 50% des Farbstoffes gekupfert.

EP 664 258 Yorkshire Dyeware 1952 – Behandelt die Herstellung von nicht sublimierenden Rot- und Orange-Farbstoffen für Nylon.

EP 640 421 Sandoz 1950 – Nylon kann durch Behandlung mit Thiophenolen reserviert werden. Gefärbtes Material wird überfärbeecht (Nylotan).

EP 640 419 Wolsey 1950 – Man imprägniert Wolle oder Nylon mit einer Lösung, die einen oberflächenaktiven Farbstoff enthält, quetscht ab und erhitzt auf 90–140° C (Carbolanfarbstoffe).

EP 632 083 Butterworth 1949 – Beim Färben von Nylon mit Küpenfarbstoffen wird das gefärbte Material mit der wäßrigen Lösung einer oder mehrerer Benzolderivate, die eine OH- oder COOH-Gruppe enthalten und keine zerstörende Quellwirkung entfalten, behandelt, dann gewaschen und getrocknet. (Zimtsäure, Salicylsäure usw.) Die Lichtechtheit wird wesentlich erhöht.

AP 2 624 653 Gen. An. 1953 – Die Färbung von Nylon mit metallisierten Farbstoffen der Form

$$\left[\underset{X}{\overset{OH}{C_6H_3}}-N{=}N-\underset{Y}{\overset{NHR}{C_6H_2}}-NHR \right] Me$$

wird beschrieben. Hierbei bedeuten: R Wasserstoff bzw. Carboxyalkylrest, x und y Alkyl- bzw. Alkoxyreste, Me mehrwertiges Metall.

AP 2 592 473 DuPont 1952 – Die Anfärbbarkeit von Polyamiden wird verbessert durch Behandlung (15–24 Min.) bei 25–160° C mit dem N-Carboanhydrid einer α-Amino-Carbonsäure der aliphatischen Reihe.

AP 2 558 992 Polymer Corp. 1951 – Man bringt zur Herstellung opal gefärbter Polyamide TiO_2 und Azofarben in das geschmolzene Material (vgl. AP 2 128 533, 2 208 494, 2 292 905, 2 326 531, 2 345 533).

AP 2 546 861 Maher 1951 — Man stellt auf hydrophoben Textilien sehr wasch- und lichtechte schwarze Färbungen dadurch her, daß man mit einer mit Phloroglucin kuppelnden Base vorfärbt, diazotiert und dann mit Phloroglucin auskuppelt.

AP 2 541 839 DuPont 1951 — Küpengefärbte Nylonfasern werden nach der Färbung mit Wasser und mehrwertigen aliphatischen Alkoholen (1 : 9—9 : 1) auf 100—150° C erhitzt. Man kühlt dann auf 98—0° C ab und wiederholt, bis Licht- und Reibechtheit genügen.

CanP 489 620 Gen. An. 1953 — Die Färbung von Nylon mit metallisierten Azomethinfarbstoffen wird beschrieben. Man färbt die Kobaltkomplexe aus neutralen Bädern.

CanP 467 985 Croft, Dreyfus 1950 — Man imprägniert mit wasserschwerlöslichen Direktfarbstoffen in Dispersion und dämpft rasch bei 225—255° C und 3—7 atü.

9. Das Färben von Tierhaaren und Pelzwerk.

Hier sind keine besonderen Neuerungen zu verzeichnen.

Literaturübersicht über das Färben von Tierhaaren und Pelzwerk.

W i t t w e r: Pelzfärberei. Leder-Ztg. 7, 249 (1952).

B u r t o n, S t o v e s: Färbung mit oxydativen Farbstoffen. J. Soc. Dyers Colourists 66, 474 (1950).

Patentschrifttum über das Färben von Tierhaaren und Pelzwerk.

DP 848 639 Naphtol Chemie 1952 — Das Färben von Fellen und Pelzen mit unlöslichen Azofarbstoffen wird behandelt.

DP 847 947 Röhm & Haas 1952 — Zum Beizen von Pelzfellen mit eiweißspaltenden Enzymen verwendet man diese in saurer Lösung, gegebenenfalls zusammen mit Neutralsalzen.

DP 832 593 Ciba 1952 — Die Färbung von tierischen Fasern, insbesondere Pelzen und Fellen mit sauren Farbstoffen erfolgt in Anwesenheit organischer, mit Wasser mischbarer Lösungsmittel, wie Alkoholen usw. bei Temperaturen unter 100° C.

SP 278 903 Schulz, Fickel 1952 — Man färbt Felle und Pelze mit unlöslichen Azofarbstoffen (Gelb — Schwarz) wobei man mit Kupplungskomponenten in alkalischer Lösung in Gegenwart von Formaldehyd behandelt und hernach mittels Diazoniumlösungen den Farbstoff bildet.

SP 264 272 Sandoz 1950 — Gegerbte Pelzfelle kann man unter Reservierung des Woll- oder Haarpelzes färben, wenn die Fleischseite mit einer wäßrigen Lösung eines kationaktiven Produktes in Gegenwart eines Netzmittels überbürstet wird und die so vorbehandelten Felle mit Farbstoffen, die mit den kationaktiven Produkten schwer lösliche bzw. unlösliche Additionsverbindungen geben in Gegenwart von gerbend wirkenden Stoffen gefärbt werden.

FP 992 425 Sandoz 1951 — Die Färbung von Fellen unter Reservierung der Haare erfolgt mit geeigneten Farbstoffen in Anwesenheit kationaktiver Substanzen.

FP 991 564 Schulz, Fickel 1951 — Das Färben von Häuten und Pelzen erfolgt mit unlöslichen Azofarbstoffpigmenten, wobei man mit alkalischen Lösungen von Hydroxylgruppen haltigen Verbindungen, die in o-Stellung kuppeln und keine SO_3H- oder COOH-Gruppen enthalten, behandelt und nachher mit diazotierten Kupplungskomponenten den Farbstoff entwickelt.

EP 674 638 Naphtol Chemie 1952 — Das Färben von Pelzen usw. kann mit unlöslichen Azofarben geschehen, indem man mit einer stark alkalischen Lösung eines Naphtols in Anwesenheit von genügend Formaldehyd um die Faser vor Zerstörung zu schützen behandelt, und nachher in üblicher Weise mit Diazoniumverbindungen entwickelt.

AP 2 585 610 Ciba 1952 — Man färbt Pelze bei 40—60° C in einem Bade welches einen metallkomplexen Azofarbstoff ohne Sulfosäuregruppen und 20—80% eines niederen aliphatischen Alkohols enthält.

AP 2 553 375 Naphtolchemie 1951 — Das Färben von Pelzen erfolgt mit unlöslichen Azofarbstoffen nach Art der Naphtolrotfärbung. Das Naphtolbad besitzt einen pH-Wert von 11 und enthält pro Mol Kupplungskomponenten 2 Mol Formaldehyd.

10. Die Färbung von anorganischen Fasern, vornehmlich von Glasfasern.

Zu den bisherigen Vorschlägen kommen keine neuen Arbeitsweisen.

Man kann auf die Fäden pigmentiertes Polyvinylharz aufbringen (Tauchfoulard mit Rakelvorrichtung) (S. 209 H).

Literaturübersicht über das Färben von anorganischen Fasern.

Prozeß zum Färben von Glasfasern. Rayon Synth. Text. 32, (1951).

Garner: Die Färbung von Glasfasern. Brit. Ray. Silk J. 26, No. 308, 74 (1950).

Patentschrifttum über das Färben von anorganischen Fasern.

SP 232 080 Kunstvezel My 1944 — Man erhält gefärbte Fasern, indem man bei der Herstellung eine Zugabe von Metalloxyden und Reduktionsmitteln vornimmt.

FP 1 010 837 BASF 1952 — Das Färben von Glasfasern erfolgt durch Behandlung mit Kondensaten aus Aldehyden, Ammonsalzen und Ausfärben mit basischen Farben. Hernach wird mit Polyvinylchlorid überzogen. Man kann auch Säurefarbstoffe verwenden, die man basisch schönt.

FP 998 915 BASF 1951 — Glasfasern werden gefärbt, indem man sie mit Celluloseacetat usw. hernach mit Farbstofflösungen oder mit Lösungen von Phosphorwolframsäure haltenden Azofarbstoffen behandelt.

FP 938 946 Francolor 1950 — Man überzieht mit Protein und härtet dasselbe. Hernach wird mit sauren Farbstoffen gefärbt. Man kann auch nach dem Färben mit Tannin und Aldehyd behandeln.

ItalP 462 878 Gen. An. 1951 — Die Färbung von Glasfasern erfolgt derart, daß man erst mit einer Kunstharzschichte (aus Formaldehyddicyandiamidkondensat) aufbringt und dann mit Direktfarbstoffen oder Walkfarbstoffen bei pH 9—13 färbt. Z. B. können Verwendung finden: Wollviolett (CI 833), Säuregrün GB (CI 834), Polarrot G conc (CI 430), Alizarinrubinol (CI 1091), Alizarinsaphirblau B (CI 1054), Chlorazolechtscharlach 4 BS (CI 327), Thioflavin S (CI 816) usw., die Acetatseidenfarbstoffe gemäß den AP 1 805 919, 1 964 971, 1 970 669, 2 434 765, die metallisierten Farbstoffe der im AP 1 171 920 unter 39, 42, 43, 45, 56—60 der Tabelle bezeichneten Produkte (vgl. ItalP 462 877).

ItalP 462 877 Gen. An. 1951 — Es wird eine Methode beschrieben, um Glasfasern mit Direktfarbstoffen färbbar zu machen (vgl. ItalP 462 878).

ItalP 461 946 Gen. An. 1951 — Glasfäden werden mit alkalischen Medien bei pH 9—13 und kleinen Mengen Kunstharzen behandelt. Hernach wird mit Direktfarbstoffen (Fastusolen) gefärbt.

EP 657 430 Mandleberg 1951 — Die Färbung von Glasfasern erfolgt mittels Lösungen von Cellulose in Cuoxam oder Celluloseesterlösungen, die Farbstoffe enthalten, wonach die Cellulose regeneriert bzw. das Lösungsmittel für den Celluloseester zur Verdunstung gebracht wird.

EP 587 574 Thurston 1947 — Man überzieht mit einer Proteinsubstanz und mit Aldehyd verbesserbaren direkten Farbstoffen und aldehydiert.

AP 2 593 817 Owens Corning Fiberglass 1952 — Man überzieht Glasfäden zum Färben mit Organo-Siliziumverbindungen und mit Metallverbindungen, die beim Erhitzen gefärbte Produkte liefern (vgl. AP 2 593 818).

AP 2 584 763 Owens Corning Glass 1952 — Gefärbte Glasfasern erhält man durch Behandlung der Fasern mit verdünnten Lösungen von Organometallverbindungen, die nach Erhitzen eine gefärbte Metallverbindung liefern.

AP 2 582 919 Owens Corning Glass 1952 — Man färbt Glasfasern, die aus Glas und siliziumfreiem Material bestehen, mit verdünnten wäßrigen sauren Lösungen, die die nichtglasigen Anteile entfernen und bettet in die rauhe Glasfaseroberfläche Farbpartikel ein.

AP 2 577 936 Owens Corning Glass 1951 — Die Herstellung gefärbter Glasfasern erfolgt derart, daß man sie mit Dämpfen von zersetzlichen Salzen mehrwertiger Metalle behandelt, wobei sich die gefärbten Metalloxyde am Glase niederschlagen.

II. Das Färben mit verschiedenen Farbstoffen.

1. Die Färbung mit löslichen Azofarbstoffen und Anthrachinonderivaten.

Die Irgalane (Gy) sollen sich für echte Färbungen, insbesondere auf lichtgeschädigte Wolle (Tippy wool) bewähren; vgl. auch Cibalane (Ci), Lanasyne (Sa) u. a.

Eine sehr interessante Gruppe löslicher Farbstoffe beschreibt das OeP 172 632 (Hoechst), welches vinylsulfongruppenhältige Produkte erwähnt, die als Schwefelsäureester aufgefärbt, durch Behandlung mit schwachem Alkali die Sulfogruppe abspalten und unter Reaktion der Vinylsulfongruppe mit der Faser sehr naßechte Färbungen liefern. Radioaktiven S enthaltende Anthrachinonsulfosäuren wurden gefärbt, um den Färbevorgang zu studieren (vgl. Brit. Rayon & Silk J. **28**, 333, 60 (1952).

Literaturübersicht über das Färben mit löslichen Azofarbstoffen und Anthrachinonderivaten.

Frahm: Färbung mit Benzoechtkupferfarbstoffen. Chem. Weekblad **48**, 127 (1952).

Hirsbrunner: Neuartige, schwach sauer ziehende Metallkomplexfarbstoffe. Textil Rundschau **8**, 12 (1953).

Hannay, Mayor, Pickin: Die pH-Kontrolle beim Metachromprozeß. J. Soc. Dyers Colourists **68**, 373 (1952).

Patentschrifttum über das Färben mit löslichen Azofarbstoffen.

OeP 172 632 Hoechst 1952 — Zur Herstellung echter, evtl. nachchromierbarer Färbungen saurer Art färbt man mit den Schwefelsäureestern von Vinylsulfonen und spaltet in schwach alkalischen Bädern die Estergruppe ab.

DP 858 118 Gy 1952 — Zum Chromieren von Farbstoffen sollen Chromkomplexe der o-Oxycarbonsäuren der Benzolreihe dienen. Das Verfahren dient hauptsächlich zur Herstellung von chromhaltigen Farbstoffen.

DP 843 246 und 844 592 Rudszus 1952 — Das Beizen von Textilmaterial mit Metallsalzen soll unter Anwendung von Ultraschall erfolgen.

SP 285 366 Ciba 1953 — Als Hilfsmittel beim Färben von zum Verkochen neigenden Neolanen wird das Kondensat aus 2 Mol Cyanurhalogenid mit 1 Mol 4,4'-Diaminostilben-2,2'-disulfosäure, 2 Mol 3-Amino-1-benzaldehyd und 2 Mol Ammoniak empfohlen.

FP 1 024 319 Erlenbach, Sieglitz (Hoechst) 1953 — Echte Färbungen und Appreturen und Drucke erhält man, wenn man Verbindungen, die die Gruppe

$$SO_2\text{—}\underset{\displaystyle R}{\underset{|}{CH}}\text{—}\underset{\displaystyle R_1}{\underset{|}{\overset{\displaystyle R_2}{\overset{|}{C}}}}OZ$$

ein oder mehrmal enthalten, auf die Faser bringt und durch schwache (Soda) alkalische Behandlung die Vinylsulfongruppe bildet, die mit den reaktiven Gruppen der Fasermaterialien feste Bindungen eingeht.

FP 1 001 253 Francolor 1952 — Farbstoffe auf der Basis von 8-Oxychinolinderivaten (Azofarbstoffe) werden beschrieben (vgl. FP 859 087); s. a. FP 1 001 252 (vgl. die bakterizide Wirkung von Cu-8-Oxychinolinen).

HollP 60 452 Winzeler, Otto & Cie. 1948 — Man färbt, druckt oder imprägniert Textilmaterialien derart, daß man sie mit dem Behandlungsmittel örtlich oder zur Gänze tränkt und in Haltern feuchtem Wasserdampf von rasch wechselndem Druck aussetzt. Auf diese Weise kann die Fixation des Druckes bzw. das Färben usw. in kürzester Weise erfolgen.

EP 683 761 Cyanamid 1952 — Beim Metachromverfahren färbt man in Gegenwart von kationaktiven Stoffen (Kondensationsprodukt von Octadecylguanidinbicarbonat und Äthylenoxyd) beginnend bei einem pH-Wert von 8,5—9, worauf dann während des Färbens langsam angesäuert wird.

NorwP 80 046 Hoechst 1952 — Man färbt Textilien mit sauren Farbstoffen, welche mindestens einmal die Vinylsulfongruppe $SO_2\text{—}CR{=}CH_2$, ($R{=}H$ oder ein niederer Kohlenwasserstoffrest) enthalten, in echten Tönen; vgl. BelgP 500 513.

AP 2 590 847 Pacific Mills 1952 — Das Färben von Wolle mit agglomerierten (kolloidalen) Wollfarbstoffen erfolgt in Bädern mit Diammonphosphat (2—6% vom Wollgewicht) bei normaler Temperatur beginnend bis kochend, wobei das Bad alkalisch bleibt und die Wollquellung die Farbstoffegalisierung begünstigt, wonach man unter Kochen bis zur Badazidität behandelt, um den Farbstoff zu fixieren.

AustralP 136 835 Ciba 1950 — Einbadfärbungen mit chromierbaren o,o'-Monoazofarbstoffen werden beschrieben.

2. Das Färben mit unlöslichen Azofarbstoffen.

a) Färbeverfahren.

Die Erzeugung unlöslicher Azofarbstoffe auf der Faser erfordert bekanntlich zwei Arbeitsgänge: die sogenannte Grundierung mit einer Lösung eines Naphtolates, die alkalisch ist, und nach dem Entwässern die Entwicklung mit einem diazotierten Amin, das als eventuell stabilisiertes Salz vorliegt. Da bereits die Kohlensäure der Luft imstande ist, Naphtolate zu zerlegen, muß bei verschiedenen Naphtolmarken Formaldehyd zur Stabilisierung der Grundierbäder zugesetzt werden. Neuerdings wird, um die Fällung des Naphtols zu verhindern, Polyäthylenpolyglycin (SP 279 603 bzw. DP 818 932) empfohlen.

Die Färbung von Acetatkunstseide war wegen der starken Alkalinität der Grundierflotten schwer möglich. In den *Ofnacet*-Farbstoffen bringt die Naphtolchemie

Offenbach nunmehr Mischungen in den Handel, welche die beiden Kupplungskomponenten des zu bildenden Azokörpers bereits enthalten und auf einfache Weise die Einfärbung von Acetatseide erlauben (vgl. S. 214).

Eine neue Naphtolmarke SBY für Bordeauxtöne sowie das insbesondere für Färbungen (Entwickeln) in Apparaten geeignete Echtbraunsalz VA erschienen im Handel. Letzteres wird mit Naphtol ASRL bzw. ASVL zur Erzielung von Brauntönen gekuppelt.

Die Färbung von Baumwollketten mit Naphtolen im Kontinueverfahren erfolgt in USA in 60 Fuß langen, 7 Behälter aufweisenden Apparaten, wobei die ersten zwei kleiner als die anderen sind und etwa 50 Gallons fassen. Die trockene Kette passiert das heiße Naphtolbad, wird zweimal ausgequetscht, läuft über Rollen eine Luftpassage um abzukühlen, wird nochmals gequetscht und passiert dann das Bad, welches die Kupplungskomponente enthält; hierauf wird abgequetscht und gewaschen. Das Seifen und Spülen geschieht auf einer anderen ebenfalls zirka 60 Fuß langen Maschine mit 7 Behältern je 300 Gallons; fünf davon enthalten 3 g Seife, 1 g Lissapol N (ICI) und 2 g Soda calc. per Liter und besitzen eine Temperatur von 100° C, die anderen beiden Behälter enthalten kochendes Wasser. Die Maschinen laufen mit einer Geschwindigkeit von 1000 Yards per Stunde und können in dieser Zeit 1500 lbs. Kette fertigstellen[42].

Über die neuen Naphtolmarken AS-S, AS-LC, AS-LB und AS-L 3 G vgl. Adams, J. Soc. Dyers Colourists **67**, 233 (1951) zit. Melliand Textilber. **33**, 801 (1952).

Gegen Hautreizungen und Ekzeme der mit den Grundierbädern usw. Arbeitenden wurde seinerzeit Pellidolsalbe verwendet. Jetzt wird Casantinsalbe von Cassella (enthaltend N-Diäthylamino-äthylphenothiazinchlorhydrat) empfohlen.

Literaturübersicht über das Färben mit unlöslichen Azofarbstoffen.

Löwenfeld: Über Salzbildung und Luftbeständigkeit von Naphtol AS-Produkten. Melliand Textilber. **34**, 324 (1953).

Löwenfeld: Ofnacetfarbstoffe. Reyon Zellwolle Chemiefaser **30**, 487 (1952).

Thornber: Entwicklungen in der Färberei von Garnen mit Kupplungsfarbstoffen. J. Soc. Dyers Colourists **67**, 502 (1951).

Wüterich: Die Reibechtheit von Naphtolfärbungen. Melliand Textilber. **33**, 743 (1952); vgl. S. V. F. Fachorgan Textilveredlg. **7**, 207 (1952).

Hoton: Eisfarben. Reyon, Zellwolle, Chemiefasern **1**, April 46–52, Mai 40–43, Juni 41–44 (1951).

Thornber: Naphtolfärberei auf Garnen. J. Soc. Dyers Colourists **67**, 502 (1951.

Kirst: Die Naphtol-AS-Färbung. Dtsch. Textilgewerbe **52**, 234 (1950).

Patentschrifttum über das Färben mit unlöslichen Azofarbstoffen.

DP 818 932 Cassella 1951 — Das Ausfällen von Naphtol in Naphtolatklotzbädern wird durch den Zusatz von Polyalkylenpolyaminoalkylcarbonsäuren (Polyäthylenpolyglycin) verhindert.

SP 279 603 Danner, Zerweck 1952 — Das Ausfallen von Naphtolaten in Klotzbädern verhindert man durch Zusatz von Polyäthylenpolyglycin.

FP 1 015 062 Francolor 1953 — Zur Herstellung von Naphtolfärbungen werden Reaktionsprodukte aus primären oder sekundären Aminen

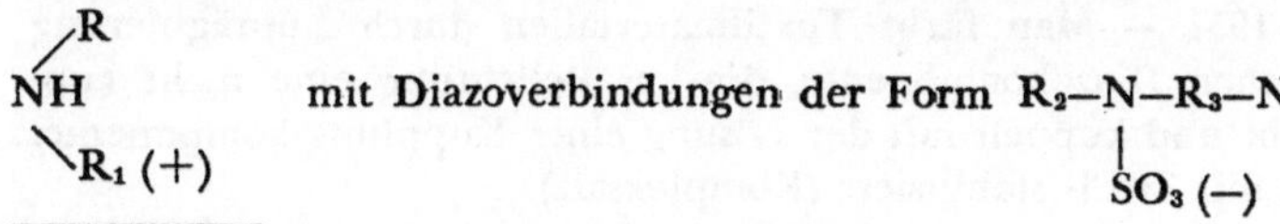

[42] Thornber: Text. Manufacturer **77**, 562 (1951).

mit Kupplern in alkalischem Milieu (NaOH, Diäthanolamin) auf die Faser gebracht und durch Passage in Säuren oder Säuredämpfen entwickelt (gekuppelt). Die Kondensate (Diazoamine) besitzen die Formel

$$R_2{-}\underset{\displaystyle SO_2Me}{\underset{|}{N}}{-}R_3{-}N{=}N{-}N\begin{matrix}\diagup R_1\\ \diagdown R\end{matrix}$$

, wobei die Reste R keinerlei SO_3H- oder COOH-Gruppen aufweisen.

FP 994 785 Francolor 1951 — Man färbt Acetatseide mit Dispersionen von diazotierbaren Basen und Kupplungskomponenten, eventuell unter Zusatz von Emulgatoren und behandelt nachher mit Nitrit und Salzsäure.

FP 987 129 Rhodiaceta 1951 — Man grundiert Celluloseacetatreyon mit Mischungen von Aminen, β-Oxynaphtoesäurederivaten und Rizinusöläthylenoxyderivaten und diazotiert und entwickelt nachher in gewohnter Weise.

HollP 62 512 Ciba 1949 — Das Färben mit esterförmigen Farbstoffen der Form $X{-}R_1{-}N = N{-}R_2{-}Y$, R_1 = aromatischer Kern, R_2 = eine Kupplungskomponente, die eine in ortho-Stellung zur Azogruppe stehende OH-Gruppe (Y) enthält. X = ist eine in o-Stellung zur N=N-Gruppe stehende Gruppierung, die einen Schwermetallkomplex bilden kann, die acyliert wurden. Das Färben erfolgt in Gegenwart von Cr abgebenden Mitteln ohne besondere Verseifung des Azofarbstoffesters in Anwesenheit von NH_4-Sulfat neben Glaubersalz. Man beginnt mit der Färbung bei 60° C, bringt innert 30 Minuten zum Kochen, kocht ¾ Stunden, setzt dann 0,5—1% 40%ige Essigsäure zu und färbt noch eine Stunde kochend.

EP 671 979 Danner, Zerweck 1952 — Die Verhütung von Fällungen in Naphtolgrundierungsbädern erfolgt mit Polyalkylenpolyaminoalkylcarbonsäuren.

EP 668 961 BASF 1952 — Als Egalisiermittel bei Chrom-, Schwefelfärbungen und Naphtolgrundierungen sollen 2-Pyrrolidon und seine wasserlöslichen N-Alkylhydroxyalkyl- oder -acylderivate dienen.

EP 666 462 Anderson 1952 — Man druckt oder färbt mit Verbindungen, welche zwei aromatische Kerne enthalten. Ein Kern trägt eine NH_2- oder alkalisch reduzierbare NO_2-Gruppe, der andere eine OH-Gruppe. Man färbt aus Bädern von Natriumsulfid oder -hydrosulfid und entwickelt mittels Nitrit und Essigsäure. So gibt das m-Nitranilid der β-Oxy-naphtoesäure, gelöst in der gleichen Menge Natriumsulfid, auf Kunstseide bei 95° C gefärbt, abgequetscht und auf einem Bad, welches ein Teil $NaNO_2$ und 5 Teile CH_3COOH/100 Liter Wasser enthält, eine rote Farbe. Man kann den Bädern auch Schwefel- oder Küpenfarben zusetzen.

EP 661 533 Gen. An. 1951 — Die Herstellung stabiler Diazoniumverbindungen wird beschrieben.

ItalP 461 978 Gen. An. 1951 — Ein Kontinueverfahren zum Färben und Drucken mit Azofarbstoffen auf Cellulosematerial wird beschrieben.

AP 2 571 990 Gen. An. 1951 — Die Herstellung von unlöslichen Azopigmenten auf der Faser mit Naphtolderivaten und Kupplern in gelben, roten, braunen usw. Tönen wird beschrieben.

AP 2 537 097 Gen. An. 1951 — Man färbt Textilmaterialien durch Imprägnierung mit einer lichtempfindlichen Diazokomponente, die bei Belichtung eine nicht kuppelnde Verbundung ergibt und kuppelt mit der Lösung einer Kupplungskomponente. Die Diazoverbindung ist mit $ZnCl_2$ stabilisiert (Komplexsalz).

CanP 479 317 ICI 1951 — Gefärbte Terylenfasern werden durch Zusatz feinverteilter

Kupplungskomponenten zur Schmelze des Terephtalats erhalten, indem man verdüst und dann den Faden mit der Lösung einer Diazoniumverbindung nachbehandelt.

b) Haltbare Diazoniumpräparate.

Patentschrifttum über haltbare Diazopräparate.

FP 991 566 Gen. An. 1951 — Stabilisierte Diazoniumverbindungen enthalten komplexe Zinksalze derselben und anionaktive Stoffe.

3. Das Färben mit Küpenfarbstoffen.

a) Färbeverfahren.

Von den neuen Verfahren zum Färben von Textilgut, insbesondere auch Kreuzspulen und Spinnkuchen, in Aufsteck- bzw. Packapparaten mit Küpenfarbstoffdispersionen sind weitere Einzelheiten bekannt geworden, die jedoch recht widerspruchsvoll lauten. Insbesondere ist der *Abbot-Cox*-Prozeß (vgl. S. 222 H) sehr umstritten. Amerikanische Quellen weisen darauf hin, daß dieses Verfahren auch keine besseren Ergebnisse liefert als das normale Behandeln mit Pigmentdispersionen bei nachherigem Verküpen und Fertigstellen, weil die Egalität der Färbung wesentlich von dem Egalisierungsvermögen des verküpten Pigments abhänge und dieses auch nicht besser sei als bei den früher vorgeschlagenen Arbeitsweisen. Der Prozeß erfordere lediglich eine ungleich längere Arbeitszeit. Anderseits werden über das Färben von Spinnkuchen an Hand von Färbedaten von Bakker-Borggreve[43] gute Ergebnisse berichtet, allerdings auch im Zusammenhang mit geeigneter Farbstoffwahl[44].

Nach Bräuer kann man Küpenfärbungen im Apparat nach dem Stammküpenausziehverfahren vornehmen (vgl. Melliand Textilber. **33**, 623 (1952). Diese Methode, die von den verschiedenen Verfahren wie Küpensäuremethode, Pigmentfärbeverfahren, Temperaturstufenprozeß usw., gewisse Arbeitsweisen übernimmt, besteht im wesentlichen darin, daß man den Küpenfarbstoff als Stammküpe herstellt, wobei mit der Stammküpe nicht mehr wie 0,5—1 cm^3 NaOH 38° Bé/Liter Lauge im Färbebad kommen sollen. Diese Stammküpe setzt man der Färbeflotte zu, welche 0,5 g Hydrosulfit, 1—2 g Setamol WS und 1 g Nekanil LS (Oxyäthylierungsprodukt) enthält. Man beginnt bei 20—25° C und einem Durchsatz von 1 Liter Flotte/Minute zu zirkulieren (Kontrolle durch Strömungsmesser in der Saugleitung des Färbeapparates) und erschöpft das Bad durch Erhitzen auf 80—90° C. Dem erschöpften Bade wird dann die ganze notwendige Menge Lauge und nach 15 Minuten das nötige Hydrosulfit zugesetzt.

Ist die Aufziehgeschwindigkeit beim Aufbringen des Pigmentes durch Temperaturerhöhung zu groß, so bremst man sie durch 0,3—0,5 g/Liter Albigen A ab. Eine Beschleunigung erfolgt durch Zugabe von 2—5 g/Liter Salz (ähnlich Abbot-Cox-Verfahren). Nicht alle Indanthrene sind hiefür geeignet.

Von den modernen Kontinueverfahren haben sich sowohl der *Pad-Steam*-Prozeß, als auch die *Pad-Jig*-Arbeitsweise, die halbkontinuierlich ist, da sie kontinuierlich mit der Pigmentsuspension klotzt, dann aber am Jigger fertig färbt, weiterhin bewährt und sind insbesondere in USA überall eingeführt. Die Schwierigkeit bei der gemeinsamen Verwendung von Küpenfarbstoffen mit verschiedener optimaler Verküpenstemperatur überwand man dadurch, daß man bei 80° C nach dem Pigmentklotzen und Dämpfen bzw. Zwischentrocknen verküpt, und zwar in Anwesenheit von

[43] Rayon Revue 4, 10 (1950).

[44] Hinsichtlich der optimalen Teilchengröße vgl. Hampson: J. Soc. Dyers Colourists **67**, 369 (1951).

Dextrin (DuPont) oder Nitrit (Cyanamid-, Calcotherm-Prozeß), wodurch eine Zersetzung des Küpenfarbstoffes, z. B. durch Dehalogenisierung verhindert wird und ein Färben mit den empfindlicheren Pyranthronen (Indanthrengoldorgane G) möglich ist (AP 2 548 545/46 bzw. AP 2 576 846/47). Nach Clark[45] verwendet man beim Pad-Steam-Prozeß bei einem Badverbrauch von 454—908 Liter/Stunde auf je 454 Liter etwa 47—155 g Dextrin. Vorläufer aus Nylon haben sich bewährt[46].

Der *Standfast-Molten-Metal-Dyeing*-Prozeß (vgl. S. 224 H) hat, nach Überwindung der erwarteten Schwierigkeiten, eine weitere Ausgestaltung erfahren. Die Verhinderung des Mitschleppens von Metall aus dem Bade aus geschmolzenen Metalllegierungen, welches die Ware nach dem Passieren einer an sich kleinen, durch Zulauf und Umpumpen in Volumen und Zusammensetzung konstant und gleichmäßig gehaltenen Farbflotte passiert, erfolgt durch entsprechend hohes Vorwärmen des Textilgutes vor dem Einlauf in die Färbeflotte. Die Verhinderung der Bildung eines Schaumringes aus Zersetzungsprodukten der Küpe an der Berührungsfläche Metallbad-Färbeflotte geschieht durch Zugabe von reduzierenden Stoffen, wie Glukose, Aldehyd usw. zum Färbebad. Der Quetscheffekt des Metallbades beträgt nach neuesten Feststellungen nur 130% (als Entwässerungsgrad), gegenüber 60% beim Foulard, was bedingt, daß man wegen der Reibechtheit usw. bzw. Gefahr von Bronzierung, nur leichtere Ware färben soll. Arbeitet man statt mit Küpen- mit Schwefelfarbstoffen, so müssen diese wegen des Metallbades (Verhinderung der Metallsulfidbildung) mit Hydrosulfit und Lauge, statt mit Schwefelalkali gelöst werden. Um die Bildung von Schlamm aus Oxydationsprodukten zu verhindern, die an der Grenzfläche Farbflotte—Metallbad eintritt, setzt man der Küpe Glukose bzw. andere Reduktionsmittel zu (DP 834 400).

Wegen der Kostspieligkeit des Metallbades (DM 30.000.—) wird in USA das Heißölfärbeverfahren (Hot-Oil-Process der Gen. Dyestuff Corp.) propagiert, das an Stelle der Warenpassage durch die heiße Metallegierung eine solche durch heißes Paraffinöl[47] (30—90° C) vorsieht, wobei die Ware etwas Öl mit sich führt (½—1%), welches dann durch Igepal C-Zusatz zum Spülbad nach dem Heißölbad entfernt wird, worauf man (eventuell in Williams Unit-Apparaten) oxydiert, spült, seift, spült und fertigstellt; vgl. EP 694 070 bzw. 620 084.

Selbstverständlich besitzt das Heißölbad kaum einen Einquetscheffekt (d. h. eine das Einpressen der Flotte in die Ware fördernde Wirkung) und auch der Entwässerungseffekt wird im Vergleich zu einer Foulardierung noch ungünstiger sein als bei Metallbädern. Dagegen sind die Kosten des Paraffinbades naturgemäß gering.

Neuestens hat das sogenannte *„Vat-Craft"*-Verfahren[48] ein gewisses Interesse gefunden, bei welchem Küpenfarbstoffe oder Schwefelfarbstoffe in reduziertem Zustande in Anwesenheit von Uranverbindungen oder Polymethinfarbstoffen (also von sogenannten Sensibilatoren) auf die Ware gebracht werden und dann Belichtungskammern passieren, wobei sich das unlösliche Farbstoffpigment rückbildet. In den Belichtungskammern sind etwa 15 Lampen mit 112,5 W vorhanden (auf eine Fläche von 4×2 m beidseitig verteilt). Die erzielten Echtheiten entsprechen genau einer normalen Färbung. Hernach wird gespült und fertiggestellt.

Hydronblau auf Zellwolle-Perlon-Geweben (für Arbeitsanzüge) wird im Schwefelnatrium-Lauge-Hydrosulfit-Bade gefärbt (Dekolzusatz). Die Oxydation erfolgt mit

---

[45] Amer. Dyestuff Reporter **40,** 315 (1951).

[46] S. a. Amer. Dyestuff Reporter **40,** 416 (1951).

[47] Es wird wenig viskoses, aromatenfreies Öl verwendet; vgl. Williams, Rodes: Amer. Dyestuff Reporter **40,** 489 (1951). Die Verwendung von heißen Mineralölbädern zur Farbfixierung bei Textilfärbungen wurde der Rhenania-Ossag bereits 1926 geschützt [vgl. z. B. OeP 104 378 bzw. auch DP 390 841 und 410 540 für Scholtz (1925)].

[48] Vgl. AP 2 214 365 bzw. DP 821 935 bzw. Textil Praxis **6,** 669 (1951).

Perborat. Das Dekol N dient als Schutzstoff für das Polyamid gegen eine faserschädigende Wirkung des Alkalis.

In Übereinstimmung mit der von Hampson (vgl. S. 183) festgestellten optimalen Teilchengröße bringt Cassella nunmehr ein Hydronblau R fein sol heraus, das sich für das Klotzkontinueverfahren, nach Rinneberg[49], aber auch für die Färbung nach dem Pigmentverfahren in Packapparaten für Spinnkuchen gut eignet.

Niederhauser[50] stellte fest, daß küpengefärbte Plachenstoffe, die man mit Seife und Al-Salz hydrophobiert und mit $CuSO_4$ bzw. mit Aquaperle B, einem $CuSO_4$ enthaltenden hydrophobierenden Mittel behandelt hatte, bei Zunahme der Wetterechtheit eine deutliche Abnahme der Lichtechtheit zeigten.

Nach einem Vorschlag der Marchington Co. soll Acetatseide mit Küpensäuredispersionen in Gegenwart großer Mengen Quellmittel gefärbt werden können (FP 989 392).

Indigosolfärbungen auf Nylon besitzen nur die Lichtechtheit 1—3. Durch Druckdämpfen oder Nachbehandlung mit Benzolderivaten, wie Toluol, Salicylsäure usw. soll die Echtheit verbessert werden (EP 603 154, FP 908 609, AP 2 541 839, EP 632 083, FP 960 903). Bei der Entwicklung wird nach Speiser[51] Salicylsäure (25 g/Liter) zugesetzt und die Lichtechtheit der Färbung derart auf 6—7 erhöht.

Literaturübersicht über die Färbeverfahren mit Küpenfarbstoffen.

Egli: Mikrodisperse Küpenfarbstoffe. SVF Fachorgan Textilveredlung 8, 146 (1953).

Flanagan: Einfluß der Teilchengröße auf die Eigenschaften von Küpenfarbstoffen. J. Soc. Dyers Colourists 59, 18 (1953).

Ottenschläger: Das Färben mit Küpenfarbstoffen in Dispersion. Deutsch. Färberkalender 1953, 155; vgl. Lohmann: Indanthrenfarbstoffe. Text. Praxis 8, 326 (1953).

Müller: Kritische Bemerkungen zu modernen Küpenkontinueverfahren. Melliand Textilber. 34, 134 (1953).

Wegmann: Die Nuancenänderung beim Seifen von Küpenfärbungen. Textil Rundschau 8, 4 (1953).

Marhen-Prozeß, Marnon: Messung des Redoxpotentials des Küpenkontinuebades mit der Kalomelelektrode, Zugabe von Dextrin. Amer. Dyestuff Reporter 41, 292 (1952).

Marnon: Das Heißölverfahren. Text. Merc. Argus 127, 295 (1952).

Marnon: Heißölverfahren. Rayon Synthetic Text. 31, 57 (1952).

Zimmermann, Fordemwalt, Cooke: Kontrollierte Küpenfärbungen: Nitritstabilisierung der Küpe beim Färben bei hohen Temperaturen. Amer. Dyestuff Reporter 41, 597 (1952); vgl. Royer: Amer. Dyestuff Reporter 41, P 601 (1952). Lineken, Grand, Fordemwalt: Amer. Dyestuff Reporter 41, 608 (1952).

Jacobs: Die Kontinue-Küpenfärbung. Amer. Dyestuff Reporter 41, P 441 (1952).

Hoton: Das Färben von Küpenfarbstoffen im Metallbad. Reyon, Zellwolle, Chemiefasern 30, 190 (1952).

Hoton: Das Färben von Küpen im Metallbad. Reyon Zellwolle 30, 190 (1952).

Hoton: Der Standfast Dyers Molten Metal Prozess. Rayonne et fibres synth. 8, No. 4, 51 (1952).

Reiner: Der Pad-Steam-Prozeß beim Kontinuefärben mit Küpenfarbstoffen. Amer. Dyestuff Reporter 41, P 44 (1952).

Bayley: Faserschwächung durch Küpenfarbstoffe. Amer. Dyestuff Reporter 41, 461 (1952).

AATCC Southeastern Section. Der Einfluß der Gewebebindung und des Mercerisierprozesses auf die Licht- und Waschechtheit von Küpenfärbungen. Amer. Dyestuff Reporter 41, P 173 (1952).

Waters, Summer: Das Seifen von Küpenfarbstoffen. Text. Recorder 69, Nr. 829, 93 (1952).

[49] Textil-Praxis 7, 142 (1952).

[50] Niederhauser: Teintex 15, 109 (1950).

[51] Speiser: Textil-Rundschau 7, 370 (1952).

A d r o n, F o x, S p e k e: Das Standfast-Verfahren. J. Soc. Dyers Colourists **68**, 249 (1952).

F o x: Kontinuefärbeverfahren. Dyer **107**, 188 (1952).

O. W. C l a r k: Anwendung der Küpenfarbstoffe in der Küpenfärberei. Calco Technical Bull. No. 822. 1952.

M a r s h a l l, P e t e r s: Die Reduktionseigenschaften von Küpenfarbstoffen. J. Soc. Dyers Colourists **58**, 289 (1952).

M o l z e r: Erfahrungen in der Pigmentklotz-Kontinuefärbung. Zellwolle, Chemiefaser **30**, 436 (1952).

S c h a e f f e r: Beobachtung über die Vorgänge beim Belichten von Küpenfarbstoffen auf Cellulosefasern. S. V. F. Fachorg. Textilveredlg. **6**, 37, (1951).

R o d i n o v, B o g o s l o v s k y, K a z a k o v a: Die Bildung von Thioindigo auf der Faser nach einer neuen Methode. J. angew. Chem. UdSSR. **24**, 670 (1951).

G a m b l e: Die kontinuierliche Küpenfärbung. Amer. Dyestuff Reporter **40**, P 529 (1951).

S p e i s e r: Färben von Acetatkunstseide mit Indigosolen. S. V. F. Fachorgan Textilveredlg. **6**, 125 (1951).

W o l l s c h l e g e r: Färbung von Kreuzspulen mit Indigosolen. S. V. F. Fachorgan Textilveredlg. **6**, 144 (1951).

L u s c i a n: Das Färben von Wolle mit Küpenfarbstoffen. Amer. Dyestuff Reporter **40**, P 761 (1951).

S m i t h: Apparatfärbung von Indigosolen. Dyer **106**, 447 (1951); vgl. J. Soc. Dyers Colourists **67**, 508 (1951).

H a w o r t h, K i l b y: Die Stückfärbung mit Küpenfarbstoffen. Dyer **106**, 446 (1951).

F o w l e r, M i c h i e, V i c k e r s t a f f: Küpenfärbung. Melliand Textilber. **32**, 296 (1951).

S m i t h: Das Färben von Küpenfarbstoffen in Packapparaten. Text. Manufacturer **77**, 563 (1951).

B o n n a r: Kontrolle von Küpenfärbungen. Text. Age **15**, 12, 36 (1951).

C a m b i e r: Das Färben von Viskoserayonkreuzspulen mit Küpen. Eff. Text. **6**, (1951), zit. C. A. 5847 (1951).

S c h a e f f e r: Die Faserschädigung durch Küpenfarbstoffe. S. V. F. Fachorgan Textilveredlg. **6**, 37 (1951).

W e i d m a n n: Der Standfast-Molten-Metal-Process. Amer. Dyestuff Reporter **40**, P 416 (1951).

N e s t e l b e r g e r: Das Metallbad in der Textilveredlung. Melliand Textilber. **32**, 954 (1951).

W e b e r: Das Färben von Wolle mit Küpenfarbstoffen. Amer. Dyestuff Reporter **40**, P 78 (1951).

G a m b l e: Kontinuierliche Färbung von Küpenfarbstoffen. Amer. Dyestuff Reporter **40**, P 529 (1951).

W l a s o w a: Die Echtheit von Indigofärbungen. Tekstil. Prom. **1951**, 30.

B r ä u e r: Die Hot-Oil-Färbung. Textil Praxis **6**, 739 (1951); s. Silk Rayon J. **27**, April 1951, bzw. S. V. F. Fachorgan Textilveredlg. **6**, 374 (1951).

F r a n z: Der Standfast-Molten-Metal-Process. Textil Praxis **6**, 271 (1951).

E l l n e r: Die Kontinue-Stückfärbung. Textil Praxis **6**, 273 (1951).

W i l l i a m s: Das Heißölverfahren. Amer. Dyestuff Reporter **40**, P 461 (1951).

S m i t h: Das Färben von Küpenfarbstoffen und Indigosolen in Packapparaten. J. Soc. Dyers Colourists **67**, 514 (1951); vgl. auch Text. Manufacturer **77**, 563 (1951).

H a m p s o n: Die Teilchengröße der Farbstoffe beim Färben. J. Soc. Dyers Colourists **67**, 369 (1951).

S p e k e: Die Stabilität von Küpenfarbstoffen. Dyer **104**, 545 (1950).

R i c h a r d s o n: Das Färben mit Küpenpigmenten. Text. Recorder **68**, Nr. 812, 106 (1950).

N i e d e r h a u s e r: Der Effekt von Kupfersalzen auf die Echtheit von Küpenfärbungen. Teintex **15**, 109 (1950).

B r e w s t e r: Der Standfast-Molten-Metal-Dyeing-Process. Text. Wld. **100**, 94 ff. (1950).

C h e e t h a m: Küpenfarbstoffe auf Wolle und Wolle-Zellwollmischungen. J. Soc. Dyers Colourists **66**, 478 (1950).

Gamble: Der Pad-Steam-Process und andere Kontinue-Verfahren. S. V. F. Fachorgan Textilveredlg. 5, 196 (1950).

Speke: Die Küpenfärbung mit Dispersol VL. J. Soc. Dyers Colourists 66, 569 (1950).

Rinneberg: Das Färben von blauen Berufskleiderstoffen. Kunstseide u. Zellwolle 28, 168 (1950).

Kardos: Schwierigkeiten beim Färben mit Indanthrenfarbstoffen. Magyar Textiltechnika III, Nr. 11. 351/52 (1950), zit. Zbl. d. ungar. Technik, Nr. 4 (1951).

Boardman: Der Standfast-Molten-Metal-Dyeing-Process. J. Soc. Dyers Colourists 66, 397 (1950).

Rinneberg: Die Hydronblaufärbung mit der Kombination Hydrosulfit—Sulfid. Textil Praxis 6, 247, 309 (1950).

Rinneberg: Das Färben von Hydronblau auf Misch- und Zellwollgarnen auf Kreuzspulen und Kettbaum. Kunstseide u. Zellwolle 28, 436 (1950).

V. d. Hoeve: Einfluß der Farbstoffstruktur auf das Bremsvermögen nichtionogener (ÄO) Produkte. Textielwezen 6, 67 (1950), De Tex 10, 36 (1951).

Berezina: Färben von Wolle mit Küpenfarbstoffen (bzw. Küpensäuren). Tekstil. Prom. 9, 29 (1949).

Norman: Die Kristallform von Indanthrenblau RS in der Faser. J. Appl. Phys. 1948, 19, 1097, zit. Review of Text. Progresses 1949, S. 251.

Müller: Affinität der Indanthrenfarbstoffe zu Cellulose. S. V. F. Fachorgan Textilveredlg. 4, 129 (1949).

Patentschrifttum über das Färben mit Küpenfarbstoffen.

DP 879 832 Gen. Dyest. Corp. 1953 — Das Hot-Oilverfahren wird beschrieben.

DP 874 759 Cyanamid 1953 — Das Färben mit Küpenfarbstoffen bei erhöhter Temperatur (auch mit Pyranthronen oder halogenierten Pyranthronen) ist unter Zusatz von Kobaltsalzen (Kobalt-II-Chlorid) in einer Menge von 0,036 g Co/Liter Färbebad möglich.

DP 874 757 Cassella 1953 — Cellulosetextilgut kann mit Schwefel- oder Küpenfarbstoffen unter Zusatz von hochmolekularen Polyalkylenpolyaminen gleichmäßig gefärbt werden (vgl. DP 726 213, 822 739). Eine Abart der Arbeitsweise schildert DP 874 760; vgl. auch DP 891 396.

DP 864 989 Schroers 1953 — Die Herstellung der Küpensäuren in fein verteilter Form erfolgt durch Naßmahlung und Ultrabeschallung der ausgefällten Säuren.

DP 858 689 Cyanamid 1952 — Zur Verhütung der Überreduktion von Küpenfarbstoffen bei erhöhter Temperatur wird den Bädern ein Halogenat, Nitrit oder ein Stickstoffprodukt, bei welchem N an O und andererseits an ein anderes Element gebunden ist (z. B. Nitropropan usw.) zugegeben.

DP 857 792 Cassella 1952 — Küpen- oder schwefelgefärbte Materialien werden in ihrer Waschechtheit durch Behandlung mit peralkylierten Polyalkylenpolyaminen und Sulfonsäuren aromatischer Nitroverbindungen erhöht.

DP 857 791 BASF 1952 — Man behandelt metallhaltige Phtalocyanine, die keine hydrophilen Gruppen enthalten, mit alkalischen Hyposulfitlösungen in Gegenwart von nicht oxydierend wirkenden Salzen der Sauerstoffpolysäuren des B, P, Mo, Wo und färbt auf der erhaltenen Küpe lichtechte Töne auf Cellulose gut.

DP 843 400 BASF 1952 — Zum Durchfärben von Cellulosewickelgut in Apparaten bei Verwendung von Küpen- oder Schwefelfarbstoffen sollen wasserlösliche Polyvinyllactame von Vorteil sein.

DP 834 400 Standfast Dyers 1951 — Verfahren zum Färben mit Schwefel- und Küpenfarbstoffen unter Führung des mit der Färbeflotte imprägnierten Guts durch ein geschmolzenes Metallbad, wobei man den Farbbädern oxydationsverhindernde Mittel, wie z. B. Gerbsäure, Glykose, Benzaldehyd zusetzt, um eine Schlammbildung auf dem Metallbad zu verhüten.

DP 821 935 Ravich 1951 (vgl. *Vat-Craft*-Prozeß) — Es werden farbige Musterungen auf Textilgeweben dadurch hergestellt, daß man mit Indigosolen (Leukoküpenschwefelsäureester) imprägniert. Man setzt sensibilisierend wirkende Stoffe zu, wie Cyaninfarbstoffe, und belichtet mit Quecksilberdampflampen (2200—7500 Å), wobei der Küpenfarbstoff unlöslich ausfällt. Durch Bestrahlen mit aktinischem Licht hinter Photoplatten, bei nachherigem Auswaschen, kann man Musterungen erhalten.

DP 816 089 Vereinigte Färbereien, Zukriegel 1951 — Das Färben von Wolle erfolgt mittels sulfhydrierten Äthanolaminen, die zum Lösen der Schwefelfarbstoffe herangezogen werden.

DP 816 088 Courtaulds 1951 — Das Färben von Superpolyamidfasern mit Küpenfarbstoffen erfolgt in Abwesenheit reduzierend wirkender Stoffe derart, daß man mit Quellmittel enthaltenden Küpenfarbstoffdispersionen färbt.

DP 747 574 IG 1952 — Cellulosetextilien werden nach dem Nitritverfahren mit Schwefelsäureestern von Leukoküpenfarbstoffen, die gegen salpetrige Säure empfindlich sind, bedruckt, indem man beim Entwickeln Thioharnstoff, Formamidinsulfinsäure oder deren Substitutionsprodukte zugibt.

SP 285 141 Bayer 1952 — Kobaltphtalocyanine geben hitzebeständige, lebhafte Färbungen liefernde Küpen.

SP 267 934 Messerli 1950 — Klotzbäder zum Fixieren von Küpenfärbungen auf cellulosehaltige Gewebe enthalten neben Alkali und Reduktionsmittel noch basisch reagierende Verbindungen eines mindestens zweiwertigen Leichtmetalls (Basisches Mg-Carbonat). Dadurch wird in Mischungen von indigoiden und anthrachinoiden Farbstoffen das Ausfließen der ersteren beim Dämpfen verhindert. Der Aufdruck erfolgt derart, daß man die Farbstoffe in Gegenwart von Leinölfirnis oder Kunstharz als Pigment druckt und nachher durch das Klotzbad, enthaltend Alkali und Reduktionsmittel, nimmt.

FP 1 025 050 Standfast 1953 — Beim Färben nach dem „Standfast"-System werden zur Vermeidung von Fällungen im Färbebad Zucker, Aldehyde, Gerbsäure usw. zugegeben, wenn mit Küpen- oder Schwefelfarbstoffen gefärbt wird.

FP 1 018 930 Cyanamid 1953 — Die Stabilisierung von Küpen bei hohen Färbetemperaturen mit Nitriten oder Halogenaten (Calcothermverfahren) wird beschrieben.

FP 1 015 604 Ravich 1952 — Das Vat-Craft-Verfahren wird beschrieben. Man imprägniert mit Leukoküpenestern und entwickelt durch Belichtung.

FP 993 622 Lansil 1951 — Die Küpenfärbung von Wolle, Acetatseide oder Nylon erfolgt mit reduzierten Küpenfarbstoffen in Flotten, die NH_3 oder Pyridin enthalten. Dabei bilden sich mehr oder weniger stabile Dispersionen von Küpensäuren. Man kann Dispersions- und Quellmittel zugeben.

FP 989 392 Marchington 1951 — Das Färben von Acetatkunstseide erfolgt mit den Küpensäuren von Küpenfarbstoffen in Gegenwart großer Mengen (30% und mehr) von Quellmitteln für die Faser, welche in Wasser löslich sind. Man arbeitet bei 30—60° C 10—15 Minuten, hernach wird mit Wasser gespült, und geseift. Baumwolle bzw. Kunstseide bleiben ungefärbt.

BelgP 504 609 Hardman & Holden 1952 — Das Färben mit Küpenfarbstoffen erfolgt mit Hilfe der Küpensäuremethode unter Zufügung von Schutzkolloiden und Verwendung eines Überschusses an Thioharnstoffdioxyd als Reduktionsmittel beim Verküpen; vgl. FP 1 043 608 und FP 1 038 831/2.

BelgP 504 138 Hardman & Holden 1952 — Die Küpenfärbung erfolgt mit Küpensäuren, wobei den Färbebädern Thioharnstoffdioxyd zugesetzt wird.

BelgP 493 351 Cyanamid 1952 — Die Überreduktion von Küpenfarbstoffen in heißen Küpen verhindert ein Zusatz von anorganischen Chloraten und Nitriten (Calcothermprozeß).

BelgP 492 860 Ravich 1952 — Der Vat-Craft-Prozeß der Küpenfärbung wird beschrieben (vgl. BelgP 493 322).

HollP 72 440 Research 1953 — Zur Herstellung von gefärbten Fäden werden die verküpten Farbstoffe in Viskose in Form der freien Leukoverbindung gelöst.

HollP 61 555 ICI 1948 — Textilien werden im Packsystem mit Küpenfarbstoffen derart gefärbt, daß man den unreduzierten Farbstoff (mit einem Dispergiermittel dispergiert) in der Färbeflotte zirkulieren läßt, eine gleichmäßige Absetzung am Färbegut durch Salzzugabe bewirkt, worauf in gebräuchlicher Weise reduziert und oxydiert wird (*Abbot-Cox*-Prozeß).

HollP 57 122 IG 1946 — Man färbt Leukoschwefelsäureester von Küpenfarbstoffen, die freie NH_2-Gruppen enthalten und entwickelt nach dem Nitritverfahren. Dem Klotz- oder Grundierbad wird Thioharnstoff zugegeben. Dadurch wird die Empfindlichkeit gegenüber Nitritüberschuß behoben.

ItalP 466 574 Gen. An. 1953 — Die Entwicklung von Leukoesterfärbungen wird behandelt.

ItalP 455 276 Morton Sundour 1950 — (Standfast Molten Metal Dyeing.) Der Färbeprozeß in geschmolzenen Metallbädern wird beschrieben.

NorwP 80 542 Cassella 1952 — Zum Verbessern der Waschechtheit von Färbungen behandelt man Lösungen von peralkylierten Polyalkylenpolyaminen oder Sulfonsäuren von aromatischen Nitroverbindungen.

EP 693 251 Cyanamid 1953 — (vgl. AP 2 548 545, 2 548 546, 2 576 847) — Die Stabilisierung von Küpenfarbstoffen erfolgt beim Färben bei hohen Temperaturen in reduziertem Zustande mit Zusatz einer Co-Verbindung (mindestens 0,031 g Co/Liter) zum Färbebade (vgl. EP 679 893).

EP 679 893 Cyanamid 1952 — Zum Färben mit Küpenfarbstoffen bei höherer Temperatur werden Zusätze von Nitriten oder Halogenaten gegeben, um eine Überreduktion zu vermeiden (Calcotherm-Prozeß).

EP 674 642 Ravich 1952 (vgl. AP 2 214 365) — Man tränkt Textilien mit der Lösung eines Indigosols und eines Sensibilisators (Rhodanid), setzt Teile der Belichtung aus und entfernt den unoxydierten Farbstoff. Man kann auch das Gewebe als Ganzes einfärben.

EP 665 454 Standfast 1952 (vgl. EP 663 066, 655 415, 620 584 usw.) — Betrifft die bekannte Apparatur für das Färben mit Küpen- bzw. Schwefelfarbstoffen im Metallbade.

EP 655 415 Standfast 1951 (vgl. EP 620 584) — Vorwärmer usw. bei der Apparatur zum Kontinuefärben mit geschmolzenen Metallbädern.

EP 597 982 Bleachers Assoc. 1948 — Gemusterte Textilien werden hergestellt, indem man sie mit Küpenfarbstoffen in Gegenwart von Stoffen imprägniert, die durch Lichteinfluß reduzierend wirken. Werden die Textilien mit Negativen bedeckt oder mit Schablonen dem Licht ausgesetzt, dann bildet sich an den belichteten Stellen die Gewebefärbung.

AP 2 620 257 Celanese 1952 — Celluloseestertextilien werden nach dem Küpen-Pad-Steam-Prozeß derart gefärbt, daß man den Reduktionsbädern für das Küpenpigment Quellmittel für das Textilmaterial zugibt.

AP 2 613 129 DuPont 1952 — Als Farbstoffe dienen Co-Phtalocyanine der Form [CoPc]—[P(OH)$_2$]x; x = 2—4, [CoPc] = Cobaltphtalocyanin.

AP 2 613 128 Bayer 1952 — Zum Küpenfärben wird ein Cobaltphtalocyanin, frei von hydrophilen Gruppen, die Monosulfonsäure eines derartigen Metallphtalocyanins, Hydrosulfit und Lauge in wäßriger Lösung verwendet, vgl. AP 2 613 129.

AP 2 576 846/47 Cyanamid 1951 — Das Färben von Pyranthronderivaten in der Küpe bei hohen Temperaturen erfolgt unter Zusatz von Nitriten usw. (*Calcotherm*-Prozeß) vgl. AP 2 548 545/46.

AP 2 553 243 Durand Huguenin 1951 — Das Entwickeln von Färbungen und Drukken, die mit dem Tetraschwefelsäureester der Leukoverbindungen von Tetrahydro-1,2,2',1'-Dianthrachinonazin hergestellt wurden, erfolgt in Gegenwart von 1-Naphtol-3-sulfosäure usw.

AP 2 548 545/46 Cyanamid 1951 — Man färbt Küpenfarbstoffe der Pyranthronreihe (Pyranthron und Halogenderivate) bei hohen Temperaturen (kochend) insbesondere auch auf Nylon in Gegenwart von Na-Chlorat und verhindert Faserschädigungen. Man kann auch Na-Nitrit anwenden (vgl. AP 2 576 846/47).

CanP 487 545 All. Chem. 1952 — Das Färben mit Küpenfarben erfolgt für alkaliempfindliche Fasern unter sauren Bedingungen, wobei man die Faser mit dem dispergierten Küpenfarbstoff imprägniert, sauer reduziert und dann reoxydiert.

AustralP 130 534 ICI 1949 — Die Färbung von Textilgut in Packapparaten erfolgt mittels Küpenfarbstoffdispersionen unter allmählichem Zusatz von Salz (Abbot-Cox-Prozeß).

b) Küpenfarbstoffpräparate.

Bei der Färbung von Algosolen, insbesondere auf Strickwaren, wies Bridges[52] wieder auf die Korrosion hin, die Färbebehälter durch die salpetrige Säure erleiden und nennt als bestes Material rostfreien Stahl.

Literaturübersicht über Küpenfarbstoffpräparate.

Strohbach: Anthrasole. Dtsch. Textilgewerbe 52, 364 (1950).

Patentschrifttum über Küpenfarbstoffpräparate.

DP 865 139 Cassella 1953 — Die Herstellung von trockenen, stabilen Küpenfarbstoffpräparaten wird beschrieben (Hydronblau R fein sol).

HollP 67 405 ICI 1951 — Herstellung von schwefelsauren Estern von Küpenfarbstoffen.

HollP 66 259 ICI 1950 — Herstellung von Leukoküpensäureestern (vgl. HollP 66 271 bzw. 66 288/90).

HollP 65 957 ICI 1950 — Die Herstellung von Schwefelsäureestern der Leukoderivate von Küpenfarbstoffen wird behandelt.

HollP 60 578 IG 1948 — Herstellung von Leukoküpenschwefelsäureestern.

---

[52] Amer. Dyestuff Reporter P 355 (1951).

c) Egalisiermittel für Küpenfärbungen.

Albigen A ist ein Polyvinylpyrrolidon[35];

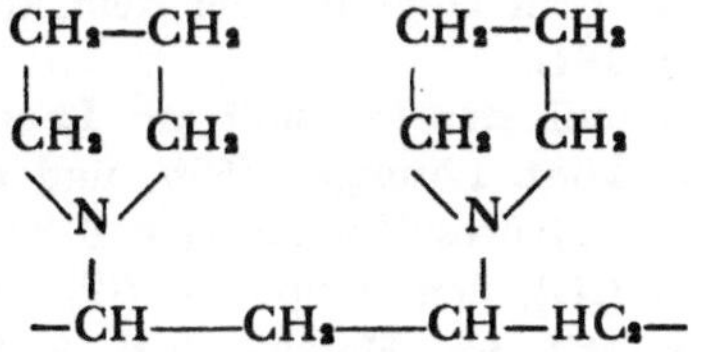

```
CH₂—CH₂       CH₂—CH₂
|    |        |    |
CH₂  CH₂      CH₂  CH₂
  \ /           \ /
   N             N
   |             |
 —CH——CH₂——CH—HC₂—
```

Es besitzt sehr hohe Retardier- und Abziehwirkung. Ähnlich wirkt Resocol V (Sa). Dispersol VL und Peregal O verzögern die Farbstoffaufnahme.

Die Retardierung ist abhängig vom Farbstoff, in hellen Tönen wesentlicher als bei dunklen, bei niedrigeren Temperaturen stärker als bei hohen; Salze haben keinen Einfluß.

Polyvinyllactame sind als Egalisiermittel ebenfalls vorgeschlagen worden (Bräuer, l. c.).

Literaturübersicht über Egalisiermittel für Küpenfärbungen.

Hoeves: Retardierungsmittel für Küpenfärbungen. De Tex **10**, 36 (1951).
Bräuer: Albigen A. Melliand Textilber. **32**, 53 (1951).
Speke: Küpenfärbung mit Dispersol VL. Soc. Dyers Colourists **66**, 569 (1950).

Patentschrifttum über Egalisiermittel für Küpenfärbungen.

DP 808 707 BASF 1951 — Die Destillationsrückstände der Verarbeitung von durch Hydrierung hergestelltem 1,3- oder 1,4-Butandiol werden durch saure Fällung niedergeschlagen und als Na-Salz als Egalisiermittel für Küpenfärbungen gewonnen.

DP 803 830 BASF 1951 — Zum Abziehen von Küpenfarbstoffen sollen Verbindungen der Form

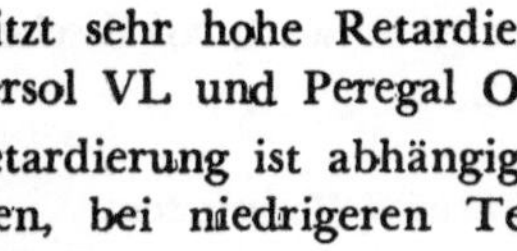

```
   /NH₂
C═NH        /R₁
   \NH—C—N<        (Biguanide)
            \R₂
```

dienen. R_1 = aliphatischer Rest mit mehr als 6 C-Atomen, R_2 = H oder ein beliebiger aliphatischer Rest.

HollP 64 204 IG 1949 — Als Egalisiermittel für Küpenfärbebäder können die Äthylenoxydanlagerungsprodukte von Kondensationsprodukten von Xylol-Formaldehydschwefelsäure Verwendung finden.

HollP 61 663 Gy 1948 — Als Egalisiermittel beim Färben mit Küpenfarbstoffen werden Umsetzungsprodukte von Sulfonsäuregruppen enthaltenden Verbindungen mit quaternären Ammoniumverbindungen (Trimethylaminoacetyl-N-dodecylamid-methylsulfat wird mit dem Kondensationsprodukt aus Dihydroxydiphenylsulfon, Naphtalinsulfosäure und Formaldehyd umgesetzt) verwendet.

FP 1 001 894 BASF 1952 — Alkalische Behandlung von Cellulosetextilien, z. B. Küpenfärbung greift oft die Fasern an. Man verhindert dies durch Zugabe von 0,1 g $MgSO_4$ in die Waschbäder.

FP 1 000 310 BASF 1952 — 2-Pyrrolidone als Egalisiermittel usw. werden beschrieben (vgl. 1 000 308).

FP 999 704 BASF 1951 — Pyrrolidone werden als Egalisiermittel verwendet.

---

[53] Bräuer: Melliand Textilber. **32**, 53 (1951), FP 999 704 usw.

4. Das Färben mit Schwefelfarbstoffen.

Die kontinuierliche Färbung von Geweben mit Schwefelfarbstoffen kann nach dem Pad-Steam-, dem Pad-Jig-, dem Hot-Oil- oder dem Molten-Metal-Dyeing-Prozeß vorgenommen werden (vgl. S. 184).

Nach letzterem Verfahren muß der Farbstoff mit Lauge und Hydrosulfit gelöst werden. Schwefelfarbstoffe, in konz. Lösungen (50% und mehr vom Warengewicht) angewendet, färben Nylon aus Hydrosulfitküpe (DP 818 041).

Außer den Immedialsolen (IG), den Eclipsolen (Gy) usw. sind nun auch noch die Thionol-M-Marken der ICI im Handel (vgl. S. 234 H). Die Immedial-Spezialfarbstoffe werden mit Reduktionsmittel IN aus schwach alkalischen Flotten auf Kunstseide gefärbt, die dadurch nicht hart wird.

Literaturübersicht über das Färben mit Schwefelfarbstoffen.

Hiyama, Skegami, Manabe: Schwefelnatriumverbrauch beim Schwefelfärben. Sci. Ind. **27**, 6 (1952) cit. C. A. **47**, 4612 (1953).

Dierkes: Färben mit Schwefel- oder Hydronfarben. Reyon, Zellwolle, Chemiefasern **30**, 638 (1952).

Herrmann: Färben von Kreuzspulen mit Schwefelfarbstoffen. Dtsch. Textilgewerbe **54**, 832 (1952).

Hansen: Verfahren zum Färben von Stück und Spulen mit Schwefelfarbstoffen. Dtsch. Textilgewerbe **54**, 680 (1952).

Birchall: Schwefelfärbung von Garnen. Text. Recorder Nr. 824, 96 (1951).

Birchall: Schwefelfärbung von losem Material und Garnen. J. Soc. Dyers Colourists **67**, 495 (1951); vgl. Dyer **106**, **444** (1951).

Bittore: Färben mit Schwefelfarbstoffen. Reyon, Synthetica, Zellwolle **29**, 203 (1951).

Wasserlösliche Schwefelfarbstoffe der ICI „Thionol Marken". Dyer **104**, 23 (1950).

Patentschrifttum über das Färben mit Schwefelfarbstoffen.

DP 871 592 Cassella 1953 — Die Reißfestigkeitsabnahme von schwefelschwarz gefärbter Cellulose beim Lagern kann verhindert werden, wenn man mit wäßrigen Lösungen von aliphatischen Diaminen nachbehandelt.

DP 865 591 Ciba 1953 — Als Reduktionsmittel beim Färben von Schwefelfarbstoffen sowie zur Herstellung von Farbstoffpräparaten sollen mit Schwefelalkali behandelte, getrocknete Abbauprodukte nativer Kohlehydrate dienen.

DP 831 540 Cassella 1952 — Auch Färbungen von Schwefelfarbstoffen oder Diazotierungsfarbstoffen sind in den Naßechtheiten verbesserbar, wenn man sie mit Peralkylierungsprodukten von Polyalkylenpolyaminen behandelt, wobei man diese Produkte bei Schwefelfärbungen dem ersten Spülbade, bei Diazotierungsfärbungen dem Kupplungsbade zusetzt.

DP 818 041 Lanczer usw. 1951 — Polyamide werden mit 50% vom Warengewichte an Schwefelfarbstoffen in hydrosulfithältigen Bädern gefärbt.

HollP 65 739 Ciba 1950 — Es werden Schwefelfarbstoffe in Verbindung mit Reduktionsmittel (Kohlenhydrate) und Alkalisulfiden zusammen zu Farbstoffpräparaten verarbeitet (vgl. HollP 68 240).

HollP 64 474 IG 1949 — Man färbt mit Schwefelfarbstoffen, indem man als Reduziermittel Mercaptoverbindungen (dithioglykolsaures Na, thiosalicylsaures Na usw.) verwendet und bei 60° C arbeitet.

HollP 58 749 IG 1947 — Beim Färben mit Schwefelfarbstoffen erfolgt die Oxydation in Gegenwart von Aminosäuren mit mehr als einer Carboxylgruppe und einem N-Atom im Molekül (Trilon). Dadurch wird das Erhalten bronziger Färbungen vermieden. Z. B. arbeitet man in einer Flotte 1 : 15, mit 6% Immedialdunkelblau RL conc., 24% Na_2S krist., 3% Soda calc., 15% Na_2SO_4 calc. und 1,5% Trilon.

EP 669 002 Vereinigte Färbereien, Zukriegel 1952 — Die Färbung von Wolle usw. mit Schwefelfarbstoffen erfolgt in Bädern, die den mit Äthanolamin-Schwefelwasserstoff-Umsetzungsprodukten reduzierten Farbstoff enthalten.

ItalP 467 619 IG 1952 — Das Färben mit Schwefelfarbstoffen erfolgt in Gegenwart von Aminosäuren.

NorwP 80 543 Cassella 1952 — Zur Verbesserung der Reißfestigkeit von mit Schwefelfarbstoffen gefärbten Cellulosematerial behandelt man mit Lösungen von aliphatischen Diaminen oder Polyaminen.

AustralP 141 081 Ciba 1951 — Farbstoffpräparate aus Schwefelfarbstoffen in Leukoform und Kohlenhydraten werden beschrieben.

AustralP 135 927 Ciba 1950 — Zur Herstellung beständiger Schwefelfarbstoffpräparate dienen Mischungen von Alkalisulfiden mit Stärke und einem alkalilöslichen Celluloseäther.

5. Das Färben von Anilinschwarz.

Neues auf dem Gebiete ist nicht zu berichten.

Literaturübersicht über Anilinschwarz.

Popp: Textil Rundschau 4, 518 (1949); vgl. Oxydationsschwarz, Dyer **106**, 451 (1951), bzw. Text. Mercury Argus **125**, 829 (1951).

Bercsény: Untersuchungen über die schädlichen Auswirkungen von Anilinschwarz. Magyar. Textiltechn. IV., Nr. 6—7, 188 (1951), zit. Zbl. d. ung. Technik **4**, Nr. 2, 60 (1952).

Zuber, Jomain: Sulfaminsäurederivate bei der Herstellung von Anilinschwarz. J. Soc. Dyers Colourists **68**, 241 (1952).

Gorshkov: Die Intensivierung der Anilinschwarzfärbung. Berichte des Iwanow-Inst. f. Celluloseind. (UdSSR) **18**, 100 (1951), zit. C. A. **46**, 9850 (1952).

6. Das Färben mit basischen Farbstoffen.

Hier ist lediglich festzustellen, daß die größeren Echtheitsanforderungen das Färben mit basischen Farbstoffen immer mehr einschränken.

Literaturübersicht über das Färben mit basischen Farbstoffen.

Dierkes: Das Färben mit basischen Farbstoffen. Reyon, Zellwolle, Chemiefasern **30**, 578 (1952).

Patentschrifttum über das Färben mit basischen Farbstoffen.

AP 2 589 953 Calico Printers 1952 — Das Färben von Cellulosefasern erfolgt mit Lösungen von basischen Farbstoffen und lackbildenden organischen Säuren bei pH 5—12,5, worauf angesäuert wird, um die Lackbildung zu ermöglichen.

AP 2 560 462 Francolor 1951 — Man färbt Textilien aus nativer oder regenerierter Cellulose mit basischen Farbstoffen der Form

5 9 12 1
7 2
An$_n$
6 3
8 10 11 4

wobei an den Stellen 9, 10, 11 und 12 S-Atome an C gebunden sind und An ein Anion sowie $n/_{1-2}$ bedeutet, (Tetracenfarbstoffe) in nicht alkalischem Medium und führt den Farbstoff durch Reduktionsmittel in ein unlösliches Pigment über.

7. Das Färben mit Pigmenten.

a) Färbeverfahren.

Das Färben mit Pigmenten (Aridyemethode, vgl. S. 237 H) hat keine Bedeutung erlangen können. Dies hat seinen Grund darin, daß diese, für als Gewebe vorliegende synthetische Fasern in Form einer Kontinuebehandlung verlockende Arbeitsweise dort an zwei grundlegenden Übeln krankt. Das eine ist die nur mangelhafte Aufnahme der für die Färbung vornehmlich in Frage kommenden Pigment-Bindemittel-Öl-in-Wasser-Emulsion durch die Ware, welche kaum 30—35% aufnimmt, wobei die Emulsion auf dem Textilgut fluktuiert und jede kleinste Unregelmäßigkeit in der Quetschung (Bombagenstreifen, geringe Walzenrandquetschung) zu Unegalitäten der Klotzung führt. Zum zweiten bilden sich durch die starke Migration der Pigmentsuspension vor der Bindung an die Faser, die beim Trocknen hauptsächlich an den Phasengrenzflächen in Erscheinung tritt, starke Anfärbungsunregelmäßigkeiten.

Auf die Wichtigkeit der Teilchengröße bei Pigmentfärbungen wies kürzlich Hampson[54] hin.

Nach einem Verfahren der Dan River Mills[55] wird eine Färbung von Textilien derart vorgeschlagen, daß man gefärbte, wasserunlösliche Celluloseäther in Alkali löst, dann auf das Textilgut aufbringt und dort z. B. durch eine Säurepassage niederschlägt (vgl. auch das Acramin-F-Verfahren[55a]).

Das Färben von Textilien in Bronze- und Goldtönen erfolgt in billiger Weise derart, daß man Ag-Salzlösungen, die Hydrazin enthalten, eventuell unter Farbstoffzusatz auf die Ware aufspritzt.

Literaturübersicht über das Färben mit Pigmenten.

Lohmann: Pigmentfärberei. Melliand Textilber. 32, 785 (1951).
Mukerjee: Mineralkhaki. Ind. Text. J. 62, 40 (1951), ref. C. A. 1767 (1952).

Patentschrifttum über das Färben mit Pigmenten.

DP 858 093 Ciba 1952 — Zum Spinnfärben geeignete Pigmente enthalten neben Dispergiermitteln noch äthersaure Salze von hochpolymeren Kohlenhydraten, deren 3%ige wäßrige Lösung eine Viskosität von mindestens 0,5 Poise bei 25° C zeigen.

DP 843 244 Courtaulds 1952 — Man färbt Gewebe mit Pigmenten wasch- und reibecht, indem man zunächst die wäßrige Dispersion eines Pigmentes, welche zirka 2—4% Alginat enthält, aufbringt und ohne zu trocknen mit Lösungen von Stoffen behandelt, die mit dem Alginat wasserunlösliche Verbindungen geben (Formaldehyd, Hexamethylentetramin, Bleiacetat, Chromchlorid bzw. Mischungen aus Aldehyd und Metallsalz).

DP 751 399 IG 1952 — Beim Fixieren von Pigmenten mittels Kunstharzen oder Mischpolymerisaten behandelt man zusätzlich mit Säuren und Formaldehyd.

SP 277 619 Ciba 1951 — Pigmentverteilungen, die zum Spinnfärben geeignet sind, können unter Zusatz von celluloseglykolsaurem Na hergestellt werden, lassen sich eindampfen (Zerstäubungstrocknung) und sind nachher noch fein verteilbar (Teilchengröße 1—5 μ).

FP 981 198 Courtaulds 1951 — Die Herstellung gefärbter Fäden wird beschrieben, welche teilweise matt, teilweise glänzend sind, indem man dem Pigment Gelegenheit zu migrieren gibt (Monastralechtgrün GS und Titandioxyd).

---

[54] J. Soc. Dyers Colourists 67, 369 (1951).
[55] Text. Recorder 70, Nr. 824 (1951).
[55a] Textil Praxis 8, 489 (1953).

FP 966 776 Kuhlmann 1951 – Man färbt mit Küpenpigmenten in Dispersion. Die Teilchen sind über 5 μ. Es wird bei 70–100° C gearbeitet. Die Viskosespinnkuchen werden dann mit Reduktionsflotten für das Pigment behandelt, oxydiert und fertiggestellt.

FP 965 006 ICI (vgl. FP 959 999) 1951 – Färbung von Textilien mit Pigmenten unter Zusatz von Verbindungen der Form $R-(O-CO-NH-CH_2-A-X)_n$, wobei R einen organischen Rest ohne wasserlöslichmachenden Substituenten, A eine Amingruppe (tert. Amin), X = Säureanion bedeuten.

HollP 66 068 Interchemical 1950 – Das Färben von Geweben erfolgt mit wäßrigen Pigmentdispersionen, die eine in kaltem Wasser lösliche, in warmem unlösliche Alkylcellulose enthalten. Nach dem Färben wird getrocknet, und zwar so, daß der Celluloseäther vorerst, ohne viel Wasserverlust des Gewebes geliert (vgl. EP 569 189). Dadurch wird die Migration zurückgedrängt.

HollP 62 931 Copeman 1949 – Das Färben von Textilien erfolgt durch Klotzen mit der Dispersion eines flüchtigen Lösungsmittels in Wasser, wobei in der dispersen Phase ein in Wasser unlöslicher Farbstoff und ein harzartiger Stoff vorhanden sind (20% Ölphase, 80% Wasser, 8% festen Stoff enthaltend) (vgl. EP 663 853).

EP 675 244 BASF 1952 – Die Herstellung von pigmentierter Viskose für den Spinnprozeß unter Verwendung von Leukoküpenfarbstoffen wird behandelt.

EP 663 853 Copeman 1951 – Die Färbung mit Pigmenten soll derart erfolgen, daß man das Textilmaterial mit der wäßrigen Dispersion des Pigmentes klotzt, wobei diese wäßrige Pigmentdispersion in Wasser dispergiert die Lösung eines Kunstharzes in einem organischen Lösungsmittel und das Pigment, sowie einen Emulgator dafür enthält, hierauf wird getrocknet.

EP 661 085 Interchemical 1951 – Zum Färben von Textilien werden Emulsionen des Typs Öl-in-Wasser in Vorschlag gebracht, die in der diskontinuierlichen Phase ein härtbares Harz in einer Menge von 2,5% des Färbebades bzw. von 200%, bezogen auf das verwendete Farbpigment, haben und die verwendeten organischen Lösungsmittel einen Dampfdruck von maximal 28 mm/25° C aufweisen (vgl. EP 663 824).

EP 657 426 Dan River 1951 – Beim Pigmentfärbeprozeß soll das zu färbende Material mit Formaldehyd oder Glyoxal oder mit einem harzbildenden Vorkondensat behandelt und erhitzt werden. Dann erst wird die Kunstharzbindemittel enthaltende Pigmentdispersion aufgebracht werden. Die vorbehandelten Gewebe wurden tiefer, brillanter und reibechter gefärbt (Monastral-Blue, Monastral-Green).

AP 2 627 507 Sherwin-Williams 1953 – Zum Aridye-Klotzen soll ein Harz in Wasseremulsion verwendet werden, die wasserunlösliche Celluloseäther und ein wasserunlösliches alkyliertes Melaminharz mit einem Weichmacher enthält, wobei 5% wasserlösliche organische Lösungsmittel anwesend sind.

AP 2 596 192 Dan River Mills 1952 – Man behandelt vor dem Pigmentfärben von Textilien das Material mit einer wäßrigen Lösung eines härtbaren Harzes vor, wobei dafür Sorge zu tragen ist, daß dieses nur die im Faserinneren vorhandenen Räume, nicht aber die im Material ausfüllt, härtet und bringt dann die Pigment-Bindemittel-Mischung aufs Gewebe.

AP 2 543 718 Interchemical 1951 – Zum Pigmentfärben werden Klotzlösungen benutzt, die neben dem Farbstoff (Pigment) und 0,05% eines Netzmittels (in 100 Teilen Wasser, als Netzer kommt z. B. der Dioctylester der Sulfobernsteinsäure in Frage), 0,65% Polyäthylacrylat und 0,01% Methylcellulose mit Elastomeren in Mischung enthalten. Die Partikelgröße der Pigmente liegt unter 0,2 μ.

AP 2 542 327/328 ICI 1951 (vgl. AP 2 464 806) — Wasserlösliche Uroniumverbindungen von Phtalocyanin werden beschrieben, z. B.:

$$\left[(XCH_2\text{-}C_6H_3)_4 \text{-Phthalocyanin-Cu} \right]$$

$$-C_6H_4-X = -CH_2-S-C(=N^{+}(CH_3)_2)-N(CH_3)_2 \;\; Cl^{-}$$

$$-C_6H_3(CH_2-S^{+}(CH_3)_2 \; SO_4CH_3^{-})\text{, } X = \text{wie rechts bzw. H}$$

AP 2 540 048 Interchemical 1951 — Man behandelt mit wäßrigen Harzdispersionen, die Pigment und ein wasserunlösliches Lösungsmittel enthalten, wobei die Steifheit bzw. Emulsionskonzentration so eingestellt wird, daß das Bindemittel zwar die Fasern umhüllt, nicht aber miteinander verklebt.

AP 2 539 914 Sherwin-Williams 1951 — Für Klotzfärbungen werden Öl-in-Wasser-Emulsionen verwendet, die in der Ölphase ein flüchtiges Lösungsmittel enthalten, wobei als Bindemittel Äthylcellulose und Harnstoff- oder Melamin-Formaldehydvorkondensat 1 : 4 — 1,06 : 4 vorhanden ist.

AP 2 448 515 Dan River 1951 — Man färbt durch Aufbringen gefärbter Celluloseäther.

CanP 490 789 Interchem. 1953 — Das Färben mit Pigmentemulsionen des Öl-in-Wasser-Typs wird beschrieben.

CanP 487 453 Interchem. 1952 — Das Klotzen von Geweben soll mit Pigmentdispersionen erfolgen, die in wäßriger Lösung eine hitzefällbare Alkylcellulose enthalten.

CanP 481 337 Gen. Electric 1952 — Pigmentierte Überzüge, bei welchen das Pigment nicht flottiert, werden unter Verwendung von silicoorganischen Verbindungen hergestellt.

CanP 465 799 Cyanamid 1950 — Die Reibechtheit von pigmentgefärbten Geweben wird erhöht, indem man mit Alkylmelaminharzvorkondensaten behandelt und härtet.

b) Die Erzeugung anorganischer Pigmente in der Faser.

Literaturübersicht über die Erzeugung anorganischer Pigmente in der Faser.

Daruwalla et al.: Mineralkhaki. J. Soc. Dyers Colourists 68, 168 (1953).

Bhende, Ramachandran: Mineralkhaki. Indian. Text. J. 60, 895 (1950) J. Sci. Ind. Res. 7 B, 176, 8 B, 10 (1949) cit. C. A. 44, 334 (1950).

8. Das Abziehen von Färbungen.

Auf dem Gebiete wird neuestens auf den *Harristrip*-Prozeß hingewiesen (vgl. EP 646 809). Auch der sogenannte *„Ogden"*-Prozeß für Wolle, nämlich das gleichzeitige Abziehen und Färben des Materials mit beständigen Farbstoffen, wird in der Literatur behandelt. An sich ist letzteres Verfahren nicht neu.

Literaturübersicht über das Abziehen von Färbungen.

Chemaster: Abziehmittel. Amer. Dyestuff Reporter **42,** 47 (1953).

Schandler: Abziehen von Färbungen mit Reduktionsmitteln. Amer. Dyestuff Reporter **41,** P 760 (1951).

Wood-Duffy: Abziehen von Teppichgarnen. Amer. Dyestuff Reporter **40,** P 675 (1951).

Leonard, Beck: Abziehen von Wollfärbungen. Amer. Dyestuff Reporter **40,** P 179 (1951).

Ewing: Der „Harristrip"-Prozeß. Textile Ind. **114,** 99 (1950).

Abziehen von Nylon mit Chlorit. Text. Wld. **99,** 226 (1949).

Patentschrifttum über das Abziehen von Färbungen.

DP 865 889 BASF 1953 — Das Abziehen saurer oder substantiver Farbstoffe von Fasern aus Polyamiden usw. erfolgt mittels Katanol WL, Kondensaten aus Naphtalinsulfosäure und Formaldehyd, Eulan neu, usw. bei 90—100° C.

FP 994 042 Durand Raucher 1951 — Das Abziehen von gefärbten Geweben usw. mittels Metalloxyd, Kieselgur, in Gegenwart von Emulgatoren und Seifen usw., wird beschrieben.

BelgP 505 248 Harris Research 1952 — Zum Abziehen von Wolle soll eine Behandlung mit Chloräthan und Sulfoxylat oder Formamidinsulfinsäure dienen.

EP 652 899 Fabric Research 1951 — Zum Abziehen von Wolle wird das Material mit einer von der Kathode einer elektrolytischen Zelle kommenden Lösung, die Va-, Ti- oder Cr-Ionen enthält, getränkt. Durch die reduzierende Wirkung der Metallionen unter dem Einfluß der Elektrolyse soll Entfärbung des Wollmaterials eintreten.

AP 2 548 892 Best Foods 1951 — Als Abziehmittel für Gewebe werden feste Mischungen aus 100% Zink-Formaldehydsulfoxylat, 45—150 Teile Citronen- oder 50—90 Teile Wein- oder 70—200 Teile Oxyessigsäure oder 60—200 Maleinsäure sowie 1—20 Teile p-Diisobutylphenoxyäthoxyäthyldimethylbenzylammoniumchlorid vorgeschlagen [vgl. AP 2 548 914 (mit Bernsteinsäure) bzw. AP 2 549 079 und AP 2 549 113 (Oxalsäure)].

9. Das Blenden und Märken von Geweben und Garnen.

Auf diesem Gebiet kann grundsätzliches Neues nicht verzeichnet werden.

Das Blenden von Dacron- oder Orlongarnen kann nach DuPont am besten mit öllöslichen Farbstoffen oder mit Pontacyl Light Yellow GX, — Flavine A, — Carmine 6 B extra conc, — Fast Red AS extra conc oder — Sky Blue 6 BX conc erfolgen.

Literaturübersicht über das Blenden und Märken von Geweben und Garnen.

Das Blenden von Wollgarnen (Ultramarin). Melliand Textilber. **32,** 809 (1951).

Das Blenden von Nylon. Text. Mercury Argus **123,** 3216/853, 3217/885, 3218/922 (1950).

Patentschrifttum über das Blenden und Märken von Geweben und Garnen.

FP 1 000 237 ICI 1952 — Die Blendfärbung von Nylon erfolgt mittels Pigmenten, die man den Präparationen zusetzt.

FP 999 047 Marking Machine Co. 1952 — Märktinte für Wäsche.

EP 668 957 Celanese 1952 — Zum Blenden von Textilien sollen wäßrige Lösungen von Pontacyl Violet S 4 B DuPont (CI 53), Xylenbrillantblau BC (Sa) unter Zusatz von 5% Isobutylalkohol und 2% des Dialkylesters von sulfobernsteinsaurem Na dienen.

EP 653 841 Uxbridge Worsted Co. 1951 — Als Anschreibstift für Textilmaterialien dienen in entsprechender Form gepreßte Mischungen von Clay, Infusorien oder Fullererde bzw. Bentonit, denen man von ihrem Gewicht gerechnet zusetzt: 40—70% Wasser, 0,2—0,6% Farbstoff, 5—15% Glucose oder Diglycolstearat, 1—5% Dinatriumphosphat, 0,1—0,5% Na-Benzoat. Als Farbstoffe haben sich bewährt: Calcocid Fast Green 10 G (Pr 13), Pontacyl Blue BL (C. I. Nr. 833), Calcocid Red B (C. I. Nr. 843), Calcocid Milling Yellow R (Pr 187), Nigrosine WSB 50 (C. I. Nr. 865). Man kann auch Wolle märken. Die Farben sind leicht wasserlöslich.

EP 653 221 ICI 1951 — Dem Blenden von Nylon sollen anorganische Pigmente dienen, die bei der Garnpräparation aufgebracht werden.

AP 2 590 236 Celanese 1952 — Als flüchtige Blendung für Celluloseacetatfasern kann eine Mischung von 2 Teilen Isobutylalkohol und 96,3 Teilen Wasser, in welcher mittels 0,2 Teilen von Dibutylester des Na-Salzes — Sulfobernsteinsäure 1,5 Teile p-Aminobenzol-azo-1,8-dihydroxynaphthalin-3,6-disulfosäure dispergiert sind, dienen.

CanP 483 237 ICI 1952 — Blendfärbungen auf Nylon werden mit Pigmenten aus oleathältigen wäßrigen Dispersionen vorgenommen, die auch schon der Schlichte zugesetzt werden können (Ba-Chromat, Zink-Chromat, Eisenoxyd, Chromoxydgrün usw. Col.-Ind. Nr. 1288, 1269, 1270, 1271, 1279, 1267, 1276, 1295, 1291, 1298, 1272).

III. Affinitätsänderungen von Fasern.

1. Erhöhung des Farbstoffaufnahmevermögens.

Beim Chlorieren von Wolle zum Zwecke einer beabsichtigten Mehraufnahme von Farbstoff sei auf das *Melafix*-Verfahren (Ciba) hingewiesen. Dabei wird in Gegenwart von Melaminharzvorkondensaten chloriert, um die Aufnahme des Chlors gleichmäßig zu gestalten (vgl. Chlorieren, sechster Abschnitt).

Patentschrifttum über die Erhöhung des Farbstoffaufnahmevermögens.

DP 850 135 BASF 1952 — Das Färben von Polyacrylnitrilfasern wird erleichtert, indem man Mischpolymerisate desselben mit mindestens 3% 1,1-Dichloräthylen mit Küpen- oder Acetatseidenfarbstoffen färbt.

DP 836 644 BASF 1952 — Kondensationsprodukte aus Cyanamid und Formaldehyd, bei welchen gleichzeitig Aminsalze oder Ammonsalze einkondensiert werden, sind stabil gegen Sulfationen. Sie besitzen eine große Affinität zu Cellulose, die, so vorbehandelt, sich mit verschiedenen substantiven Farbstoffen tiefer anfärbt und naßechtere Färbungen liefert. Sie fällen saure Farbstoffe und können Glasfasern färbbar machen. Auch zur Nachbehandlung von Direktfärbungen sind sie geeignet.

DWP 4961 Erfinderbenennung ausgesetzt 1953 — Steigerung des Farbstoffaufnahmevermögens künstlicher Fasern aus Celluloseestern, Celluloseäthern, linearen Polymeren und deren Mischungen durch hochmolekulare, synthetische Produkte, welche leicht reaktionsfähiges Halogen, Oxidogruppen, Schwefelsäureester- oder Sulfoestergruppen enthalten und die mit Aminen oder Aminderivaten reagieren können.

HollP 60 249 IG 1947 — Fasern aus Polyacrylnitril erhalten eine erhöhte Affinität zu Farbstoffen durch Behandlung mit Alkalien (n NaOH 15 Minuten bei 70—90° C) oder Säuren (25% H_2SO_4 1—2 Stunden bei 20—25° C).

EP 692 924 Wolsey 1953 — Regenerierte Proteinfasern aber auch Wolle und Seide werden in Gegenwart saurer Katalyten (BF_3, $SiCl_4$ usw.) mit nichttertiären Alkoholen, die weniger als 5 C Atome im Molekül enthalten, behandelt. Man erreicht mit sauren Farbstoffen bei pH > 3 erhöhte Affinität und bessere Naßechtheit.

EP 645 761 Celanese 1950 — Die Verseifung von Celluloseacetatfäden findet derart statt, daß der Acetylgehalt von über 56% auf 53—55% fällt, wobei 1—5% Sodalösungen bei 80—100° C angewendet werden. Das Anfärbevermögen steigt sehr. Man kann auch mit Direktfarbstoffen färben. Das Material ist bügelecht.

EP 637 106 AKU 1950 — Zur Vergleichsmäßigung der Farbaffinität von Spinnkuchen werden diese mit Heißluft, die mit Wasserdampf gesättigt ist, behandelt. Man bläst die Luft von innen nach außen durch die Spinnkuchen.

CanP 460 436 Wilcock 1950 — Die Farbstoffaffinität von Nylon für direkte Baumwollfarbstoffe wird verbessert durch Behandlung mit einer verdünnten Lösung eines wasserlöslichen Salzes, eines Metalls der Reihe Cu, Ag, Li, Ba, So, Ca, Mg, Zn, Al, Ce, Sn, Pb, Cr, Fe, Ni, Co.

2. Das Animalisieren von Cellulosefasern.

Hier sind nur einige Vorschläge anzumerken, wobei insbesondere auf die Reaktion der Cellulosefasern mit Äthyleniminen verwiesen sei.

Literaturübersicht über das Animalisieren von Cellulosefasern.

Okamura: Das Animalisieren von Viskosereyon. Teijin Times 22, No. 12, 4 (1952) cit. C. A. 47, 2992 (1953).

Wigman: Animalisieren mit Äthyleniminen. Vezelinstituut, zit. C. A. 44, 9679 (1950).

Eckert, Abend: Das Färben von animalisierter Cellulose mit sauren Wollfarbstoffen. Kunstseide, Zellwolle 27, 385, 431 (1949).

Patentschrifttum über das Animalisieren von Cellulosefasern.

OeP 173 529 Phrix 1952 — Zum Animalisieren werden sulfidierte Phenole der Spinnviskose zugesetzt. Es treten mit sauren Farbstoffen keine Fällungen (Lackbindung) ein, sondern es vollzieht sich eine echte Bindung.

OeP 157 685 IG 1940 — Zum Animalisieren von Cellulose werden die Textilien mit Tannin oder geschwefelten Phenolen und nachher mit Äthyleniminen behandelt.

OeP 156 794 Rhodiaceta 1939 — Zum Animalisieren dienen polymere Aminverbindungen ohne funktionelle Amidgruppen (Polymere Hexosamine), polymere Aminoalkohole, Ester der Acrylsäure usw.

DP 876 833 Bayer 1953 — Polyisocyanate sollen zum Animalisieren verwendet werden.

DP 844 635 Phrix 1952 — Cellulosehydratfäden mit Affinität zu sauren Farbstoffen werden erhalten, wenn man eine über 14° Hottenroth reife Viskose in ein Bad mit mindestens 10% $ZnSO_4$ verspinnt und den erhaltenen Faden mit Lösungen von Ammoniak und Chlorierungsmitteln behandelt (NH_3 + NaOCl).

DP 836 644 BASF 1952 — Kondensationsprodukte aus Cyanamid und Formaldehyd, bei welchen gleichzeitig Aminsalze oder Ammonsalze einkondensiert werden, sind stabil gegen Sulfationen. Sie besitzen eine große Affinität zu Cellulose, die, so vorbehandelt, sich mit verschiedenen substantiven Farbstoffen tiefer anfärbt und naßechtere Färbungen liefert. Sie fällen saure Farbstoffe und können Glasfasern färbbar machen. Auch zur Nachbehandlung von Direktfärbungen sind sie geeignet.

DP 805 521 BASF 1951 — Zum Animalisieren von Cellulose, als Weichmacher oder zur Fixierung saurer Farbstoffe sollen quaternäre Pyrrolidin-Ammoniumverbindungen dienen. Sie besitzen auch eine hohe fungizide und bakterizide Wirkung.

DP 753 565 IG 1953 — Die Herstellung von animalisierten Kunstseiden durch Zusatz von Kunstharzvorkondensaten für Viskose wird beschrieben (vgl. FP 817 539).

DP 728 306 IG 1942 — Man setzt zum Animalisieren den Kunstseidespinnlösungen Kondensate aus Cyanamid und Aldehyd zu.

DP 726 199 IG 1942 — Man setzt zum Animalisieren von Acetatkunstseide deren Spinnlösungen (auch für Viskose anwendbar) Alkylenoxyde mit basischen Gruppen (3-Piperido-1,2-propenoxyd) zu.

DP 719 965 Dörfel 1942 — Eiweißhaltige Nitrocellulose wird hergestellt.

DP 704 122 Rhodiaceta 1941 — Man setzt den Spinnlösungen von Celluloseacetat zum Animalisieren Umsetzungsprodukte von Benzylchlorid und Guanidinnitrat usw. zu.

FP 998 356 BASF 1951 — Quaternäre Ammoniumverbindungen, die zum Fixieren von sauren Färbungen oder zum Animalisieren dienen können, werden beschrieben (Pyrrolidine).

HollP 64 419 IG 1949 — Zur Erhöhung der Affinität von Cellulosetextilien zu sauren Farbstoffen werden diese mit Kondensationsprodukten von Äthylenimin-derivaten behandelt (vgl. FP 865 868).

HollP 64 355 IG 1949 — Kondensate aus Alkyleniminen und Harnstoff oder Thioharnstoff bzw. derer Derivate sind zum Animalisieren verwendbar.

HollP 60 184 IG 1947 — Polyoxyamide, die als Animalisierungsmittel dienen können, werden beschrieben.

HollP 59 064 IG 1947 — Zum Animalisieren (vgl. FP 865 869 bzw. HollP 49 093) sind Diäthylenharnstoffe usw. der Form

$$\begin{matrix} CH_2 \\ | \\ CH_2 \end{matrix}\!\!>\!N\,CONH - R' - NHCON\!<\!\!\begin{matrix} CH_2 \\ | \\ CH_2 \end{matrix}$$

geeignet.

HollP 57 779 Research 1946 — Das Animalisieren erfolgt mit Eiweißlösungen besonderer Zusammensetzung.

BelgP 505 628 Phrix 1953 — Die Affinität von stickstofffreien Fasern zu Farbstoffen wird verbessert, indem man Mischungen bekannter Animalisierungsmittel, die unterschiedliche Molgewichte besitzen, einverleibt; vgl. DP 849 399.

ItalP 467 711 IG 1952 — Zum Animalisieren behandelt man Cellulosetextilien mit Lösungen von Superpolyamiden.

AP 2 579 873 Celanese 1951 — Morpholinderivate der Cellulose werden beschrieben. Derartige Verbindungen färben sich leicht mit sauren Farbstoffen (EP 677 459).

AP 2 459 222 Guthrie 1949 — Zum Aminieren von Cellulosetextilien wird mit 2-Aminoäthylschwefelsäure und NaOH behandelt, die behandelte Ware 9 Stunden auf 70—110° C erhitzt und gewaschen.

AP 2 261 295 Duisberg 1941 — Man stellt Cellulosehydratfasern mit Kunstharzgehalt her, insbesondere aminierte Fäden.

AP 2 246 511 Duisberg 1941 — Zum Animalisieren von Cellulosefasern aus Viskose oder Kupferkunstseide dient ein in der Spinnmasse fein verteiltes Polymerisat von Äthylenimin und CS_2.

AP 2 231 891 Duisberg 1941 — Zum Animalisieren werden Cellulosefasern mit Lösungen von Casein und Äthylenimin und hernach mit Phenylisocyanat behandelt, auf 60—100° C erhitzt und getrocknet.

AP 2 213 129 IG 1940 — Aminisierte Viskosen werden durch Zugabe von Äthylenimin in die Spinnbäder oder Spinnmassen erhalten (vgl. AP 2 122 801).

AP 2 168 348 DuPont 1939 — Zur Spinnmasse von Celluloseacetat wird polymeres β-Diäthylaminoäthylmethacrylat gegeben (vgl. AP 2 168 338, 2 168 336).

CanP 492 575 Bayer 1953 — Das Animalisieren von Cellulose erfolgt mit Diisocyanaten und N-, N'-, N''-Trimethyldiäthylentriamin.

3. Das Immunisieren von Textilien.

Nach Goldthwait [Text. Res. J. **21**, 55 (1951)] kann das Formalisieren zur Herstellung von Immungarn benützt werden. Bekanntlich sinkt mit steigendem Aldehydgehalt der Cellulose (steigender Ausbildung von Methylenbrücken) die Affinität zu substantiven Farbstoffen zufolge Blockierung der OH-Gruppen der Glukosereste.

Patentschrifttum über das Immunisieren von Textilien.

DP 864 851 BASF 1953 — Polyamide werden zum Immunisieren gegen Farbstoffe (substantive, Säurefarbstoffe usw.) mit natürlichen oder synthetischen Gerbstoffen, Zinnsalz und Formaldehyd behandelt. Tannierung allein bewirkt nur eine gewisse Abnahme der Affinität zu substantiven Farbstoffen.

4. Das Cotonisieren von Acetatkunstseide.

Es sind keine Vorschläge zu vermerken.

5. Das Reservieren.

Das Reservieren von Polyamidfasern hat Bedeutung erlangt.

Patentschrifttum über das Reservieren.

SP 283 401 Gy 1952 — Die Reservierung des synthetischen Faseranteils in Fasermischungen aus natürlichen und synthetischen proteinischen Fasern (Polyamide) erfolgt durch Zugabe eines Kondensates aus Dioxydiphenylsulfon, einer Naphtalinmonosulfosäure und Formaldehyd.

AP 2 533 100 Sandoz 1950 — Nylon wird mit sulfonierten Phenolen immun gegen Farbstoffe (Nylotan MS).

IV. Nachbehandlung von Färbungen.

1. Die Verbesserung der Wasser- und Waschechtheit direkter Färbungen.

Nach Paulus-Gyöngyössy [De Tex **10**, 64 (1951)] wird Tinofix durch Na_2SO_4 gefällt. Bei beabsichtigter Nachbehandlung ist daher die aus dem Färbebade kommende Ware gut zu spülen. Die neue Marke Tinofix LW ist glaubersalzbeständig.

a) Tinofix (Gy), b) Lyofix (Ci), c) Sandofix (Sa) geben mit Direktfarbstoffen Fällungen.

Die Menge an Fällungsmittel in g/Liter g Farbstoff beträgt z. B.:

Farbstoff	Mittel		
	a	b	c
Chlorantinlichtgelb 4GLL (Ci)	0,82	0,54	0,44
Direkthimmelblau grünl. (Ci)	1,00	0,80	0,48
Chlorantinlichtbraun BRL (Ci)	1,10	0,62	0,76

Literaturübersicht über die Verbesserung der Wasser- und Waschechtheit direkter Färbungen.

Moosmann: Nachbehandlung substantiver Färbungen. Dtsch. Textilgewerbe **54**, 875, 918 (1952).

Galperin, Goltsman: Zum Wasserfestmachen werden Kupferderivate von Dicyandiamid-Harnstoffkondensaten oder deren Acetylderivate vorgeschlagen (3 g/Liter). Legkaja Prom. **11**, Nr. 4, 28 (1951), zit. C. A. **60**, 1259 (1952).

Lister: Die Kunstharznachbehandlung von substantiven Färbungen. Text. Recorder, **69**, Nr. 829, 85 (1952).

Toepffer: Nachbehandlung von Direktfärbungen mit Solidogen FFL. S. V. F. Fachorgan Textilveredlg. **6**, 405 (1951).

Landolt: Fixieren von Cellulosefärbungen mit dem kationenaktiven Lyofix SB conc. oder SBW conc. Ciba Revue Nr. 97, 3579 (1951); vgl. Lyofix CH, Ciba Revue Nr. 94, 3477 (1951).

Weber: Melliand Textilber. **31**, 494, 750 (1950).

Zons: Verbesserung der Naßechtheiten von Direktfärbungen mit Lewogen WW und Solidogen FFL. Kunstseide u. Zellwolle **28**, 410 (1950).

Patentschrifttum über die Verbesserung der Wasser- und Waschechtheit direkter Färbungen.

OeP 173 428 Ciba 1952 — Die Verbesserung der Naßechtheit von Färbungen erfolgt durch Behandlung mit wäßrigen Lösungen von Kondensaten aus Aldehyden und Biguanidverbindungen oder biguanidähnlichen Verbindungen, wie sie durch Erhitzen von Dicyandiamid mit Salzen von aliphatischen oder cycloaliphatischen Aminen entstehen, kombiniert mit einer Kupferverbindung, wobei eine Verschlechterung der Lichtechtheit vermieden wird, wenn Kupferkomplexe (Tetramin-Kupfer-II-Acetat usw.) verwendet werden.

DP 871 591 Bayer 1953 — Die Naßechtheit und Lichtechtheit substantiver Färbungen soll durch Nachbehandeln mit wäßrigen Lösungen von mit Säuren noch Salze bildenden organischen Basen geschehen. Man verwendet komplexe Kupferverbindungen mit molekularen Polyalkylenpolyaminen im ausgezogenen Färbebad oder in frischem Bad; vgl. 885 837.

DP 864 857 Bayer 1953 — Zur Verbesserung der Naßechtheit von Färbungen werden komplexe Metallverbindungen von Biguaniden zwei- oder mehrwertiger Amine verwendet.

DP 857 337 Cassella 1952 — Die Nachbehandlung von Geweben zur Verbesserung der Naßechtheit von Direktfärbungen erfolgt mit Formaldehydkondensaten solcher 2-Diaminotriazine (1, 3, 5), die in 4-Stellung eine durch eine Alkoxygruppe substituierte Alkylgruppe enthalten. Die Ware wird quellfest und reißfester.

DP 855 542 Bayer 1952 — Die Naßechtheiten von Färbungen werden durch Nachbehandlung mit kationaktiven Stoffen in Gegenwart aliphatischer oder aromatischer polyfunktioneller Isocyanate erhöht.

DP 853 438 BASF 1952 — Man behandelt Gewebe mit Polyisocyanaten in Form wäßriger Dispersionen derselben. Man erhält naßechte Färbungen.

DP 836 644 BASF 1952 — Kondensationsprodukte aus Cyanamid und Formaldehyd, bei welchen gleichzeitig Aminsalze oder Ammonsalze einkondensiert werden, sind stabil gegen Sulfationen. Sie besitzen eine große Affinität zu Cellulose, die, so vorbehandelt, sich mit verschiedenen substantiven Farbstoffen tiefer anfärbt und naßechtere Färbungen liefert. Sie fällen saure Farbstoffe und können Glasfasern färbbar machen. Auch zur Nachbehandlung von Direktfärbungen sind sie geeignet.

DP 767 677 IG 1953 — Zur Verbesserung der Naßechtheit substantiver Färbungen sind Lösungen von hochmolekularen quaternären Ammoniumverbindungen, die durch Umsetzen von α-, α'-Dichlorhydrin mit NH_3 oder Aminen und eventueller Peralkylierung entstehen, geeignet; vgl. DP 879 086.

DP 767 276 Ciba 1952 (vgl. FP 826 631) — Zur Verbesserung der Naßechtheit von Direktfärbungen wird mit wäßrigen, kupfersalzhaltigen Lösungen von Kondensationsverbindungen aus Formaldehyd und Stoffen, die mindestens einmal die Gruppe

$-C\begin{matrix}\nearrow N \\ \searrow NH_2\end{matrix}$ enthalten, nachbehandelt.

DP 763 183 IG 1952 — Die Erhöhung der Naßechtheit von Direktfärbungen erfolgt durch Behandlung mit Lösungen von Kondensationsprodukten aus Amino- oder Iminoreste enthaltenden Verbindungen mit aliphatischen Aldehyden in Gegenwart von Ammon- oder Aminosalzen (vgl. DP 751 174).

DP 751 174 IG 1952 — Die Echtheit von Direktfarbstoffen in Färbungen auf Cellulosetextilien usw. wird verbessert, indem man mit wäßrigen Lösungen der neutral oder schwach sauer hergestellten Kondensate gemäß DP 671 704, also durch Umsetzung von Amino- oder Iminogruppen enthaltenden Kohlenstoffverbindungen mit Formaldehyd und Ammonsalzen behandelt.

SP 289 354 Ciba 1953 — Als Nachbehandlungsbad zum Verbessern der Naßechtheiten von substantiven Färbungen sollen Kondensate von Aldehyden mit biguanidähnlichen Stoffen Verwendung finden.

SP 288 382 Gy 1953 — Die Verbesserung der Echtheit von Färbungen soll mit einer wasserlöslichen Kupferverbindung und einer höhermolekularen polyquaternären Ammonverbindungen erfolgen; vgl. FP 940 593.

SP 288 381 Ciba 1953 — Als Präparat zur Verbesserung der Wasserechtheit von Direktfärbungen werden Tetraminkupfer-II-acetat und Dicyandiamid-Formaldehydkondensate vorgeschlagen.

SP 283 723 Ciba 1952 — Zur Verbesserung der Echtheitseigenschaften substantiver Färbungen und Drucke dienen Lösungen von Kondensationsverbindungen von Aldehyden mit N-Verbindungen, die mindestens einmal die Atomgruppierung

$-N=C\begin{matrix}\nearrow N< \\ \searrow N<\end{matrix}$ im Mol aufweisen und unter Zusatz von weniger als 1 Mol und mehr als 0,1 Mol Säure pro 1 Mol Stickstoffverbindungen hergestellt wurden.

SP 278 259 Ciba 1952 — Zum Verbessern der Naßechtheiten substantiver Färbungen werden Präparate vorgeschlagen, die eine wasserlösliche Kupferverbindung und das wasserlösliche Kondensationsprodukt von Formaldehyd mit einer Verbindung, die

die Gruppe $-N=C\begin{matrix}\nearrow N< \\ \searrow N<\end{matrix}$ mindestens einmal aufweist, enthalten.

FP 1 027 669 Cassella 1953 — Die Verbesserung von substantiven Färbungen soll durch Peralkylationsprodukte von Polyalkylenpolyaminen erfolgen.

FP 1 000 285 Ciba 1952 – Man verbessert die Naßechtheit von Direktfärbungen durch Nachbehandlung mit Produkten aus Kupfersalzen und Kondensationsprodukten, die die Gruppe $-\mathrm{N}=\mathrm{C}\begin{smallmatrix}\diagup\mathrm{N}<\\ \diagdown\mathrm{N}<\end{smallmatrix}$ mindestens einmal enthalten.

FP 988 496 Gen. An. 1951 – Zur Verbesserung der Echtheit von Färbungen werden dieselben mit Imidazolidinen der Form

```
          R
          |
         /N\
      CH₂     \   H
      |        C<
      CH₂     /   R₁
         \N/
           —CH₂—R
```

behandelt, z. B. 2-Phenyl-1,3-dibenzylimidazoliden. Die Färbungen werden so auch echt gegen Gasfading.

BelgP 505 171 Ciba 1952 – Kunstharze, die die Gruppe $-\mathrm{N}=\mathrm{C}\begin{smallmatrix}\diagup\mathrm{N}<\\ \diagdown\mathrm{N}<\end{smallmatrix}$ enthalten, sollen zur Verbesserung der Naßechtheit von Färbungen dienen.

BelgP 504 882 Ciba 1952 – Zur Verbesserung der Naßechtheiten von Färbungen werden Kondensate aus Biguaniden mit Aldehyden in Vorschlag gebracht.

BelgP 492 349 Ciba 1950 – Zum Verbessern der Echtheit von Färbungen dienen wäßrige Lösungen von Kondensaten, die die Gruppe $-\mathrm{N}=\mathrm{C}\begin{smallmatrix}\diagup\mathrm{N}<\\ \diagdown\mathrm{N}<\end{smallmatrix}$ enthalten.

HollP 68 645 Sandoz 1951 – Man setzt Polyamine der Form $\mathrm{NH_2}-(\mathrm{RHN})_n-\mathrm{R'NH_2}$, wobei R ein Äthylen- oder Propylen- oder Oxypropylenrest und n eine ganze Zahl ist, mit Cyanamid usw. um und erhält Stoffe, die zur Verbesserung der Naßechtheit direkter Färbungen geeignet sind.

HollP 65 947 Ciba 1950 (vgl. FP 826 631) – Zur Naßechtheitsverbesserung von substantiven Färbungen, insbesondere Direkthimmelblau grünlich, Direktblau RW, M, Chlorantinlichtbraun BRLL, -lichtviolett 2 RLL, -lichtgelb 2 GLL, -lichtorange T 5 RLL, -lichtgrau 2 BLL usw., werden Kondensationsprodukte von Aldehyden mit Verbindungen, die mindestens einmal die Gruppe $-\mathrm{C}\begin{smallmatrix}\diagup\mathrm{N}-\\ \diagdown\mathrm{NH_2}\end{smallmatrix}$ enthalten, in Gegenwart von nicht komplexen Kupfersalzen verwendet.

HollP 65 885 Ciba 1950 – Zur Erhöhung der Naßechtheit von Direktfarbstoffen wird mit wäßrigen, eventuell alkalisch reagierenden Lösungen, die Kupferverbindungen und basische Kondensationsprodukte von Aldehyd mit Verbindungen, die mindestens einmal die Atomgruppe $-\mathrm{N}=\mathrm{C}\begin{smallmatrix}\diagup\mathrm{N}<\\ \diagdown\mathrm{N}<\end{smallmatrix}$ enthalten, behandelt.

HollP 63 741 Sandoz 1949 – Zum Verbessern der Naßechtheit von Direktfarbstoffen sollen Kondensationsprodukte aus Cyanamid oder seinen Derivaten und Polymeren mit Formaldehyd verwendet werden, wobei die fertigen Mittel OH-Gruppen enthalten müssen. Man setzt z. B. 1,3-Diamino-2-hydroxypropan mit Dicyanamid und Formaldehyd um.

HollP 59 090 IG 1947 – Durch Kondensieren von Polyalkylenpolyaminen mit hochmolekularen Fettsäuren und weiterem Umsatz der erhaltenen Stoffe mit Verbindungen der Formel $RCON\langle^{R_1}_{R_2}$ [R = hochmolekularer aliphatischer oder aromatischer Rest, R_1, R_2 = H oder Alkyl]. Die Mittel können zum Weichmachen und zur Verbesserung der Naßechtheit von direkten Färbungen auf Kunstseide benutzt werden. Eine Verschlechterung der Lichtechtheit bzw. ein Farbumschlag tritt nicht ein (Gegensatz zu den Verbindungen der SP 202 449).

EP 691 686 Ciba 1953 – Die Verbesserung von substantiven Färbungen in ihrer Wasserechtheit erfolgt durch Behandeln mit Kondensaten aus Aldehyden und Verbindungen, die mindestens einmal die Gruppe $-N{=}C\langle^{N<}_{N<}$ enthalten.

EP 683 251 Cassella 1952 – Schwefel- und Naphtholfärbungen, auch Küpenfärbungen, können in ihrer Waschechtheit durch Behandlung mit peralkylierten Polyalkylenaminen verbessert werden.

EP 673 711 Ciba 1952 – Die Naßechtheiten von Färbungen werden erhöht durch Nachbehandlungen mit Lösungen von Kondensationsprodukten aus Aldehyden und Verbindungen, die mindestens einmal die Gruppe $-N = C\langle^{N<}_{N<}$ enthalten, wobei in Gegenwart einer Säure in einer Menge von 0,1–0,9 Moläquivalenten der Stickstoffverbindung kondensiert wird.

EP 668 421 Courtaulds 1952 (vgl. EP 652 985) – Zur Erhöhung der Naßechtheiten von Direktfarbstoffen im Druck werden den Pasten Kunstharzvorkondensate und eine organische Säure zugesetzt.

EP 657 753 Sandoz 1951 – Man kondensiert Dicyandiamid, Cyanamid, Guanidin usw. mit Polyhydroxyalkylenpolyaminen und erhält Produkte, welche die Naßechtheit substantiver Färbungen verbessern.

EP 638 323 Sun 1950 – Die Naßechtheit von Direktfarbstoffen wird durch Nachbehandlung mit Kondensationsprodukten von Formaldehyd und einem Amin mit 12–18 C-Atomen bei nachheriger Umsetzung mit Dialkylsulfat verbessert. Die wahrscheinliche Formel derartiger Verbindungen wird mit

$$\begin{array}{c} R \quad\quad\quad\quad\quad R_3 \\ \rangle N{-}CH_2{-}N\langle \\ R_3 \quad R_3 \quad\quad R_3 \quad R_3 \\ | \quad\quad\quad\quad | \\ HSO_4 \quad\quad HSO_4 \end{array}$$

angegeben.

AP 2 576 241 Dan River Mills 1951 – Zur Fixierung von substantiven Farbstoffen sollen Reaktionsprodukte aus Kupfersalzen mit Dicyandiamid hergestellt, diese hydrolisiert und dann mit Formaldehyd in saurem Milieu zur Reaktion gebracht werden.

AP 2 573 489 Sandoz 1951 – Das wasserlösliche Reaktionsprodukt von Polyhydroxypropylenpolyaminhydrochloriden (aus Glyzerindichlorhydrin und NH_3), Formaldehyd und Dicyandiamid [1 Äquivalent Polyamine : ¼ Mol Dicyandiamid : ²/₃ Mol Aldehyd] kann zum Naß- und Waschechtmachen von Direktfärbungen verwendet werden. Es gibt mit Kupfer komplexe Verbindungen.

CanP 468 629 Calico Printers Assoc 1950 — Die Naßechtheit soll durch Behandlung von Cellulose mit Farbstoffen und Kunstharzen in Gegenwart alkalischer Katalyten verbessert werden. Man härtet hernach oder behandelt mit Vorkondensaten, druckt Farbstoff auf, dämpft und härtet.

2. Die Verbesserung der Echtheit saurer Färbungen.

Das behandelte Gebiet ist nicht sehr aktuell. Zur Erhöhung der Echtheit von Wollfärbungen wird mit Alkylphenol-Äthylenoxydanlagerungsprodukten behandelt. Mayants [Tekstil Prom. **10**, 28 (1950)]. Auch Epichlorhydrine bzw. Polyisothiuroniumsalze werden vorgeschlagen.

Als Fixanol NA bringt die ICI ein Mittel zur Verbesserung der Naßechtheiten von Solacet- (Acetatseiden-) und Säurefarbstoffen auf Nylon heraus.

Patentschrifttum über die Verbesserung der Echtheit saurer Färbungen.

HollP 64 372 IG 1949 — Zum Verbessern der Echtheit von sauren Farbstoffen können Lösungen von Polyisothiuroniumsalzen dienen.

FP 998 356 BASF 1951 — Vgl. S. 200.

EP 644 213 Wolsey 1950 — Zur Erhöhung der Echtheiten von Wollfärbungen wird das Material vor dem Färben oder nachher mit wäßrigen Lösungen von Epichlorhydrin und einem starken Elektrolyten bei pH 1,5—9,5 und 60° C behandelt. Gute Ergebnisse werden angeführt für Alizarindirektblau A.

3. Die Erhöhung der Lichtechtheit von Färbungen.

Besondere Methoden der Erhöhung der Lichtechtheit von Färbungen sind nicht anzumerken, es sei denn, man erwähne hier die Vermeidung einer Beeinträchtigung sonst lichtechter Färbungen durch Knitterfestappreturen. Bekanntlich verursachen Melaminharzeinlagerungen hier bei einer Reihe von Färbungen insbesondere mit lichtechten substantiven Farbstoffen eine wesentliche Verschlechterung der Lichtechtheit (vgl. S. 399 H). Diesem Übelstand begegnete man, indem man mit Cu-Salzen nachbehandelte bzw. jetzt mit Kupferkomplexen enthaltenden Melaminharzvorkondensaten appretiert. Auch die Verwendung von Katalysator A (Ciba) (einem borsäurehältigen, Sr-hältigen Calciumchlorid) statt Ammonsalzen behebt die Lichtechtheitsverminderung (S. 403 H).

Luszczak und Zukriegel legen in einer interessanten Arbeit dar[56], daß man die Lichtechtheit eines Farbstoffs an Stelle von langwierigen Belichtungen in Ziffern, die der Normskala angepaßt sind, durch die Formel

$$\text{L (Lichtechtheit)} = 14 - \frac{18.000}{4000 - \lambda}$$

berechnen kann, in der λ das Extinktionsmaximum, das der Wellenlänge von 3200 Å (abwärts) am nächsten liegt, bedeutet, ausdrücken kann.

Für kurzzeitige Bestimmungen der Lichtechtheit haben Gasser und Zukriegel den „Heliotest" geschaffen, der durch Bündelung des Sonnenlichts durch ein Linsensystem und Regelung des Standes der Linsen durch einen Heliostaten die Bestimmung der Lichtechtheit in $^1/_{25}$ der normalen Belichtungszeit gestattet[57].

Über den Einfluß des Lichtes auf die Faser (nicht die Färbung) sind in letzter Zeit wertvolle Arbeiten erschienen. Insbesondere wurde der schädigende Einfluß von Titanweiß-Spinnmattierung nicht nur für die Färbung (vgl. S. 427 H), sondern

---

[56] Melliand Textilber. **32**, 868 (1951).

[57] Melliand Textilber. **33**, 44 (1952).

auch die Faser fertiggestellt[58]. Behandlung mit Cr- oder Mn-Salzen (vgl. S. 427 H) soll Abhilfe schaffen.

Die faserschützende Wirkung von Mineralkhaki (Cr-hältig) auf Cellulosefasern ist anzumerken (vgl. S. 239 H).

Literaturübersicht über die Erhöhung der Lichtechtheit von Färbungen.

Hansen: Beeinflussung der Lichtechtheit bei Färbungen mit substantiven Farbstoffen. Z. ges. Text. Ind. **54,** 40 (1952).

Schwen: Einfluß von Titandioxyd auf die Lichtechtheit von Färbungen. Melliand Textilber. **33,** 552 (1952).

Goeb: Die Bestimmung der Lichtechtheit von Färbungen. Chemiker-Ztg. **76,** 433 (1952).

Haug: Die Lichtechtheit organischer Farbkörper in Mischung mit Substraten. Deutsche Färberztg. **6,** 241 (1952).

Sippel: Lichtechtheit von Fasern. Melliand Textilber. **32,** 205 (1951); vgl. Sippel: Kolloid-Z. **112,** 80 (1949); vgl. Textil Praxis **7,** 220 (1952).

Rabe: Lichtechtheit und Tageslicht. Textil Rundschau **6,** 75 (1951).

Rabe: Über die Lichtechtheitsteste. Amer. Dyestuff Reporter **40,** P 381 (1951).

Luszczak u. Zukriegel: Melliand Textilber. **32,** 868 (1951).

Weyl, Förland: Wirkung von Titandioxyd. Ind. Engng. Chem. **42,** 257 (1950).

Launer, Wilson: Photolyse und Photooxydation. J. Amer. chem. Soc. **71,** 958 (1949).

Chamberlain, Lucas, Steakman: Lichtbeständigkeit von Alginseide. J. Soc. Dyers Colourists **65,** 682 (1949).

Patentschrifttum über die Erhöhung der Lichtechtheit von Färbungen.

EP 649 481 ICI 1951 — Um Faserschwächung von TiO_2 mattierter Nylonfaser durch Lichteinfluß zu vermeiden, behandelt man in HCOOH-hältigen Bädern mit $K_2Cr_2O_7$ bei 85° C. Hierauf wird durch Thiosulfat das Cr VI zu Cr III reduziert. Man wäscht und trocknet. Derart behandeltes Garn verlor bei Versuchen in vier Monaten Belichtung (Sommer) nur 26% an Reißfestigkeit.

4. Die Verhütung des Gasfadings von Acetatkunstseidenfärbungen.

Die Vorschläge sind hier weniger zahlreich geworden, da man in letzter Zeit von seiten der Farbstoffhersteller bereits gasfadingechte Farbstoffe erzeugt.

Monroe und Couper[59] haben die aus 1,4-Bis-(methylamino-)anthrachinon beim Gasfading gebildeten Produkte chromatographisch zu erfassen versucht und dabei gefunden, daß sie den beim Belichten bzw. Ausbleichen entstehenden entsprechen, was ganz allgemein auf Oxydationserscheinungen hinweist.

Zur Verhütung des Gasfadings von Acetatseidenfärbungen werden Nachbehandlungsmittel empfohlen. Die BASF bringt zu diesem Zwecke jüngst den Gasfading-Verhinderer GF-Inhibitor in den Handel. Man kann ihn bereits in Mengen von 1—3 g/Liter dem Färbebade zusetzen, wobei man als Dispergiermittel jeweils die gleiche Menge Nekanil AC benützt.

Literaturübersicht über die Verhütung des Gasfadings von Acetatkunstseidenfärbungen.

Eisele, Federkiel: Die Abgas(Gasfume)echtheit von Acetatseidenfärbungen. Melliand Textilber. **34,** 224 (1953).

Savin, Paist, Majles: Gasfading-Verhütung. Amer. Dyestuff Reporter **41,** P 304 (1952).

Somers: Verhinderung des Gasfadings. Brit. Rayon Silk J. **28,** 331, 63 (1951).

---

[58] Agster: Melliand Textilber. **33,** 739 (1952).

[59] Text. Res. J. **21,** 720 (1951).

Couper: Gasfading. Text. Res. J. 21, 720 (1951).
Couper: Verhütung des Gasfadings. Text. Manufacturer 77, 348 (1851).

Patentschrifttum über die Verhütung des Gasfadings von Acetatkunstseidenfärbungen.

DP 865 298 Bayer 1953 — Die Echtheit von Acetatreyonfärbungen gegenüber Gasfading wird durch Behandlung in Bädern, die bis zu 15 g harzbildende Stoffe (Melamin-Formaldehyd, Dimethylolharnstoff usw.) enthalten, erhöht.

DP 832 285 Gen. An. 1952 — Gasfading von Färbungen auf Celluloseacetatfäden usw. kann weitgehend vermindert werden, wenn man dem Textilmaterial ein Piperazin der Form $R{-}CH_2{-}N\langle{}^{CH_2-CH_2}_{CH_2-CH_2}\rangle N{-}CH_2{-}R$ (R = substantiver aromatischer Rest) einverleibt, z. B. 1,4-Bis-(2,4-dimethoxybenzyl-)piperazin. Man setzt die Verbindung bereits dem Färbebade zu.

DP 831 539 Gen. An. 1952 — Zur Verhütung des Gasfadings von Acetatkunstseidenfärbungen sollen Verbindungen der Form $Ar{-}CH_2{-}\underset{R}{N}{-}CH_2{-}CH_2{-}\underset{R}{N}{-}CH_2{-}Ar$ (Ar = Phenyl, R = halogenfreier aliphatischer Rest), z. B. N,N-Dibenzyl-N,N′-dimethyläthylendiamin, in wäßriger Dispersion verwendet werden.

FP 1 015 594 Gen. An. 1952 — Färbungen von Acetatreyon werden durch Behandlung mit Verbindungen der Form $Ar{-}CH_2{-}\underset{R}{N}{-}CH_2{-}CH_2{-}\underset{R}{N}{-}CH_2{-}Ar$
Ar = Aryl, R = Alkyl, Phenylradikal z. B. N-, N′-Dibenzyl—N-, N′-dimethyläthylendiamin gasfumecht.

EP 677 459 Celanese 1952 (vgl. EP 502 722) — Tosyloxycelluloseester werden mit Morpholin zu Morpholinylcelluloseester umgesetzt, die nicht nur gasfadingresistente Färbungen mit 1,4-Diaminoanthrachinonen liefern, sondern auch sauer färbbar sind.

EP 665 401 Celanese 1952 — Zur Verhütung des Gasfadings von Acetatseidenfärbungen usw. sollen wäßrige Emulsionen von langkettigen Alkyläthern von Polyäthylenglykolen usw. Anwendung finden, wobei Dioxan, Diacetonalkohol usw. (vgl. EP 665 402) vorgeschlagen werden.

EP 664 204 Celanese 1952 — Die Resistenz von Acetatseidenfärbungen gegen Gasfading wird erhöht durch Behandlung mit Verbindungen der Form $R_1{-}N\langle{}^{\overset{R}{|}}_{}{}^{CH}_{X}\rangle N{-}R_2$, wobei R = H, Aryl, Alkyl, R_1 und R_2 = Aryl, Aralkyl, X = Alkylen bedeuten.

EP 664 079 ICI 1952 — Während, vor oder nach der Färbung von Acetatreyon wird mit N, N′, N″-Triphenylguanidin behandelt, um die Färbungen echt gegen Gasfading zu machen.

EP 654 788 Gen. An. 1951 — Zur Erhöhung der Widerstandsfähigkeit von Acetatreyonfärbungen gegen Fading werden dem Textilmaterial 1,4-Di-(arylmethyl-)piperazin der Form $R{-}CH_2{-}N\langle{}^{CH_2-CH_2}_{CH_2-CH_2}\rangle N{-}CH_2{-}R$ einverleibt.

EP 654 459 Celanese 1951 — Als Antifadingverhüter dienen Benzamidine.

EP 648 651 Gen. An. 1951 – Zur Verhütung des Gasfadings wird mit Imidazolidinderivaten behandelt.

EP 648 631 Gen. An. 1951 – Das Fading von Acetatseidefärbungen wird durch Behandlung mit N-Benzyl-3-amino-1,2,4-triazol oder einer N-Benzyl-5-amino-tetrazolverbindung in Dispersion verhindert. Man kann die Stoffe auch dem Färbebad zusetzen.

EP 646 832 Gen. An. 1950 – Zur Verhütung des Gasfadings werden Färbungen auf Acetatkunstseide mit Naphtopyridinderivaten behandelt.

ItalP 467 618 IG 1952 – Um die Resistenz von Celluloseesterfärbungen gegen Gasfading zu verbessern, behandelt man mit 2-(4'-Methylbenzoylamino)5-methylbenzol usw.

ItalP 464 312 Gen. An. 1953 – Gasfadingechte Acetatkunstseidefärbungen werden durch Behandlung mit Stoffen der Form $Ar{-}CH_2{-}N{-}CH_2CH_2{-}N{-}CH_2{-}Ar$ erhalten.

R R

AP 2 585 681 Gen. An. 1951 – Acetatseidenfarbstoffe der Form

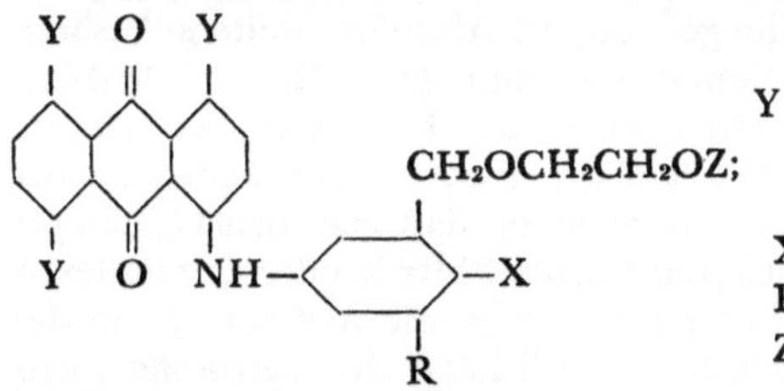

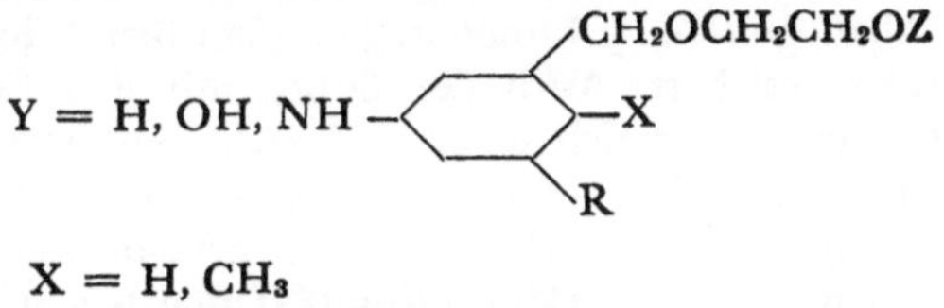

Y O Y

Y O NH–(C₆H₃)–X (mit $CH_2OCH_2CH_2OZ$; und R am Ring)

Y = H, OH, NH–(C₆H₂)–X (mit $CH_2OCH_2CH_2OZ$ und R am Ring)

$X = H, CH_3$
$R = H, CH_2OCH_2CH_2OZ$
$Z = H$, Alkoxyalkyl, Alkoxy.

sind echt gegen Gasfading.

AP 2 567 130 DuPont 1951 (vgl. AP 2 518 393) – Als Emulsionen zur Behandlung von gefärbter Acetatseide, um deren Gasfading zu verhindern, sollen solche dienen, die als Werkstoff: $C_6H_{11}{-}N(R){-}(CH_2)_n{-}N(R){-}C_6H_{11}$ aufweisen. ($R = H, CH_3, C_2H_4OH$) $n = 2–6$. Die Emulsionen enthalten 30–50% obiger Verbindung, 1–5% Methylcellulose und 2–15% organischer Flüssigkeit als Weichmacher. Man kann sie den Färbebädern zugeben.

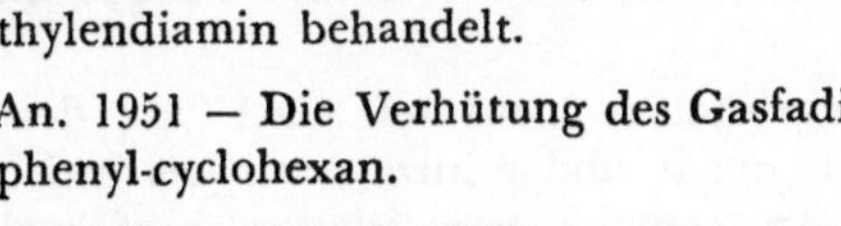

AP 2 546 167 Celanese 1951 – Zur Verhütung des Gasfadings wird gefärbte Acetatseide mit Dibenzyläthylendiamin behandelt.

AP 2 536 640 Gen. An. 1951 – Die Verhütung des Gasfadings von Färbungen erfolgt mit p, p'-Diaminodiphenyl-cyclohexan.

AP 2 529 935 Gen. An. 1950 – Das Gasfading von Acetatseidefärbungen wird durch Behandlung mittels 1,4-Diarylpiperazinen verhindert.

V. Die Erschwerung der Seide und Kunstfasern.

Hier sind keine neuen Vorschläge zu vermerken.

Literaturübersicht über die Erschwerung der Seide und Kunstfasern.

Fabini: Die mineralische Erschwerung der Seide. Textil Praxis **7**, 70 (1952).

Tyler: Seidenerschwerung. Brit. Rayon Silk J. **28**, Nr. 327, 60, Nr. 328, 57 (1951).

Möller: Seidenerschwerung. Kunstseide u. Zellwolle **27**, 98 (1949); vgl. Howitt: Dyer **102**, 557 (1949).

Vierter Abschnitt.

Die Druckerei.

I. Allgemeine Verfahren.

Die steigenden Echtheitsansprüche haben den Druck von Küpen- und Rapidogen-, Cibanogen- (Ci-), Momentogen- (Sa-) bzw. Tinogen- (Gy-) Farbstoffen weitere Ausbreitung gesichert. Auch der Druck mit den Coprantinen auf Zellwolle und Viskosekunstseide hat sich mehr und mehr einbürgern können. Da der Zusatz von Coprantinsalz II (vgl. S. 286 H) beim Arbeiten mit Coprantinen usw. die Druckpasten nach kurzer Zeit unbrauchbar machte, arbeitet man nunmehr so, daß man druckt, dämpft und nachher mit Coprantinsalz II neu bzw. Coprantinentwickler K oder Coprantex A auf der Kufe kalt nachbehandelt und damit den Farbstoff in die naßechte Form des Kupferkomplexes überführt. Wegen der schlechten Löslichkeit der Farbstoffe (man verwendet die „Konz. D" Marken) ist ein Zusatz von Lauge und eines Dispergators (Lyofix DA) sowie von Harnstoff zur Druckpaste nötig [vgl. z. B. Taussig: Screen Printing, S. 49; Wolff: Ciba-Rundschau Nr. 98, 3615 (1951)]. Die Coprantine (Ciba) sind auch neben Cibantinen (Ciba) druckbar.

Der Pigmentdruck ist weiterhin am Festlande noch wenig in Verwendung. Druckeffekte in Verbindung mit einer Transparentierung oder Bronzedrucke, die durch Überdrucken des Musters mit durchsichtigen Schutzüberzügen zu waschechten Drucken führen, wurden letztlich vorgeschlagen; vgl. SP 279 315/16.

Das Bedrucken von Dacron kann mit ausgewählten Acetatseidenfarbstoffen erfolgen, wobei man die normalen Druckpastenzusammensetzungen anwendet. Um eine größtmöglichste Farbstoffausbeute zu erhalten, dämpft man 45 Minuten bis 1 Stunde bei 2—3 atü.

Der Druck von Küpenfarbstoffen kann nur nach Art des Thermosolprozesses erfolgen. Man druckt das Pigment und erhitzt dann das bedruckte Gut auf hohe Temperatur eventuell in Anwesenheit von Wasserdampf (vgl. Thermosol-Färbeprozeß S. 160).

Großen Aufschwung hat der Filmdruck genommen, der im Hinblick auf die niedrigen Kosten der Herstellung der Schablonen bei geringen Metragen für das einzelne Dessin die wirtschaftlichste Art des Druckes darstellt (vgl. S. 227).

Literaturübersicht über allgemeine Druckverfahren.

Bernardy, Küppers: Colloresinverfahren. Melliand Textilber. 34, 443 (1953).
Müller: Kettdruck. Melliand Textilber. 34, 441 (1953).
Fothergill, Knecht: Praxis und Grundlagen der Druckerei. Griffin, London 1952.
Royle: Kupferkomplexhältige Harzvorkondensate im Druck. Amer. Dyestuff Reporter 41, P 15, P 24 (1952).
Wolff: Die Coprantine im Direkt- und Ätzdruck. Textil Praxis 7, 626 (1952).

Spurenelemente im Textildruck [Überwachung der Qualität (aktiver P)] Chemiker-Ztg. **76**, 859 (1952).

Jacobs: Textile Printing. Chartwell House, N. Y. 1952.

Habel: Einige Beobachtungen im Textildruck. Amer. Dyestuff Reporter **41**, P 269 (1952).

Ellinger: Spritzdruck, Melliand Textilber. **33**, 160 (1952).

Shaw: Acetatseidenfarbstoffe im Druck; Solacet- und Astrazonfarbstoffe sublimieren nicht beim Dämpfen. Text. Manufacturer **77**, 566 (1951).

Schmidt: Neuzeitlicher Walzendruck. Textil Praxis **6**, 266 (1951).

Downey: Flecken beim Dämpfen von Drucken. Textile Age **15**, Nr. 6, 30 (1951).

Blendfarbstoffe für den Textildruck. Teintex **16**, 441 (1951).

Delattre: Photographischer Druck auf Textilien. S. Teintex **3**, 129 (1951); Textil Praxis 1951, **6**, 513; s. a. EP 604 697, FP 760 784, 795 558, Gen. An. Pat. s. L'industrie Textile, Du Parc 1950. Januarheft. Patente (belg.) Wasteels.

Hoton: Druck mit Anilinschwarz. Rayonne **6**, 5/125, 6/73, 7/75, 8/91, 9/113, 11/91, 12/60 (vgl. S. 193; vgl. Oxydationsschwarz. Text. Recorder **1951**, Nr. 824, 86.

Schmidt: Textildruck, Wuppertal, Spohr Verlag, 1950.

Schönberger: Faserschädigung beim Druck. Melliand Textilber. **31**, 636 (1950).

Brooks: Textile Printing. Sylvan Press. London 1950.

Gruber: Acetatreyon-Druckfarben. Kunstseide, Zellwolle **27**, 15 (1949).

Patentschrifttum über allgemeine Druckverfahren.

OeP 171 151 Heberlein 1952 — Es werden reliefartige Druckeffekte dadurch erhalten, daß man Textilgewebe mit auf Druckpaste von Emulsionen oder Dispersionen von Kunststoffen fällend wirkenden Agentien (Metallsalzen) oder entgegengesetzt aufgeladenen Verbindungen imprägniert (z. B. anionaktive bzw. kationaktive Druckpasten).

DP 870 547 Kepka 1953 — Zum Durchdruck sollen Pasten verwendet werden, die Netzmittel in so beträchtlichen Mengen enthalten, daß sie als Strukturstabilisatoren für die Fasern bzw. Fäden des Gewebes wirken.

DP 848 795 Heberlein 1952 — Die Herstellung von Flockdruckeffekten erfolgt derart, daß als Bindemittel das Gewebe anlösende Stoffe angewendet werden.

DP 845 337 Bancroft 1952 — Zum Mustern von Geweben dienen Druckpasten aus harzbildenden Stoffen und Küpenfarbstoffen in der Leukoform; die Drucke werden einer Heißbehandlung zur Glanzerzeugung unterworfen.

FP 1 024 319 Erlenbach, Sieglitz (Hoechst) 1953 — Echte Drucke erhält man, wenn man Verbindungen, die die Gruppe

$$SO_2\text{—}\underset{\displaystyle R}{\underset{|}{CH}}\text{—}\overset{\displaystyle R_2}{\overset{|}{\underset{\displaystyle R_1}{\underset{|}{C}}}}OZ$$

ein oder mehrmal enthalten, auf die Faser bringt und durch schwache (soda)alkalische Behandlung die Vinylsulfongruppe bildet, die mit den reaktiven Gruppen der Fasermaterialien feste Bindungen eingeht.

FP 994 349 Orazio 1951 — Ein Mehrfarbendruckprozeß für Gewebe wird behandelt.

FP 982 604 Messerli 1951 — Man bedruckt Textilien mit Reaktionsprodukten basischer Farbstoffe, die in Wasser unlöslich sind, im Flachdruck (vgl. DP 742 572).

FP 981 896 Heberlein 1951 — Der Aufdruck von Flockeffekten erfolgt derart, daß man als Bindemittel solche benützt, die die Gewebe oberflächlich anlösen und ebenso den Flock.

FP 968 344 Holterhoff 1951 — Man mustert Gewebe örtlich mit wäßrigen Lösungen in gespanntem Zustande.

FP 964 410 Bonytaud 1950 — Man erzeugt Mustereffekte auf Geweben durch Aufdampfen von Metallen.

BelgP 507 920 Lebuy 1953 — Mit Sikkativen bedruckte Textilien werden dann mit Metallpulver angeblasen und der Überschuß durch Luft entfernt.

BelgP 503 028 Twentsche Textiel Ververij 1952 — Anbringen von farbigen Abbildungen auf Textilien.

BelgP 502 055 Twentsche Textiel Ververij 1952 — Man überträgt Druckmuster von bedrucktem Papier auf Textilien. Das Papier ist mit Farbstoffpigmenten bedruckt.

BelgP 487 760 Heberlein 1952 — Man erzeugt Flockdruckeffekte unter Verwendung eines, die Oberfläche des Flocks und des Gewebes auslösenden Stoffes.

ItalP 454 279 Heberlein 1950 — Flockeffekte auf Geweben werden mittels Lack verbunden, erzeugt, indem man den Flock aus vibrierenden Behältern aufbringt.

EP 686 036 ICI 1953 — Das Drucken mit „Onium"-Farbstoffen wird beschrieben, wobei eventuell noch das Dämpfen mit einem Fällmittel behandelt wird.

EP 670 174 Colombo 1952 — Es wird eine Druckmethode beschrieben, bei welcher Papier mit einer unlöslichen, eingefetteten Leimschichte überzogen, diese Schichte hierauf bedruckt und der Druck auf ein Gewebe übertragen wird.

EP 653 698 Printers Assoc. 1941 — Man bedruckt Textilien nach dem Dreifarbendrucksystem mittels entsprechender Schablonen, wobei das Gewebe jeweils mit einem entsprechenden gelben, roten oder blauen Indigosol getränkt, durch die Schablone belichtet und dann der Restfarbstoff entfernt wird.

NorwP 79 768 Ravich 1952 — Das Mustern von Textilien auf photochemischem Wege wird beschrieben.

AP 2 599 371 ICI 1952 — Das Drucken mit „Onium"-Farbstoffen und Puffern wird beschrieben, wobei schwache Säuren angewendet werden, die beim Fixieren flüchtig sind und so das alkalische Milieu zur Fixierung des Farbstoffs wieder herstellen.

CanP 492 056 ICI 1953 — Der Druck mit „Oniumverbindungen" wird beschrieben.

II. Druckpasten und Druckverdickungen.

Hier sind besondere Entwicklungen nicht festzustellen. Für den Chromfarbstoffdruck soll sich Methylcellulose mit einem Zusatz von 25% Tapiocastärke bewährt haben, doch sind die Ausfälle im Tone zwar tiefer, jedoch trüber[1]. Kleine Mengen von Perborat sollen verbessernd wirken. Für Küpendrucke ist Stärke oder British Gum-Traganth geeignet.

Im Filmdruck werden vielfach Nafka- bzw. Kristallgummiverdickungen als geeignet empfohlen. Es ist hier darauf zu achten, daß die Drucke rasch trocknen. Damit der Druck nicht an der Drucktischbespannung („Backgrey") klebt, setzt man vielfach Ölemulsionen, die Türkischrotöl enthalten, zu[1].

Nach Vorschlägen der Ciba (vgl. DP 829 587) enthalten Pasten für den Druck saurer Farbstoffe auf Wolle Dispersionen von wasserunlöslichen Polyvinylverbindungen.

---

[1] Text. Recorder **69**, Nr. 825, 91 (1951).

Sehr bewährt haben sich Alginate als Verdickungsmittel[2]. Man kann eine zu hohe Viskosität der Pasten durch Metaphosphat- bzw. Calgonzusatz herabsetzen. Kleine Mengen Formaldehyd verhindern eine Bildung von Schimmel usw. (1 Teil 40% Formalin auf 500 Liter Paste). Die Alginatpasten (3–4%ig) sind mit Gummi- oder Stärke mischbar. Beim Druck von Rapidogen kann die Laugenzugabe eine Gelierung verursachen, weshalb man vor dem Laugenzusatz 0,6% Triäthanolamin zugibt. Alginate sind mit Cr-, Fe- und Al-Salzen unverträglich.

Literaturübersicht über Druckpasten und Druckverdickungen.

Reif: Mechanische Theorie der Druckverdickung. Melliand Textilber. **33**, 532 (1952).
Richard: Alginate. Teintex **11**, 609 (1951).
Schmidt: Spezialalginat im Textildruck. Melliand Textilber. **33**, 751 (1952).
Habel: Einige Beobachtungen im Textildruck. Amer. Dyestuff Reporter **41**, P 269 (1952).
Habel: Druckverdickungen. Amer. Dyestuff Reporter **40**, 369 (1951).
Turner: Alginate als Druckverdicker. Brit. Rayon Silk J. **27**, Nr. 320, 70 (1951).
Turner, Reilly: Einfluß der Verdickung beim Dämpfen von Drucken. J. Soc. Dyers Colourists **67**, 103 (1951).
Ettel: Fixieren der Farbstoffe beim Druck. Melliand Textilber. **32**, 960 (1951).
Ettel: Verdickungen im Textildruck. Text. Recorder **69**, 87 (1951); ref. J. Textile Inst. **42**, A 508 (1951).
Ettel: Über Alginate in Druckpasten. Dyer **106**, 97 (1951).

Patentschrifttum über Druckpasten und Druckverdickungen.

DP 829 587 Ciba 1952 – Man bedruckt Textilien aus tierischen Fasern mit affinen Farbstoffen, indem man nichtwäßrige Druckpasten verwendet, die wasserunlösliche Polymerisate und säureabspaltende Mittel enthalten; vgl. DP 761 694.

DP 822 084 BASF 1951 – Zwei- und Mehrtoneffekte auf pflanzlichen Geweben können erhalten werden, wenn man das Textilgut mit Polyvinyllactamen (Polyvinylpyrrolidon) bedruckt, mit Alkalilauge behandelt und mit Küpen-, Schwefel- oder Direktfarbstoffen färbt; vgl. FP 1 026 772.

SP 273 061 ICI 1951 – Als Zusätze zu Druckpasten werden quaternäre Ammoniumverbindungen der Form:

$$R\text{–}(O\text{–}CO\text{–}NH\text{–}CH_2\text{–}\overset{}{\underset{/|}{N}}\text{–}X)_n$$

empfohlen, wobei R ein aliphatischer Rest, X ein Säureanion und n größer als 1 ist. Die Stoffe geben bei Pigmentemulsionen hervorragend reib- und waschechte Drucke [Tristearin-tris-(carbamat-methylpyridinium-)trichlorid, Trimethylen-1,3-bis-(carbamatmethyl-pyridinium)dichlorid].

FP 989 594 Ciba 1951 – Zum Bedrucken von Wolle sollen saure Farbstoffe verwendet werden, wobei als Verdickungsmittel in Wasser unlösliche Polyvinylverbindungen herangezogen werden. Die Paste besteht z. B. aus 10 Teilen Farbstoff, 300 Teilen Glykolmonoäthyläther, 300 Teilen Cyklohexanon, 100 Teilen Dibutylphtalat, 75 Teilen Butylacetat, 40 Teilen Aceton, 100 Teilen Äthyltartrat, 65 Teilen Polyvinylchlorid, 10 Teilen Nitrocellulose.

FP 987 649 Danner, Zerweck 1951 – Beim Bedrucken von Textilien wird als Verdickungsmittel eine wäßrige Lösung von Polyacrylamid eventuell neben anderen Verdickungsmittel verwendet.

FP 981 780 Gen. An. 1951 – Als Druckpasten für Leukoküpenschwefelsäureester dienen solche, die neben einem Weichmacher und einem Oxydationsmittel sowie

[2] Dyer **106**, 97 (1951).

Sulfoxylat noch Aldehydsulfite enthalten (Glyoxalbisulfit). Als Verdickung dient Gummi-Traganth.

FP 980 353 Lioret 1951 — Man bedruckt Textilien mit Cellulosebenzoat, das eventuell Glaspulver enthält.

HollP 64 355 IG 1949 — Kondensate aus Alkyleniminen und Harnstoff oder Thioharnstoff bzw. deren Derivate sind als Druckpastenverdickung verwendbar. Sie können auch zum Animalisieren dienen.

HollP 58 851 Scholten 1947 — Verdickungsmittel für den Textildruck werden hergestellt, indem man Stärkesuspensionen über den Gelatinierpunkt erhitzt und gleichzeitig trocknet. Das erhaltene Produkt ist in kaltem Wasser nicht löslich und quillt nicht.

EP 663 769 Monsanto 1951 — Als Verdickungsmittel sollen Druckpasten das NH_4-, Amin- oder Alkalimetallsalz eines Copolymers aus Styrol und Maleinsäure enthalten.

EP 652 985 Courtaulds 1951 — Als Druckpastenzusätze werden neben Traganth kleine Mengen von wasserunlöslichen Kondensaten (1,25 g/100) eines Kondensationsproduktes von Cyanamid und Formaldehyd vorgeschlagen, um das Ausbluten im sauren oder direkten Drucke zu verhindern.

EP 651 324 Bener 1951 — Man druckt mit Farbstoffpasten, die Leinölfirnis und Drucköle enthalten und dämpft hernach in saurem Milieu.

AP 2 589 951 Ciba 1952 — Das Bedrucken von Wolle erfolgt mit sauren Farbstoffen, einem säureentbindenden Stoff und einer Druckverdickung aus Polyvinylverbindungen, die wasserunlöslich ist.

AP 2 550 047 Francolor 1951 — Es werden Druckpasten beschrieben, die aus Glycerophtalsäureharzen, Methylcellulose und Triäthanolamin bestehen und für den Pigmentdruck (Monastralblau usw.) geeignet sind.

CanP 486 053 Chem. Development 1952 — Quaternäre Ammoniumsalze (Morpholinderivate) werden als Druckpastenzusatz empfohlen.

CanP 465 563 Cyanamid 1950 — Druckpasten werden durch Zusätze von Estern von Sulfopolycarbonsäuren (Sulfobernsteinsäurediisobutylester) ausgiebiger, greifen Wolle nicht an usf.

III. Das Drucken mit verschiedenen Farbstoffen.

1. Der Druck mit löslichen Azo- und anderen Farbstoffen.

Hier ist auf den Druck von Coprantin- (Ci-) bzw. Cuprophenyl- (Gy-) oder Cuprofix- (Sa-) Farbstoffen hinzuweisen, welche nach einer Behandlung mit Kupferungsmitteln sehr naßechte Drucke liefern. Man druckt unter Zusatz von etwas Tetracarnit bzw. Lyofix DA (Ci) und Lauge sowie kleinen Mengen von Revatol S (Ludigol) zur Verhinderung einer etwaigen Reduktion, wobei für Maschinendruck Alkylcellulose, für den Filmdruck Traganth bzw. Johannisbrotkernmehl als Verdickungsmittel in Frage kommt.

Nach dem Trocknen und Dämpfen wird auf der Waschmaschine mit fließendem Wasser gespült, dann lauwarm gewaschen und mit 3—10 g Cuprofix S neu (Sa) bzw. Coprantinsalz II neu, jetzt Coprantinentwickler K (Ci) bei zirka 50—60° C behandelt und kalt gespült.

Diese Arbeitsweise hat sich als vorteilhaft gezeigt, da ein Zusatz des Coprantinsalzes II (Ci) zu den Druckpasten, wie er ursprünglich vorgeschrieben war, diese nicht haltbar machte. Die Cu-Farbstoffverbindung fiel bei längerem Stehen oder Gebrauch aus.

Nach den neuesten Vorschlägen der Ciba erfolgt der Druck mit Coprantinen auf Baumwolle, Zellwolle oder Reyon in hoher Lichtechtheit, jedoch dem Küpendruck nachstehender Kochechtheit unter Zusatz von Ciba-Verstärker (Harnstoff), etwas NaOH, Albatex BD und einem Schaumverhütungsmittel sowie 15% Dinatriumphosphat zur Druckpaste. Als Druckverdickung dient Traganth-Britischgummi. Man druckt, dämpft 10 Minuten nach vorherigem Trocknen und entwickelt auf der Haspelkufe oder im Kontinueverfahren am Foulard mit 2–4 g/Liter bzw. 15 g/Liter Coprantinentwickler K und der gleichen Menge Ammoniak 25% (kalt). Hernach wird 10 Minuten bei 75° C mit 2 g Soda und 2 g Ultravon W pro Liter behandelt.

Dem Albatex BD entspricht hinsichtlich der Wirkung als Egalisator Liovatin E (Sa) oder Peregal K.

Nach Rostovzew[3] gibt man zur Druckpaste von Direktfarbstoffen für Baumwolle usw. eine Cu-Glyzerinverbindung und behandelt mit Dicyandiamid-HCOH-Vorkondensaten nach oder behandelt die Ware vorher mit dem Vorkondensat.

Literaturübersicht über den Druck mit löslichen Azo- und anderen Farbstoffen.

Pomfret: Acetatseidendruck mit Säurefarbstoffen. Brit. Rayon Silk J. **28**, Nr. 332, 63 (1952).

Shaw: Acetatseidenfarbstoffe im Druck. Dyer **106**, 525 (1951); vgl. J. Soc. Dyers Colourists 67, 599 (1951).

Royle: Harzkondensat-Kupferkomplexe beim Direktdruck. Ref. Text. Recorder **69**, Nr. 825, 103 (1951).

Rostovzew: Druck mit Direktfarbstoffen. Tekstil. Prom. **10**, Nr. 8, 26 (1950), zit. C 1950, I, 123.

Patentschrifttum über den Druck mit löslichen Azo- und anderen Farbstoffen.

SP 286 461 BASF 1953 — Zur Herstellung von mehrfarbigen Druckmustern werden der Druckpaste faseraffine Stoffe zugesetzt und nachher mit saure Gruppen enthaltenden Farbstoffen behandelt.

SP 271 898 Ciba 1951 — Man benutzt zum Bedrucken von Wolle mit sauren Farbstoffen Präparate, die neben dem meist metallischen Farbstoff ein wasserunlösliches Polymerisat, ein säureabspaltendes Ammonsalz und ein organisches Lösungsmittel enthalten. Man druckt, trocknet und dämpft 10 Minuten im Mather Platt.

FP 985 763 Sandoz 1951 — Man druckt Acetatseide mit sauren Farbstoffen in Anwesenheit von Harnstoff, Essigsäure und Ammonrhodanid sowie Thiodiäthylenglykol.

BelgP 488 813 Sandoz 1951 — Zum Bedrucken von Acetatcellulose verwendet man wasserlösliche Farbstoffe in Gegenwart von Harnstoff, Thiocyanat, einem Alkohol und eine flüchtige organische Säure.

ItalP 458 208 Sandoz 1951 — Man druckt oder färbt Acetatkunstseide mit sauren Farbstoffen oder basischen oder direkten in Gegenwart von Essigsäure und Ammonrhodanid (vgl. ItalP 455 230).

EP 665 660 Sandoz (vgl. 661 800) 1951 — Es wird das Bedrucken von Acetatseide mit basischen und Direktfarbstoffen unter Zusatz von Harnstoff, Ammonrhodanid usw. beschrieben.

AP 2 589 951 Ciba 1952 — Das Bedrucken von Wolle mit sauren Farbstoffen erfolgt in Gegenwart eines Verdickungsmittels, das ein wasserunlösliches Vinyl-Polymer enthält und eine säureabspaltende Verbindung.

---

[3] Tekst. Prom. **10**, Nr. 8, 26 (1950), zit. C 1950, I, 123.

EP 677 388 Ciba 1952 — Man druckt mit substantiven Metallkomplexen in Anwesenheit einer organischen Base der Form

$$C_nH_{2n}=(-NH-\overset{\overset{\displaystyle R_1}{|}}{\underset{\underset{\displaystyle R_2}{|}}{C}}-CH_2-OH)_2$$

wobei R_1 = H, Alkyl mit bis 3 C-Atomen oder CH_2OH, R_2 = H oder CH_3, n = 1–4 ist.

2. Der Druck mit Beizenfarbstoffen.

Nach Durand Huguenin wird ohne Dämpfen bedruckt (vgl. SP 247 429, S. 301 H bzw. OeP 169 791).

Patentschrifttum über den Druck mit Beizenfarbstoffen.

OeP 169 791 Durand Huguenin 1951 — Cellulosetextilien werden mit Chromfarbstoffen derart bedruckt, daß man als Druckpasten Gemische aus dem Farbstoff, einer Verdickung, organische Säure, ein wasserlösliches Carbonsäureamid, ein Alkalichromat oder -bichromat, eine Verbindung, die bei erhöhter Temperatur eine starke Säure abgibt, ein wasserlösliches Salz einer Säure, die sich von einer Sauerstoffverbindung des Schwefels ableitet und die eine die reversible Reaktion Hydrochinon/Chinon zeigende Verbindung sowie ω,ω'-Dihydroxydiäthylsulfid enthalten, verwendet, worauf man ohne Dämpfen trocknet (vgl. auch DP 856 138 und HollP 61 694).

3. Der Druck mit unlöslichen Farbstoffen (Rapidogene, Rapidechtfarbstoffe, Rapidazole, Neocotone usw.).

Besondere Hinweise erübrigen sich hier (vgl. S. 210). — Verbesserte Momentogene, also Farbstoffe, die den Rapidogenen entsprechen und unbegrenzt haltbar sind, bringt Sandoz nun als *Sandogene* in den Handel.

Literaturübersicht über den Druck mit unlöslichen Farbstoffen.

Hoton: Die Anwendung der Rapidogene im Druck. Rayonne, Fibr. Synth. 8, No. 12, 115 (1952).

Michie: Orthophosphorsäure beim Druck von Naphtolen usw. J. Soc. Dyers Colourists 68, 257 (1952).

Hoton: Der Druck von Eisfarben. Rayonne 7, Nr. 3, 25; Nr. 4, 32; Nr. 5, 35; Nr. 6, 31; Nr. 7, 38; Nr. 8, 20; Nr. 9, 49; Nr. 10, 51; Nr. 11, 49; Nr. 12, 18 (1951).

Patentschrifttum über den Druck mit unlöslichen Farbstoffen.

DP 844 888 Tepha 1952 — Man klotzt oder druckt bei der Erzeugung von unlöslichen Azofarbstoffen auf der Faser mit Lösungen, die höher molekulare Eiweißabbauprodukte oder deren Fettsäurekondensate enthalten.

DP 832 594 Ravich 1952 — Man druckt, indem man Textilien mit Diazoverbindungen, die lichtempfindlich sind, und Kupplungskomponenten imprägniert und dann einer Lichtquelle aussetzt, so daß sich das unlösliche Pigment bildet.

DP 812 069 Naphtol Chemie 1951 — Echte Drucke werden hergestellt, indem man Gemische von Antidiazotaten, Antidiazosulfonaten und zur Eisfarbenherstellung anwendbare Kupplungsstoffe in Gegenwart von neutralen Salzen der schwefligen Säure und kleinen Mengen elementarem Schwefel auf die Faser bringt und neutral dämpft.

SP 284 059 Ciba 1952 — Stabile Druckpräparate werden durch Vermischen von stabilisierten Diazoverbindungen und Acylessigsäurearyliden (vgl. FP 974 528) hergestellt.

ItalP 464 803 Messerli 1953 — Der Druck mit unlöslichen Farbstoffen wird beschrieben.

EP 686 231 Messerli 1953 — Der Druck mit basischen Farbstoffen erfolgt in Form ihrer wasserunlöslichen Carbonsäureumsetzungsprodukte.

AP 2 593 930 Gen. An. 1952 — Man klotzt Textilien mit einer Mischung, die einen Kupplungskomponenten enthält, überdruckt mit 2-Aryl-sulfonhydrazid in einer Druckpaste gelöst und bringt in Luft bzw. Luft und Dampf (zit. Off. Gaz. US-Patent Office 567, 22. April, 1149 (1952).

4. Der Druck mit Küpenfarbstoffen.

Wesentliches ist auf diesem Gebiet im Berichtszeitraum nicht zu verzeichnen. Ein Verfahren der I. G. schlägt die Fixierung von Küpendrucken durch Passieren heißer Metallbäder vor.

Die Gen. Dyest. Corp. bringt nun mit dem Algosol Brown IRRD den Leukoester des Indanthren-Brown RRA (Indanthrenbraun RRD) in USA auf den Markt.

Als Leukosole kommen bei DuPont nunmehr Spezialmarken für den Druck in den Handel.

Nach Habel (l. c.) arbeitet man im Küpendruck vorteilhaft nach der sogenannten „*Flash*-Methode". Man druckt mit Farbstoffpigment ohne Reduktionsmittel und ohne hygroskopischen Zusatz zur Druckpaste (Glyzerin) und mit Methylcellulose oder Johannesbrotkernmehl als Verdickungsmittel (evtl. mit etwas Stärke). Dann trocknet man, klotzt mit Lauge und Hydrosulfit, dämpft 20 Sekunden bei 120° C, oxydiert und wäscht. Da die Verdickung mit dem Alkali im Klotzbad koaguliert, ist ein Abflecken der Drucke nicht möglich.

Literaturübersicht über den Druck mit Küpenfarbstoffen.

Habel: Einige Beobachtungen im Textildruck. Amer. Dyestuff Reporter **41**, P 269 (1952).

Turner, Borai: Indigosole im Druck. Dyer **106**, 525 (1951), vgl. J. Soc. Dyers Colourists **67**, 586 (1951).

Lotz: Anthrasol Drucke. Textil Praxis **5**, 371 (1950).

Hoton: Druck mit Leukosolen. Rayonne **6**, Nr. 5, 125; 6, 73; 7, 75; 8, 91; 9, 113; 11, 91; 12, 60 (1950).

Patentschrifttum über den Druck mit Küpenfarbstoffen.

DP 870 083 Hoechst 1953 — Man druckt Küpenfarbstoffe auf Polyamide unter Vermeidung alkalisch wirkender Stoffe beim Druck und bei der Entwicklung.

DP 864 859 Ciba 1953 — Man bedruckt Cellulose mit Mischungen aus indigoiden und blau bis violett färbenden Benzanthronen.

DP 767 725 IG 1953 — Druckpasten für Küpenfarbstoffe enthalten noch Paraformaldehyd oder Anlagerungsprodukte von Formaldehyd an Acetaldehyd (vgl. DP 575 766). Eine Vorreduktion wird verhindert.

DP 858 240 Ciba 1952 zu DP 850 137. — Ein zum Drucken geeignetes Küpenpräparat wird beschrieben.

DP 843 838 Ciba 1952 — Man druckt Leukoestersalze von Küpenfarbstoffen nach dem Dämpfverfahren auf Zellwolle unter Verwendung langsamer oxydierend wirkender Katalyten als Ammoniumvanadat (z. B. Ferrocyanide).

DP 843 249 Durand Huguenin 1952. — Man bedruckt Celluloseacetatfasern mit Leukoküpenestersalzen, in dem man erst in einem wäßrigen Bade, welches Äthylenthioglykol, eine organische Säure und Ammonvanadat enthält, vorbehandelt, trocknet und dann mit Druckpasten bedruckt, welche neben den Leukoschwefelsäureestersalzen der Küpenfarbstoffe noch Dioxan, Äthylenthioglykol, Furfurylalkohol und Äthylenglykol als Lösungsmittel, Zinkchlorid als säureabspaltenden Stoff und Ammonchlorat als Oxydans enthält, so daß ein Dämpfen der Drucke entfällt.

DP 816 090 Durand Huguenin 1951 — Man oxydiert die mit dem Tetraschwefelsäureester des Leuko-Tetrahydro-1-2-2'-1'-dianthrachinonazin hergestellten Färbungen in Gegenwart von Mono- oder Dioxynaphtalinsulfon- oder Carbonsäure.

DP 742 573 Sandoz 1953 — Das Bedrucken von Cellulose mit Leukoestersalzen von Küpenfarbstoffen erfolgt in Anwesenheit von 10—40 g/kg organischen Basen, die gegen das in den Druckpasten verwendete Oxydationsmittel in Abwesenheit von organischen Säuren beständig sind.

SP 284 370 Bancroft 1952 — Stabile Druckpasten zum Bedrucken von Cellulose enthalten Kunstharz und Küpenfarbstoffe in Leukoform.

FP 1 015 378 ICI 1952 — Beim Bedrucken von Textilien verwendet man ein Aminoacedianthron, das acyliert ist, Britischgummi, Pottasche und Formaldehydsulfoxylat.

FP 988 424 Cyanamid 1951 — Das Drucken mit Küpenfarbstoffen soll in Gegenwart von Sulfobernsteinsäureestern, eines Reduktionsmittels und eines Verdickungsmittels erfolgen. Man erhält vollere, brillantere Drucke.

FP 985 839 Durand Huguenin 1951 — Die Entwicklung von Färbungen oder Drucken von Tetrahydro-1,2,2',1'-Dianthrachinonazin erfolgt in Gegenwart der Sulfosäure oder Carbonsäure eines Mono- oder Dioxynaphtalins.

FP 978 802 ICI 1951 — Zum Bedrucken von Geweben dienen Pasten, die einen Küpenfarbstoff in Form des Leukoschwefelsäureester-Derivates sowie eine organische Amidin-Sulfosäure, weiters Harnstoff sowie Druckverdickung, Ammonthiocyanat, Natriumchlorat und Ammonvanadat enthalten (vgl. FP 978 869, welches den Zusatz von Guanidinsulfosäuren vorsieht).

HollP 72 127 Ciba 1953 — Das Bedrucken von Polyamiden mit Leukoestersalzen erfolgt in Gegenwart oxydierend wirkender organischer Nitroverbindungen mit nachherigem Dämpfen.

ItalP 463 999 Gen. An. 1952 — Der Druck von Textilfasern mit Estern von Leukoküpenfarbstoffen wird beschrieben.

ItalP 454 862 Durand Huguenin 1950 — Verfahren zum Drucken mit dem Leukoschwefelsäureester des Tetrahydro-1,2,2',1'-dianthrachinonazins unter Zusatz von Naphtolsulfosäuren.

EP 671 382 ICI 1952 — Das Drucken mit braunen Küpenfarbstoffen gibt oft unbefriedigende Resultate. Es werden Aminoderivate von Acedianthronen in acylierter Form mit schwachen Alkali- und Reduktionsmitteln gedruckt.

EP 671 243 Ciba 1952 — Man kann o,o'-Dioxymonoazofarbstoffe, die nur neutral oder schwach alkalisch befriedigend färbbar sind, in sauren Bädern färben, wenn man sie mit Vertretern derselben Klasse mischt, die sauer färbbar sind (1 : 1, 1 : 3 usw).

EP 657 273 Gen. An. 1951 — Beim Druck von Estern von Leukoküpenfarbstoffen auf Kunstseide usw. sind die Drucke nach dem Dämpfen sehr farbschwach und wird oft der Druck abgewaschen, wie dies bei den Leukoestersalzen von Jadegrün (2.2'-Dimethoxydibenzanthren)

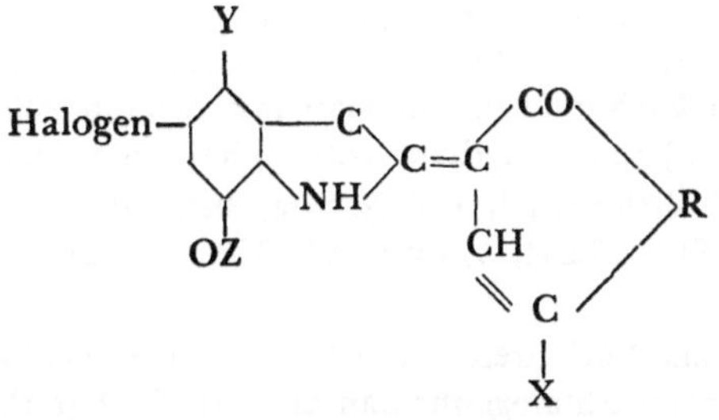

```
            Y
            |
Halogen—/\——C        CO
        |  |   \C=C/    \
         \/—NH/    |      >R
          |        CH    /
          OZ        \\ C/
                       |
                       X
```

X = H oder Halogen
Y, Z = Alkyl
R = Naphtylen, — Phenylenrest

der Fall ist. Nach der vorliegenden Methode druckt man den Schwefelsäureester selbst ohne säureabspaltende Stoffe, z. B.

4 Teile Schwefelsäureester der Leukoverbindung von Jadegrün,	55 Teile Stärke-Traganth-Paste,
	3 Teile 1 : 10 Pottasche,
4 Teile Harnstoff 1 : 1,	6 Teile Na-Bromat 1 : 3,
4 Teile Thiodiglykol,	3 Teile Rongalit C 1 : 3,
15 Teile Warmwasser,	2 Teile Ammonvanadat 1 : 100,

5 Minuten im Mather Platt dämpfen, dann seifen, waschen und trocknen.

AP 2 587 905 DuPont 1952 — Man druckt Küpenfarbstoff in Pigmentform, wobei die Pasten als Verdickung 1,5—6% festes Alginat oder Carboxymethylcellulose und Johannisbrotkernmehl enthalten, bedruckt dann nach Trocknen mit 2—10% NaOH und 2—10% Natriumhydrosulfit und schickt das Gewebe 20 Sekunden durch eine luftfreie Dampfkammer, um den gedruckten Farbstoff zu fixieren.

AP 2 553 243 Durand Huguenin 1951 — Zur Entwicklung von Drucken und Färbungen mit dem Tetraschwefelsäureleukoester des Tetrahydro-1,2,2′,1′-dianthrachinonazines wird in Gegenwart von Chlorat und eines Puffers (Na-Salz einer Naphtolsulfosäure 1,3 bzw. 1,4 oder 1,5) gedämpft.

CanP 491 297 Calico Printers 1953 — Der 3-Farben-Druck von Textilien erfolgt mit Leukoschwefelsäureestern, lichtempfindlichen Stoffen, Belichten durch das Rotnegativ, dann Behandeln mit einer Alkaliverbindung, einem Antidiazosulfonat und Kuppler, Belichten durch das Gelbnegativ und schließlich Behandeln des Materials mit Reduktionsmittel und einem Stoff, der als Blaubildner nach Belichtung durch das Blaunegativ dient. Alles erfolgt ohne Zwischenwaschen.

CanP 489 021/25 Cyanamid 1952 — Das Drucken mit Schwefelsäureestern von Küpenfarbstoffen erfolgt mit Bichromat und Anilinsulfonsäuren, die eine aliphatische Kette tragen. Die Entwicklung erfolgt durch Säuredämpfe.

CanP 475 626 Cyanamid 1951 — Beim Drucken von Küpenfarbstoffen enthalten die Druckpasten neben dem Farbstoff und Verdickern noch das Chinonylmonoamid einer Dicarbonsäure (α-Anthrachinonmonoamid der Maleinsäure) und Harnstoff (vgl. CanP 475 621/22 und 475 624/25).

CanP 475 159 Gen. An. 1951 — Man druckt mit Leukoküpenfarbstoffschwefelsäureestern mit Verdickung, Oxydationsmitteln, Oxydationskatalyten und organischen Aldehydbisulfitverbindungen oder Sulfoxylaten.

5. Der Pigmentdruck.

Zum Drucken dienen neben den Orema- (Ci-) bzw. Acraminfarbstoffen (Bayer) usw. (vgl. S. 318 H) die Tinolite (Gy)[4], Pigmentemulsionen des Öl-in-Wasser-Typs. Die Acramin-Marken druckt man neuerdings nach dem Acramin-F-Verfahren (BASF) mit Methylcellulose oder einer Emulsionsverdickung des Öl-in-Wasser-Typs.

[4] Dyer 102, 385 (1949).

Für Pigmentdrucke empfiehlt Sandoz sein Printofix-Sortiment mit Printofix PD-Traganth und Sandol-Emulsion PD, während die ICI ihre Monolit- bzw. Monastralmarken vorschlägt. Die britischen Farbstoffe druckt man mit Bedafin 2001 (einem ölmodifizierten Harnstoff-Formaldehyd) und Triäthanolamin oder Ammoniak.

Die sogenannten „Onium"-Farbstoffe, löslichgemachte Pigmente, behandelt ein Aufsatz im Dyer **104**, 3, 167 (1950). S. a. EP 576 234, 576 270, 587 636, 638 124 ICI (vgl. S. 319 H).

Phtalocyaninpigmente können nach einem Verfahren von Bayer auf der Textilfaser gebildet werden. So gibt z. B. das neue Phtalogenbrillantblau IF 3 G[5] (farblose Kristalle) in Verbindung mit Cu- oder Ni-Salzen auf die Faser gebracht, außerordentlich lichtechte lebhafte Blautöne[5]. Ein Nachteil des Arbeitens mit diesem Farbstoff soll der jeweils verschiedene Farbausfall sein, der in dem Umstand seine Erklärung findet, daß das Pigment erst auf der Faser gebildet wird (DP 888 837).

Über das Bedrucken mit Pigmentemulsionen sind wieder einige Vorschläge zu verzeichnen (vgl. a. EP 524 803, 552 919, 564 641). Es scheinen sich nunmehr auch für den Druck die Öl-in-Wasser-Typen zu bewähren (vgl. oben, bzw. Reinartz l. c.). Metallpulver, die letztlich als Druckpigmente im Vordergrund stehen, sind nach Ciba mit dem PMD-Fixierer waschecht zu binden (vgl. auch Habel, l. c.).

Literaturübersicht über den Pigmentdruck.

Schibler: Pigmente im Textildruck. Textil Rundschau **8**, 27 (1953).

Habel: Einige Beobachtungen im Textildruck. Amer. Dyestuff Reporter **41**, P 269 (1952).

Reinartz: Das Acramin-F-Verfahren. Melliand Textilber **33**, 626 (1952).

Bartl: Der Pigmentdruck. Melliand Textilber. **32**, 634 (1951).

Roesti: Bedrucken: Oremafarbstoffe im Spritz- und Filmdruck. Ciba-Rundschau Nr. 98, 3617 (1951).

Konishi: Pigmentdruck. Chem. u. chem. Ind. **3**, 4 (1951).

Patentschrifttum über den Pigmentdruck.

OeP 171 400 Grasser 1952 — Man überdruckt Metallpulverkunstharzaufdrucke mit durchsichtigen Kunstharzaufdrucken zum Schutze gegen Waschen und Reiben. Die Muster können überlappt angefärbt werden usw.

OeP 169 800 Ciba 1951 — Das Bedrucken von Textilien erfolgt mit Emulsionen des Öl-in-Wasser-Typs, welche in der öligen Phase härtbare Kondensate aus Aminotriazinen, Alkoholgruppen-hältige Verbindungen und Aldehyden in mit Wasser nicht mischbaren Lösungsmitteln enthalten, wobei die Kondensate in Gegenwart von starken Mineralsäuren bei Temperaturen unter 50° C und Aldehydmengen von ¼—2 Mol, bezogen auf 1 Mol Triazin hergestellt sind.

DP 872 933 Grasser 1953 — Metallisch glänzende, wasch- und reibechte Druckeffekte mit Metallpulvern unter Verwendung von Kunstharzen als Bindemittel werden erhalten, wenn man den Druck durch mustermäßiges Überdrucken mit einer durchsichtigen Kunstharzschichte schützt.

DP 871 593 Ciba 1953 — Zum Pigmentdruck sollen als Emulsionsbindemittel solche gemäß DP 748 833 hergestellte verwendet werden. (Kasein und Formaldehyd und organische Lösungsmittel).

DP 870 084 BASF 1953 — Die Herstellung von Pigmentdrucken erfolgt mit Gemischen aus Hydroxyl- oder Aminogruppen enthaltenden Polyestern und Polyisocyanaten bei Wärmenachbehandlung.

---

[5] Angew. Chem. **63**, 339 (1951); vgl. DP 861 300, FP 1 023 765.

DP 865 593 Bayer 1953 — Die Fixierung von Pigmenten erfolgt mittels Polyesterisocyanaten in wäßriger Suspension, wobei nachträglich mit Diaminen behandelt werden kann. Man kann der Druckpaste bereits die Salze von Diaminen mit flüchtigen Säuren zugeben und die Basen durch Erhitzen nach dem Druck in Freiheit setzen.

DP 861 694 Hydrierwerke 1953 — Das Bedrucken von Kunstseiden erfolgt mit Pigmentdruckpasten unter Verwendung von Kunstharzen aus Dicyandiamid, Dicyandiamidin und einer Oxoverbindung.

DP 855 391 Hoechst 1952 — Die Herstellung von Pigmentdrucken erfolgt mit Pasten, die neben den Farbträgern wäßrige Lösungen von Polyvinylalkoholen und Verbindungen, die mindestens zwei Methylolgruppen im Mol enthalten, aufweisen. Man druckt und erhitzt nachher; vgl. DP 887 333.

DP 850 438 Ciba 1952 (vgl. DP 748 833) — In Pigmentdruckemulsionen wird als wäßrige Phase eine Alkalicaseinatlösung, die Formaldehyd und mindestens eine mit diesem ein härtbares Harz bildende Verbindung enthält, deren Viskosität auch bei Gehalten von weniger als 12% Casein ausreicht, um die Emulgierung der öligen Phase zu ermöglichen.

DP 849 997 BASF 1952 — Der Pigmentdruck auf Geweben erfolgt mittels Lösungen oder Dispersion von OH-, COOH-, $CONH_2$- oder CN-Gruppen enthaltenden hochmolekularen Stoffen, wobei die Gewebe vorher gleichzeitig oder nachher mit Stoffen behandelt werden, die in der Wärme (über 100° C) wie Polyisocyanate reagieren oder diese abspalten; vgl. EP 694 076.

DP 844 889 Ciba 1952 — Die Herstellung härtbarer Emulsionsbindemittel, die sich für Pigmentdruckemulsionen eignen, wird beschrieben.

DP 844 886 Ciba 1952 — Es werden dreiphasige Kunstharzemulsionen für den Pigmentdruck beschrieben.

DP 844 887 Ciba 1952 (vgl. DP 748 833) — Nach dem Pigmentdruckverfahren mit Emulsionen, die als wäßrige Phase eine formaldehydhältige Alkalicaseinatlösung und als ölige Phase eine indifferente, mit Wasser nicht mischbare Flüssigkeit vom KP 100—250° C enthalten, hergestellte Drucke werden getrocknet und nachher mit Formaldehyd und einem gerbend wirkenden Metallsalz (Kalialaun), eventuell mit etwas Säure, in wäßriger Lösung behandelt und getrocknet.

DP 843 401 Bayer 1952 — Man verwendet für den Pigmentdruck Mischungen, die als Filmbildner amino- oder iminogruppenhältige Polymerisate auf Basis ungesättigter Ester enthalten (Acrylsäurebutylesterpolymerisat wird mit 1 Amino-3-methylpropan umgesetzt), die als solche wasserunlöslich, mit Säuren (Milchsäure) aber wasserlösliche Salze bilden, wobei sie als solche Salze vorliegen und polyfunktionelle, mit Amino- oder Iminogruppen reaktionsfähige Verbindungen in feinstverteiltem Zustande enthalten (Triacrylformal); vgl. OeP 175 226.

DP 843 247 Interchem. 1952 — Druckpasten für den Druck enthalten als innere Phase eine wäßrige, gegebenenfalls unentwickelten Farbstoff enthaltende Lösung und als äußere Phase mehrere in einem organischen Lösungsmittel gelöste filmbildende Stoffe, von denen wenigstens einer ein Elastomer ist.

DP 832 592 Bayer 1952 — Man färbt oder druckt Pigmente unter Zuhilfenahme von in Wasser löslichen oder dispergierbaren Bindemitteln, in welchen die Pigmente löslich sind.

DP 816 857 Jänecke Schneemann 1951 — Man stellt Pigmentdruckfarben unter Beschallung her.

DP 758 464 IG 1952 — Das Fixieren von Pigmenten beim Klotzen oder Drucken erfolgt mit Pheno- oder Aminoplasten sowie Kondensaten aus aliphatischen Dicarbonsäuren und 3- oder mehrwertigen Alkoholen; vgl. DP 767 810.

DP 757 745 Francolor 1953 — Der Druck mit Pigmentdruckpasten, die Glyptalharze enthalten, wird behandelt.

DP 740 846 IG 1952 — Man druckt mittels Pigmenten unter Verwendung wäßriger Dispersionen gesättigter oder ungesättigter hochpolymerer aliphatischer oder cyklischer Kohlenwasserstoffe in Mischung mit Aminoplasten und fixiert bei höherer Temperatur (vgl. FP 845 628/9, 859 664, 862 945, 862 946, 863 531).

SP 283 404 Cyanamid 1952 — Wäßrige Druck- oder Färbeemulsionen bestehen in der diskontinuierlichen öligen Phase aus der Lösung eines wärmehärtbaren Harzes und mindestens 2% eines Elastomeren. Die Emulsionen enthalten noch Methylcellulose.

SP 279 315/16 Grasser 1952 — Wasch- usw. echte metallische Druckeffekte werden hergestellt, indem man Metallpulver mittels härtbarem Kunstharzvorkondensat aufdruckt, verwalzt oder verpreßt und dann mittels Überdrucken einer durchsichtigen Schichte aus Kunstharzvorkondensaten gegen mechanische und chemische Einflüsse schützt.

BelgP 506 611 Bayer 1953 — Zum Bedrucken von Fasermaterial sollen Emulsionen von Vinylpolymeren benutzt werden, gleichzeitig mit basischen Verbindungen höheren Molekulargewichts, welche mehrere reaktionsfähige Gruppen enthalten, und Pigmenten.

BelgP 500 413 ICI 1952 — Pigmentdruckpasten enthalten Alkylharze, die mit trocknenden Ölen modifiziert sind, sowie Phenol-Formaldehyd-Alkohol-Harze als Bindemittel.

HollP 64 104 Ciba 1949 — Als Bindemittel für den Pigmentdruck sollen Emulsionen dienen, die eine in Wasser lösliche, verätherte Methylolverbindung eines Aminoplasten enthalten (vgl. HollP 54 744).

HollP 63 824 ICI 1949 — Man stellt von Phtalocyaninen saure schwefelsaure Ester her (Phtalocyaninherstellung s. FP 852 912).

HollP 63 763 Ciba 1949 — Man bedruckt Textilien mit Emulsionen, die als wäßrige Phase eine Formaldeyd-hältige Alkalicaseinlösung, als Ölphase ein organisches Lösungsmittel, Farbstoffe und Substanzen, die mit Formaldehyd Harze bilden, enthält. Das bedruckte, getrocknete Textilgut wird mit einer Lösung behandelt, die Aldehyd, eine gerbend wirkende Metallverbindung (Kalialaun usw.), und eventuell Säure enthält, und dann getrocknet.

HollP 63 096 IG 1949 — Zum Fixieren von Pigmenten auf Textilien werden Mischungen aus Diäthylenharnstoffderivaten $\left(\begin{matrix}CH_2\\|\\CH_2\end{matrix}\!>\!NCONHRNHCON\!<\!\begin{matrix}CH_2\\ \\CH_2\end{matrix}\right)$ mit anderen Polymeren (Polyacrylate, Polystyrol usw.) verwendet.

HollP 59 902 Ciba 1947 — Behandelt die Herstellung von für koloristische Anwendung besonders geeigneten Pigmenten.

FP 1 011 780 Francolor 1952 — Die Herstellung von Druckpastenemulsionen aus Pigmenten mit einer Teilchengröße über 2μ und Alkylharzen als Bindemittel, welche gegebenenfalls Bentonit und Methylcellulose enthalten, wird beschrieben.

FP 1 006 921 Haberlandt, Cauer 1952 — Man druckt mit Pasten, die als filmbildende Stoffe Amino- oder Iminopolymerisate, wie z. B. Triacrylformat usw., enthalten.

FP 998 321 Grasser 1951 — Metallfolienartige Effekte werden erhalten, wenn man Textilien mit Metallpulvern und Kunstharzen als Bindemittel bedruckt und härtet und eine Schutzschichte aufdruckt.

FP 997 687 ICI 1951 — Der Druck mit Phtalocyaninen wird beschrieben (vgl. EP 587 636).

ItalP 458 261 Interchem. 1951 — Man verwendet zum Druck Pigmentemulsionen, welche das Pigment in der wäßrigen Phase enthalten (vgl. ItalP 445 606).

EP 664 646 ICI 1952 — Beim Drucken von Textilien mit Pigmenten sollen wesentlich brillantere Farbtöne erhalten werden, wenn man den Druckpasten etwa 1% des Kondensationsproduktes von Ricinolsäure und Äthylenoxyd zugibt.

EP 659 078 Monsanto 1951 — Man druckt mit Pigmentemulsionen, welche das NH_4- oder Aminsalz eines Copolymerisates aus Styrol und Maleinsäure oder Ester derselben enthalten, wobei nachher auf 110—160° C erhitzt wird. Es werden wasch- und reibechte Drucke erhalten.

EP 650 977 Ciba 1951 — Für Pigmentdruckemulsionen geeignete stabile Bindemittelemulsionen von Aminoplasten werden beschrieben.

AP 2 601 661 Cyanamid 1952 — Eine Öl-in-Wasser-Emulsion zum Drucken und Färben von Textilien enthält als innere Phase eine harzfreie, mit Wasser nicht mischbare organische Flüssigkeit. In der kontinuierlichen Phase sind der Farbstoff, ein härtbares Aminoplastvorkondensat, ein thermoplastisches Kolloid, das säurebeständig ist, und ein saurer Katalyt dispergiert bzw. gelöst. Nach dem Drucken wird gehärtet.

AP 2 600 890 Interchem. 1952 — Eine Wasser-in-Öl-Emulsion für Druck wird beschrieben; vgl. EP 691 541, DP 887 637.

AP 2 597 281 Cyanamid 1952 — Eine Öl-in-Wasser-Emulsion zum Drucken von Küpenfarbstoffen enthält wasserlösliche Elektrolyten wie Karbonate und ein wasserlösliches Sulfoxylat, einen Kohlenwasserstoff als innere Phase und ein wasserlösliches ligninsulfosaures Salz.

AP 2 579 793/4 Interchem. 1951 — Zum Bedrucken von Textilien sollen Pigmente verwendet werden, die in Dispersion sind. Dispergiert sollen sie in einem ungleichmäßig gelierten Celluloseäther, der wieder in einer Lösung eines Celluloseäthers in Wasser, die ein Gelatinierungsmittel für das Gel des erstangeführten Celluloseäthers enthält, sein.

AP 2 565 358 ICI 1951 — Als Druckpaste für Pigmentdrucke werden Kompositionen empfohlen, die als Bindemittel eine Mischung eines wasserunlöslichen Harzes mit einem wasserlöslichen härtbaren Vorkondensat und einer quartären Ammoniumverbindung der Formel $R(O{-}CO{-}NH{-}CH_2{-}N{-}X)_n$ enthalten.

AP 2 558 053 Interchem. 1951 — Für den Pigmentdruck werden Wasser-in-Öl-Emulsionen vorgeschlagen, bei welchen die äußere Phase eine Dispersion pigmentierten festen Polyäthylens in einer Lösung eines härtbaren Harzes im organischen Lösungsmittel vorstellt.

AP 2 550 047 Francolor 1951 — Als Druckfarben sollen Emulsionen von Pigmenten dienen, die mit trockenen Glycerophtalsäureharzen (die mit Sojabohnenöl usw. modifiziert sind) angerieben und dann in H_2O emulgiert werden.

IV. Das Ätzen von Färbungen.

1. Die Herstellung von Weißätzen.

Gute Weißätzen auf gekupferten Fonds sollen nach Sandoz durch Ätzen unter Beigabe von 3% Na-Citrat und Nachbehandlung der Ätzböden erhalten werden (vgl. S. 333 H); vgl. DP 880 442.

Als Zusatz beim Waschen von Ätzen, der das Anbluten von Weiß verhindern soll und insbesondere für Nylon empfohlen wird, führt die Ciba Neovadin A an.

Ätzen gekupferter Böden sollen nach Royle (l. c.) unter Zusatz von Polyaminosäuresalzen zur Ätzpaste und Essigsäure und Wasserstoffsuperoxyd nach dem Dämpfen in guter Reinheit erhalten werden.

Literaturübersicht über die Herstellung von Weißätzen.

Royle: Die Anwendung von Cu-Harzkomplexen im Druck, sowie bei Bunt- und Weißätzen. Amer. Dyestuff Reporter 41, P 15 (1952).

Patentschrifttum über die Herstellung von Weißätzen.

DP 874 594 Hoechst 1953 — Das Ätzen von Polyamidfaserfärbungen mit Zinksalzen der Formaldehydsulfoxylsäure, wobei nach dem Aufdruck der Ätzpaste gedämpft wird, wird beschrieben.

DP 848 794 Ciba 1952 — Kupferhaltige Färbungen direktziehender Azofarbstoffe werden geätzt, indem man die Sulfoxylatätzen nachher mit wäßrigem Ammoniak oder Lösungen von basischen Aminen behandelt.

DP 848 793 Gy 1952 — Zur Herstellung befriedigender Ätzen auf gekupferten Böden werden den Ätzpasten Cyanionen abgebende Mittel zugegeben oder die Ätzen mit solchen nachbehandelt.

DP 818 793 Cassella 1951 — Die Herstellung von Weißätze auf mit Küpenfarbstoff oder Schwefelfarbstoff gefärbten Grund erfolgt unter Zusatz von Austauscher-Kunstharzen mit anionaustauschenden Gruppen. Man erhält reine Ätzen auch bei schwer ätzbaren Färbungen.

HollP 62 958 Gy 1949 — Cu-haltige Färbungen von Azofarbstoffen werden geätzt, indem man der Ätzpaste Cyanide zusetzt.

HollP 61 668 Ciba 1948 — Beim Ätzen von mittels kupferhaltigen Farbstoffen hergestellten oder gekupferten Färbungen mit Formaldehydsulfoxylat behandelt man nach dem Dämpfen mit wäßrigen Lösungen von NH_3 oder basischen Aminen.

CanP 487 785 Gy 1952 — Rein weiße Ätzeffekte auf mit Cu-haltigen Farbstoffen gefärbten Textilien oder mit Cu-haltigen Mitteln nachbehandelten Färbungen substantiver Farbstoffe erhält man durch Zusatz von Zn-Cyanid zur Ätzpaste.

CanP 481 652 Ciba 1952 — Das Weißätzen von Cu-haltigen Färbungen wird ermöglicht, indem man die Sulfoxylatätzen mit Lösungen von organischen Aminen oder Ammoniak behandelt.

2. Die Herstellung von Buntätzen.

Literaturübersicht über die Herstellung von Buntätzen.

Royle: Die Anwendung von Harz-Kupfer-Komplexen im Direktdruck, sowie beim Bunt- und Weißätzen. Amer. Dyestuff Reporter 41, P 15 (1952).

Engelmann: Aureolenfreie Indanthrenätzen bei Verwendung von Immedialdruckblau RR und -schwarz B Paste (Cassella). Textil Praxis 5, 365 (1950).

Patentschrifttum über die Herstellung von Buntätzen.

DP 849 998 Cassella 1952 — Die Buntätzung von mit Schwefelfarbstoffen gefärbten Textilien erfolgt mit chlorithältigen Druckpasten, die noch Schwefelsäureestersalze von Küpenfärbungen und ein Nitrit enthalten. Man trocknet, dämpft nach dem Druck und entwickelt die Buntätze in einem Schwefelsäurebad.

FP 980 271 Francolor 1951 — Zum Herstellen von Buntätzen werden Pigmentemulsionen verwendet, die in der wäßrigen kontinuierlichen Phase Schutzkolloide und Stabilisatoren, sowie Ätzmittel, in der Ölphase Harnstoff-Formaldehydharze oder Glyptal- oder Mischharze (Sikkative), enthalten.

FP 962 197 Durand Huguenin 1950 (vgl. FP 860 151) — Durch Ätzung können auf Cellulose vielfarbige Effekte erzielt werden. Erhalten kann man sie durch Drucken auf Bis-2-2'-indolindigo unter Anwendung von Druckpasten, die Küpenfarbstoffe enthalten.

V. Die Reserven im Textildruck.

In der Berichtszeit ist kaum etwas anzumerken.

Das Illuminieren mit Naphtolen beim Pad-Steam-Prozeß kann so erfolgen, daß die naphtolierte Ware mit einem Diazoniumsalz und einem H_2O abstoßenden Mittel bedruckt wird, dann wird mittels der Pad-Steam-Methode küpengefärbt, so daß die an den bedruckten Stellen hydrophoben Gewebeteile freibleiben (Rot, Orange, Braun)[6].

Patentschrifttum über Reserven im Textildruck.

OeP 174 367 Skurek 1953 — Indigosolbuntreserven unter Variaminblau werden so hergestellt, daß die Indigosoldruckreserve keinen Kaliumpersulfatzusatz erhält, sondern die Ware nach der Kupplung mit Variaminblau, ohne zu dämpfen, durch ein Kaliumpersulfatbad geführt wird, um die Indigosolreserven zu entwickeln.

FP 982 816 Scheurer Lauth 1951 — Weißreserven unter Indigosolen werden hergestellt, indem man ein Harz oder Kunstharzvorkondensat als Reserve benutzt und mit Indigosolen klotzt.

FP 979 194 Kovács 1951 — Es wird die Herstellung von Weiß- oder Buntreserven unter Naphtolen beschrieben, wobei als Reserven Pektine dienen.

VI. Das Bedrucken von Kunststoff-Folien und synthetischen Fasern.

Das Bedrucken von Kunststoff-Folien kann durch direktes Aufdrucken auf die Folie mittels Photogravurmethoden oder Textildruckmaschinen erfolgen. Man kann aber auch im Abzugsverfahren das auf Papier gedruckte Muster auf die Folie übertragen oder nach dem Filmdruckverfahren arbeiten[7].

Beim Direktdruck enthalten die Druckpasten Pigmente, Bindemittel, Weichmacher und schnell trocknende bzw. flüchtige Lösungsmittel. Man arbeitet mit einer Geschwindigkeit von 12—36 m/min. Eine rasche Trocknung soll beim Vielfarbendruck durch Infrarot möglich sein. Die Dehnbarkeit und Biegsamkeit der Folie gibt keine genauen Passer beim Mehrfarbendruck.

---

[6] DuPont Techn. Bull., cit. Revue of the Textile Progress, l. c. 1951, S. 262.

[7] Escales: Kunststoffe 41, 88 (1951).

Beim Filmdruck ist der Vielfarbendruck einfach, die Druckpasten trocknen jedoch langsamer auf.

Vorschläge, als Bindemittel für die Pigmente dieselben Polymeren zu nehmen wie die Folie, um eine „Verankerung" des Druckes zu erreichen, sind vielfach anzutreffen.

Der Druck auf Nylon ist mit Säure-, Direkt-, Küpen- und Acetatseidenfarbstoffen möglich[8]. Nylon wird vielfach mit Acetatseidenfarbstoffen gedruckt, wobei zuweilen die Rot-, Scharlach- und Violettöne trüber und blauer ausfallen. Gemäß ICI werden die löslichen Solacetmarken mit Harnstoff, NH_3 und etwas Reservesalz L (Ludigol) gedruckt. Man kann Solacet Fast Yellow GS, -Orange 2GKS, -Scarlet BS, -Violet RS, BS, -Fast Blue BS, -Fast Red 5BSN, -Fast Violet 4 R 150, -Carmine BS benützen.

Bei der Verwendung von sauren und substantiven Farbstoffen erhalten die Druckpasten Zusätze von Essigsäure, Glykolsäure, Milchsäure und Harnstoff, da sonst viele Farbstoffe nicht genügend löslich sind. Man dämpft 10—15 Minuten. Nach Sandoz druckt man mit Thioharnstoff und dämpft 8 Minuten. Letztlich sollen kombinierte Zusätze von 10% Thiodiglykol, 6% Thioharnstoff und 4% Ammonsulfat eine gute Fixierung und einen normalen Ton geben.

Chromfarbstoffe werden mit den für den Baumwolldruck üblichen Verdickungen, die auf das Minimum herabgesetzt sind, unter Zusatz hygroskopischer Mittel gedruckt. Man dämpft 10 Minuten; vgl. Bernardy: Melliand Textilber. **35**, 53 (1954).

Küpenfarbstoffdrucke werden mit Rongalit gedruckt. Die Reoxydation der anthrachinoiden Vertreter erfolgt mit Perborat und Essigsäure. Indigoide Farbstoffe sind nicht oder nur schwer oxydierbar. Die Lichtechtheit der indigoiden Produkte ist schlecht, die der anthrachinoiden schlechter als auf Baumwolle.

Literaturübersicht über das Bedrucken von Kunststoff-Folien und synthetischen Fasern.

Kuch: Druck auf Perlon. Textil Praxis **7**, 638 (1952).

Tröltzsch: Das Bedrucken von Nylon. Dtsch. Textilgewerbe **54**, 657 ff (1952).

McLean: Druck von synthetischen Fasern. Amer. Dyestuff Reporter **40**, P. 501 (1951).

Escales: Kunststoffe **41**, 88 (1951).

Stoeckhert, Dornbusch: Druck von Nylon. Melliand Textilber. **32**, 551 (1951).

Thomas: Fiberglas-Filmdruck. Rayon Synth. Text. **31**, No. 7, 30 (1950).

Riedel: Bedrucken von Polyvinylchloridfolien. Mod. Plastics **28**, 81 (1951); s. a. Text. Wld. **99**, 142 (1949) bzw. Bedrucken von Polyvinylchlorid und Polymethacrylatfolien. Mod. Plastics **27**, 85, 152 (1949).

Baumann: Druck von Nylon. Rayon Synth. Text. **29**, 12, 75 (1948).

Patentschrifttum über das Bedrucken von Kunststoff-Folien und synthetischen Fasern.

OeP 167 648/9 und 167 651 Balatum 1951 — Man bedruckt mit Kunstharzemulsionen und Pigmenten (Polyvinylchlorid-Druck).

DP 849 096 Ciba 1952 — Polyamidfasern werden mit Estersalzen von Leukoküpenfarbstoffen, säureabspaltenden Mittel und Oxydantien enthaltenden Pasten bedruckt, wobei als oxydierend wirkende Stoffe organische Nitroverbindungen, insbesondere Salze von Nitroarylsulfosäuren, verwendet werden. Hernach wird gedämpft.

DP 838 610 Schroers 1952 — Kunststoff-Folien werden derart bedruckt, daß das Druckmuster in einer mit der Kunststoff-Folie verschmelzbaren Kunststofflösung auf einen Träger aufgebracht und dann von diesem auf die Folie übernommen bzw. mit dieser verschmolzen wird.

DP 740 112 Schlieper & Baum 1943 — Man bedruckt Polyvinylchlorid mit Druckpasten, die Pigment, Polyvinylchlorid und Lösungsmittel enthalten.

---

[8] Saville: Amer. Dyestuff Reporter **38**, 673 (1949).

FP 981 851 Heberlein 1951 — Permanente Druckeffekte auf Polyamiden, werden erhalten, indem man mit Pigmentpasten, die Quellmittel enthalten, bedruckt.

ItalP 454 608 Heberlein 1950 — Permanente Druckeffekte auf Nylongeweben werden mit Pigmenten erhalten, indem man der Paste den Faden anquellende Mittel beigibt.

BelgP 502 072 Winterstein 1952 — Man bedruckt Polyvinylchlorid usw. durch Übertragung des Druckdessins von Papier.

EP 631 850 Rubber 1949 — Polyvinylchlorid wird mit Polyvinylchlorid + Lösungsmittel bedruckt (vgl. DP 740 112).

EP 618 614 Ford 1947 — Man erhitzt Folien aus thermoplastischen Kunststoffen, behandelt mit Lösungsmittel, bringt Pigment auf und läßt dann erhärten.

EP 616 952 ICI 1947 — Polyvinylchlorid oder Polyacrylsäureester werden in Anwesenheit von Benzylalkohol mit Solacet oder Monastralfarbstoffen bedruckt.

EP 617 371 ICI 1949 — Druck auf Polyvinylchlorid.

EP 609 944 und 609 947 ICI 1948 — Bedrucken von Terylenfasern.

EP 600 999 ICI 1947 — Man bedruckt Kunststoffe mit Mischungen aus Alkathen, Waxolin, Polyisobutylen usw.

AP 2 571 962 Decora 1951 — Der Druck von Polyvinylchloridfolien erfolgt derart, daß eine heiße biegsame Trägerschichte, die mit Polyvinylchloriddruckmasse mustergemäß bedruckt ist, mit dem Polyvinylchlorid-Film in Kontakt gebracht wird.

AP 2 554 881 Ciba 1951 — Das Bedrucken von Polyamiden mit Leukoküpenfarbstoffestersalzen erfolgt mit Pasten, welche eine in der Hitze Säure abgebende Verbindung und als Oxydationsmittel ein wasserlösliches Salz einer Nitrobenzolsulfosäure enthalten (vgl. AP 2 406 586). Hernach wird gedämpft.

AustralP 135 132 ICI 1949 (vgl. AustralP 135 134) — Der Druck von Terylen mit Acetatseidenfarbstoffen wird beschrieben.

VII. Die Druckschablonen und der Filmdruck.

Der Filmdruck hat weiterhin an Bedeutung zugenommen, da auf diese Weise auch sehr diffizile Muster für kleine Metragen wirtschaftlich zu drucken sind. Auch für den Druck von abgepaßten Tüchern und Taschentüchern, Modekleiderstoffen usw. ist das Verfahren gut anwendbar, ebenso wie es auch für das Bedrucken von Kunststoff-Folien verwendet wird.

Bei der Herstellung von Vorhangstoffen usw., wird häufig auf tadellosen seitengleichen und beidseitig konturenscharfen Durchdruck Wert gelegt, der sich selbstverständlich bei Geweben mit sehr dichter Einstellung nicht erzielen läßt. Die gesengten, eventuell gebeuchten und gebleichten Gewebe (Zellwolle- und Kunstseidenstoffe werden gesengt entschlichtet, gebrüht und mit Chlorit gebleicht) werden auf Haspelkufen in hellen Tönen vorgefärbt oder direkt bedruckt. Sie werden auf den Drucktischen auf sogenannte Mitläufer (Backgrey's) aufgenadelt, wobei allerdings oft ein Verziehen der Gewebefäden beim Bedrucken eintritt. Man klebt daher meistens auf mit Gummi, schlechter mit Kunststoff bezogene Tische, wobei man als Klebemittel Diatex, Protogum, Kristallgummi usw. verwendet und den Klebepasten zirka 5 g Nekal BX/Liter zusetzt, um den Durchdruck zu erleichtern[9, 11]. Eventuell ist ein Vorpräparieren des Gewebes mit Netzmitteln bzw. Türkischrotöllösungen ebenfalls von Vorteil für den Durchdruckeffekt[10]. Wichtig ist für den guten Druck-

[9] Hantsch: Textil Praxis **6**, 275 (1951).
[10] Silk and Rayon 1110 (1948).
[11] Ciba-Revue Nr. 97 (1950).

ausfall im Filmdruck, insbesondere aber auch für den Durchdruck, die Art der Druckpaste, und zwar hinsichtlich der Type des gewählten Verdickungsmittels. Im allgemeinen geben trockensubstanzarme Druckpasten gute Resultate. Für Küpenfarbstoffe und Rapidogene sind Alkagum und Kristallgummi gut, ungeeignet für Rapidogene sind, der Reduzierwirkung wegen, Dextrin usw.

Für Küpenfarbstoffe eignet sich Traganth gut; ungeeignet ist Stärke-Traganthmischung. Nach Hantsch[12] soll eine Mischung aus Dextrin, Glukose und dunkel gebrannter Stärke wegen der Fließwirkung der Glukose gute Resultate im Durchdruck geben. Auch Verdickung HD (BASF) soll sich gut für den Durchdruck eignen. Günstig wirken alle Netzmittel, Spiritus, Glyzerin, Glyecin A, usw.

Arabischgummi ist als Verdickung weniger geeignet, da er viele Farbstoffe fällt und die Drucke leicht fließen.

Die Druckfarbe darf für den Filmdruck nicht zu viskos sein, insbesondere nicht für den Durchdruck. Vielfach setzt man beim Drucken mit Coprantinen und vor allem Konturenschwarzmarken Eiweißfettsäure-Kondensate als Farbstoffdispergiermittel zu. Derartige Druckpasten neigen dazu, rasch feine Dessins zu verkleben.

Weitere Faktoren, die einen guten Druck und vor allem Durchdruck begünstigen, sind der Rakel- („Squeegee-") Druck, das Rakelprofil und die Anzahl der Striche[13]. Mehr als zwei Striche sind für die Schärfe des Drucks im allgemeinen ungünstig, Rakel mit Hasenhaaren ergeben genügende Farbpastenaufnahme, ein etwas kantiges (asymmetrisches) Profil erhöht den Durchdruckeffekt. Gedämpft wird im Wehledämpfer (oder Sterndämpfer) mit nicht zu trockenem Dampf, der bei Rapidogen- (Cibanogen- usw.) Farbstoffdrucken die notwendige Säure enthält.

Nach Taussig[14] katalysieren schwarze Anthrachinonfarbstoffe in Anwesenheit von Sulfoxylat den Faserangriff, während dies indigoide Schwarzmarken nicht tun. Insbesondere im Filmdruck kann diese Erscheinung von Belang sein, da ein langes Liegen vor dem Waschen die Erscheinung verstärkt, wie aus folgender Darstellung hervorgeht:

Farbstoff	Festigkeit Rohware	Festigkeit gebleicht	Probe 4 × 4 cm/kg 2^h dämpfen, spülen, seifen	erst nach 16^h gewaschen
Cibanon Druckschwarz 2 B Mikroteig	9,5	8,5	5,9	5,7
Ciba Druckschwarz BDN Mikroteig	9,5	8,5	7,8	6,1

Im Filmdruck wird eine Abart des für Küpendrucke angewendeten *Flash-Verfahrens* (vgl. Habel, l. c.) angewendet, wobei man die Drucke, die mittels Farbstoffpigment und Verdickungsmitteln wie Methylcellulose oder Johannisbrotkernmehl hergestellt werden (keine Reduktionsmittel oder hygroskopische Stoffe), nach dem Trocknen mit Pottasche-Sulfoxylat-Lösungen, die Glyzerin enthalten, klotzt und 5–7 Minuten bei 110° C im Sterndämpfer behandelt (Mell. Textilber. **35**, 171 [1954]).

Der Filmdruck auf Glasgeweben wird mit Hilfe von Bindemitteln vorgenommen (Coronizing). Eine neue Filmdruckmaschine bringt die Belfast Silk & Rayon Ltd. auf den Markt. Zimmers Erben bauen die platzsparende Vorrichtung, die gestattet, senkrecht geführte Gewebe zweiseitig gleichzeitig zu bedrucken oder zwei Gewebebahnen in einem zu kolorieren.

Literaturübersicht über die Druckschablonen und den Filmdruck.

Schmidt: Die Bestimmung der Viskosität von Druckpasten. Melliand Textilber. **35**, 177 (1954).

Franken: Das Waschen und die Entwicklung filmgedruckter Reyon- und Zellwollgewebe. Melliand Textilber. **34**, 138 (1953); Textil Praxis **8**, 896 (1953).

[12] l. c.

[13] Vgl. Taussig: Screen printing, l. c.

[14] Ciba-Revue Nr. 71 (1947); vgl. Rayon Revue **5**, 39 (1951).

Franken: Gold- und Silberdrucke in der Filmdruckerei. Reyon, Zellwolle 30, 297 (1952).

Franken: Die Verdickungen im Filmdruck. Reyon, Zellwolle, Chemiefasern 30, 357 (1952).

Franken: Filmdruck. Dtsch. Textilgewerbe 54, 301 (1952).

Van Schaik: Das Trocknen von hand- und filmgedruckten Textilien. Rayon Revue No. 5, 7 (1952).

Nijkamp: Chemischer Angriff von filmbedrucktem Material. Rayon Revue Nr. 5, 91 (1952).

Künzl: Neuerungen im Filmdruck. Textil Praxis 7, 453 (1952).

Filmdruckmaschinen. Dyer 107, 413 (1952).

Goldeffekte im Filmdruck. Textil Praxis 7, 460 (1952).

Vertikale Filmdruckvorrichtungen. Text. Manufacturer 44, 538 (1952).

Bernardy: Das Dämpfen beim Filmdruck mit Küpenfarbstoffen. Melliand Textilber. 33, 957 (1952).

Bernardy: Trocknung beim Filmdruck mit Küpenfarbstoffen. Melliand Textilber. 33, 628 (1952).

Schmidt: Spezialalginate für Druckpasten. Melliand. Textilber. 33, 751 (1952).

Franken: Materialien und Hilfsmittel im Filmdruck. Melliand Textilber. 33, 747 (1952).

Hauri: Filmdruck auf gewirkten und gestrickten Textilien. Textil Rundschau 7, 1952, Heft 7.

Hantsch: Durchdruck im Filmdruck. Textil Praxis 6, 275 (1951).

Habel: Einige Beobachtungen im Druck. Amer. Dyestuff Reporter 41, P 271 (1952).

Nykamp: Chemische Schädigung von Reyon im Filmdruck. Rayon Revue 6, 36 (1952).

Habel: Filmdruck. Amer. Dyestuff Reporter 40, P 672 (1951).

Hantsch: Durchdruck im Filmdruck. Textil Praxis 6, 275/78 (1951).

Roesti: Oremafarbstoffe im Filmdruck. Ciba-Rundschau Nr. 98, 3617 (1951).

Fehler im Filmdruck. Dyer 106, 397 (1951).

Mackenzie: Beschichtung von Schablonengaze. Dyer 103, 803 (1950).

Mackenzie: Filmdruck. Dyer 103, 675 (1950).

Bley: Der Filmdruck. Teintex 14, 377 (1949). — Textil Rdsch. 5, 165 (1950).

Thomas: Filmdruck auf Glasfasern. Rayon Synth. Text. 31, 30 1950); vgl. auch Melliand Textilber. 32, 644 (1951).

Mackenzie: Filmdruckschablonen. Dyer 102, 560 (1949).

Neumann: Wirtschaftliches über Filmdruck. Textil Praxis 3, 150 (1948).

Patentschrifttum über die Druckschablonen und den Filmdruck.

DP 877 438 Grasser 1953 — Die Herstellung von Filmdruckschablonen wird behandelt.

DP 818 187 Vorwerk 1951 — Das Bedrucken von Samten erfolgt mittels Film- oder Walzendruck.

EP 680 272 Lankro 1952 — Im Filmdruck sollen zum Kleben der Ware an den Drucktisch Alkylmethacrylatpolymere verwendet werden.

HollP 72 000 Breemen 1953 — Der photomechanische Kontaktdruck von Textilien wird beschrieben.

BelgP 507 191 Lankro 1953 — Man druckt Textilien im Filmdruck derart, daß sie am Drucktisch mit hydrophoben Stoffen befestigt sind (z. B. Methacrylatpolymeren, die man in organischen Lösungsmitteln verwendet).

AustralP 146 551 Colombo 1952 — Die photomechanische Herstellung von färbigen Mustern auf Textilien wird beschrieben.

AustralP 135 796 Barros 1951 — Man druckt mit zylindrisch geformten Schablonen.

Fünfter Abschnitt.

Die Appretur.

Weiterhin finden die Kunststoffe in der Gewebeausrüstung eine steigende Anwendung.

Die Herstellung von formtreuen bzw. schrumpf- und knitterechten Erzeugnissen steht neben der Herstellung permanent verformter Dessins bzw. von wasserechten Chintzausrüstungen im Mittelpunkt des Interesses. Ebenso sind die Hydrophobierungsverfahren in technischer Weiterentwicklung.

Viel beachtet wird derzeit das Wärmehaltungsvermögen von Textilien. Untersuchungen von Sserebrjakow[1] ergaben bereits beim Belichten von verschiedenen Färbungen über infrarotempfindliche Platten, „warme und kalte" Wollfärbungen (vgl. S. 121). Beim „*Milium*"-Verfahren[2] wird auf Kunstseidenfutterstoffe metallisches Aluminium mittels Kunstharz als Bindemittel so aufgebracht, daß die Gewebe porös bleiben. Dadurch soll, die Körperwärme rückstrahlend, eine gewisse Wärme der Bekleidung in der kalten bzw. eine die Außenwärme reflektierende kühle Kleidung in heißen Tagen resultieren. Abendkleiderstoffe aus Orlon, die auf einer Seite schwarz gefärbt sind und auf der anderen Seite eine dünne Al-Zierschichte aufweisen, sollen einen ähnlichen Effekt besitzen; das Metall wird „aufgedampft".

Der *Siotex*- bzw. *Texylon*-Finish[3] soll die Tragechtheit von Textilien besonders erhöhen. Er besteht im Aufbringen von Kieselsäure und Bindemittel für dasselbe.

Literaturübersicht über die Appretur (allgemein).

Weber A.: Ausrüsten von Strümpfen aus Polyamidfasern, SVF Fachorgan Textilveredlung **8**, 152 (1953).

Seyffarth: Veredlung von Polyamiden. Dtsch. Textilgewerbe **54**, 872 (1952).

Valkó: Textilausrüstung. Text. Research J. **22**, 213 (1952).

Gale, Smith: Die moderne Anschauung über die Textilveredlung. J. Textile Inst. Proc. **42**, P 579 (1951).

Runge: Einführung in die Chemie und Technologie der Kunststoffe. Berlin, Akademie-Verlag, 1952.

Hall: Handbook of Textile Finishing, National Trade Press Co., London 1952.

Albrecht: Polyacrylkunststoffe für die Textilindustrie (Schlichte- und Appreturmittel). Textil-Rundschau **7**, 401 (1952).

Alexander, Meek: Dielektrisches Trocknen in der Textilindustrie. Melliand Textilber. **33**, 163 (1952).

Sorensen: Einfluß des Dekatierens usw. auf die Struktur der Wolle. Tidsskr Textiltek., ref. C. A. **60**, 1260 (1952).

Kunstharzappretur. Skinners Silk & Rayon Rec. **26**, 868 (1952).

---

[1] Tekstil. Prom. Nr. 8, 12, 37 (1950), zit. *C* II, 3266 (1950); vgl. DuPont: Techn. Bull. 1948.

[2] Jolly: Rayon Synth. Text. **31**, Sept. (1950).

[3] Nach Hajdu.

McFarlan: Textile finishing. Dyer **106**, 165 (1951).
Appretieren von Reyonkrepp. Dyer **106**, 129 (1951).
Royer: Amer. Dyestuff Reporter **39**, P 877 (1950).
Lanczer: Textiltechnologie. Stichting de Tex. Enschede. 1950.
Friedrich: Chem. Appretur und Hochveredlung. Wittenberg, Ziemsen Verlag, 1950.
Seiche: Füllappreturen, Textil Praxis **5**, 662 (1950).
Seiche: Veredlung von Acetatreyon, Kunstseide und Zellwolle **28**, 306 (1950).

I. Spezielle Appreturverfahren.

1. Die Verminderung der Quellfähigkeit von Textilien; das Formalisieren (Sthénosage).

Die Reaktion der Cellulose mit Formaldehyd wurde kürzlich wieder von Goldthwait untersucht[4]. Dabei ergab sich, daß eine weitgehende Methylenisierung der Cellulose unter Ausbildung der bekannten „Cross links", der Querbrücken zwischen den Molekülketten, eintritt, wobei eine Zahl von OH-Gruppen des Cellobioserestes in Reaktion treten. Es ist daher nicht verwunderlich, daß mit steigender Formalisierung die Farbstoffaffinität sinkt (vgl. S. 201) und sogar gegen substantive Farbstoffe immune Cellulose erhalten werden kann.

Das Formalisieren zur Zurückdrängung des Quellvermögens wird heute schon bei der Erzeugung der Viskosekunstseide in ausgedehntem Maßstabe angewendet. Es liefert bei zunehmender Reißfestigkeit (insbesondere auch im nassen Zustande) eine außerordentlich wenig elastische Faser. Dieser Umstand verwundert im Hinblick auf die starke Vernetzung im molekularen Aufbau nicht. Man sucht daher schon in der Kunstseidenfabrikation ein Optimum, d. h. größtmöglichste Festigkeit bei geringstmöglichster Dehnungseinbuße zu erreichen.

Bei der Verstreckung bzw. Formalisierung von Viskosereyon ergaben sich hinsichtlich Festigkeit und Bruchdehnung z. B. folgende Zusammenhänge (nach Onderzoekingsinstitut Research, OeP 169 926):

Angewendete Verstreckung	Verstreckungsgrenze (Bruch)	Reißfestigkeit		Bruchdehnung	
		trocken	naß	trocken	naß
50%	62%	250	133	17,0	23,8
50%	110%	254	137	17,4	21,4
80%	110%	304	180	12,9	15,6
50%	62%	260	140	15,7	17,9
80%	190%	312	175	12,1	12,6
120%	190%	376	238	9,8	9,4

% Formaldehyd d. Behandlungsbäder[5]	Verstreckung	Spannung	Verstreckungsgrenze
0	60%	35 g	90%
	80%	56 g	
0,4	60%	24 g	105%
	80%	40 g	
0,8	60%	18 g	115%
	80%	32 g	
1,2	60%	14 g	125%
	80%	22 g	

[4] Text. Res. J. **21**, 55 (1951).

[5] Das Behandlungsbad (Spinnbad) enthält 7% H_2SO_4, 17% Na_2SO_4, 4% $MgSO_4$ und 0·7% $ZnSO_4$.

% Formaldehyd d. Behandlungsbäder*	Verstreckung	Spannung	Verstreckungsgrenze
1,6	60 %	12 g	135 %
	80 %	22 g	
2,0	60 %	10 g	140 %
	80 %	22 g	
2,4	60 %	10 g	140 %
	80 %	22 g	

Die Behandlung der Textilien mit Glyoxal in saurem Milieu (Cluett Peabody, bzw. Sanforset G-Prozeß, s. S. 356 H) ergibt oft eine starke Bräunung. Dieselbe kann durch Anwendung von Oxalsäure wesentlich gemildert werden. Es wird auch Glyoxylsäure empfohlen (OeP 175 229). Die Verwendung des Dialdehyds soll weniger versprödend wirken und vor allem weniger geruchsbelästigend sein.

Die noch immer verhältnismäßig große Anzahl von Vorschlägen deutet darauf hin, daß eine vollkommen befriedigende Arbeitsweise noch nicht gefunden wurde.

Literaturübersicht über die Verminderung der Quellfähigkeit von Textilien und das Formalisieren.

Schempp: Die Einwirkung von Formaldehyd auf gefärbte Wollwaren. Melliand Textilber. **34,** 338 (1953).

Alexander, Carter, Johnson: Formalisieren von Wolle. Biochem. J. **48,** 435 (1951).

Brown, Honstein, Harris: Formalisieren von Wolle (Modifikation). Text. Res. J. **21,** 222 (1951).

Goldthwait: Reaktion von Formaldehyd und Cellulose. Text. Res. J. **21,** 55 (1951).

König: Quellausrüstung von Viskosereyon. Reyon, Zellwolle, Chemiefasern **1,** 13 (1951).

King: Quellung von Textilfasern. J. Soc. Dyers Colourists **66,** 27 (1950).

Winkler: Quellfestmachen mit Dimethylol-p-kresol. Kunstseide und Zellwolle **26,** 114 (1948).

Schaeffer: Formalisieren. Melliand Textilber. **25,** 400 (1944), **26,** 18, 37, 60 (1945).

Patentschrifttum über die Verminderung der Quellfähigkeit von Textilien und das Formalisieren.

OeP 166 047 Research 1950 — Das Quellfestmachen von Cellulosefasern erfolgt bei einem Punkte, wo chemisch gebundenes Wasser in adsorptiv gebundenes übergeht und man bei diesem Wassergehalt im abgeschlossenen Raum bei konstantem Wassergehalt (17—25%) erhitzt (½ Stunde auf 115° C).

DP 866 640 Glanzstoff 1953 — Zur Verminderung der Quellfähigkeit von Cellulosehydrat wird mit einer Lösung aus Formaldehyd, Harnstoff und Ammonchlorid (80 : 10 : 1) getränkt, abgeschleudert und bei 60—85° C getrocknet.

DP 865 432 Glanzstoff 1953 — Man zerstört überschüssigen, als Polyoxymethylen beim Formalisieren in der Faser gebliebenen Formaldehyd durch Behandlung mit schwach alkalischen Lösungen von Oxydationsmitteln.

DP 864 850 Stockhausen 1953 — Das Quellfestmachen von Cellulosehydratfasern erfolgt mit Pentaerythrose bzw. Kondensaten aus Acetaldehyd und Formaldehyd mit einem erheblichen Gehalt an Pentaerythrose in Anwesenheit von sauren Katalyten durch Erhitzen; vgl. FP 1 042 190.

DP 864 849 Stockhausen 1953 — Mit Kondensationsprodukten aus Kasein und Säurechloriden vorbehandelte Ware wird in Anwesenheit von Al-Salzen formalisiert (schrumpffeste, quellfeste Ware).

DP 864 848 BASF 1953 — Das Formalisieren von Cellulose und Cellulosehydrat erfolgt unter Verwendung von γ- oder δ-Halogencarbonsäuren der wasserlöslichen aliphatischen Reihe als Kondensationsmittel.

DP 860 188 Povel 1952 — Das Quellfestmachen von Textilien aus regenerierter Cellulose erfolgt mittels Kunstharzen in besonderen Trocken- bzw. Kondensationskammern.

DP 859 446 Zellwollering 1952 — Zur Verminderung der Quellfähigkeit wird Reyon mit Kondensaten aus Diolen, Glycerin, Pontaerythrit, mehrwertigen Aminen, Mercaptanen usw. mit Formaldehyd, einem tertiären Amin und SO_2 behandelt.

DP 857 336 BASF 1952 — Das Formalisieren von Viskosereyon findet in Anwesenheit von sauerstoffabgebenden Säuren oder Salzen (Al-, NH_4-, Harnstoffnitrat) und Stärke oder Dextrin statt. Man trocknet hierauf.

DP 857 335 BASF 1952 — Quellfeste Viskosereyon oder schrumpffeste Ware erhält man durch Behandeln mit Umsetzungsprodukten aus 1 Mol Aceton und 6 Mol Formaldehyd oder mehr (in Gegenwart starker Alkalien umgesetzt) und Erhitzen auf höhere Temperatur nach Vortrocknen.

DP 857 186 BASF 1952 — Das Quellfestmachen mit Formaldehyd erfolgt nach einer Vorbehandlung mit hohem Druck und hoher Temperatur (durch Kalandern bei 120° C und 50 t Belastung).

DP 853 436 Glanzstoff 1952 — Die Quellfestigkeit wird durch Behandlung von Zellwolle usw. mit der Lösung eines durch neutrale oder alkoholische Kondensation von Cyanamid und Formaldehyd hergestellten, in Essigsäure löslichen Produktes unter Zusatz von Formaldehyd und NH_4Cl sowie HCl bei pH 3—3,5 und nachheriger Trocknung bei 80° C erhöht.

DP 852 590 Glanzstoff 1952 — Zur Verringerung ihres Quellvermögens werden Viskosereyonfäden mit 30% Feuchtigkeit einige Zeit unter Druck auf über 100° C erhitzt, wobei das Erhitzungsgefäß vom Textilgut praktisch vollkommen ausgefüllt ist.

DP 852 390 Glanzstoff 1952 — Das Quellvermögen von Kunstseide wird vermindert, wenn man sie erst mit einer Lösung von ein- oder mehrwertigen aliphatischem Alkohol, Aldehyd und geringen Mengen Ammonchlorid bei pH 3—3,5 imprägniert, den Lösungsüberschuß entfernt, trocknet, aviviert, trocknet und dann konditioniert (vgl. EP 534 273).

DP 812 907 Stockhausen 1951 — Formalisierte Gewebe werden zur Entfernung überschüssiger Mengen Aldehyd und Katalysator nicht ausgewaschen, sondern mit der Feuchtigkeitsmenge, die der Reprise entspricht, behandelt. Das nötige Wasser enthält Ammonsalze oder organische Amine (als Aldehydbinder) und Kaliumkarbonat usw. (als Neutralisiermittel der sauren Katalyten).

DP 810 167 Glanzstoff 1951 — Die Quellung von Viskosekunstseide wird verhindert, indem man die frisch hergestellten nachbehandelten unavivierten Fäden mit konz. Alkalisalicylatlösung behandelt, den Überschuß entfernt, trocknet und bei erhöhter Temperatur ein aromatisches Säureanhydrid einwirken läßt. Nachher wird mit Aceton und dann mit Wasser gewaschen.

DP 808 972 Glanzstoff 1951 — Man behandelt zur Herabsetzung der Quellfähigkeit von Reyon mit Bädern aus Formaldehyd, Harnstoff und sauren Katalyten in Bädern, die nicht mehr als zusammen 40 g der Agentien erhalten und härtet über 125° C.

DP 807 204 Degussa 1951—Die Herabsetzung des Quellwertes von Regeneratcellulose erfolgt durch Tränken mit Melamin und Aldehydlösungen, Verdunsten des Lösungsmittels bei tiefen Temperaturen (bis max. 50° C) und Härten bei 80—130° C.

FP 1 007 190 Stockhausen 1952 — Die Quellung von Cellulosehydratfasern kann durch Erhitzen über 150° C in einer inerten Gasatmosphäre vermindert werden.

HollP 72 450 Phrix 1953 — Zur Verbesserung von Fasern aus Cellulosehydrat werden diese mit Aldehyden behandelt, wobei eine Aldehydsäure als Katalysator dient.

HollP 72 024 Meijers Dextrinefabrieken 1953 — Man behandelt Cellulosetextilien mit Aldehyden in Gegenwart von Reaktionsprodukten von Hexosen.

HollP 64 253 Schubert 1949 — Cellulosehydrat-Textilgut wird mit Formaldehyd in Anwesenheit von Zr- oder Thoriumchlorid als Katalyt behandelt.

HollP 63 652 IG 1949 — Zur Verminderung des Quellvermögens von regenerierter Cellulose wird dieselbe mit Kondensationsprodukten aus Harnstoff oder Thioharnstoff und Formaldehyd in Gegenwart von Oxydationsmitteln (HNO_3 oder Nitraten) behandelt und darnach gehärtet.

HollP 63 193 Research 1949 — Der Quellwert von Cellulosehydrat (Reyon) wird vermindert, indem man das Produkt auf den sogenannten Übergangspunkt bringt und in geschlossenen Räumen bei gleichbleibender Feuchtigkeit erhitzt.

HollP 62 158 Heberlein 1948 — Zum Kräuseln und zur Verringerung der Quellfähigkeit werden Kunstseidengarne mit einem die Quellbarkeit herabsetzenden Stoff in Lösung getränkt, gezwirnt und zurückgedreht, wobei als Antiquellmittel die Umsetzungsprodukte von niederen Halogenmethylverbindungen mit tertiären Basen (eventuell Pyridiniumderivate) angewandt werden (Acetamidomethylpyridiniumchlorid usw.).

HollP 60 908 Glanzstoff 1948 — Zur Verringerung der Quellfähigkeit von Cellulosehydrat wird mit der essigsauren Lösung eines Cyanamid-Formaldehyd-Vorkondensates behandelt, wobei freier Formaldehyd und Ammonchlorid vorhanden und ein pH von 3—3,5 eingestellt ist. Man quetscht ab und trocknet bei zirka 60° C.

HollP 60 794 Research 1948 — Zur Erniedrigung der Quellung und Erhöhung der Säurebeständigkeit von Caseinfäden und daraus hergestellten Textilien behandelt man kurze Zeit mit Verbindungen der Form

OX

R_1—⟨ring⟩—R_2 (X = Alkali oder H; R_1, R_2, R_3 = CH_3, Hydroxymethylgruppen oder Halogen), quetscht ab und erhöht auf Temperaturen höher als 100° C.

R_3

HollP 60 268 Research 1947 — Die Quellfestigkeit und Festigkeit von Viskose wird durch Behandlung mit Lösungen von Formaldehyd und Polychlorphenolnatriumverbindungen erhöht; siehe auch ItalP 466 102.

HollP 58 638 Zehlendorf 1946 — Man behandelt Cellulosetextilien zur Verminderung der Quellfähigkeit mit Aldehyd, Cyaniden und Ammonsalzen, entwässert und trocknet.

HollP 57 090 Pfersee 1946 — Das Formalisieren erfolgt mit einer schwefelsauren Lösung von Formaldehyd (3—5% Schwefelsäure vom HCOH-Gehalt).

ItalP 461 052 Cluett Peabody 1951 — Man behandelt Cellulosetextilien mit Glyoxal, Oxalsäure als Katalyt, geringen Mengen Al-Salzen und Polyvinylchloriden zum Knitterfestmachen, usw.

EP 693 497 Viscose 1953 — Man behandelt mit einem wasserlöslichen Celluloseäther,

Formaldehyd, Mineralsäure und einem Alkalisalz der Säure. Es wird bei pH-Werten von 1,2–6,5 imprägniert, getrocknet und gehärtet.

EP 679 758 Degussa 1952 – Kondensate von Aldehyden mit Verbindungen der Form $N\begin{cases}R_1\\R_2\\R_3\end{cases}$, $R_1 R_2 R_3$ = H, Alkyl, Oxyalkyl, OH bzw. $R{-}C\begin{cases}NH_2\\NR_2R_3\end{cases}$, R_1 = O, S, NH, R_2 R_3 = H, Alkyl, Aryl, Aralkyl, Acyl, die bei 80 bis 100° C vorerst in Abwesenheit von Aldehyden mit NH_3 vorbehandelt werden, können die Quellfestigkeit verbessern.

AP 2 623 807 Viscose 1952 – Die Quellfähigkeit von Cellulosematerialien soll durch Behandlung mit Harnstoff-Vinylsulfonadditionsprodukten herabgesetzt werden.

AP 2 243 765 Courtaulds 1951 – Cellulose wird in gequollenem Zustande mit Formaldehydlösungen (40%) und $\frac{n}{10}$ bis $\frac{h}{1}$ H_2SO_4 bei 24–80° C 10 Minuten bis 24 Stunden behandelt. Gegenüber der Sthénosage nach Escalier werden 3–4% Aldehyd aufgenommen. Die erhaltenen Produkte besitzen keine Knitterfestigkeit oder verminderte Affinität zu Direktfarbstoffen. Man kann durch Reaktion mit Cyanamid oder Pyridin bzw. Triäthanolamin animalisieren.

CanP 480 240 Compt. Text. Artific. 1952 – Zum Herabsetzen der Quellung werden in Cellulosematerial Trimethylolphenole eingebracht und gehärtet.

CanP 477 893 Research 1951 – Der Quellwert von Kunstseide wird durch Erhitzen bei einem bestimmten Wassergehalt verringert.

2. Die Verbesserung der Elastizität, Festigkeit und Tragechtheit von Geweben.

Zur Verbesserung der Widerstandsfähigkeit von Cellulose-Textilien soll man Kaliumacetat-Lösungen einwirken lassen, dann trocknen, hernach mit der Lösung eines aliphatischen Carbonsäureanhydrids imprägnieren und nach dem Ausquetschen mit Metallcarbonylen behandeln, spülen und trocknen. Auch der Quellwert geht zurück (23% gegenüber 72% unbehandelt).

Das „Siotex"-Verfahren (vgl. S. 230)[6], nach welchem mikroskopisch kleine SiO_2-Teilchen mittels Bindemitteln auf Textilien befestigt, deren Griff, Schiebefestigkeit, Abriebfestigkeit usw. verbessern sollen und das Material porös wasserabweichend machen, erinnert sehr an die Behandlung mit kolloidalen SiO_2-Lösungen *(Syton)* in USA.

Wolle wird nach Jackson, Lipson und Geelong[7] durch Einbringen in eine alkoholische Lösung von N-Methoxymethylnylon scheuerbeständiger als beim Überziehen mit Nylon (Nylonizing, S. 621 H). Zur Aufhebung der Filzneigung muß man 3% aufbringen und mit 2 n HCl nachbehandeln.

Das Lundgren-Verfahren betrifft die Wollbehandlung mit Propiolakton. Es macht Wolle biegsamer und viel besser filzbar und erhöht die Reißfestigkeit der Wollfilze bedeutend.

Beim Knitterechtmachen und bei der Verbesserung der Tragechtheit von Cellulosefasern mittels Kunstharzen ist folgendes anzuführen: Die Scheuerfestigkeit wird schon bei der Verwendung geringer Kunstharzmengen wesentlich verringert, um dann aber bei Verwendung größerer Harzmengen nur mehr wenig abzunehmen. Oberflächlich abgelagerte Harze geben keinen Effekt, sondern verschlechtern nur. Normale

[6] Nach Hajdu, FP 982 178.

[7] Text. Res. J. 21, 156 (1951).

Härtungsbedingungen bzw. bestimmte Katalysatorkonzentrationen beeinflussen den Effekt nicht, wohl aber tut dies die Art der verwendeten Kunstharzvorkondensate. Vorherige Mercerisation ist von geringem Einfluß auf den Effekt. Nachmercerisation verschlechtert die Ergebnisse, wenn das Gewebe dabei nicht schrumpfen kann. Steifend wirkende Zugaben verringern den Effekt, Weichmacher verbessern sowohl die Knitterechtheit als auch Festigkeit. Die Gewebestruktur ist von maßgeblichem Einfluß auf das Resultat; vgl. DP 891 320.

Literaturübersicht über die Verbesserung der Elastizität, Festigkeit und Tragechtheit von Geweben.

N o w a k o w s k i : Die Einlagerung von Acrylatharzen in regenerierte Cellulosefasern zur Erhöhung der Gebrauchstüchtigkeit. Text. Res. J. **21,** 740 (1951).

S t o l l : Die Gebrauchstüchtigkeit von Textilien. Papers AATCC. Amer. Dyestuff Reporter **41,** 31 (1952).

N u e s s l e : Die Scheuerfestigkeit von mit Harz behandelten Geweben. Text. Res. J. **21,** 747 (1951); vgl. Amer. Dyestuff Reporter **40,** 409 (1951).

F e d o r o w a, T o r o p o w a : Kieselsäure in der Appretur. Tekstil. Prom. **11,** No. 7, 35 (1951), zit. C. 1951/II, 3248.

Patentschrifttum über die Verbesserung der Elastizität, Festigkeit und Tragechtheit von Geweben.

OeP 174 595 Wirth 1953 — Cellulosetextilien werden mit neutralen, kristalloid dispersen Mischvorkondensaten aus Harnstoff oder Melamin und Formaldehyd behandelt, bei 80° getrocknet und kurze Zeit auf 150° C erhitzt.

DP 875 187 Hoechst 1953 — Der Gebrauchswert von Reyontextilien erhöht sich durch Behandeln mit Dialkylenharnstoffen, Trocknen und Erhitzen.

DP 873 082 Hoechst 1953 — Zur Veredlung von Fasergut sollen Äthyleniminharnstoffe dienen. Vgl. DP 876 683.

DP 872 785 Hoechst 1953 — Der Gebrauchswert von Keratinfasern wird erhöht, wenn man sie mit Verbindungen, die mindestens eine an Amidstickstoff aliphatisch gebundene und O oder S enthaltende Halogenmethylgruppe aufweisen — eventuell in Gegenwart säurebindender Stoffe — behandelt.

DP 872 037 Hoechst 1953 — Durch die Behandlung von Wolle mit Äthyleniminverbindungen der Form

$$R{-}\left(X{-}N\begin{matrix} CH_2 \\ | \\ CH_2 \end{matrix}\right)_n$$

wird das Textilgut alkalifest.

DP 870 990 BASF 1953 — Man veredelt Textilien mit negativen Emulsionen oder Dispersionen nach Vorbehandlung mit faseraffinen Polymerisations- oder Kondensationsprodukten, die im Molekül mehrere basische Gruppen besitzen.

DP 864 847 BASF 1953 — Erhöhte Naßreiß- und Scheuerfestigkeit von Viskosereyongeweben soll durch Behandlung mit Lösungen von Polyvinylalkohol, Dimethylol-biscarbaminsäureester von 1,4-Butandiol und $AlCl_3$ erzielt werden. Man quetscht nach dem Imprägnieren ab, trocknet bei 50—60° C und erhitzt 5—10 Minuten auf 120° C.

DP 843 395 Rhodiaceta 1952 — Die Bügelfestigkeit von Celluloseestern mit freien OH-Gruppen kann verbessert werden, wenn man sie mit den Celluloseestern nicht angreifenden Lösungen von Organosiliziumverbindungen der Form SiX_4 behandelt, wobei X Halogen oder Acyloxygruppen darstellt.

DP 836 639 BASF 1952 — Zum Imprägnieren von Fasermaterialien und zwecks Erhöhung ihrer Wasch-, Öl- und Benzinfestigkeit sollen Lösungen linearer wachsartiger Polyester in organischen Lösungsmitteln verwendet werden (vgl. DP 805 396).

DP 822 240 Lutex 1951 — Polyvinylfasern in Gewebeform werden unter Spannung einer geregelten Schrumpfung unterworfen, so daß die Gewebe ein dichtes, mattes Aussehen erhalten.

DP 818 632 Bayer 1951 — Die Alkali-, Säure- und Kochbeständigkeit von Wolle kann man durch Behandeln mit Acrylamiden z. B. Triacrylamid des Diäthylentriamins usw. verbessern.

DP 753 945 IG 1952 — Künstliches Eiweißgut wird widerstandsfähiger durch Behandeln mit Dialdehyden der Form $X\begin{cases}(CH_2)_nCHO\\(CH_2)_mCHO\end{cases}$ (n, m ganze Zahl, X = O, S, S_2, NH, NR, CH_2, R = aliphatischer Rest).

DWP 1982 VEB Farbenfabrik Wolfen 1953 — Die Haltbarkeit von Textilfasern soll erhöht werden, indem im Anschluß an die Imprägnierung mit Komplexverbindungen aus Schwermetallsalzen und höher molekularen Biguaniden noch mit filmbildenden Verbindungen, z. B. mit einer Lösung von nachchloriertem Polyvinylchlorid in einem leichtflüchtigen Lösungsmittel, imprägniert wird.

DWP 1466 Thüring. Kunstfaserwerk W. Pieck 1953 — Cullulosefasern sollen durch Einwirkung von Salzen der Cyansäure und des Ammoniums sowie Formaldehyd veredelt werden.

DWP 1945 Thüring. Kunstfaserwerk W. Pieck 1952 — Man veredelt Textilien durch Behandlung mit wäßrigen, gegebenenfalls salzhältigen Lösungen von Kondensaten aus tertiären Aminen und den Reaktionsprodukten von Aldehyden und Halogenwasserstoffen mit mehrwertigen Alkoholen, Mercaptan, Polycyanhydrinen, Polyaminen, Polynitrilen usw.

DAP 2671 Krumbein u. Spencker 1953 — Polyamidfasern werden mit Lösungen von aromatischen Dioxyverbindungen und anschließend mit aliphatischen Aldehyden veredelt.

FP 1 014 428 Hajdu 1952 — Die Gebrauchstüchtigkeit von Textilien soll durch Behandeln mit Silikatlösungen und nachheriger Fällung mit Al-Sulfat, Waschen und Fixieren mit Kunstharzen aus organischen Lösungsmitteln verbessert werden.

FP 1 008 499 DuPont 1952 — Die Scheuerfestigkeit von Textilien wird durch Überzüge von Phenol-Formaldehydharzen und Polyvinylformen erhöht.

FP 1 004 515 Volz 1952 — Man behandelt gebrauchte Gewebe mit Mischungen aus 50 Teilen Ammonbikarbonat, 25 Teilen Na-Sulfat (oder 25 Teilen Kochsalz) und 25 Teilen Aluminiumsulfat und erhält solche von neuem, gefälligem Aussehen.

FP 1 003 104 Vandorpe 1952 — Gebrauchstüchtige Textilien erhält man durch Behandlung mit Ba-Salzen (0,1—2% vom Warengewicht).

FP 1 001 894 BASF 1952 — Bei alkalischer Behandlung von Textilien aus Cellulose, insbesondere solcher aus Regeneratcellulose, gibt man den Behandlungsbädern kleine Mengen Mg-Salze sowie eventuell von Silikaten zu.

FP 997 448 Thogersen 1951 — Die Gebrauchstüchtigkeit von Textilien soll durch Bestauben mit Harzen von niedrigem FP erhöht werden.

FP 992 022 ICI 1951 (vgl. EP 578 079) — Die Behandlung von Terylenegeweben mit Lauge zur Verbesserung des Griffes wird vorgeschlagen.

FP 982 178 Hajdu 1951 — Zur Verbesserung der Scheuerfestigkeit wird in Textilien Kieselsäure kristallin gefällt und mit Kunststoffen überzogen.

FP 977 579 Durand 1951 — Zur Verbesserung der Eigenschaften von künstlichen Fasern werden Zinnphosphat, Al- oder Zn- usw. bzw. Phosphorsilikate niedergeschlagen. (Anwendung des Seidenerschwerungsvorganges auf Kunstfasern.)

FP 974 516 Nezval 1951 — Zur Erhöhung der Gebrauchstüchtigkeit von Geweben, besonders aber Seidenstrümpfen, imprägniert man mit Methylcellulose-, Gelatine- und Kunstharz hältigen Bädern unter Zusatz von Ammonkeratin und Hexamethylentetramin.

BelgP 506 631 Tootal 1953 — Man verbessert die Scheuerfestigkeit von Textilien, indem man gleichzeitig oder nacheinander ganz oder teilweise einen in die Faser eindringenden Stoff (Kunstharzvorkondensat) und einen bloß adhärierenden aufbringt.

BelgP 506 279 BASF 1953 — Zur Verbesserung der Textilien hinsichtlich ihrer Gebrauchstüchtigkeit sollen Methylol-Verbindungen, die in saurem Milieu kondensierbar sind, dienen z. B. eine Mischung von Dimethylolharnstoff mit dem Formiat des Monostearylesters des Triäthanolamins und Triäthanolamin (DP 885 987).

BelgP 504 549 Tootal 1952 — Man erhitzt Cellulosetextilien, die Kunstharz enthalten, in Anwesenheit von Wasserdampf. Die Gebrauchstüchtigkeit wird erhöht.

BelgP 503 331 Holding Solux 1952 — Zur Erhöhung der Gebrauchstüchtigkeit von Textilien usw. aus Cellulose oder Regeneratcellulose gibt man ihnen einen Überzug aus Kunststoff, z. B. aus Mischungen von Organosilizium-Verbindungen mit Kunstharzen oder Celluloseäthern, wobei dieser Überzug für sich noch gefärbt (pigmentiert) sein kann.

HollP 64 541 IG 1949 — Die Gebrauchsdauer von Wolle wird durch Einlagerung von Chromverbindungen erhöht. Man behandelt dabei mit nichtionogenen Füllmitteln (Äthylenoxydanlagerungsprodukten), gegebenenfalls in Anwesenheit von Formaldehyd, in saurem Milieu.

HollP 63 451 IG 1949 — Zur Erhöhung der Gebrauchstüchtigkeit von Geweben werden Alkylen-1,2-imine mit Verbindungen der Form OCN-R-NR'-COCl reagieren und die entstandenen Umsetzungsprodukte (vgl. FP 873 315 und 870 222) verwendet.

HollP 63 208 Breda 1949 — Die Maschendichte von Kunstseidentrikot wird erhöht, indem man mit NaOH von 8—10%, die ein die Quellung verminderndes Salz (Na_2SO_4) enthält, behandelt, ausquetscht und mit Salzbädern wäscht.

HollP 60 551 DuPont 1948 — Polyamide werden veredelt, indem man Isocyanate oder Isothiocyanate bei höherer Temperatur einwirken läßt.

EP 655 912/3 Bozel-Maletra 1951 — Zur Herabsetzung der Quell- und Schrumpffärbigkeit von Kunstseide werden Vorkondensate aus Melamin-Glyoxal-Formaldehyd angewendet, die nachher gehärtet werden.

EP 654 077 Monsanto 1951 — Zur Hebung der Gebrauchstüchtigkeit von Textilien werden die Gewebe durch wäßrige Dispersionen von 2—10% negativ geladener Polystyrol-, Polyvinylacetat- usw. Teilchen geführt und getrocknet.

EP 652 762 Van Billiard 1951 — Zur Erhöhung der Elastizität und Festigkeit sollen Textilfasern dem Einfluß eines Hochfrequenzfeldes unterworfen werden. Speziell Wollen verlieren durch längeres Lagern einen Teil ihrer Elastizität („Room-aging").

EP 651 305 Hore 1951 — Man formalisiert ohne die Faser zu verspröden, indem man mit 5 g Melamin, 1 g ZnO oder 2,5 g Zn $(SCN)_2$ und 15 g Eisessig/Liter kochend behandelt, auf 180% auspreßt und Formaldehyd (50 g/Liter) einwirken läßt, abquetscht, trocknet und 6–8 Minuten auf 150° C erhitzt.

EP 648 644 Rubber 1951 — Herstellung elastischer Gewebe mit Gummieinlagen.

EP 586 549 Dreyfus 1947 — Zur Vergütung von Polyamiden oder Celluloseacetat wird eine Behandlung mit Di-Isocyanaten oder Di-Isocyanaten vorgeschlagen.

AP 2 597 163 Michaels, Machlis 1952 — Ein hitzebeständiges Nylongewebe wird erhalten durch Imprägnieren mit Chinonen in wäßriger Lösung (0,5–5%) pH < 7, 15–100° C, 12 Sekunden bis 24 Stunden.

AP 2 580 286 Dorsett 1951 — Man imprägniert Cellulosetextilien, die mit Stärke, Harzen usw. appretiert sind, mit Phosphatlösungen ($Me_2O : P_2O_5 = 0{,}8 : 1–1{,}7 : 1$), um sie gegen Säuren widerstandsfähig zu machen.

AP 2 567 097 Orr Felt & Blanket Co. 1951 — Papiermaschinenfilze werden widerstandsfähiger gegen Abrasion durch Behandlung mit Harnstofformaldehydharz und Ammoniak. Man behandelt, härtet, und imprägniert dann mit der ammoniakalischen Emulsion eines Butadien-Acrylnitril-Copolymers (s. a. AP 2 211 951, 2 211 959, 2 327 573).

AP 2 553 396 Rubber 1951 — Zur Verbesserung der Qualität werden Cellulosetextilien mit Abietylaminen behandelt.

AP 2 536 050 Cyanamid 1951 — Man behandelt mit Mischungen von Melaminharzvorkondensaten und thermoplastischen Materialien.

AP 2 534 314/19 und 2 534 322 Bigelow-Sanford 1951 — Wolle wird durch Behandlung mit Ba-Salzen und H_2SO_4, Titanylverbindungen, Zirkonylverbindungen usw. delustriert und griffiger gemacht, um für die Teppichfabrikation geeignet zu werden.

AP 2 268 648 Dreyfus 1942 — Zur Erhöhung der Festigkeit und Bügelfestigkeit behandelt man Celluloseacetat mit Carbonylchlorid bei 120–140° C.

AustralP 136 956 Research 1950 — Die Erniedrigung der Quellung von Viskosereyon erfolgt bei einem bestimmten Feuchtigkeitsgehalt von 17–25% durch Erhitzen in einem geschlossenen Autoklaven.

3. Die Schrumpffestausrüstung von Textilien. Verfahren zur Herabsetzung der Filzfähigkeit von Wolle.

Die zahlreichen Vorschläge für die chemische Behandlung von Textilien, um deren Schrumpfechtheit zu verbessern, zeigen, daß auch hier die Verfahren noch nicht befriedigen.

Für Wolltextilien wird neben einer Kunstharzbehandlung (Lanaset-Verfahren) auch das Formalisieren (vgl. S. 231) bzw. eine Glyoxalbehandlung[8] oder das Chlorieren angewandt (vgl. S. 337). Hier sind neben den bereits besprochenen Methoden das *Melafix*-Verfahren der Ciba zu nennen, welches die Halogenbehandlung in Anwesenheit von Melaminharzvorkondensaten vornimmt, wobei das starke Chlorrückhaltungsvermögen des Harzes eine gesteuerte Halogeneinwirkung auf das Material bedingt (vgl. DP 883 883 und DP 828 537). Das *Lanafix*-Verfahren der British Cotton and Wool Dyers Assoc. arbeitet nach einer Vorbehandlung mit Spuren von Kupfersulfat mit schwach alkalischem Wasserdampfperoxyd[9].

Durlana und Koloe sind schrumpffreie Wollen, die mit synthetischen Kautschukfilmen versehen sind[10].

---

[8] DP 818 188, FP 985 865.

[9] EP 614 966, vgl. EP 553 923, HollP 67 693.

[10] Melliand Textilber. 32, 399 (1951).

Nach J a c k s o n, L i p s o n und G e e l o n g[11] verliert Wolle durch Behandlung mit alkoholischen Lösungen von N-Methylolmethylnylon ihre Filzfähigkeit, wenn 3% des Wirkstoffes aufgebracht und mit 2 n HCl nachbehandelt wurde. Es sollen 20–24% der Aminogruppen durch Methylolgruppenreaktion zur Reaktion gebracht worden sein.

Beim Schrumpffestmachen ist die Verringerung des DFE durch Kunstharzeinlagerung in Wolle (etwa nach dem *Lanaset*-Prozeß) eine sehr geringe. Die Antifilzwirkung dürfte zum Hauptteile auf eine vermehrte Faseradhäsion zurückgeführt werden können[12]. Wird mit Silikonharzen gearbeitet, so wird eine Bindung der Si—O—Si-Kette an die Aminogruppen der Wolle angenommen werden können[12a]. Vor allem umhüllt das Polymer die Epithelschuppen und verhindert so das Filzen[13].

Beim *Sanforset-G*-Prozeß der Glyoxalbehandlung von Cellulosetextilien ergeben sich bei Waschproben nach dem Standard CCCC-191 a Waschtest (Year Book of the AATCC, 23, 227) folgende Schrumpfungen (nach Cluett-Peabody, OeP 171 039).

a) Reinviskosereyongewebe aus 28/1 Kette auf 14/1 Schuß, Einstellungsdichte 66 × 41, 124 g/m.

Kettenschrumpfung: cm/m	Wäsche				
	1.	2.	3.	4.	5.
Unbehandelt	18,3	16,6	17,8	18,9	20,8
Behandelt	3,3	3,1	3,3	3,9	3,9

b) Viskoseshantung, Einstellung 116/72, 102,3 g/m.

	Wäsche									
	1.		2.		3.		4.		5.	
	Kette	Schuß	Kette	Schuß	Kette	Schuß	Kette	Schuß	Kette	Schuß
Unbehandelt	—10,6	—4,7	—11,4	—5,3	—11,9	—5,3	—12,8	—5,6	—13,3	—5,8
Behandelt	+ 1,9	0	+ 1,4	0	+ 0,8	0	+ 5,6	0	+ 8,3	0

Bei der Behandlung mit alkylierten Methylolmelaminen werden nach Am. Cyanamid Co. (OeP 169 318) folgende Daten hinsichtlich der Verbesserung des Schrumpfens von Wollware (*Lanaset*-Prozeß) angegeben:

	Schrumpfung nach Waschzeit (mit Seife), 50° C		
	15 Min.	30 Min.	60 Min.
Unbehandelt	15,3	21,0	33,3
Methyliertes Methylolmelamin	2,1	2,8	4,2
Äthyliertes „	2,1	2,8	4,2
Butyliertes „	1,4	2,8	5,2
Butylcarbilotiertes „ [14]	2,8	3,5	3,5
„ „ [15]	1,4	2,1	2,1

[11] Text. Res. J. 21, 156 (1951).

[12] M a r e s h, R o y e r: Text. Res. J. 19, 449 (1949), bzw. L i n d b e r g, G r a l e n: Ibid. 19, 183 usw. (1949); [12a] FP 1 028 149 (Tootal).

[13] A l e x a n d e r, C a r t e r, E a r l a n d: J. Soc. Dyers Colourists 65, 107 (1949).

[14] Butylcarbitol: Butyläther des Glykols (Äther des Glykols heißen Carbitole).

[15] Härtungs-Katalyt: Methylpyrophosphat.

Das „X_2"-Verfahren der Dan River Mills soll die Herstellung von Kondensaten aus mehrwertigen Alkoholen und Ketonen in der Faser betreffen.

Der von der Am. Viscose Corp. entwickelte *Avcoset-Finish* ist nur für Kunstseide geeignet. Die Faserfestigkeit vermindert sich dabei um 5—10%, eine Chlorretention wird nicht beobachtet.

Über den „Sanforlan"-Prozeß zum Schrumpffestmachen von Wolsey-Stevenson vgl. EP 569 730 und Woodruff, Amer. Dyestuff Reporter 41, P 440 (1952).

Für Cellulosetextilien, insbesondere aus Cellulosehydraten, führt vielfach schon das Formalisieren bzw. die Behandlung mit Glyoxal usw. in Anwesenheit saurer Katalyten zum Ziel (vgl. 231). Auf die dabei vielfach aufscheinende Faserverfärbung bzw. den Festigkeits- und Dehnungsverlust, letzterer stets eintretend, ist bereits hingewiesen worden. Bei dem Schrumpffestmachen mittels Kunstharzvorkondensaten ist es bekanntlich notwendig, eine an der Faseroberfläche auftretende Harzbildung zu verhüten, welche meist die Scheuerfestigkeit erheblich herabsetzt. Dies soll mit den jetzt vielfach angestrebten stabilen Kunstharzvorkondensatlösungen möglich sein. Allerdings ist eine Einbuße an Scheuerfestigkeit stets vorhanden.

Die außerordentlich große Anzahl von Vorschlägen zeigt, daß allseits befriedigende Ergebnisse nicht erzielt werden, weshalb man vielfach das Schrumpffestmachen nach Art des Sanforisierens bzw. des Rigmelprozesses (vgl. S. 372 H) vornimmt.

Literaturübersicht über die Schrumpffestausrüstung von Textilien.

Moncrieff: Wool Shrinkage and its Prevention. National Trade Press, London 1953.

Die Verminderung des Schrumpfens der Wolle durch Wasserstoffsuperoxyd. Text. Rec. **70**, No. 833, 75 (1952).

Fröhlich: Verfahren zur Herabsetzung des Filzvermögens der Wolle. Textil Praxis **7**, 292 (1952).

Bray: Lanafix-Schrumpffestverfahren. Melliand Textilber. **33**, 1145 (1952).

Shapiro: Die Schrumpfungskontrolle durch Harnstoff-Formaldehydharz-Appreturen. Reyon Synth. Text. **33**, 65 (1952); **30**, 58 (1949).

Azuma, Bekku, Ito: Schrumpffestmachen von Wolle mit Thioharnstoffharzen. J. Soc. Textil. Cell. Ind. (Japan) **8**, 127 (1952), zit. C. A. 8861 (1952).

Mizuta: Die Kunstharzbehandlung von Textilien und die Eigenschaften auf Grund des Kunstharzgehaltes. J. Soc. Text. Cell. Ind. (Japan) **8**, 70 (1952), zit. C. A. 8861 (1952).

Schönpflug, Anschütz: Das Abziehen von Kunstharzkondensaten (Kaurit KF, Ureol AC, Cassurit MKF, Lyofix A). Melliand Textilber. **33**, 960 (1952).

Kündig: Die Analyse von mit Aminoplasten imprägnierten Textilien. Textil Rundschau **7**, 451 (1952).

Lindberg, Alexander: Das Filzvermögen permanganatbehandelter Wolle. J. Soc. Dyers Colourists **67**, 192 (1951).

Patent- und Literaturübersicht über das Schrumpffreimachen von Wolle. U. S. Quartermasters Res. Lab. ORR 62/51. 1950, zit. J. Soc. Dyers Colourists **67**, 478 (1951).

Brown, Hornstein, Harris: Formaldehydbehandlung von Wolle. Text. Res. J. **21**, 222 (1951).

Das Schrumpffestmachen von Wolle mit synthetischen Kautschuken. Melliand Textilber. **32**, 399 (1951).

Moncrieff: Das Filzen der Wolle. Text. Manufacturer **77**, 157 (1951).

Hall: Das Schrumpffestmachen von Wolle mittels Ultraschall. Text. Mercury Argus **124**, 493 (1951).

Jackson, Lipson: Das Schrumpffestmachen von Wolle mit N-Methoxymethylpolyamiden. Text. Res. J. **21**, 156 (1951).

Bobeth: Die Gewebekrumpfung. Faserforsch. u. Textiltech. **2**, 443 (1951).

Pradon: Schrumpfechtausrüsten. Teintex **16**, 405 (1951).

Das Schrumpffestmachen von Textilien. Dyer **106**, 395 (1951).

Frohnsdorf, Whewell: Einfluß von Härtungsprozessen in der Filzherstellung. J. Soc. Dyers Colourists **67**, 142 (1951).

Nuessle: Scheuerfestigkeit von mit Kunstharz behandelten Geweben. Text. Res. J. 21, 747 (1951).

Pradon: Schrumpffreifinish. Teintex 16, 405 (1951).

Hagen: Maschinen für die Kunstharzausrüstung. Melliand Textilber. 33, 873 (1951). Schrumpffestmachen. Text. Mercury 121, 498 ff. (1949), 184 ff. (1950).

Alexander, Carter, Earland: Die Einwirkung von Dialkyläthern von Dimethylharnstoff auf Wolle. J. Soc. Dyers Colourists 66, 579 (1950).

Von Bergen, Clutz: Text. Res. J. 20, 580 (1950).

Woodruff: Das Schrumpffreimachen. Text. Mercury Argus 123, 421 ff. (1950).

Whevell: Walkfähigkeit von Wolle-Nylon- usw. Mischungen. Dyer. 104, 547 (1950).

Speakman, Barr et al: Verhinderung der Wollschrumpfung mit Resorcin-Diisocyanat-Polymeren. J. Soc. Dyers Colourists 62, 338 (1946).

Patentschrifttum über die Schrumpffestausrüstung von Textilien.

OeP 172 336 Ciba 1952 — Die Verbesserung der Schrumpfechtheit von Baumwollgeweben ohne wesentliche Verringerung der Reißfestigkeit erfolgt durch Behandlung mit einem positiv geladenen Kolloid eines Aminotriazinaldehydharzes, dessen Säure eine wasserlösliche gesättigte aliphatische Monocarbonsäure wie Essigsäure, Glykolsäure oder Ameisensäure ist. Nach dem Imprägnieren wird bei etwa 20–200° C, am besten 107–177° C, getrocknet (gehärtet).

OeP 169 318 Cyanamid 1951 — Das Herabsetzen des Verfilzens durch Behandlung mit alkylierten Methylolmelaminen wird beschrieben.

% Harzgehalt	Schrumpfung in % nach Waschen während:		
	15 Min.	30 Min.	60 Min.
Unbehandelt	11,1	18,0	29,2
10 % methyl. Methylolmelamin	1,4	2,1	2,4
5 % „ „	2,1	3,5	5,5
2,5% „ „	4,2	5,5	12,5
Härtungstemperatur C			
Kontrolle	11,1	18,0	29,2
15 Min. bei 110°	2,8	3,5	4,6
15 „ „ 115,5°	2,1	2,8	3,5
15 „ „ 121,5°	1,4	2,1	2,4
15 „ „ 126,7°	1,4	2,1	2,4

Verschiedene alkylierte Methylolmelamine nach 90 Min. Waschen:

Unbehandelt	40,3%	Schrumpfung
Methyl-Methylolmelamin	2,1%	„
Octyl-Methylolmelamin	11,8%	„
Lauryl-Methylolmelamin	6,8%	„

OeP 169 314 Tootal 1951 — Das Verfilzen der Wolle wird verhindert durch Behandlung mit Alkali, das in Alkohol gelöst ist; vgl. CanP 478 590.

DP 878 789 Ciba 1953 — Die Schrumpfechtheit von Baumwollgeweben wird durch Behandlung mit positiv geladenen polymeren Aldehydkondensaten von Di- oder Triaminotriazinen in kolloidaler Lösung in Anwesenheit von 0,5–7 Mol einer niedermolekularen, gesättigten, aliphatischen Kohlenwasserstoff- oder Oxykohlenwasserstoffmonocarbonsäure mit einer Dissoziationskonstante von $1,4 \cdot 10^{-5}$ bis $2,5 \cdot 10^{-4}$ verbessert.

DP 874 897 Viscose 1953 — Man macht schrumpffest mit Kunstharzvorkondensatlösungen unter Zusatz eines wasserunlöslichen, alkalilöslichen Celluloseäthers bei pH = 1,2–6,5, Trocknen und Härten.

DP 874 754 Cyanamid 1953 — Zur Herstellung schrumpffester Gewebe behandelt man neben alkylierten Methylolmelaminen mit einem mindestens 8 C-Atome enthaltenden aliphatischen Alkohol.

DP 871 885 Cyanamid 1953 — Zur Herabsetzung des Filzvermögens der Wolle wird diese mit Lösungen oder Dispersionen von alkylierten Methylolmelaminen behandelt, derart, daß die Wolle etwa 2,5—15% ihres Trockengewichtes an Wirkstoff aufnimmt, und daran gehärtet.

DP 866 335 BASF 1953 — Schrumpffeste, in ihren Dehnungseigenschaften nicht beeinträchtigte Cellulosetextilien erhält man durch Behandeln mit Bädern, die maximal 2,5% HCOH (frei oder in Form des Methylolharnstoffs) sowie maximal 5% $ZnCl_2$ enthalten. Man trocknet und erwärmt kurz auf 125° C.

DP 850 289 Mecheels 1952 — Krumpfarme Textilien sollen erhalten werden, indem man sie, vorzugsweise in feuchtem Zustande, der Beschallung (Hör- oder Ultraschall) unterwirft.

DP 849 397/8 Cassella 1952 (vgl. DP 818 188) — Zum Krumpffreimachen von Wolle wird diese in saurem, wäßrigen Medium mit organischen Acylverbindungen des Glyoxals behandelt und dann getrocknet (Glyoxaltetracetat + Alaun). Eventuell kann auch Glyoxalsulfat (DP 849 398) mit der gleichen Gewichtsmenge von Sulfaten amphoterer Metalle verwendet werden.

DP 845 939 Hydrierwerke 1952 — Wasserlösliche Kondensationsprodukte, die erhalten werden, wenn aromatische Verbindungen, welche neben mit Aldehyden nicht kondensierbaren, wasserlöslichmachenden Gruppen im Molekül wenigstens zwei am N-Atom arylsubstituierte Sulfamidgruppen enthalten, mit Aldehyden in wäßrigem Milieu reagieren, können neben der Reservierung von Wolle gegen die Anfärbung mit Baumwollfarbstoffen auch zur Schrumpffestausrüstung dienen. Die Behandlung von aus Cellulosehydrat bestehenden Textilien erfolgt mit wäßrigen alkalischen Flüssigkeiten, die einen alkalilöslichen, wasserunlöslichen Celluloseäther mit freien OH-Gruppen, einen gesättigten Aldehyd oder ein Kondensationsprodukt des Aldehyds mit Aceton enthalten, wobei nach Abquetschen erhitzt wird.

DP 818 188 Cassella 1951 — Das Krumpffestmachen von Wolle erfolgt durch Behandlung mit Glyoxalsulfat in sauren Bädern.

DP 816 087 BASF 1951 — Wolle wird durch Behandeln mit Mercaptocarbonsäuren und nachheriger Oxydation filzfest.

SP 286 455 Bopp 1953 — Zum Schrumpffestmachen soll Diallylphtalat in Kombination mit Vinylharzen dienen, wobei man z. B. mit Diallylphtalat und Polyvinylalkohol oder partiell hydrolysierten Polyvinylestern behandelt. Ein organisches Peroxyd kann als Katalyt zugesetzt werden.

SP 286 101 Bozel-Maletra 1953 — Die Herstellung von Kondensationsprodukten aus Harnstoff und Glyoxal sowie Formaldehyd wird beschrieben, sie sollen zum Schrumpffestmachen dienen.

SP 281 725 Cluett, Peabody 1952 — Zum Schrumpffestmachen werden Textilien mit wäßrigen Lösungen des Reaktionsproduktes aus 2—6 Mol Formamid und 3 Mol Formaldehyd in Gegenwart saurer Katalyten ($AlCl_3$, Oxalsäure usw.) behandelt.

SP 272 992 Ciba 1951 (Zusatz zu SP 268 532) — Durch Einwirkung von Methylolderivaten auf Melamin usw. werden Produkte erhalten, die man zum Schrumpffestmachen von Textilien anwenden kann.

FP 1 026 794 DuPont 1953 — Die Schrumpfung von Wolltextilien wird durch Zumischen von 15—40% Polyacrylnitrilfasern zur Wolle verhindert.

FP 1 025 552 Viscose 1953 — Man verhindert das Schrumpfen von Cellulosetextilien durch Behandeln mit Aldehyd-Keton-Vorkondensaten und nachträglichem Erhitzen.

FP 1 025 265 Tootal 1953 — Das Schrumpfen von Wolle wird mit alkalischen HCOH-Lösungen in einem organischen Lösungsmittel verhindert.

FP 1 018 479 Viscose 1953 — Das Schrumpffestmachen soll durch Behandlung mit in Wasser unlöslichen Celluloseäthern bei pH 1,2—6,5 erfolgen, wobei das Behandlungsbad noch einen potentiellen sauren Katalyten, Alkali, Melaminformaldehydvorkondensat usw. enthält.

FP 1 007 792 BASF 1952 — Zur Verringerung der Filzfähigkeit von Wolle wird mit Mercaptocarbonsäuren und nachher mit Oxydationsmitteln behandelt.

FP 1 003 986 Viscose 1952 — Die Stabilisierung von Polyäthylengeweben in der Wärme wird beschrieben.

FP 1 001 492 Stockhausen 1952 — Man behandelt nach der Kunstharzimprägnation und Härtung oder nach dem Formalisieren zum Geruchlosmachen mit Ammoncarbonat- und Kaliumcarbonatlösungen, eventuell in Gegenwart von Weichmachern. Damit wird gleichzeitig auch restlicher saurer Katalyt unwirksam (vgl. FP 1 001 471).

FP 998 883 Textilwerke AG 1951 — Zum Schrumpf- und Filzfestmachen von Wolle behandelt man mit Harzvorkondensat und Formaldehyd in saurem Milieu.

FP 998 608 Cyanamid 1951 — Zum Schrumpffestmachen von Wolle soll eine Behandlung mit Aminoplasten in Gegenwart von Peroxyden dienen (pH 8—12).

FP 996 986 Fothergill Harvey 1951 — Zum Schrumpffestmachen von Cellulosetextilien werden diese mit halogenierten Hydrinen behandelt. Man imprägniert mit NaCl enthaltenden Lösungen von Glycerin-1,3-dichlorhydrin und erhitzt in Gegenwart von Alkali; vgl. EP 696 282.

FP 991 352 Cluett Peabody 1951 — Zum Schrumpffestmachen werden die Textilmaterialien mit Lösungen von Methylolformamid und einem Katalyten behandelt (Oxalsäure, Al-Chlorid).

FP 985 865 Danner, Zerweck 1951 — Um das Schrumpfen der Wolle zu verhüten, behandelt man das Textilgut mit wäßrigen sauren Lösungen von Glyoxalsulfat und trocknet. Der pH-Wert beträgt gemäß einem Beispiel etwa 1,9.

FP 964 602 Research 1951 — Man behandelt Wolle mit Vorkondensaten von Resorcin und Formaldehyd und härtet. Dabei wird sie schrumpffest.

FP 960 594 Ciba 1950 — Man behandelt die Wolle in sauren Bädern mit wasserabstoßenden Melamin-Formaldehydkondensaten, trocknet und härtet (FP 1 029 631).

FP 957 519 ICI 1950 — Man setzt das Filzvermögen durch Behandlung mit Anhydrocarboglycin,

$$\begin{array}{ccc} NH & - CH_2 - & O \\ | & & | \\ CO & \text{———} & O \end{array}$$

in organischen Lösungen herab. Nach Abquetschen wird auf 90—140° C erhitzt.

FP 944 401/02 Cluett Peabody 1950 — Man behandelt mit Glyoxal bzw. Glyoxal und Polyvinylalkohol.

BelgP 503 294 Ned. Org. Toegep. Naturw. Onderzoek 1952 — Man behandelt Textilien mit Verbindungen der Form $CH_2OH{-}NH{-}CX{-}(CH_2)_n{-}CX{-}NH{-}CH_2OH$, wobei X = O oder S und n = 2—8 bedeutet und trocknet bei 70° C (z. B. verwendet man Dimethyloladipamid. Die Textilien werden schrumpffest. Ein saurer Katalyt ist anwesend. Der Effekt ist im Gegensatz zur Behandlung mit Dimethylolharnstoff waschecht; vgl. EP 698 135.

BelgP 502 784 Bradford Dyers 1952 — Um die Schrumpfung von Cellulosematerialien zu verhüten, werden sie mit Isocyanaten, Bisulfit und einem Amid, Amidin oder Aminotriazin behandelt und dann erhitzt.

BelgP 492 069 Textilwerke Gossau 1949 — Man erhält Behandlungsbäder, um Wolle filz- und schrumpffest zu machen, indem man diesen ein synthetisches Harz und Formaldehyd zusetzt, die man vorher in sauren Lösungsmitteln gelöst hat.

BelgP 486 048 Ciba 1951 — Man verwendet zum Schrumpffestmachen Kondensate, bei welchen 4—6, vorzugsweise 5—6 Moleküle Formaldehyd an 1 Mol Melamin gebunden sind.

HollP 76 226 Stevensons 1950 — Das Schrumpffestmachen von Wolle erfolgt mit Permanganatlösung bei pH > 5 und 60° C, worauf mit Alkalihypochloritlösung bei pH 7,5—11,5 behandelt wird.

HollP 72 356 Bozel Maletra 1953 — Amide (Harnstoff, Melamin) werden mit Glyoxal und nachher mit Formaldehyd kondensiert. Die erhaltenen Produkte dienen zum Schrumpffestmachen.

HollP 67 693 Cotton & Wool Dyers 1951 (vgl. EP 553 923, DP 727 153) — Das Filz- und Schrumpffestmachen von Wolle soll mit Peroxydlösungen, deren pH zwischen 3—10,5 liegt, in Anwesenheit geringer Mengen Cu, Ni, Ag oder Hg erfolgen.

HollP 64 665 Tootal 1949 — Das Schrumpfvermögen von Wolle wird verringert durch Imprägnierung mit Kunstharzvorkondensaten, Härten und Nachbehandlung mit Natriumhypochloritlösung usw.

HollP 64 268 Mathonet, Köstring 1949 — Das Schrumpfen von Wolle wird verhindert, indem man sie feucht unter 0° C frieren läßt.

HollP 63 325 ICI 1949 — Um Wolle in der Filzfähigkeit zu vermindern, wird mit Anhydrocarboglycin der Formel NH—CH_2—CO behandelt.

```
NH—CH2—CO
|       |
CO——————O
```

HollP 61 889 Cyanamid 1948 — Zur Verminderung des Filzvermögens von Wolle wird eine Imprägnierung mit der Lösung oder Dispersion eines nicht polymerisierten, alkylierten Kondensationsproduktes aus Formaldehyd und Melamin vorgenommen, wobei die Wolle 2—15 Gewichtsprozent aufnimmt. Hernach wird solange und so hoch erhitzt (150° C), daß Härtung eintritt.

HollP 60 821 Stevensons 1948 — Das Schrumpffreimachen von Wolle erfolgt durch Kombination der bekannten Hypochlorit- oder Nitrosylchloridbehandlungen mit Permanganatlösungen, wobei gleichzeitig, vorher oder nachher behandelt wird.

HollP 60 727 Tootal 1948 — Zur Verminderung der Schrumpfung von Wolle sollen Basen in organischen Lösungsmitteln, wobei diese Lösungsmittel mit einer als Verdünnungsmittel wirkenden organischen Flüssigkeit versetzt sind, Verwendung finden.

HollP 59 227 Tootal 1947 — Zur Verminderung der Filzfähigkeit bzw. des Schrumpfens von Wolle wird mit Alkali, welches in organischen Flüssigkeiten gelöst oder dispergiert ist, behandelt (KOH in C_2H_5OH).

ItalP 465 622 Viscose 1952 — Schrumpffeste Reyontextilien erhält man durch Behandlung mit alkalischen Lösungen, die Celluloseäther und Formaldehyd enthalten (vgl. ItalP 467 306 und 467 441 bzw. 467 443).

ItalP 459 412 Fothergill 1951 — Zum Schrumpfechtmachen von Cellulosetextilien werden dieselben mit aliphatischen Verbindungen mit 3—6 C-Atomen, die 2-Epoxykerne verbinden, und Alkali behandelt.

ItalP 457 193 Cluett Peabody 1951 — Schrumpffeste, cellulosehältige Textilien werden durch Behandeln mit Methylolformamid und einem sauren Katalysator unter Härtung erhalten.

EP 692 380/81 Lipson, Jackson 1953 — Man behandelt Wolle usw., um ihre Schrumpfneigung zu vermeiden, mit organischen Lösungen von Polyamiden. Gleichzeitig wird die Scheuerfestigkeit erhöht.

EP 692 258 Stevenson 1953 — Das Schrumpfen und Filzen von Wolle wird durch Behandlung mit Permonoschwefelsäure und Schwefelsäure bei pH $< 0,5$ erzielt.

EP 690 875 Viscose 1953 — Das Schrumpffestmachen erfolgt mit Lösungen von alkalilöslichen Celluloseäthern und Kunstharzvorkondensaten bei pH 1,2—6,5.

EP 689 102 Beer 1953 — Schrumpffeste Textilien sollen durch Behandlung mit Monomethyloldimethylhydantoin, Dimethylolharnstoff bei pH 2—2,5, Quetschen, Trocknen und Härten entstehen.

EP 688 135 Viscose 1953 — Zum Schrumpffestmachen von Cellulosematerial sollen alkalische Lösungen, die einen wasserunlöslichen, alkalilöslichen Celluloseäther, einen Aldehyd oder ein härtbares Vorkondensat des Aldehyds mit einem Keton enthalten, verwendet werden.

EP 687 856 Beer 1953 — Zum Schrumpffestmachen von Textilien aus Cellulose werden Formaldehyd abgebende Stoffe wie Dimethyloldimethylhydantoin (1—7%) mit organischen Säuren, die ein pH von 2—2,5 erzeugen, verwendet. Nach der Imprägnierung wird kurz auf 120—150° C erhitzt.

EP 686 104 Tootal 1953 — Eine Kombination der bekannten Alkalibehandlung von Wolle (EP 538 428, 538 396) mit einer Formaldehydbehandlung zur Erhöhung der Naßfestigkeit der schrumpfechten Wolle wird vorgeschlagen.

EP 680 623 Cyanamid 1952 — Zum Schrumpffreimachen von Wolle behandelt man mit alkalischen Peroxydlösungen, imprägniert hernach mit Aminoplastvorkondensaten und härtet (vgl. AP 2 395 791, EP 553 923, 579 584, 564 958, 569 730).

EP 679 386 Cyanamid 1952 — Schrumpffeste Wolle erhält man durch Behandlung des Materials mit sauren, wäßrigen, kolloidalen Lösungen von positiv geladenen Aminotriazin-Aldehydkondensaten, die mindestens 0,5—7 Mol einer wasserlöslichen aliphatischen gesättigten Monocarbonsäure oder Oxycarbonsäure mit einer Disoziationskonstante zwischen $1,4 \times 10^{-5}$ und $2,5 \times 10^{-4}$ für jedes Mol monomeres Aminotriazin-Aldehydkondensat erhalten.

EP 674 645 Cyanamid 1952 — Die Schrumpfung von Baumwollgeweben wird vermindert, wenn man sie mit kolloidalen wäßrigen Lösungen von positiv geladenen Aldehyd-Aminotriazinkondensaten behandelt, welche saure Katalyten enthalten. Die Konzentration wird so gewählt, daß 2,5—15% Vorkondensat vom Warengewicht aufgenommen werden, dann wird getrocknet und gehärtet.

EP 673 879 Viscose 1952 — Gewebe aus Polythenfasern (Polyäthylen) werden auf eine Temperatur zwischen Schrumpfpunkt und Schmelzpunkt erhitzt, wobei das Gewebe gespannt ist und die Schrumpfung in jeder Richtung kontrolliert wird (Fixierung).

EP 673 634 Colnhoff 1952 — Die Herstellung von wäßrigen kolloidalen Lösungen von Harzen und ihre Verwendung u. a. zur Gewebebehandlung wird beschrieben. Holzmehl, Tannin usw. sollen der Lösung zugesetzt werden.

EP 673 642 Cluett Peabody 1952 — Das Schrumpffestmachen von Cellulosematerial erfolgt mit Lösungen des Reaktionsproduktes von Formaldehyd (3 Mol) und Formamid (2–6 Mol) bei einem pH von etwa 5 in saurem Milieu, Trocknen und Härten.

EP 672 673 Bancroft 1952 — Man bringt auf cellulosehaltige Textilien 5–20%ige Lösungen von härtbaren Aminoplasten auf, derart, daß die Gewebe 70–90% des in der Lösung anwesenden Harzes aufnehmen, trocknet bei Raumtemperatur, kalandriert bzw. verformt mechanisch unterhalb 90° C und bringt dann das Material in einem Raum bei 110–160° C (8–2 Minuten) zur Härtung. Ein saurer Katalyt wird zugegeben bzw. eventuell ein Weichmacher.

EP 672 130 Monsanto 1952 — Man verwendet zur Kunstharzimprägnation von Textilien chlorierte Melamin- bzw. Harnstoff-Formaldehydvorkondensate und als Härtungskatalyt einen aliphatischen Aminoalkohol, z. B. 2-Amino-2-methylpropanol-(1) in Form seines Hydrochlorides oder -phosphats usw.

EP 669 991 Monsanto 1952 — Zum Schrumpffestmachen von Textilien als auch zur Erzielung einer Knitterechtheit imprägniert man das Material mit methylierten Melaminaldehydvorkondensaten und Thioharnstoffaldehydvorkondensaten, nach deren Umsetzung mit Chloraminen; vgl. EP 601 167.

EP 669 442 Textilwerke Gossau 1952 — Zum Schrumpf- und Filzfestmachen von Wolle behandelt man mit Melamin-Formaldehydvorkondensaten und Formaldehyd in Lösungen vom pH unter 7 und trocknet ohne besondere Härtung (OeP 176 818).

EP 667 111 Kozequilt 1952 (vgl. EP 448 275) — Man verbindet Gewebelagen mit schrumpffest gemachter Wolle unter Zusammennähen („Quilting").

EP 665 083 Ciba 1952 — Die Herstellung stabiler konzentrierter wäßriger Emulsionen von Aminoplastvorkondensaten zur Gewebebehandlung wird beschrieben.

EP 664 795 Rubber 1952 — Die Behandlung von Cellulosefasern mit Vinylsulfon $(CH_2 = CH_2)-SO_2$ in Gegenwart eines basischen Katalyten verhindert die Schrumpfung von Viskosereyon (vgl. BelgP 500 513 Hoechst usw.).

EP 662 683 Bancroft 1951 — Man behandelt Baumwollgewebe mit Copolymeren von 80–20% Di-, Tri- oder Tetramethylolmelamin und 20–80% methylierten Methylolmelamin mit mindestens 3 Methylolgruppen, von denen mindestens 2 methyliert und eine unmethyliert ist. Die Textilien sind schrumpffest usw.

EP 661 376 Dan River Mill 1951 — Man setzt einen polymeren mehrwertigen Alkohol mit Aldehyd in alkalischem Milieu um, bringt das erhaltene Produkt mit dem aus der Umsetzung eines Aldehyds mit einem Keton in alkalischem Medium entstandenen Stoff in Reaktion und imprägniert Textilmaterial mit einer wäßrigen Lösung des erhaltenen Endprodukts in alkalischem Milieu und trocknet. Man erhält z. B. mit Stärke-Aldehyd-Aceton-Aldehyd-Reaktionsprodukten schrumpffeste Textilien.

EP 658 994 Monsanto 1951 — Das Schrumpffestmachen von Wolltextilien erfolgt durch Imprägnierung derselben mit Vorkondensaten von Aminoplasten in Gegenwart kleiner Mengen freien Formaldehyds bei nachheriger üblicher Härtung.

EP 657 111 Walkden Makin 1951 — Das Schrumpffestmachen erfolgt in zwei Bädern, erst durch Behandlung mit schwachen Oxysäuren und NH_3 (Ricinolsäure und NH_3) und dann mit Formaldehyd, nach Zwischentrocknen mit 5–7% HCOH und 2,5–5% Antimonlactat.

EP 656 938 Wolsey 1951 — Zum Schrumpffestmachen wird Wollmaterial mit Lösungen von Peroxyden der Form $RC\langle{}^{O}_{O-OM}$, R = H, Alkyl, Aryl, M = H oder Metall (tert. Butylperbenzoat) usw. behandelt.

EP 614 966 Cotton Wool Dyers Assoc. 1939 — Lanafix-Verfahren zum Schrumpffreimachen; vorbehandelt wird mit 0,01–0,05% Kupfersulfat bei 70° C, hierauf bei pH 10,5 und 50° C mit 2% H_2O_2; vgl. AP 2 599 977.

AP 2 622 996 Monsanto 1952 — Die Behandlung von Filzen mit Kunstharzvorkondensaten und das Aushärten wird beschrieben.

AP 2 617 744 Cyanamid 1952 — Die Behandlung von „non woven fabrics" mit Aminoplastvorkondensaten zur Erhöhung deren Festigkeit wird behandelt.

AP 2 608 494 Walkden Makin 1952 — Zur Verhinderung des Schrumpfens von Textilien behandelt man in Bädern, die Ölsäure, Capronsäure, Ricinusölsäure und NH_3, Harnstoff, Melamin usw. enthalten; nach dem Trocknen behandelt man mit Formaldehyd und Antimonlactat und härtet (vgl. EP 501 288, AP 2 165 265, 2 175 183, 2 191 362, 2 242 565).

AP 2 590 390 Wolsey 1952 — Die Schrumpfechtheit von wollehältigem Material wird durch Behandlung mit Chloramiden und Chlorsulfonamiden in kalten sauren Lösungen vom pH 2 erzielt.

AP 2 579 871 Rubber 1951 — Wolle wird in Gegenwart alkalischer Katalyten mit Divinylsulfon behandelt.

AP 2 562 603 Coe 1951 — Man behandelt Wolle, um sie schrumpffest zu machen, mit einer 3% Dispersion (Emulsion) von dreifach ungesättigten trocknenden Ölen in organischen flüchtigen Mitteln, um einen dünnen, filmartigen Überzug des Wollhaars nach dem Erhitzen auf 100–105° C zu erzielen.

AP 2 562 161 Cluett Peabody 1951 — Die Stabilisierung von Textilien aus regenerierter Cellulose erfolgt mit Glyoxal und Acetamid oder Formamid in sauren Lösungen.

AP 2 555 277 Cyanamid 1951 — Zum Schrumpffestmachen werden methylierte Methylolmelamine verwendet, die 3% sekund. Ammonphosphat und zirka 4–20% Silicofluoride enthalten.

AP 2 548 774 Mayne, Riverdale 1951 — Man behandelt Wolle zum Schrumpffestmachen unter Druck im geschlossenen Raum mit Permanganatlösungen von 0,001 bis 0,1% und 100° C.

AP 2 545 450 Pacific Mills 1951 — Zum Schrumpffestmachen von Wolle wird die Imprägnierung des Materials mit einer 5–10%igen Lösung von Methylolmelamin und Formaldehyd vorgeschlagen. Die nasse Ware wird infrarot getrocknet und unmittelbar darauf auf 100° C erhitzt, so daß noch genügend Wasser in der Ware bleibt, um das Harzvorkondensat in viskoser Lösung zu halten und eine Migration zu verhüten. Hernach wird bei 105–120° C gehärtet.

AP 2 541 780 Bollman 1951 — Man schlägt zwischen den Wollschuppen fein verteiltes Material aus Dispersionen nieder, wobei die dispergierten Partikel und die Faser jeweils entgegengesetzte Ladung haben.

AP 2 541 547 Alrose 1951 — Zum Schrumpffestmachen imprägniert man Mischungen von Cellulose- und Celluloseesterfasern mit wäßrigen Aldehydlösungen, die 0,1–10% Alkalisulfat, etwas organische Säure, ein saures Salz und ein potentiell saures Salz enthalten, quetscht ab, trocknet und erhitzt auf 120–175° C.

AP 2 539 365/66 Cyanamid 1951 — Man behandelt mit alkalischen Lösungen von Peroxydverbindungen und imprägniert hernach mit dem Vorkondensat eines Aminoplasten, trocknet und härtet.

AP 2 530 175 Cluett Peabody 1950 — Schrumpf- und knitterfeste Textilien werden durch Behandlung mit 1,12–7,5% Glyoxal bei pH 1,0–2,5 und einem potentiellen

Katalyten in wäßriger Lösung erhalten; vgl. AP 2 436 076, EP 518 167, 518 872, 547 846 (für Kunstseide).

AP 2 527 140/3 United Merchants 1950 — Zur Verbesserung des Aussehens und Verminderung der Schrumpfung wird Cellulosehydrat mit Lösungen von Harnstoff-Alkalistannat behandelt und hernach gestreckt, abgequetscht, gewaschen und getrocknet.

AP 2 526 637 DuPont 1950 — Man behandelt mit Aminopolymeren (1—3% vom Gewicht), wobei man als Aminopolymere die durch reduktive Aminisierung aus einem Polymer von Äthylen und CO gewonnenen Produkte verwendet (Polyamin). Auch Polyamide sind anwendbar. Das Textilmaterial wird schrumpffest. Vgl. AP 2 302 332, 2 329 622, 2 351 120, 2 396 963, 2 406 958.

AP 2 518 444 ICI 1950 — Zum Schrumpffestmachen von Wolle behandelt man mit Tristearyl-11, 11′, 11″-trioltrismethylolcarbamat.

AP 2 312 708 Patchem 1943 — Pentaerythryt- und Glycerinmono- und -polyäther sind Mittel, um das Schrumpfen von Regeneratcellulose zu vermindern.

CanP 494 183 Cyanamid 1953 — Man reduziert das Filz- und Schrumpfvermögen von wollhältigen Textilien durch Imprägnierung mit Isocyanaten der Form $CH_2=CR$—$-(A)n-CH_2-NCO$, A=Alkyl, und nachträglichem Erhitzen. Vorgeschlagen wird Allylisocyanat.

CanP 489 372 Cyanamid 1953 — Zum Filz- und Schrumpffestmachen von Wolle behandelt man mit Reaktionsprodukten von 2—20% Maleinsäureanhydrid 98—80% Alkylacrylsäureester und erhitzt, um die Polymerisation des Reaktionsproduktes zu bewirken.

CanP 483 192/5 Cluett Peabody 1952 — Zum Schrumpfechtmachen verwendet man Glyoxal (0,6—4,65%) und einen sauren Katalyt bei pH = 1,0—2,5, trocknet und erhitzt.

CanP 481 428 United Merchants 1952 — Man erzielt schrumpffeste Textilien aus synthetischen Fasern durch Herstellen von Garnen, welche eine Seele aus synthetischen und eine Hülle aus nativen Fasern besitzen, stabilisiert in der Hitze und imprägniert mit Aminoplasten unter nachfolgender Härtung.

CanP 478 848 Cyanamid 1951 — Textilien aus Proteinstoffen (Wolle usw.) werden mit Kondensaten von Verbindungen der Form $CH_2 = CH-CO-O-CH_2-CH_2-O-R$ mit Acrylsäureestern behandelt und nachher erhitzt. Man erhält schrumpffeste Erzeugnisse.

CanP 478 743 Research 1951 — Wolltextilien werden mit Resorzin-Formaldehydvorkondensaten behandelt, um schrumpffest zu werden.

CanP 475 351 DuPont 1951 — Zum Schrumpffestmachen wird die Wolle mit polymeren Aminoverbindungen und Formaldehyd behandelt.

CanP 475 292 Rust 1951 — Zur Verhinderung des Schrumpfens von Wolle werden stabile Emulsionen von Butadienpolymeren, die ein nichtkationenaktives Emulgiermittel und ein Konditionssalz enthalten, verwendet, wobei das Bad einen pH-Wert von unter 7 aufweist (vgl. CanP 475 247).

CanP 467 503 Cyanamid 1950 — Das Schrumpffestmachen erfolgt mit alkylierten Methylolmelaminen und 1—10% Harnstoff usw., unter darauffolgender Härtung.

CanP 465 537 Heberlein 1950 — Man imprägniert Cellulosetextilien mit einem Mittel, das mit Aldehyd reagiert (Stärke usw.), und formalisiert dann, in Anwesenheit von sauren Katalyten, bis das dimensionierte Gewebe schrumpffest und knitterfest ist.

AustralP 143 345 ICI 1951 — Als Mittel zum Schrumpf- und Knitterfestmachen sollen Polycarbamate dienen.

AustralP 138 415 Cotton & Wool Dyers Assoc. 1950 — Zur Herabsetzung des Schrumpf- und Filzvermögens von Wolle wird mit Lösungen von Cu-, Ni-, Ag-, Hg-Verbindungen und dann mit Wasserstoffperoxyd oder Peroxyden behandelt.

AustralP 135 915 Monsanto 1950 — Zur Schrumpfungsverhinderung imprägniert man mit Melaminharzvorkondensaten (16% auf Ware), trocknet und härtet.

AustralP 132 808 Cyanamid 1949 — Kolloidale Formaldehyd-Harnstoffvorkondensatlösungen werden hergestellt.

AustralP 130 311 Cyanamid 1949 — Schrumpffeste Textilien werden durch Imprägnierung mit wäßrigen Dispersionen härtbarer alkylierter Methylolmelamine und Harnstoff oder Thioharnstoff erhalten. Nach dem Imprägnieren wird getrocknet und gehärtet.

4. Das Knitterfestmachen von Geweben.

a) Verfahren ohne Anwendung von Kunstharzen.

Außer einer abgewandelten Preska-Ausrüstung (Rotta, FP 1 040 171) wird nur die Einlagerung von Kunstharzen behandelt.

Literaturübersicht über die Verfahren ohne Anwendung von Kunstharzen.

Sommer: Die Knittereigenschaften von Geweben. Faserforschg. Textiltechn. 2, 467 (1951).

Patentschrifttum über die Verfahren ohne Anwendung von Kunstharzen.

DP 857 943 Phrix 1952 — Das Knitterfestmachen von Textilien erfolgt mit Glyoxal in Gegenwart von Glyoxylsäure d. h. einer Säure, die mit den OH-Gruppen der Fasersubstanz Acetalbildung eingeht; vgl. FP 1 043 240.

DP 752 231 Zschimmer Schwarz 1951 — Zum Knitterfestmachen von Cellulosehydratgut behandelt man mit wäßrigen Lösungen von Alkalisalzen von Borcarbonsäuren (Na-Borolaktat) und Formaldehyd und trocknet bei höherer Temperatur (vgl. FP 825 474).

FP 997 284 Walter 1951 — Zum Knitterfestmachen verwendet man Kautschuküberzüge.

BelgP 500 666 Tootal 1952 — Entknitternde Gewebe aus Cellulose werden beschrieben, wobei man mit Quellmitteln, Salzlösungen oder Lösungen verdünnter anorganischer Säuren behandelt (vgl. BelgP 500 667, 500 668, 500 669).

AP 2 541 547 Alrose 1951 — Zum Knitterechtmachen werden Mischgewebe aus Celluloseestern mit Aldehyd und potentiell sauren Katalyten behandelt. Die Imprägnierflotte enthält noch organische Säure und 0,1—10% Na_2SO_4. Man trocknet und erhitzt auf 120—175° C.

b) Die Knitterfestappretur mit Kunstharzen.

Über den oft schädlichen Einfluß von Knitterfestappreturen, insbesondere auf Melaminharzbasis, auf die Lichtechtheit von Färbungen, auch solchen mit sonst hochlichtechten substantiven Farbstoffen wurden verschiedentlich ausgedehnte Zusammenstellungen publiziert (vgl. S. 403 H). Seit der Möglichkeit, die Knitterfestappretur mit der Kupferung bzw. Nachbehandlung von mit Coprantin- (Ci), Cuprophenyl-(Gy-), Cuprofix- (Sa-) oder Resofix- (Sa-) Farbstoffen hergestellten Färbungen zu verbinden, ist dieser Fehler leicht zu beheben. Auch der Katalysator A (Ciba), ein borsäurehältiges Calciumchlorid, das nennenswerte Mengen $SrCl_2$ enthält, verhindert weitgehend eine Einbuße in der Lichtechtheit, die insbesondere bei der Verwendung von Ammonchlorid auftrat (vgl. OeP 171 430, Ciba 1952). Zinkchlorid soll ähnlich wirken.

Bei der ganzen Arbeitsweise sind stets zwei Punkte von Wichtigkeit: Die Verhinderung vorzeitiger Fällung von weiterkondensierten, wasserunlöslichen Harzanteilen, die den Gebrauchswert der Lösungen verringern und das damit in Zusammenhang stehende Bestreben, die Einlagerung des Harzes nicht an der Faseroberfläche, sondern im Faserinnern zu erreichen. Fluch, Keppler, Cook und Zimmermann[16] empfehlen, beim Arbeiten mit Harnstoff-Formaldehydkondensaten, Harnstoff zur Bindung eines etwaigen Aldehydüberschusses zuzugeben und das Vortrocknen vor dem Härten in nicht zu feuchten Räumen vorzunehmen. Die Härtungszeit soll möglichst kurz sein und NH_3-hältige Katalyten sollen vermieden werden (vgl. oben); vgl. auch EP 695 703 (Tootal).

Catalyst AC (Monsanto) gibt mit Harnstoff-Formaldehydvorkondensaten auch nach zwei Tagen noch keine Fällungen, ein Umstand, der Mehrtageimprägnierbäder ermöglicht. Dagegen geben NH_4Cl oder Diammonphosphat, wenn als Katalyten den Vorkondensatlösungen zugesetzt, bereits nach sechs Stunden beträchtliche Weiterkondensation und Ausfällung.

Die Faserfestigkeit wird schon bei der Verwendung geringer Harzmengen wesentlich verringert, um dann aber bei Verwendung größerer Harzmengen bzw. wesentlich stärkerer Knitterfesteffekte nur mehr wenig abzunehmen. Oberflächlich abgelagerte Harze geben keinen Effekt sondern verschlechtern nur die Knitterfestigkeit. Normale Härtungsbedingungen bzw. bestimmte Katalysatorkonzentrationen beeinflussen den Effekt nicht, wohl aber ist dies die Art der verwendeten Kunstharzvorkondensate. Vorherige Mercerisation ist von geringem Einfluß auf den Effekt. Nachmercerisation verschlechtert die Ergebnisse, wenn das Gewebe dabei nicht schrumpfen kann. Steifend wirkende Zugaben verringern den Effekt, Weichmacher verbessern sowohl die Knitterechtheit als auch Festigkeit. Die Gewebestruktur ist von maßgeblichem Einfluß auf das Resultat; vgl. EP 698 244/45 (Clark).

Es ist bekannt, daß Knitterecht-Appreturen in den weitaus meisten Fällen die Scheuerfestigkeit der behandelten Gewebe herabsetzen. Messungen des Einflusses derartiger Appreturen auf die Eigenschaften von Baumwollgeweben sind von der Ciba[17] wie folgt angegeben:

Man behandelt die Gewebe (140 g/m²), mercerisierte Baumwolle, mit Flotten, die pro Liter 100 g Vorkondensat enthalten, sowie 5 g/Liter NH_4Cl bei 25° C, quetscht auf 75% Feuchtigkeitsgehalt ab, trocknet 30 Minuten bei 60–70° C und erhitzt 10 Minuten oder 20 Minuten auf 120–130° C.

Behandlung	Knitterwinkel	Quellung %	Reißfestigkeit in % der ursprgl.	Scheuerfestigkeit
Dimethylolharnstoff 10 Min. gehärtet	125°	58	51	12
„ 20 „ „	123°	60	48	18
Dimethylolmelamin 10 „ „	130°	60	81	87
„ 20 „ „	125°	58	75	46
Methylolmelamin 10 „ „	130°	52	61	22
„ 20 „ „	128°	60	68	45
Unbehandelt	70°	100	100	119

[16] Amer. Dyestuff Reporter **40**, 154 (1950); vgl. auch Moncrieff: Textile Mercury Argus **120**, 935 (1949).

[17] Ciba-Rundschau Nr. 95, 3507 (1951).

Bekanntlich wäre ein Knitterwinkel von 180° C der Idealfall knitterechter Ware. Koch und Böhme[18] bestimmten für einige Fasern die Knitterwinkel der unbehandelten Faser wie folgt:

	Sofortmessung	nach 24 Stunden Erholung	Erholung
Kupferkunstseide	75—81°	105—110°	26—31 %
Viskosereyon norm.	70—93°	110—128°	24—52 %
kochfeste Viskosereyon	106°	135°	39%
Acetatreyon	125°	147°	40%
PC	140°	154°	35%
Perlon	140°	152°	30%
Wolle	135°	157°	49%
Seide	100°	137°	46%
Zellwolle	74°	101°	26%

$$\text{Erholung} = \frac{\text{Sofortwinkel} - \text{Knitterwinkel nach Erholung}}{180^\circ - \text{Sofortwinkel}} \cdot 100\ (\%)$$

Andere Meßergebnisse von Gewebeknitterwinkel stammen von Quehl:

Cheviot	164°
Gabardine	141°
Damenkleiderstoff	133°
Futterstoff	64°
Zellwollgeorgette	66°
Halbwollgewebe	115°

Einige zum Knitterechtmachen in USA viel verwendete Vorkondensate sind z. B. Resloom NP (Dimethylolmelamin), Resloom HP spec. (Tetramethylolmelamin). Resloom LC 48 (Tetramethylpentamethylolmelamin), alle Monsanto Chem. Co., ferner Aerotex M 3 (Dimethyltrimethylolmelamin), Aerotex 605 (Trimethylolmelamin), Aerotex M 6 (Gemisch Tetramethylhexamethylolmelamin, Tetramethylpentamethylolmelamin, Pentamethylpentamethylolmelamin, Pentamethylhexamethylolmelamin), alle Am. Cyanamid Comp.; vgl. DP 880 741 und DP 857 337.

Wolle ist bekanntlich knitterfest. Zusätze von weniger als 35% Reyon beeinflussen diese Eigenschaft nicht ungünstig. Darüber liegende Mengen setzen die Knitterechtheit der Faser deutlich herab.

Der Nachweis, ob eine Knitterfestappretur Harnstoff oder Melaminharz enthält, kann mit Urease erfolgen: 0,25 g Probe werden in einen 125 cm^3 fassenden Erlenmeyerkolben mit 5% H_2SO_4 gekocht, bis der Geruch nach Formaldehyd verschwunden ist. Nach Neutralisation mit NaOH gegen Phenolphtalein wird ein Tropfen $\frac{n}{1}$ H_2SO_4 und 1 cm^3 10% Urease (Enzym der Sojabohne) zugegeben und verschlossen. Gibt man rotes Lackmuspapier in den Kolbenhals, so wird es durch die entweichenden Dämpfe blau, wenn Harnstoff vorhanden ist.

Die Bestimmung der Knitterfestigkeit von Garnen nach Hebeler und Kolb[19] erfolgt wie nachstehend:

Gewebestreifen von 25 × 10 cm werden in ein Reagenzrohr mit 28 mm lichter Weite gestopft und 3 Stunden mit 5 lbs./inch² beschwert. Dann werden die vier Ecken mit je 5 g beschwert und die Gewebeoberfläche photoelektrisch abgetastet.

[18] Dtsch. Textilgewerbe 52, 487 (1950).

[19] Text. Res. J. 20, 650 (1950).

Die Auswertung der erhaltenen Oberflächenkurven erfolgt mittels eines elektrisch gesteuerten Integrators (Wrinklometer).

	Mittlere Faltenhöhe in mm				
	nach d (d=Tagen)				
	0[1]	1[d]	2[d]	3[d]	4[d]
Wolle	0,4	0,10	0,03	0,03	0,03
Terylen	0,48	0,20	0,14	0,12	0,12
Orlon	0,20	0,19	0,10	0,06	0,05
Rayon knitterfest	2,05	0,64	0,42	0,36	0,36

Der Nachweis der Harzeinlagerung bzw. Aufschluß über diese gibt nach Kramer und Graeser eine Behandlung des Gewebes mit Kitonblau V.

Literaturübersicht über Knitterfestappreturen mit Kunstharzen.

Knitterechte Textilien. Chimie Ind. **69,** 1097 (1953); vgl. J. Soc. Dyers Colourists **69,** 41 (1953).

Sommer: Neue Erkenntnisse über die Knitterfestigkeit von Geweben. Faserforschung und Textiltechnik **2,** 145 (1952).

Rath: Methylaminbildung bei Kunstharz-Ausrüstung. Text. Praxis **7,** 896 (1952).

Ikoma, Kato: Mit Dimethylenharnstoff vernetzte Fasern. J. Soc. Text. Cell. Ind. Japan **6,** 377, 440, 442 (1950), cit. C. A. **1952,** 5321.

Landolt: Anwendung von Kunstharzen in der Textilindustrie. J. Text. Inst. **43,** P 331 (1952).

Shapiro: Lebensdauer von Harnstoffformaldehydlösungen. Reyon Zellwolle **33,** 65 (1952).

Wannow: Die Faserschädigung der Cellulose bei der Ausrüstung mit härtbaren Harzen. Dtsch. Textilgewerbe **54,** 779 (1952).

Driesch: Knitterfreie Ausrüstung beim Gebrauch. Rayon **6,** 180 (1952).

Driesch: Erfahrungen mit knitterfest ausgerüsteten Zellwollgeweben. Reyon Zellwolle **30,** 459 (1952).

Nickerson: Die Fixierung von Harnstoff-Formaldehyd an Viskosereyon. Amer. Dyestuff Reporter **41,** P 482 (1952).

AATCC Philadelphia Section: Welche Faktoren sind von Einfluß beim Knitterechtmachen von Geweben mittels Kunstharzen? Amer. Dyestuff Reporter **41,** P 196 (1952).

Hagen: Kondensationsmaschinen für Kunstharzappreturen. Melliand Textilber. **33,** 231 (1952).

Aminoplaste in der Textilveredlung. Text. Recorder **69,** No. 821, 95 (1951).

Dicker: Das Knitterfestmachen. Rayonne Fibres Synth. **7,** No. 2, 55; No. 3, 13; No. 4, 12; No. 5, 51; No. 9, 37 (1951).

Dicker: Knitterfestausrüstung. Reyon, Zellwolle, Chemiefasern **1,** 33—42, Mai 1951.

Elöd, Kramer: Zusammenhang zwischen Feinstruktur und Knittereigenschaften bei Reyon. Textil Praxis **6,** 52 (1951).

Falcone: Knitterfestmachen. Rayon Synthet. Text. **32,** No. 8, 53 (1951).

Fluck, Keppler, Cooke, Zimmermann: Verhinderung von Geruchsentwicklung bei mit Kunstharzen imprägnierten Geweben. Amer. Dyestuff Reporter **40,** P 154 (1951).

Friedrich: Kaurit Anwendung. Dtsch. Veredlungsgewebe. Färberkalend. **55,** 153 (1951).

Rümens: Knitterfestmachen. Textil Praxis **6,** 743 (1951).

Sadow, Wildt: Bildungsvorgänge von Melamin-Formaldehydharzen auf Baumwollgeweben, ref. Zbl. d. ung. Technik Nr. 4 (1951). Magyar Textiltechnika III, No. 11, 349/51 (1950).

Arnold: Knitterfreimachen. Färberkalend. **55,** 196 (1951).

Schlien: Knitterwinkelbestimmung am Gewebe. Textil Praxis **6,** 743 (1951).

Smith: Aminoplaste zur Textilausrüstung. Brit. Plastics, 386—389, Nov. 1951.

Rotta: Knitterfestausrüstung. Textil Praxis **5,** 356, 363 (1950).

Patentschrifttum über Knitterfestappreturen mit Kunstharzen.

OeP 175 229 Phrix 1953 — Das Knitterfestmachen mit Glyoxal erfolgt mit Glyoxylsäure als Katalyt bei pH 3—4 ohne Härtung über 100° C; vgl. DP 887 332.

OeP 171 034 Cluett Peabody 1952 — Zum Knitterfestmachen behandelt man mit wäßrigen Lösungen von mindestens 1,25% Glyoxal bei pH 1—3 eventuell in Anwesenheit von weniger als 1% (auf Bad gerechnet) Polyvinylalkohol. Hernach wird wie üblich auf über 100° C erhitzt.

OeP 170 619 Madeco 1952 — Man arbeitet beim Knitterfestmachen mit Kunstharzvorkondensatlösungen bei Temperaturen von 1—5° C 1 bis 3 Stunden (eventuell unter Lagern in gekühlten Räumen), um die Einlagerung des Harzes im Innern der Fibrillen zu erreichen.

DP 874 898 BASF 1953 — Beim Stabilisieren mit Methylolverbindungen erfolgt der Zusatz von niedrigmolekularen Fettsäureamiden oder deren Methylolverbindungen zum Behandlungsbade; vgl. FP 1 043 597, FP 1 045 483.

DP 872 784 Courtaulds 1953 — Als saurer Katalyt wird beim Knitterechtmachen eine Mischung von Borsäure und einer aliphatischen Oxycarbonsäure benutzt, als Vorkondensat eine Mischung von Formaldehyd und Harnstoff bzw. ihr lösliches Zwischenprodukt.

DP 865 588 Quehl 1953 — Gut knitterfeste, sprungelastische Cellulosehydrat- bzw. Cellulosetextilien werden erhalten, indem man mit einer Lösung von Borax und Kasein behandelt.

DP 859 610 Zschimmer Schwarz 1952 — Wasserlösliche Kondensate aus Harnstoff, Thioharnstoff, Melamin und Aldehyden werden mit Alkylsulfochlorid behandelt und dienen zum Schrumpfecht- und Knitterfestmachen.

DP 835 300 Glanzstoff 1952 — Zum Knitterfestmachen werden aufkochbeständige, mineralsaure Lösungen, die stabil sind und Harnstoff und Formaldehyd enthalten, angewendet, wobei den Lösungen noch Ammonchlorid zugesetzt ist und das Mengenverhältnis von Aldehyd, Harnstoff und Ammonchlorid 80 : 10 : 1 beträgt.

DP 757 261 Tootal 1953 — Das Knitterfestmachen von Baumwolle erfolgt derart, daß man Kondensationsprodukte von Formaldehyd und Harnstoff in Gegenwart von Verbindungen zweiwertiger Metalle aufbringt (Al-acetat, Zn-, Sn-, Ti-Salze (vgl. OeP 118 595, DP 339 301, 499 818).

DP 753 108 Röhm Haas 1953 — Zum Knitterfestmachen von Cellulosehydrattextilgut wird mit der Lösung eines alkalisch oder neutral kondensierten Harnstoff-Acrolein-Formaldehydkondensates in Gegenwart eines sauren Kondensationsmittels getränkt, abgequetscht und bei 80° C getrocknet (vgl. EP 519 734).

DWP 4962 Erfinderbenennung ausgesetzt 1953 — Knitterfestmachen von Cellulosefasern, indem sie an Stelle einer Imprägnierung mit Harnstoff- oder Phenolformaldehydharzen, mit Säureamiden oder deren Derivaten und Formaldehyd in der Wärme behandelt werden.

DWP 710 Fettchemie und Fewa-Werk VEB 1952 — Verfahren zum Knitterfestmachen von Textilwaren aus Cellulosehydratfasern oder solche enthaltendem Mischfasergut. Diese werden mit wäßrigen Lösungen von Borax, die zweckmäßig außerdem in gegenüber dem Borax wesentlich untergeordneter Gesamtmenge ein Fett, fettes Öl, Paraffin und ein bekanntes Appreturmittel, wie Dextrin, Leim, Stärke, Gummi arabicum und Glyzerin, für sich oder in Mischung miteinander enthalten, getränkt und dann in üblicher Weise getrocknet.

DWP 286 Franke 1952 — Verfahren zur Herstellung von zum Knitterfestmachen von Cellulose-Textilien geeigneten Vorkondensationsprodukten aus Dicyandiamid und Formaldehyd. Die verwendete Formaldehyd-Lösung wird so sauer eingestellt, daß das erhaltene Vorkondensat praktisch neutral reagiert und die Kondensation durch kurzes Erhitzen des Reaktionsgemisches auf 80 bis 90° C und schnelle Abkühlung auf Normaltemperatur durchgeführt wird, so daß man mit kaltem Wasser in jedem Verhältnis klar mischbare Produkte erhält.

SP 280 486 Wirth 1952 — Man stellt wäßrige Mischvorkondensate aus Aldehyd und Dicyandiamid und Harnstoff bei neutralem Milieu her; vgl. OeP 174 595.

SP 278 901 Wirth 1952 — Zum Knitter- und Schrumpffreimachen sollen Copolymerisate von Dicyandiamid, Harnstoff und Formaldehyd verwendet werden.

FP 1 023 927 Cluett Peabody 1953 — Das Stabilisieren soll mit Glyoxal-Aminoaldehydvorkondensat erfolgen (Glyoxal-Dimethylolharnstoff usw.).

FP 1 021 707 Bozel Maletra 1953 — Man macht knitterfest, indem man Reaktionsprodukte von Polyestern und einem Stoff, der mit den reaktiven Gruppen der Faser Brücken bilden kann, einwirken läßt.

FP 1 008 080 Lerebours 1952 — Das Knitterechtmachen erfolgt nach der Bleiche durch mehrmaliges länger dauerndes Behandeln mit NaOH.

FP 987 754 Bancroft 1951 — Knitterechte Gewebe werden hergestellt, indem man mit 80—20% Di-, Tri- oder Tetramethylolmelamin und 20—80% methyliertem Methylolmelamin behandelt, trocknet und härtet.

FP 981 701 Ciba 1951 — Methylolmelamine werden beschrieben, die sich zur Behandlung von Cellulose- usw. Textilien zum Schrumpf- bzw. Knitterfestmachen eignen.

FP 969 247 Wirth 1950 — Man behandelt Cellulosehydratfasern mit einem Vorkondensat aus Dicyandiamid und Formaldehyd bzw. einer Mischung aus diesen und Harnstoff, Cyanamid und Melamin in Abwesenheit von sauren Katalyten.

FP 944 242 Tootal 1949 — Harnstoff-Formaldehydvorkondensate (in ammoniakalischem Milieu hergestellt), werden mit Zelan oder Velan, Weinsäure und Acetat gelöst, auf Cellulosegewebe aufgebracht, abgequetscht vorgetrocknet, kurz auf 120° C erhitzt und kochend geseift. Man erhält hydrophobe, knitterechte Textilien.

BelgP 508 097 Sofinal 1953 — Man macht Textilien schrumpf- und knitterfest, indem man mit Kunstharz behandelt, wobei dieses verschiedene Vorkondensate hat (Mischungen) und vorerst die Quellung des Materials verhindert.

BelgP 507 553 Ciba 1953 — Die Verätherung von Melaminformaldehydkondensationsprodukten wird beschrieben.

BelgP 506 774 Pfersee 1953 — Als Katalyt zum Härten von zum Knitterfestmachen verwendeten Harzen sollen Ammonsalze von starken Mineralsäuren und Alkalisalze schwacher organischer Säuren, insbesondere Essigsäure, dienen.

BelgP 504 973 Rotta 1952 — Zum Knitterfestmachen werden Borax, Soda und Ölemulsionen, eventuell in Verbindung mit Wachsen, empfohlen (vgl. Preska-Verfahren).

BelgP 503 966 Dynamit Nobel 1952 — Man verbessert die Eigenschaften von Textilien (vgl. AP 2 469 408, 2 469 407, 2 469 409) durch Behandlung mit α-, β-, Äthylendicarbonsäuren, Styrolpolymeren, die in Form der Salze auf die Textilien aufgebracht und dort in Sn-, Zr- oder Al-Salze übergeführt werden. Man erhält waschechte Knitterfestapprets; vgl. DP 890 192.

BelgP 503 882 Bozel-Maletra 1952 — Knitterfeste Textilien werden durch Behandlung mit z. B. Adipinsäure und Glyzerin-Reaktionsprodukten in Anwesenheit eines sauren Katalyten und Formaldehyd erhalten.

BelgP 489 906 Wirth 1951 — Zum Knitterfestmachen werden Hydratcellulosefasern mit partiellen Kondensaten von Kunstharzen behandelt.

BelgP 489 412 Bancroft 1951 — Knitterfeste Cellulosetextilien enthalten Copolymere von 80—20% Di-Tetramethylolmelamin und 20—80% methyliertem Methylolmelamin.

BelgP 485 409 Bozel-Maletra 1951 — Zur Appretur von Textilien geeignete wasserlösliche Kondensate entstehen aus der Kondensation von Säureamiden von Di- oder Polycarbonsäuren durch saure Umsetzung mit Glyoxal und nachherige alkalische Reaktion mit Formaldehyd.

HollP 72 024 Meijers Dextrinefabrieken 1953 — Man behandelt Cellulosetextilien zur knitterfreien Ausrüstung mit Aldehyden in Gegenwart von Reaktionsprodukten von Hexosen mit Verbindungen der Form

$$C\begin{matrix}\nearrow NHR\\ =X\\ \searrow NH_2\end{matrix}$$

(R=H, Alkyl, Aryl usw., X=O, S oder NH).

HollP 71 547 Cyanamid 1952 (vgl. EP 572 790) — Zum Knitterfestmachen wird das Textilgut aus Cellulose mit wasserlöslichen Vorkondensaten von Melamin-Formaldehydharz und Polyacrylat behandelt.

HollP 67 410 Ciba 1951 — Zur Herstellung beständiger Emulsionen von Formaldehyd-Amidharzen wird das in einem organischen Lösungsmittel gelöste Harzvorkondensat emulgiert in einer wäßrigen, Casein und Harnstoff und eventuell noch andere mit HCOH reagierende Stoffe, wie Biuret, Dicyandiamid, enthaltenden Lösung.

HollP 66 990/91 ICI 1950 — Zur Herstellung von hydrophobierenden oder zum Knitterfestmachen geeigneten Textilhilfsmitteln werden Verbindungen der Form $R(O{-}CONR'{-}CH_2OR'')_n$, R = Alkyl, R' = H oder organischer Rest, R'' = H oder Alkyl, $n > 1$ benutzt. (Man setzt z. B. ein Mol Cetylalkohol mit 17 Mol Äthylenoxyd um und mengt mit Triolein-11, 11', 11''-trioltricarbonat.) Das Material wird mit der wäßrigen Dispersion getränkt, abgequetscht, getrocknet (50° C) und kurze Zeit auf 145° C erhitzt (vgl. FP 847 372, SP 215 937, 220 496, 236 918, 236 921).

HollP 66 264 Cyanamid 1950 (vgl. AP 2 345 543) — Kolloidale Melaminharzauflösungen zum Behandeln von Textilien werden hergestellt.

HollP 65 381 Cyanamid 1950 — Herstellung von kolloid-dispersen anionaktiven Di-(hydroxymethyl-)harnstoff- oder Di-(hydroxymethyl-)harnstoffätherharzen für die Behandlung von Textilien.

HollP 61 839 Research 1948 — Stabile Lösungen von Harnstoff-Formaldehydkondensaten werden durch Zufügen von etwas Harnstoff und Ammonchlorid hergestellt. Bei einem Gehalt von 8% Harnstoff, auf Formaldehyd gerechnet, fügt man 10% der Harnstoffmenge an Ammonchlorid zu.

HollP 59 631 IG 1947 — Man behandelt zur Verbesserung der Tragechtheit und zum Knitterfestmachen mit Kondensationsprodukten von niederen Carbonsäureamiden höherer Carbaminsäureester, die eine nicht substituierte Säureamidgruppe enthalten, mit zwei Molen Formaldehyd, quetscht ab und trocknet bei erhöhter Temperatur unter Zusatz eines sauren Katalyten.

NorwP 80 200 Ciba 1952 — Die Härtung von Kunstharzen auf Fasermaterialien erfolgt mit Salzen einer starken Säure und zweiwertigen Metallen, insbesondere $CaCl_2$ und Borsäure (Katalysator A).

ItalP 465 065 Wirth 1952 — Die Herstellung von knitterfesten Textilien mit Kondensaten aus Aldehyd und Dicyandiamid wird beschrieben.

ItalP 457 827 Compt. Textil Artific. 1951 — Man behandelt Kunstseidenreyon mit Polymethylphenolen und härtet.

ItalP 456 668 Bancroft 1950 — Man behandelt Cellulosetextilien mit Lösungen von Mischungen aus 20—80% Di-, Tri- oder Tetramethylolmelaminen, die methyliert sind, in Mischung mit 80—20% Di-, Tri- oder Tetramethylolmelaminen um Knitterfestigkeit zu erzielen (3—20%ige Lösung der Mischung sollen angewandt werden).

EP 692 184 Bancroft 1953 — Knitterfeste Textilien werden erzeugt, indem man mittels einer mehrbasischen Säure und einer N-hältigen Base imprägniert, härtet, das Gewebe quillt und dann neutralisiert. Als Beispiele mehrbasischer Säuren sind Orthophosphorsäure, Phthalsäure, Adipinsäure, als solche basischer Stoffe Mischungen aus Dicyandiamid, Harnstoff, Formaldehyd, aber auch Harnstoff-Guanidincarbon bzw. Harnstoff allein genannt.

EP 691 053 Cyanamid 1953 — Die Verhinderung der Gelierung von wäßrigen, sauren, kolloidalen Lösungen von Melamin-Formaldehydvorkondensat wird beschrieben.

EP 690 180 Beck-Koller 1953 — Die Herstellung von Melamin-Formaldehydkondensaten wird behandelt.

EP 683 410 Wirth 1952 — Es wird die Herstellung von Kunstharzvorkondensaten für das Knitterechtmachen behandelt (vgl. EP 669 088 und OeP 174 595).

EP 679 758 Degussa 1952 — Kondensate von Aldehyden mit Verbindungen der

Form $N\begin{matrix}\diagup R_1 \\ -R_2 \\ \diagdown R_3\end{matrix}$, R_1, R_2, R_3 = H, Alkyl, Oxyalkyl, OH bzw. $R_1 = C\begin{matrix}\diagup NH_2 \\ \diagdown NR_2R_3\end{matrix}$,

R_1 = O, S, NH, R_2, R_3 = H, Alkyl, Aryl, Aralkyl, Acyl, welche bei 80 bis 100° C vorerst in Abwesenheit von Aldehyden mit NH_3 vorbehandelt werden, können zum Knitterfestmachen verwendet werden.

EP 676 419 Meijers Dextrinefabrieken 1952 — Zum Knitterechtmachen von Geweben werden Lösungen verwendet, die neben Aldehyd noch ein N-hältiges Reaktionsprodukt zwischen mehrwertigen Aldehyd- oder Ketonalkoholen und Melaminen bzw. Verbindungen der allgemeinen Form

$$C\begin{matrix}\diagup NHR \\ =X \\ \diagdown NH_2\end{matrix}$$

wobei R=H, Alkyl, Aryl, Aralkyl und X=O, S oder NH ist, enthalten; nach der Imprägnierung wird bei einem pH-Wert von etwa 2 erhitzt.

EP 664 993 Cyanamid 1952 — Zum Knitterfestmachen werden thermoplastische und härtbare Harze in Mischung verwendet.

EP 655 541 Cyanamid 1951 — Beim Knitterfestmachen mit Methylolmelamin-Aldehydvorkondensaten können Sulfobernsteinsäureabkömmlinge der Form $MeSO_3$—

$$\begin{matrix}-CH-COOMe \\ | \\ CH_2-CONHR\end{matrix}$$

, Me = Na, K usw. R = höheres Alkyl wie Lauryl usw. als Weichmacher verwendet werden.

EP 640 960 ICI 1950 — Knitterfeste weiche Nylongewebe werden erhalten, indem man sie hitzestabilisiert, dann mit Oxalsäure, Phosphorsäure, Ammonchlorid usw.

als sauren Katalyten imprägniert und hernach bei 130–150° C HCOH-Dämpfen aussetzt, während die Gewebe in den Dimensionen stabilisiert sind, bis das Textilgut um 1,5% an Gewicht zugenommen hat.

EP 634 690 Courtaulds 1950 – Das Knitter- und Flammfestmachen erfolgt mit Phosphaten, Sulfaminsäure und Cyanamid.

AP 2 616 874 Röhm Haas 1952 – Methylolderivate von Ureidopolyaminen werden hergestellt.

AP 2 596 268 Meijers Dextrinefabrieken 1952 – Man macht Textilien aus Cellulose mit Kondensaten aus Aldehyd und Glukose-Harnstoffumsetzungsprodukten knitterfest, wobei man mit Lösungen, die einen pH-Wert von 1–2 besitzen, behandelt und dann auf über 90° C erhitzt.

AP 2 569 695 Socony 1951 – Zum Hydrophobieren werden Textilien mit der wäßrigen 10–15%igen Dispersion eines stickstoffhältigen Phenolharzes (aus Phenol, Formaldehyd und Aminen), danach durch eine 12% Formaldehydlösung genommen, auf 115–120° C erhitzt, dann in eine 3–25%ige Lösung eines stickstoffhältigen Harzes aus heterocyclischen Verbindungen eingebracht und schließlich mit einer 5–25%igen Formaldehydlösung behandelt und auf 110–125° C erhitzt. Das Material ist auch knitterfest.

AP 2 565 259 Cyanamid 1951 – Wolle wird knitterfest durch Behandlung mit Toluollösungen eines Copolymers von 75 Teilen Äthylacrylat und 25 Teilen Äthoxyäthylacrylat und einem Katalyten zur Härtung. Nach dem Imprägnieren verdampft man das Toluol durch Erhitzen und härtet. Bei weichem Griff wird ein gegen Waschen dauerhafter Effekt erzielt.

AP 2 564 925 Cyanamid 1951 – Die Herstellung von sauren, wäßrigen, kolloidalen Lösungen, die 12–40% Melamin-Formaldehydharz und 5–50% Harnstoff enthalten, wird beschrieben.

CanP 492 874/5 Stein, Hall 1953 – Kunstharzvorkondensate zum Knitterfestmachen sollen aus Reaktionsprodukten von Aldehyden, Harnstoffen, Milchsäure und substituierten Äthanolen entstehen.

CanP 474 783 Chem. Developm. of Canada 1951, vgl. CanP 438 254 (1947) – Harzartige Kondensationsprodukte werden aus einem niedrigen aliphatischen Aldehyd mit einer Kette von höchstens 6 C-Atomen und Triazinen der Form

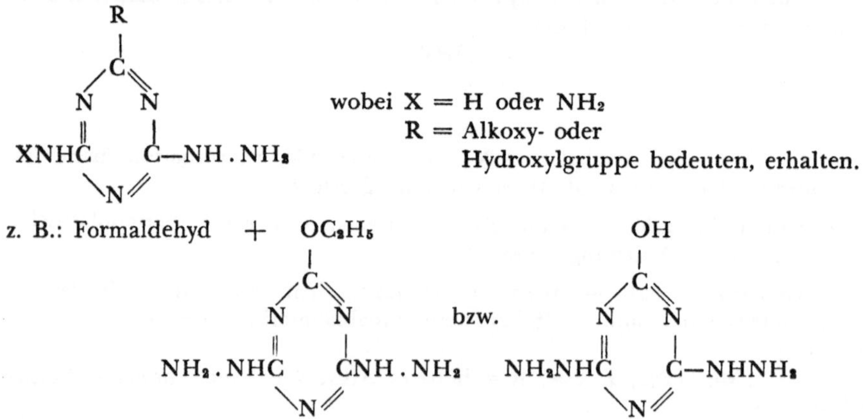

AustralP 143 847 Cyanamid 1951 – Das Knitterfestmachen erfolgt mit Mischungen von thermoplastischem Kunstharz, wie Äthylacrylit-Styrolcopolymeren und methylierten Methylolmelaminen.

AustralP 133 909 ICI 1949 – Knitterechte und hydrophobe Textilien werden durch Imprägnation der Textilien mit Stoffen erhalten, welche aus Kondensationsprodukten von Fettsäureamiden, Monoacylharnstoffen und den entsprechenden Estern der Carbaminsäure bzw. Allophansäure mit Fettalkoholen entstehen bzw. die Methylolderivate dieser Produkte mit Alkyläthern einer Verbindung, die sekundäre oder primäre Aminogruppen enthält, umsetzt (vgl. AustralP 133 786).

AustralP 130 310 Monsanto 1948 – Die Herstellung wasserlöslicher Vorkondensate von Aminotriazinen mit Aldehyden, die insbesondere für die Textilbehandlung geeignet sind, wird beschrieben.

5. Das Transparentieren und Pergamentieren.

Bemerkenswerte Vorschläge sind hier nicht aufzuzeigen.

Patentschrifttum über das Transparentieren und Pergamentieren.

OeP 168 380 Heberlein 1951 – Zum Transparentieren dienen über 10%ige Lösungen von ganz oder teilweise mit Alkylharzen verätherte Aminoplaste, wobei die Alkydharze mindestens eine freie OH-Gruppe enthalten und die Harze in Mengen unter 50%, auf das Fasermaterial bezogen, aufgebracht werden.

DP 868 286 Heberlein 1953 – Das Transparentieren von Geweben erfolgt mit in Gegenwart von Alkoholen kondensierten Aminoplasten, z. B. Melaminformaldehydbutylätherharzen, in Mengen von über 5% (vgl. EP 512 187).

DP 852 536 Bener 1952 – Man behandelt Textilien, die Cellulose oder Cellulosehydrat enthalten, durch Dämpfen mit stark alkalischen Quellmitteln in Gegenwart von die Bildung von Oxycellulose verhütenden Reduktionsmitteln, wobei durch den Dampf keine merkliche Extraktion des Quellmittels erfolgen darf.

DP 850 133 Cilander 1952 – Zellwolletransparentgewebe werden vor der Behandlung mit dem Quellmittel in glatten, faltfreien Zustand gebracht (vgl. DP 643 540).

DP 850 132 Heberlein 1952 – Cellulosehaltige Gewebe usw. werden transparentiert, indem man mit alkalischen Cellulosezinkatlösungen imprägniert und nachmercerisiert. Eventuell wird die Cellulose vor der Mercerisierung mit glaubersalzhältigen Schwefelsäurebädern gefällt; vgl. DP 850 292.

DP 843 242 Cilander 1952 – Transparenteffekte auf Zellwollegeweben werden durch kurze Behandlung derselben mit Alkalilauge von mindestens Mercerisierstärke bei mindestens 25° C erhalten.

DP 843 241 Cilander 1952 – Nichtrollende Steifgewebe werden durch Aufdruck von Reserven erhalten, der derart erfolgt, daß keine wesentlichen in Schuß- und Kettenrichtung zusammenhängenden Stellen, die von der Pergamentiersäure angegriffen werden können, entstehen.

DP 835 591 Heberlein 1952 – vgl. OeP 169 323.

SP 272 556 Roderer 1953 – Das Transparentieren von Musselinen wird behandelt.

FP 998 115 Raduner 1951 – Man bedruckt Gewebe mit latexhaltigen Pasten und transparentiert.

FP 967 402 Bleachers Assoc. 1951 – Man bedruckt Gewebe mit Stoffen, die bei Erhitzen wasserunlöslich machen, und pergamentiert nachher.

FP 957 700 Heberlein 1951 – Reliefeffekte auf Geweben erzielt man durch Gaufrieren und nachherigem Bedrucken mit lackartigen Mitteln. Man trocknet, härtet gegebenenfalls und pergamentiert.

HollP 63 700 Heberlein 1949 (s. HollP 60 914 bzw. FP 867 065) — Man transparentiert mit Aminoplasten des Typs der Melaminätherharze eventuell mit Alkydharzen so, daß zirka 50% des Warengewichts auf die Ware kommt.

HollP 60 956 Heberlein 1948 — Regeneratcellulose wird transparentiert, indem man pergamentiert und nachher mit Lauge einer Konzentration, die an sich nicht transparentierend wirkt, behandelt und die Lauge sofort entfernt.

HollP 60 914 Heberlein 1948 — Man transparentiert Gewebe mit Aminoplasten, deren Kondensation in Anwesenheit von Alkoholen stattfand.

EP 683 218 Calico Printers Ass 1952 — Man behandelt Gewebe aus Terylenfasern mit konzentrierter Schwefelsäure 70—90% bei 10° C bis 110° C zur Erzielung einer Pergamentierung und Verbesserung der Färbeeigenschaften.

EP 673 182 Raduner 1952 — Gemusterte Transparenteffekte entstehen, wenn man mit Pigmenten und Kautschuk als Bindemittel für diese bedruckt, trocknet, vulkanisiert und dann transparentiert.

EP 666 925 Heberlein 1952 — Zur Herstellung von transparenten Kreppeffekten in Kombination mit Farbstoffeffekten werden Gewebe in bestimmten Abständen in streifenförmiger Art in Schußrichtung bedruckt (vgl. OeP 169 323).

EP 651 480 Ginzel 1951 — Nicht rollende Steifgewebe erhält man wie folgt: Man pergamentiert mit H_2SO_4 und benützt Gewebe mit über 60 oder 80 Kett- und Schußfäden, die alle dieselbe Drehungsrichtung haben.

EP 643 386 Bener 1950 — Man behandelt Gewebe mit Polyamidfasermusterung mit Transparentiermitteln.

AP 2 611 678 Ginzel 1952 — Das Transparentieren von Textilien und gleichzeitige Musterung derselben wird besprochen.

CanP 485 291 Heberlein 1952 — Man behandelt Textilien aus Regeneratcellulose mit Transparentiermittel und nachher, säurefrei, mit Alkalilaugen (KOH 30° Bé, NaOH 6—12° Bé) wobei man ein gleichmäßig durchscheinendes Produkt erhält.

CanP 482 471 Bleachers 1952 — Figurale Effekte erzielt man durch Aufbringen von Verbindungen der Form R CO NH—CHN, erhitzen und hernach pergamentieren.

CanP 479 206/7 Cilander 1951 — Man bedruckt zur Bemusterung von Textilgut dieses mit einer Lösung von Cellulosederivaten und apolaren, für ein nachfolgendes Transparentierbad undurchdringlichen Stoffen und Pigmenten.

6. Das Lustrieren.

Hierher gehört auch die Erzeugung von Ciré-Effekten bzw. die Herstellung von permanenter Chintzausrüstung. Dieselbe erfolgt bekanntlich in vielerlei Varianten, wobei nach der Erzeugung einer Harzeinlagerung, vor der Bildung des unlöslichen Kondensates oder gleichzeitig mit dem Härtungsprozeß der mit Kunstharzvorkondensaten behandelten Gewebe am heißen Friktionskalander der dauerhafte Glanzeffekt erzeugt wird. (Vgl. den „Everglaze"-Finish von Bancroft usw.) Bei dieser Behandlung kann auch ein gemusterter Glanzeffekt, bzw. ein teilweise oder durchgängig gefärbter hergestellt werden. Die Zugabe von sulfurierten Ölen zur Imprägnierflotte soll ein Kleben oder Stauchen der Ware am bzw. im Kalander verhindern. (Vermeidung der sogenannten „Gewebeplatzer".)

Patentschrifttum über das Lustrieren.

SP 279 601 Bancroft 1952 — Man erzeugt einen bleibenden Glanz (Chintz) auf Textilien, indem man sie mit Kunstharzvorkondensat und sulfonierten Ölen behandelt.

HollP 68 037 Bancroft 1951 (gl. AP 2 148 316) – Man behandelt Textilien zur Erzeugung eines permanenten Glanzes mit härtbaren Harzen unter Zusatz eines nicht wachsartigen, sulfurierten Öles mit mehr als 8 C-Atomen (Rizinusöl usw.) (s. a. AP 2 524 915).

HollP 64 658 Bancroft 1949 – Man erhält permanente Glanzeffekte, indem man das Textilgewebe mit einer organischen Verbindung, welche sich mit einer Diazoverbindung zu einem Farbstoff verbindet behandelt, druckt ein thermohärtendes Harz in Lösung und die Diazoverbindung auf und lüstriert und härtet nach Trocknen am Schreinerkalander; vgl. EP 655 700.

NorwP 78 065 Bancroft 1951 – Zum Herstellen gefärbter oder glänzender Musterungen bzw. Textilien werden diese mit Kunstharzvorkondensatlösungen imprägniert, wobei ein sulfoniertes Öl zugesetzt wird, um das Kleben am Glanz- oder Gaufrierkalander zu verhüten.

EP 674 948 Monsanto 1952 – Dauerhafter Glanz wird durch Imprägnierung mit wäßrigen Dispersionen oder Lösungen von Vorkondensaten der Form

```
┌              ┐
      V
      N
      |
      C
    //  \              n = 5–6
   N     N             R = CH₂
   |     ||
>N—C     C—N< —  —(CH₂O)₆—RnH₆₋ₙ
    \\  /
      N
└              ┘
```

$n = 5\text{–}6$, $R = CH_2$; $-(CH_2O)_6-R_nH_{6-n}$ und nachheriger Härtung, nach der Glanzgebung, erzielt.

EP 672 674 Bancroft 1952 – Die Herstellung von Leineneffekten auf Kunstseidengeweben erfolgt derart, daß man sie mit wäßrigen Lösungen härtbarer Harze in der Konzentration von 5–20% und sauren Katalyten imprägniert, abquetscht, so daß das Gewebe etwa 70–90% Feuchtigkeit enthält, auf 10–15% Feuchtigkeitsgehalt trocknet, auf Raumtemperatur abkühlt und dann durch einen auf 120–150° C erhitzten Chasingkalander schickt, wobei das Gewebe selbst auf nicht über 90° C erhitzt werden soll. Hierauf wird im Härteofen bei 120–150° C fertiggestellt.

EP 660 002 ICI 1951 – Glänzende, dauerhaft gaufrierte Textilien werden erhalten, wenn man Textilgut mit Lösungen von Vorkondensaten von Harnstofformaldehyd tränkt, trocknet, mechanisch behandelt und dann härtet.

EP 655 700 Bancroft 1951 – Man mustert Textilien, indem man mit Dispersionen von Küpenfarbstoffen und Kunstharzvorkondensaten druckt und dann heiß friktioniert.

AP 2 592 852 Bancroft 1952 – Glänzende, färbige Muster werden auf Textilien hergestellt, indem man mit härtbaren Harzvorkondensaten und der Leukobase eines Küpenfarbstoffes bedruckt, wobei genügend Material, welches bei der nachfolgenden Wärmefriktionsbehandlung und Härtung eine ausreichende Acidität entwickelt, anwesend ist. Hernach wird gewaschen.

AP 2 563 656 DuPont 1951 – Glänzende, Titanverbindungen enthaltende Textilien aus Kunstseide, die flammfest sind, werden erhalten, indem man die Regeneratcellulose mit einer wäßrigen Titansalzlösung behandelt, dann mit Alkalisulfat- oder nitrathältigen Lösungen spült und schließlich die im Material verbliebene Menge Ti-Verbindung (3–20%) mit einem Fällmittel behandelt.

AP 2 524 915 Bancroft 1950 — Man behandelt das Gewebe mit einer 10—30%igen Lösung von Harnstoff-Formaldehydvorkondensat und einem Netzöl, trocknet, kalandert, härtet und wäscht aus. Das Öl soll bis 60% vom Harzvorkondensat betragen und das Kleben am Kalander verhindern (sulfuriertes Rizinusöl).

AP 2 307 876 Tootal 1943 — Chintz wird hergestellt, indem man Textilien mit einem kautschukartigen Überzug eines Acrylesterpolymeren und dann mit einer Mischung aus Alkydharz, Aminoplast und Weichmacher versieht und dann heiß kalandert.

CanP 480 987 Cyanamid 1952 — Zur Verbesserung der Haftfestigkeit bzw. Einwirkung von Kunstharzen auf Textilien aus Zwirnen sollen Alkydharze und Styrol usw. dienen, die zusammen Copolymere geben.

CanP 475 807/8 Bancroft 1951 — Man grundiert Gewebe und bedruckt mit Kunstharzvorkondensaten und Diazoverbindungen. Das getrocknete Gewebe wird heiß friktioniert, so daß gefärbte glänzende Muster auf ungefärbtem mattem Grund entstehen.

CanP 465 662 Bancroft 1951 — Ein Leineneffekt auf Kunstfaser-Baumwollgeweben wird erzielt, indem man mit Lösungen von Kunstharzvorkondensaten (5—20%) imprägniert, auf 70—90% Feuchtigkeit ausquetscht, bis auf 10% Feuchtigkeit trocknet, kühlt, dann bei 120—140° C schreinert und bei derselben Temperatur härtet, wäscht und trocknet.

AustralP 133 806 Bancroft 1949 — Dauerhafte Glanzeffekte entstehen durch Behandlung von Textilien mit Kunstharzvorkondensaten und Härtung unter mechanischer Glanzgebung, wobei das Kleben am Kalander durch Zusatz von Ölen vermieden wird.

AustralP 132 963 Bancroft 1949 — Dauerhafte mechanische Verformungen (Glanz) erzielt man auf Cellulosetextilien durch Bildung eines Reaktionsproduktes aus Kohlenhydraten und Aldehyd, Trocknen des Materials bis zu schwacher Feuchtigkeit und Lüstrierung bei gleichzeitiger Härtung.

7. Das Entglänzen und Mattieren.

a) Das Entglänzen von Acetatkunstseide.

Über die Verseifung von Acetatseide stellte Tattersfield[20] Versuche an. Als Versuchsobjekt diente Seraceta (Courtaulds). Es wurde festgestellt, daß mechanischer Druck (Gaufrage usw.) die Verseifung mit NaOH auf der bedruckten Stelle begünstigt. Auch Spannung oder Scheuerung erleichtert den Vorgang. Damit kann durch Gaufrage, Verseifung und Färbung mit Direktfarbstoffen eine Musterung erzielt werden, es können aber auch Fehler (Druckstellen, Zugstellen, Risse im Gegensatz zu Schnitten) als solche nachgewiesen werden.

Das Material darf nach der mechanischen Einwirkung nicht heiß gedämpft worden sein. Vorbehandlung mit heißem Wasser, Dampf oder Kochsalzlösung verringert die Verseifungsneigung und beseitigt die erhöhte Verseifbarkeit durch mechanische Einwirkung.

Das bekannte Mattieren mit Phenol kann nach Marsden und Urquart[21] mit 0,2% Phenol in 0,5%igen Seifenlösungen erfolgen. (Nicht zu hohe Phenolmengen, sonst Festigkeitsverlust.) Man arbeitet bei 97° C eine Stunde.

[20] J. Soc. Dyers Colourists **66**, 9 (1950).
[21] J. Text. Inst. **42**, T 15 (1951).

Patentschrifttum über das Entglänzen von Acetatkunstseide.

DP 849 834 BASF 1952 — Man mattiert Acetatseide durch Tetrahydrofuran.

DWP 422 Fettchemie und Fewawerk 1952 — Verfahren zum Mattieren von Celluloseacetatkunstseide. Man behandelt dieselbe mit heißen, wäßrigen Dispersionen aus chlorierten Terpenalkoholen mit einem Chlorgehalt von etwa 3% und einer Acetylzahl von etwa 200—220, die aus Terpentinölen, die kein Pinen oder nur geringe Mengen enthalten, gewonnen werden.

FP 987 761 Courtaulds 1951 — Eine einheitliche Verseifung der Acetatseide erzielt man in Lösung von Methylenchlorid, Essigsäure, Wasser und einem Katalyten.

EP 652 745 Celanese 1951 — Die Verseifung hochfester Celluloseesterfäden wird beschrieben. Die Fäden befinden sich dabei in Hohlkuchenform.

EP 645 761 Celanese 1950 — Man verseift Acetatcellulose auf einen Acetylgehalt von 53—55%.

AP 2 394 212 Celanese 1946 — Man mattiert Celluloseacetattextilien, die Äthylenoxydpolymere enthalten, mit heißem Wasser.

b) Das Mattieren mit Pigmenten.

Das zur Pigmentmattierung beim Fadenspinnen ausschließlich verwendete Titandioxyd befördert die Zerstörung der Nylonfaser durch Licht. Bei Reyon tritt dies erst bei höherem Feuchtigkeitsgehalten ein. Gewisse Küpenfarbstoffe anthrachinoider und indigoider Natur begünstigen den Zerfall. Besonders wirksam sind sie bei Nylonfasern.

Licht unter 3000 Å bewirkt eine Faserphotolyse, über 3000 Å eine Oxydation und damit Faserzerstörung. Co- oder Mn-Salz-Behandlung des Pigments oder der Faser kann den Effekt wesentlich zurückdrängen[22].

Literaturübersicht über das Mattieren mit Pigmenten.

Hughes: Physikalische Eigenschaften von Titandioxydpigmenten. Paint Manuf. **22**, 139 (1952).

Hünlich: Die Mattierung von Reyon. De Tex **11**, 24 (1952).

Patentschrifttum über das Mattieren mit Pigmenten.

DP 876 235 Bayer 1953 — Zum Mattieren mit Pigmenten werden Umsetzungsprodukte hochmolekularer aliphatischer oder araliphatischer Sulfochloride und Polyalkylenpolyaminen als Bindemittel benützt. Das Textilgut bleibt weich.

DP 875 942 Ciba 1953 — Man mattiert mit Pigmentsuspensionen, die neben wasserlöslichen härtbaren aldehydhältigen Harzen mittels Alkali in Lösung gebrachtes Säurecasein als Schutzkolloid enthält (AP 2 342 641, FP 798 839).

DP 874 753 Bayer 1953 — Man mattiert Textilien mit Pigmenten unter Zusatz von Polyestern, die noch basischen Stickstoff enthalten (Kondensate aus Adipinsäure, Butylenglykol und Methyldioxyäthylamin).

DP 870 542 Phrix 1953 — Das Mattieren von Orlon usw. erfolgt nach einer Hypochloritbehandlung (2—3 g aktives Chlor) bei 90° C und nachfolgender Behandlung mit 20 g Resorcin/Liter bei 70° C und 15 g TiO_2 sowie 15 g ZnO, unter Zusatz von Dispergatoren.

DP 832 436 Gen. An. 1952 — Das Mattieren von Reyon erfolgt mit wäßrigen Pigmentsuspensionen, die eine wasserunlösliche freie Biguanidbase mit einer Alkylkette von

[22] Entwistle, Cole, Wooding: Text. Res. J. **19**, 609 (1949).

wenigstens 10 Kohlenstoffatomen enthalten. Stearylbiguanid 1 Teil, Zinksulfid 9 Teile und Oleylpolyglykoläther 0,1 Teil, in Wasser dispergiert.

DWP 2 427 VEB Farbenfabrik Wolfen 1953 — Wäßrige Dispersionen von Titandioxyd, die mittels Tonerde- oder Zirkonerdesolen angemacht worden sind und außerdem noch wasserabstoßendmachende Imprägnierungs- und Weichmachungsmittel und basische Zirkonsalze enthalten können, werden zum Mattieren von Reyon verwendet (vgl. DWP 2 428).

HollP 63 082 Zehlendorf 1949 — Matte Fäden aus Kupferseide und Reyon werden erhalten, indem man den Spinnlösungen Cellulose zugibt, die durch Behandlung mit cyansauren Salzen, Ammonsalzen und Formaldehyd in der Spinnlösung unlöslich gemacht wurde.

HollP 61 320 Durand Huguenin 1948 — Man erzeugt waschechte Mattierungen mittels Albumin, indem man dieses in Dispersion mit dem Weißpigment aufbringt und dann in bekannter Weise koaguliert.

BelgP 504 233 Francolor 1952 — Man mattiert Cellulosehydratfasern durch Zusatz von Pigmenten, suspendiert in einer alkalischen Lösung eines Polyalkohol-Celluloseäthers zur Viskose.

AP 2 390 975 Gen. An. 1945 — Man mattiert mit ZnS und Biguanidderivaten, die in Wasser unlöslich sind. Es werden Dispersionen verwendet.

Anhang: Die Herstellung von Titandioxydpigmenten.

Wesentlich neue Arbeitsweisen sind hier nicht anzumerken.

Folgende Patentschriften befassen sich mit der Herstellung von Titandioxydpigmenten:

DP 878 638, 841 781.

SP 287 877, 287 876, 281 134.

FP 980 645.

BelgP 487 322.

ItalP 463 455.

EP 671 729, 671 728, 651 729.

AP 2 591 988, 2 589 909/10, 2 589 964, 2 576 434, 2 571 150, 2 559 638, 2 541 495.

CanP 492 988, 476 439.

c) Das Mattieren mit Methylenharnstoff und anderen Mitteln.

Hier ist im Berichtszeitraum nichts Neues festzustellen.

Patentschrifttum über das Mattieren mit Methylenharnstoff und anderen Mitteln.

DP 740 771 IG 1952 — Matte Druckmuster auf glänzendem Druck ohne Pigmentzusatz erhält man durch den Aufdruck von Diäthylenharnstoffen usw. der Form

$$R_1{-}NH{-}CO{-}N\Big\langle\begin{matrix}CH_2\\ |\\ CH_2\end{matrix} \quad \text{bzw.} \quad \begin{matrix}CH_2\\ |\\ CH_2\end{matrix}\Big\rangle N{-}CO{-}NH{-}R_2{-}NH{-}CO{-}N\Big\langle\begin{matrix}CH_2\\ |\\ CH_2\end{matrix}$$

(R_1, R_2 = aliphatischer oder isocyclischer Rest).

SP 202 831 Tootal 1939 — Man mattiert mit Methylenharnstoff.

FP 957 389 ICI 1950 — Man imprägniert mit Cetyloxymethylpyridiniumchlorid, schleudert und behandelt hernach mit der wäßrigen Dispersion eines Polyvinylchlorids, Polystyrols usw.

HollP 58 768 IG 1947 – Man mattiert und rauht die Oberfläche von Geweben aus Polyamiden oder Polyurethanen dadurch auf, daß man mit verdünnten Lösungsmitteln für die Fäden behandelt und den gequollenen bzw. angelösten Teil wieder niederschlägt (Chloralhydrat, Säuren, Alkohol, $CaCl_2$-Lösung, Methanol, Aceton, Salzlösungen). Auch zum Schiebefestmachen kann die Behandlung benutzt werden.

EP 664 921 Calico Printers 1952 – Terylen mattiert man mit wäßrigen Laugen bei erhöhter Temperatur (20–33%, 50° C).

AP 2 632 717 Ciba 1953 – Man behandelt in Gegenwart von 20–200/1000 Teilen von Melamin-Aldehydkondensaten mit 1–15% HCl Lösung vom pH-Wert 2,5–4.

8. Die Erzeugung eines Krachgriffs (Craquant).

Keine Hinweise oder Literaturangaben sind hier festzustellen, die eine Arbeitsweisenänderung vorschlagen oder neue Hilfsstoffe beschreiben (DP 891 248).

9. Die Mittel zur Erzielung eines weichen Griffs (Softenings).

Hier sind eine verhältnismäßig große Anzahl von Vorschlägen anzumerken, von welchen nur die Äthyleniminbehandlung hervorgehoben werden soll (FP 1 042 696).

Literaturübersicht über die Mittel zur Erzielung eines weichen Griffs.

Schnabel: Soromine als Weichmacher. Reyon, Synthetica, Zellwolle **29**, 265 (1951).
Endler, Gruenwald: Kationaktive Weichmacher. Rayon Synth. Text. **31**, 73 (1950).
Cheshire: Weichgriff von Rayonware. Brit. Rayon Silk J. **8**, 57 (1950).

Patentschrifttum über die Mittel zur Erzielung eines weichen Griffs.

DP 879 388 Hoechst 1953 – Quartäre Ammonsalze der Form $RXCH_2OCOR_1NZ$ sind Weichmacher; hierbei bedeuten:

R = einen Kohlenwasserstoffrest
X = O, S oder $CONR_1$
R_1 = H oder Alkyl
NZ = tertiäres Amin.

DP 875 567 Hydrierwerke 1953 – Als Weichmacher für Polyamide und Polyester sollen aromatische Verbindungen mit einem KP über 240° C dienen, die ein oder mehrere Methylolgruppen enthalten (Methyloltetrahydronaphtalin).

DP 872 788 Gy 1953 – Als Weichmacher sollen Acylbiguanide der Form

$$R_1\text{–CO–NH–}\underset{\underset{\displaystyle NH}{\|}}{C}\text{–NH–}\underset{\underset{\displaystyle NH}{\|}}{C}\text{–N}\begin{matrix} R_2 \\ R_3 \end{matrix}$$ dienen.

DP 868 284 Hydrierwerke 1953 – Zum Weichmachen von Textilien sollen in Wasser schwer- oder unlösliche Salze von Sulfocarbonsäureamiden oder -estern dienen, die mittels hydrotropen Stoffen in wäßrige Lösung gebracht werden.

DP 866 639 Cassella 1953 – Als Weichmacher sollen Verbindungen der Form

$$\begin{matrix} NH_2 \\ NH \end{matrix}\!\!>\!C\text{–S–R},$$ R = Alkyl mit mehr als acht C-Atomen verwendet werden.

DP 860 495 Kempen 1952 – Als Weichmacher sollen Produkte dienen, die durch Erhitzen der Salze aus Eiweiß- bzw. sulfonsauren Eiweißfettsäurekondensaten mit Polyaminen oder Oxyverbindungen tertiärer Amine auf 100–150° C erhalten werden.

DP 859 148 Bayer 1952 – Bei Weichmachern des Typs der acylierten Kondensate von Fettsäuren und Polyaminen (DP 598 653) tritt oft Vergilben oder Geruch auf. Man kann dies durch Nachbehandlung der Kondensate mit Aldehyden beheben.

DP 857 495 BASF 1952 – Polyalkylenpolyamine, die durch Einwirkung von 1,2-Alkyleniminen auf Salze basischer N-Verbindungen mit einem freien H am N entstehen, können als Weichmacher dienen.

DP 852 426 Rosendahl 1952 – Die Herstellung einer weichmacherhältigen wäßrigen Kunstharzdispersion wird beschrieben.

DP 852 389 Herberts 1952 – Als Schlichtezusätze oder Weichmacher eignen sich Ester aus einer synthetischen Fettsäure mit mindestens 20 C-Atomen und einem ein- oder mehrwertigen Alkohol in Mischung mit dem Salz eines Amins mit der erwähnten Fettsäure, welches in solcher Menge zugegen ist, daß sich das Gemisch in Wasser emulgieren läßt (z. B. werden sogenannte „Nachlauffettsäuren" verwendet).

DP 852 090 Ciba 1952 – Als Waschmittel oder Weichmacher sollen Imidazolderivate wie das Äthylenoxydanlagerungsprodukt des sulfonierten N-Methyl-μ-heptadecylbenzimidazols usw. verwendet werden.

DP 842 068 BASF 1952 – Herstellung von quaternären Ammoniumverbindungen für Weichmacher usw.

DP 762 904 Baumheier 1952 – Wasserlösliche Kondensationsprodukte aus Fettsäureestern und Kohlenwasserstoffen, die sulfoniert sind, und zwar so, daß man Spermöl mit mehrringigen cyklischen Kohlenwasserstoffen sulfonierend kondensiert, sollen als Wasch- und Weichmachungsmittel verwendet werden (vgl. FP 825 861).

DP 761 630 Hydrierwerke 1953 – Man macht Fasergut weichgriffig und hydrophob, indem man es in Gegenwart nicht seifenbildender organischer Säuren mit höhermolekularen Fett- oder Wachssäuren in gelöster oder emulgierter Form behandelt.

DP 756 903 Ciba 1953 – Zum Weichmachen von Textilgut wird die wäßrige Lösung des Salzes eines sauren Esters aus einer aliphatischen, cycloaliphatischen oder aromatischen Dicarbonsäure und einem Fettalkohol mit mindestens 8 C-Atomen vorgeschlagen, wobei noch ein oberflächenaktiver Stoff vorhanden ist.

DP 752 675 IG 1952 – Als Weichmacher für Textilien werden Reaktionsgemische vorgeschlagen, die beim Erhitzen von aliphatischen oder aromatischen Aminocarbonsäureestern niedermolekularer Alkohole mit höhermolekularen aliphatischen Alkoholen, deren Kohlenstoffkette verzweigt oder durch Heteroatome unterbrochen sein kann, auf höhere Temperatur erhalten werden.

DWP 2583 VEB Farbenfabrik Wolfen 1953 – Zum Weichmachen von Textilgut verwendet man oxalkylierte höhermolekulare Biguanide oder wasserlösliche Salze derselben zusammen mit mindestens 10 C-Atome und alkoholische Oxygruppen aufweisende Acylierungsprodukte aus Fettsäuren und Alkylolaminen, mehrwertigen aliphatischen Alkoholen oder Ätheralkoholen.

SP 273 374 Ciba 1951 – Das Na-Salz der Verbindung der Formel

$$\begin{array}{l}
\quad\; O \\
\;\; /\!\!/ \\
C - O-CH_2-CH_2-NH-CO-C_{17}H_{33} \\
\;\; \backslash \\
\quad CH_2 \\
\quad\; | \\
\quad CH-S-CH_2-COOH \\
\;\; / \\
C - O-CH_2-CH_2-NH-CO-C_{17}H_{33} \\
\;\; \backslash\!\!\backslash \\
\quad\; O
\end{array}$$

ist als Weichmacher für Cellulose geeignet.

SP 272 747 Ciba 1951 zu SP 268 510 – Zum Weichmachen sollen Dispersionen eines in Wasser schwerlöslichen Teilesters aus einem mehrwertigen Alkohol und einer höhermolekularen aliphatischen Säure angewendet werden, die als Dispersionsmittel das wasserlösliche Salz einer Carbonsäure, die mindestens einen aliphatischen Rest von mindestens 16 C-Atomen und mindestens ein diese aliphatische Kette unterbrechendes N-Atom aufweist, enthält. Z. B.: Dispergiert wird ein Stearinsäurepolyglykolester mittels des Salzes eines Kondensationsproduktes von Stearinsäure-N-Methylolamid und Thioglykolsäure.

SP 241 211 Ciba 1946 – Zur Erhöhung der Weichheit von Kunstseiden setzt man deren alkalischen Spinnlösungen Produkte der Form $R{-}CO{-}N{-}CH_2{-}O{-}R_1$ (RCO: Carboxylrest mit mindestens 8 C-Atomen, $O{-}R_1$: Rest einer Sulfonsäure, die eine an eine C-Kette von mindestens 2 Atomen gebundene OH-Gruppe trägt) zu (0,2–2%).

FP 1 012 079 St. Gobain 1952 – Die Weichheit von Geweben aus Glasfasern kann durch Behandlung mit quaternären Ammoniumsalzen von Fettsäuren bzw. Abkömmlingen von Diaminen und Fettsäuren erzielt werden.

FP 1 000 895 Mendelsohn 1952 – Man appretiert Gewebe mit Kunstharzemulsionen in Anwesenheit von Weichmachern zur Griffverbesserung.

HollP 67 777 IG 1951 – Zum Weichmachen von Textilien werden Verbindungen, die durch Umsetzung von höhermolekularen Alkoholen der Form $R{-}CH_2{-}X{-}{-}(CH_2)_4{-}OH$ (R = Alkyl mit mindestens 6 C-Atomen, X = CH_2, CONH, CON, Alkyl) und Estern von aliphatischen oder aromatischen Aminocarbonsäuren, die im Alkoholrest 1–3, im Carbonsäurerest 2–7 C-Atome enthalten, verwendet.

HollP 64 483 Heyden 1949 – Sulfonylurethane der Form $R{-}(SO_2{-}NH{-}COO{-}R')_n$, ($n$ = 1–2, R = Alkyl, Aryl, R' = Alkyl, Aryl, Arakyl), sind als Weichmacher brauchbar (vgl. FP 868 714 bzw. HollP 55 060).

HollP 64 481 Heyden 1949 – Als Weichmachungs- und Konditioniermittel können N-Sulfonylharnstoffderivate der Form $R{-}(SO_2{-}NH{-}CO{-}NH_2)n$, n = 1–2, R = Alkyl, Aryl, Aralkyl, dienen.

HollP 64 404 IG 1949 – Zum Weichmachen von Textilien werden Umsetzungsprodukte aus Estern von aromatischen oder aliphatischen Aminocarbonsäuren, die im Säurerest 2–7, im Alkoholrest 1–3 C-Atome enthalten und höhermolekularen acylierten Alkoholen hergestellt. Diese enthalten ein substituiertes N-Atom in der Kette (Stearinsäureäthanolamid + Aminoessigsäureäthylester, Diäthanolamid der bei der Paraffinoxydation anfallenden Nachlaufsäuren mit Aminoessigsäureäthylester usw.).

HollP 63 665 IG 1949 – Alkali- und waschechte Weicheffekte usw. können Textilien durch Behandlung mit Alkylenharnstoffen usw. der Form

$$\begin{matrix}CH_2\\ |\\ CH_2\end{matrix}\!\!>N{-}X{-}R \quad \text{bzw.} \quad \begin{matrix}CH_2\\ |\\ CH_2\end{matrix}\!\!>N{-}X{-}R'{-}X{-}N<\!\!\begin{matrix}CH_2\\ |\\ CH_2\end{matrix}$$

verliehen werden.

HollP 63 659 IG 1949 – Zum Weichmachen oder Hydrophobieren dienen N,N-(Alkylen-α,β-)acylamide der Form:

$$CH_3{-}CO{-}N<\!\!\begin{matrix}CH_2\\ |\\ CH_2\end{matrix} \quad \text{bzw.} \quad CH_3{-}CO{-}N<\!\!\begin{matrix}CHR\\ |\\ CHR_1\end{matrix}$$

HollP 61 059 Glanzstoff 1948 (vgl. FP 876 422) – Man kondensiert aliphatische Mono- oder Polynitroverbindungen mit aliphatischen Aminen. Die erhaltenen Produkte können unter anderem als Weichmacher benützt werden.

HollP 61 020 Ciba 1948 – Aromatische Acylamine, die frei von Sulfonamidgruppen sind, werden mit HCOH und HCl in Halogenmethylderivate übergeführt und das Halogen gegen in Wasser löslich machende Gruppen ausgetauscht. Man erhält Stoffe zum Weichmachen oder Hydrophobieren, wobei im letzteren Falle ein Erhitzen auf der Faser nötig ist.

HollP 60 111 Ciba 1947 – Als Weichmacher dienen Kondensationsprodukte von Carbonsäureamiden mit mindestens 13 C-Atomen und Formaldehyd, die mit Mercaptanen umgesetzt werden.

HollP 58 413 Ciba 1946 – Als Weichmacher dienen Aminoalkylestersalze, die aus höher molekularen Hydroxyalkylamiden hergestellt sind.

HollP 58 165 Ciba 1946 – Mittel zum Hydrophobieren und Weichmachen werden aus aromatischen Diaminen durch Behandeln mit α-α'-Dihalogenalkyläther und Überführung eines Halogens in eine wasserlöslichmachende Gruppe hergestellt.

HollP 57 747 IG 1946 – Weichmacher aus Kondensationsprodukten von Biguaniden mit Aldehyden in alkalischem Milieu werden beschrieben.

BelgP 502 599 S. A. Manuf. des Glaces 1952 – Man behandelt Glasgewebe, indem man erst auf 550° C erhitzt, dann rasch abkühlt und mit Lösungen von 2% Harnstoff-Formaldehydvorkondensat, 1% emulgiertes Paraffin, 1% kationaktiven quaternären NH_4-Verbindungen und 3% HCOOH behandelt und härtet. Hernach wird gewaschen. Das Material ist weicher und färbbar.

EP 655 541 Cyanamid 1951 – Zum Weichmachen von Textilien werden Sulfobernsteinsäureabkömmlinge vorgeschlagen. Sie können gemeinschaftlich mit zum Knitterfestmachen gebrauchten Methylolmelamin-Aldehydvorkondensaten angewendet werden (z. B. das Cctadecyl- oder Lauryldinatriumsalz des Sulfobernsteinsäureamids). Die Substanzen haben die allgemeine Form: $MeSO_3$–OH–COOMe

$$\begin{array}{c} MeSO_3\text{–OH–COOMe} \\ \quad\quad\quad\quad | \\ \quad\quad\quad\quad CH_2\text{–CONHR} \end{array}$$

EP 653 732 Ciba 1951 – Als Weichmacher sollen Kondensationsprodukte von N-Methylolamiden höherer Fettsäuren mit Mercaptocarbonsäuren dienen.

EP 653 674 Ciba 1951 – Als Weichmacher sollen Verbindungen dienen, die mindestens eine aliphatische Kette von mindestens 12 C-Atomen besitzen und in Wasser vermittels Salzen von Monoestern von aliphatischen, aromatischen oder cycloaliphatischen Dicarbonsäuren und N-Oxyalkylamiden einer höheren Fettsäure als Dispergator verteilt sind. Eventuell ist noch ein härtebeständiges sulfoniertes Produkt vorhanden, das mindestens 12 C-Atome in einer aliphatischen Kette enthält (vgl. EP 657 422).

AP 2 642 428 Weijlard, Tishler 1953 – Weichmacher auf Basis von quartären Ammoniumäthylthiocarbamaten der Form

$$\begin{array}{l} Z\text{–}\underset{\underset{O}{\|}}{C}\text{–S–}C_2H_4\text{–}\underset{\underset{\text{Anion}}{|}}{N}\!\!\begin{array}{l} \diagup R \\ \text{–}CH_3 \\ \diagdown CH_3 \end{array} \end{array}$$

werden vorgeschlagen.

Hierin bedeuten Z ein Radikal, welches einen Piperidin- oder Morpholinrest enthält, und R ein niederes Alkyl.

AP 2 609 380/1 Sun Chem. 1952 – Zur Herstellung von weichen Füllappreis sollen Amido-amid-Derivate der Oxalsäure Anwendung finden, z. B.:

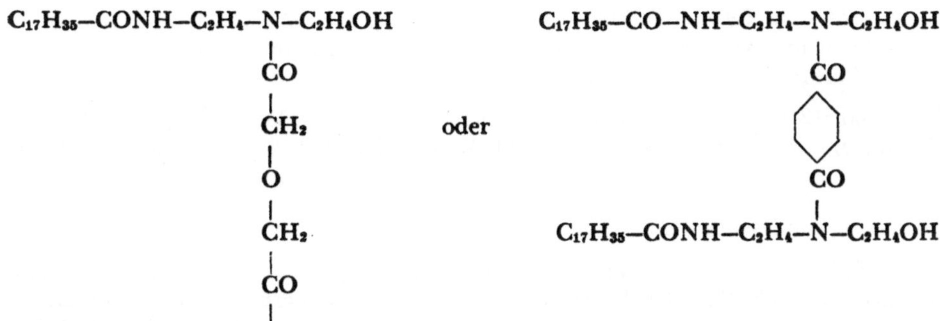

$C_{17}H_{35}$–CONH–C_2H_4–N–C_2H_4OH
usw.

AP 2 576 896/9 Ciba 1951 – Als Weichmacher sollen wäßrige Dispersionen eines Partialesters einer Fettsäure und Glykol oder Glykoläthern der Form $HO(CH_2–CH_2–O)_x–CH_2–CH_2–OH$, welche Dispersionen das wasserlösliche Salz einer Carbonsäure der Form $R'CO–NH–CH_2–S–CH_2–COOH$ enthalten und außerdem noch sulfonierte Benzimidazole, Anwendung finden.

AP 2 574 510 Cyanamid 1951 – Als Weichmacher sollen Carbamate wie Octadecylguanidin-N-Octadecylcarbamat usw. dienen (vgl. AP 2 194 082, 2 213 474, 2 221 478, 2 349 061, 2 350 453, 2 427 242).

AP 2 555 684 Nopco 1951 – Als Weichmacher soll eine Mischung von 20–240 Teilen weichmachendes Öl und 100 Teile einer Mischung von 20–80 Teilen sulfatierten Alkylolmonoamid einer Fettsäure mit 20–80 Teilen eines sulfatierten ungesättigten Fettalkohols, sowie mindestens 50 Teilen Wasser verwendet werden.

AP 2 540 678 Nopco 1951 – Als Weichmacher dienen Kondensate von Alkylolaminen und Stearinsäure, eventuell auch quaterniert. Z. B. setzt man Stearinsäure mit Diäthanolamin um und läßt mit Diäthylsulfat reagieren.

AP 2 528 378 McCabe, Mannheimer 1950 – Metallsalze substituierter quaternärer Hydroxyverbindungen von Carbonsäuren der Form

$$\begin{array}{c} N{-}R_1 \\ \| \quad | \\ R{-}C{-}N{-}R_2{-}OM \\ \diagup\diagdown \\ OH \quad R_2{-}COOMe \end{array}$$

wobei R = organischer Rest,
R_1 = aliphatischer Rest von 1–4 C-Atomen oder ein Arylrest,
R_2 = aliphatischer Rest mit 1–4 C-Atomen

sind beschrieben. Die Verbindungen sind als Weichmacher, Waschmittel und Egalisiermittel beim Färben verwendbar.

AP 2 525 771 Arkansas 1950 – Zum Weichmachen werden Fettsäuren mit 12–24 C-Atomen mit aliphatischen Aminen umgesetzt und dann mit Polyäthylenglykol in Reaktion gebracht. Die erhaltenen Produkte werden im wäßrigen Medium angewandt.

AP 2 312 708 Patchem 1943 – Als Weichmacher sollen Glyzerincetyläther usw. dienen. Auch die entsprechenden Pentaerithrytverbindungen sind wertvoll.

CanP 488 131 Cyanamid 1952 – Weichmacher für Textilien sind quaternäre Ammoniumverbindungen der Form

$$\begin{array}{c} R_3 \\ | \\ RCONH{-}(CH_2){-}N{-}R_2, \\ | \end{array}$$

wobei R einen mindestens 7 C-Atome enthaltenden Rest, R_1 R_2 Alkylgruppen und R_3 Alkylaryl oder Aralkylreste darstellen; X ist ein Anion; vgl. AP 2 278 417.

CanP 487 041/42 Cyanamid 1952 — Als Weichmacher sollen Kondensate aus Alkylguanidinen und Äthylenoxyd verwendet werden. Alkylguanidinsalze sind als kationaktive Weichmacher bereits bekannt.

CanP 486 312 Cyanamid 1952 — Als Weichmacher sollen Verbindungen der Form $(C_nH_{2n}O)_x$–H_2N–CO–NH–C(=NH)–NH–CO–R, wobei n = 2–4, x = 4–50 und R ein Alkyl mit mindestens 8 C-Atomen bedeuten, Verwendung finden.

CanP 481 070 ICI 1952 — Man behandelt Textilien aus Terylen mit 4–20%igen Lösungen von NaOH oder KOH, wobei eine Griffverbesserung eintritt. Die Dicke der Gewirke usw. nimmt ab. Es tritt aber auch Gewichtsverlust und Festigkeitsverlust ein.

CanP 477 202 Cyanamid 1951 — Zum Weichmachen von mit methylierten Methylolmelaminen schrumpffest gemachter Wolle sollen anionaktive Stoffe (Distearylsulfobernsteinsaures Na) bei 50° C bei einem pH-Wert von 1–4 verwendet werden.

10. Das Schiebefestmachen von Geweben und das Maschenfestmachen von Gewirken.

Auf diesem Gebiete sind es hauptsächlich Verfahrensweisen der Strumpfveredlung und hier wieder die Perlon- bzw. Nylonstrumpfappretur, welche die verschiedenen bekannten Vorschläge bringen. Auf das sogenannte „Nylonizing“ (vgl. S. 621 H) sei in diesem Zusammenhange erneut verwiesen. „Syton“ (kolloidales SiO_2) wird hier ebenfalls propagiert[23]. Auf die Kombination von Erdalkalisalz und Kieselsäurebehandlung wird aufmerksam gemacht[24].

Patentschrifttum über das Schiebefestmachen von Geweben und das Maschenfestmachen von Gewirken.

DP 875 643 Stockhausen 1953 — Zum Schiebefestmachen wird mit kolloidalen Lösungen unlöslicher Sulfate zweiwertiger Metalle imprägniert.

DP 866 035 Hinrichs 1953 — Zur Herstellung von schiebe- bzw. laufmaschenfesten Textilien werden Polyamide verwendet, die durch Anquellen und Niederschlagen des gelösten Polyamidenanteils (durch Erwärmen) aufgerauht sind. Bekannt ist eine Erschwerung mit $SnCl_4$-Lösungen in Gegenwart von Quellmitteln.

DP 864 852 Phrix 1953 — Zur Verhinderung der Laufmaschenbildung präpariert man Polyamidfäden mit 5–15 Teilen eines Mischpolymerisates aus Vinylacetat und Vinylfurancarbonsäure, 55–70 Teilen Terpentinöl, 3–8 Teilen Hexamethylenmaleinamid, 18–20 Teilen Spindelöl, 0,5–2% Emulgator. Dann wird gestreckt, verzwirnt und hitzefixiert.

DP 843 396 Klenk 1952 — Die Verhinderung der Laufmaschenbildung bei Strümpfen erfolgt durch Behandeln mit Milcheiweiß und einem Konservierungsmittel.

DP 754 832 Hydrierwerke 1953 — Das Schiebefestmachen von Geweben erfolgt durch Behandlung mit Harzalkoholen und deren Glykol- und Glycerinäthern.

DP 753 109 IG 1952 — Zum Maschenfestmachen von Gewirken behandelt man mit wäßrigen Lösungen von Silikaten und dann mit wäßrigen Lösungen von Zirkonsalzen oder deren Hydrolysaten (vgl. AP 2 200 336 und DP 890 495).

---

[23] AP 2 443 512, Monsanto.

[24] HollP 59 091, IG.

DP 753 015 IG 1952 – Zum Schiebefestmachen von Kunstseidengeweben werden dieselben mit wäßrigen Lösungen von Zirkonoxydchlorid oder Zirkonoxydgel, die mit überschüssigen Mengen von Ammonsalzen schwacher Säuren versetzt sind, getränkt und getrocknet (vgl. FP 823 889).

DAP 2916 Degussa 1953 – Erhöhung des Reibungswiderstandes der Oberfläche von Textilfasergut aller Art. Auf diese Stoffe werden auf dem Weg über die Aerosole gewonnene Aerogele zweckmäßig in Form von Dispersionen aufgebracht.

FP 1 016 489 Weiningerova, Troutnova 1952 – Man behandelt zum Laufmaschenfestmachen mit Lösungen von arabischem Gummi, Glycerin, Zucker und einem Antiseptikum oder vorerst mit Polyvinylalkohol-Tanninlösungen und nachher mit Formaldehydlösungen.

FP 1 014 619 Goergen 1952 – Die Laufmaschenbildung wird verhindert durch Mischungen von carboxymethylcellulosem Na mit Tragant und Dextrin sowie Zucker und einem Antiseptikum.

FP 1 010 301 Chim. Belg. 1952 – Schiebefeste Textilien erhält man mit Emulsionen von Organosiliziumverbindungen in Anwesenheit von Mono- oder Diäthanolamin usw.

FP 995 146 Monsanto 1951 – Um das Gleiten von Cellulosefäden zu verhüten, behandelt man mit Si-haltigen Ölemulsionen, z. B. 100 Teile Syton W 20, 18 Teile Erdnußöl, 32 Teile Wasser, 1,8 Teile Emulgator Lubrol W usw.

FP 972 951 Gauby, Cubizolles 1951 – Zur Verhinderung der Laufmaschenbildung von Strümpfen wird mit Mischungen aus 50% Gelatine, 10% Alginat, 20% $NaHCO_3$, 10% Gummi arabicum, 10% Traganth, die man in entsprechender Menge in 250 g Wasser löst, behandelt.

FP 972 603 Américh 1951 – Zwecks Erhöhung der Maschenfestigkeit überzieht man die Fäden mit einem dünnen Kautschukhäutchen (Passieren eines Latexbades).

EP 689 640 Monsanto 1953 – Die Behandlung von Cellulosetextilien mit SiO_2-Aquasolen wird beschrieben.

EP 681 802 Monsanto 1952 – Die Behandlung von textilen Schichten mit Silica-Solen wird beschrieben. Das Material wird widerstandsfähig gegen Schieben usw.

HollP 64 476 Schering 1949 – Zur Erhöhung der Schiebefestigkeit werden die Gewebe mit einer wäßrigen Lösung von Kondensaten aus Isothymol, Aminosulfosäuren (Naphtionsäure) und Formaldehyd behandelt und bei erhöhter Temperatur getrocknet (vgl. FP 816 252).

HollP 59 091 IG 1947 – Zum Schiebefestmachen werden die Textilien erst mit Erdalkalisalzlösungen ($CaCl_2$) imprägniert, hernach getrocknet und dann mit wäßrigem Kieselsäuresol behandelt. Darnach wird neuerlich getrocknet.

BelgP 507 441 DuPont 1953 – Die Herstellung von SiO_2-Solen mit bis 35% SiO_2 wird beschrieben (vgl. BelgP 507 442).

BelgP 493 667 Union Chimique 1952 – Um Textilien schiebefest zu machen, behandelt man mit wäßrigen Emulsionen von Organosiliziumverbindungen und läßt trocknen.

ItalP 467 660 IG 1952 – Das Schiebefestmachen von Reyongeweben usw. erfolgt mit wäßrigen Lösungen von Erdalkalien bei nachheriger Behandlung mit Silikatlösungen.

NorwP 76 095 Hansen 1950 – Seidenstrümpfe werden haltbarer durch Behandlung mit Kolophonium, Mastix usw.

AP 2 515 960/61 Monsanto 1950 (vgl. AP 2 515 949) — Es wird die Herstellung von Kieselsäuresolen beschrieben, die zum Schiebefestmachen von Geweben usw. dienen können; vgl. auch EP 697 451.

AP 2 443 512 Monsanto 1948 — Zum Schiebefestmachen wird mit Siliziumdioxydsol behandelt. Vgl. AP 2 161 377, 2 201 480, 2 215 048, 2 244 325, 2 285 449, 2 285 477, 2 317 891, 2 356 553, 2 361 092, 2 375 738, 2 387 367.

AP 2 289 222 DuPont 1942 — Zum Präparieren, Schlichten und zur Verhütung der Entstehung von Ziehern in Wirkwaren aus Polyamiden wird mit Alkydharzlösungen behandelt. Vgl. AP 2 312 469, 2 324 601, 2 253 146.

AustralP 129 679/80 Monsanto 1948 — Schiebefeste Textilien erhält man, indem man sie mit einer kolloidalen wäßrigen Lösung von Kieselsäure behandelt.

CanP 492 698 Tootal 1953 — Schiebefestmachen mit Lösungen von Polyamiden in Mineralsäuren.

11. Das Mottenfestmachen von Textilien.

Hexachlorcyclohexan (BHC, 666, Gammexan usw.) ist zum Mottenfestmachen von Textilien geeignet (vgl. S. 467 H). Beim *Hexavap*-Verfahren werden Tabletten dieses Wirkstoffes verdampft.

Das von Bayer jetzt herausgebrachte Eulan NKF der Formel Schaeffer:

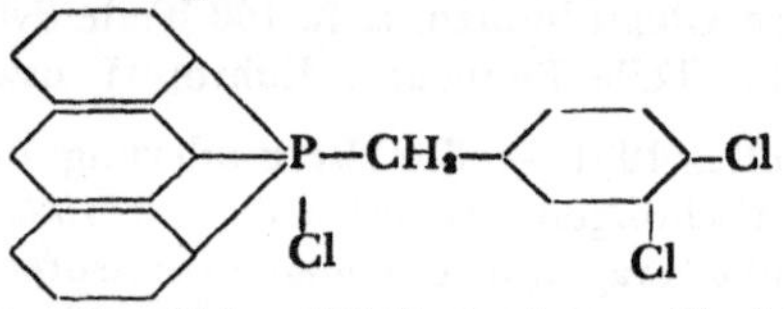

P—CH_2—⟨ ⟩—Cl
Cl Cl

ist ein Freßgift und wird auf gefärbte Wolle in kalter Nachbehandlung aufgebracht. Es ist nicht kalkempfindlich.

Eulan FL zieht aus neutralen und sauren Bädern auf die Wolle; Eulan AWA ist hauptsächlich für die Nachbehandlung von Wollwaren geeignet, die keiner Naßwäsche unterworfen werden, wie Teppiche [Drapal, Textil Praxis **8**, 330, 1067 (1953)].

Parathion (vgl. S. 466 H.) der Formel: NO_2—⟨ ⟩—OPS(OC_2H_5)(OC_2H_5) ist ein Nervengift und kommt auch als Thisphos 3422 in den Handel.

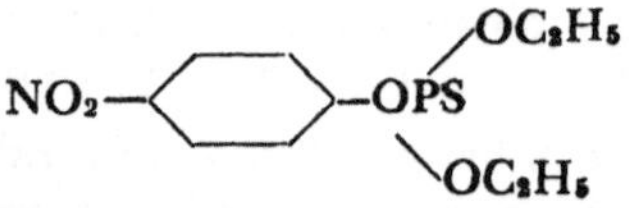

Nach Foulon ist als *Globol:* p-Dichlorbenzol, als *Jacutin:* γ-Hexachorcyclohexan Merck in Vertrieb.

Erwähnenswert ist der Vorschlag CF_3-Gruppen enthaltende Verbindungen zu verwenden (OeP 176 533).

Literaturübersicht über das Mottenfestmachen von Textilien.

Hartley, Elsworth, Midgley, Barrit: Die quantitative Bestimmung von Eulan und Mitin. J. Soc. Dyers Colourists **68**, 171 (1952).

Cu-3-phenylsalicylat als Mottenschutz. Chemiker Ztg. **76**, 858 (1952).

Barblau: Mitin. S. V. F. Fachorg. Textilveredl. **7**, 175 (1952).

Barritt: Mottenfestmachen. Ing. Textile Nr. 378, 109 (1951).

Beran, Prey, Böhm: Mottenschutzmittel. Mittlg. d. Forschungsinst. d. öst. chem. Ind. **5**, 43 (1951).

Burgess: Mottenfestmachen. J. Textile Inst. **41**, 56 (1950).

Bogoslovsky und Raykhlin: Mottenfestmachen. Tekstil. Prom. **11**, 31 (1951) ref. J. Soc. Dyers Colourists **67**, 480 (1951).

Borghetty, Pardey, Sherburne: Mottenfestmachen bei gleichzeitigem Reinigen. Amer. Dyestuff Reporter **40**, P 119 (1951).

Lotmar: Über Mitin FF (Gy). Melliand Textilber. 32, 68 (1951).

Drapal: Über die Eulane neu CNA, NK, NKF extra und DLN. Textil Praxis 6, 443 (1951).

Bayley: Mottenfestmachen. Text. Age 14, Nr. 9, 22; Nr. 10, 34 (1950).

Moncrieff: Mottenfestmachen. London, Hill Ltd. 1950.

Carpenter: Mottenfestmachen in Theorie und Praxis. Text. Recorder 68, Nr. 813, 83 (1950).

Burgess: Mottenfestmachen. J. Text. Inst. 41, P 56 (1950).

Ris: Mottenfestmachen. Teintex 13, 353 (1948) (Geigy's Mitin FF).

Patentschrifttum über das Mottenfestmachen von Textilien.

OeP 175 551 Variapat 1953 — Zum Schützen von Textilien gegen Motten dienen zahlreiche Stoffe, die alle eine oder mehrere CF_3-Gruppen besitzen.

DP 879 481 Hydrierwerke 1953 — Ester mehrwertiger Alkohole und mehrfach halogenierte α-Halogencarbonsäuren sollen zur Mottenbekämpfung dienen.

DP 877 764 Bayer 1953 — Sulfongruppenhältige Triphenylmethanabkömmlinge, etwa

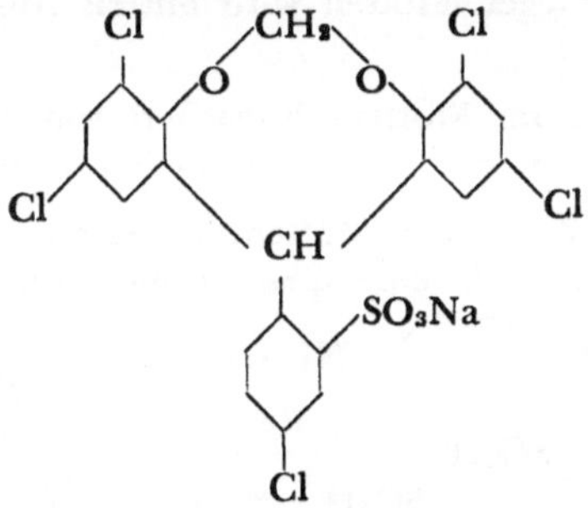

Cl CH_2 Cl
O O
Cl Cl
CH
SO_3Na
Cl

dienen als Mottenschutzmittel.

DP 877 379 Merck 1953 — Zum Mottenfestmachen sollen Lösungen von Triäthanolsilicofluorid und $Al_2(SO_4)_3$ dienen.

DP 876 932 Bayer 1953 — Als Mottenschutzmittel sollen Acrylsulfonsäureamide dienen.

DP 876 333 Hydrierwerke 1953 — Durch Methylhalogenidreste substituierte Benzodioxane sind zum Mottensichermachen geeignet.

DP 876 017 Hydrierwerke 1953 — Arylverbindungen mit einem aromatisch gebundenen Trimethylhalogenrest sind Mottenschutzmittel (vgl. DP 876 334).

DP 875 661 Hydrierwerke 1953 — Kondensate aus Arylsulfonsäurehalogeniden mit Aminogruppen und NH_3 ergeben Mottenschutzmittel.

DP 808 705 Research 1951 — Die Alkaliempfindlichkeit und Mottenanfälligkeit der Wolle wird durch Behandlung mit Vorkondensaten aus Resorcin und Aldehyd verbessert.

DP 765 524 Hydrierwerke 1952 — Produkte der Form

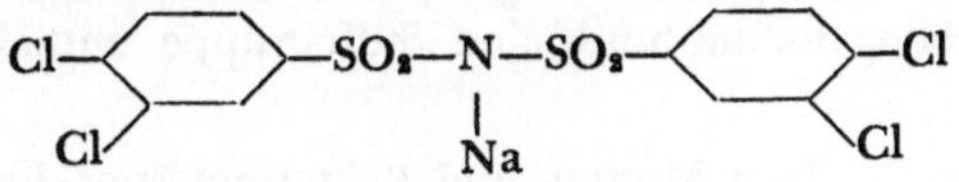

Cl— —SO_2—N—SO_2— —Cl
Cl Na Cl

sind als Mittel zum Mottenechtmachen brauchbar.

DP 755 155 Zschimmer Schwarz 1951 — Mückenschutz gewähren Strumpfwaren, die mit Lösungen von quaternären Ammoniumverbindungen der Form

$$\mathrm{RO{-}CH{-}X{-}N}\begin{matrix} \mathrm{R} \\ \mathrm{R'} \\ \mathrm{R''} \end{matrix}\quad\text{(CH trägt Hal)}$$

getränkt sind. Man trocknet und erhitzt auf 150° C. Die Verbindungen sind als Hydrophobierungsmittel bekannt, nicht aber als Mückenrepellate.

FP 959 102 Henricsson 1950 — Zur Bekämpfung von Motten dient

$$\mathrm{Cl{-}C(X)(X_1){-}C}\ \text{(mit drei Benzolringen: OH; } SO_3H\text{, Y; OH)}$$

X, X_1 = H oder Cl, Y = OH, H.

FP 957 590 Croesi 1950 — Gegen Motten wird mittels Alginat als Haftmittel DDT angewendet.

BelgP 504 707 Gy 1952 — Zum Mottenechtmachen von Wolle werden quaternäre Ammoniumsalze vorgeschlagen, die 3 Fluoratome an einem Kohlenstoff enthalten.

BelgP 502 677 Variapat 1952 — Zum Mottenfestmachen von Textilien sollen Verbindungen verwendet werden, die eine CF_3-Gruppe enthalten, wie

$$CH_3{-}C_6H_4{-}O{-}C_6H_3(SO_3H){-}NH{-}CO{-}C_6H_4{-}CF_3 \quad \text{oder}$$

$$Cl{-}C_6H_3(SO_3H){-}O{-}C_6H_3(CF_3){-}NH{-}CO{-}C_6H_3Cl_2 \quad \text{usw.}$$

BelgP 500 167 Bayer 1952 — Chlormethansulfotrichloranilid wird zum Mottenfestmachen empfohlen (Pelze usw.).

BelgP 487 936 Bayer 1951 — Man schützt die Wolle gegen Motten, indem man den Waschbädern usw. Stoffe zusetzt, die neben ihrer Eignung als solche, die Gruppe $-SO_2NH$ aufweisen.

HollP 62 582 Gy 1949 — Zum Mottenfestmachen sollen Kondensationsprodukte aus Kohlensäurederivaten (Harnstoffabkömmlingen) mit Aminosulfosäuren der Benzolreihe, die im Molekül an den Harnstoffrest gebunden mindestens 2 aromatische Reste der Benzolreihe, ein Halogenatom und eine Sulfogruppe enthalten, Verwendung finden.

NorwP 80 549 Bayer 1952 — Zum Motten- und Bakterienfestmachen von Pelzen und Haaren sollen Chlormethansulfotrichloranilid enthaltende Mittel verwendet werden.

NorwP 78 637 Bat. Petrol. My 1951 – Zum Mottenfest- und Bakterienfestmachen von Textilien imprägniert man mit Mischungen von Kohlenwasserstoff, organischem Lösungsmittel und kapillaraktiven Stoffen, sowie Metallsalzen von Naphtensäuren.

NorwP 77 656 Socony 1950 – Mottenfeste Textilien werden durch Behandlung mit Stoffen der Form

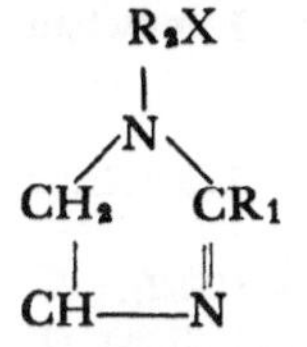

```
      R₂X
       |
      /N\
  CH₂     CR₁
   |       ||
  CH———N
```

(R_1 = Alkyl, Alkenyl mit 10–18 C-Atomen,
R_2 = Alkyl mit 1–3 C-Atomen,
X = OH oder NH_2)

hergestellt.

EP 692 332 Gy 1953 – Verbindungen der Form

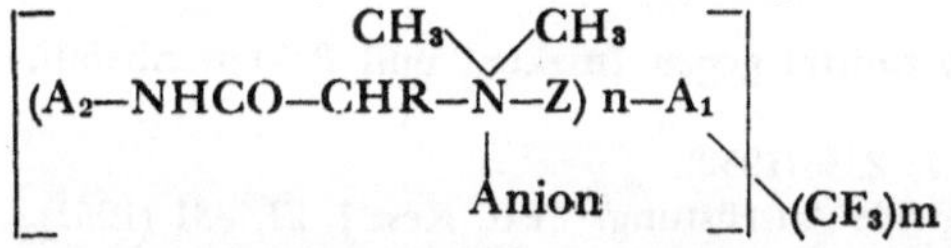

```
┌         CH₃\  /CH₃          ┐
│(A₂–NHCO–CHR–N–Z) n–A₁       │
│              |          \   │
└            Anion           ┘\(CF₃)m
```

sollen als Mottenschutzmittel dienen.

EP 677 293 Bayer 1952 – Gegen Motten schützt man Textilien mittels Stoffen, die eine SO_2NH-Gruppe besitzen und die man den Wasch- oder Walkflotten zugibt.

EP 666 762 Merck 1952 – Zum Mottenfestmachen von Textilien wird DDT mit 2–15% seines Gewichtes mit Dibutylphtalat, Trikresylphosphat usw. versetzt, eventuell kann man noch ein Acrylharz zugeben. Es wird mit Lösungen in organischen Lösungsmitteln behandelt.

EP 650 403 Gy 1951 – Zum Mottenfestmachen wird DDT usw. in wäßriger Dispersion angewendet, wobei neben der positiv geladenen dispersen Phase noch Casein oder Blutalbumin und organische Säure vorhanden ist. (Niederschlagen auf der negativ aufgeladenen Faser.)

EP 642 248 Merck 1950 – Silicofluorid + Vinylacetatharz werden zum Mottenfestmachen angewendet.

AustralP 134 091 Gy 1949 – Die Herstellung von mottenfesten Textilien erfolgt durch Behandlung derselben mit Dispersionen von DDT oder ähnlichen Verbindungen.

AustralP 132 125 Gy 1949 – Zum Mottenfestmachen sollen Lösungen von DDT in Solventnaphta dienen.

12. Die Behandlung gegen Fäulnis und Bakterienangriff.

Das Bakterienfestmachen erfolgt unter anderem mit gutem Erfolg mit dem Na-Salz des Salicylanilids (Shirlan NA) (vgl. S. 479 H). Auch die „Fixtane" (s. S. 480 H), können Anwendung finden. Die „Fixtansäure" ist 2,2'-Di-naphtylmethan-3,3'-disulfosäure. Als „Santobrit" ist Na-pentachlorphenolat in Gebrauch (s. Wool Sci. Rev. 6, 31 (1950), cit. Melliand Textilber. 32, 237 (1951).

Nach Brown und Bradsher[25] sollen Rhodaninderivate Anwendung finden.

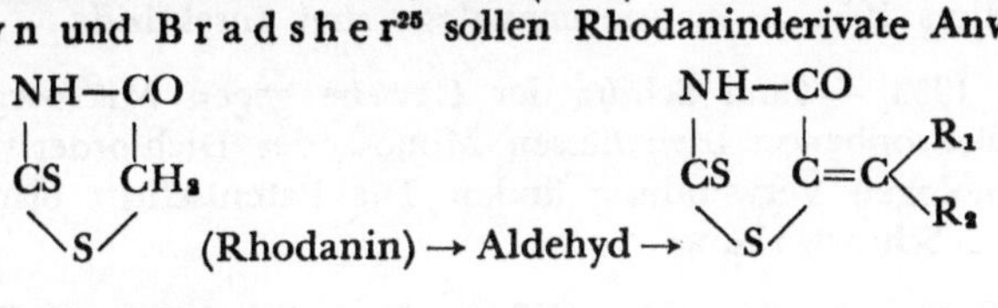

```
NH—CO                               NH—CO
|    |                              |    |     /R₁
CS   CH₂                            CS   C=C<
 \S/      (Rhodanin) → Aldehyd →     \S/       \R₂
```

[25] Nature 168, 171 (1951).

Literaturübersicht über die Behandlung gegen Fäulnis und Bakterienangriff.

Speroni, Losco, Santi. Peri: Untersuchungen über chlorierte Insektenschädlingsmittel. Chimie & Ind. **69**, 658 (1953).

Nopitsch: Textilien und pathogene Bakterien, Melliand Textilber. **34**, 644 (1953).

Zahn, Wilhelm: Die Herstellung mikrobiologisch resistenter Wolle durch chem. Modifizierung, Melliand Textilber. **34**, 609 (1953).

Nopitsch: Methoden zur Bekämpfung der Textilschädlinge. Ciba Rundschau 108, 3974, 3953.

Nopitsch: Mikrobenschäden an Wolle. Ciba Rundschau 108, 3947.

Sturm, Konermann, Äschbacher, Gradmann: Quaternäre bakterizide Ammoniumverbindungen. Ind. Engng. Chem. **45**, 186 (1953).

Goehde: Kupfer als Textilfaserschutz. Amer. Dyestuff Reporter **41**, 164 (1952).

Bayley: Der Einfluß von Mikroorganismen auf Cellulosetextilien. Canad. Text. J. **69**, 59 (1952).

Coke: Der Einfluß von Mikroorganismen auf synthetische Fasern. Canad. Text. J. **69**, 53 (1952).

Perrin: Kupfer-3-phenilsalicylat als Schutzmittel gegen Insekten und Bakterienbefall. Rayon Synth. Text. **33**, 78, 80 (1952).

Muhr: Verrottungsschutz. Textil Praxis **7**, 235 (1952).

Goldthwait, Buras, Cooper: Fungizide Ausrüstung. Text. Res. J. **21**, 831 (1951). Stockfleckenbildung auf Wolle. Dtsch. Textilgewerbe **53**, 589 (1951).

Bloch: Schutz von Textilien auf Papier gegen Insekten. Ind. Engng. Chem. **43**, 1558 (1951).

Brown, Bradsher: Rhodanin zur Schimmelverhütung. 2-Phenyliden- bzw. p-Chlorbenzyliden-rhodanin. Nature **168**, 171 (1951).

Elöd: Schutzappreturen. Dtsch. Veredlergew. Dtsch. Färberkalend. **55**, 1 (1951).

Nopitsch: Bakterienschutz f. Textilien. Melliand Textilber. **32**, 344 (1951).

Wegener, Quertel: Schutz von Textilien. Melliand Textilber. **32**, 346 (1951).

Moncrieff: Die Verrottungsbeständigkeit von Textilien. Silk and Rayon **25**, 274 (1951).

Marsh, Bodenbacher et al: Das Bakterienfestmachen von Textilien. Text. Res. J. **19**, 313, 462 (1949). Die Einwirkung von Bakterien auf Wolle. Manufact. Chem. **22**, 279 (1951).

Greathouse, Siu: Text. Res. J. **20**, 227, 281 (1950).

Williams: Metallnaphtenate als Fungicide. Text. Mercury **121**, 924 (1949).

Fargher: Soc. Dyers Colourists **61**, 118 (1945).

Patentschrifttum über die Behandlung gegen Fäulnis und Bakterienangriff.

OeP 173 699 Ciba 1953 — Als bakterizide und fungizide Mittel sollen Metallkomplexe oder halogenierte bzw. Acylderivate von 6-Nitro-8-Oxychinolinen verwendet werden.

OeP 173 696 Knoll 1953 — Als schimmelverhütende Mittel werden 3-(2-Oxyphenyl)-pyrazol und dessen im Phenyl- oder Pyrazolkern substituierten Derivate empfohlen.

DP 878 934 Hoechst 1953 — Zum Schützen der Cellulose gegen Fäulnis wird mit Verbindungen behandelt, die Sb oder Hg in nichtionogener Bindung enthalten (Dimercurifluoreszein).

DP 877 456 Distillers 1953 — Pyrethrumanaloge sind Insektizide.

DP 874 755 Dow 1953 — Zum Schutz der Gewebe gegen Mikroorganismen sollen 1—5% 2,4'-Dioxybenzophenon bzw. dessen Mono- oder Dichlorderivate oder die 4- bzw. 5-Methylhomologen Verwendung finden. Die Patentschrift bringt ausführliche Tabellen über die Schutzwirkung.

DP 865 231 De Bataafsche Petr. My 1953 — Der Schutz von Textilien gegen

Bakterien und Schimmel usw. durch Paraffinaminhydrochlorid, hergestellt durch partielle Aminolyse von chlorierten Paraffinen hochmolekularer Art wird beschrieben.

DP 864 854 Bayer 1953 – Die Verrottung von Textilien wird durch Behandlung mit arylsulfonsauren Amiden oder Derivaten verhindert.

DP 845 520 Schulke Mayer 1952 – Zur Gewebedesinfektion können Verbindungen der Formel $X\!-\!N{\genfrac{}{}{0pt}{}{R_1}{\genfrac{}{}{0pt}{}{R_2}{R_3}}}\!\!\!\!\!\!\diagdown R_4$ dienen, wobei R_1 einen niedermolekularen Oxyalkylrest, R_2 einen acylierten Oxyalkylrest, R_3 einen Aralkylrest und R_4 einen niedermolekularen aliphatischen gegebenenfalls Doppelbindungen, und durch – O, S, N unterbrochenen Alkyl- oder Cykloalkylrest sowie X ein Anion bedeuten.

DP 843 398 Quehl 1952 – Gegen das Verrotten usw. werden Textilien mit Emulsionen behandelt, die schwer lösliche organische Cu-Verbindungen und Carbolineum bzw. Leinöl enthalten.

DP 831 538 Gy 1952 – Bakterienfeste und flammfeste Gewebe erhält man durch Behandlung mit wäßrigen Lösungen der Umsetzungsprodukte von Phosphorsäurehalogeniden und Ammoniak und nachherigem Erhitzen.

SP 278 849 Gy 1952 – Cellulosetextilien werden durch 2,9-Dimethyl-1,10-phenanthrolin in alkoholischer Lösung (5%) besprüht und so gegen Pilzbefall geschützt.

FP 991 103 Bat. Petrol My 1951 – Zum Schutze gegen Mikroorganismen werden die Textilien mit Mischungen von Schwermetallnaphtenaten, Diacetonalkohol und Kohlenwasserstoffen mit einem Kochpunkt von 140–200° C behandelt.

BelgP 502 669 Ciba 1952 – Als fungizide Mittel sollen Verbindungen der Form $RCOCH = CH\!-\!CCl_3$ dienen.

HollP 71 409 Standard Oil Development 1952 – Als bakterizide Mittel sollen N-trichlormethylthioimide, z. B. N-Trichlormethyltetrahydrophthalimid dienen.

HollP 66 983 Bat. Petrol. My 1950 – Zum Bakterienfestmachen von Cellulosetextilien behandelt man mit hochmolekularen, chlorhaltigen Aminen derart, daß das Material etwa 2% und mehr davon enthält.

HollP 66 586 Sowa 1950 – Zum Bakterienfestmachen von Textilien werden die Umsetzungsprodukte von organischen Hg-Verbindungen mit Hydroxylaminen verwendet. Durch Zumischung fällbarer Appreturmittel und entsprechende Nachbehandlung kann eine unlösliche Appretur gebildet werden. Als Beispiel für eine Hg-Verbindung ist

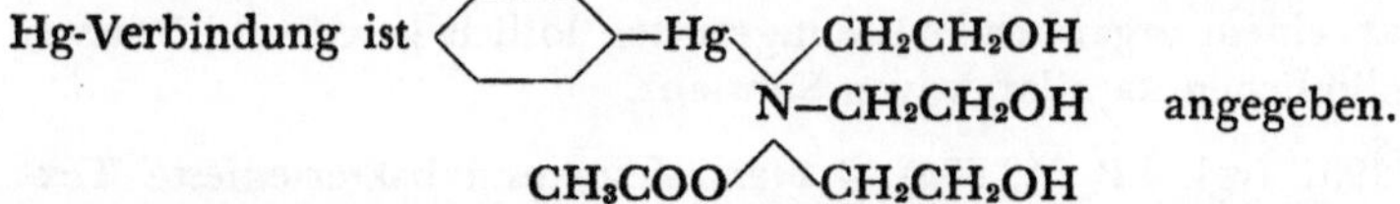

angegeben.

HollP 65 689 Bancroft 1950 – Das Bakterienfestmachen von Cellulose (s. EP 550 707), erfolgt durch Behandlung mittels Lösungen von Säuren und N-hältigen organischen Verbindungen bei nachträglichem Erhitzen auf 120–200° C (Sulfaminsäure, Harnstoff, Formaldehyd und Ammoniak).

HollP 64 324 IG 1949 – Zum Bakterienfestmachen von Textilien imprägniert man mit Mischungen, die neben Phenolen und anderen Bestandteilen esterartige Kondensate von Fettsäuren mit mindestens 4 C-Atomen, mehrbasischen Carbonsäuren und mehrwertigen Alkoholen enthalten. (Benzylphenol, Leinöl, Standöl, Kolophoniumglyzerinester und Kondensationsprodukte von Phtalsäure, Leinölfettsäure und Glyzerin, alles in Lackbenzin. Hierauf wird Co-Naphtenat und Glyzerinacetat zugegeben und mit Solventnaphta verdünnt.)

ItalP 456 401 Wander 1950 — Man behandelt zum Bakterienfestmachen mit Lösungen von Al- und Cd-Salzen, führt diese in die Hydroxyde über und läßt ganz verdünnte Lösungen von Ag-Salzen einwirken. Dann wäscht man nach.

EP 691 358 Glenn 1953 — Als Insektizide werden Verbindungen der Form

$$O{=}P\begin{cases} OR_1 \\ OR_1 \\ N\begin{cases} R_2 \\ R_3 \end{cases} \end{cases}$$

vorgeschlagen, z. B.:

$$O{=}P\begin{cases} OCH_2{-}CH{=}CH_2 \\ OCH_2{-}CH{=}CH_2 \\ \underset{\displaystyle H}{\underset{|}{N}}{-}CH_2{-}CH{=}CH_2 \end{cases}$$

EP 691 426 Dow 1953 — Als Insektizide sollen Verbindungen der Form

$$\text{(2,4,5-}Cl_3C_6H_2\text{)}{-}O{-}CH_2{-}COO(C_3H_6{-}O)_nR$$ dienen.

EP 684 734 Dow 1952 — o-Polyhalophenyldiamidothiophosphate sollen als Insektizide dienen.

EP 680 476 Gy 1952 — Verbindungen der Form

$$R{-}CO{-}NR_1{-}CH_2{-}CH_2{-}\underset{\displaystyle CH_2{-}CO{-}NH{-}C_6H_4{-}R_2}{\underset{|}{N}}\begin{cases} CH_3 \\ CH_3 \\ \text{Halogen} \end{cases}$$

wobei R_1 = niederes Alkyl, R_2 = Halogen, Methoxy, H, Methyl (eine oder mehrere derartige Gruppen) darstellt, haben starke bakterizide Wirkung.

EP 660 434 Bat. Petrol. My 1951 — Zum Bakterienfestmachen behandelt man mit Zn- oder Cu-Naphtenat, einem organischen Lösungsmittel, löslich in Öl und Wasser, Paraffinöl und einer öllöslichen kapillaraktiven Substanz.

EP 649 642 Bancroft 1951 (vgl. EP 648 883) — **Flammfeste und bakterienfeste Textilien werden durch folgende Behandlung erhalten: Man imprägniert mit dem Reaktionsprodukt einer in Wasser löslichen Phosphor- oder Schwefelsäure und mindestens einer N-hältigen basischen, metallfreien Verbindung, in welcher das Atomverhältnis von C : N größer als 2 : 1 ist, quetscht, trocknet, erhitzt auf Temperatur über 110° C und wäscht und trocknet. Das pH des erhitzten Textilgutes soll wischen 3 und 6 liegen; im fertigen Material sollen 1—5% P und 0,25—6% N enthalten sein. (In Beispielen arbeitet man mit Harnstoff und Orthophosphorsäure oder Guanidin und Sulfaminsäure usw.)**

AP 2 591 588 Monsanto 1952 — Als fungizide Mittel sollen Verbindungen der Form

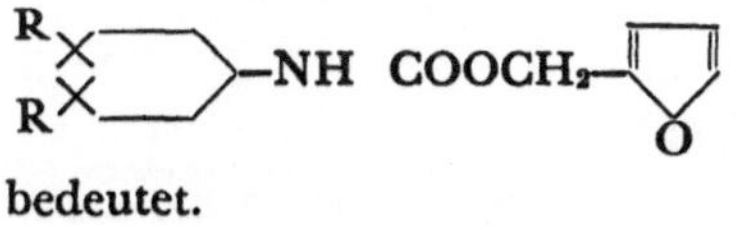

$R_2C_6H_3$–NH COOCH$_2$–(Furyl)

Anwendung finden, wobei R = H oder Cl bedeutet.

AP 2 567 250 Secr. Agriculture 1951 — Man behandelt mit Al-Resinaten und erhält gleichzeitig einen Hydrophobierungseffekt.

AP 2 559 986 Pacific Mills 1951 — Zum Bakterienfestmachen sollen Derivate des 2,2'-Dioxy-3,5,6,3',5'6'-hexachlordiphenylmethans der Formel

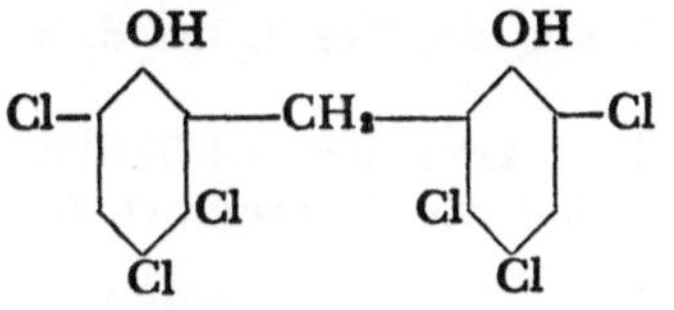

OH OH; Cl–C$_6$(Cl)$_2$–CH$_2$–C$_6$(Cl)$_2$–Cl

Anwendung finden.

AP 2 549 710 Ward Blenkinsop 1951 — Als Bakterizide für Textilien werden phenolsulfonsaure Hg-Salze mit Formaldehyd reagieren gelassen. Z. B. wird Naphtalin-2-sulfosäure mit Phenylquecksilberacetat umgesetzt und dann mit Formaldehyd zur Reaktion gebracht.

AP 2 544 732 USA 1951 — Man behandelt Textilien mit Mineralölemulsionen, die als Dispergator einen Polyäthylenglykolmonoisooctylphenoläther und einen Polyalkylenäther eines partiellen Ölsäureesters enthalten (2—15% der Emulsion). Es wird in das Behandlungsbad ein kationaktives, bakterizid wirkendes Mittel gegeben (Lauryldimethylbenzylammoniumchlorid usw. 0,5—1,35% von der Ware) und getrocknet.

AP 2 541 816 Röhm & Haas 1951 — Als bakterizide Mittel zum Schutze von Textilien sollen quaternäre Ammoniumverbindungen in Frage kommen, z. B.

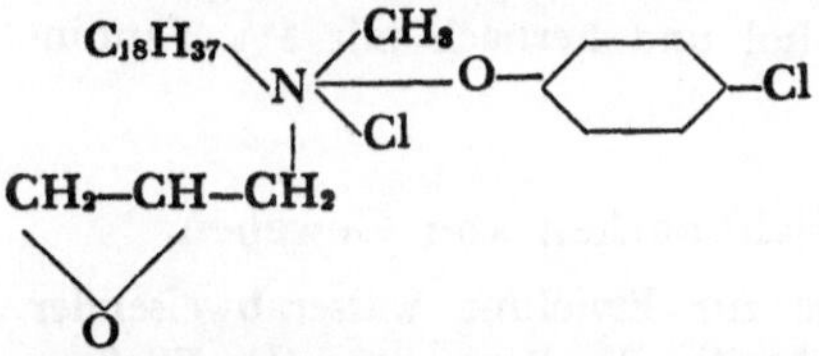

$C_{18}H_{37}$, CH_3, Cl > N–O–C$_6$H$_4$–Cl; N–CH_2–CH–CH_2 (über O verbrückt)

in 1% alkoholischer Lösung usw.; vgl. AP 2 541 961.

AP 2 530 792 Goodrich 1950 — Bakterienfeste Textilien enthalten 0,25—1 Gewichtsprozent Di-(4-hydroxychlorphenyl-)dimethylmethan.

CanP 491 100 Cyanamid 1953 — Zum Bakterienfestmachen sollen Schwermetalle von halogenierten Polyphenolsulfiden der Form

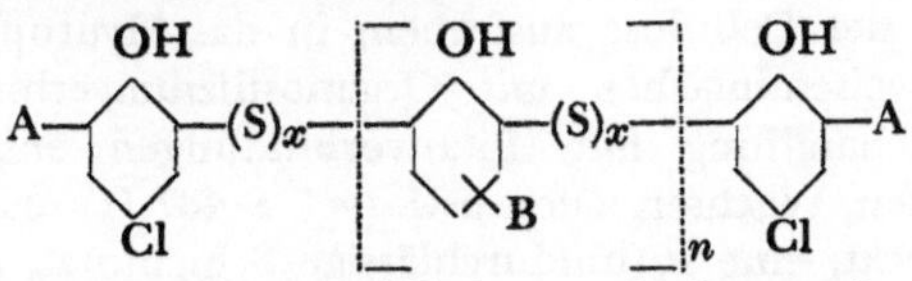

A–C$_6$H$_2$(OH)(Cl)–$(S)_x$–[C$_6$H$_2$(OH)(B)–$(S)_x$]$_n$–C$_6$H$_2$(OH)(Cl)–A

A = H oder Halogen, B = Halogen, Alkyl, x = 1–2, n = 8

CanP 489 554/5 Sowa 1953 — Als bakterizide Verbindungen dienen organische Hg-Verbindungen der Form

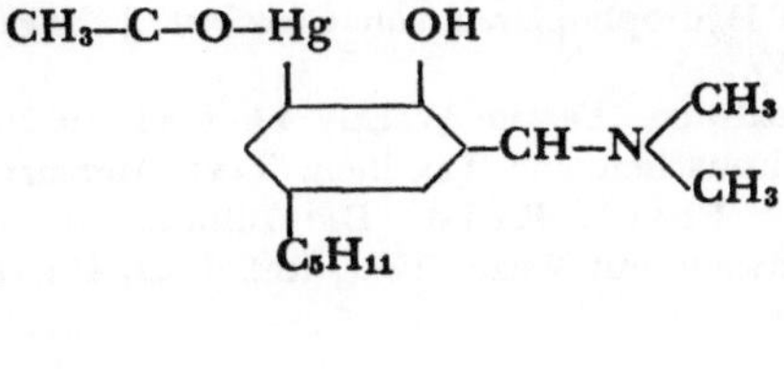

CH_3–C–O–Hg, OH, –CH–N(CH_3)$_2$, C_5H_{11} (am Benzolring)

oder

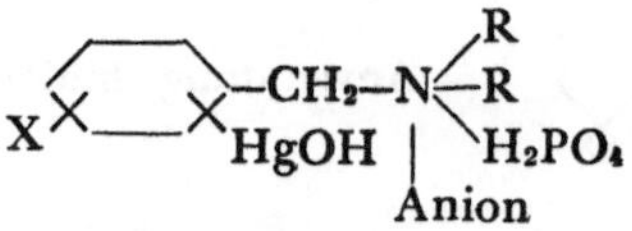

$$X\text{-}C_6H_2(HgOH)\text{-}CH_2\text{-}N(R)_2(H_2PO_4)$$
(Anion)

X = 1—4 Substituenten H, Halogen, OH, Alkyl, R = Alkyl, Aralkyl.

CanP 486 540/43 Dominian Rubber 1952 — Antiparasitär wirkende Präparate sind Polychlor-4-methyl-2,4-cyclohexadienone.

CanP 480 907 Monsanto 1952 — Die Herstellung des Cu-Salzes des 8-Oxychinolins als bakterizides Mittel für Textilien bzw. die Imprägnierung des Textilgutes d. h. die Bildung des Salzes im Textilgut wird beschrieben.

CanP 480 864/65 und 480 868/69 Dow Chemical 1952 — Ester der 2,4-Dichlorphenoxyessigsäure bzw. 2,4,5-Trichlorphenoxyessigsäure sind als Schutzmittel für Textilien geeignet.

AustralP 144 187 Cyanamid 1951 — Verbindungen der Form

$$R_1\text{—O—}\overset{\overset{\Large S}{\|}}{\underset{\underset{\Large Cl}{\|}}{P}}\text{—O—}R_2$$ sollen als Insectizide Anwendung finden.

AustralP 139 874 Higgins 1951 — Gegen Schädlinge können Cellulosetextilien mit Pentachlorphenolfettsäureestern (in Emulsion) geschützt werden.

AustralP 130 584 Higgins 1949 — Zum Schutze von Textilien gegen Bakterien usw. wird die Lösung eines Acetyl- usw. Derivates eines chlorierten Phenols in einem organischen Lösungsmittel verwendet.

JapanP 180 865 Megure, Amanao 1949 — Textilien werden gegen Fäulnis geschützt, wenn man sie mit Lösungen von Polyvinylalkohol und hernach mit 3% Tanninlösung behandelt und trocknet.

13. Das Hydrophobieren und Wasserdichtmachen von Geweben.

Auch jetzt sind noch zahlreiche Vorschläge zur Erzielung wasserabweisender Textilien anzumerken, wobei vielfach auch gleichzeitig die Permanenz des Effektes, d. h. seine Beständigkeit gegen wiederholte Wäschen oder gegen eine Trockenreinigung angestrebt wird. Weiters ist eine Griffverbesserung der Ware oft das Nebenziel der Behandlung.

Die Verfahrensweisen lassen sich nach wie vor in solche einteilen, die insbesondere eine Verätherung der Cellulose anstreben, in das Hydrophobieren mit Kunstharzen, das Wasserabweisendmachen mit Organosiliziumverbindungen, dem neuestens die analoge Behandlung mit Titanverbindungen entspricht, der Imprägnierung mit Metallseifen, Wachsen, Ölen usw. (vgl. S. 487 H) und in das Gummieren, das nicht immer bezweckt, eine luftundurchlässige Schichte zu erzeugen, weshalb es nicht im Kapitel Gewebebeschichtung, sondern hier abgehandelt wird.

Literaturübersicht über das Hydrophobieren und Wasserdichtmachen von Geweben.

Wojutzki, Jabko: Hydrophobieren von Geweben. J. angew. Chem. **24**, 761 (1951) UdSSR., zit. C, I, 3268 (1952).

Hydrophobieren von Textilien. Textile Weekly **49**, 1782 (1952).

Halls: Das Wasserdichtmachen von Textilien. Text. Mercury **122**, 107 (1950).

Schuyten, Weaver, Frick, Reid: Die Bildung von Celluloseäthern bei der Hydrophobierung von Baumwolle mit Velan. Text. Res. J. **22**, 424 (1952).

a) Die Verwendung ätherifizierender und ähnlich wirkender Mittel.

Neben den bekannten Reaktionen mit Fettsäurechloriden oder Pyridylderivaten scheint hier auch die Isocyanatbehandlung auf.

Literaturübersicht über die Verwendung ätherifizierender und ähnlicher Mittel.

Obrecht: Die Einwirkung von hydrophobierenden Mitteln auf vegetabilische Fasern. S. V. F. Fachorgan Textilveredl. **7**, 352 (1952).

Harding: Wasserabstoßende Textilien. J. Textile Inst. **42**, 691 (1951); vgl. Text. Manufacturer **77**, 374 (1951).

Das Hydrophobieren von Textilien. Dyer **105**, 765 (1951); vgl. Text. Manufacturer **77**, 612 (1951).

Wasserecht- und Wasserfestmachen von Textilien. US-Quartermasters Research Lab. Suppl. Rep. 1. ORR 61/51, zit. J. Soc. Dyers Colourists **67**, 480 (1951).

Patentschrifttum über die Verwendung ätherifizierender und ähnlicher Mittel.

DP 878 790 BASF 1953 — Wäßrige Dispersionen von Methylolverbindungen des Acetylendiharnstoffes und höhermolekularen Alkoholen (vgl. DP 866 737) werden zur Hydrophobierung von Cellulosehydratgut benutzt. Nach der Behandlung wird erhitzt.

DP 878 481 Böhme 1953 — Zum Wasserdichtmachen werden die Fasern in Abwesenheit von Wasser α-Halogenalkyläther oder α-Halogenalkylthioäther solcher Alkohole oder Mercaptane aufgebracht, die mindestens einen lipophilen Rest enthalten. Bei säureempfindlichem Textilgut wird erst mit stark alkalisch reagierenden Stoffen vorbehandelt. (3% Soda, 1% KOH bei Reyon.)

DP 877 308 Hydrierwerke 1953 — Quaternäre Stickstoffverbindungen aus Diaminoverbindungen der Form R—NH—X—NH—R′ (wobei R bzw. R′ einen Carbon- oder Sulfonsäurerest und X einen Kohlenwasserstoffrest bedeuten) und Oxoverbindungen können zum Hydrophobieren dienen.

DP 876 833 Bayer 1953 — Polyisocyanate sollen zum Hydrophobieren verwendet werden.

DP 874 289 Hydrierwerke 1953 — Zum Hydrophobieren von Textilien sollen hochmolekulare Stoffe, die die Gruppierung $\underset{O}{C\!-\!C}$ (Epoxidring) aufweisen, dienen, z. B. Cetenoxyd, Behenolsäure, Glycidester. Man erhitzt, eventuell unter Druck auf 150° C.

DP 872 037 Hoechst 1953 — Durch die Behandlung von Wolle mit Äthyleniminverbindungen der Form

$$R-\left(X-N\begin{matrix}CH_2\\|\\CH_2\end{matrix}\right)_n$$

kann das Textilgut hydrophob ausgerüstet werden.

DP 858 092 BASF 1952 — Man behandelt Textilien zum Hydrophobieren mit Di- oder Polyisocyanaten.

DP 857 040 BASF 1952 — Wasserbeständige hydrophobe Appreturen erhält man, indem man das Textilgut erst mit Lösungen oder Dispersionen hochmolekularer Verbindungen behandelt, die mehr als zwei mit Isocyanatgruppen umsetzungsfähige Gruppen enthalten und eventuell nach Zwischentrocknung mit Di- oder Polyisocyanaten nachbehandelt.

DP 855 145 BASF 1952 — Hydrophober Viskosereyon wird durch Behandeln mit Säureamiden bei nachheriger Isocyanatbehandlung erhalten.

DP 853 438 BASF 1952 — Man behandelt Gewebe mit Polyisocyanaten in Form wäßriger Dispersionen derselben. Man erhält eine hydrophobe Ware.

DP 843 397 Dynamit 1952 — Zum Hydrophobieren wird das Textilgut mit wäßrigen Lösungen einer N-glykosidischen Verbindung aliphatischer Amine mit mehr als 12 C-Atomen behandelt, in feuchtem Zustande auf 80—100° C erhitzt, das abgespaltene Kohlenhydrat ausgewaschen und getrocknet.

DP 832 736 Imhausen 1952 — Wolle wird hydrophob, wenn man sie von hydrophilen Substanzen befreit (Extraktion mit Äther, Alkohol usw.).

DP 815 965 Glanzstoff 1951 — Cellulosehydratgut wird derart durch Verestern hydrophobiert, daß man mit starker Alkalisalicylatlösung behandelt und nach Entfernung des Überschusses trocknet. Hernach wird Fettsäureanhydrid bei höherer Temperatur zur Einwirkung gebracht.

DP 801 745 BASF 1951 — Hydrophobierende und weichmachende Stoffe sind alkylierte Polyalkylenpolyamine.

DP 759 604 Hydrierwerk 1953 — Das Hydrophobieren von Textilien soll durch Kondensate aus α-Halogenalkyläthern höhermolekularer Fettsäuren und tertiären Aminen, die im Molekülrest wenigstens einen höhermolekularen Alkylrest mit 10 C-Atome oder mehr enthalten, erfolgen.

DP 756 904 IG 1952 — Zum Hydrophobieren von Textilien sollen Lösungen bzw. Dispersionen von Salzen von Isothioharnstoffen usw. dienen.

DP 752 232 Glanzstoff 1951 — Zum Hydrophobieren behandelt man Kunstseide oder Zellwolle mit 1—3% NaOH, entwässert und läßt dann eine Lösung von Naphtensäurechloriden in organischen Lösungsmitteln einwirken (vgl. FP 845 653, 851 350, DänP 55 494, DP 752 516).

SP 260 279 ICI 1950 — Die Umsetzungsprodukte aus Tristearyl-11,11′,11″-triol-tris-(N-chlormethyl)carbamat mit Pyridin können zum Hydrophobieren von Textilien verwendet werden. Man imprägniert und erhitzt zur Harzbildung auf über 100° C.

HollP 72 071 ICI 1953 — Zum Hydrophobieren können quaternäre Verbindungen der Form $R{-}CO{-}N\langle{}^{H}_{X}$ (R = Alkyl, Alkoxy, XH, CH_2OH, $CONH_2$, CONH, CH_2OH) mit Salzen von tertiären Aminen und Aldehyd umgesetzt und in wäßrigen Lösungen auf Textilmaterial aufgebracht werden.

HollP 64 118 ICI 1949 — Das Hydrophobieren (vgl. AP 2 250 930) soll mit quaternären Ammoniumverbindungen wie Stearamidomethylpyridiniumchlorid usw. in Gegenwart von max 5% eines Phenolalkohols [p-(t-Butylphenol)] erfolgen.

HollP 61 042 Glanzstoff 1948 — Das Hydrophobieren von Cellulosehydrat erfolgt mit einer Lösung von hochmolekularem Säurehalogenid in organischem Lösungsmittel, nach Vorbehandlung mit anorganischen Basen in wäßrig-alkoholischem Milieu.

HollP 59 667 IG 1947 — Zum Hydrophobieren und Tragechtmachen wird erst mit Lösungen oder Dispersionen hochmolekularer Verbindungen die mehr als zwei mit Isocyanatgruppen reagierender Gruppen enthalten behandelt und hernach, eventuell nach Zwischentrocknung, mit Di- oder Polyisocyanaten.

FP 1 010 100 Bozel-Maletra 1952 — Zum Hydrophobieren sollen Amide von Polycarbonsäuren, die mit Alkoholen von C 15—C 20 verestert sind, verwendet werden.

BelgP 493 316 Wingfoot 1952 — Zum Hydrophobieren behandelt man Kleidungsstücke mit Mitteln, die sich im Wasser feinst dispergieren lassen.

EP 656 643 ICI 1951 — Man behandelt Textilfasern natürlicher oder synthetischer Art mit Verbindungen, die mehrere, vorzugsweise zwei getrennte Gruppen —N = C = Y, wobei Y = O oder S ist, enthalten (Polyisocyanate, Polyisothiocyanate).

AP 2 603 576 Arkansas Co. 1952 — Zum Hydrophobieren imprägniert man Textilien mit wäßrigen Bädern, die ein Wachs und eine langkettige Fettsäureseife enthalten, trocknet und behandelt in einem zweiten Bade mit verdünnter Säure und einem mehrwertigen Metallsalze, wobei eines der Behandlungsbäder noch ein wasserlösliches Cellulosederivat und ein Kunstharzvorkondensat enthält.

CanP 485 665 ICI 1952 — Weiche, hydrophobe Textilien erhält man durch Behandlung mit quaternären Ammonsalzen, die hergestellt sind durch Umsetzen von aliphatischen oder heterocyclischen tertiären Aminen mit Halogenmethylverbindungen (die ihrerseits wieder aus einem Carbamat der Formel R—OCO—NH_2 mit Formaldehyd und Chlorwasserstoff gewonnen werden). Als Beispiel ist das quaternäre Salz aus Dimethylcyclohexylamin und dem Reaktionsprodukt aus HCL, Paraformaldehyd und Octadecylcarbamat angegeben.

AustralP 131 033 DuPont 1949 — Quaternäre Verbindungen der Form R—CO—NH—CH_2—N (tert) X, wobei R ein von wasserlöslichen Gruppen freier aliphatischer Rest von 21—22 C-Atomen, N (tert) ein aliphatischer oder heterocyclischer Aminorest, X ein Anion ist, sollen in Verbindung mit Pyridin zum Hydrophobieren von Cellulosematerialien verwendet werden.

AustralP 130 581 DuPont 1949 — Das Hydrophobieren erfolgt mit Mischungen von Methylen-bis-amiden aliphatischer Carbonsäuren mit mehr wie 10 C-Atomen und 10—40% ihres Gewichtes an Dispergiermittel, welches bei 100—185° C sich zersetzt unter Bildung hydrophober Reaktionsprodukte (Stearamidomethylpyridiniumchlorid usw.).

b) Die Verfahren mit Kunstharzen und Polymerisaten.

Auch auf diesem Gebiete ist grundsätzlich Neues nicht zu vermelden. Vorschläge kombinieren die Harzbehandlung mit einer solchen mit Paraffinemulsionen.

Literaturübersicht über das Hydrophobieren mit Kunstharzen.

Quehl: Wetter-, wasch-, wasserdichte und flammbeständige Imprägnierung. Melliand Textilber. 33, 1115 (1952).

ICI: Hydrophobieren von Nylon mit Kunstharzen. Textil Rdsch. 7, 425 (1952).

Patentschrifttum über das Hydrophobieren mit Kunstharzen und Polymerisaten.

OeP 173 430 Ciba 1952 — Wasserabstoßende permanente Appreturen bestehen aus in Wasser unlöslichen Methylolestern des Melamins, wobei die restlichen Methylolgruppen mindestens teilweise veräthert sind, eventuell gemischt mit einem lyophoben Körper wie Wachs, einem sauren oder potentiell sauren Katalyten und einem Emulgator (z. B. Polyvinylalkohol, Methylcellulose, Gelatine) für den Methylolester und das Wachs; vgl. FP 1 028 148.

DP 870 544 Ciba 1953 — Zum Wasserabweisendmachen von Textilien werden diese mit Lösungen von Methylolaminotriazinabkömmlingen behandelt und einer Hitzebehandlung unterworfen (125—150° C).

DP 864 986 Cyanamid 1953 — Als hydrophobierende Appreturen sollen Mischungen aus einer wäßrigen Dispersion eines mit einem Alkohol umgesetzten Methylolmelamins und einer Verbindung der Form Y—NX—CO—R, wobei Y = H, Alkylol, X, R = H, Alkyl mit mindestens 7 C-Atomen bedeuten, dienen.

DP 850 291 Bayer 1952 – Zur Hydrophobierung wird das Textilgut erst einer wasserabstoßendmachenden Behandlung (z. B. mit Zirkonsalz) unterworfen und dann mit polyfunktionellen Isocyanaten, eventuell unter Mitverwendung reaktionsfähiger Polyester, behandelt und gegebenenfalls erwärmt; vgl. DP 886 440, 883 884.

DP 849 990 Reichhold 1952 – Als Hydrophobierungsmasse wird ein Gemisch eines wachsartigen Stoffes mit einem gummiartigen Ester aus einem mehrwertigen Alkohol und polymerisiertem bzw. hydriertem Kolophonium empfohlen.

DP 805 396 BASF 1951 – Man hydrophobiert durch Imprägnieren mit Polyamidmassen.

DP 754 534 Hydrierwerke 1952 – Man hydrophobiert Textilien durch Tränken in Isocyanat-, Isothiocyanat- oder Carbodiimid-haltigen Bädern. Hernach wird getrocknet und erhitzt. Die angewendeten Verbindungen besitzen mindestens einen Alkylrest mit wenigstens 8 C-Atomen. Ferner sind höhermolekulare, aliphatische, cycloaliphatische oder einen höhermolekularen aliphatischen oder cycloaliphatischen Rest aufweisende aromatische Kohlenwasserstoffe zugegen; vgl. DP 885 834.

DP 752 615 IG 1952 – Textilgut wird hydrophobiert, indem man auf das Gut vorerst solche Amine oder Alkohole, die mindestens 18 miteinander verbundenen C-Atome im Molekül aufweisen und darauf äquimolekulare Mengen gesättigter Iso- bzw. Isothiocyanate mit mindestens 12 C-Atomen aufbringt und dann warm behandelt.

DWP 123 VEB Sapotex 1952 – Verfahren zum gleichzeitigen Färben und Wasserdichtmachen von Geweben. Die Gewebe werden im Durchzugsverfahren mit wäßrigen Dispersionen von Polyäthylenpolysulfid, Netz- und Verlaufmitteln sowie Pigmenten oder Farbstoffen, behandelt.

SP 279 893 Ciba 1952 – Textilien werden mit Methylolaminotriazinderivaten und Paraffin, in organischem Lösungsmittel gelöst, hydrophobiert.

SP 278 260 Ciba 1952 – Man erzeugt zur Hydrophobierung Emulsionen von Methylolverbindungen des Melamins, wobei das O-Atom mindestens einer Methylolgruppe einen aliphatischen Rest mit mindestens 3 C-Atomen trägt und ein mit Wasser hochviskose Lösungen bildender Stoff anwesend ist (Polyvinylalkohol).

FP 1 026 057 Bancroft 1953 – Textilien aus synthetischen Fasern sollen mit härtbarem Kunstharz wasserdicht gemacht werden, wobei die Härtung unter Druck und Hitze erfolgt.

FP 1 023 965 Ciba 1953 – Zum Hydrophobieren werden Emulsionen, die Methylolmelamin sowie als Katalysator hochmolekulare Fettsäuren sowie Emulgatoren enthalten, verwendet.

FP 994 433 Cellophane 1951 – Man hydrophobiert Regeneratcellulose durch Überzüge aus Copolymeren von Vinyl- und Vinylidenchlorid (25% des letzteren enthaltend), wobei etwa 3% Dicetyläther anwesend sind.

HollP 62 436 Ter Kuile 1949 – Zum Wasserabstoßendmachen behandelt man Textilien aus Cellulose mit der Lösung eines Aminoplast-Vorkondensats, (0,1–4,0%) und mit Paraffinemulsionen.

HollP 59 661 IG 1947 – Zum waschbeständigen Hydrophobieren behandelt man Textilien mit Salzen dreiwertiger Metalle, Paraffin und Melamin-Aldehydvorkondensaten, trocknet und härtet: vgl. FP 1 013 937.

EP 679 811 Gen. An. 1952 – Die Herstellung von sich selbst dispergierenden Methylolamidmischungen wird beschrieben. Sie dienen zum Hydrophobieren (vgl. AP 2 306 185, 2 211 976).

EP 662 548 Ciba 1951 – Kondensate aus Aminotriazinen und Methylolamiden dienen in Verbindung mit Al- oder Zr-Formiat usw. zum Hydrophobieren von Textilien.

AP 2 588 640 Bozel, Maletra 1952 – Man hydrophobiert Textilien mit Kondensaten aus Harnstoff oder Melamin und Glyoxal, die man dann mit Formaldehyd reagieren läßt, wobei gleichzeitig ein Teil der Methylolgruppen durch Alkohol veräthert wird.

AP 2 566 272 DuPont 1951 – Zum Hydrophobieren von Geweben dienen Mischungen aus Paraffin, polymeren Ketonen und Aminen bzw. Polyaminen (AP 2 566 237).

AP 2 563 897 Cyanamid 1951 – Die Appretur von Cellulosetextilien mit kationaktiven Melaminharzen und hydrophobierenden Mitteln (Polystyrol) wird beschrieben (Kurvenbilder des Harzrückhaltes usw. werden gegeben).

AP 2 559 260 Socony Vacuum Oil 1951 – Zum Wasserabstoßendmachen von Textilien, insbesondere aus künstlichen Fasern und Fäden, werden die durch Erhitzen von z. B. Thiophen mit Formaldehyd, Orthophosphorsäure und Ammonchlorid entstehenden Polymeren vorgeschlagen. (Es können auch Furan- oder Pyrrolderivate zur Kondensation verwendet werden.) Die Kondensate werden als Hydrochloride verwendet. Nach dem Imprägnieren mit wäßrigen Lösungen wird durch alkalische Bäder genommen und dann auf 100–125° C erhitzt.

AP 2 557 653 DuPont 1951 – Zum Hydrophobieren sollen Mischungen von alkoholischen Dispersionen quaternärer Pyridiniumsalze von Methylolmelamin-Methylolfettsäureamid-Kondensaten Anwendung finden.

AP 2 526 948 Petroleum Co. 1950 – Man erzeugt in den Geweben Derivate von Imiden. (Es wird Phtalsäureanhydrid mit Cyclohexylamin, in Toluol gelöst, umgesetzt.) Es bildet sich N-Cyclohexylphtalimid. Imprägnierungen, die man erhitzt (über 140° C), geben einen wasserabstoßenden Effekt.

AP 2 316 057 Gen. An. 1943 – Man hydrophobiert waschfest mit Polyvinylacetat, Polyvinylalkohol und Zr-Oxychlorid.

CanP 479 271 DuPont 1951 – Wasserabstoßende Textilien werden erhalten durch Behandlung mit kolloidalen wäßrigen Dispersionen von Polytetrafluoräthylen (2–40%ig) und 0,1–10% eines Salzes der Polystyrol-Aminomaleinsäure erhalten aus:

R–C–CO
‖ >O + Alkylamin + Ammoniak (vgl. AP 2 047 398, 2 378 620).
R–C–CO

CanP 475 004 Quaker 1951 – Dauerhaft wasserabstoßend macht man mit Mischungen aus Harnstoffderivaten, löslichen Aminoplastvorkondensaten, Alkohol (Butanol) und Ölsäure.

c) Das Hydrophobieren mit Organosiliziumpolymeren und Organotitanverbindungen.

Im Zusammenhang mit der verblüffenden Entwicklung, welche die Chemie der Organosiliziumverbindungen in kurzer Zeit erfahren hat, haben sich hier die Zahl der Vorschläge zur Verwendung derartiger Verbindungen für die Hydrophobierung von Textilien wesentlich vermehrt, ohne daß allerdings noch Ergebnisberichte im technischen Ausmaße vorliegen. Nach Speer und Carmody[26] soll das Ergebnis einer Behandlung mit 2%igen Lösungen von Alkylorthotitanaten in wasserfreiem Iso-Oktan 6–7 Seifenwäschen aushalten.

[26] l. c.

Literaturübersicht über das Hydrophobieren mit Organosilizium- und Organotitanverbindungen.

Schweiger: Versuche über die Anwendungsmöglichkeiten von Silikonen. Melliand Textilber. **34**, 344 (1953); vgl. Payne: Brit. Rayon Silk J. **10**, 91 (1953).

Dennet: Hydrophobieren von Nylon mit Silikonen. Text. Wld. **100**, 155 (1950).

Speer, Carmody: Tetraalkyltitanate zum Wasserabstoßendmachen. Ind. Engng. Chem. **42**, 251 (1950); AP 2 577 840 CCCC.

Patentschrifttum über das Hydrophobieren mit Organosilizium- und Organotitanverbindungen.

DP 878 791 Dow 1953 — Die Hydrophobierung mit Organosiliziumverbindungen wird beschrieben. (Mischungen aus Siloxanharzen mit Methyltrichlorsilan werden verwendet, um Acetatreyon oder Nylon zu hydrophobieren (DP 886 591).

DP 865 589 Tootal 1953 — Weiche, gegen Kräuselung widerstandsfähige hydrophobe Textilien erhält man durch Behandlung mit Silikonen und nachherigem Erhitzen.

DP 857 188 Goldschmidt 1952 — Die Hydrophobierung mit Organosiliziumverbindungen erfolgt derart, daß man den Wassergehalt der Gewebe vor der Behandlung auf unter 3% herabgesetzt. Damit soll der schädliche Einfluß entstehender Salzsäure vermieden werden; vgl. FP 1 045 251.

SP 279 295 Rhône Poulenc 1952 — Zum Hydrophobieren sollen Silikonharze in organischen Lösungsmitteln dienen, die eventuell mit $BaSO_4$ usw. angeteigt wurden.

SP 276 326 Rhodiaceta 1951 — Man macht Textilien aus Acetatkunstseide mit Hydrolysaten von Acyloxysilanen hydrophob.

SP 272 826 Gen. Electric 1951 — Man stellt Gemische aus CH_3SiCl_3 und $(CH_3)_2SiCl_2$ her, die zum Hydrophobieren geeignet sind.

FP 997 744 Dow Corning Glass 1952 — Zum Hydrophobieren werden Organosiliziumverbindungen der Form $(CH_3)aH$, $bSiO \frac{(4-a-b)}{2}$; $a+b = 2$ bis 2,25 (Siloxane), verwendet; vgl. FP 1 032 187, 1 032 744.

FP 1 025 150 Dow 1953 — Man hydrophobiert mit Organosiliziumverbindungen.

FP 991 088 Dow 1951 — Das Hydrophobieren mit Organosiliziumverbindungen der Form $RSiO \frac{3-y}{2}(OM)y$ wobei $y = 0{,}8$–$1{,}5$, wird beschrieben, z. B. verwendet man 4% wäßrige Lösungen von $C_6H_5SiOONa$, entwässert, trocknet und erhitzt eine Stunde auf 110° C. Dann spült man mit 2%iger Essigsäure und wäscht neutral.

FP 983 776 Dow Corning Glass 1951 — Zum Wasserdichtmachen werden Organosiliziumverbindungen, die flüssig sind, verwendet, deren organische Radikale Alkoxy- oder Arylgruppen sind und die auf 1 Atom Si 1,75—2,25 einwertige organische Reste enthalten.

FP 968 252 Rhodiaceta 1950 — Man behandelt Textilien in Abwesenheit neutralisierender oder hydrolysierender Mittel mit nicht angreifenden organischen Lösungen die max 10% $SiCl_4$, Si-tetraacetat usw. enthalten und hydrolysiert.

HollP 68 045 Sowa 1951 — Wasserabstoßendes Textilgut wird erhalten, wenn man ein Alkoxysilan bzw. ein daraus hergestelltes Silanol auf das Material bringt, hydrolysiert und polymerisiert (z. B. wird Monoamylmethoxysilan vorgeschlagen).

HollP 65 377 Corning Glass Works 1950 — Herstellung von zum Hydrophobieren geeigneter Gemenge von Organosiliziumverbindungen.

BelgP 489 191 Rhodiaceta 1951 — Das Hydrophobieren von Acetatseide mit Organosiliziumverbindungen wird beschrieben.

EP 686 212 Dow 1953 — Zum Hydrophobieren sollen Siloxane verwendet werden (vgl. EP 680 265).

EP 680 265 Dow 1952 — Das Hydrophobieren mit Siloxanen (vgl. EP 640 067) wird beschrieben.

EP 672 716 Rhodiaceta 1952 — Celluloseester-Textilien, die freie Hydroxylgruppen in der chemischen Faserstruktur aufweisen, werden mit Siliziumverbindungen der Form $Si(X)_4$ behandelt, wobei X Halogen oder ein Acyloxyradikal bedeutet. Man verwendet organische Lösungsmittel. Überraschenderweise ist der Zusatz einer säurebindenden Substanz nicht nötig.

EP 669 030 Minnesota Mining 1952 — Das Hydrophobieren mit Organosilanen wird beschrieben.

EP 656 662 Rhône-Poulenc 1951 — Wasserabstoßende Mischungen (vgl. EP 628 585) bestehen aus eventuell mit Organosiliziumharzen überzogener SiO_2, vermischt mit einem ölförmigen Organosiliziumpolymeren.

EP 654 450 Linde Air Products 1951 — Das Wasserabstoßendmachen von Textilien erfolgt mit Organosiliziumverbindungen der Form $R_xSi(OR')_y(OR''NHR''')_{4-x-y}$ in 1—10% Lösungen und Trocknung bei 80° C.

EP 650 131 Dow 1951 — Man hydrophobiert Textilien durch Behandlung mit Dämpfen von Monomethyldiäthoxysilan, wobei nachher gegebenenfalls 5 Minuten auf 150° C erhitzt wird.

EP 647 923 Silicon Development 1950 — Zum Hydrophobieren dienen Alkoxysilane, die hydrolysiert werden. Als entsprechende Verbindungen können die der EP 575 752 und 612 622 verwendet werden.

EP 647 713 Rhône-Poulenc 1950 — Man hydrophobiert derart, daß man mit einem durch Organosiliziumverbindungen hydrophobierten feingepulverten Material überzieht, welches man durch ein Bindemittel festhält.

AP 2 628 170/71 DuPont 1953 — In organischen Lösungsmitteln lösliche Organo-Ti-Verbindungen werden beschrieben, z. B.:

$$\begin{matrix} R_1O & & OR_3 \\ & Ti & \\ R_2O & & OR_4 \end{matrix}$$

Man verwendet sie zusammen mit Wachsen (FP 33—90° C).

AP 2 608 495 Dow 1952 — Das Hydrophobieren mit Organosiliziumverbindungen der Form $R_nSi(-O-CO-R')_{4-n}$ wird beschrieben.

AP 2 597 614 Harris Research 1952 — Das Hydrophobieren erfolgt mit Organosiliziumverbindungen (Monoalkyldichlorsilanen) in Gegenwart von Emulgatoren.

AP 2 568 384 Cheronis 1951 — Zum Hydrophobieren benützbare stabile Silikonlösungen.

AP 2 567 315/16 Rhône-Poulenc 1951 — Man macht Textilien durch Behandlung mit in organischen Siliziumverbindungen fein verteiltem SiO_2 wasserfest, indem man nachher die organische Siliziumverbindung hydrolysiert.

AP 2 563 288 Owens-Corning 1951 — Glasfasern werden mit Silanen bzw. deren Hydrolyse-Polymerisaten behandelt. Man verwendet Verbindungen der Form

$(R{-}CH{=}C(R'){-}CH_2)_n SiX_{4-n}$ ($n = 1$ bis 3, x = Halogen, Alkoxy, Aryloxy, R, R' = H, Alkyl, Halogen, Aryl).

AP 2 553 314 Gen. El. Co. 1951 — Man hydrophobiert Materialien durch Behandeln mit flüssigen Mischungen cyklischer und linearer Polysilazine, die man aus Organo-Si-Haliden und Ammoniak herstellt.

AP 2 528 554 Montclair 1950 — Man hydrophobiert Textilien mit Organosiliziumverbindungen (Alkylsilicylestern oder Alkyl-alkoxysilanen) durch Erhitzen auf 120–180° C. Vgl. AP 2 182 208, 2 201 840, 2 253 128, 2 258 218, 2 258 220, 2 258 221, 2 258 222, 2 306 222, 2 386 259, 2 386 793, EP 548 911.

CanP 485 443 Dow 1952 — Zum Hydrophobieren von Material dienen Dämpfe von Monomethyldiäthylsilan.

CanP 469 488 Canad. El. Co. 1950 — Es wird hydrophobiert mit wäßrigen Lösungen von 10–50 Mol-% eines wasserlöslichen Alkalisalzes eines dialkylsubstituierten Silandiols und einer wasserlöslichen anorganischen Cu-Verbindung, in einer Menge von 10 Mol-%, bezogen auf das Salz des Silandiols.

AustralP 133 780 Corning Glass Works 1949 — Das Hydrophobieren mit Organosiliziumverbindungen (Dialkylsilikonen) wird beschrieben.

Anhang: Die Herstellung der Organosilizium- und Organotitanverbindungen.

Im Zuge einer sprunghaften und interessanten Entwicklung dieses Gebietes, das zu Carbonsäuren, Aldehyden, Polycyclen, phosphor- und schwefelhältigen Organosiliziumkernen usw. geführt hat, ist die Patentanzahl in dem kurzen Berichtszeitraum eine große und noch stets stark ansteigende.

Literaturübersicht über die Herstellung der Organosilizium- und Organotitanverbindungen.

Waeser: Silikone. Werkstoffe u. Korrosion 3, 98 (1952).

Rochow-Stamm: Einführung in die Chemie der Silikone. Verlag Chemie 1952.

Rochow: Introduction in the Chemistry of Silicones. New York; Reinhold, 1951.

Rochow: Eigenschaften einiger Silikonpolymere. J. Phys. Coll. Chem. 55, 9 (1951), zit. Kolloid-Z. 125, 2, 125 (1952).

Araki, Osuga, Yoshino: Herstellung von Silikonharzen durch die Grignard-Methode. Rept. Chem. Ind. Res. Inst., Tokyo 45, 93 (1950) ref. 46, 1799 (1952).

Kohlschütter: Chemie der Silikone. Fortschr. chem. Forschg. 1, 1 (1949), zit. Kolloid-Z. 125, 2, 125 (1952).

Patentschrifttum über die Herstellung der Organosilizium- und Organotitanverbindungen.

a) Organosiliziumverbindungen:

DP 879 839, 879 465, 878 646, 877 306, 875 518, 875 354, 875 046, 874 908, 874 907, 874 906, 874 311, 874 310, 873 433, 873 142, 872 943, 872 270, 871 302, 870 555, 870 412, 870 411, 870 257, 870 256, 870 105, 870 104, 869 958, 869 957, 869 956, 869 954, 868 975, 865 804, 865 658, 865 448, 865 447, 865 210, 863 943, 863 655, 863 416, 863 341, 863 340, 863 263, 862 960, 862 894, 862 893, 862 682, 862 608, 862 607, 862 606, 862 605, 862 449, 862 000, 861 614, 861 561, 859 671, 859 310, 859 309, 859 308, 859 165, 859 163, 859 162, 859 161, 859 160, 859 014, 856 222, 855 622, 855 558, 855 401, 855 164, 855 163, 855 114, 854 951, 854 708, 854 580, 854 579, 854 519, 854 518, 854 264, 853 352, 853 351, 852 088, 849 841, 848 953, 848 651, 847 594, 845 858, 845 707, 845 706, 845 638, 845 514, 845 513, 845 267, 845 265, 845 198, 844 903, 844 902, 844 901, 844 742, 844 034, 842 059, 842 058,

842 057, 842 056, 842 055, 842 044, 840 696, 840 395, 833 647, 833 646, 832 753, 831 694, 831 292, 831 098, 830 645, 830 644, 829 894, 829 500, 827 494, 825 087, 824 050, 824 049, 824 048, 745 084.

SP 289 995, 289 899, 289 884, 289 883, 289 882, 289 679, 287 765, 287 764, 287 647, 287 225, 287 216, 287 173, 286 489, 286 488, 285 769, 285 768, 285 474, 285 124, 285 123, 283 890, 283 767, 283 435, 280 469, 279 908, 279 623, 279 622, 279 282, 279 280, 278 578, 278 283, 277 020, 274 424.

FP 1 027 425, 1 025 738, 1 025 090, 1 024 993, 1 024 248, 1 024 247, 1 024 246, 1 024 245, 1 024 086, 1 023 970, 1 023 918, 1 023 294, 1 023 244, 1 023 146, 1 023 094, 1 023 035, 1 022 641, 1 022 468, 1 022 209, 1 021 548, 1 020 921, 1 020 660, 1 020 435, 1 019 750, 1 019 287, 1 018 485, 1 018 375, 1 017 903, 1 017 681, 1 017 582, 1 016 782, 1 016 685, 1 016 147, 1 016 146, 1 015 768, 1 015 600, 1 014 674, 1 008 925, 1 008 405, 1 008 404, 1 008 182, 1 007 104, 1 006 989, 1 003 159, 1 003 158, 1 003 157, 1 003 073, 1 002 992, 1 002 797, 1 002 106, 1 002 015, 1 001 536, 1 000 457, 999 729, 999 711, 999 669, 999 668, 999 637, 997 738, 994 753, 991 023, 991 022, 990 979, 990 500, 990 432, 985 985, 985 984, 985 983, 985 982, 985 981, 982 256, 980 998, 980 997, 979 606, 979 605, 979 312, 979 232, 979 178, 978 880, 977 437, 977 435, 967 704, 57 715/938 822, 57 681/938 822, 57 620/ 949 361, 57 220/937 825, 57 181/937 823.

HollP 72 486, 71 217, 71 210, 70 745, 66 837, 65 948, 65 377, 65 093, 64 674.

BelgP 507 237, 506 400, 505 743, 504 962, 504 961, 503 893, 503 204, 503 203, 503 146, 502 052, 500 522, 500 507, 500 506, 500 505, 500 231, 491 127, 491 126, 487 509, 486 565.

ItalP 467 303, 466 615, 466 443, 464 977, 464 401, 463 962.

EP 693 103, 692 829, 692 669, 692 660, 692 596, 691 628, 691 486, 691 395, 690 595, 689 648, 689 609, 689 604, 689 436, 688 818, 688 817, 688 799, 688 408, 688 407, 688 178, 688 177, 688 087, 688 017, 687 759, 687 542, 686 575, 686 187, 686 068, 686 039, 685 731, 685 664, 685 657, 685 656, 685 543, 685 542, 685 541, 685 540, 685 539, 685 538, 685 533, 685 187, 685 186, 685 183, 685 173, 684 993, 684 941, 684 662, 684 638, 684 597, 684 440, 684 310, 684 296, 684 294, 684 293, 684 268, 684 149, 684 102, 683 914, 683 912, 683 905, 683 460, 683 182, 682 969, 682 835, 682 541, 682 540, 682 488, 681 877, 681 527, 681 387, 680 953, 679 418, 678 541, 677 464, 675 233, 675 188, 675 076, 675 051, 675 050, 675 041, 674 865, 671 774, 671 773, 671 747, 671 722, 671 721, 671 710, 671 586, 671 579, 671 553, 671 140, 670 923, 670 859, 670 617, 669 791, 669 790, 669 219, 669 189, 669 179, 669 178, 668 903, 668 234, 668 192, 667 436, 667 333, 666 512, 666 360, 663 810, 663 740, 663 691, 663 690, 663 689, 663 517, 662 916, 661 737, 661 094, 659 710, 659 439, 659 022, 659 013, 659 012, 659 011, 659 009, 658 972, 658 640, 651 543, 651 307, 650 830, 650 822, 650 800, 650 208, 649 758, 648 480, 648 406, 647 940, 609 324.

AP 2 643 964, 2 643 240, 2 642 447, 2 642 411, 2 642 395, 2 641 605, 2 641 589, 2 640 833, 2 640 818, 2 640 065/67, 2 637 719, 2 634 252, 2 634 215, 2 632 755, 2 632 013, 2 629 726, 2 629 725, 2 628 246, 2 628 245, 2 628 244, 2 628 243, 2 628 242, 2 628 215, 2 626 953, 2 624 721, 2 624 720, 2 623 832, 2 621 111, 2 618 648, 2 618 647, 2 618 646, 2 615 034, 2 613 199, 2 612 510, 2 611 781, 2 611 780, 2 611 779, 2 611 778, 2 611 777 2 611 776, 2 611 775, 2 611 774, 2 610 199, 2 610 198, 2 610 169, 2 610 167, 2 605 274, 2 605 273, 2 604 487, 2 604 486, 2 602 728, 2 601 646, 2 601 237, 2 600 307, 2 600 198, 2 599 917, 2 596 085, 2 595 891, 2 595 767, 2 595 730, 2 595 729, 2 595 728, 2 595 727, 2 595 620, 2 590 812, 2 590 039, 2 589 447, 2 589 446, 2 589 445, 2 589 243, 2 588 083, 2 587 636, 2 587 295, 2 585 890, 2 584 752, 2 584 751, 2 584 665, 2 584 544, 2 584 351, 2 584 344, 2 584 343, 2 584 342, 2 584 341, 2 584 340, 2 584 334, 2 582 243, 2 580 852, 2 580 159, 2 579 417, 2 579 416, 2 579 341, 2 576 486, 2 575 912, 2 574 390, 2 574 265, 2 573 426, 2 573 302, 2 572 302, 2 572 227, 2 571 884, 2 571 533, 2 571 039, 2 571 029, 2 570 463, 2 570 462, 2 570 185, 2 567 724, 2 566 957, 2 566 956, 2 566 365, 2 566 364, 2 566 363,

2 565 524, 2 564 674, 2 563 555, 2 563 005, 2 563 004, 2 562 955, 2 562 953, 2 562 474, 2 562 050, 2 561 178, 2 561 177, 2 559 342, 2 559 167, 2 558 584, 2 558 561, 2 558 560, 2 557 942, 2 557 931, 2 557 803, 2 557 802, 2 557 801, 2 557 786, 2 557 782, 2 557 090, 2 556 987, 2 556 897, 2 554 193, 2 553 845, 2 552 247, 2 551 931, 2 551 924, 2 551 571, 2 550 923.

CanP 492 793, 492 792, 492 790, 492 049, 492 014, 492 013, 492 012, 491 841, 491 840, 491 324, 491 020, 488 531, 486 707, 486 706, 486 705, 486 699, 485 445, 485 421, 485 258, 485 257, 485 256, 485 255, 483 906, 483 904, 483 583.

AustralP 146 663, 146 652, 146 642, 146 103, 144 484, 143 916, 141 453, 141 433, 141 238, 140 856, 140 788, 140 211, 140 093, 139 880, 139 767, 139 675, 137 646, 137 331, 135 800, 134 529, 130 769, 129 685.

b) Organotitanverbindungen:

DP 847 596.

AP 2 614 112, 2 583 419, 2 579 414, 2 579 413, 2 579 341.

CanP 491 393.

c) Organozinnverbindungen:

AP 2 641 596, 2 634 281, 2 604 483, 2 591 675.

d) Das Wasserdichtmachen mit Metallseifen, Wachsen, Fetten und Ölen.

Hier sind es die Zirkoniumverbindungen, die im Mittelpunkt der Vorschläge stehen. Nylongewebe sollen auch nach Art der Ölseide behandelt werden. Grundsätzlich Neues wird nicht vorgebracht.

Literaturübersicht über das Wasserdichtmachen mit Metallseifen, Wachsen, Fetten und Ölen.

Blumenthal: Zirkoniumverbindungen zum Hydrophobieren. Ind. Engng. Chem. **42**, 640 (1950).

Moncrieff: Das Hydrophobieren. Text. Manufacturer **76**, 394 (1950).

Patentschrifttum über das Wasserdichtmachen mit Metallseifen, Wachsen, Fetten und Ölen.

DP 870 690 Ruhrchemie 1953 — Zum Hydrophobieren von Geweben werden Oxydationsprodukte synthetischer Paraffine vorgeschlagen.

DP 818 189 Bayer 1951 — Zum Hydrophobieren von Textilien sollen Wachse, emulgiert mit einem Kondensat von Formaldehyd und Natriumbisulfit mit di- und höherfunktionellen Aminen, sowie Anlagerungsprodukte aus Polyisocyanaten und Na-bisulfit verwendet werden. Nach dem Imprägnieren erhitzt man auf über 100° C.

DWP 2052 Fettchemie- und Fewa-Werke 1953 — Betrifft das Wasserdicht- und Wasserabstoßendmachen von Textilstoffen mit wäßrigen Dispersionen, die höhermolekulare Fettsäuren und mehr als die gleiche bis zur doppelten Menge Harzsäuren und Paraffin oder Wachse enthalten, wobei so viel Aluminiumsalz zugegen ist, daß auch nach Entstehung von carbonsauren Aluminiumsalzen in der wäßrigen Lösung noch freie Aluminiumionen vorhanden sind (vgl. DP 765 123).

FP 1 019 596/99 Soc. Agricola 1953 — Das Hydrophobieren mit Wachsen usw. wird beschrieben.

FP 1 015 236 Salland 1952 — Zum Wasserdichtmachen dienen Mischungen aus Wachsen, Al-Stearat und Naphtensäuren.

FP 1 006 907 Ducharge 1952 — Zum Hydrophobieren sollen Metallseifen dienen.

FP 986 456 Barger, Cauer 1951 — Zum Hydrophobieren sollen Mischungen aus Wachsen, gemischten Montanwachsestern mit fetten Ölen, sowie langkettige aliphatische Diamine, Aldehyde und Bisulfit in der Wärme Anwendung finden. Die Kondensate, die aus dem Bisulfit, Aldehyd und Diamin erhalten werden, dienen als Emulgatoren.

FP 984 417 La Soie 1951 — Man macht Nylon-Textilien undurchlässig, indem man Nylongewebe mit Leinöl, Wachs usw. nach Art der Ölseide überzieht.

HollP 57 322 IG 1946 — Zum Wasserfestmachen mit Paraffinemulsionen und Salzen von 3—4 wertigen Metallen wird der Lösung noch Harnstoff oder Thioharnstoff zugegeben, welche die durch Hydrolyse frei werdende Säure binden.

ItalP 455 167 DuPont 1950 — Wasserabstoßende Mischungen zur Behandlung von Textilien bestehen aus Wachs (Paraffin) und polymeren Polyaminen.

NorwP 78 189 Taussig 1951 — Zum Imprägnieren von Textilien werden Lösungen von Ammonacetat von 9—10°Bé und einem pH von 7,4—7,5, sowie Aluminiumchlorid verwendet, so daß das Behandlungsbad eine Stärke von 9,5—10° Bé und einen PH von 5—5,5 besitzt. Es wird bei mäßiger Temperatur getrocknet.

EP 692 900 Terkuile 1953 — Das Wasserdichtmachen von Textilien mittels Paraffinemulsionen und Kunstharzen (Thioharnstoff-Aldehydvorkondensate) wird behandelt.

EP 684 686 Lead Co 1953 — Man hydrophobiert mit Zirkoniumsalzen und nach der Hydrolyse derselben mit Seife (vgl. EP 609 002, 652 186).

EP 669 772 Stevens 1952 — Das Hydrophobieren mit basischen Zr-formiatlösungen wird beschrieben.

EP 669 747 Taussig 1952 — Zum Hydrophobieren von Textilien benützt man ammonacetathaltige Al-Chloridlösungen, die Spuren von Fe enthalten bei pH-Werten 5—5,5, wobei die Gebrauchsbäder 9,5—10° Bé spindeln.

EP 662 944/45 Hill 1951 — Waschfeste, hydrophobe Appreturen erhält man mit Paraffin, Stärke, Zr-Salzen und Schutzkolloiden (EP 662 548 Ciba 1951).

EP 657 815 Nopco 1951 — Die Herstellung stabiler Al-Seifen für Hydrophobierungszwecke wird beschrieben.

EP 652 186 Lead Co 1951 — Zum Hydrophobieren von Textilien behandelt man mit Zr-Carbonat und Seife und erhitzt hernach über 60° C, um ein Zr-monofettsaures Salz der Form: ZrO(OH)F, F = Fettsäureradikal, zu bilden.

EP 636 878 Monsanto 1950, vgl. S. 526 H.

AP 2 599 590 Harris 1952 — Zum Hydrophobieren von Proteintextilien behandelt man mit einer Lösung einer Fettsäureseife in einer Konzentration von 0,25% und hierauf mit einer Lösung eines Al-Salzes in einer Konzentration von 0,1%.

AP 2 577 840 CCCC 1951 — Zum Hydrophobieren behandelt man Textilien mit Mischungen von 35—70 Teilen Wachs, 1—2 Teilen Dispergator, 12—20 Teilen Polyvinylalkohol, 10—20 Teilen Al- oder Zr-Salz einer Fettsäure und 10 Teilen Na-acetat.

AP 2 567 250 Secr. of Agriculture 1951 — Die Herstellung von Al-resinaten wird beschrieben, die als Hydrophobierungsmittel oder zum Bakterienfestmachen dienen können.

AP 2 567 722 Perfex 1951 — Zur Herstellung abwaschbarer Textilien werden diese mit einer Wachsdispersion (0,2—5%) in Anwesenheit eines wasserlöslichen Celluloseäthers behandelt und getrocknet.

AP 2 563 661 Johnson 1951 — Als Gewebeappretur wird eine Mischung aus Wachs, einem wasserlöslichen mehrwertigen Metallsalze, Stärke und gekochte Stärke (cooked starch) verwendet.

AP 2 542 721 Johns-Manville Co. 1951 — Hydrophobe und flammfeste Textilien werden erhalten durch Überziehen mit Asphalt (Erweichungspunkt 170° F) und fein verteiltem (5—30% Menge) Perlit (vulk. Glasanit) 65—73% SiO_2 eventuell unter Zusatz von Asbest und Zinkborat (vgl. AP 2 413 516, 2 396 910, 2 385 437, 2 233 259, 2 226 348, 2 131 085).

AP 2 537 667 Monsanto 1951 — Zum Hydrophobieren benützt man eine wäßrige Dispersion, welche eine dispergierte Phase mit einer Teilchengröße zwischen max 0,5—10 μ und eine wäßrige Phase mit pH 9—10 hat: NN'-Distearoyldiaminomethan (3,5—15%), Dibutyläther von Tetramethylolmelamin (8—24%), Ölsäure (3,5—8%), Paraffin (3,5—8%), NH_3 (28%) (4,8—8%) werden, auf 100 mit Wasser eingestellt, beispielsweise verwendet.

AP 2 524 022 Montclair 1950 — Man verwendet eine Emulsion, die in der dispersen Phase ein Wachs und ein aliphatisches Amin, in der kontinuierlichen Phase die Lösung des Salzes einer flüchtigen Base mit einer polymeren Polycarbonsäure enthält.

CanP 493 120/1 Arnold, Hofmann 1953 — Es wird die Herstellung von Fettsäureamidpolymeren beschrieben, die zum Hydrophobieren dienen können.

CanP 468 364 Lead Co. 1950 — Das Wasserfestmachen von Textilien erfolgt mit Zirkonylseifen; vgl. AP 2 641 558 und 2 457 853.

CanP 461 778 Titanium Alloy 1949 — Man imprägniert mit der Lösung eines Doppelcarbonates von Zr und einer Seife, so daß sich eine Zirkonylseife bildet.

AustralP 146 688 Johnson 1952 — Hydrophobe Textilien erhält man durch Appreturen mit Mischungen aus Wachs, Dispergatoren, mehrwertigen Metallsalzen und Stärke.

e) Das Gummieren mit Kautschuk und Latex.

Hinsichtlich der bekannten Wirkung von Cu auf die Haltbarkeit von Gummierungen (vgl. S. 553 H.) haben Weiss, Hoffmann und Lee[27] festgestellt, daß nur ionisiertes Cu als Gummigift wirkt. Gewebe, die mit Kupferkomplexen gefärbt waren, ergaben keine ungünstige Beeinträchtigung der Lebensdauer der Gummierung.

Zur Erzielung einer befriedigenden Porosität werden diatomeenerdehältige Kunstkautschuke empfohlen. Das Gummieren und Bakterienfestmachen kann gleichzeitig erfolgen.

Literaturübersicht über das Gummieren mit Kautschuk und Latex.

Jabko, Wojutzki: Gewebeimprägnierung mit synthetischem Latex. Tekstil. Prom. 12, Nr. 7, 39 (1952), cit. C, I, 1268 (1953).

Wolf: Kautschukieren von Textilgut. Faserforschg. u. Textiltechn. 2, 409 (1951). Patente, Literatur.

Blow: Positex. Rubber Age 68, 319 (1950).

Patentschrifttum über das Gummieren mit Kautschuk und Latex.

FP 1 006 911 Duarry-Serra 1952 — Das Gummieren erfolgt derart, daß man die Stoffporen erst durch Inertgas aufbläht und dann Gummi einpreßt.

---

[27] Amer. Dyestuff Reporter 40, 41 (1951).

EP 676 703 Courtaulds 1952 — Man stellt Kautschuk-Textilien her, indem man mit Phenolharz behandeltes Textilgut (Garn) in Kontakt mit Kautschuk bringt und vulkanisiert.

EP 663 273 Dunlop 1951 — Die Bakterienfestigkeit von kautschukierten Textilien wird durch Zugabe von Bis-(2-hydroxy-5-chlorphenyl)-methan und ähnlich bakteriostatisch wirkenden Verbindungen bewirkt. Die Stoffe werden dem Latex vor dem Aufbringen beigegeben.

EP 649 094 Wingfoot 1951 — Man hydrophobiert mit Kautschuk aus Lösungen, die Diatomeenerde enthalten. Es können auch wäßrige Dispersionen verwendet werden. Der hydrophobe Überzug ist durchlässig für die Körpertranspiration.

AP 2 575 577 Wingfoot 1951 — Zum Porös-Wasserdichtmachen überzieht man Gewebe mit Polychloropren, welches 2—6 Vol.-Teile Diatomeenerde enthält.

CanP 476 279 Hooper 1951 — Wasser-, Flamm- und gegen Verrotten sichere Gewebe werden durch Imprägnierung mit chloriertem Paraffin-, Tran oder vegetabilischen Ölen, Chlorkautschuk und Antimonoxyd, Antimonsulfid, Wismutoxyd bzw. -sulfid, einem Weichmacher und einem organischen Lösungsmittel hergestellt.

Anhang: Die Verbesserung der Haftfestigkeit von Kautschuk an Textilien.

Um die Haftfestigkeit von Kautschuk an Textilien zu erhöhen, werden derzeit fast allgemein Kunstharzvorkondensate verwendet, mit welchen man die Ware vor dem Gummieren imprägniert. Nach Barta, Bruckner, Schay und Ször[28] wird z. B. die Behandlung von für die Autoreifenherstellung bestimmten Kunstseidengeweben mit einem sieben Tage lang auf 65° C gehaltenen Gemisch von Latex, Hexamethylentetramin und Resorcin vorgenommen. Das Endprodukt wird gelöst und die Gewebe unter Zusatz von Vulkanisiermitteln damit imprägniert. Sodann wird vulkanisiert. Das Haftvermögen soll ein ausgezeichnetes sein.

Literaturübersicht über die Verbesserung der Haftfestigkeit von Kautschuk an Textilien.

Borroff, Khot, Wake: Bindung von Kautschuk und Textilien. Ing. Engng. Chem. 43, 439 (1951).

Proft: Verbesserung der Haftfestigkeit von Kautschuk an Geweben. Chemiker-Ztg. 75, 223 (1951).

Shand: Rayon Synth. Text. 31, 11, 79 (1950).

Patentschrifttum über die Verbesserung der Haftfestigkeit von Kautschuk an Textilien.

DP 863 127 Glanzstoff 1953 — Die Haftfestigkeit von Kautschuk, insbesondere Mischpolymerisaten aus Butadien und Styrol auf regenerierter Cellulose wird erhöht, indem man das Textilmaterial vorher mit Lösungen von Trioxybenzol behandelt und trocknet.

DP 840 137 Glanzstoff 1952 — Zur Erhöhung der Haftfestigkeit von Kautschuk auf Textilien imprägniert man bereits den Kunstseidenfaden bei der Avivage im Zuge seiner Herstellung (DP 749 505, AP 2 211 948/51, AP 2 211 959).

DP 752 808 Kalle 1952 — Zur Erhöhung der Haftfestigkeit hydrophober Schichten auf Cellulosehydratgut wird das Material mit N, N-Alkylenharnstoffen vorbehandelt oder dem Überzugsmaterial solche Verbindungen zugesetzt.

DAP 431 Courtaulds 1952 — Zur festeren Haftung von Kautschuk auf Garnen

---

[28] Mag. Kemiai Folyoirat 56, 245 (1950), zit. Zbl. d. ung. Technik Nr. 4 (1951).

werden diese mit Phenoplasten, die Seitenketten mit Äthylenbindung enthalten, vorbehandelt.

FP 1 021 959 Stop 1953 — Die Adhäsion von Kautschuk an Textilien wird durch Kunstharze der Klasse Resorcin-Hexamethylentetramin erhöht.

FP 1 002 666 ICI 1952 — Die Verbindung von Kautschuk mit Viskosereyon wird verbessert, wenn man mit Verbindungen der Form R-(NH—CO—CH'R″—COR‴)n behandelt. R ist der Rest eines aliphatischen Kohlenwasserstoffs bzw. eines araliphatischen, aromatischen usw. Amins, R' und R″ sind H, X, OX' oder COOX″, R‴ = X″ oder OX″″, wobei die X aliphatische, cykloaliphatische, Aralkyl- oder aromatische Reste bedeuten und n = 2, 3, 4 oder 5 sein kann. Z. B. N, N'-Bis-(-carbäthoxyacetoacetyl)-1,6-hexamethylendiamin.

FP 986 655/57 Goodrich 1951 — Das Haftvermögen von Kautschuk an Textilien wird erhöht, wenn man diese mit chloriertem Kautschuk oder mit Polyvinylalkohollösungen vorbehandelt oder der angewendeten Latexdispersion Resorcin-Aldehydkondensate beigibt.

FP 966 501 Prod. Chim. Boston 1950 — Man überzieht Nylon oder Reyon mit Kautschuk. Zur Erhöhung der Haftfestigkeit wird mit Resorcin-Aldehydharzen getränkt.

HollP 61 281 Courtaulds 1951 — Viskosereyon mit vergrößertem Haftvermögen gegenüber Kautschuk wird durch Aufbringen von Kondensaten aus Phenolen und Schwefel erhalten.

HollP 59 656 IG 1947 — Zur Verbesserung der Haftfestigkeit von Kautschuk wird Viskoseseide mit Proteinlösungen und Äthyleniminen bzw. Polyäthyleniminen behandelt und hernach nach Trocknen auf 130° C erhitzt.

ItalP 466 111 Courtaulds 1953 — Die Haftfähigkeit von Viskosereyon usw. wird durch Zusatz von Metallsalzen erhöht. (Man imprägniert mit Cd-Acetat,Hg SO_4.)

EP 683 203 Rubber 1952 — Der Schutz von Viskosereyon gegen Hitzeschäden erfolgt durch primäre organische Amine.

EP 680 337/8 Celanese 1952 — Um die Haftfestigkeit von Kautschuk an Kunstseide zu verbessern, wird diese mit einem Kondensat von Resorcin und Aldehyd vorbehandelt.

EP 665 619 Dunlop 1952 — Man bettet mit Casein appretierte Textilien in eine vulkanisierbare Kautschukmischung und vulkanisiert.

EP 653 569 Chemical Co 1951 — Um Kautschuk an Kunstseidegewebe zu binden, versieht man das Textilgut z. B. mit einem (nichtgehärteten bzw. stets löslichen) Kondensat aus Aldehyd und Resorcin.

BelgP 505 638 Dayton Rubber 1953 — Kautschukfäden, die durch chromationenhaltige Schwefelsäure geführt werden, zeigen höhere Haftfestigkeit des Kautschuks für Kunstseide.

AustralP 146 702 Dunlop 1952 — Die Verbindung von Kautschuk und Gummi wird durch Zusatz von Bis.(2-oxy-5-chlorphenyl)methan usw. verbessert.

AustralP 140 902 Courtaulds 1951 — Die Haftfestigkeit von Kautschuk auf Viskosereyon wird mittels Phenol-Formaldehydharzen verbessert.

AustralP 133 283 Courtaulds 1949 — Die Haftfestigkeit von Kautschuk auf Kunstseide wird verbessert, wenn man das Textilmaterial mit alkalilöslichen, harzartigen Kondensaten aus Schwefel und Phenolen behandelt.

14. Die Appretur mit Lösungen von Cellulose und Cellulosederivaten.

Nach Travor[29] wird *„SCS"*, ein wasserlösliches Natriumcellulosesulfat als Appretur verwendet. Die im Handel befindlichen Lösungen besitzen zwei Viskositäten (20—70 und 300—1000 centipoises) und ein pH von 6—8.

Die damit hergestellten Appreturen werden am Gewebe durch Behandlung mit Formaldehyd, Glyoxal oder Dimethylolharnstoff unlöslich gemacht.

Ansonsten sind verschiedene Vorschläge für die Herstellung geeigneter Cellulosezinkat- oder Cuoxamlösungen usw. anzumerken.

Nach Jaye werden wasserlösliche Co^{II}-Komplexe hergestellt aus nach in bestimmter Weise erzeugten Co^{II}-Hydroxyd und Äthylendiamin. In diesen Komplexen kann man Cellulose lösen (bis 4% und bei Glyzerinzusatz in noch höherer Konzentration). Aus den hochviskosen Lösungen können nach Art der Kupferseide Kunstseidefäden oder Appreturen hergestellt werden (Luftabschluß ist notwendig). Vgl. Papier **5,** 244 (1951), zit. Umschau **52,** 538 (1952).

Patentschrifttum über die Appretur mit Lösungen von Cellulose und Cellulosederivaten.

OeP 166 935 Heberlein 1950 — Die Herstellung haltbarer, nichtgelatinierender Cellulose-Alkalizinkat-Lösungen wird beschrieben.

DP 833 351 Bobingen 1952 — Mischungen von 10 Teilen cellulosemonoglykolsaurem Na und 1,5—3 Teilen Alkalisalzen flüchtiger Fettsäuren, eventuell in Mischung mit Ölen, Fetten oder Wachsen sollen für Appreturzwecke dienen (vgl. DP 748 622).

DP 824 039 Bayer 1951 — Trockene native Cellulose wird mit Isocyanaten in organischen Basen umgesetzt. Die Celluloseurethane können zur Herstellung von Fäden oder Appreturen Verwendung finden.

FP 991 381 Courtaulds 1951 — Lösliche Celluloseprodukte, die sich für Appreturzwecke gut eignen, werden erhalten, indem man Cellulose mit Schwefelsäure imprägniert, welche Cyanamid enthält, wobei in Gegenwart von Ammonsulfat bei gewöhnlicher Temperatur gearbeitet und nachher kurz auf 140° C erhitzt wird.

FP 938 939 Lambiotte 1950 — Man kann nichtgelatinierende Celluloseacetatlösungen mit 58% Acetylgruppen erhalten, wenn man OH-gruppenhältige Verbindungen, wie Glykoldichlorhydrine zusetzt.

BelgP 500 417 Viscose 1952 — Celluloseätherdispersionen, die stabil sind, werden hergestellt; vgl. DR 843 240.

HollP 64 447 Drechsel 1949 (vgl. HollP 57 761) — Man behandelt Fäden mit Cuoxam-Celluloselösungen, verdampft das NH_3, verfertigt unter Benutzung dieser Fäden als Kette Gewebe und behandelt diese neuerlich mit Cuoxam-Celluloselösungen. Hernach wird entkupfert.

HollP 62 545 Heberlein 1949 — Die Herstellung haltbarer, nicht gelatinierender Celluloselösungen mittels zinkathältiger NaOH wird beschrieben.

HollP 62 290 Lilienfeld-Schulz 1949 — Zum Appretieren werden Abbauprodukte von Cellulose verwendet, die in Alkali löslich oder dispergierbar sind.

HollP 60 980 Heberlein 1948 — Es wird die Herstellung von Na-zinkat-Cellulose-Lösungen beschrieben.

HollP 57 761 Drechsel 1946 — Man behandelt Textilien aus Cellulose mit Cu-Ammoniak-Cellulose-Lösungen.

[29] Text. Recorder **68,** Nr. 816 (1951).

NorwP 79 248 ICI 1951 — Herstellung von wäßrigen Lösungen von Salzen der Carboxyalkylcellulose.

EP 683 627 Rigby 1952 — Na-Carboxymethylcelluloseherstellung.

EP 679 764 Grünwald 1952 — Emulsionen von Cellulosederivaten, um Textilien hydrophob zu machen, werden aus wasserunlöslichen Celluloseestern und Äthern in zerkleinerter Form hergestellt, wobei eine Wasser-in-Öl-Emulsion resultieren soll, die als äußere Phase ein organisches Lösungsmittel mit dem Ester usw. und einen Weichmacher aufweist. Die Emulsion wird unter Verwendung von oberflächenaktiven Mitteln durch einfaches Rühren hergestellt.

EP 664 157 Textuff 1952 — Man behandelt Gewebe oder Gewirke mit Celluloselösungen und dann mit fällend wirkenden Agentien. Vor der Behandlung wird gedämpft, um die Luft zu entfernen. Z. B. arbeitet man mit Viskose und fällt diese sauer. Gefärbte Gewebe werden mit mittels substantiven Farbstoffen angefärbten Viskosen appretiert (z. B. Chlorazol Sky Blue FF, CI 518, Diphenyl Red 7 Bl, CI 278).

EP 618 584 Edelstein 1949 — Herstellung von Celluloselösungen in Alkalihydroxyden bei Verwendung von kurzstapeliger Cellulose.

AP 2 579 381 DuPont 1951 — Wasserlösliche Cellulosederivate können durch Zugabe von Al-polyboraten schneller löslich gemacht werden.

AP 2 567 722 Perfex 1951 — Man appretiert Gewebe mit Lösungen von wasserlöslichen Cellulosederivaten (1—6%) und 0,2—5% Wachs, eventuell unter Zusatz von Netzmittel und Gummi arabicum (0,01—1%). Als Cellulosederivat soll CMC (Carboxymethylcellulose) bevorzugt dienen.

AP 2 565 832 Whitner 1951 — Man behandelt Cellulosefasern usw. mit Lösungen von Seide in Alkylolamin-Kupferkomplex-hältigen Lösungen und säuert nachher, vgl. AP 2 417 388.

AP 2 536 334 Edelstein 1951 — Man stellt Celluloselösungen her durch Behandeln von Cellulose mit Na-zinkat mit mind. NaOH 20% Gehalt und in Anwesenheit von Epichlorhydrin, Äthylenchlorhydrin usw.

AP 2 312 348 Roebuk 1943 — Ein leinenähnlicher Permanentfinish wird erhalten durch Behandlung mit Kupfersulfat und darauffolgende Behandlung mit Lauge und NH_3.

CanP 479 890 CCCC 1952 — Als permanente Appretur verwendet man wasserlösliche Celluloseäther, die OH-Gruppen aufweisen, Carbamid und Formaldehyd, wobei nach dem Imprägnieren auf 50—100° C erhitzt wird (pH 7,5—9); dann säuert man an (pH-Wert = 4,0—6,8) und erhitzt auf 90 bis 200° C.

CanP 478 597 Merchants 1951 — Es wird die Appretur von Textilien mit alkalischen Celluloseäthern behandelt.

15. Das Steifen von Geweben, Dauerwäsche, Permanentappreturen, Trubenisieren.

Die verschiedenartigsten Arbeitsweisen, insbesondere aber die Alkyleniminreaktion mit den OH-Gruppen der Cellulose sollen hier den angestrebten Permanenteffekt der Appretbehandlung ergeben. Auch Isocyanate werden vorgeschlagen. Auf das Unlöslichmachen von Stärke mit Vinylsulfon wird besonders hingewiesen (AP 2 524 400 Rubber 1951), da z. B. die Verwendung von vinylsulfongruppenhaltigen Farbstoffen (also die Reaktion dieser Gruppe mit den OH-Gruppen der Cellulose) zu echten Färbungen führt (vgl. BelgP 500 513 Hoechst 1952).

In der Dauerwäscheerzeugung bzw. beim Trubenisieren ist wesentlich neues nicht festzustellen.

Literaturübersicht über das Steifen von Geweben, Dauerwäsche, Permanentappreturen, Trubenisieren.

J a h n: Methylcellulosen und Celluloseglykolat als Appreturen. Textil Praxis **7**, 299 (1952).

P i r o s h e n k o: Nichtauswaschbare Appretur. Textil Prom. **10**, Nr. 9, 33 (1050), zit. C, 1951, I, 804.

Patentschrifttum über das Steifen von Geweben, Dauerwäsche, Permanentappreturen, Trubenisieren.

OeP 175 228 Bancroft 1953 — Die Herstellung einer dauerhaften Glanzappretur (Chintz) unter Verwendung von Harz kann unter Zusatz von höher molekularen Ölen erfolgen, welche ein Kleben der Ware am Kalander verhindern.

OeP 173 430 Ciba 1952 — Wasserabstoßende, permanente Appreturen bestehen aus in Wasser unlöslichen Methylolestern des Melamins (wobei die restlichen Methylolgruppen mindestens teilweise veräthert sind) eventuell gemischt mit einem lyophoben Körper, wie Wachs, einem sauren oder potentiell sauren Katalyten und einem Emulgator für den Methylolester und das Wachs (z. B. Polyvinylalkohol, Methylcellulose, Gelatine).

OeP 172 924 Trubenised 1952 (vgl. EP 587 162) — Zur Herstellung einer Verbundeinlage für Gewebelagen soll ein Mischgewebe, welches Celluloseacetatfäden enthält, mit der Emulsion eines Plastifizierungsmittels, welches einen Schmelzpunkt von 40 bis 100° C und im Bereich von 10—100° C mit 1—10% im Wasser löslich ist, verwendet werden (Gemische aus Acetanilid, Formanilid und Formorthotoluidin 50 : 27,5 : 22,5%).

OeP 169 571 Heberlein 1951 — Haltbar versteifte, nicht schrumpfende Gewebeeinlagen erhält man, wenn man sie in gespanntem Zustand mit Stärke appretiert und Kunstharzvorkondensat zusetzt, dann gespannt härtet und schließlich wie üblich mit Klebemitteln bestreicht und die Außenschichten mit der Einlage verbindet.

OeP 169 559 Scholten 1951 — Als permanente Appreturen dienen Formaldehyd bzw. gegebenenfalls auch Melaminharzvorkondensate enthaltende Quellstärkepräparate, die beim Trocknen nach der Appretur wasserunlösliche Filme geben.

DP 875 038 Hoechst 1953 — Beim Appretieren mit Stärke erhält man permanente Appreturen durch Zusatz aus Verbindungen von sauren, schwefligsauren Salzen und Isocyansäureestern.

DP 870 991 BASF 1953 — Eine waschfeste Naß- und Quellfestappretur erhält man durch Behandeln mit diquartären Ammoniumsalzen, deren diquartäre Ammoniumgruppen über eine CH_2-Gruppe an das S-, O- oder N-Atom eines Glykol-, Thioglykol- usw. Diamidrestes gebunden sind; vgl. DP 880 740.

DP 867 085 BASF 1953 — Permanente Appreturen werden erhalten, indem das Textilmaterial mit wasserlöslich carboxylgruppenhaltigen Polymerisaten und löslichen mit Wasserdampf nicht leicht flüchtigen Substitutionsprodukten des Äthylenharnstoffs in solcher Menge behandelt wird, daß höchstens eine Äthylengruppe auf eine Carboxylgruppe des Polymerisates kommt.

DP 864 845 BASF 1953 — Waschechte Appreturen auf Textilien erhält man mittels Mischpolymerisaten aus α,β-ungesättigten Carbonsäureamiden, ungesättigten Aldehyden und sauren Katalyten durch Imprägnieren, Trocknen und kurzes Erhitzen auf über 100° C.

DP 848 634 Scholten 1952 — Die Herstellung von aus unlöslichen Stärkeester- oder -äthersäuren bestehenden Appreturen wird beschrieben. Es werden die unlöslichen Ferrisalze hochmolekularer Carbonsäuren gebildet.

DP 767 329 Raduner 1952 — Man imprägniert mit Kunstharzverbindungen und Stärke und nimmt die Trocknung und Härtung unter Einhaltung der erstrebten Liefermaße vor. Die Gewebe sind nicht einspringend.

SP 280 447 Heberlein 1952 — Haltbar versteifte Wäschestücke werden erhalten, indem man die Gewebeeinlage mit Stärke und Kunstharzvorkondensat imprägniert, härtet, dann mit Klebemitteln bestreicht und mit den Außenlagen verbindet.

SP 279 255 Scholten 1952 — Permanente Appreturen erzielt man mit Gemischen aus Polysacchariden, Aminotriazinen und Aldehyd.

SP 278 840/41 Hoechst 1952 — Zusatz zu SP 275 434 — Als Appretur usw. Mittel sollen Ester mit mehreren Äthylenimingruppen dienen, z. B.

$$\begin{matrix}CH_2\\ |\\ CH_2\end{matrix}\!\!>\!N-(CH_2)_2-COO-(CH_2)_2-\underset{\displaystyle CH_3}{\underset{|}{CH}}-OCO-(CH_2)_2-N\!<\!\!\begin{matrix}CH_2\\ |\\ CH_2\end{matrix}\;.$$

FP 1 024 319 Erlenbach, Sieglitz (Hoechst) 1953 — Waschechte Appreturen erhält man, wenn man Verbindungen, die die Gruppe $SO_2-\underset{\displaystyle R}{\underset{|}{CH}}-\overset{\displaystyle R_2}{\overset{|}{\underset{\displaystyle R_1}{\underset{|}{C}}}}OZ$ ein- oder mehrmal enthalten auf die Faser bringt und durch schwache (soda)alkalische Behandlung die Vinylsulfongruppe bildet, die mit den reaktiven Gruppen der Fasermaterialien feste Bindungen eingeht.

BelgP 500 429 Trubenizing 1952 (vgl. EP 587 162) — Die Herstellung einer Versteifung für Gewebe wird beschrieben, indem man Textilien aus nicht thermoplastischem Material mit einer Celluloseacetatemulsion behandelt.

BelgP 500 072 Bradford Dyers 1952 — Wasserechte Appreturen usw. erzielt man durch Behandlung der Cellulosehydrattextilien mit Isocyanaten, z. B. Vulcafor VCC (Lösung von polyfunktionellen Isocyanaten in Xylol). Man kann so seifenechte Gaufrage-Effekte erhalten, indem man nach dem Gaufrieren behandelt, dann kurz auf 80° C erhitzt, seift und spült (Ciré- usw. Effekte). Wichtig ist, daß die Textilien einen gewissen Feuchtigkeitsgehalt aufweisen, weshalb man Cellulosegewebe z. B. mit Harnstofflösung imprägniert und trocknet. Das Aufbringen der Isocyanate erfolgt in organischen Lösungsmitteln.

BelgP 485 410 Bozel Maletra 1951 — Waschfeste wasserabstoßende Effekte auf Geweben erhält man durch Umsetzen von Kondensationsprodukten von Säureamiden von Di- oder Polycarbonsäuren mit Formaldehyd oder Glyoxal in Gegenwart eines Alkohols (vgl. BelgP 485 409).

HollP 70 703 Trubenizing 1952 — Die Herstellung bleibend versteifter Kleidungsstücke wird beschrieben.

HollP 64 372 IG 1949 — Permanente Appreturen oder Fixierungsmittel für saure Farbstoffe sind Polyisothivroniumsalze, die gegebenenfalls mit Dibrompropan umgesetzt werden.

HollP 64 267 IG 1949 — Als permanente Appreturen werden Kondensate von Alkylen-1,2-iminen und Aldehyden empfohlen (vgl. FP 830 227).

HollP 64 214 IG 1949 — Zum Permanentappretieren werden Äthylenimine verwendet, die auf der Faser polymerisiert werden. Man imprägniert mit Lösungen von

Verbindungen der Form: $\begin{matrix}CH_2\\|\\CH_2\end{matrix}\!\!>N-X-R-X-N<\!\!\begin{matrix}CH_2\\|\\CH_2\end{matrix}$ und trocknet bei 100° C.

X = CO-, COO-, CH_2O-, SO_2-Gruppe.
R = Alkylen- oder Arylenrest.

HollP 59 067 IG 1947 — Waschbare und tragfeste Appreturen werden hergestellt, indem man Cellulosehydrattextilien mit Kondensaten aus Aldehyd und Glyoxaldiureiden in wäßriger Lösung behandelt und nachher erhitzt. Man verwendet 5 bis 10% wäßrige Auflösungen in Gegenwart von säureabgebenden Stoffen (HNO_3-, NH_4- oder Al-Nitrat usw.). Hernach wird abgequetscht und auf 80—140° C erhitzt.

HollP 58 961 IG 1947 — Waschechte Appreturen werden erhalten, indem man mit Lösungen hochpolymerer, Carboxylgruppen enthaltender Verbindungen (z. B. Polymethacrylsäure) und hochpolymeren Hydroxylverbindungen (z. B. Polyvinylalkohol) behandelt, trocknet und auf 120—130° C erhitzt.

HollP 58 015 Scholten 1946 — Unlösliche Stärkeappreturen werden erhalten, indem man Stärke und ein Verätherungsmittel gleichzeitig auf das Textilgut aufbringt und trocknet.

HollP 57 722 IG 1946 — Man setzt Monoisocyanate mit Kondensationsprodukten von mehrwertigen Alkoholen und mehrbasischen Carbonsäuren zu (Appretur).

EP 693 111 Cluett Peabody 1953 — Man erhält permanente Appreturen, wenn man Textilien derart mit olefinischen Veresterungsstoffen umsetzt, daß die OH-Gruppen der Cellulose mit dem Behandlungsprodukt einen Alkylenester oder -äther der Cellulose bilden. Dieser wird dann mit einer Vinyl- usw. Verbindung copolymerisiert.

EP 673 922 Kanitz 1952 — Steifgewebe werden hergestellt durch Mehrlagenbindung mit thermoplastischen Kunststoff enthaltenden Zwischengeweben (vgl. EP 674 024).

EP 669 202/03 Cyanamid 1952 — Stärkeaufquellungen werden Dicyanimidmetallsalze $\left(Me-N\begin{matrix}CN\\CN\end{matrix}\right)$ zugesetzt.

EP 669 187 Monsanto 1952 — Zum permanenten Steifen von Garnen werden diese mit der Lösung oder Dispersion eines Copolymers von Styrol und Maleinsäure in Form der Amin- oder Alkalisalze und hernach mit Schwermetallsalzlösungen behandelt.

EP 662 944/45 Hill 1951 — Waschfeste, hydrophobe Appreturen erhält man durch Behandlung mit Stärke, Paraffin, Zr-Salzen und Schutzkolloiden.

EP 662 548 Ciba 1951 — Die Herstellung stabiler Kondensate aus Methylolamiden und Aminotriazinen wird beschrieben. Die Verbindungen sollen zum Hydrophobieren bzw. zur Herstellung waschechter Appreturen dienen.

EP 636 878 Monsanto 1950 — Bei der Anwendung von Aminoplastkunstharzen in der Appretur ist die Dispergierung der Wirkstoffe wesentlich. Man behandelt Textilien mit Dimethylolharnstoff oder Tetramethylolmelamin usw., einem Dispergiermittel und einer flüchtigen Base in Anwesenheit von N,N'-Diacyldiaminomethanderivaten ($ROCNHCH_2NHCOR$).

AP 2 583 268 Scholten 1952 — Es wird die Herstellung von Quellstärkeprodukten, die

Kunstharzvorkondensate enthalten, beschrieben, welche permanente Appreturen ergeben.

AP 2 570 499 DuPont 1951 – Man stellt Ti-Stärkeprodukte bei (Titansulfat-Stärkeumsetzungsprodukte) die zur Herstellung wasserfester Appreturen usw. dienen können (s. 2 287 161, 2 302 309, 2 350 653, 2 397 732, 2 425 058).

AP 2 566 861/2 Cyanamid 1951 (vgl. AP 2 371 100) – Man setzt zu Stärkeaufschlämmungen usw. Salze von Dicyanguanidinen.

AP 2 542 933 Scholten 1951 (vgl. FP 826 881, bzw. DP 741 030 und AP 2 542 932) – Man kann permanente Appreturen aus Mischungen eines Melaminformaldehydkondensates, eines Oxyalkyläthers (FP 874 436) von Quellstärke, sowie eines sauren Katalyten erzeugen (s. a. AP 2 408 065, 2 400 820, 2 318 121, 2 275 314, 2 246 635).

AP 2 541 773 Scholten 1951 – Zur Herstellung unlöslicher Kohlehydratschichten auf Textilien werden kolloidale Stärkelösungen, die noch eine freie OH-Gruppe enthalten, aufgebracht, die ätherifizierende Agentien enthalten. Hierauf wird getrocknet, wobei durch die Bildung der Äther wasser- und lösungsmittelunlösliche Überzüge entstehen.

AP 2 537 064 Cyanamid 1951 – Man behandelt Textilien mit Copolymerisaten von 1. primären Isocyanaten der Form $CH_2{=}CR{-}(A)n{-}CH_2NCO$, $R{=}H$, CH_2, A = aliphatischer Rest, $n = 0$ oder 1 und 2. einer organischen Verbindung, welche eine $-CH_2{=}C{<}$-Gruppe enthält und frei von H-Atomen ist, welche mit dem Isocyanat reagieren können. Nach der Behandlung wird das Textilmaterial erhitzt, so daß Polymerisation eintritt.

AP 2 524 400 Rubber 1951 – Man macht Stärkeappreturen durch Behandlung mit Vinylsulfon $(CH_2{=}CH)_2SO_2$ permanent.

AustralP 146 687 Bancroft 1952 – Die Herstellung von permanenten mechanischen Effekten auf Geweben mittels Kunstharz wird beschrieben (AustralP 138 447).

AustralP 132 311 Scholten (vgl. FP 826 881) – Es wird die Herstellung von permanente Appreturen liefernden Stärkepräparaten beschrieben.

AustralP 131 012 Scholten 1949 – Zur Herstellung wasserunlöslicher Appreturen werden Stärke mit veräthernden Stoffen gemeinsam auf Cellulosetextilien aufgebracht und getrocknet.

AustralP 129 615 Shoe Maschin. 1948 – Die Herstellung versteifter Textilien wird behandelt.

16. Mehrlagengewebe. Das Kleben von Gewebebahnen.

Bei der Herstellung von Mehrlagengeweben ist Neues nicht anzumerken.

Literaturübersicht über Mehrlagengewebe und das Kleben von Gewebebahnen.

Trevor: Kunststoffe in der Veredlung (allgemein). Text. Recorder **69**, Nr. 822, 93 (1951).

Trevor: Polyvinylalkohol in der Textilveredlung. Text. Recorder **69**, Nr. 821, 99 (1951).

Seymour et al: Rayon Synth. Text. **30**, 2/49/50, 3/43/44 (1949).

Patentschrifttum über Mehrlagengewebe und das Kleben von Gewebebahnen.

DP 874 287 Hoechst 1953 – Zur Herstellung waschbeständiger hochsteifer Gewebe werden diese mittels Kunststofflösung eventuell unter Druck und Hitze miteinander verklebt (zwei und mehr Lagen).

DP 843 399 BASF 1952 — Die Kaschierung von Geweben mit Polyisobutylen erfolgt derart, daß man Gemische aus festem Polyisobutylen und festem Polyäthylen in der Wärme auf die Gewebe preßt.

DP 834 235 Heberlein 1952 — Haltbar versteifte Gewebestücke werden erhalten, indem man die Einlage erst in gespanntem Zustand mit einer Kunstharzlösung imprägniert und dann härtet, dann mit Klebemittel überzieht und mit den Außenschichten verbindet.

DP 807 621 Trubenizing 1951 — Vgl. EP 646 200 und 646 930.

DP 804 930 Wüst 1951 — Man verbindet Wirrhaare oder Filzschichten und ein Trikot derart, daß Wirrhaare oder Filz durch die Maschen reichen und auf der Unterseite des Trikots verklebt sind.

DP 753 944 DuPont 1953 — Die Herstellung mehrlagiger, gesteifter Bekleidungsstücke wird beschrieben.

FP 979 830 S. E. M. E. P. 1951 — Man vereinigt zwei Gewebelagen mittels einer Einlage aus Polyvinylkunststoffen.

HollP 68 120 Veenandaalsche Stoomspinnerij 1951 — Herstellung von Mehrlagenstoffen mittels Kautschukklebestreifen.

NorwP 78 469 Trubenizing 1951 — Es wird die Plastifizierung einer zur Herstellung von Mehrlagengeweben dienenden Einlage aus Celluloseacetat beschrieben.

EP 674 831 Kanitz 1952 — Die Herstellung mehrlagiger Steifgewebe wird beschrieben.

EP 665 874 Trubenizing 1952 — Steife Mehrlagen-Gewebe werden hergestellt, indem man die Gewebelagen mit einer Zwischenschichte verbindet, die Erhöhungen eingepreßt besitzt, auf welche mittels Roller Klebstoff aufgetragen wird.

EP 655 462 Bleachers Assoc. 1951 — Mehrlagengewebe werden hergestellt, indem man die zu vereinigenden Gewebe mit H_2SO_4 behandelt, um sie anzulösen, zusammenpreßt und wäscht. Die aus der H_2SO_4 ausfallenden Celluloseanteile sollen die Lagen verbinden.

EP 648 840 DuPont 1951 — Man behandelt zur Herstellung mehrlagiger Gewebe, die mit Polyvinylverbindungen beschichtet sind mit einer Lösung, die ein Copolymer aus Vinylchlorid-Acetat und Maleinsäure enthält, läßt das Lösungsmittel verdunsten und preßt dann die andere Gewebelage auf.

EP 646 200 Trubenizing 1950 — Die Verbindung von Gewebelagen erfolgt mittels einer Zwischenschichte, die als ganze klebend ist oder klebend machbare Fasern enthält, wobei mittels eines aktiven und eines latenten Lösungs- sowie eines Verdünnungsmittels diese Schichte klebend gemacht und im Verlauf eines Arbeitsprozesses durch Druck und Hitze mit den Gewebelagen vereinigt wird (vgl. EP 646 930).

AP 2 603 582 Higgins 1952 — Als Weichmacher für Celluloseacetateinlagen zur Herstellung von Mehrlagengeweben soll eine Mischung bzw. Emulsion folgender Zusammensetzung dienen: Formanilid 275 Teile, o-Formyltoluidid 225 Teile, Casein 24 Teile, Borax 12 Teile, Wasser 470 Teile.

AP 2 503 227 DuPont 1952 — Halbsteife Nylonkragen: Als Verbindung zweier Nylongewebe dienen Anstriche mit N-methoxymethylpolyhexamethylenadipamid.

AustralP 141 208 Trubenizing 1951 — Die Vereinigung von Gewebelagen (Einlagen von Celluloseacetat) erfolgt mit Mischungen von 10% Aceton, 15% Dibutylphtalat, 15% Wasser, 60% Alkohol.

Anhang: Die Herstellung von Faservliesen.

Eine größere Anzahl von Vorschlägen behandeln die Herstellung von Faservliesen. (Vliesseline-Verfahren von Freudenberg, Stiffin-Verfahren, EP 659 088 West Point Manufacture.)

Literaturübersicht über die Herstellung von Faservliesen.

Gubo: Faservliese. Textil Praxis 7, 99 (1952).
Barthel: Faservliese. Textil Praxis 6, 859 (1951).
Elliott: Stoffe aus Faservliesen (Bonded Fabrics). Text. Manufacturer 77, 330 (1951).
Coke: Bonded Fabrics. Text. Manufacturer 77, 12 (1951).
Ryan: Non woven fabrics. Amer. Dyestuff Reporter 40, 262 (1950).

Patentschrifttum über die Herstellung von Faservliesen.

DP 819 396 Masing 1951 — Faservliese werden durch Anlösen der Faseroberfläche eines aus Fasern bestehenden Stoffes der in das Vlies eingebracht und mit diesem verpreßt wird, verfestigt; vgl. DP 880 585.

DP 809 431/32 Bünger 1951 — Faservliese mit Faserstaubbeimischungen.

DP 804 678 Bünger 1951 — Herstellung von Faserstoffvliesen oder Geweben, indem man ein pulverförmiges Klebemittel aufbringt, dasselbe vor oder während einer Formgebung durch Quellmittel oder Weichmacher oder Lösungsmittel klebend macht und nachher das Quell- oder Lösungsmittel durch Verdunsten entfernt.

SP 271 639 Viscose 1951 — Herstellung von Faservliesen aus Fasern und thermoplastischem Fasermaterial.

FP 995 594 Chapeliere 1951 — Herstellung von Faservliesen.

BelgP 500 504 Dow 1952 — Die Behandlung von Papier und Faservliesen mit Organosiliziumverbindungen wird beschrieben.

EP 664 100 Viscose 1952 — Die Herstellung von Faservliesen wird beschrieben.

EP 644 648 Rubber 1950 — Gewebevliesen werden erzeugt, indem Lagen kardierter Fasern mit Latexlösungen besprüht werden. Eventuell werden mehrere Lagen vor dem Abdunsten des Lösungsmittels vereinigt.

Weitere Patente sind: EP 674 577, 505 801, AP 2 483 330, 2 372 713.

17. Das Flammsichermachen.

Für das Flammsichermachen von Textilien sind zahlreiche Vorschläge festzustellen. In einer verhältnismäßig umfangreichen Literatur wird das Gebiet eingehend behandelt.

Neben den altbekannten Methoden der Verwendung von Borsäure, Borax und Ammonsalzen wird von Jacobsen, Sullivan und Panik[30] auch wieder die Verwendung von 20%igen Na-Silikatlösungen angegeben.

Nylon soll nach anderen Quellen mit Thioharnstoff-Formaldehydharzen in seiner Flammsicherheit noch verbessert werden können, insbesondere in Mischung mit anderen Fasern[31].

Weiters wird öfters auf den Gebrauch von Sulfaminaten hingewiesen (*Fire retardant CM* von DuPont ist Ammonsulfaminat). Die Verwendung von Phosphon-

[30] Text. Wld. 100, 129 (1950).
[31] Axtmann Sweet l. c.

amiden[32] bzw. Inosit[33] wurde in Vorschlag gebracht. Komplizierte Dreiphasenemulsionen[34] wurden zum Flammfestmachen genannt.

Die Behandlung mit Organosiliziumverbindungen (HollP 64 135), sowie mit Titanylverbindungen (BelgP 500 176), ist anzumerken. Bei letzterer werden Flammtestproben angegeben, die nachstehende Ergebnisse lieferten:

	Anzahl der Behandlungen	Dauer der Flammresistenz	Dauer der Verbrennung der nicht verkohlten Gewebeteile	cm² verkohlte Gewebeanteile
Ti-chloridacetat	1mal	25 sec	60 sec	67
„ + Sb_2Cl_3	1mal	0 sec	0 sec	30
„ „	6mal	0 sec	0 sec	30
Borax, Borsäure, Diammonphosphat	1mal	komplett verbrannt		

Ein interessanter Vorschlag sieht den Zusatz flammsichermachender Stoffe zu Spinnlösungen vor (AP 2 330 254).

Orlon zersetzt sich bekanntlich bei höherer Temperatur, weshalb es aus Lösungen von Polyacrylnitril in Dimethylformamid hergestellt wird und nicht aus der Schmelze verdüst wird, wie etwa Nylon. Kürzlich wurde von DuPont festgestellt, daß beim Erhitzen von Orlon auf zirka 135—140° C dieses schwarz wurde und dann Temperaturen von 660° C aushielt, ohne zu entflammen. Die Dehnung und Festigkeit ist gegenüber der Normalfaser allerdings vermindert.

„Tempex" ist ein Gewebe, das gegen Feuer schützt. Man überzieht einen flammsicher gemachten Stoff mit einer Aluminiumschichte zur Hitzereflexion.

Literaturübersicht über das Flammsichermachen.

Freitag: Flammfeste Ausrüstung. Färber Ztg. 5, 28 (1952).

Puig: Flammfestausrüsten von Cellulose usw. mittels Alkanolaminsulfaminaten. Bull. Ind. Text. France 30, 405 (1952).

Flammfestes Nylon. Textile Age 16, 70 (1952).

Barnard: Das Flammfestmachen von Textilien. Amer. Dyestuff Reporter 41, P 134 (1952), vgl. Rayon, synth. Textiles 3, 64 (1952).

Axtmann, Sweet: Flammfestmachen von Nylon. Text. Wld. 101, 130, 216 (1951).

Jacobsen, Sullivan, Panik: Titanverbindungen zum Flammfestmachen von Textilien. Amer. Dyestuff Reporter 40, P 439 (1951).

Nuessle: Feuerfestmachen, Wasserabstoßendmachen und Bakterienfestmachen von Geweben aus synthetischen Fasern. Amer. Dyestuff Reporter 40, P 524 (1051).

Ulrich: Analyse der Flammfestappretur. Textil Rundschau 6, 45 (1951).

Blumenthal: Feuerfestmachen von Zr-Verbindungen. Rayon Synth. Text. 31, Nr. 12. 81 (1950), 32, Nr. 185 (1951); vgl. auch Fibres 11, 363 (1950).

Panik, Sullivan, Jacobsen: Ti-Verbindungen in der Flammfestappretur. Amer. Dyestuff Reporter 39, 509 (1950).

Esselen: Ind. Engng. Chem. 42, 414 (1950).

Gulledge, Seidel: Dauerhaftes Flammfestmachen von Cellulose. Ind. Engng. Chem. 42, 440 (1950).

Davis, Findlay, Rogers: Das Flammfestmachen mit Harnstoff-Phosphorsäure. J. Text. Inst. 40, T 839 (1949).

[32] AP 2 574 518.
[33] FP 966 611.
[34] AP 2 536 988.

Patentschrifttum über das Flammsichermachen.

DP 878 792 BASF 1953 — Das Flammfestmachen erfolgt mit Ammoniumsalzen von starken, nicht oxydierenden Säuren und Hexamethylentetramin oder Dicyandiamid.

DP 874 756 BASF 1953 zu DP 857 189 — Als Flammschutzmittel soll Sulfamid zusammen mit Hydrophobierungsmitteln verwendet werden.

DP 857 189/90 BASF 1952 — Zum Flammfestmachen soll Sulfamid dienen bzw. soll den üblichen Flammschutzmitteln Calciumchlorid zugegeben werden.

DP 832 590 Hellrich 1952 — Man taucht Gewebe in die Lösung eines Schwermetallsalzes und eines Netzmittels und hernach in konzentrierte Wasserglaslösungen. Hierauf wird getrocknet.

DP 831 538 Gy 1952 — Flammfeste Gewebe werden durch Imprägnierung mit den Umsetzungsprodukten von Phosphorsäurehalogeniden und Ammoniak in wäßriger Lösung und nachherigem Erhitzen auf 100—170° C erhalten. Die Gewebe sind auch bakterienfest.

DWP 1 582 VEB Sapotex 1952 — Als Flammschutzmittel sollen Weinsäure, Metaweinsäure, Tartramidsäure und Ditartrylsäure gegebenenfalls mit Filmbildner und Fäulnisschutzmitteln dienen.

FP 1 027 412 Monsanto 1953 — Als Flammschutzmittel soll das Umsetzungsprodukt aus Phosphoroxychlorür und Ammoniak, in welchem 32—43% P, 25—33% N und weniger als 25% N als NH_3 vorhanden sind, mit Kunstharz usw. zusammen verwendet werden.

FP 1 026 158 Rannila 1953 — Zum Flammfestmachen dient eine Mischung von $MgCl_2$, einem mineralischen Pulver wie Magnesit und Bindemitteln (FP 1 044 071).

FP 1 024 144 Powilewicz, Haute 1953 — Zum Flammfestmachen wird Harz (Harnstoff-Aldehyd) verwendet.

FP 1 000 248 Schüler 1952 — Zum wasserfesten Flammsichermachen von Textilien wird Bitumen mit unbrennbaren Stoffen vermischt.

FP 996 703 Liberman 1951 — Flammfeste Kleidung wird erhalten, indem man mit Bentonit, Montmorillonit in Emulsionen, oder Suspensionen bzw. Gelen usw. behandelt.

FP 985 762 Gy 1951 — Zum Unentflammbarmachen von Textilien sollen Mischungen von Harnstoff und $NH\text{-}SO^2$-Gruppen enthaltenden Salzen Anwendung finden.

FP 980 323 Cerisier 1951 — Zum Flammfestmachen verwendet man Bäder, die Mineralsalze, welche bei 70—250° C schmelzen, enthalten und Farbstoffe.

FP 977 545 Amai 1951 — Zum Unentflammbarmachen imprägniert man mit Ammonphosphat-Chlorid Mischungen.

FP 966 611 ICI 1950 — Flammfestmachen mit Polyäthyleniminbehandlung und nachherigem Imprägnieren mit Inosit, Pentaerythrit und einer quaternären NH_4-Verbindung.

BelgP 502 724 Rannila 1952 — Flammfeste Textilien erhält man durch Imprägnieren von Fasern usw. mittels flammfestmachender Mittel und einem Gel z. B. aus Silikaten usw.

BelgP 500 176 Titan Comp. 1952 — Flammfeste Textilien werden erhalten durch Behandeln mit Ti-Chloridacetat, eventuell in Mischung mit Antimonsalzen, bei 50° unter Nachbehandlung mit NH_3 oder NaOH; vgl. EP 698 742.

HollP 65 689 Bancroft 1950 (vgl. EP 550 707, 569 040) — Zum Flammfest- und Schimmelfestmachen werden Textilien mit stickstoffhaltigen Verbindungen wie Guanidincarbonat imprägniert und dann kurz auf 120—200° C durch 120 Min. 30 Sek. erhitzt, wobei das fertige Textilgut 0,25—6% Stickstoff enthalten soll.

HollP 64 367 Wacker 1949 — Zum Flammfestmachen soll in Wasser unlösliches Ammonmetaphosphat, eventuell mit anderen bekannten Mitteln dienen (vgl. OeP 159 699).

HollP 64 135 Union Chimique Belge 1949 — Man macht Textilien durch Behandlung mit alkoholischen Lösungen von Kieselsäureestern und Erdalkalichloriden gegebenenfalls unter Zusatz von Ammonphosphat flammfest. Als Kieselsäureester dienen Verbindungen der Form $Si(OR)_m(OR')_n$, R, R'=Alkyl, Arylreste (Siloxane).

EP 690 291 Cyanamid 1953 — Als Flammschutzmittel sollen Mischungen dienen, die enthalten: 2—20 Teile Aminoplastvorkondensat, 10—35 Teile Methylol-Dicyandiamid sowie eine Phosphorsäure mit einem Sauerstoffgehalt, welcher 5—30 Teilen 85%iger Orthophosphorsäure entspricht.

EP 688 372 Glenn Co 1953 — Zum Flammfestmachen sollen nichtionogene polymere Ester einer Phosphorsäure nach Halogenierung verwendet werden.

EP 671 699 Cyanamid 1952 — Flammsichermachende Imprägnationen bestehen aus fein verteilten Oxyden von Sn, Ti, Sb oder Bi, einer thermoplastischen Verbindung, einem wasserlöslichen Phosphat, Harnstoff, Biuret usw. Hernach wird auf 135—200° C erhitzt.

EP 661 544 DuPont 1951 — Man verwendet zum Flammfestmachen eine Mischung von 58—62 Teilen Polythene, 20—35 Teilen Sb_2O_3 und 6—30 Teilen festen chlorierten Kohlenwasserstoff, der 55—80% seines Gewichts an Cl enthält.

EP 658 107 Monsanto 1951 — Flammfeste Textilien sollen durch Behandlung mit Lösungen aus einer Mischung von 70—85% Diammonphosphat, 11—21% Borax und 4—9% Borsäure erhalten werden.

EP 649 642 Bancroft 1951 (vgl. EP 648 883) — Flammfeste und bakterienfeste Textilien werden durch folgende Behandlung erhalten: Man imprägniert mit den Reaktionsprodukten einer in Wasser löslichen Phosphor- oder Schwefelsäure und mindestens einer N-hältigen basischen, metallfreien Verbindung, in welcher das Atomverhältnis von C : N größer als 2 : 1 ist, quetscht, trocknet, erhitzt auf Temperaturen über 110° C und wäscht und trocknet. Das pH des erhitzten Textilgutes soll zwischen 3 und 6 liegen; im fertigen Material sollen 1—5% P und 0,25—6% N enthalten sein. (In Beispielen arbeitet man mit Harnstoff und Orthophosphorsäure oder Guanidin und Sulfaminsäure usw.)

EP 648 883 Bancroft 1951 — Zum Flammfestmachen von Proteinfasern werden Lösungen von z. B. 100 Teilen Orthophosphorsäure 75%, 200 Teilen Harnstoff, 100 Teilen H_2O, 15 Teilen NH_3 (28%) und 50 Teilen HCOH (37%) verwendet.

EP 634 690 Courtaulds 1950 — Knitter- und Flammfestmachen mit Phosphor, Sulfaminsäure und Cyanamid, Trocknen und Härten.

AP 2 603 614 Monsanto 1952 — Zum Flammfestmachen sollen Phenolharze und das Reaktionsprodukt von 2—4 Mol Melamin und 1 Mol P_2O_5 dienen, wobei das letztere in einer Menge von 3—9% in der Mischung vorhanden ist.

AP 2 600 455 Monsanto 1952 — Als Flammfestmachungsmittel können Mischungen aus Aldehyd-Aminoverbindungen [wobei letztere die Gruppe $NH_2{-}\underset{\underset{Y}{\|}}{C}{-}N<$

(Y=O, S, N) aufweisen] in Form härtbarer Vorkondensate und in Wasser dispergierbarer Reaktionsprodukte von P_2O_5 und NH_3 angewendet werden.

AP 2 596 936 Monsanto 1952 — Zum Flammfestmachen sollen Mischungen aus Phenolharzen und wasserunlöslichen Reaktionsprodukten aus NH_3 und Phosphorylchlorid dienen.

AP 2 591 368 Treesdale 1952 — Zum Flammfestmachen werden Mischungen aus 14% einer wäßrigen Dispersion von 55% Polyvinylchlorid, 6,5% Dibutylphtalat 65%ig dispergiert sowie 76,5% einer 70%igen wäßrigen Dispersion von H_2O_2, 3% Carboxymethylcellulose als Na-Salz, 2%ig gelöst, und 1% NH_3 28%ig verwendet.

AP 2 582 961 Cyanamid 1952 — Durch Imprägnierung mit Mischungen, bestehend aus 2—20 Teilen härtbarem Melaminharz, 10—35 Teilen von Methyloldicyandiamiden und einer Phosphorsäureverbindung, die 5—10 Teilen 85% H_3PO_4 entspricht, bei nachheriger Härtung werden Textilien flammfest; vgl. FP 1 044 579.

AP 2 574 518 Glenn Martin 1951 — Zum Flammfestmachen von Textilien sollen Phosphoramide etwa folgender Formel dienen:

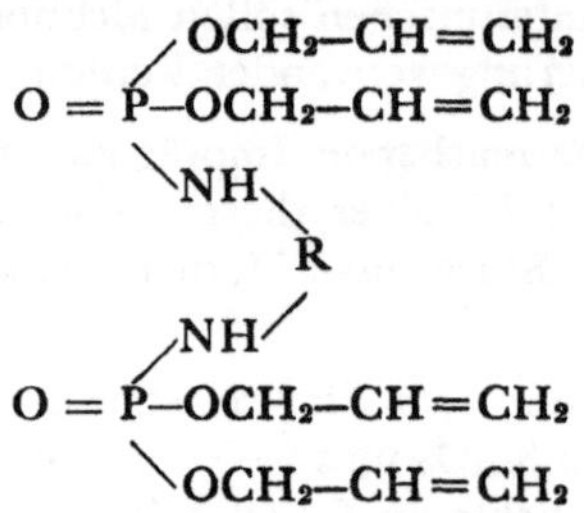

```
         OCH2—CH=CH2      R=CH2 oder C2H4
        /
O = P—OCH2—CH=CH2
        \
         NH
           \
            R
           /
         NH
        /
O = P—OCH2—CH=CH2
        \
         OCH2—CH=CH2
```

AP 2 570 566 DuPont 1951 — Zum Flammfestmachen sollen Lösungen von Ti und Sb in organischen Säuren verwendet werden, welche mindestens 25 g/Liter an Metalloxyd enthalten (s. hierzu AP 2 147 056, 2 310 128, 2 395 922, 2 416 447, 2 427 997).

AP 2 553 781 Lockport 1951 — Flammfeste Cellulosetextilien soll man durch Behandlung der Rohfasern mit einer wäßrigen, Borax, Borsäure und Netzmittel enthaltenden, Lösung bei 25—30° C und pH 7—8 erhalten, wobei 10—15% der Substanzen in der Faser verbleiben.

AP 2 550 134 Finishing Co. 1951 — Textilien werden mit Mischungen aus Borsäure, Borax, einem mehrwertigen Alkohol (der mit ersterem ein Kondensationsprodukt gibt, wie Glyzerin, Äthylenglykol usw.) und Triäthanolamin flammfest gemacht.

AP 2 549 059/60 Cyanamid 1951 — Das Flammsichermachen von Cellulosematerialien erfolgt mit Kombinationen aus Metalloxyden (Sb_2O_3), thermoplastischen Substanzen mit mindestens 20% Halogen und Guanidin oder dessen Salzen mit Phosphorsäure bzw. Aminophosphorsäuren.

AP 2 542 721 Johns-Manville Co. 1951 — Flammfeste Textilien werden erhalten durch Überziehen mit Asphalt (Erweichungspunkt 170° F) und fein verteiltem (5—30% der Menge) Perlit (vulk. Glas mit 65—73% SiO_2), eventuell unter Zusatz von Asbest und Zinkborat (vgl. AP 2 413 516, 2 396 910, 2 385 437, 2 233 259, 2 226 348, 2 131 085).

AP 2 526 462 Pond Lily 1950 — Flammfestmachen mit Phosphorsäure, Sulfaminsäure oder den entsprechenden Ammonsalzen und mit Aminoplast fixieren.

AP 2 330 254 Celanese 1943 — Das Flammfestmachen erfolgt für Celluloseestergarne usw. mit 5—50% Trichloräthylphosphat zur Spinnlösung; vgl. EP 694 217.

CanP 483 884 Bancroft 1952 — Das Flammfestmachen von Textilien erfolgt mit z. B. Mischungen aus 100 Teilen Orthophosphorsäure (75%), 200 Teilen Harnstoff, 15 Teilen NH_3 (28%), 50 Teilen Formaldehyd und 100 Teilen Wasser.

CanP 480 248 DuPont 1952 — Man behandelt Cellulosetextilien zum Flammfestmachen mit wäßrigen Lösungen von Ti- und Sb-Chloriden, wobei der Oxydgehalt 200—400 g/Liter und das Atomverhältnis von Ti : Sb 1 : 2, das Gewichtsverhältnis etwa bis 20 beträgt.

CanP 480 048/9 Cyanamid 1952 — Zum Flammfestmachen von Geweben werden Emulsionen vorgeschlagen, die eine chlorierte, filmbildende, wasserunlösliche Verbindung, ein Pigment, ein ölmodifiziertes Alkydharz, einen Aminoplasten und eine Seife enthalten.

AustralP 144 025 Fine Spinners 1951 — Das Flammfestmachen von Textilien erfolgt durch Aufbringen von Zn-Salzen und Boraten bei nachheriger Imprägnierung mit Polyvinylchlorid-Emulsion.

AustralP 143 274 ICI 1951 — Flammfest macht man Textilien mit Polyäthyleniminen und Phosphaten von Inosil, Pentaerythryl usw.

AustralP 135 133 ICI 1949 — Mustereffekte in Terylengeweben werden hergestellt, indem man zwei verschieden gestreckte Terylenfasern miteinander verwebt.

AustralP 131 178 Bancroft 1949 — Flammfeste Textilien werden mit Mischungen aus Harnstoff und Orthophosphorsäure erhalten.

18. Die Beschwerungsappreturen.

Im Berichtszeitraum liegen Vorschläge oder Literatur nicht vor.

19. Die Erzeugung wollähnlicher Effekte (Florimitationen, Kräuseln, Veloutieren).

Neben der Herstellung gekräuselter Fasern (s. a. erster Abschnitt) bzw. dem Kräuseln von Geweben (vgl. fünfter Abschnitt, Transparentieren) ist das sogenannte Veloutieren von Interesse. Das *Fliska*-Verfahren der Emmenbrücke schlägt Mattviskoseseidenstapel (0,5—1 mm lang) im elektrostatischen Feld oder aus Spritzpistolen auf mit Klebstoff versehene Textilien nieder.

Das Kräuseln von Spinnfasern erfolgt durch spezielle Nachbehandlungen oder eine Kombination von chemischer und mechanischer Bewirkung.

Kunstseiden mit einer Art Schuppenstruktur der Oberfläche (vgl. auch OeP 165 875) werden bekanntlich durch Beschallung der koagulierten Fäden erzielt.

Literaturübersicht über die Erzeugung wollähnlicher Effekte und von Florimitationen.

S t e i n b e r g : Die elektrostatische Veloutierung. Melliand Textilber. **34**, 536 (1953).

R e i s i n g e r : Beflockung. Melliand Textilber. **34**, 656 (1953).

W h e w e l l , J e d r y k a : Das Fliska-Verfahren zum Veloutieren. Wool Sci. Rev. **6**, 21 (1950), zit. Melliand Textilber. **32**, 167 (1951).

Patentschrifttum über die Erzeugung wollähnlicher Effekte und von Florimitationen.

OeP 167 114 Heberlein 1950 — Herstellung wollähnlicher Kunstseide durch Überdrehen, Befeuchten, Trocknen und Zurückdrehen, wobei Formaldehyd und saure Katalyten zur Einwirkung kommen.

DP 875 706 Phrix 1953 — Zur Herstellung wolleähnlicher Fäden werden Fasern mit Viskoselösung überzogen und mit Säure und Formaldehyd behandelt.

DP 801 775 Heimeran 1951 — Gewebe von wollartigem Aussehen. Zellwollgewebe mit gekräuselten Fasern werden in Seifenbädern auf der Zylinderwalke mit reichlicher Flotte 10—25 Stunden gewalkt. Trockenes Walken ergibt eine mehr rauhwarenartige Oberfläche.

DP 752 656 Lonzona 1951 — Herstellung gekräuselter Celluloseacetatfäden. Frisch gesponnene, noch nicht vollständig vom Lösungsmittel befreite Fadenbündel werden mit Wasser benetzt (6—18%) und dann den Kräuselwalzen zugeführt.

FP 970 105 Dungler 1951 — Behandelt die Beflockung von Textilien.

FP 886 803 IG 1941 — Herstellung wollähnlicher Polyamide.

BelgP 506 374 Sayles Finishing 1953 — Zur Herstellung von Kräuseleffekten auf Nylon enthaltende Textilien werden gewisse Stellen des Gewebes mit wäßrigen Lösungen von einbasischen Carbonsäuren behandelt, deren Dissoziation bei der angewendeten Temperatur 10^{-1} bis 10^{-5} beträgt, wobei an den behandelten Stellen Schrumpfung eintritt. Vorgeschlagen wird Monochloressigsäure.

HollP 65 714 Union Commerciale 1950 — Eine permanente Kräuselung oder andere Formveränderung bei keratinhaltigem Textilmaterial erfolgt mittels Alkalisulfitlösungen, die 15—45 Vol % eines oder mehrerer in H_2O löslicher Alkohole enthalten, bei einem pH von 6—8 und unterhalb 50° C.

HollP 65 044 Sales Affiliates 1950 — Keratinhaltige Fasern werden permanent gekräuselt, indem man sie vor oder nach durchgeführter mechanischer Formveränderung mit Lösungen von ein oder mehreren organischen Thiolen oder Polythiolverbindungen bei einem pH 7—10 behandelt und dann wäscht oder den Überschuß des Behandlungsmittels durch Oxydationsmittel unwirksam macht. Als derartige Mittel sollen Thioglyzerin oder Thioglykolsäure bzw. Amino-(2)-äthanolthiol-(1) in Verwendung kommen.

HollP 64 572 Thüring Zellwolle 1949 — Das Kräuseln von Polyamiden oder Polyurethanen erfolgt, indem man die Fäden mit verdünnten Säuren, die organische Salze gelöst enthalten, behandelt ($HCl + ZnCl_2$, 15 Sek., 100° C).

HollP 62 868 Glanzstoff 1949 (vgl. HollP 52 741 bzw. 45 529) — Wollartige Viskose wird hergestellt, indem man Fäden aus koaguliertem Xanthogenat in entspanntem Zustande mit warmen Säure- bzw. Salzbädern behandelt, wobei die regenerierte Cellulose in gekräuselter Form gebildet wird.

EP 541 568 Celanese 1940 — Wollähnliche Acetatkunstseide wird beschrieben.

AP 2 586 106 Speakman 1952 — Zur Erzielung einer wolligen Oberfläche von Mischgeweben aus Wolle-Acetatseide walkt man dieselbe in wäßrigen Lösungen, die 30 bis 50% niedrige Fettalkohole enthalten.

AP 2 586 105 Celanese 1952 (vgl. AP 2 586 106) — Man stellt gerauhte Mischgewebe aus Garne, die aus Wolle und Acetatseide gesponnen wurden, derart her, daß man erst netzt und in Gegenwart eines auf die Celluloseesterstapelfaser weichmachend wirkenden organischen Mittels walkt, so daß ein Großteil des Wollanteils der Fasern auf der Gewebeoberfläche liegt. Hierauf wird die erweichende organische Substanz entfernt und gerauht.

AP 2 548 181 Kohorn 1951 — Gekräuselte Rayonfäden werden hergestellt, indem man genäßte Stapelfaservliese der Trocknung mittels Hochfrequenz unterwirft.

AP 2 543 027 bzw. 2 542 973 Dow 1951 — Kräuseln von Saran: Man bebläst die austretenden Fäden usw., unterkühlt und streckt.

AP 2 516 562 DuPont 1950 – Wollähnliche Eigenschaften erhalten Nylonfasern durch Erhitzen in entspannter Form auf 10–50° C unter dem Schmelzpunkt, wobei die so behandelten Nylonfasern erst einer Formaldehydeinwirkung unterworfen wurden. Das trockene Erhitzen wird fortgesetzt, bis die Fasern mindestens 50% Schrumpfung erlitten haben (vgl. AP 2 199 411, 2 217 113, 2 249 756, 2 346 208, 2 365 931, EP 519 038, 559 369, 562 555).

20. Gewebemusterung durch Appreturverfahren, Gaufrage, Devorantartikel usw.

Die Herstellung dauerhafter Gaufrageeffekte mittels Kunstharzvorkondensaten oder durch Behandlung der Gewebe aus Cellulose mit Isocyanaten und nachheriger Polymerisation ist noch immer interessant.

Hier überschneiden sich die Methoden der permanenten Lustrierung (s. S. 260) teilweise mit jenen der dauerhaften Verformung.

Hier verdient auch der Modeartikel „Everglaze" (Bancroft) Erwähnung. Es handelt sich hierbei um die permanente Prägung von mit Kunstharzvorkondensaten imprägnierten Textilien bzw. waschfestem Chintz.

Literaturübersicht über Gewebemusterung durch Appreturverfahren.

Bodmer: Everglaze-, Chintz- und Gaufrageeffekte. Melliand Textilber. 34, 450 (1953).

Neisser: Zukunft der waschfesten Gewebeprägung. Melliand Textilber. 34, 659 (1953).

Ploenes: Gaufrage (auch Vorgaufrieren von Kreppgeweben). Melliand Textilber. 33, 1115 (1952).

Joly: Der Devorant- (Ausbrenn-) Artikel. Rayonne 7, 16 (1951).

Patentschrifttum über Gewebemusterung durch Appreturverfahren, Gaufrage, Devorantartikel.

OeP 175 227 Heberlein 1953 – Die Herstellung künstlicher Spitzen unter Verwendung von nitrierten Garnen kann mit mechanischen Effekten kombiniert werden.

DP 878 788 Bancroft 1953 – Man erhält permanente Prägeeffekte durch Imprägnieren von Cellulosetextilien mit Dimethylolverbindungen von Äthylenharnstoffen und Homologen, feucht Prägen und Härten.

DP 759 723 IG 1952 – Permanente Muster auf Cellulosetextilien erhält man durch Tränken mit Lösungen von Kondensationsprodukten aus Amiden niedrigmolekularer Monocarbonsäuren oder Estern von Carbaminsäure mit Formaldehyd in Anwesenheit starker flüchtiger Säuren bzw. deren Salzen mit flüchtigen schwachen Basen, mechanische Verformung und Erhitzen (vgl. FP 860 698).

DP 751 255 IG 1953 – Die Herstellung von Präge- oder Glanzmustern auf Geweben erfolgt nach Imprägnieren des Textilgutes mit Polyvinylalkohollösung oder solchen von Celluloseäthern und Formaldehyd oder Gemischen mit Maleinsäure-Vinylacetatmischpolymeren.

DP 849 988 Calico Printers 1952 – Waschechte mechanische Musterungen werden erzeugt, indem man Gewebe mit Aldehyd, Keton, Ketonalkohol oder Aldehydalkohol und Formaldehyd behandelt, wobei beim Erhitzen nach dem Trocknen und Gaufrieren ein wasserunlösliches Harz gebildet werden muß.

DP 849 402 Heberlein 1952 – Reliefartige Effekte auf Geweben werden erzeugt, indem man örtlich künstliche Harze bildende Stoffe aufbringt, wobei die Gewebe vorgängig mit einer auf die Emulsion oder Dispersion des Harzbildners fällend wirkenden Substanz versehen wurden. Hernach wird gespült.

SP 284 378 Schaeffer & Cie 1952 — Ciré-Effekte erzielt man, indem man Gewebe dünn mit Polyvinylchlorid, Weichmacher und eventuell einem Weißpigment beschichtet, mit Pigment, Polyvinylchlorid und Hexamin in Mischung bedruckt, das Lösungsmittel verdunstet, einen dünnen Aufstrich von Polyvinylchlorid und Weichmacher gibt und gelatiniert. Hernach kann man kalandern.

SP 281 727 Heberlein 1952 — Reliefartige Musterungen auf die vorgängig mit einem Salz eines mehrwertigen Metalls als Fällmittel für die Nachbehandlungsflotte behandelten Textilien werden erzielt, indem man Emulsionen von Kunstharzen bzw. Kautschuk usw., die Emulgatoren enthalten, örtlich gemustert aufbringt.

FP 1 027 745 Heberlein 1953 — Man fixiert mechanische (Präge-) Effekte auf Geweben durch Imprägnieren des Textilmaterials mit Formaldehyd und Acetylendiurein, trocknen, kalandern und härten.

FP 1 026 773 Bayer 1953 — Unlösliche Drucke werden erhalten, wenn man als Bindemittel Imino- oder Aminogruppen enthaltende Stoffe verwendet und polyfunktionelle Stoffe, die mit basischen Gruppen reagieren.

FP 1 023 955 Bancroft 1953 — Die Fixierung mechanischer Effekte durch Kunstharze besonderer Art, die mit Cellulose reagieren sollen, wird behandelt. Die Kunstharze gehören der Alkylenthioharnstoffreihe an, wobei saure Katalyten verwendet werden.

FP 1 022 645 Heberlein 1953 — Effekte dauernder Art durch Verformung entstehen durch lokales Aufbringen von adhäsierenden Massen eventuell Kunstharzen. Man erhält reliefartige Drucke.

FP 957 700 Heberlein 1951 — Reliefeffekte auf Geweben erzielt man durch Gaufrieren und nachträgliches Bedrucken mit lackartigen Mitteln. Man trocknet, härtet gegebenenfalls und pergamentiert.

BelgP 507 691 Bancroft 1953 — Zur Musterung von Textilien werden diese mit einem Melaminformaldehydvorkondensat bedruckt, hierauf bei geringer Temperatur getrocknet, geschliffen oder friktioniert und dann erhitzt, um das Harz zu härten und so dauerhafte Glanzmusterung herzustellen.

BelgP 504 882 Bancroft 1952 — Zur Herstellung wasserfester Appreturen, insbesondere Chintz- oder Gaufrage-Effekte imprägniert man das Textilmaterial aus Cellulose mit wäßrigen Lösungen von härtbaren Vorkondensaten von Kunstharzen und Formaldehyd in Gegenwart von sauren Katalyten und Wasserstoffperoxyd, trocknet und erhitzt.

BelgP 504 541 La Moderne 1952 — Die Herstellung künstlicher Spitzen bzw. Devorantartikel durch Behandlung von Cellulosemischgeweben mit Nylonwolle usw. mit NaOH wird beschrieben.

BelgP 504 370 Brustel 1952 — Fluoreszierende Muster auf Textilien werden mit Leuchtstoff und Firnis erzeugt.

BelgP 502 408 Grasser 1952 — Farbeneffekte werden erzeugt durch Bedrucken mit härtbaren Melaminaldehydkondensaten, Ausfärben und Pressen bzw. Ausfärben, Aufdrucken gefärbter Pasten und Härten bzw. Gaufrieren.

BelgP 500 714 Bancroft 1952 — Nylon-, Orlon- oder Dacrongewebe werden mit Methylolmelaminen imprägniert und dann unter Druck heißer Gaufrage oder Moirékalandrierung ausgesetzt.

BelgP 500 072 Bradford Dyers 1952 — Wasserechte Appreturen usw. erzielt man durch Behandlung der Cellulosehydrattextilien mit Isocyanaten, z. B. Vulcafor VCC (Lösung von polyfunktionellen Isocyanaten in Xylol). Man kann so seifenechte Gaufrage-Effekte erhalten, indem man nach dem Gaufrieren behandelt, dann kurz auf 80° C erhitzt, seift und spült (Ciré-, Moiré- usw. Effekte). Wichtig ist, daß die Textilien einen gewissen Feuchtigkeitsgehalt aufweisen, weshalb man Cellulosegewebe z. B. mit Harnstofflösungen imprägniert und trocknet. Das Aufbringen der Isocyanate erfolgt in organischen Lösungsmitteln.

BelgP 499 919 Calico Printers 1952 – Mechanische Musterungseffekte auf Geweben werden fixiert, indem man mit Salzlösungen imprägniert, die beim Erhitzen in unlösliche Verbindungen übergehen (Pb-Acetat) und dann die Vorkondensate von Aldehyden und Ketonen und alkalische Katalyten aufbringt und trocknet und schließlich heiß mechanisch verformt und auswäscht, wobei bei den unbedruckten Teilen der Harzgehalt (nicht gehärtet) entfernt wird (Glace-Crêpe-Effekte).

HollP 72 481 Interchem. 1953 (vgl. AP 2 222 581, 2 248 696, 2 364 692 usw.) – Das Bedrucken von Textilien mit Emulsionen des Typs Wasser in Öl, wobei in beiden Phasen Harz dispergiert ist, wird beschrieben.

HollP 71 257/58 Hoechst 1952 – Polymere der Form

$$R-\left[-O-CO-R_1-N\begin{matrix} \diagup C\begin{matrix} \diagup R_2 \\ \diagdown R_3 \end{matrix} \\ \diagdown C\begin{matrix} \diagup R_4 \\ \diagdown H \end{matrix} \end{matrix}\right]_n$$

, R = Kohlenwasserstoffrest, R_1 (kann durch O oder S unterbrochen sein) = niedrigmolekularer Alkylrest, der durch Nitril- oder Estergruppen substituiert sein kann. R_2, R_3, R_4 = Alkyl oder H, n 1–4, können als Beschichtungen oder Textilhilfsmittel verwendet werden.

HollP 65 358 Bancroft 1950 – Die Fixierung mechanischer Verformungen von Textilien erfolgt derart, daß man das Material mit Polyvinylalkohol und einem Aldehyd tränkt und während oder nach der Verformung kondensiert (vgl. EP 501 552, 538 452).

HollP 63 094 IG 1949 – Gaufriereffekte werden waschecht (s. a. HollP 59 631), wenn man die Cellulosetextilien mit Kondensaten aus ein Mol niederem Carbonsäureamid und zwei Molen Formaldehyd in Anwesenheit von Katalyten behandelt, gaufriert und in noch feuchtem (aber vorgetrocknetem) Zustande erhitzt.

HollP 61 719 Heberlein 1950 – Man druckt zur Herstellung permanenter Mustereffekte Formaldehyd oder diesen liefernde Stoffe in Gegenwart saurer Katalyten mit Johannisbrotkernmehl als Verdickungsmittel auf.

HollP 59 283 IG 1947 – Zum Fixieren mechanischer Mustereffekte auf Textilien wird das Textilgut erst mit Kondensaten aus Formaldehyd und Verbindungen, die zwei und mehr in der Aminogruppe nicht substituierte Carbonamid-, Harnstoff- oder Carbaminsäureestergruppen enthalten, in Anwesenheit ein- oder mehrwertiger Alkohole, imprägniert und in feuchtem Zustande mechanisch unter Druck und eventuell Hitze verformt.

EP 690 237 Bancroft 1953 – Beim Herstellen von bleibenden mechanischen Effekten mittels Kunstharzimprägnierungen verwendet man Äthylen- oder Propylenharnstoff-Formaldehydkondensate.

EP 684 849 Calico Printers 1953 – Die Fixierung von mechanischen Effekten erfolgt durch Bedrucken mit Salzen, die als Katalyt für die Härtung von Kunstharzvorkondensaten dienen und nachherigem Imprägnieren mit Aldehyd-Ketonvorkondensaten Gaufrieren usw.

EP 675 207 Redfarn 1952 — Man gaufriert mit härtbaren Vorkondensaten imprägnierte Gewebe zwischen zwei Walzen, deren Muster ineinandergreifen, um tiefe Gaufragen zu erhalten.

EP 635 157 Sayles Finishing 1950 — Zur Herstellung künstlicher Spitzen aus Geweben aus Nylon und anderen Garnen wird Nylon mit heißer Ameisensäure oder Essigsäure, oder mit Phenol, bzw. Baumwolle durch Carbonisieren oder Wolle durch Alkalibehandlung ausgebrannt (Devorant-Artikel).

AP 2 593 207 Betex Sales Co. 1952 — Gaufrierte Textilien, deren Musterung waschfest und beständig gegen Trockenreinigung ist, werden hergestellt, indem man mit Lösungen von N-Alkoxymethylpolyamidharzen (1—3% in Alkohol) und sauren Katalyten behandelt, trocknet und das 20% Lösungsmittel enthaltende Gut gaufriert und 4—15 Minuten härtet (120—180° C).

AP 2 577 957 Aspinook Co. 1951 — Man behandelt Nylongewebe mit Kunstharzvorkondensatlösungen, trocknet und läßt, noch feucht, durch einen auf 180—200° C erhitzten Prägekalander (½ Sekunde, 4—6000 kg Druck) bei eventuellem Nachhärten des Harzes. Man erhält permanente Präge-Effekte.

II. Allgemeine Appreturverfahren.

1. Verschiedene Appreturmittel und allgemeine Appreturverfahren.

Wesentlich Neues ist auf diesem Gebiete nicht anzumerken. Quellstärken, Solvitosen (vgl. S. 614 H) und Kompositionen, die Stärkeappreturen unlöslich machen sind derzeit interessant.

Literaturübersicht über verschiedene Appreturmittel und allgemeine Appreturverfahren.

Fetzer, Crosby, Engel, Kirst: Der Einfluß von Hitze und Säure auf Dextrose und Dextrosepolymere. Ind. Engng. Chem. **45**, 1075 (1953).

Neukom, Weinfelden: Meypro-gum, ein Alkali- und kaltwasserbeständiges Derivat des Johannisbrotkernmehls. Textil Rundschau **8**, 30 (1953).

Zonnberg: Solvitosen. Dyer **107**, 513 (1952).

Jahn: Methylcellulose und Celluloseglykolat als Appreturen. Textil Praxis **7**, 299 (1952).

Moeller: Solvitosen (Stärkeäther) als Appreturmittel. Teintex **15**, 565 (1950); vgl. De Tex **9**, 806 (1950).

Hofstee: Konzentration und Viskosität von Stärkeerzeugnissen. Chem. Weekblad **46**, 515 (1950).

Rybakowa: Der Aufschluß der Stärke mit Aktivin (p-Chlortoluolsulfonamid-Natrium). Tekstil. Prom. **1950**, 27; zit. Textil Praxis **6**, 764 (1951).

Whelan, Peat: Photochemischer Abbau von Stärke. J. Soc. Dyers Colourists **65**, 748 (1949).

Patentschrifttum über verschiedene Appreturmittel und allgemeine Appreturverfahren.

OeP 172 329 Scholten 1952 — Die Herstellung trockener, in kaltem Wasser löslicher Stärkeprodukte wird beschrieben.

DP 860 550 Ciba 1952 — Die Herstellung haltbarer wäßriger Kunstharzemulsionen wird behandelt.

DP 833 351 Bobingen 1952 — Mischungen von 10 Teilen cellulosemonoglykolsaurem Na und 1,5—3 Teilen Alkalisalzen flüchtiger Fettsäuren, eventuell in Mischung mit Ölen, Fetten oder Wachsen, sollen für Appreturzwecke dienen (vgl. DP 748 622).

DP 767 580 Hoffmanns Stärkefabriken 1953 — Die Herstellung von Appreturmitteln aus Gemischen von verkleisterbarer Kartoffel- und Reisstärke wird beschrieben.

DAP 2985 Esch 1953 — Glanzstärke aus Kartoffelmehl unter Mitverwendung flüssiggemachter Fettkörper und pulverförmigem Calciumlactat.

DAP 2914 Esch 1953 — Klümpchenfreie Wäschestärke aus paraffinhaltiger Kartoffelstärke.

DAP 1948 Hoffmanns Stärkefabriken 1953 — Glanzstärke nach Patent 1079. In den Glanzstärkemischungen wird die Rohstärke (Reisstärke) durch Roggenstärke ersetzt.

DAP 1947 Hoffmanns Stärkefabriken 1953 — Glanzstärke nach Patent 1079 mit einem Zusatz von Harnstoff.

SP 272 562 Scholten 1951 — Herstellung in kaltem Wasser dispergierbarer Stärkepräparate.

FP 1 026 232 Manton Gaulin 1953 — Ein Verfahren zur Verminderung der Viskosität von Stärkelösungen wird behandelt.

FP 988 219 Bat. Petrol My 1952 — Zur Appretur sollen neben den Appreturmitteln auf der Faser noch Naphtensäuren niedergeschlagen werden.

FP 966 652 Sudrie 195 — Als Appreturmittel soll Blutserum dienen.

BelgP 508 258 BASF 1953 — Polyalkylenpolyaminverbindungen, die als Appreturmittel usw. dienen können, werden beschrieben.

BelgP 506 611 Bayer 1953 — Zum Appretieren von Fasermaterial sollen Emulsionen von Vinylpolymeren benutzt werden, gleichzeitig mit basischen Verbindungen höheren Molekulargewichts, welche mehrere reaktionsfähige Gruppen enthalten.

HollP 63 674 IG 1949 (vgl. EP 518 917 und SP 213 044) — Man stellt für die Appretur von Textilprodukten geeignete Dispersionen von Polyäthylen unter Zuhilfenahme der Oxydationsprodukte von Paraffinkohlenwasserstoffen her.

HollP 61 278 IG 1951 — Die Appretur von Geweben mit Polyamiden wird beschrieben.

HollP 57 720 Böhme 1946 — Zum Appretieren (Fülle) sollen die Äther von Polysacchariden und Hydroxycarbonsäuren Anwendung finden.

NorwP 77 528 Scholten 1950 — Permanente Stärkeappreturen aus Stärkeäthern werden behandelt.

EP 671 409 Bibbly 1952 — Man behandelt Protein in aufgeschlämmtem Zustande mit anion- oder kationaktiven Mitteln, die hydrolysebeständig sind, und trocknet dann schnell. Man kann die erhaltenen Produkte als Appreturen verwenden.

EP 661 277/78 Scholten 1951 — Vgl. OeP 172 329.

AP 2 629 702 Snyder 1953 — Zum Appretieren soll eine Mischung aus einer wäßrigen Emulsion von Polyvinylacetat und einer wäßrigen Emulsion eines Styrol-Butadienpolymers gebraucht werden.

AP 2 619 428 Corn Prod. 1952 — Modifikation von Stärke mit $AlCl_3$ und Enzym.

AP 2 575 423 Scholten 1951 — Die Herstellung von Quellstärken wird beschrieben.

AP 2 571 541 Union Starch 1951 — Herstellung von Dextrin-Dextrosemischungen aus Stärke.

AP 2 570 499 DuPont 1951 — Man stellt Ti-Stärkeprodukte her (Titansulfat-Stärkeumsetzungsprodukte), die zur Herstellung wasserfester Appreturen usw. dienen können (s. AP 2 287 161, 2 302 309, 2 350 653, 2 397 732, 2 425 058).

AP 2 566 861/62 Cyanamid 1951 — Stärkelösungen erhalten Zusätze von Dicyanamid- bzw. Dicyanguanidinsalzen der Alkalien oder Erdalkalien.

CanP 484 768 Tootal 1952 — Die Herstellung von Lösungen oder Dispersionen von linearen Polyamiden wird beschrieben.

AustralP 137 280 ICI 1950 — Neue Kondensationsprodukte für das Schrumpf-, Knitterfestmachen und Glasieren (Lustrieren) von Textilien entstehen, wenn man unter neutralen oder alkalischen Bedingungen einen oder mehrere Polyharnstoffe und Formaldehyd kondensiert (pH=8–9, 70° C).

AustralP 136 912 Scholten 1950 — Die Herstellung von kaltwasserlöslichen Stärkepräparaten (in Verbindung mit Melaminaldehydvorkondensaten) wird behandelt.

2. Gewebeaufstriche, Kunstleder- und Wachstucherzeugung, Beschichtungen.

a) Gewebeaufstriche (allgemein).

Hier sei wiederholt auf das Nylonizing (vgl. S. 621 H) hingewiesen.

Die Behandlung von Kunstseidegeweben mit 10%igen Dispersionen von Acrylharzen (4 Acronal- und 6 Plextolmarken) ergab nach Nowakowski (l. c.) eine Aufnahme von 1,2–3,6% Harz ohne nennenswerte Änderung der physikalischen Eigenschaften. Dies wird auf den Umstand zurückgeführt, daß die eingelagerten Teilchen zu groß sind.

Über Eigenschaften von Kunststoffbeschichtungen nach dem Aufbringen auf Textilien vgl. Textilkatalog 1951/52, E 54 [cit. Textil Rundschau 8, 183 (1953)].

Literaturübersicht über Gewebeaufstriche (allgemein).

Horn: „Nylonizing", Text. Age 15, 38 (1951).
Überziehen von Nylon mit Emulsionen, die gleiche Anteile Wasser-Alkohol enthalten und Trocknen bei erhöhter Temperatur unter Zugabe von Citronensäure (insbes. bei Strumpfwaren).
Münzinger: Textil Praxis 6, 433 (1951).
Hagen: Oberflächenbeschichtung. Textil Praxis 6, 428 (1951).
Polyvinylchlorid als Beschichtung: Brit. Plastics 22, 20 (1950).
Nitsche-Toeldte: Löslichkeit von Kunststoffen. Kunststoffe 40, 33 (1950).
Kainer: Polyvinylchlorid in der Appretur. Melliand Textilber. 31, 775 (1950).
Whewell: Nylonizing Text. Wld. 100, 118, 316 (1950).
Ploenes: Polyvinylchlorid in der Appretur. Melliand Textilber. 30, 475 (1949).

Patentschrifttum über Gewebeaufstriche.

DP 874 893 AEG 1953 — Das Lackieren von Gewebebahnen wird beschrieben.

DP 867 301 Dow 1953 — Als Gewebeaufstrich usw. eignen sich Copolymerisate von Carboxyphenylsilanen und mehrwertigen Alkoholen.

DP 848 636 Bayer 1952 — Das Aufbringen von auf laufender Bahn zu kondensierenden oder polymerisierenden Stoffe erfolgt so, daß die Oberfläche des zu überziehenden Mediums mit einem Reaktionsbeschleuniger (tertiäre Amine oder Phosphine) in Gas-, Dampf- oder Nebelform behandelt wird.

DP 825 368 BASF 1951 — Die Herstellung gut haftender Polyamide, die als Appreturmittel geeignet sind, wird beschrieben. Man setzt den Lösungen geringe Mengen von Keto- oder Oxypolycarbonsäuren, die durch mehr als 4 C-Atome getrennt sind zu und erhitzt nach dem Auftragen auf höhere Temperatur.

DP 819 086 Bayer 1951 — Die Beschichtung von Textilien mit Polyestern von Diisocyanaten erfolgt derart, daß das Textilmaterial erst mit Wasser oder einer

Lösung eines aliphatischen Diamins bzw. Aminoalkohols vorbehandelt und dann, noch feucht mit Lösungen oder Emulsionen der Umsetzungsprodukte beschichtet wird.

DP 807 395 Tootal 1951 – Das Appretieren mit Polyamiden zur Herstellung von Steifgeweben wird behandelt. Die Polyamide werden aus Lösungen aufgebracht und durch wäßrige Medien niedergeschlagen.

DWP 19 Dahlmann 1952 – Verfahren zur Durchtränkung von dicken Geweben mit geschmolzenem Polyvinylchlorid. Polymerisiertes Polyvinylchlorid wirkt in das Gewebe ein und wird später durch Erhitzen geschmolzen.

SP 277 271 Owens Corning Glass 1951 – Glasfasertextilien werden durch vorheriges Eintauchen in 3% Methacrylsilikat und nachherige Behandlung mit Polystyrol und Erhitzen widerstandsfähiger. $(CH_2{-}CR{-}CH_2O)Si$ bewirkt eine wesentlich größere Haftfestigkeit.

FP 1 011 706 Filastic 1952 – Man imprägniert und umgibt Textilfäden mit Kunststoffmischungen aus einem Polyvinylderivat und Kautschuk und vulkanisiert.

FP 1 000 816 Rado 1952 – Das Aufbringen von Polythen auf Geweben erfolgt laufend durch kurze Erhitzung eines Gewebebandes.

FP 989 882 Tessile Reparto 1951 – Als Klebestoff zur Befestigung von Fasern auf biegsamen Unterlagen sollen Glyptalharze dienen.

FP 982 566 St. Gobain 1951 – Fasern werden mit Polyvinylverbindungen überzogen. Daraus hergestellte Gewebe ergeben durch Kalandern dichte Umhüllungen.

EP 680 257 DuPont 1952 – Zum Beschichten sollen Polytetrafluoräthylene dienen.

EP 679 326 Bat. Petrol. My 1952 – Als Gewebeanstriche sollen Mischungen von Estern von Fettsäuren mit alkylierten Phenolen verwendet werden (EP 685 505).

EP 662 240 DuPont 1951 – Als Gewebeanstriche sollen Mischungen von chlorsulfonierten Polythenen und die Polymerisationsprodukte von Estern der Form

$$CH_2{=}\overset{\overset{\displaystyle X}{|}}{C}{-}COOY$$

X=H oder CH_3, X=Alkylrest mit 8 C-Atomen oder weniger, verwendet werden (Methylmethacrylat).

EP 659 749 Monsanto 1951 – Man kann auf Polyvinylbutyral Silica-organosol aufbringen (Packzwecke usw., nichtklebend).

EP 656 266 Merchants 1951 – Man stellt Gewebe aus Garnen her, die aus einem mit gesponnenem Material umhüllten Faden aus synthetischem thermoplastischen Stoff bestehen und fixiert mittels Hitze und nachheriger Alkalibehandlung.

EP 656 234 Dan River 1951 – Die Herstellung von Geweben erfolgt durch Verweben von mit Harz oder Vinylchlorid polymer behandelten Garnen.

EP 652 753 Ciba 1951 – Die Herstellung von Polyacrylsäureestern, die sich zum Gewebebeschichten eignen, wird beschrieben.

EP 652 737 ICI 1951 – Gewebeanstriche bestehen aus Polyvinylchlorid-Dispersionen, einem Butadien-Acrylnitrilelastomer, einem Lösungsmittel für dieses, nicht aber für Polyvinylchlorid und einem Weichmacher für Polyvinylchlorid.

BelgP 504 310 DuPont 1952 – Man stellt Organosole von Polytetrafluoräthylen her, die zur Beschichtung geeignet sind.

BelgP 492 229 Holliday 1949 – Zur Behandlung von Textilien werden Produkte vorgeschlagen, deren Kernstruktur sich von substituierten Dihydrocollidin ableiten.

BelgP 490 989 Alsberge 1949 – Man überzieht Glasfasern mit Kunststoffen.

BelgP 486 921 Chem. Zav. na Slovensku 1951 – Man behandelt künstliche Fasern mit Emulsionen oder Dispersionen von Hochpolymeren, trocknet und kalandert (vgl. BelgP 487 083).

HollP 67 708 Tootal Broadhurst 1951 (vgl. EP 567 043, HollP 61 278) – Man stellt Polyamidlösungen zum Appretieren oder Beschichten von Geweben her.

HollP 67 647 Sylvania 1951 (vgl. EP 541 108) – Die Beschichtung eines Gewebes erfolgt mittels einer fertigen Kunststoffolie.

HollP 66 691 Sylvania 1950 – Die Beschichtung von Textilgeweben erfolgt mittels nicht selbsttragender Filme aus Kunststoffen.

HollP 62 918 ICI 1949 – Die Oberfläche von mit Polyvinylchlorid beschichteten Textilien kann verbessert werden, indem man einen Lack aufbringt, der die Dispersion des Copolymeren eines Acrylsäureesters und Acrylsäureamids in einem organischen Lösungsmittel darstellt.

HollP 58 777 Kalle 1947 – Das Verkleben von Polyamiden erfolgt durch Befeuchten mit 15 Teilen Methylenchlorid, 60 g Methanol und 25 g Wasser (im allgemeinen halogenierte Kohlenwasserstoffe, gemischt mit niedermolekularen Alkoholen und Wasser).

HollP 58 690 Rhodiaceta 1946 – Man beschichtet Textilien mit Polyamiden, wobei als Bindemittel Aminoplaste dienen.

HollP 57 434 Wijk 1946 – Waschbare Textilien werden hergestellt, indem man sie erst mit Paraffin, Wachs, Fettalkohol in Lösungen imprägniert und dann mit Cuoxam-Cellulose-Lösungen behandelt, die Cellulose fällt und mit Kunstharz versieht.

AP 2 617 780 Lutz 1952 – Für Gewebeanstriche (dünne Filme) soll Polymethylacrylat, in einer Mischung von chloriertem Toluol und polychlorierten Methanen verwendet werden.

AP 2 617 776 Monsanto 1952 – Gewebeanstriche sind mit Co-Polymeren von Alkydharzen und Styrol usw. möglich.

AP 2 613 162 Frenkel 1952 – Als Schnell-Siccative für Leinöl sollen Heptyl- oder Octylalkoholate des Al dienen.

AP 2 586 477 Monsanto 1952 – Garne werden mit Salzen von Copolymerisaten aus Maleinsäure und Styrol behandelt und verwoben. Das Gewebe wird dann mit Schwermetallsalzlösungen imprägniert und getrocknet.

AP 2 582 613/14 Cyanamid 1952 – Zum Beschichten sollen Polyäthylenmelamine dienen (vgl. AP 2 520 619).

AP 2 556 885 DuPont 1951 – Vor der Beschichtung von Textilien mit Polyvinylchlorid wird zur besseren Verankerung desselben Phenol-Formaldehyd- und ein Butadien-Acrylnitril-Copolymer aufgebracht.

AP 2 543 229 DuPont 1951 – Man beschichtet Textilien mit Polythen, indem als Bindemittel ein Vinylacetat-Äthylen-Interpolymer verwendet wird.

AP 2 541 027 Shell 1951 – Als filmbildende Mittel sollen Verbindungen der Form

$$\overbrace{CH_2-CH}^{O}-CH_2[O-R-O-CH_2-CHOH-CH_2]n-O-R-O-CH_2-\overbrace{CH-CH_2}^{O}$$

(Glyzidyläther) in Frage kommen. Eine Härtung mit Orthoammonphosphat macht den Film nicht spröde.

AP 2 539 329 DuPont 1951 — Man überzieht Glasfasergewebe mit Polytetrafluoräthylen durch Erhitzen des Gewebes unterhalb des Schmelzpunktes und Aufkalandern. Dann wird neuerlich auf eine Temperatur unterhalb des Schmelzpunktes des Glases, aber über dem des Polymeren erhitzt.

AP 2 344 495 DuPont 1944 — Als Gewebeanstriche werden Celluloseester vorgeschlagen.

CanP 489 038 Gen. El. Co. 1952 — Als flüssiges Anstrichmaterial für Gewebe dienen Mischungen von Polyvinylchlorid, Polyvinylacetal und Copolymeren von Vinylhalogeniden usw. sowie Alkydharze.

CanP 485 111 Frede 1952 — Beschichtete Faservliese werden beschrieben.

CanP 478 815 ICI 1951 — Die Herstellung konzentrierter Dispersionen von Polythen unter Verwendung von Protein bzw. Gelatine wird beschrieben.

AustralP 137 552 DuPont 1950 — Als Gewebeanstriche werden Celluloseäther oder Ester mit Pigmenten, die unter 100 μ Teilchengröße besitzen, benützt.

AustralP 130 570 ICI 1949 — Die Beschichtung mit Polyvinylchloridmischungen wird beschrieben.

b) Ledertuch, Kunstleder und Wachstucherzeugung.

Wesentliches liegt im Berichtszeitraum nicht vor.

Literaturübersicht über Ledertuch, Kunstleder und Wachstucherzeugung.

Münzinger: Kunstlederaufbau im Hinblick auf die Verwendung. Textil Praxis 7, 313 (1952).

Werner: Kunstleder. Kunststoffe 39, 141 (1949).

Patentschrifttum über Ledertuch, Kunstleder und Wachstucherzeugung.

DP 870 989 Eberle 1953 — Die Herstellung von geschmeidigem, luftdurchlässigen Kunstleder wird beschrieben.

DP 870 546 Edlinger 1953 — Die Herstellung eines lederartigen Werkstoffes wird behandelt.

DP 862 593 Bünger 1953 — Die Herstellung von porösem Kunstleder wird beschrieben.

DP 862 510 Hansen 1953 — Kunstleder wird unter Verwendung von Polystyrol derart erzeugt, daß man vor dem Aufbringen des Kunststoffs mit einem Weichmacher behandelt.

DP 857 944 Degussa 1952 — Bei der Herstellung von Ledertuch werden als Grund- als auch als Streichmasse esterartige Kondensate aus Pentaerythrit und mehrbasische Karbonsäuren in Verbindung mit Nitrocellulose, Füllstoffen und Weichmachern usw. verwendet.

DP 852 983 BASF 1952 — Kunstleder werden erhalten, indem man die Textilien vor der Behandlung mit den wäßrigen Kunstharzdispersionen der Einwirkung von Di- oder Polyisocyanaten unterwirft.

DP 845 189 Hüls 1952 — Kunstleder wird durch Imprägnieren von Textilstoffbahnen usw. mit einer Dispersion von Polystyrol oder einem Copolymerisat von Styrol und Butadien mit mindestens 50% Styrol bereitet und mit Weichmachern behandelt.

HollP 71 244 Edlinger 1952 — Lederartiges Material erhält man durch Beschichten von Textilien mit thermoplastischen Kunststoffen, wobei eine gerauhte Grundlage mit rechtwinklig abstehenden Fasern nur an den Faserspitzen beschichtet wird.

HollP 70 675 Bata 1952 — Kunstleder aus Polyamidfasern (vgl. FP 865 107 bzw. 869 766 sowie FP 875 600) werden hergestellt, indem man die Fasern verfilzt, erwärmt und preßt, wobei mit Mitteln behandelt wird, welche die Polyamidfasern oberflächlich angreifen.

HollP 67 822 Ciba 1951 — Die Herstellung von lederartige Struktur zeigendem Kunstleder aus Faservliesen und Bindemittelfolien (vgl. EP 516 368) aus Kunststoffen wird behandelt. Die Erzeugnisse werden nach Vereinigung genarbt.

HollP 59 050 Salpa 1947 — Kunstleder besteht aus Textilgrundlagen, die Beschichtungen von Polyvinylharz tragen. Als Weichmacher wird Anthracenöl verwendet.

HollP 58 952 IG 1947 — Kunstleder oder Wachstuch wird erzeugt, indem man Textilien mit Polymerisaten von z. B. Propionsäure-hydroxy-2-butadien(1,3)-estern oder Mischpolymerisaten derselben mit Styrol oder Acrylsäure beschichtet.

HollP 57 648 Tammen 1946 — Kunstleder wird durch Imprägnieren von Filz mit Thiokol hergestellt (eventuell werden mehrere solche Lagen vereinigt).

BelgP 503 537 Ducsay, Gauverit 1952 — Kunstleder wird aus Textilien hergestellt, indem man gerauhte Ware mit Bitumen, Kautschuk, Natur- oder Kunstharz usw. überzieht. Auch Celluloseacetat mit Weichmachern ist vorgeschlagen.

EP 692 045 Bayer 1953 — Das Beschichten von Geweben mit Diisocyanatpolyestern wird behandelt, wobei die Polymerisation des Schichtstoffes am Gewebe stattfindet.

EP 690 706 ICI 1953 — Die Herstellung von beschichteten Nylongeweben wird beschrieben.

EP 649 972 Ciba 1951 — Kunstleder mit einer lederähnlichen Innenstruktur wird in der Weise hergestellt, daß man fasriges Material mit Polyvinylpolymeren und Weichmachern erhitzt, mehrere Lagen übereinanderbringt und durch Druck vereinigt.

AP 2 630 398 DuPont 1953 — Das Überziehen von Geweben mit chlorsulfonierten Polyäthylen wird behandelt.

AustralP 137 386 Ciba 1950 — Die Herstellung von Kunstleder erfolgt mittels thermoplastischer Bindemittel und Faservliesen.

3. Die Samt- und Pelzappretur usw.

Neues ist hier nicht zu berichten.

Patentschrifttum über die Samt- und Pelzappretur.

EP 649 974 (vgl. EP 628 989) Evans 1951 — Die Behandlung von Tierhaaren (Fellen usw.) mit Resorzin-Aldehydkondensaten wird beschrieben, wobei die Haare glatt gestrichen werden können.

4. Die Hutappretur.

Hier sind keine besonderen Vorschläge anzumerken.

Patentschrifttum über die Hutappretur.

NorwP 79 544 Gulbrandson 1951 — Appreturmittel für Hüte aus Stroh, Kunstseide usw. bestehen aus Auflösungen von Polyvinylacetat in flüchtigen Lösungsmitteln (Alkoholen), denen gleiche Teile Benzol oder Trichloräthylen zugesetzt sind.
AustralP 137 315 Jones Brother 1950 — Hüte werden aus Gestricken hergestellt, indem man mit härtbaren Harzen in Lösung imprägniert und härtet.

Sechster Abschnitt.

Die Vorbehandlung.

1. Das Entschlichten und die Seidenentbastung.

Die Entschlichtung von Kunstseidenserge soll nach Scharowa[1] mit 2 g H_2SO_4/Liter bei 80–85° C und einer Behandlungsdauer von 15 Minuten, sowie nachherige Behandlung in einem Bade von 0,25 g/Soda/Liter bei 30–35° C erfolgen.

Über die Enzymentschlichtung liegen zahlreiche Literaturhinweise vor.

Das Entbasten von Seide kann nach Krestinskaja und Aymukhamedova[2] unter neutralen Verhältnissen (pH=7) mit kochenden Bädern von Serizinhydrolysenprodukten erfolgen. Man arbeitet drei Stunden und kann die Bäder nur einmal benützen.

Literaturübersicht über das Entschlichten und die Seidenentbastung.

Nakanishi: Das Entbasten von Seide. J. Soc. Text. Cell. Ind. (Japan) 8, 612 (1952) cit. C. A. 47, 3570 (1953).

Clark, Losie: Kontinuierliches Entschlichten von Baumwoll- und Reyongeweben. Text. Ind. 116, Nr. 12, 110 (1952).

Jülicher: Enzymatische Gewebeentschlichtung. Melliand Textilber. 33, 511 (1952).

Leportier: Die Entschlichtungskontrolle. Ind. Text. 69, 563 (1952).

Klemm: Die Bewertung enzymatischer Entschlichtungsmittel S. V. F. Fachorg. Textilveredlg. 7, 168 (1952).

Krestinskaya, Aymukhamedova: Entbasten von Seide durch Lösungen von Hydrolyseprodukten des Sericins. J. Ang. Ch. UdSSR. 24, 634 (1951).

Müller: Entbasten. Ciba-Rundschau Nr. 102, 3761 (1952).

Bishop: Entschlichten. Canad. Text. J. 68, 65 (1951).

Downey: Enzyme beim Entschlichten usw. Text. Age 15, Nr. 3, 30, Nr. 4, 70 (1951).

Kloss: Entschlichten mit Enzymen. Rayon Synth. Text. 32, 81 (1951).

Voss: Entschlichten. Melliand Textilber. 32, 621 (1951).

Muntona Ltd.: Entschlichten mit Malzenzymen. Monograph on Malt and Malt Products 1951, zit. J. Text. Inst. 42, A 503 (1951).

Marston: Die Enzymentschlichtung. Text. Age 14, 32 (1950).

Bryant: Das Schaumabkochen von Seide. Text. Res. J. 20, 735 (1950).

Schubert: Enzymentschlichtung. Textil Rundschau 5, 1 (1950).

Patentschrifttum über das Entschlichten.

DP 849 987 Kempen 1952 – Die Behandlung von Textilien mit Enzymen erfolgt vorteilhaft in Anwesenheit von Netzmitteln der aliphatischen N-substituierten Aminocarbonsäurereihe, die amphoteren Charakter haben.

SP 289 581/2 Ferment AG 1953 (Zusatz zu 285 458) – Ein haltbares Entschlichtungs-

[1] Tekstil. Prom. 10, Nr. 12, 40 (1950), zit. C, I, 3265 (1951).

[2] J. angew. Chem. USSR. 24, 634 (1951), zit. J, Soc. Dyers Colourists 67, 475 (1951).

bad enthält neben dem Entschlichtungsmittel und NaCl noch Gips und einen pflanzlichen Eiweißstoff (Lupinenmehl).

SP 285 458 Ferment AG 1953 — Als Entschlichtungsmittel soll Amylase, Kochsalz und Calciumsulfat verwendet werden (vgl. SP 282 704, FP 989 933).

EP 682 878/9 Ferment AG 1952 — Entschlichtungsmittel bestehen aus Amylase und Calciumsulfat oder Amylase, Albumin und Kochsalz.

ItalP 462 066 Banti 1951 — Die Verwendung von Spezial-Diastasen zum Entschlichten wird beschrieben.

AP 2 599 867 Ferment AG. 1952 — Als Entschlichtungsmittel wird eine Mischung von Amylase, 50% NaCl und 20–25% $CaSO_4$ vorgeschlagen.

2. Das Waschen (Waschverfahren und Waschmittel ohne bleichende Zusätze).

Auf dem Gebiete der Waschmittel sind die Vorschläge zahlreich, sowohl Einzelstoffe als waschaktive Kompositionen betreffend.

Zur Erhöhung des Schmutztragvermögens wird Seifen und anionaktiven Waschmitteln Carboxymethylcellulose zugesetzt, die insbesondere in Verbindung mit Seife gestattet, deren Menge auf 50% der normal angewendeten zu verringern.

Ein sehr großer Teil der Vorschläge des Patentschrifttums betrifft Mischungen von kapillenaktiven Stoffen und Zusätzen (Builders). Auch Mischungen von waschaktiven Stoffen untereinander gewinnen immer größere Bedeutung.

Beachtlich ist ferner die Verwendung von Magnesiumsilikat in Waschflotten, die Seife, aber kein Peroxyd enthalten. Der Aschengehalt wird hierbei herabgesetzt.

Literaturübersicht über das Waschen, Waschverfahren und Waschmittel.

Reese: Waschversuche im Betriebslabor. Melliand Textilber. **34**, 523 (1953).

Karafiat: Ionogene und nichtionogene Textilhilfsmittel. Melliand Textilber. **34**, 525 (1953); vgl. auch Textil Praxis **8**, 980 (1953).

Sookne, Weiner, Harris: Das Filzen beim Waschen von Wollemischungen. Text. Res. J. **23**, 114 (1953).

Schmidlin: Metallkomplexbildner (Calgon usw.). S. V. F. Fachorgan Textilveredlung **8**, 122 (1953).

Rösch: Waschmittel in der Textilindustrie und ihre wichtigsten Eigenschaften. Melliand Textilber. **34**, 226 (1953).

Kopaczewski: Les detersifs. Masson Cie, Paris 1952.

Speel: Textile chemicals and auxiliaries. Reinhold 1952.

Textile Seifen und Waschmittel. Nat. Milling & Chem. Co. Inc., Philadelphia, 1952.

Hall: Modern Textile Auxiliaries. London: Skinner & Co. 1952. 1500 Wasch- und Textilhilfsmittel.

Stüpel: Neuere Probleme und Ergebnisse auf dem Gebiete der synthetischen Waschmittel. Melliand Textilber. **33**, 1025 (1952).

Stüpel: Zur Kenntnis der waschaktiven Stoffe. S. V. F. Fachorg. Textilveredlung **7**, 219 (1952).

Jordan, Volz, Gelb, Romanovsy: Der Effekt von Magnesiumionen bei der Wäsche von Wolle mit Na-dodecyltoluolsulfonat. Amer. Dyestuff Reporter **41**, P 413 (1952).

Beery, Mack, Balog, Jordan: Schallwäscher. Text. Res. J. **22**, 30 (1952).

Garlinskaja, Dolgopolow, Matetzki, Ruban: Das Waschen von Wolle mit Ultraschall. Tekstil. Prom. **12**, Nr. 4, 1952, zit. C, 1952/II, 5673.

Reumuth: Vom schwarzen und farbigen Schmutz und vom Waschen. S. V. F. Fachorgan Textilveredlung **7**, 85 (1952); **6**, 299 (1951).

Hirsbrunner: Die Entfernung von Mineralöl aus Textilien. Bull. mens. ITERG., ref. CA **60**, 1261 (1952).

Segesser, Stüpel: Waschversuche an Nylongeweben. Textil Rundschau **7**, 93 (1952).

Stüpel: Die Waschwirkung von Seife-Phosphatflotten. Textil Praxis 7, 231 (1952).
Dumont: Das Waschen von Wolle. Ind. textile 8, P 53 (1951).
Fong, Yeiser, Lundgreen: Wollwäsche im Schweiß (Duhamel-Verfahren). Text. Res. J. 21, 540 (1951).
Swanston, Palmer: Theorie des Waschvorganges. J. Textile Inst. 42, 675 (1951).
Gernert: Wollfett aus Waschlaugen. Textil Praxis 6, 434 (1951).
Hall: Ultraschall in der Textilbehandlung. Text. Mercury Argus 124, 493, 499 (1951).
Hall: Anschmutzung von Textilien. Text. Mercury Argus 125, 367 (1951), vgl. Ind. Engng. Chem. 43, 1564 (1951).
Lindner: Faserschonende Waschmittel und Waschgrundstoffe. Seifen, Öle, Fette, Wachse 77, 612 (1951).
Reumuth: Entpechung von Merinowolle. Dtsch. Textilgewerbe 53, 501 (1951); vgl. auch S. V. F. Fachorgan Textilveredlg. 1952.
Robinet: Saponine, Waschmittel. Rayonne, Fibres Synth. 7, Nr. 2, 23 (1951).
Robinet: Wollwäsche. Ing. Textile Nr. 378, 33 ff. (1951).
Rordorf: Waschen von Zellwolle-Wollmischungen. Reyon, Zellwolle, Chemiefasern 1, 11 (1951).
Sedgewick: Reinigen von Wolle und Kammgarnwaren. Dyer 106, 297 (1951).
Stüpel: Neuere synthetische Waschmittel. Textil Praxes 6, 519 (1951).
Stüpel: Verteilung waschaktiver Moleküle auf der Faseroberfläche, Melliand Textilber. 32, 941 (1951).
Stüpel: Gebrauchswertbeständige synthetische Waschmittel. Seifen, Öle, Fette, Wachse 78, 1.
Wäschereiforschungsinstitut Krefeld: Waschverfahren und Wäschebeschädigungen. Seifen, Öle, Fette, Wachse 78, 7, 146.
Widaly: Die Bestimmung von waschaktiven Stoffen mit p-Toluidinchlorhydrat. Seifen, Öle, Fette, Wachse 78, Nr. 7, 143.
Wilkinson: Die modernen Methoden zum Entfetten von Wolle. Tinctoria 48, 197, 231 (1951).
Wilkinson: Neutrale Wollwäsche. Dyer 105, 627 (1951); vgl. auch Bhat: Ind. Text. J. 61, 733 (1951), zit. C I 2775 (1952).
Anon: Waschen. Dyer 104, 91 (1950).
Chauvet: Wollwäsche. Ind. textile 67, 418 (1950).
Clark: J. Soc. Dyers Colourists 66, 187 (1950).
Dicker: Die Verwendung von Carboxymethylcellulose in der Wäscherei. Rayonne 6, Nr. 73, Nr. 77 (1950).
Bayley, Weatherburn: Der Einfluß von Na-Carboxymethylcellulose auf die Suspensionsfähigkeit von Seifenlösungen. Textile Research J. 20, 510 (1950).
Hepworth: Wollwäsche. J. Soc. Dyers Colourists 66, 101 (1950).
Kehren: Waschprozeß der Textilindustrie. S. V. F. Fachorg. Textilveredlg. 5, 281 (1950).
Lindner: Anhydrische Phosphate in der Wäsche. Seifen, Öle, Fette, Wachse 76, 133 (1950).
Robinet: Wollwäsche. Teintex 15, 503 (1950). ..
Sisley: Moderne Waschmittel. Paris. Teintex.
Pilisi: Isoionische Wollwäsche. Ind. textile 65, 207 (1948).
Cooper: Laboratory Manual for Textile Chemistry, Burgess Publ. Co. 1947.

Patentschrifttum über das Waschen (Waschverfahren und Waschmittel).

OeP 174 887 Albert 1953 — Waschmittel enthalten als Phosphatkomponenten Mischungen von Na-tripolyphosphat und K-metaphosphat derart, daß das Gewichtsverhältnis des Tripolyphosphat größer als 1 ist (90 : 10).

OeP 174 885 Milly Kerzen 1953 — Reinigungs- und Waschmittel bestehen aus aliphatischen oder aromatischen Sulfosäuren oder Fettalkoholsulfonaten und Äthylenoxydkondensaten von Phenolen sowie wasserunlöslichen organischen Lösungsmitteln.

OeP 169 572 Ruhrchemie 1951 — Feinwaschmittel, die nicht hygroskopisch sind, bestehen aus Arylalkylsulfonaten, die aus Fraktionen von nur einer C-Atomzahl im Molekül hergestellt sind.

DP 876 096 Ciba 1953 — Verbindungen mit mindestens einer aus mindestens 2 C-Atomen bestehenden alkoholischen OH-Gruppe ergeben, mit Formaldehyd und Amiden umgesetzt, Waschmittel.

DP 874 189 Westfalia 1953 — Die Gewinnung von Wollfett aus Waschflotten wird behandelt.

DP 873 239 Bayer 1953 — Die Sulfochlorierung von Paraffinkohlenwasserstoffen wird behandelt; vgl. DP 881 854 und AP 2 263 312.

DP 872 811 Bayer 1953 (vgl. DP 757 288) — Man erhält fettsäurearme schmierseifenähnliche Waschmittel dadurch, daß man einem Gemisch verseifter Fettsäuren und Sulfochloriden Harnstoff zugibt.

DP 865 902 Hydrierwerke 1953 — Seifenersatzstoffe aus sauer substituierten Alkoholen (vgl. DP 858 395) werden beschrieben.

DP 864 596 Weiß 1953 — Die Herstellung spezifisch leichter Waschmittel in verfestigter Schaumform wird beschrieben.

DP 859 454 Henkel 1952 — Die Herstellung von synthetischen Waschmitteln wird beschrieben; Olefine mit mindestens 6 C-Atomen ohne Hydroxyl- oder Estergruppen werden zusammen mit mindestens 2 Hydroxylgruppen tragenden aliphatischen oder cycloaliphatischen Verbindungen sulfoniert (FP 863 018).

DP 852 090 Ciba 1952 — Als Waschmittel oder Weichmacher sollen Imidazolderivate wie das Äthylenoxydanlagerungsprodukt des sulfonierten N-Methyl-μ-heptadecylbenzimidazols usw. verwendet werden.

DP 850 328 BASF 1952 — Geformte Wasch- und Reinigungsmittel enthalten polymeres N-Vinylpyrrolidon.

DP 848 941 BASF 1952 — Als Waschmittel sollen wasserlösliche Salze von Kondensaten aus aromatischen oder heterocyclischen Verbindungen mit einer primären Aminogruppe mit aromatischen, heterocyclischen, cycloaliphatischen oder aliphatischen Aldehyden mit mindestens 4 C-Atomen verwendet werden. Einer der Reaktanten muß mindestens eine saure wasserlöslichmachende Gruppe aufweisen.

DP 843 875 Bayer 1952 — Wasch- und Reinigungsmittel bestehen aus den Umsetzungsprodukten von Sulfochloriden höherer Paraffinkohlenwasserstoffe mit Harnstoff, eventuell in Mischung mit anderen Wirkstoffen (vgl. FP 842 219).

DP 838 750 Wacker 1952 — Als Reinigungsmittel können die wasserlöslichen Umsetzungsprodukte aus 1-Alkoxybutadien-Malein-Mischpolymerisaten und alkalische Stoffe dienen.

DP 837 917 Ned. Org. Toegep. Natuurw. Onderzoek. 1952 — Waschmittel enthalten neben den üblichen Ingredienzien Oxydationsprodukte höherer Polyosen, die mindestens 15 COOH-Gruppen je 100 Monoseeinheiten aufweisen.

DP 836 983 Bayer 1952 — Waschmittel bestehen aus den üblichen waschaktiven Stoffen und enthalten Zusätze von primären Aminen oder deren Salzen mit einem Kohlenwasserstoffrest von mindestens 4 C-Atomen. (Cyclohexylaminsulfat, Hexamethylendiaminsulfat usw.) Vgl. DP 877 351, AP 2 239 974, 2 213 360, 2 174 507/8.

DP 834 567 BASF 1952 — Als Waschmittel sollen Stoffe Verwendung finden, die man durch Kondensation von bei der Hydryrung von Acetylen zu Äthylen erhaltenen Olefinen mit aromatischen Verbindungen der Benzol- oder Naphtalinreihe erhält und in die man dann wasserlösliche Gruppen einführt.

DP 832 886 Signer 1952 — Polystyrolsulfosäuren können als schmutztragende Mittel und Schutzkolloide Waschmitteln zugegeben werden.

DP 831 733 Weiss 1952 — Die Herstellung pulverförmiger Waschmittel wird beschrieben.

DP 825 869 Haas 1951 — Als Waschmittel sollen Kompositionen verwendet werden, die Grassaft enthalten. Dadurch gehen Teer, Tintenstiftflecke usw. leicht weg. Das Mittel ist nur für die Hautreinigung gedacht.

DP 825 405 Bat. Petr. My 1951 — Waschmittel sind Schwefelsäureestersalze, die man erhält, indem man höhermolekulare Kondensationsprodukte, die bei der Oxosynthese von Alkoholen aus Alkenen anfallen, in diese Ester überführt.

DP 823 473 Weiss 1951 — Man stellt pulverförmige alkylsulfonathaltige Waschmittel derart her, daß man sie mit alkalischen Gemischen, die aus kristallwasserfreien und kristallwasserhaltigen Salzen bestehen, vermischt, erwärmt und belüftet.

DP 817 153 Goldschmidt 1951 — Als Reinigungsmittel sind Kondensate von 2-Mercaptoarylenthiazolsulfosäuren mit aliphatischen, aromatischen bzw. araliphatischen Halogenverbindungen, deren Kohlenwasserstoffkette wenigstens 5 C-Atome umfaßt, verwendbar.

DP 812 783 Hüls 1951 — Die Waschbarkeit verschmutzter Gebrauchstextilien wird verbessert, wenn sie vor ihrem Gebrauche mit einem Film aus Poly-Alkylenoxyden versehen werden.

DP 808 230 Goldschmidt 1951 — Waschmittel werden durch Kondensation von 2-Mercaptoarylenthiazolsulfon- oder carbonsäuren mit aliphatischen, aromatischen oder aromatisch-aliphatischen Halogenverbindungen mit mindestens 5 C-Atomen in der Kette (2-Mercaptobenzthiazol-5-sulfosäure und 1-Chloroctan) bereitet.

DP 807 686 BASF 1951 — Waschmittel erhält man durch Erhitzen von Lactonsulfonsäuren mit Ammoniak oder dessen Abkömmlingen.

DP 806 366 BASF 1951 — Waschmittel enthalten vorschlagsgemäß mindestens 5% eines oxygruppenfreien Amids einer seifenbildenden Carbon- oder Sulfonsäure. Der Prozentsatz ist auf den Gehalt des Waschmittels an oberflächenaktiver Verbindung bezogen.

DP 767 707 Hydrierwerke 1953 — Oxycarbonsäuren oder Polyoxyverbindungen organischer Natur sollen zum Enteisnen der Waschflotten dienen.

DP 766 546 Märk. Seifenind. 1952 — Sulfonierungserzeugnisse zur Herstellung von Waschmitteln werden beschrieben.

DP 764 950 Märk. Seifenind. 1952 — Man verwendet Mischungen von primären aliphatischen Alkoholen und Ketonen, die aus einem Fettsäuregemisch mit 4—10 C-Atomen hergestellt und bei 70° C sulfoniert wurden, als Waschmittel bzw. Netzmittel.

DP 762 904 Baumheier 1952 — Wasserlösliche Kondensationsprodukte aus Fettsäureestern und Kohlenwasserstoffen, die sulfoniert sind, und zwar so, daß man Spermöl mit mehrringigen cyclischen Kohlenwasserstoffen sulfonierend kondensiert, sollen als Wasch- und Weichmachungsmittel verwendet werden (vgl. FP 825 861).

DP 762 157 IG Farben 1951 — Zu Waschflotten, die man unter Verwendung harten Wassers, härtebeständiger Waschmittel und Alkalicarbonaten ansetzt, werden quaternäre Alkalipyrophosphate gegeben.

DP 758 504 Märk. Seifenind. 1952 — Als Waschmittel sollen Reaktionsprodukte von Eiweißabbauprodukten mit Chloriden oder Anhydriden von Mischungen niedermolekularer Fettsäuren (aus der Kohlenwasserstoffoxydation) benutzt werden.

DP 755 424 Henkel 1951 — Wasch- und Reinigungsmittel, die sulfonierte, hydrierte, kernsubstituierte Oxyverbindungen enthalten, werden beschrieben.

DP 753 559 Henkel 1951 — Als Waschmittel werden Gemische aus Pyro- und Metaphosphaten, gegebenenfalls in Mischung mit bekannten Zusätzen vorgeschlagen.

DP 753 403 IG 1952 — Waschmittel sind Polyglykoläther aromatischer oder hydroaromatischer Oxyverbindungen, die im Kern durch mindestens einen Acyl- oder Kohlenwasserstoffrest substituiert sind.

DP 753 105 Kalle 1952 — Einweichmitteln werden wasserlösliche Salze von Celluloseäthersäuren beigegeben.

DP 752 637 Henkel 1953 — Als Einweichmittel wird ein Gemisch von Alkalikarbonaten, Calcit und geringen Mengen von wasserlöslichen Verbindungen des Al, Ti, Sn usw. vorgeschlagen.

DWP 3 993 VEB Fettchemie- und Fewa-Werk Chemnitz 1953 — Geformte Wasch- und Reinigungsmittel aus härtebeständigen, nicht hydrolysierenden Reinigungsstoffen, wie Fettalkoholsulfonaten, Fettsäurekondensationsprodukten mit Oxalkylsulfonsäuren, Aminoalkylsulfonsäuren sowie Eiweißstoffen, Äthylenoxydkondensationsprodukten, höhermolekularer organischen Stoffen mit Hydroxyl-, Carboxyl- oder Aminogruppen u. dgl. Sie enthalten eine die kapillaraktive Substanz überwiegende Menge an Bittersalz ($MgSO_4 . 7H_2O$) oder Natriumthiosulfat ($Na_2S_2O_3 . 5H_2O$), gegegebenenfalls neben anderen üblichen Waschmittelzusätzen.

DWP 2 689 VEB Farbenfabrik Wolfen 1953 — Verfahren zur Herstellung eines Grobwaschmittels nach DP 750 396. Hierzu wird ein weitgehend von Kochsalz und Disulfonaten freies Paraffinsulfonat verwendet.

DAP 2 654 Sulzmann 1953 — Verfahren zum Waschen von Textilien, insbesondere Wäsche, im Gegenstrom in hintereinandergeschalteten Waschmaschinen.

SP 289 352 Hartung 1953 — Wäsche soll derart gereinigt werden, daß man auf je 1 kg Wäsche 10 l Waschflotte verwendet, die 60—150 g waschaktive Substanz enthält, sowie eine sauerstoffabgebende Verbindung samt Stabilisator.

SP 289 042 Sandoz 1953 — Als Waschmittel werden wasserlösliche Salze von Alkylbenzolsulfosäuren, die mindestens eine Alkylgruppe von 9—18 C-Atomen und saure Schwefelsäureester von Monoalkyläther mehrwertiger aliphatischer Alkohole mit Alkylresten 10—2 C-Atome und Alkylenreste 2—4 C-Atome aufweisen, vorgeschlagen.

SP 288 141 Ned. Org. Toegep. Nat. Wetensch. 1953 — Man setzt Waschmitteln Polyosen zu.

SP 286 081 Ruhrchemie 1953 — Die Herstellung von Acrylalkylsulfonaten, die als Waschmittel dienen sollen, wird beschrieben.

SP 286 080 Henkel 1953 — Wasch- und Reinigungsmittel enthalten 2—10% in Wasser kolloidal lösliche Mg-silikate.

SP 285 477 Unilever 1953 — Die Sulfonierung von Alkylamaten wird beschrieben.

SP 285 457 Tepha 1953 — Als Waschmittel werden Mischungen aus Alkylarylsulfonaten und Eiweißfettsäurekondensaten empfohlen.

SP 284 368 Bigler 1952 — Waschmittel werden aus oberflächlich verwitterter Kristallsoda und Schaummittel hergestellt. Die Verwitterung erfolgt durch den Zusatz eines festen, wasserentziehenden Stoffes z. B. kalzinierter Soda.

SP 284 367 California Research 1952 — Waschmittel werden aus Sulfonaten von Olefinpolymeren hergestellt.

SP 284 083 Henkel 1952 — Waschmittel ohne Persalze enthalten zur Vermeidung des Vergrauens der Wäsche (Aschegehalt) einen Zusatz von 2—20% in Wasser kolloidal lösliches Mg-Silikat z. B. Mg-Metasilikat (vgl. SP 284 084, DP 882 741).

SP 284 056 Henkel 1952 — Nicht zusammenbackende Wasch- oder Waschhilfsmittel (die kristallwasserhältige Salze enthalten) resultieren durch Zugabe untergeordneter Mengen (2—10%) von in Wasser kolloidal löslichen Mg-silikaten.

SP 284 055 BASF 1952 — Zum Reinigen dienen Mischungen von Polyglykolestern mit Harzsäuren.

SP 283 400 Ciba 1952 — Als Waschmittel, insbesondere für Wolle, soll der Polyalkylenglykoläther der Formel

$$\text{O–(CH}_2\text{–CH}_2\text{–O)}_{14}\text{–CH}_2\text{–CH}_2\text{–OH}$$

(Ring mit Substituent $\text{–C}_{15}\text{H}_{31}$)

dienen.

SP 281 109 Henkel 1952 — Waschmittel sollen neben anderen Komponenten geringe Mengen von in Wasser kolloidal löslichen Mg-Metasilikaten enthalten.

SP 281 108 Henkel 1952 — Waschhilfsmittel, die verhüten, daß sich in den Textilien anorganische Salze (Asche) anreichern, enthalten 2—10% Mg-Metasilikat.

SP 280 444 Henkel 1952 — Als Waschmittel werden solche verwendet, die sulfogruppenfreie, jedoch die Disulfonimidgruppe $R.SO_2NH.SO_2R'$ enthaltende Verbindungen und anorganische Alkalisalze aufweisen.

SP 280 191 Dobbelman 1952 — Als Waschmittel für harte Wässer werden Mischungen von Seife und Fluoriden bzw. Oxalaten vorgeschlagen.

SP 280 151 Milly Kerzen 1952 — Man vermischt wasserunlösliche Stoffe mit organischen Sulfosäuren oder deren Salzen und Phenoläthylenoxydkondensaten. Fettlöserseifen können auf diese Art gewonnen werden.

FP 1 027 462 BASF 1953 — Die Herstellung von Sulfimiden wird beschrieben.

FP 1 027 153 Boissonal-Garçon 1953 — Waschmittel aus Seife, Alkylarylsulfonat, alkalischen Elektrolyten und Aminoalkoholen werden behandelt.

FP 1 027 146 Schnerb 1953 — Waschmittel, die insbesondere Natriumphosphat enthalten, werden beschrieben.

FP 1 026 237 Hartung 1953 — Waschmittel in Form geteilter Tabletten werden vorgeschlagen.

FP 1 024 974 Ned. Org. Toegep. Weetensch. 1953 — Polyoseoxydationsprodukte und ihre Verwendung in Waschflotten werden beschrieben.

FP 1 024 595 Toussaint 1953 — Das Waschen von Polyamiden erfolgt mit Kombinationen von Emulsionen von Vinylharzen und Waschmitteln.

FP 1 018 893 Cyanamid 1953 — Waschmittelkompositionen aus 50—98% Alkylbenzolsulfonat (Alkyl = 10—16 C-Atome) und 2—50% Guanidinsalzen werden beschrieben.

FP 1 017 944 Henkel 1952 — Waschmittel mit 2—10% an in Wasser kolloidal löslichem Mg-silikat als ascheverhütendem Mittel werden beschrieben.

FP 1 015 535 Soc. d'Etudes 1952 — Die Herstellung und Reinigung von Fettalkoholsulfonaten, die als Waschmittel dienen sollen, wird beschrieben.

FP 1 015 199 Ruhrchemie 1952 — Die Herstellung von Alkylarylsulfonaten zur Herstellung von Waschmitteln wird behandelt.

FP 1 014 769 Henkel 1952 — Waschmittel, die nicht krümelig werden sollen, erhalten einen Zusatz von 2—10% in Wasser kolloidal löslichem Mg-silikat.

FP 1 011 623 Montagne noire 1952 — Das Waschen wird in Gegenwart von optischen Bleichmitteln vorgenommen.

FP 1 007 214/15 Fournier-Ferrir 1952 — Als Wasch- und Reinigungsmittel sollen Verbindungen der Form: Fettsäurerest–X–SO_3–Y, wobei X = aromatischer Rest, Y = ein Metall darstellt, dienen.

FP 1 003 795 BASF 1952 — Waschmittel bestehen aus kapillaraktiven Stoffen und Verbindungen, die in Gegenwart von wasserlöslichen Sulfiten aus Formaldehyd oder mit Formaldehyd kondensierbaren Stoffen und Aldehyd gewonnen wurden.

FP 1 002 869 Produits menagers 1952 — Zum Waschen der Wolle sollen sulfonierte Fettsäureamide, sulfonierter Laurylalkohol und ein Alkylarylsulfonat sowie ein nichtionogenes Mittel in Verbindung mit Farbstoffen (neutral ziehende Säurefarbstoffe) usw. verwendet werden.

FP 1 001 324/325 Ringeissen 1952 — Waschmittel bestehen z. B. aus organischen synthetischen Stoffen 10 Teilen, Soda 35 Teilen, Trinatriumphosphat 45 Teilen, Dinatriumphosphat 2 Teilen, Na-Metasilikat 6 H_2O 8 Teilen.

FP 989 284 Samuel 1951 — Waschmittel bestehen aus Schaumbildnern, waschaktiven Stoffen und aufbrausenden Stoffen (Mischung von Weinsäure mit Natriumbicarbonat).

FP 988 634 Gen. An. 1951 — Als Waschmittel sind Mischungen von Na-Metasilikat, Kaliumpyrophosphat sowie dem Glyzerinpolyglykoläther der Kokossäure geeignet.

FP 988 019 Nopco 1951 — Die Entölung von Wolle erfolgt mit Kondensaten aus fetten Ölen und Alkylolaminen. Die Produkte sind auch als Schlichten geeignet.

FP 985 589 Justeau 1951 — Als Waschmittel dienen Mischungen aus Seifen, Dodecylbenzolsulfonat, Silikat, Harnstoff-Formaldehydkondensaten und peptonisierten Albuminen.

FP 983 467 Quesnel 1951 — Zum Waschen geeignete Stoffe der Form

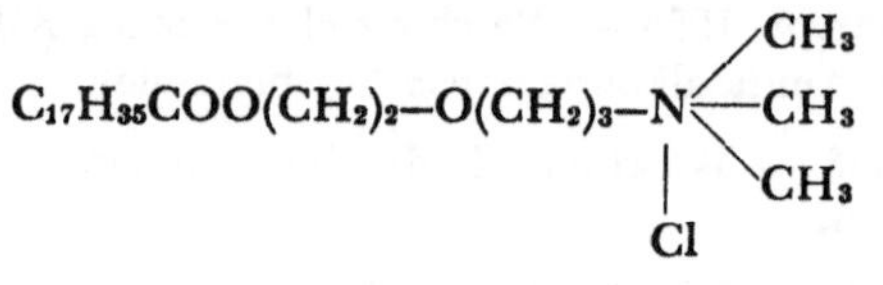

$$C_{17}H_{35}COO(CH_2)_2–O(CH_2)_3–\overset{\displaystyle Cl}{\underset{}{N}}(CH_3)_3$$

$$C_{17}H_{35}COO(CH_2)_2{-}O(CH_2)_3{-}N(Cl)(CH_3)_3$$

oder

$$CH_2{-}CH_2{-}(CH_2)_8{-}COO({-}CH_2)_4{-}O{-}CH_2{-}N(Cl)(CH_3)_2{-}CH_2{-}C_6H_{11}$$

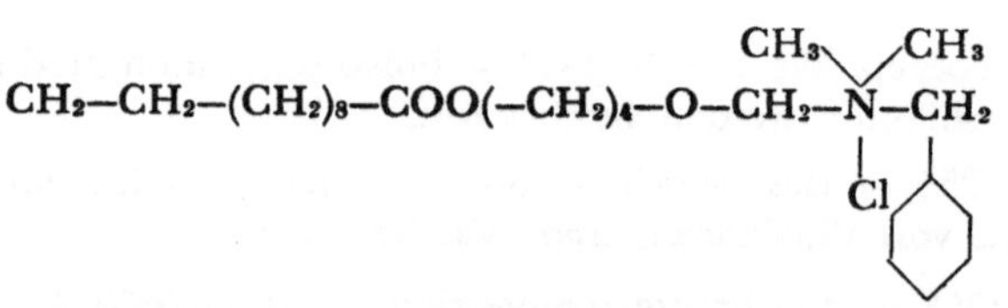

werden beschrieben.

FP 982 199 Voiret 1951 — Als Waschmittel wird eine Mischung von Mononatriumphosphat mit Dinatriumphosphat und Bicarbonat vorgeschlagen.

FP 981 638 Bozel Maletra 1951 — Die Herstellung von hochgepreßten Waschmittelpulvern wird behandelt.

FP 981 285 Molla 1951 — Mit Carbonat und Fettalkoholsulfonaten usw. imprägniertes Holzmehl kann als Waschmittel dienen.

FP 979 447 Collonges 1951 — Man verwendet als Waschmittel Äthylolamide der Fettsäuren in Mischung mit solchen der Abietinsäure.

FP 979 040 Fournier 1951 — Reinigungs- und Waschmittel bestehen aus Salzen der Harz- bzw. Abietinsäure, des Kolophoniums und seiner Derivate und Stoffen, die die Bildung von Kalkseifen verhindern, wie Phosphaten, Carbonaten usw.

FP 973 981 Widefa 1951 — Stückförmige Waschmittel aus Kondensationsprodukten erhält man, wenn man die Kondensation z. B. von Harnstoff mit Formaldehyd erst nach einer Formgebung vornimmt. Z. B. werden Mischungen von Celluloseätherlösung, Fettalkoholsulfonat, Aldehyd und Harnstoff derart behandelt.

FP 973 615 Lab. de Biologie 1950 — Die durch Vergärung verzuckerter Meeresalgen, Sägemehl und Stärke- oder Zuckerfabriksabfällen erhaltenen Säuren sollen nach Verseifung ein gutes Waschvermögen besitzen (? d. V.).

FP 971 947 Nomberg 1950 — Kasein und Kaseinate sollen als Ersatz für Seife Verwendung finden.

FP 969 622 Sinnova 1951 — Man neutralisiert Fettsäuren in hochprozentigen Alkylarylsulfonatlösungen und gelangt zu salzbeständigen Waschmitteln, die auch mit Meerwasser schäumen.

FP 969 492 Fabr. de Savon 1951 — Fettalkoholsulfonate lassen sich durch Zugabe calcinierter Salze in feste Form bringen (vgl. FP 954 281 bzw. 957 593).

FP 966 524 Bat. Petrol My 1951 — Man erzeugt aus Fetten oder Fettsäuren die Seifen in Anwesenheit von kalkbeständigen Waschmitteln und erhält so hochwaschaktive Mischungen.

FP 963 546 Picard 1951 — Ein stückiges Waschmittel wird als Mischung von 30% dibutylnaphtalinsulfosaurem Natrium, 10% Trinatriumphosphat, 1% Jod, 4% Na-Metasilicat, 3% Diäthylenglykol und 45% Wasser hergestellt.

FP 960 255 Illaire 1951 — Waschmittel in fester oder flüssiger Form werden in Kapseln gefüllt, wobei die Kapselhülle derart gewählt wird, daß sie sich in H_2O auflöst und die Waschwirkung unterstützt: Kunstharze usw.

FP 956 931 Advanced 1950 — Zum Waschen werden neben 20—40 Teilen 2—25%iger Lösungen von Natriummetasilikat bzw. Natriumkarbonat noch 60—80 Teile sulfonierter Laurylalkohol verwendet.

FP 956 326 Progil 1950 — Saures Na-Pyrophosphat und Na-Bicarbonat geben mit synthetischen Waschmitteln lagerbeständige Kompositionen.

FP 956 262 Benckiser 1950 — Kalisalze hochpolymerer Metaphosphorsäure werden mit Na-Salzen sulfonierter Öle oder Fette usw. wasserlöslich und sind dann als Waschmittel verwendbar.

FP 953 945 Gen, An. 1950 — Flüssige Reinigungsmittel bestehen aus Fettsäuretauriden oder -boriden und Estern von Fettsäuren, sowie Alkoholen und Puffersalzen.

FP 950 645 Kveton 1950 — Man erhöht die Reinigungskraft von synthetischen Waschmitteln durch Zusatz von Polyvinylacrylsäuren oder Latex.

FP 949 853 Alix 1949 — Man verwendet als Waschmittel Kali-Salze statt Na-Salze, also etwa Pottasche, Kalifettalkoholsulfonat, Kaliumphosphate usw.

FP 948 938 California Research 1950 (vgl. AP 2 477 383) — Es wird die Herstellung eines Gemisches von Alkylbenzolsulfonaten beschrieben, die sich als Waschmittelbasis eignen.

FP 946 955 ICI 1950 — Die Waschaktivität von Fettsäure-äthylenoxyd-Kondensaten kann durch β-Monooxyäthylamide von Fettsäuren gesteigert werden.

FP 945 125 Armand, Comettes 1950 — Stückförmige Waschmittel sollen aus Wasserglas, Soda bzw. Lauge, sulfonierten Alkoholen und eventuell Fettsäuren und Harzen bestehen.

FP 940 117 Polasek 1950 (vgl. SP 261 056, S. 665 H).

FP 940 070 Alix 1950 — Waschmittel enthalten α-Isopropyl-β-naphtalinsulfonsaures Na und Soda bzw. Bicarbonat.

FP 935 956 Sharples 1950 — Die Kondensationsprodukte von Alkoylmercaptanen mit Äthylenoxyd sind als Waschmittel verwendbar.

FP 917 298 Brunel 1949 — Sulfonierte Fette, Fettsäuren, Fettsäureamide, Harze usw. sollen nach Neutralisierung mit Alkalien für die Textilwäsche angewendet werden.

FP 915 368 Fournier 1949 — Man verwendet Umsetzungsprodukte aus Kolophonium, Kalk, Äthyllaurat und Triäthanolamin in Mischung mit Soda und Trinatriumphosphat.

BelgP 507 612 Sandoz 1953 — Als Waschmittel sollen Mischungen aus alkylbenzolsulfosauren Salzen und wasserlöslichen sulfurierten Äthern mehrwertiger Alkohole verwendet werden z. B. das Sulfat des Na-oleylglykolats mit dem N-salz der Dodecylbenzolsulfonsäure.

BelgP 507 226 Albert 1953 — Als Waschmittel sollen Anhydrophosphate, waschaktive Stoffe, Peroxyde und Mg-silikate verwendet werden, wobei man ein Gemisch von K-metaphosphat und Na-triphosphat verwendet.

BelgP 507 126 Collier 1953 — Als Waschmittel sollen Fettsäuren in Mischungen mit höheren Fettalkoholsulfonaten verwendet werden.

BelgP 506 676 Organ. voor Toegep. Natuurw. Onderzoek 1953 — Die Oxydationsprodukte von Polyosen sollen als Waschmittelzusätze dienen. Ein Verfahren wird beschrieben.

BelgP 505 631 Budenheim 1953 — Als Waschmittel (im sauren Milieu) sollen Pyrophosphat mit Fettalkoholsulfonaten usw. dienen.

BelgP 505 094 Colgate Palmolive Peet 1952 — Waschmittelkompositionen werden beschrieben.

BelgP 504 476 Böhme Fettchemie 1952 — Zum Seifen von Drucken dienen die Kondensationsprodukte von sulfohalogenierten Alkylbenzolen [die einen oder mehrere Alkylreste mit mindestens 6 (vorzugsweise 10—20) C-Atome besitzen] mit Proteinen.

BelgP 504 343 Unilever 1952 — Bei Waschmitteln, die Polyphosphate enthalten, wird die Trübung von Ni oder Cu durch kleine Mengen heterocyclischer Verbindungen, wie 2-Mercaptobenzthiazol usw. verhindert.

BelgP 504 271/4 Standard Oil 1952 — Herstellung von Waschmitteln der Gruppe der Alkylarylsulfonate.

BelgP 504 121 Unilever 1952 — Waschmittel, die Monoäther eines mehrwertigen Alkohols der aromatischen Reihe (R—Ar—O—R'—OH) enthalten, werden beschrieben.

BelgP 503 827 Colgate Palmolive Peet 1952 — Herstellung von geformten Waschmitteln; vgl. BelgP 504 122.

BelgP 503 485 Toussaint 1952 — Ein Waschmittel für Polyamide besteht aus Vinylharz und einer anionaktiven Verbindung. Das Mittel dient zum Entfetten und gleichzeitigen Appretieren von fertigen Waren.

BelgP 503 297 Colgate Palmolive Peet 1952 — Die Neutralisation von Sulfonaten, die zur Erzeugung von Waschmitteln dienen sollen, wird beschrieben.

BelgP 503 058 ICI 1952 — Als pulverförmige Waschmittel sollen Mischungen angewendet werden, deren wasserhältige Kristallsalze ihr Wasser in Form von Dampf und nicht als Wasser selbst (das zusammenbackend wirken würde) abgeben. (Erwärmen unter vermindertem Druck.)

BelgP 502 440 Lever 1952 — Waschmittel bestehen aus 10—20% anionaktiven waschwirksamen Stoffen, die z. B. zu 50—85% aus Arylalkylsulfonaten und zu 50—15% aus Amidoalkylidensulfonaten der Form $R{-}CO{-}NR'{-}(CH_2)n{-}SO_3A$, wobei $R =$ Alkyl, $R' =$ Alkyl, Aryl oder H, $A =$ Alkali oder H, $n = 1{-}5$ ist und 40—65% Tripolyphosphat und bzw. oder Pyrophosphat bestehen.

BelgP 502 185 BASF 1952 — Als Waschmittel sollen Mischungen von kapillaraktiven Substanzen mit N-Vinylpyrrolidonpolymeren Verwendung finden.

BelgP 500 035 Colgate Palmolive 1952 — Waschmittel bestehen aus anionaktiven waschaktiven Stoffen und Alkalitripolyphosphaten sowie einem Alkalisilikat.

BelgP 499 964 Procter Gamble 1952 — Waschmittel bestehen aus Amiden wie

$C_{11}H_{23}CON\langle{}^{CH_3}_{CH_3}$, $C_{11}H_{23}CON\langle{}^{H}_{C_{11}H_{23}}$ usw. und sauren Estern von Sulfonsäuren.

BelgP 491 311 Calif. Research 1949 — Als Waschmittel dienen in Wasser lösliche Salze der Celluronsäure und oberflächenaktive Stoffe.

BelgP 487 530 Svenska Textilforskn. 1951 — Man behandelt Rohwolle mit organischen Lösungsmitteln, um sie zu entfetten.

ItalP 466 651 Brunel 1953 — Die Herstellung von Waschmitteln wird beschrieben.

HollP 72 669 Bat. Petrol. My 1953 — Die Abscheidung von Alkylarylsulfonsäuren aus ihren wäßrigen Lösungen in konzentrierter Form wird behandelt.

HollP 72 614 Polysulphin 1953 — Waschmittelmischungen bestehen aus Fettsäuren mit kleinen Mengen anionaktiver Stoffe und zwar das Aminsalz einer kapillaraktiven Sulfonsäure oder eines Schwefelsäureesters, wobei die erhaltene wäßrige Dispersion ein pH von 5—7 zeigen soll.

HollP 66 550 Dobbelman NV 1950 — In Hart- oder Seewasser wird mit Seife oder seifenhältigen Waschmitteln in Anwesenheit von Fluoriden gewaschen.

HollP 66 298 Dobbelman NV 1950 — Stark schäumende Waschmittel werden aus Salzen von Schwefelsäureestern höherer sekundärer Alkohole (5—50%, vorzugsweise 30—40%) und Harzen (Kolophonium) usw. vermischt (vgl. HollP 66 550).

NorwP 79 091 Henkel 1951 — Waschhilfsmittel, die nicht zusammenbacken, enthalten neben kristallwasserhaltigen Salzen 2—10% Magnesiumsilikat.

EP 692 414 Monsanto 1953 — Polyäthylenglykolthioäther des 2-Mercaptobenzthiazols sollen als Waschmittel dienen.

EP 691 929 Bat. Petrol. My 1953 — Die Herstellung von höhermolekularen Alkylsulfaten wird beschrieben.

EP 690 821 Cyanamid 1953 — Waschmittel, bestehend aus 98–50% Alkylbenzolsulfonat (Alkyl 10–16 C-Atome) und 2–50% wasserlöslichen Guanidinsalzen werden empfohlen.

EP 690 439 Unilever 1953 — Als Waschmittel sollen Guanidine der Form
$R{-}ArSO_3H \cdot (H_2N{-}\underset{\underset{NH}{\|}}{C}{-}NH_2)$ Verwendung finden.

EP 689 171 Polysulphin 1953 — Mischungen aus Fettsäure und oberflächenaktiven Mitteln sowie einer kleinen Menge von Salzen sollen als Waschmittel Anwendung finden.

EP 688 754 Triggs 1953 — Die Herstellung von Waschmitteln aus Sulfonaten wird beschrieben (vgl. EP 688 752).

EP 683 627 Rigby 1952 — Na-Carboxymethylcelluloseherstellung und ihre Verwendung.

EP 683 526/7 Henkel 1952 — Waschmittel sollen durch Zusatz von 2–10% Mg-Silikat ascheverhütend sein. Dasselbe gilt für Waschhilfsmittel.

EP 681 211 Ruhrchemie 1952 — Herstellung von Arylalkylsulfonaten.

EP 680 924 Bat. Petrol. My 1952 — Arylalkylsulfonate geben mit Proteinen oder Stärke gemischt Trockenpulver.

EP 680 346 Procter Gamble 1952 — Waschmittel aus 1 Teil Triphosphat, 0,2–4 Teilen anionaktivem synthetischen Waschmittel, 0,07–1,2 Teilen Silikat, die als 0,5%ige wäßrige Lösungen einen pH-Wert von 9 und mehr haben, werden beschrieben.

EP 680 200 Dunel 1952 — Waschmittel aus Fettsäureglyceriden werden erhalten durch einen Sulfonationsprozeß.

EP 679 877 Borax Consol. 1952 — Die Herstellung von stabilisierten Peroxyd-Borax-Mischungen für Waschzwecke wird behandelt.

EP 678 445 Pollok 1952 — Waschlösungen wird ein Salz der Carboxymethylcellulose mit mehr als 0,7 Carboxymethylgruppen per Glukoseeinheit zugegeben.

EP 676 449 Bat. Petrol. My 1952 — Als Reinigungsmittel sollen Mischungen aus Alkali- oder NH_4-Salzen einer organischen Sulfonsäure, die eine hydrophobe Gruppe von mehr als 8 C-Atomen besitzt, in Verbindung mit Magnesiumverbindungen, die bei normaler Temperatur nur zu 0,04% löslich sind, wobei diese Mg-Verbindungen in einer Menge von 40–60% der ansonsten stöchiometrisch zur Bildung von Mg-Salzen der Sulfonsäuren notwendigen vorhanden sind, verwendet werden.

EP 674 896 Marchon Prod 1952 — Waschmittelmischungen bestehen aus einem hydrophilen Kolloid, einem Fettsäurealkylolamid und mit organischen Basen neutralisierten Sulfonsäuren.

EP 674 580 American Textile Co 1952 — Die Entfernung von Graphit aus Nylon erfolgt durch Behandlung in wäßrigen Erdmetallhydroxydaufschlämmungen, die frei von Seifen oder kationaktiven Stoffen sind.

EP 669 506 Detergent Ltd. 1952 — Als Waschmittel, die auch sterilisierend wirken, dienen Mischungen von Soda, Natriummetasilikat, Trinatriumphosphat bzw. Hexametaphosphat und 2% der Gesamtmischung an Dioctylmethylammoniumbromid (vgl. EP 618 433).

EP 669 313 Calif. Research 1952 — Die Herstellung waschaktiver Alkylarylsulfonate wird beschrieben.

EP 669 081 Bat. Petrol My 1952 – Lösungen von Arylalkylsulfonaten sind korrosiv. Diese Eigenschaft verlieren sie durch Zusatz von bis 5% des Badgewichtes an wasserlöslichen Silikaten, Boraten oder Chromaten (meist 1%).

EP 666 496 Kerr 1952 – Man mischt für Waschzwecke Alkalisalze und Sulfosäuren langkettiger Paraffine mit Ammoncarbonat, eventuell unter Zugabe von Soda, Kochsalz oder Glaubersalz.

EP 666 130 ICI 1952 – Herstellung von flockenförmigen Waschmitteln aus öligen Mischungen.

EP 665 264 Swift 1952 – Mischungen von Kondensaten aus Alkylolaminen und Acylierungsmitteln mit 8–14 C-Atomen und Alkylolaminfettsäuren sollen als Waschmittel dienen.

EP 661 724 Bersworth 1952 – Als desinfizierendes Waschmittel werden Mischungen von 10–30% des Alkalisalzes von Äthylendiamintetraessigsäure, 0,5–25% des quaternären Ammonsalzes dieser Verbindung und 45–89,5% an Alkaliphosphaten, -carbonaten, -boraten, -sulfaten, -silikaten oder einer Mischung dieser vorgeschlagen.

EP 661 364, 657 598 Anglo Iranian Oil 1951 – Herstellung von Alkylsulfonaten für Waschzwecke; vgl. FP 1 026 772.

EP 661 022/23 Procter Gamble 1951 (vgl. EP 567 716, 575 406, 584 436 und 584 484) – Als Waschmittel sollen übliche waschaktive Stoffe unter Zusatz von 4-Methyl-7-hydroxy- oder Amino-carbostyril der Form

R =H oder Alkyl,
R′ =OH, NH_2 usw.,
R″=H oder NH_3

bzw. Cumarinderivaten Anwendung finden.

EP 658 512 Gen. An. 1951 – Reiniger enthalten Oleylmethyltaurid-Na, Butylcarbitol, Äthylenbisiminodiessigsäure und Wasser usw.

EP 656 834 Universal Oil Prod. 1951 – Behandelt die Herstellung von Alkylarylsulfonaten.

EP 656 248 Dobbelman 1951 – Man verwendet für See- oder Hartwasser Seifen unter Zusatz von Na-fluoriden oder -oxalaten, wobei sich diese Salze rascher lösen und Fällungen der Seife hintanhalten sollen.

EP 656 064 Shell 1951 – Als Waschmittel werden sekundäre Alkylsulfate aus Olefinen vorgeschlagen.

EP 654 991 Bat. Petrol My 1951 – Die Herstellung von Waschmitteln aus Alkylsulfonaten und Seifen wird behandelt.

EP 653 702 Calif. Research 1951 – Als Zusatz zu Waschmitteln sollen Uronsäuren dienen. Sie werden vornehmlich gemeinsam mit Alkybenzolsulfonaten angewendet.

EP 643 456 Sharples 1950 – Waschmittel der Form $C_{12}H_{25}$–S–C_2H_4–(O–$C_2H_4)_{10}$–O–C_2H_4–OH werden beschrieben.

EP 614 770 Mathieson 1948 – Es wird die Wollwäsche unter bestimmten pH-Werten beschrieben.

AP 2 640 069 Shell 1953 – Konzentrierung von Lösungen sekundärer Alkylsulfate durch Kochsalz bei 40–90° C.

AP 2 635 103 Molteni, Masarky, Barsky 1953 – Umsetzungsprodukte von hydroxyäthansulfonsauren Salzen mit höheren Fettsäuren sind Wasch- und Reinigungsmittel.

AP 2 634 240 Showalter, Baytown, Shmidl 1953 — Waschmittel aus xylolsulfosauren Salzen, Alkylarylsulfonat und anorganischen Salzen.

AP 2 634 239 Malkemus 1953 — Reinigungsmittel.

AP 2 623 868/9 Celanese 1952 — Die Herstellung linearer Poly-4-amino-1,2,4--triazole und deren Derivate wird behandelt.

AP 2 623 856 Gen. An. 1952 — Waschmittel aus Tetraboraten von 0,1 mm Teilchengröße und 20—40% nichtionogenen Polyglykoläthern werden beschrieben.

AP 2 619 469 Colgate Palmolive Peet 1952 — Waschmittelmischungen bestehen aus 30—50% Sulfonaten mit 8—22 C-Atomen, 50—70% anorganischem Sulfat und 1—5% mehrwertigen Alkoholen usw.

AP 2 619 467 Gen. Mills 1952 — Waschmittelmischungen mit β-Aminopropionaten werden beschrieben.

AP 2 618 607 Gen. An. 1952 — Ein flüssiges Waschmittel besteht aus 5 bis 20 Teilen Tetrakaliumphosphat und 5 bis 20 Teilen N-Palmitoyl-N-cyclohexyltaurin und Wasser. Es soll hauptsächlich zur mechanischen Reinigung dienen.

AP 2 618 604/6 Procter Gamble 1952 — Waschmittelkompositionen enthalten Polyphosphate, anionaktive oder nichtionogene Waschmittel und 0,5—10% des Phosphats an BeO als Korrosionsverhüter für Aluminium bzw. heterocyclische Verbindungen, die Verfärbungen von Kupfergefäßen verhindern sollen (vgl. AP 2 618 608).

AP 2 616 856 Rosenfeld, Pickett 1952 — Man verwendet als Waschmittel eine Mischung von Diäthylentriaminoleat und des Kondensationsproduktes von Diäthylentriamin und Diacetonalkohol.

AP 2 615 847 Atlantic Refining Co 1952 — Alkylarylsulfonatwaschmittel.

AP 2 610 950 Calif. Research 1952 — Waschmittel aus Pyrophosphat, organischen waschaktiven Stoffen, Seife, Netzmittel und Sulfaten in bestimmten Mischungsverhältnissen (Kurve) werden empfohlen.

AP 2 610 152 Ciba 1952 — Als Waschmittel dienen solche, die optische Aufhellmittel der Gruppe der Aminocumarine enthalten.

AP 2 595 300 Wilson 1952 — Als Reinigungsmittel dienen Mischungen aus 75—85% Seife, 5—12% einer ioneninaktiven Verbindung der Form Ar—O—CH_2—$(CH_2CH_2O)n$— —CH_2CH_2—OH (wobei R eine Alkylgruppe mit 6—10 C-Atomen, Ar ein aromatischer Rest ist und n eine ganze Zahl von 6—15 darstellt) sowie 5—18% Borax.

AP 2 594 257/8 Monsanto 1952 — Waschmittelmischungen bestehen z. B. aus 8 bis 30 Teilen Äthylenoxydkondensationsprodukten von tertiären Mercaptanen mit 5 bis 40 Mol Äthylenoxyd bzw. Tallöl mit 0,5 bis 2,3 Mol Äthylenoxyd, 16 bis 60 Teilen Natriumtetrapyrophosphat, 5 bis 30 Teilen Na-Bicarbonat, 0 bis 5 Teilen Carboxymethylcellulose, 0 bis 27 Teilen Kristallwasser und 5 bis 25 Teilen Attapulgite (vgl. AP 2 594 421, 2 594 431, 2 594 453).

AP 2 587 637 McDonald 1952 — Waschmittel aus Seife, 1—5% Äthylcellulose und einem Emulgator sind beschrieben.

AP 2 586 897 Victor Chem. Works 1952 — Waschmittel bestehen zu 1 bis 75 Teilen aus dem Umsetzungsprodukt eines Laurylesters einer Phosphorsäure, der noch mindestens ein freies H-Atom enthält und einem Alkylenoxyd, gemischt mit 99 bis 25 Teilen des Alkalisalzes einer wasserärmeren Säure als Phosphorsäure.

AP 2 586 496 Swift & Co. 1952 — Waschmittel auf Alkylolaminbasis werden beschrieben.

AP 2 581 667 Stamford 1952 — Als Waschmittel sollen Mischungen von Fettsäureamiden, Alkalimetallphosphaten und Arylalkalylsulfonaten Anwendung finden.

AP 2 577 503 ICI 1951 — Waschmittelmischungen enthalten die Äthylenoxydkondensate von Fettsäuren oder Fettalkoholen und solche Kondensate mit β-Monohydroxyäthylamiden von Fettsäuren (vgl. AP 2 576 913).

AP 2 576 913 ICI 1951 — Waschmittel bestehen aus Alkylphenol-ÄO-Kondensaten mit den Umsetzungsprodukten von Alkylphenolen und den β-Monohydroxyäthylamiden von Fettsäuren.

AP 2 568 334 Wyandotte 1951 — Als Waschmittelmischung sollen carboxymethylcellulosesaures Na und Natriumalkylbenzolsulfonat zusammen verwendet werden (vgl. AP 2 202 741, 2 220 099, 2 247 365, 2 335 194, 2 347 336, 2 404 289).

AP 2 568 110 Hulman 1951 — Waschmittelmischungen aus Phosphaten und hydratisierbaren Carbonaten werden beschrieben (vgl. AP 2 365 190, 2 382 165, 2 493 809, 2 494 828).

AP 2 567 645 Shell 1951 — Als Waschmittel sollen Mischungen von Alkylschwefelsäureestersalzen mit 10—25 C-Atomen pro Molekül und Seifen in bestimmten Verhältnissen in Verbindung mit einer Base Anwendung finden.

AP 2 567 159 Cyanamid 1951 — Als Waschmittel sollen Lösungen von Monoalkylsulfosuccinaten dienen, wobei die Lösung durch Zugabe von Chromsalzen erfolgt.

AP 2 566 501 Wyandotte 1951 — Waschmittel aus Alkylarylsulfonaten, Carboxymethylcellulose und alkalischen Salzen werden beschrieben.

AP 2 565 686 Johnson 1951 — Statt Stärke soll in der Haushaltswäsche eine Mischung von Paraffin, Al-formiat, Stärke und einem Schutzkolloid, verteilt in Wasser angewendet werden.

AP 2 562 154/6 Cyanamid 1951 — Als Waschmittel sollen monoalkylsulfobernsteinsaure Alkalisalze im Verein mit wasserlöslichen Li-Salzen, welche die Löslichkeit der ersteren erhöhen, verwendet werden. Auch Mg- oder Ba-Salze sind geeignet.

AP 2 560 839 Gen. An. 1951 — Als Waschmittel sollen Mischungen von Seife, Pyrophosphat eventuell unter Zusatz von starken Schaum verursachenden Substanzen wie Oxypolyalkylenoxyäther bzw. -thioäther von aliphatischen Alkoholen oder Phenolen, wobei mindestens 6 Alkylenoxygruppen im Molekül vorhanden sind, verwendet werden.

AP 2 559 583 Atlas Powder 1951 — Herstellung von festen Waschmittelmischungen, die Polyoxyäthylenester der Laurinsäure, Kokosnußfettsäure, Ölsäure usw. enthalten neben Harnstoff, Phosphaten und Carboxymethylcellulose [vgl. AP 2 559 584 (Polyoxyäthylenamin)].

AP 2 558 013 Pennsylvania 1951 — Ammonfluorid-Fluorwasserstoffsäure enthaltende wäßrige Lösungen, die als Fleckentferner dienen (Rost) werden gut netzend, wenn man Alkohole oder Äthylenglykoläther usw. zugibt.

AP 2 555 285 Gen. An. 1951 — Als Waschmittelkomposition dienen 1 bis 10 Teile eines anorganischen Alkalisalzes, 1 Teil nichtionogenes wasserlösliches oberflächenaktives Mittel und 0,2 bis 0,5 Teil Formaldehyd-Na-alkylnaphtalinsulfonat-Kondensationsprodukt.

AP 2 552 944 Mathieson 1951 — Die Wollwäsche erfolgt mit Soda sicc, Bicarbonat und Seife in Anwesenheit bestimmter geringer Mengen Erdalkalihydroxyden.

AP 2 551 634 Price 1951 — Eine flüssige Seife enthält Ölsäure, Alkylolamine, 1,5 bis

2 Mol Isopropanol pro Mol Ölsäure, 0,9 bis 1,20 Mole eines Glykoläthers der Form $C_4H_9-(OCH_2CH_2)_xOH$, x = 1–2.

AP 2 550 691 Monsanto 1951 — Als Waschmittel werden Mischungen von Äthylenoxydanlagerungsprodukten an Tallöl (10 bis 25 Teile) mit Tetranatriumpyrophosphat (20 bis 60 Teile), Natriumsilikat (6 bis 25 Teile), Stärke (0 bis 20 Teile), Soda (10 bis 25 Teile) und 0,1 bis 5 Teile Carboxymethylcellulose vorgeschlagen.

AP 2 542 697 Atlantic Refining 1951 — Ioneninaktive Waschmittel entstehen durch Umsetzen von Oxydationsprodukten von Wachs und Olefinoxyden.

AP 2 542 385 Gen. An. 1951 — Als Waschmittel wird Igepon T (15 Teile) mit 5 Teilen Diäthylenglykolmonobutyläther und 2,5 Teilen Äthylen-bis-(imino)-diessigsäure in 77,5 Teilen Wasser sowie pyrophosphathaltige Oleylsarkosidlösungen usw. in Vorschlag gebracht.

AP 2 532 391 Bersworth 1950 — Waschmittel sind Polyaminderivate der Form

$$\genfrac{}{}{0pt}{}{A}{D}\!\!>\!N-(CH_2)_n-\left(\genfrac{}{}{0pt}{}{A}{D}\!\!>\!N-(CH_2)_n-N\right)_m-N\!<\!\!\genfrac{}{}{0pt}{}{A}{D}$$

A = Kohlenwasserstoffrest eventuell subst. D = $CH_2COOH-CH_2CH_2COOH$, n = 2–3, m = 0 oder eine ganze Zahl,

z. B. $$\genfrac{}{}{0pt}{}{CH_3-(CH_2)_7}{CH_2COONa}\!>\!N-CH_2-CH_2-N\!<\!\genfrac{}{}{0pt}{}{(CH_2)_7-CH_3}{CH_2COONa}$$

CanP 494 099 Rohm & Haas 1953 — Waschmittel entstehen durch Kondensation von Phenolen $R-C_6H_4-OH$ (R am Ring) und 0,5–1 Mol Formaldehyd und weiterer Umsetzung mit Alkylenoxyd.

CanP 492 107 Victor Chem. W. 1953 — Als Waschmittel sollen Orthophosphate von Laurylsäuren usw., die mit Äthylenoxyd kondensiert wurden, Verwendung finden.

CanP 491 478 All. Chem. 1953 — Waschmittel bestehen aus Sulfonaten bestimmter Petroleumdestillate.

CanP 491 240 McCabe, Mannheimer 1953 — Verbindungen der Form

```
     N—R₁
     ‖  |
R—C—N—R₂—OMe
   /   |
  /    R₂—COOMe
OH
```

R = 4 C-Atome enthaltendes Radikal, R_1 = Alkyl, Aryl, R_2 wie R_1, Me = Metall

werden als Waschmittel empfohlen.

CanP 491 166 Hall 1953 — Waschmittel die Metaphosphat und 1–50% nichtionogene Stoffe enthalten, werden beschrieben.

CanP 491 146 Gen. An. 1953 — Waschmittelmischungen bestehen aus 5–25% von Oleylmethyltauridnatrium, 1,25–12,5% Diäthylenglykolmonobutyläther, 0,5–5% Äthylenbisiminodiessigsäure; der Rest ist Wasser.

CanP 490 237 ICI 1953 — Waschmittel bestehen aus Kondensaten von Stearo-β-hydroxyäthylamid und dem Anlagerungsprodukt von Äthylenoxyd an Alkylphenol.

CanP 487 838 Swift 1952 — Waschmittel für Hartwässer bestehen aus Seifen und acylierten Diäthanolaminderivaten, z. B. Bis-β-O-lauroyl-äthoxy-N-lauramid.

CanP 487 181 All. Chem. 1952 — Die Herstellung von Alkylarylsulfonaten für den Waschmittelsektor wird beschrieben.

CanP 487 092 Pennsylvania Salt 1952 – Eine Waschmittelmischung soll aus Ölsäure, Tallöl, Bentonit, Na-Silikat und Trinatriumphosphat bestehen.

CanP 486 509 Cyanamid 1952 – Die Reinigung von Alkylarylsulfonaten wird behandelt.

CanP 486 304/10 Cyanamid 1952 – Als Netz- und Waschmittel sind Monoalkyldinatriumsuccinate usw. geeignet.

CanP 485 670 ICI 1952 – Als Waschmittel sollen β-Monohydroxyäthylamide von Fettsäuren mit 8 bis 20 C-Atomen in Mischung mit wasserlöslichen Salzen von Sulfonsäuremonoestern solcher Amide angewendet werden.

CanP 484 388 Universal 1952 – Waschmittel aus Kohlenwasserstoffsulfonaten werden beschrieben.

CanP 480 331 Svenska Textilforskningsinst. 1952 – Man behandelt Wolle mit Mineralöl, schleudert und kardiert. Dabei soll die Wolle entfettet und gereinigt werden.

CanP 474 604 Mathieson 1951 – Als Waschmittel und reinigende Stoffe bei einer Chloritbleiche unter Dämpfen sollen Modinal, Gardinol usw. benutzt werden (Liste bzw. Tabelle verschiedener Handelsmarken).

JapP 180 451 Nissan Chem. Ind. 1951 – Das Monoglyzerid einer Fettsäure in Mischung mit dem Na-Salz eines aliphatischen Fettalkoholsulfats dienen als Emulgatoren (zit. CA 2816, 1952).

AustralP 143 415 Schouboue 1951 – Das Weichmachen von Wasser für Waschzwecke erfolgt mit Soda und mikrokristallinem Ca-carbonat.

AustralP 143 335 Anglo Iranian Oil 1951 – Die Herstellung von Alkylsulfaten für Waschzwecke wird behandelt.

AustralP 141 193 ICI 1951 – Celluloseäther werden Waschmitteln zugesetzt.

AustralP 137 710 Lever Brothers 1950 – Als Waschmittel sollen Mischungen aus Seife und kleineren Anteilen eines Salzes eines höheren Fettsäurerestes eines Sulfocarbonsäureamids und eines Alkanolamines verwendet werden.

AustralP 132 900 Unilever 1949 – Als Waschmittel werden solche, die Weißtöner enthalten, verwendet, z. B. 4,4'-Di-p-acetylaminbenzoylaminostilben-2,2'-disulfonsäure.

AustralP 131 111 Mathieson 1949 – Zum Waschen von Wolle verwendet man Karbonat-Bikarbonatmischungen und Seife.

AustralP 131 091 Bat. Petrol. My 1949 – Als Waschmittel sollen Mischungen aus Alkoholen, Ketone und Aldehyde im Verein mit anionaktiven Stoffen angewendet werden.

AustralP 131 057 Lucson 1949 – Zur Wollwäsche sollen Pineoil und Kerosin gemischt werden.

3. Das Walken.

Nach Whevell* sind manipulierte Wollen, die nicht mehr wie 40% Reyon oder Nylon enthalten, gut walkfähig. Wie Lanital (vgl. S. 690 H) fördert auch Ardil (30–50% Zumischung zu Wolle) die Schnelligkeit der Filzbildung.

Literaturübersicht über das Walken.

Nuding: Walken von zellwollhaltigen Geweben. Melliand Textilber. **34**, 218 (1953).
Whevell: Das Walken von Geweben, Text. Manufacturer **44**, 517 (1952).

* Dyer **104**, 547 (1950).

Spanich: Walkfehler. Wirkerei- u. Strickerei-Technik 2, Nr. 5, 45 (1952).
Hock: Die Walke in der Tuchfabrikation. Melliand Textilber. 38, 871 (1951).
Ponting: Alte Walkmethoden. J. Soc. Dyers Colourists 67, 436 (1951).
Sedgwick: Walkmethoden. Dyer 106, 27, 515 (1951); vgl. Text. Res. J. 23, 114 (1953).
Bogaty, Sookne, Harris: Das Filzen von Wolle. Text. Res. J. 21, 822 (1951).
Lafleur: Die Walke von leichten Wollgeweben. Amer. Dyestuff Reporter 40, 145 (1951).
Rath, Fröb: Das Filzen von Wolle. Melliand Textilber. 32, 794, 872 (1951).
Whevell, Turner: Krabben, Walken usw. J. Text. Inst. 42, 633 (1951).
Das Walken von Nylon-Wolltuchen. Dyer 105, 309 (1951).
Das Walken von Mischgeweben aus Wolle-Nylon. Dyer 104, 309 (1950).

Patentschrifttum über das Walken.

DP 853 439 BASF 1952 — Das Walken soll in Gegenwart wasserlöslicher Polymerisate (Polyacrylsäure in 3%iger Lösung) vorgenommen werden. Man vermeidet einen Faserverlust.

DP 850 134 Henkel 1952 — Das Walken von Geweben wird in Gegenwart löslicher Celluloseschwefelsäurehalbester ausgeführt.

AP 2 555 883 Hatters 1951 — Zu carrotierten Haaren wird vor dem Walken eine wäßrige Lösung gegeben, die mindestens 0,005 einer kationaktiven, mit Protein reagierenden Verbindung mit mindestens 10 C-Atomen enthält.

4. Das Carrotieren.

Besonderes ist beim Carrotierprozeß nicht anzumerken.

Literaturübersicht über das Carrotieren.

Fröhlich: Einwirkung von Peressigsäure auf Kaninhaare. Dtsch. Textilgewerbe 54, 27 (1952).
Hückel: Qualitätsbewertung von Kaninhaarbeizen. Melliand Textilber. 32, 693 (1951).

Patentschrifttum über das Carrotieren.

DP 764 034 Degussa 1952 — Das Carrotieren erfolgt mit HNO_3 und Cernitrat bei pH 2,1—2,5; vgl. DP 880 781.

BelgP 505 609 Elöd 1952 — Um die Walkfähigkeit von Haaren für die Hutfabrikation zu verbessern, behandelt man mit Bisulfit- und Thioglykolsäurelösungen.

HollP 66 065 American Hatters and Furriers 1950 — Als Carrotiermittel (Haarbeize) sollen Lösungen verwendet werden, die H_2SO_4, HCl, HiO_3 und H_2O_2 enthalten. Z. B. 1,3—5,4% H_2SO_4, 1,3—5,4% HCl, 0,7—1,7% HNO_3, 1,0—2,4% H_2O_2.

EP 695 135 Lec 1953 — Man carrotiert mit oxydierenden Mitteln (Wasserstoffsuperoxyd) in Gegenwart von Säuren und Katalysatoren.

EP 652 018 Nat. Research 1951 — Zur Verhinderung von Verfärbungen beim Carrotieren mit Hg-Salzen kocht man die Pelze usw. mit Bicarbonat und Aminosalzen.

AP 2 582 086 Lee 1952 — Zum Carrotieren werden wäßrige Lösungen vorgeschlagen, die ein oxydierendes Mittel, eine flüchtige, hydrolisierende wirkende Säure und Phosphorwolframsäure als Katalyt enthalten.

AP 2 555 883 Hatters Co. 1951 — Zur Erhöhung der Filzfähigkeit carrotierten Haares werden dieselben vor dem Walken mit kationaktiven organischen Verbindungen, wie sie das AP 2 200 815 beschreibt, z. B. acylierten μ-Alkyl-N-aminoalkylimidazolinen behandelt.

5. Das Chloren der Wolle.

Die Chlorierung von Wolle, die zur Verminderung der Filzfähigkeit bzw. Schrumpfung des Materials erfolgt, ergibt, wenn alkalisch vorgenommen, bei langer Dauer ein, wenn auch nicht sehr befriedigendes Resultat. In saurem Milieu ist die Gefahr einer ungleichen Halogenierung sehr groß und die Vorschläge, diese unegale Einwirkung zu steuern, sind Legion (vgl. S. 696 H).

Nach dem Melafixverfahren der Ciba[3] wird die Chlorierung der Wolle derart vergleichmäßigt, daß man die Eigenschaft der Melaminkunstharze, Chlor zu retardieren benützt und in Gegenwart solcher Produkte chloriert. Z. B. chloriert man in Bädern, die 1—1,5 g/Liter Aktivchlor enthalten, mit 6—8% HCl 30% und 1—2% Lyofix CH (Ciba), auf Wollmaterial gerechnet, in Flotten 1 : 40 1½ Stunden bei pH = 3. Nachher wird mit Bisulfit-Alkali gewaschen.

Gefärbte Wollen ändern manchmal die Nuance, die Färbung muß selbstverständlich chlor-, säure- und bisulfitecht sein.

Das Chlorieren von Wolle-Nylon-Gemischen ergibt nach Douglas[4] für Mischungen 50 : 50 44% und 95 : 5 37%, für reines Nylon 66% Faserfestigkeitsverlust beim Nylon.

Des Interesses wegen sei auf das der Fa. Wolsey in Australien patentierte Verfahren hingewiesen, Wolle mit Fluor zu behandeln (Brom ist bekanntlich verschiedentlich in Vorschlag gebracht; vgl. S. 696 H).

Literaturübersicht über das Chloren der Wolle.

Weber: Chloren von Wolle mit Hypochlorit. S. V. F. Fachorgan Textilveredlg. **6**, 67, (1951).

Alexander, Gough: Das Chloren von Wolle. Biochem. J. **48**, 504 (1951).

Henk: Das Chloren von Wolle. Textil Praxis **6**, 897 (1951).

Sookne, Bogaty, Harris: Das Filzen nicht filzend gemachter Wolle. Text. Res. J. **21**, 827 (1951).

Alexander, Carter, Earland: Chloramine bei der Chlorierung von Wolle. J. Soc. Dyers Colourists **66**, 538 (1950).

Das, Speakman: Chlordioxyd beim Wollechloren. J. Soc. Dyers Colourists **66**, 583 (1950).

Overbeke, Mazingue: Das Chloren von Wolle mit Chlorit. Bull. Inst. Text. France. **18**, 11 (1950).

Das Chloren von Wolle. Dtsch. Textilgewerbe **52**, 532 (1950).

Patentschrifttum über das Chloren der Wolle.

OeP 172 932 Ciba 1952 — Das Chloren der Wolle erfolgt in Anwesenheit eines wasserlöslichen Dimethyl- oder Diäthyläthers von Dimethylolharnstoff (Zusatz zu OeP 170 260).

OeP 170 260 Ciba 1952 — Man chlort die Wolle mit Chlor- oder Hypochloritlösungen in Anwesenheit von löslichen Melaminformaldehydvorkondensaten (Melafix-Verfahren); vgl. OeP 175 866/67.

DP 871 589 Hoechst 1953 — Eine Vorrichtung zum Chloren von Wolle wird beschrieben.

DP 865 590 Scholler 1953 — Das Chloren von Wolle erfolgt derart, daß man gesäuertes, 0,4—0,6 Milliäquivalente Säure je g lufttrockener Wolle enthaltendes Material in Hypochloritbädern von pH 7,2—9 behandelt; vgl. OeP 175 865.

DP 849 090 Tootal 1952 — Das Halogenieren von Wolle erfolgt durch Behandeln derselben mit einem Halogen entwickelnden festen Stoff.

[3] Vgl. z. B. OeP 170 260, bzw. Zirkular 1626 a.

[4] Text. Wld. **100**, 147 (1950).

DP 832 589 Bradford Dyers 1952 — Die Behandlung von Wolle wird mit gasförmigem Halogen derart vorgenommen, daß die Halogenzufuhr und die Durchgangszeit des Gutes durch die Kammer der besonderen Beschaffenheit und dem Gewichte des Materials angepaßt wird.

DP 828 537 Ciba 1952 — Man chlort Wolle in Gegenwart von Melamin-Formaldehydkondensaten, die wasserlöslich sind oder deren Alkyläthern.

DAP 1573 Foulds 1952 — Die Halogene werden auf Wolle derart einwirken gelassen, daß man das Textilgut mit Halogen abgebenden festen Stoffen gegebenenfalls gemeinsam mit pulverförmigen Verdünnungsmitteln behandelt (vgl. Tootal Broadhurst FP 996 322 und HollP 77 344).

FP 996 322 Tootal 1951 — Zum Chlorieren von Wolle behandelt man mit festen, Chlor abgebenden Stoffen, die man mit dem Textilgut in Kontakt bringt.

FP 982 839 Bradford Dyers 1951 — Zur Verminderung des Schrumpfvermögens von Wolle wird mit gasförmigem Halogen behandelt.

FP 967 857 Wolsey 1951 — Wolle wird mit Lösungen von Chloramiden oder Chlorsulfonamiden filzfest gemacht.

HollP 77 344 Tootal 1952 — Man chloriert Wolle durch Aufbringen festen Bleichpulvers.

HollP 71 940 Ciba 1952 — Das Chloren von Wolle erfolgt in Gegenwart von Formaldehyd-Melaminkondensaten (Melafixverfahren).

HollP 67 910 Tootal 1951 (vgl. DP 715 484) — Man chloriert die Wolle derart, daß man sie in Berührung mit einem festen Stoff bringt, der Halogen in Freiheit setzt (Einpulvern mit Bleichpulver usw.).

FP 1 016 635 Ciba 1952 — Das Chloren von Wolle in Gegenwart von Melaminformaldehydharzen (Melafixverfahren) wird beschrieben.

BelgP 504 589/90 Ciba 1952 — Das Chloren von Wolle findet in Gegenwart eines Äthers des Dimethylolharnstoffs statt bzw. in Anwesenheit des Methylolproduktes eines Diamino-1-3-5-triazins.

BelgP 491 371 Tootal 1949 — Zum Chlorieren von Wolle werden feste, chlorabgebende Stoffe (Bleichpulver) mit dem Textilmaterial in Kontakt gebracht und nachher mit Antichlor behandelt.

BelgP 487 851 Bradford Dyers 1951 — Zum Schrumpffestmachen bzw. Filzfestmachen behandelt man die Wolle mit gasförmigem Halogen.

ItalP 466 678 Paresi & Volpato 1953 — Die Filzfähigkeit von Wolle wird durch Naßchlorung in Gegenwart von p-Toluolsulfochloramid und eines alkalischen Salzes verbessert.

NorwP 80 045 Scholler 1952 — Die Chlorierung von Wolle erfolgt derart, daß man erst in Säurebädern behandelt, bis die Wolle 0,4—0,6, vorzugsweise 0,49—0,55 Milliäquivalente Säure per Gramm lufttrockener Ware aufgenommen hat und dann in einem alkalischen Chlorierungsbade bei pH 7,2—9, welche Natriumborat enthält, behandelt.

NorwP 77 344 Tootal 1950 — Das Halogenieren erfolgt dadurch, daß man ein Halogen einwirken läßt.

EP 683 762 Scholler 1952 — Die Wolle wird chloriert, indem sie mit einem Gehalte von 0,4—0,6 Millimol Säure pro Gramm Trockenwolle in ein mit Borat alkalisch gemachtes (pH 7,2—9) Hypochloritbad kommt.

EP 675 137 Ciba 1952 — Die Wollchlorierung erfolgt in Gegenwart von Melaminharzvorkondensaten, die den Prozeß steuern (Melafixverfahren). Die Anwesenheit von Melaminharzen beim Chlorieren ist bereits im EP 550 541 vorgesehen, wobei dort die Wolle vorbehandelt wird. EP 560 284 beschreibt die Chlorierung gefärbter Wolle in Gegenwart von Melaminharzen.

EP 658 977 Bradford Dyers 1951 — Chlorieren von Wolle mit gasförmigem Chlor.

EP 654 739 Tootal 1951 — Beim Chloren wird das Material mit festem Bleichpulver einige Stunden behandelt (eingestaubt und aufgerollt usw.).

AP 2 590 390 Wolsey 1952 — Zur Verminderung der Filzfähigkeit behandelt man Wolle mit Chloramiden oder Chlorsulfonamiden in wäßriger Lösung bei pH 2 und einer Chlorionenkonzentration die über 0,3 n liegt.

AP 2 535 846 Tootal 1950 — Man behandelt Wolle mit Bleichpulver. Vgl. AP 2 457 033, 2 403 906, 2 403 937 (Chloren von Wolle mit gepufferten [borathaltigen] Hypochloritbädern.)

CanP 476 785 Finishing 1951 — Zur Verringerung der Filzfähigkeit von Wolle werden Hypochloritlösungen mit einem pH-Wert von 10,5 mit CO_2 gesättigt und mit Wolle in Gegenwart von überschüssigem CO_2 in Reaktion gebracht, wodurch der pH-Wert langsam zurückgeht und eine geregelte Chlorabgabe möglich ist; vgl. AustralP 138 699.

AustralP 132 269 Wolsey Ltd. 1951 — Die Filzfähigkeit von Wolle wird durch Einwirkung von gasförmigem Fluor herabgesetzt.

6. Das Schmälzen und Ölen von Fasern und Garnen; Garnkonditionierung und Mittel zur Verringerung statischer Elektrizität.

Hier sind die Vorschläge wieder zahlreich. Auch die Behandlung mit Kieselsäuresol (Syton) ist anzumerken. Nach Trotman* sollen zum Studium von Fehlern zum Ölen von Garnen Kompositionen angewendet werden, die radioaktives Na enthalten. Nach Sserebrjakov werden Schmälzen mit Äthylenglykol (10—18%), Spindelöl (5—8%), Oleinsäure (3—24%), Triäthanolamin (1%), NH_3 (0,5%) und Wasser (81,9—70,5%) für Wolle empfohlen. (Tekstil Prom. **10**, No. 11, 25 [1950] cit. C. 1951, I, 2669.)

Das Shirley-Rase-Gerät dient zur Beseitigung elektrischer Aufladungen. [Melliand Textilber. **34**, 879 (1951)].

Interessante Ergebnisse veröffentlichen Götze, Brasseler und Hilgers (l. c.) über die elektrostatische Aufladung von Textilfasern.

Aufladung in Volt (V) bei einer Abzugsgeschwindigkeit in m

	50 m	80 m	180 m	400 m
Wolle	510 V	870 V	2030 V	7300 V
Baumwolle	0	0	0	0
Viskosereyon	130 V	295 V	1640 V	8000 V
Acetatreyon	1800 V	1950 V	3500 V	—
Perlon	4000 V	4500 V	7600 V	12000 V

Literaturübersicht über das Schmälzen und Ölen von Fasern und Garnen.

Götze, Brasseler, Hilgers: Über die elektrostatische Aufladung von Textilfasern und ihre Verhütung. Melliand Textilber. **34**, 141 220, 548 (1953).

Ambelang, Shotton, Gottschalk, Stevens, Smith: Alkylarylsulfonate zum Konditionieren von Zwirnen für Reifen. Ind. Engng. Chem. **45**, 204 (1953).

* Text. Recorder **69**, Nr. 820, 93 (1951).

Parrisot: Ölen von Fasern. Bull. Inst. Text. France Nr. 30, 387 (1952).
Balto, Wiolin: Schmälzen von Wolle. Tekstil. Prom. 12, 25, 17 (1952) cit. C. 1953, I, 1268.
Krüger: Das Antistatischmachen von Fasern. Reyon, Zellwolle und Chemiefasern 30, 573 (1952).
Hall: Faser-Elektrizität und antistatisches Verfahren. Statische Messungen an losen Fasern. Textile Mercury Argus 127, Nr. 3296 (1952).
Dithmar: Hochdisperse Kieselsäuren beim Spinnen und Ausrüsten. Melliand Textilber. 33, 907 (1952).
Bray, „Syton" in der Streich- und Kammgarnspinnerei, ref. Melliand Textilber. 33, 1069 (1952).
Smith, Hayek: Neue antistatische Agentien von DuPont. TLF—5, 48—N und (TLF—701).
Martin: Das Schmälzen von Wolle. Amer. Dyestuff Reporter 41, P 341 (1952).
Heide: Die elektrostatische Leitfähigkeit von Textilfasern. Faserforschg. u. Textiltechn. 2, 391 (1951).
Schneider: Beseitigung stat. Elektrizität durch Eliminieren. S. V. F. Fachorg. Textilveredlg. 6, 303 (1951).
Bertolina: Verhinderung der statischen Aufladung von Garnen. Reyon, Zellwolle, Chemiefasern 1, 18 (1951).
Günther: Das Schmälzen von Zellwolle. Textil Praxis 6, 855 (1951).
Heide: Elektrostatische Leitfähigkeit von Textilfasern. Faserforschg. u. Textiltechnik 2, 391 (1951).
Heide: Schmälzen von Zellwolle. Faserforschg. u. Textiltechnik 2, 173, 391 (1951).
Morawek: Ableiten der statischen Elektrizität. Textil Praxis 6, 871 (1951).
Stevenson: Geschmälzte Textilfasern. J. Textile Inst. 5, 194 (1951).
Van Nes: Das Konditionieren von Reyon. Rayon Revue 65, 1951.
Das Antistatischmachen von Textilien durch radioaktive Substanzen. Textil Praxis 5, 418 (1950).
McLaren: Geeignete Öle zum Ölen von Textilfabrikaten. Text Weekly. 46, 994, 1046, 1128 (1950).
Neuhof: Entfernung von statischer Elektrizität. Textil Praxis 5, 224 (1950).
Lehmicke: Entfernung der statischen Elektrizität von Orlon, Sarelon. Americ. Dyestuff Reporter 38, P 853 (1949).
Brown: Syton, kolloidales SiO_2 in der Wollspinnerei. Text. Wld. 98, 123, 206 (1948).

Patentschrifttum über das Schmälzen von Fasern und Garnen.

OeP 174 888 Shou 1953 — Zum Ölen von Fasern sollen Mineralölemulsionen dienen, die als Dispergator und Stabilisator einen partiellen Ester mit polymerisiertem höheren Fettsäureradikal enthalten.

DP 864 905 Hoechst 1953 — Zum Ölen von Textilien sollen die Umsetzungsprodukte aus Ammoniak oder primäre bzw. sekundäre Aminogruppen enthaltende Verbindungen mit den Einwirkungsprodukten von Halogen und Schwefeldioxyd auf gesättigte aliphatische Kohlenwasserstoffe verwendet werden.

DP 864 853 BASF 1953 — Die Präparation von Zellwolle erfolgt durch höhermolekulare Alkohole, die durch die Einwirkung von CO und H_2 auf Olefine entstanden sind; vgl. DP 887 100.

DP 857 338 BASF 1952 — Um Zellwolle gut spinnfähig zu machen und ihr eventuell einen Knirschgriff zu verleihen, werden Alkoholgemische verwendet, die durch Umsetzung von CO und H_2 bei mittlerem Druck und Temperatur unterhalb 250° C erhalten wurden.

DP 855 892 Böhme Fettchemie 1952 — Als Schmälzmittel werden Laktate und ligninsulfosaure Salze mit Harnstoff gemischt verwendet (vgl. DP 848 849, 887 861).

DP 849 471 BASF 1952 – Zum Präparieren von Zellwolle vor dem Verspinnen eignen sich die Destillationsrückstände der durch Oxydation höherer nichtaromatischer Kohlenwasserstoffe gewonnenen Fettsäuren.

DP 848 849 Böhme Fettchemie 1952 – Als Schmälzmittel soll ein Gemisch von milchsauren Alkalisalzen und ligninsulfosauren Alkalisalzen in wäßriger Lösung dienen.

DP 755 084 IG 1952 – Zur Verbesserung der Spinnfähigkeit von Zellwolle dienen Verbindungen der Form $R{-}NHCO{-}N\!\left\langle\begin{array}{l}CH_2\\ |\\ CH_2\end{array}\right.$, wobei R einen aliphatischen oder isocyclischen Rest mit mindestens 10 C-Atomen bedeutet.

DP 752 892 IG 1952 – Als Schmälzmittel dienen Polyglykoläther aromatischer oder hydroaromatischer Oxyverbindungen, die im Kern durch mindestens einen Kohlenwasserstoff- oder Acylrest mit mindestens 4 C-Atomen substituiert sind.

DP 752 576 Grünau 1952 – Eiweißkondensate aus Eiweißabbauprodukten, Säurechloriden kapillaraktiver Säuren und Oxaminen sollen als Zellwollpräparationen dienen.

DWP 623 Fettchemie und Fewa-Werk 1952 – Verfahren zum Behandeln von Spinnfasern mit den nach Patent 764 807 hergestellten Sulfinsäuren. Man verwendet diese oder ihre Ammonium- bzw. Alkalisalze an Stelle von Olein zum Schmälzen von Fasern aller Art auf der Nadelstabstrecke bzw. bei der Herstellung von Streichgarn vor dem ersten Krempelsatz.

DWP 477 Fettchemie und Fewa-Werk 1952 – Verfahren zum Behandeln von Fasergut, Kunstseidenkabeln und Leder. Sulfinsäuren oder ihre Salze, die durch Reduktion von Sulfochloriden der aliphatischen Kohlenwasserstoffe gewonnen sind, werden vorteilhaft zusammen mit Mineralölen, Neutralfetten und fetten Ölen verwendet.

DWP 424 Fettchemie und Fewa-Werk 1952 – Man behandelt Zellwolle in der letzten Stufe ihres Herstellungsganges, also vor dem Verspinnen, mit einer Fettsäureemulsion, deren wäßrige Phase durch einen Zusatz wasserlöslicher Carbonsäuren sauer eingestellt ist und vorzugsweise auf einer einem pH-Wert von 4–5 entsprechenden Wasserstoffionenkonzentration gehalten wird.

DWP 423 Fettchemie und Fewa-Werk 1952 – Präparation von Zellwolle durch Behandeln mit wäßrigen Lösungen hochmolekularer kationaktiver Verbindungen. Diese Lösungen enthalten gesättigte, ungesättigte oder chlorierte Kohlenwasserstoffe in emulgierter Form.

SP 276 422 Shou 1951 – Mineralölemulsionen werden mit Hilfe von Polyglyzerinestern hergestellt.

FP 1 008 417 Courtaulds 1952 – Terylenfasern in Stapelform werden anelektrisch durch Behandlung mit wäßrigen Lösungen von Alcoylaminsalzen von Fettsäuren.

FP 1 008 127 Courtaulds 1952 – Als Antistatika dienen Triäthanolamin- oder Diäthylenglykol-Ölsäure-Verbindungen (vgl. EP 550 195, 574 072 und FP 734 467, 741 406).

FP 988 015 Nopco 1951 – Als Präparation können Verbindungen der Form $R_1{-}CO{-}\underset{\displaystyle R_3}{\underset{|}{N}}{-}X\ CO{-}R_2$, worin R_1 CO ein Fettsäureradikal von 8–22 C-Atomen, R CO ein Fettsäurerest von 2–5 C-Atomen, $R_3 = H$ oder ein Acylrest von 2–5 C-Atomen ist und X = $(CR_2R_3{-}CR_2R_3)n{-}$, H, Alkyl oder R_2 bzw. R_3 darstellt, dienen. Man behandelt z. B. Kopraöl mit Diäthylentetramin und nachher mit Essigsäureanhydrid.

BelgP 506 231 Atlas Powder 1953 — Zum Antistatischmachen von Textilien sollen Verbindungen der Form

$$R{-}\overset{X}{\underset{\text{Alkyl (niedrig)}}{N}}\langle\begin{matrix}CH_2{-}CH_2\\ CH_2{-}CH_2\end{matrix}\rangle O$$

(R=aliphatischer Rest mit 11 bis 20 C-Atomen, X=Anion), z. B. das Methosulfat des Cetyläthyl-morpholins, verwendet werden; vgl. FP 1 042 511.

BelgP 500 269/70 Anorgana 1952 — Stabile Emulsionen erhält man durch Mischen von mit 5—15 Mol Äthylenoxyd kondensierten aliphatischen Aminen mit mehr wie 6 C-Atomen in Form von Phosphaten und Mineralöl. Sie können zum Ölen und Weichmachen dienen; vgl. FP 1 042 697.

ItalP 462 856 Courtaulds 1951 — Als Gleitmittel und zum Antistatischmachen verwendet man ein Gleitöl (Mineralöl oder Talöl), Oleylalkohol, Triäthanolaminoleinsulfat, Triäthanolamin, Ölsäure usw.

ItalP 460 220 Shou 1951 — Es wird die Herstellung von Mineralölemulsionen beschrieben, wobei als Dispergator ein Partialester einer polymeren Fettsäure dient. Die Öle sollen für textile Zwecke angewendet werden.

NorwP 77 948 Courtaulds 1951 — Antistatische und ölende Mischungen aus Öl, Triäthanolaminölsäureverbindungen und einem Alkylolaminsalz einer langkettigen Fettsäure.

EP 691 559 Celanese 1953 — Zum Ölen von Fasern sollen Teilester von Phosphorsäuren, Mineralöl und Umsetzungsprodukte von Alkylolaminen mit langkettigen aliphatischen Säuren sowie Alkylphenole dienen.

EP 691 346 Textile Oils 1953 — Zum Ölen von Textilfasern werden Mischungen aus Pentaerythrit, Alkyläthern, Estern usw. vorgeschlagen.

EP 690 895 Celanese 1953 — Petroleumsulfonate, Ester, Amide oder Esteramide von Alkylolaminen mit Fettsäuren sollen als Garnschmälzen oder zum Ölen Verwendung finden.

EP 681 033 Celanese 1952 — Als Konditioniermittel sollen Mischungen aus Mineralöl, Arylphosphat, Fettsäuren, Alkylolaminen und Ölsulfonaten dienen.

EP 674 829 Textile Oils 1952 — Zum Ölen von Textilien sollen Wollschweiß-Glyzerinester verwendet werden.

EP 672 286 Celanese 1952 — Als Ölungs- und Konditioniermittel sollen Mischungen Verwendung finden, die z. B. den primären Phosphorsäureester des n-Decanols, den Diäthanolaminoäthylester der Kokosfettsäure, Triäthanolamin und ein Alkylphenol enthalten.

EP 668 292 Standard Oil 1952 — Als Textilöl soll ein Mineralöl mit 5—20% Mahoganyölsulfonat und 0,5—3% Fettsäureester-Alkylenoxydkondensat Verwendung finden.

EP 665 914 Wakefield 1952 — Zum Antistatischmachen von Garnen usw. sollen Lösungen zur Anwendung kommen, die ein Polyglykol mit einem Molgewicht über 200 und den Ester einer Carbonsäure (z. B. Äthylenglykolmonomethylätheressigester) enthalten.

EP 665 475 Courtaulds 1952 (vgl. EP 574 072, 550 195) — Als antistatische Garnölungsmischungen für Acetatseide usw. sollen Öle, eventuell Mineralöl Alkylolaminderivate sulfonierter Oleylalkohole und den Teilester eines mehrwertigen Alkohols und einer Fettsäure mit mehr wie 10 C-Atomen im Molekül enthalten. Daneben können noch Olein und Triäthanolamin anwesend sein. Die Leitfähigkeit steigt z. B. von 0,08—1,6 microohms bis 59 microohms.

EP 664 415 Celanese 1952 — Als Schmälz- und Konditioniermittel bzw. zum Ölen werden Mischungen aus Mineralöl, Türkischrotöl, alkylierten Phenolen langkettiger Fettsäuren und ein Alkylolamin empfohlen, wobei man noch Butyl-acetylricinoleat usw. zusetzt. Z. B. 54,5 Teile Paraffinöl, 20 Teile Türkischrotöl, 10—25 Teile Ölsäure, 5 Teile Butyl-acetylricinoleat, 4,5 Teile Di-(tert.)amyl-phenol, 4,75 Teile Triäthanolamin, Oleylalkohol.

EP 663 576 Texaco 1951 — Als Konditioniermittel sollen Mineralöl-Harzlösungen verwendet werden (als Harz wird hydriertes Kolophonium usw. angegeben).

EP 654 930 Textile Oils 1951 — Zum Ölen von Textilien werden neben Mineralöl noch Ölsäure sowie Monoglyceride der Ölsäure in Mischung verwendet, z. B. 56% Ölsäure, 39% Mineralöl, 5% Ölsäuremonoglyzerinester.

EP 654 858 Monsanto 1951 — (vgl. EP 607 696, 634 125) — Man ölt Fasern insbesondere Zellwolle vor dem Spinnen mit kolloidalem SiO_2 (z. B. Syton W 20) und Ölemulsionen, die 7—25% Öl enthalten.

EP 650 759 Textile Oils 1951 (vgl. EP 587 532, 520 970) — Zum Ölen von Textilien werden Mineralöle oder Mischungen derselben mit Fettsäureglyzeriden verwendet, wobei letztere mit einem mehrwertigen Alkohol derart umgesetzt werden, daß 1—2 freie OH-Gruppen im Estermolekül enthalten sind.

AP 2 628 937 Courtaulds 1953 — Als Antistatikum sollen Mischungen aus Wasser, den Triäthanolaminsalzen einer zweibasischen Säure und einer Fettsäure verwendet werden.

AP 2 626 877 Cyanamid 1953 — Das Antistatischmachen soll mit quaternären Verbindungen der Form

$$RCONH{-}CH_2{-}CH_2{-}CH_2{-}\underset{X}{N}\begin{cases}R_1\\R_2\\R_3\end{cases}$$

R=Alkyl mit mindestens 7 C-Atomen, R_1, R_2=Alkyl mit 1—5 C-Atomen, R_3=Alkyl, Aralky, X=Anion, erfolgen.

AP 2 614 984 Celanese 1952 — Als Antistatikum werden Lösungen des Diäthylaminsalzes des Laurylschwefelsäureesters und ein Öl verwendet.

AP 2 597 947 Celanese 1952 — Zum Ölen von Acetatreyon wird eine Mischung eines Schmieröls, eines höheren Fettalkohols und des Salzes einer aliphatischen Sulfosäure mit 8—18 C-Atomen mit Äthylen-bis-(triäthyl-)ammonhydroxyd vorgeschlagen. Gleichzeitig tritt eine Verhinderung der Bildung von Elektrizität auf.

AP 2 597 708 Cyanamid 1952 — Als Antistatikum für Textilien wird eine wäßrige Dispersion des Guanidinsalzes eines Monoalkylesters der Schwefelsäure, dessen Alkylgruppe 12—18 C-Atome enthält und ein niedriger Alkylester einer langkettigen (12—18 C-Atome) Fettsäure, dessen Alkylgruppe 2—5 C-Atome enthält, vorgeschlagen.

AP 2 590 659 Monsanto 1952 — Zur Verbesserung des Kardierungsprozesses von Cellulosefasern werden Aquasole mit 5—45% kolloidaler Kieselsäure und von 15—75% eines dispergierbaren Öls (berechnet auf den SiO_2-Gehalt des Aquasols) vorgeschlagen.

AP 2 581 836 Cyanamid 1952 — Zum Antistatischmachen von Polyvinylfasern werden Verbindungen der Form

$$\begin{array}{l} NH{-}CO{-}NH_2 \\ \quad | \\ \quad C = NH\,.\,HOSO_2{-}OR \\ \quad | \\ \quad NH_2 \end{array}$$

(Guanylharnstoffsalz eines aliphatischen Monoschwefelsäureesters) vorgeschlagen.

AP 2 577 484 DuPont 1951 — Herstellung stabiler SiO_2-Sole.

AP 2 575 399 Celanese 1951 — Als Textilöl soll eine Mischung von 5—15 Teilen eines primären Phosphorsäure-n-decanolesters, 10—30 Teilen des Diäthylaminoäthylesters der Laurinsäure, 1—4 Teilen Triäthanolamin, 1—4 Teilen Diamylphenol und 50—70 Teilen Mineralöl angewendet werden.

AP 2 565 403 Standard Oil 1951 — Zum Ölen von Textilfäden usw. werden Mischungen von 76—94,4% Mineralöl, 5—20% Na-Sulfonaten einer Verbindung mit einem Molekulargewicht von 380—480, 0,5—2,5% des Polyoxyalkylenderivates eines Monooleats des Sorbits und 0,1—1,5% Monooleat des Sorbits vorgeschlagen. Es bleiben beim Waschen nur 0,08—1% der ursprünglich angewandten Ölmenge in der Faser.

AP 2 564 768 Celanese 1951 — Zum Ölen und Konditionieren von Garnen werden Mischungen, bestehend aus 55 Teilen Mineralöl, 5—12,5 Teilen Rizinusöl, 1,5—5 Teilen Alkylolamin, 5—10 Teilen einer langkettigen aliphatischen Säure (Ölsäure usw.) und 5 Teilen Alkylphenol vorgeschlagen, welche Oleylalkohol oder Diglykollaurat enthält. Es sind ferner 0,01—0,1 Teile des wasserfreien, salzfreien Kondensats einer langkettigen Fettsäure, eines vegetabilischen Öles und eines mit Alkali neutralisierten Mineralöls, sowie Oleum enthalten.

CanP 486 187 Gen. An. 1952 — Als Antistatikum sollen Dialkylorthophosphate mit Alkylgruppen, eine mit 6—18 C-Atomen, die andere mit 1—4 C-Atomen, in Mischung mit Textilien verwendet werden (99—90 Teile Öl, 1—10 Teile Dialkylphosphat).

CanP 483 551 Cyanamid 1952 — Copolymere von Acrylsäureestern und Styrol können als Garnpräparation verwendet werden.

AustralP 139 995 Monsanto 1951 — Das Ölen mit Silicagelen (Syton) wird beschrieben.

7. Das Carbonisieren.

Mangels neuer Vorschläge erübrigen sich besondere Hinweise.

Literaturübersicht über das Carbonisieren.

Hünlich: Carbonisieren. De Tex **11**, 948 (1952).

Kittan: Die Carbonisation. Textil-Praxis **7**, 447 (1952).

Widerstandsfähigkeit von Nylon gegen Carbonisieren, Text. Mercury Argus **127**, 194 (1952); Text. Manufacturer **78**, 471 (1952).

Der Effekt des Carbonisierens auf Nylon; vgl. auch J. Soc. Dyers Colourists **64**, 133 (1948).

Patentschrifttum über das Carbonisieren.

AP 2 566 403 Celanese 1951 — Es wird die Carbonisierung von Wolle-Acetatcellulosegemischen mit gasförmiger HCl und Quellmitteln beschrieben, um die Acetatcellulose zu entfernen.

8. Die Beuche.

Auch hier fehlt jegliches Neue.

Literaturübersicht über die Beuche.

Hvattum, Turner: Abkochen von Baumwolle (Beuchen). J. Soc. Dyers Colourists 67, 416 (1951).

Schaeffer: Beuche. Textil-Rundschau 6, 489 (1951).

Kachurin, Orekhova, Tsiskel, Koroleva: Na-sulfit beim Beuchen. Tekstil. Prom. 11, Nr. 2, 35 (1951).

9. Das Fixieren von Garnen und Geweben (Crabben und Brühen).

Für das Fixieren von Polyamidfasergeweben und Gewirken (vgl. S. 716 H) sind eigene Anlagen geschaffen worden, die mit Heißdampf-, Gas-, Heißluft-, Heizelement- oder Kalanderwalzenheizung arbeiten. Apparaturen bauen die Morrison Machine Co in USA, in Deutschland z. B. Wenzel in Bielefeld. Das „Setting" (Fixieren) mit Heißdampf liefert vollere, härtere, für Acetatseidenfarbstoffe affinere Fäden als die Heißluftbehandlung in gasbeheizten Luftkammern. Die besten Resultate bei Perlon sollen für Heißluftfixierung bei 190° C, für Sattdampf bei 132° C und 2—3 atü liegen. Die Fixierung mittels Heißkalanderung ist nur bei Geweben bis zu einem Quadratmetergewicht von 120 g möglich. Man arbeitet mit einer Geschwindigkeit von 3 m/min bei 170—175° C[5].

Bei der Fixierung erleidet Perlon L durch den Luftsauerstoff über 150° C Einbuße an Festigkeit und Dehnung [Fourné, Melliand Textilber. 33, 639 (1952)].

Die optimalen Fixierungstemperaturen liegen nach Fourné bei:

	in Wasser	im Sattdampf	in Heißluft	Temperaturgrenze der Hitzefixierung nach Verlassen der heißen Zone („Einfrieren der Fixierung")
Perlon L	105°	130°	190°	65°
Nylon	98°	131°	225°	82°
Orlon		134°	203°	90°
Dacron		126°	234°	85°

Bei der Sattdampffixierung von Faserwickeln ist oft das Innere nicht genügend fixiert, daher wickelt man auf perforierte Zylinder, um dem Dampf den Zutritt von beiden Seiten zu ermöglichen und entlüftet vorher. Um eine Oberflächenkondensation des Dampfes, die der Faser andere Eigenschaften, auch färberischer Art verleiht, zu vermeiden, bringt man auf die Dampftemperatur.

Für Strümpfe sind die Turboanlagen (Turbo Machine Co), und die von Haas in Lennep oder Proctor und Schwarz bzw. Nyloplas von der British Schuster Co in Verwendung[6].

Die Strümpfe werden, auf Formen aufgezogen, fixiert (preboarded). Um einen gleichmäßigeren Sitz zu erzielen, soll man die Strumpfränder oben anfeuchten. Die Formen sind dampf- oder elektrisch- oder infrarotgeheizt. Der Schuster Infrarotapparat liefert 45 Dtz pro Stunde (Metrovick Infrarot-Elemente). Arbeitet man mit Dampf, so erfolgt die Fixierung 15 Minuten bei 100° C, mit Dampf von 130° C 2 Minuten.

Literaturübersicht über das Fixieren von Garnen und Geweben.

Wirth: Kreppeffekte. S. V. F. Fachorgan Textilveredlung 7, 41 (1952).

Mecklenburgh, Shaw, Peters: Fixieren von Nylontextilien. J. Soc. Dyers Colourists 68, 381 (1952).

[5] Text. Manufacturer 77, 452 (1951).

[6] Pieper: Melliand Textilber. 32, 665 (1951).

Schulhof: Hitzefixierung von Polyamidfasergeweben. Reyon, Zellwolle 30, 28 (1952).
Fourné: Die Fixierung synthetischer Fasern durch Wärme. De Tex 11, 466 (1952).
Sedgwick: Crabben und Brühen. Dyer 106, 591 (1951).
Fanlawn: Thermofixieren von Nylon, zit. Melliand Textilber. 739, 32 (1952).
Noorlander, Nijkamp: Fixieren von Polyamidgeweben und Gewirken. Rayon Revue 6, 72 (1952).
Fourné: Fixieren von Strümpfen. Textil Praxis 6, 732 (1951); 8, 795 (1953).
Sanderson: Co. Ltd.: Die Fixierung von Nylon. Dampffixierung. Brit. Rayon Silk J. 27, 58 (1951).
Fixieren und Abkochen von Nylon. Dtsch. Textilgewerbe 52, 535 (1950).
Fixieren von Nylon auf modifizierten Spannrahmen. Dyer 103, 501 (1950).
Mecklenburgh: Fixieren von Nylon. J. Textile Inst. 41, P 161 (1950).
Ungermann: Das Fixieren von Nylon, Kunstseide u. Zellwolle 28, 397 (1950).

Patentschrifttum über das Fixieren von Garnen und Geweben.

EP 691 370 Lansil 1953 — Das Fixieren von Nylon erfolgt in Metallbädern bei 160° C und mehr.

EP 686 451 Nylon Spinners 1953 — Das Fixieren von Polyamiden wird behandelt.

EP 683 634/683 218 Calico Printers 1952 — Die Schrumpfung von Textilien aus linearen Polyestern wird beschrieben (Behandlung mit Salpeter- oder Schwefelsäure von 60—80% bei —10° bis 110° C).

EP 639 893 ICI 1950 — Das Erweichen und Verfärben von Nylon bei der Hitzefixierung wird durch Vorbehandlung mit 1% Na-hypophosphit behoben.

EP 631 448 Bates 1949 — Preboarding von Nylonstrümpfen.

ItalP 463 915 Rhodiaceta 1952 (vgl. ItalP 459 623) — Gewebe aus ungestreckten Polyamidfäden werden in kochendem Wasser geschrumpft.

AP 2 549 564 Adam-Mills 1951 — Nylongewebe werden in Bädern von Na-Cellulose-glykolat, Wachs und Polyvinylacetat bei 100° behandelt, um die Schlichte zu entfernen. Nachher wird die Form in wäßrigem Medium fixiert.

CanP 493 638 Viscose 1953 — Die Behandlung von Polyäthylengeweben unter Vermeidung einer Schrumpfung wird beschrieben.

10. Das Kreppen.

Auf Neues ist nicht hinzuweisen.

Literaturübersicht über das Kreppen.

Wirth: Kräuselkrepp. S. V. F. Fachorg. Textilveredlung 7, 41 (1952).
Hall: Kreppgewebe. Fibres 11, 41 (1950).
Das Kreppen. Dyer 102, 64 (1949); vgl. 106, 687 (1951).
Peter: Kreppfehler. Ciba-Rundschau Nr. 68, 2515 (1946).

Patentschrifttum über das Kreppen.

OeP 169 323 Heberlein 1951 — Man erzeugt kreppartige Schrumpfeffekte mit Farbdruckeffekten ohne Moiréerscheinung durch Aufdruck von Längen- und Farbstreifen auf Geweben derart, daß das Verhältnis der Summe der Breite eines zu schrumpfenden Streifens und eines Zwischenraumes zur Summe der Breite eines Farbstreifens und eines Zwischenraumes $\frac{n}{2}$ ist, wobei n eine ganze Zahl (größer als 2) vorstellt.

ItalP 462 175 Heberlein 1951 — Crêpeeffekte werden mit Streifenmusterungen zusammen erzielt, indem man in gewissen bestimmten Abständen druckt.

BelgP 489 784 Heberlein 1949 — Crêpe- und Farbeffekte werden erreicht durch Bedrucken von Textilien in bestimmten Streifenbreiten und Abständen.

11. Das Schlichten.

Auf diesem Gebiete ist die Polyamidschlichtung der Gegenstand von Vorschlägen. Perlongarne sollen mit Hellagum (Diamalt), Ortoxin (Bayer) oder Vinarol (Hoechst) bzw. T 8 (BASF) gute Resultate geben. Vinarol ist bekanntlich ein polyvinylalkohol-, Ortoxin ein stark paraffinhältiges Produkt. Die Haftfestigkeit kann durch Vortannieren verbessert werden; vgl. Amer. Dyestuff Reporter 43, 11 (1953).

Literaturübersicht über das Schlichten.

Martin: Kettbaumschlichtung. Bull. Inst. Text. France 33, 33 (1953).

Fedorova, Toropova: SiO_2 beim Schlichten. Tekstil. Prom. 11, Nr. 7, 35 (1951) cit. C. A. 47, 2994 (1953).

H. Marsden: Kettenschlichten in USA. Text. Mercury & Argus 125, 335 (1952).

Pinte, Essertel, Rochas: Leinölschlichtung von Reyon. Bull. Inst. Text. France Nr. 34, 15 (1952).

Nakagawa, Kawashima: Polyvinylalkohol als Kettschlichte. Repts Osaka. Pref. Ind. Res. Inst. 4, Nr. 1, 37 (1952), zit. C. A. 46, 11693 (1952).

Langston: Das Schlichten von Nylon. Text. Res. J. 22, 111 (1952).

Schneider: Die Herstellung von Schlichten. S. V. F. Fachorg. Textilveredlung 7, 387 (1952).

Wassiljewa, Bubnowa: Schlichte mit Gelatine. Tekstil. prom. 12, Nr. 4, 29 (1952), zit. C, II, 6307 (1952).

Jones: Shirley Schlichteregler. S. V. F. Fachorg. Textilveredlg. 7, 273 (1952).

Jahn: Methylcellulosen und Celluloseglykolate. Textil Praxis 7, 299 (1952).

Kelen, Reisfuttermehl zu Baumwollschlichten. Magyar Textiltechnika 4, Nr. 5. 146 (1951), zit. Zbl. d. Ung. Technik 4, Nr. 1, 23 (1952).

Bishop: Das Schlichten. Canad. Text. J. 68, 65 (1951).

Grünberg: Kettenschlichten. Textil Praxis 6, 724 (1951).

Lewis: Mais als Schlichte. Rayon Synth. Text. 32, Nr. 9, 85, 106 (1951).

Maier: Das Schlichten von Kunstseide. Textil Praxis 6, 39 (1951).

Millot: Die Schlichtung von Reyon und Acetatkunstseide im Spinnkuchen. Bull. Inst. Text. France Nr. 23, 39 (1951); vgl. Die Schlichtung von Acetatseideketten. Rayonne Fibres Synth. 7, Nr. 8, 11 (1951).

Nuding: Das Schlichten von Phrixketten. Melliand Textilber. 32, 540 (1951).

Shinn, Sink, Parker: Das Schlichten von Baumwolle. Text. Bull. 77, 85 (1951).

Ulrich: Leinölschlichten. Dtsch. Färberkalender 55, 173 (1951).

Takahasi, Obana, Miyake: Schlichten mit Na-alginat. J. Soc. Text. Cell. Ind. (Japan) 7, 439 (1951), zit. C. A. 4239 (1952).

Wannow: Schlichtelöslichkeit und Trockentemperatur. Dtsch. Textilgewerbe 53, 95 (1951).

La Piana: Das Schlichten von Zellwolle. Text. Mercury Argus 123, 623 (1950).

Colony: Die Kettenschlichtung. Canad. Text. J. 67, 59 (1950).

Strong: Das Schlichten von Garnen. Text. Mercury Argus 123, 267 (1950).

Walter, Posselt: Das Schlichten. Dtsch. Textilgewerbe 52, 632 (1950).

Die Nylonschlichte. Text. Wld. 100, 93, 164, 166 (1950).

Ulrici: Die CMC-Schlichtung. Teintex 14, 463 (1949). . .

Csernai: Richtlinien für den Bau von Schlichtmaschinen. Magyar Textiltechnika. II. Nr. 8, 4/7, Nr. 10, 24/26, Nr. 11—12, 23—25 (1949), zit. Zbl. d. ung. Technik: Nr. 2 (1950.

Patentschrifttum über das Schlichten.

DP 874 752 Bobingen 1953 — Als Schlichtemittel wird eine Mischung aus Celluloseäther, einem höheren Alkohol und Stearinsäureamid vorgeschlagen; vgl. DP 886 881.

DP 871 590 AKU 1953 — Das Schlichten von Reyon erfolgt nach Vorbehandlung mit verdünnten Lösungen von Alkylolaminen.

DP 870 689 Sichel Werk 1953 — Das Schlichten von Cellulosehydratfasern bzw. Kunstseide in Form von Wicklungen wird beschrieben.

DP 870 688 Röhm & Haas 1953 — Zum Schlichten werden Leimflotten mit einem Gehalt an Polyacrylsäureamid verwendet.

DP 870 687 Bayer 1953 — Zum Schlichten von Glasfasern werden polyfunktionelle Isocyanate und Verbindungen, die mit diesen reagierende Gruppen enthalten auf der Faser in Reaktion gebracht. Die Fasern sind sauer anfärbbar und geschmeidig.

DP 866 638 BASF 1953 — Zum Schlichten von Kunstseiden oder Polyamiden sollen Lösungen oder Dispersionen hochmolekularer, austauschfähige Wasserstoffatome enthaltende Verbindungen unter Mitverwendung von Harzbildnern gebraucht werden. Als Harzbildner werden solche polymerisierbare oder kondensierbare Stoffe benutzt, die mindestens zwei mit austauschfähigen Wasserstoffatomen reaktionsfähige Gruppen enthalten. Man erhitzt zur Umsetzung nach der Behandlung auf höhere Temperaturen.

DP 857 184 Diamalt 1952 — Stärke für Schlichte oder Appreturen erhält man durch Erhitzen mit Ammoncarbonat oder -sulfat.

DP 852 982 Diamalt 1952 — Zum Schlichten von Fasern aller Art soll mittels Halogenfettsäuren in alkalischem Milieu veräthertes Johannisbrotkernmehl verwendet werden.

DP 852 389 Herberts 1952 — Als Schlichtezusätze oder Weichmacher eignen sich Ester aus einer synthetischen Fettsäure mit mindestens 20 C-Atomen und einem ein- oder mehrwertigen Alkohol in Mischung mit dem Salz eines Amins mit der erwähnten Fettsäure, welches in solcher Menge zugegen ist, daß sich das Gemisch in Wasser emulgieren läßt (z. B. werden sogenannte „Nachlauffettsäuren" verwendet).

DP 849 396 Bayer 1952 — Zum Schlichten von Textilfäden nimmt man wäßrige Lösungen von Peralkylierungsprodukten solcher Polyurethane, die zur Oniumbildung befähigte Gruppen enthalten (insbesondere für synthetische Fasern).

DP 766 144 Schubert 1952 — Zum Schlichten sollen wäßrige Lösungen eingedickter, mit Alkali neutralisierter Sulfitablauge, die eventuell noch übliche Schlichtemittel enthalten, angewendet werden.

DP 752 693 Grünau 1952 — Zum Schlichten sollen Kondensate aus Eiweiß oder Eiweißspaltprodukten mit kapillaraktiven Sulfosäuren verwendet werden, wobei die Umsetzung kombiniert wird mit einer solchen mit Säurechloriden, die keine Oberflächenaktivität besitzen.

DP 752 674 Spangenberg 1953 — Das Schlichten von Kunstseide erfolgt mit Lösungen oder wäßrigen Emulsionen von Estern aus mehrwertigen Alkoholen und harzsäurearmen Tallöl.

DAP 2 147 Herth 1952 — Schlichtemittel sollen durch Einwirkungen von Nitraten (KNO_3) auf Stärke, Leim oder Dextrin gebildet werden.

DAP 2 060 Metallgesellschaft A. G. 1953 — Verfahren zum Schlichten von Garnen mittels Lösungen des primären oder sekundären Phosphorsäureesters von oberflächenaktiven Stoffen in Form ihrer Säuren oder Salze.

DWP 2 288 VEB Farbenfabrik Wolfen 1953 — Schlichtungsmittel für Kunstseide. Es besteht aus höhermolekularen aliphatischen Sulfamiden, Disulfamiden oder Sulfoacylamiden.

SP 284 778 Metallgesellschaft 1952 — Das Schlichten von Garnen erfolgt mit Mischungen, die einen Phosphorsäureester enthalten (Polyäthylenglykol + Phosphoroxychlorid umsetzen; zu Stärke geben).

SP 279 602 Pozzy 1952 — Als Schlichte, die bei 60° C fest ist, wird eine Mischung aus Fettsäuren, Kohlenwasserstoffen und einem Metallsalz der Fettsäure verwendet.

SP 275 397 Frowein, Schlack 1951 — Als Schlichte soll ein Gemisch, das ein Alkalisalz der Carboxymethylcellulose und das Alkalisalz eines sulfierten Paraffins enthält, verwendet werden.

FP 1 026 950 Nylon Spinners 1953 — Als Schlichtemittel und Ölmittel soll eine Lösung oder Dispersion dienen, die ein Polyvinylharz, Mineralöl, Seife und einen Ester eines mehrwertigen Alkohols enthält, wobei diese Ester nicht mehr als 30% der Mineralölmenge enthalten dürfen.

FP 1 026 798 Kuhlmann 1953 — Als Schlichtmittel sollen Siccativharze verwendet werden.

FP 1 009 806 Lepicard 1952 — Zum Schlichten werden Silikoaluminatlösungen empfohlen.

FP 995 905 Rhodiaceta 1951 — Als Schlichte dienen polymere Vinylester (Polyvinylacetat) in Benzollösung eventuell unter Zusatz von Dibutylphtalat. Beim Entschlichten sind Dispergiermittel zu verwenden.

FP 993 232 Cathau 1951 — Zum Schlichten sollen pulverförmige Mischungen aus Stärke und Diastase verwendbar sein, die in Wasser gelöst werden. (89% Stärke, 9% Diastase, 1,35% Kupfersulfat, 0,65% Borax.)

FP 988 015 Nopco 1951 — Die Herstellung von Polyamiden der Formel R_1CO-NR_3- $-X-COR_2$, wobei R_1 ein Alkylradikal von 7—21 C-Atomen, R_2 ein solches von 1—4 C-Atomen, R_3 eine Acylgruppe mit 2—5 C-Atomen und X die Gruppe $(-CR'R''-$ $-CR'R''-NR_3)n$ bedeuten und in welcher $R'R''=H$ oder Alkyl und n eine ganze Zahl ist, wird beschrieben. Sie sollen als Schlichtemittel verwendet werden.

FP 987 471 Chimiotechnic 1951 — Zum Schlichten wird decarboxyliertes Kolophonium usw. verwendet.

FP 57 695 (zu 926 378) ICI 1953 — Als Schlichtemittel soll ein organisches Polyisocyanat dienen.

BelgP 505 788 Rhodiaceta 1953 — Zum Schlichten von Textilien sollen Mischungen verwendet werden, die Gelatine, H_2SO_4 oder HNO_3 oder CH_3COOH und ein Oxyalcoylamin (Dimethylaminoäthanol, Triäthanolamin usw.) enthalten.

BelgP 504 998 Kühlmann 1952 — Zum Schlichten sollen trocknende Harze aus ungesättigten Kohlenwasserstoffen dienen.

EP 687 407 ICI 1953 — Das Schlichten erfolgt mit Kasein, Harnstoff, Wachs und einem Dispergator.

EP 682 386 Ilford 1952 (vgl. EP 580 504, 585 758/59, 651 318) — Als Schlichten sollen Mischungen aus Proteinen, einer Anionseife mit einem hydrophoben Rest im Molekül und Lösungsmittelmischungen aus Wasser und organischen Solventien dienen.

EP 678 452 British Nylon Spinners 1952 — Das Schlichten von Textilien erfolgt mit Polyamidlösungen in einem säurefreien Lösungsmittel, welches eine Mischung eines aliphatischen Alkohols mit 1—3 C-Atomen und Formaldehyd enthält.

EP 670 835 Celanese 1952 — Zum Schlichten sollen Ölsäure, Mineralöl, oxydiertes Erdnußöl usw. in Mischung mit Polyvinylalkohol Anwendung finden.

EP 669 089 ICI 1952 — Zum Schlichten von synthetischen Fasern sollen Mischungen von wasserlöslichen Celluloseäthern und polymeren wasserlöslichen ungesättigten Carbonsäuren Anwendung finden (Carboxyalkylcellulose und Polymethacrylsäure).

EP 666 274 Monsanto 1952 — Das Schlichten von Garnen erfolgt mit Salzen der Copolymeren von Maleinsäure mit Styrol in Verbindung mit Polyäthylenglykol. Insbesondere Nylon soll damit vorteilhaft präpariert werden können.

EP 665 199 Monsanto 1952 — Die Schlichtung von Nylon erfolgt mit Ammoniumsalzen des Copolymeren aus Styrol und einem Alkylester der Maleinsäure. Es dürfen keine Stoffe anwesend sein, die das Copolymere unlöslich machen.

EP 659 380 Nylon Spinners 1951 — Zum Schlichten sollen verseifte Polyvinylharze verwendet werden, in welchen Mineralöl, Seife und ein partieller Ester eines mehrwertigen Alkohols mit einer Fettsäure von mehr als acht Kohlenstoffatomen dispergiert sind.

EP 656 728 ICI 1951 — Das Schlichten, insbesondere von Nylon, erfolgt eventuell nach Tannierung mit geeigneten Schlichtemitteln.

EP 583 912 DuPont 1947 — Eine Garnschlichte besteht aus teilweise verseiften Polyvinylacetat und einem wasserlöslichen Alkylolharnstoffvorkondensat.

AP 2 630 416 Stein, Hall 1953 — Zum Schlichten wird eine wäßrige Lösung eines Maleinsäure-Styrolpolymeren mit Borat empfohlen.

AP 2 609 350 Gen. An. 1952 — Als Schlichte sollen Mischungen von synthetischen Harzen, aus Maleinsäure und Vinylverbindungen durch Polymerisation hergestellt, und Polyvinylalkohol dienen.

AP 2 576 915 Monsanto 1951 — Zum Schlichten von Nylon sollen wäßrige Lösungen verwendet werden, die neben dem Na-salz des Copolymeren von Vinylaromaten und Maleinsäure noch einen Weichmacher (Polyäthylenglykol) enthalten.

AP 2 570 830 Monsanto 1951 — Das Schlichten von Kettgarnen erfolgt mit einer Mischung von 140 Teilen Weizenstärke, 11 Teilen Talg und 50 Teilen stabilem 15% SiO_2-Sol (vgl. AP 2 213 643, 2 375 738, 2 377 841, 2 381 587, 2 383 653, 2 399 981, 2 408 656).

AP 2 565 962 Sun Chemical 1951 — Zum Schlichten von Polyamidgarnen sollen Lösungen von Casein in Alkali unter Zusatz von Polyvinylalkohol, Ester desselben oder seine Äther Verwendung finden.

CanP 467 756 Staley 195 — Man behandelt mit Xylan als filmbildenden Stoff und setzt etwas Netzmittel und sulfoniertes Ricinusöl als Weichmachungsmittel zu.

AustralP 132 918 ICI 1949 — Das Schlichten von Terylen erfolgt mittels Salzen von Harzsäuren oder Glyptalharz-Ammonstearat usw. (vgl. AustralP 132 917 u. 132 916).

12. Das Mercerisieren.

a) Mercerisierverfahren.

Weder verfahrenstechnisch, noch auf dem Gebiete der Mercerisierhilfsmittel liegt Wesentliches vor.

Literaturübersicht über das Mercerisieren.

Goldthwait, Murphy, Lohmann, Smith: Die Garnmercerisation. Text. Res. J. 22, 540 (1952).

Henk: Mercerisieren von Mischgeweben. Rayon, Zellwolle, Chemiefasern 1, 181 (1952).

P u n n o o s e: Das Mercerisieren von Baumwolle-Reyongeweben. Ind. Textile J. 614 (1951), zit. Textil Praxis 7, 90 (1952).

G a i l e y: Einfluß der Mercerisation auf die Cellulosestruktur. J. Soc. Dyers Colourists 67, 357 (1951).

N o w i k o w, K a b a n o w a: Mercerisierung. Tekstil Prom. 11, Nr. 10, 25 (1951).

H a l l: Die Mercerisation. Fibres 11, 323 (1950).

S c h u l m a n n: Das Mercerisieren von Mischgarnen, Kunstseide u. Zellwolle. 28, 409 (1950).

Die Mercerisation von Stückware. Text. Recorder 69, Nr. 822, 88 (1951).

Die Mercerisation. Deutscher Färberkalender 55, 144 (1951).

Patentschrifttum über das Mercerisieren.

EP 664 914 Solvay 1952 — Die Einwirkung von Laugen, insbesondere beim Mercerisieren, wird verbessert, wenn man in Anwesenheit von 0,2—5 g/Liter Chlorit arbeitet (vgl. BelgP 475 230 bzw. EP 549 678 und 546 529).

b) Mercerisierhilfsmittel.

Literaturübersicht über Mercerisierhilfsmittel.

S c h a e f f e r: Handbuch der Färberei, Die Verwendung von $(C_3H_5)_2$=N-SO_3H. V. Band, 55 (1951).

Patentschrifttum über Mercerisierhilfsmittel.

DP 864 855 BASF 1953 — Als Netzmittel in Mercerisierlaugen sollen Alkylolamine und Glykole verwendet werden (z. B. eine Mischung von n-Butyldiäthanolamin mit Propylenglykol 35 : 65).

SP 287 464 Ciba 1953 — Die Netzfähigkeit von Mercerisierlaugen wird durch Zusatz von Alkylschwefelsäuren mit 4—12 C-Atomen im Alkylrest oder Salze derselben, in Wasser wenig lösliche Ketone und Äther von Alkoholen, die mindestens 2 Ätherbrücken und eine freie Hydroxylgruppe aufweisen, erhöht. Die Reihenfolge des Zusatzes ist verschieden.

FP 1 015 785 Chwala 1952 — Glukoside werden als Mercerisiernetzmittel empfohlen. Sie besitzen z. B. die Formel:

$$R-C_6H_4-O-C_2H_4-O-C_6H_{11}O_5.$$

FP 1 007 763 Stockhausen 1952 — Die Mercerisierung erfolgt in Anwesenheit aromatischer Sulfamide mit 12—18 C-Atomen.

FP 1 002 768 Ciba 1952 — Mercerisiernetzmittel sind Salze von Alkoylsulfonsäuren mit 4—12 C-Atomen in Verbindung mit Diäthylenglykoläther, 2-Äthylhexanol-1 usw.

Farbstoff-Verzeichnis.

Sachverzeichnis.

Patentnummern-Verzeichnis.

Die an erster Stelle genannte Ziffer ist die Nummer des Patentes, die nach dem Doppelpunkt angeführte Zahl die Seitenzahl dieses Buches.

Österreichische Patente.

Deutsche Patente.

Deutsche Patentanmeldungen.

Deutsche Ausschließungspatente (DDR).

Deutsche Wirtschaftspatente (DDR).

Schweizerische Patente.

Französische Patente.

Holländische Patente.

Belgische Patente.

Dänische Patente.

Norwegische Patente.

Schwedische Patente.

Italienische Patente.

Britische Patente.

Amerikanische Patente.

Canadische Patente.

Australische Patente.

Japanische Patente.